백신

통합과학 1

개념 완벽 이해

1 주제별 개념 학습 내용 정리 + 자세하게! + 바로 복습

단원 한눈에 보기

반드시 알아야 할 필수 개념을 한눈에 볼 수 있도록 정리했습니다.

주제별 내용 정리

5종 교과서의 중요 내용을 이해하기 쉽게 정리했습니다.

꼭 암기해야 할 내용과 암기 비법은 암기신, 정리해야 할 중요 내용은 정리신, 오개념을 갖기 쉬운 내용은 주의신, 꼭 알아야 할 주요 용어는 용어신 으로 제시했습니다.

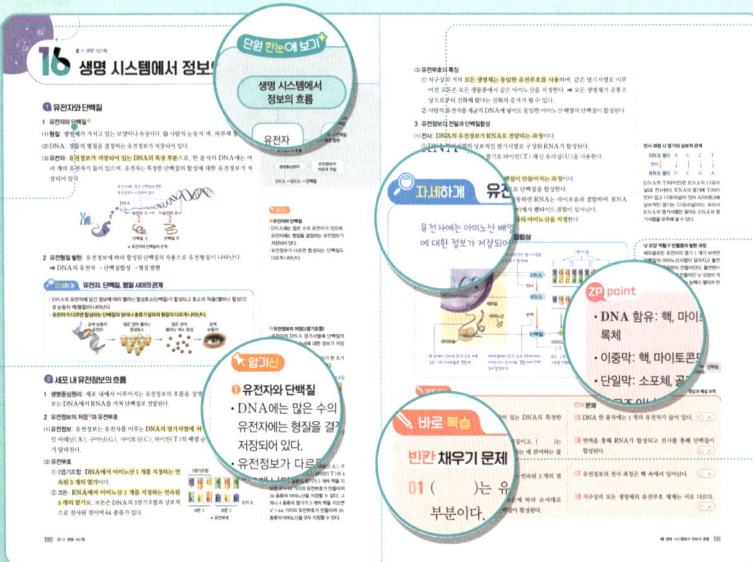

자세하게!

주요 그림이나, 미니 탐구, 자료는 박스 처리하여 자세히 분석했습니다.

ZP point

꼭 알아야 하는 핵심 내용을 한눈에 쏙! 들어올 수 있도록 정리했습니다.

바로 복습

개념을 확인할 수 있는 빈칸 채우기와 OX 문제를 제시했습니다.

2 탐구

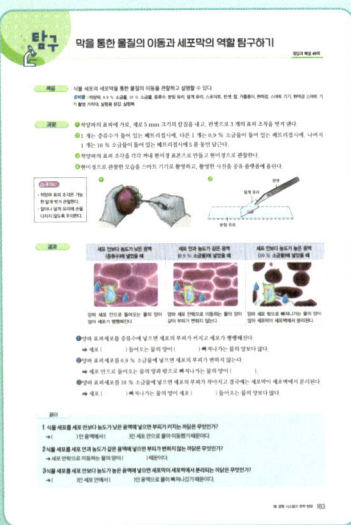

탐구

5종 교과서의 탐구를 분석하여 중요 탐구를 선별, 제시했으며 목표, 과정, 결과, 정리 의 단계로 자세하게 설명했습니다.

백신의 디테일에 집중하는 기술

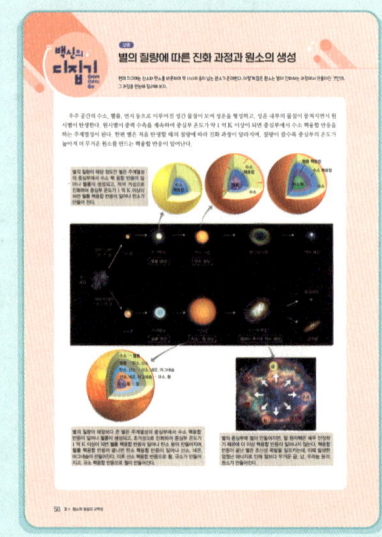

보충, 심화, 기초 잡기, 문제 풀이 연습

중요한 개념을 이해하는 데 필요한 보충 설명 및 심화 설명이 필요한 내용을 자세하게 정리하고, 문제 풀 때 필요한 비법을 정리했습니다.

내신 만점 대비

3 실력 다지기 문제

학교 기출 유형의 문제를 빠짐없이 구성했습니다. 출제율 90 % 이상의 문제는 빈출 로 표시했으며 난이도 상 문제와 서술형 문제 를 통해 실력을 한 단계 높여 보세요!

5 수능 패턴 보기

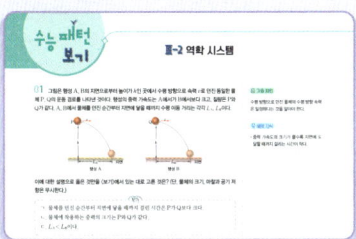

수능 패턴을 미리 경험할 수 있도록 수능, 평가원, 교육청 기출 문제를 분석하여 새 교육과정에 맞춰 변형하여 수록했습니다. 기출 패턴, 배경 지식 을 제시했으니 꼼꼼히 확인하세요!

4 너만봐! 빈출자료 & 시험 대비 문제

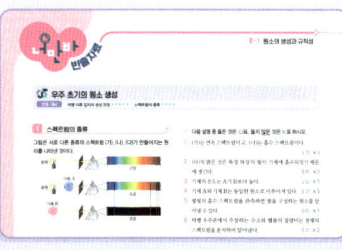

너만봐! 빈출자료

5종 교과서의 핵심 자료와 최신 학평 & 학교 기출 문제를 분석하여 빈출 자료를 선별하고 OX 문제로 분석했습니다.

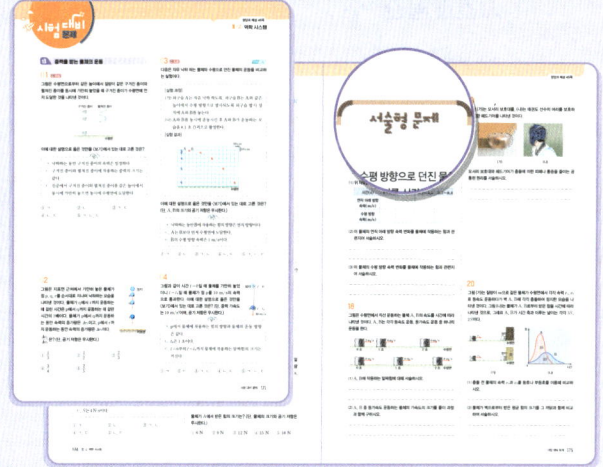

시험 대비 문제

빈출 유형 문제를 개념별로 제시하여 학교 시험에 완벽하게 대비할 수 있습니다. 빈출, 학평 기출, 학평 기출변형 을 표시했으니 꼭 확인하세요!

부록 시험대비

필수 개념 체크 & 중간, 기말고사 대비

단원 필수 개념 체크
시험 전, 필수 개념을 빈칸 채우기 문제를 통해 스스로 정리해 보세요.

중간, 기말고사 문제 3회분
다양한 실전 문제를 실제 학교 시험지처럼 수록했으니 중간고사, 기말고사 전에 꼭 풀어보고 백점에 도전하세요!

차례

Ⅲ 시스템과 상호작용

백신과 내 교과서 함께 보기

 ## Ⅰ 과학의 기초

 ## Ⅱ 물질과 규칙성

시스템과 상호작용

I

과학의 기초

01 시간과 공간

1 시간과 공간의 규모

1 규모(scale): 자연 현상을 설명하기 위해 필요한 시간과 공간, 즉 시공간의 범위

2 자연 세계의 관찰과 측정: 자연에서 일어나는 다양한 현상이나 물체의 크기는 시간과 공간의 규모가 다르므로 각 현상마다 관찰이나 측정하는 방법이 다를 수밖에 없다. 따라서 자연 세계의 규모를 고려해 관찰하고 측정하는 것은 과학의 기초가 된다.

3 시간 규모와 공간 규모

(1) **시간 규모:** 우주 초기에 입자들이 생성되는 것처럼 아주 짧은 시간에 나타나거나, 별이 새로 생겨나는 것처럼 아주 긴 시간에 걸쳐 나타나는 현상도 있다.

(2) **공간 규모❶:** 원자나 분자와 같은 미시 세계의 물질은 아주 작은 범위로 설명할 수 있고, 별이나 은하와 같은 거시 세계의 물질은 아주 큰 규모로 설명할 수 있다.

구분	안드로메다은하	사람	적혈구	세슘
그림				
시간 규모	나이 100 억 년	평균 수명 80 년	평균 수명 120 일	1회 진동 $\dfrac{1}{9,192,631,770}$ 초
공간 규모	지름 62 kpc(킬로파섹)	평균 몸길이 1~2 m	지름 7 μm(마이크로미터)	원자 반지름 260 pm(피코미터)

❶ 미시 세계와 거시 세계
- 미시 세계: 원자 크기의 아주 작은 세계로 인간의 감각으로 관찰할 수 없는 물질의 세계
- 거시 세계: 우리가 일상에서 경험하는 세계로 인간의 감각으로 관찰할 수 있는 물질의 세계

2 시간과 길이 측정의 발전

1 시간 측정의 발전

과거에는 해, 달 등 천체의 주기적인 현상을 이용하여 앙부일구❷와 같은 도구나 흐르는 물의 규칙성을 이용하여 시간 측정	→	진자를 이용한 괘종 시계 등을 사용하여 더 정확한 시간 측정이 가능	→	현대에는 세슘 원자에서 흡수하거나 방출하는 전자기파(빛)의 진동수를 이용한 원자시계로 수십억 분의 1 초 단위까지 정밀한 시간 측정이 가능

2 길이 측정의 발전

과거에는 손가락 마디의 길이, 발걸음 폭, 일정한 길이의 막대 등을 이용해 길이 측정	→	정밀한 자나 전자 현미경 등의 도구를 이용해 보다 작은 물체의 길이도 측정 가능	→	현대에는 레이저 빛이 왕복한 시간, 위성 위치 확인 시스템(GPS)❸ 등을 이용해 정밀하게 위치나 길이 등을 측정

➡ 레이저 거리 측정기처럼 빛이 진행한 시간을 이용한 정밀한 길이 측정은 시간 측정 장치를 통해 시간을 정밀하게 측정할 수 있는 기술이 있기에 가능하다.

❷ 앙부일구

태양 / 가로선 / 북극성 / 영침 / 세로선

1434 년 조선 시대에 제작된 해시계의 일종이다. 세로선을 통해 시간을 측정하고, 가로선을 통해 절기를 측정할 수 있다.

하루 동안 태양의 위치에 따라 그림자가 나타나는 방향으로 시간을 측정해!

❸ 위성 위치 확인 시스템(GPS)
스마트폰, 네비게이션 등에 있는 GPS 수신기는 여러 개의 항법 위성에서 오는 신호의 시간 차를 계산하여 수신기의 위치를 파악한다. 이 시간 차를 정밀하게 알수록 수신기의 위치도 더욱 정밀하게 계산할 수 있다.

자세하게 ── 길이와 시간의 측정 사례 조사하기

그림 (가)는 과거의 측정 방법을, 그림 (나)는 현대의 측정 방법을 나타낸 것이다.

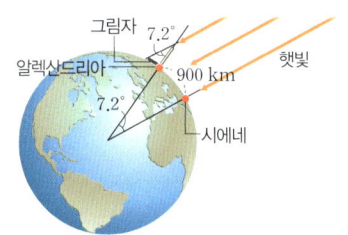

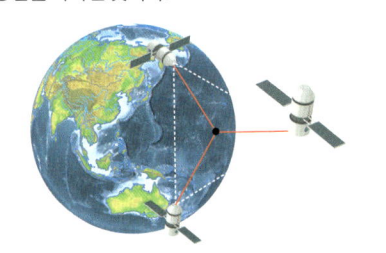

(가) 고대에 에라토스테네스는 원의 성질을 이용하여 지구의 크기를 측정하였다.
$7.2° : 900 km = 360° :$ 지구의 둘레

(나) 현대에는 인공위성을 이용하여 지구의 크기와 지구가 자전하는 데 걸리는 시간을 측정한다.

- (가)는 눈으로 측정 가능한 범위 내에서 각도, 길이 등을 도구를 이용해 직접 측정하였고, (나)는 빛의 진행 시간을 이용해 물체의 위치와 길이를 측정한다.
- 현대에는 전자 현미경을 이용해 미시 세계의 물질의 크기를 측정할 수 있고, 레이저를 이용하여 측정한 빛의 이동 시간을 이용해 거시 세계의 지구에서 달까지의 거리를 측정할 수 있다.

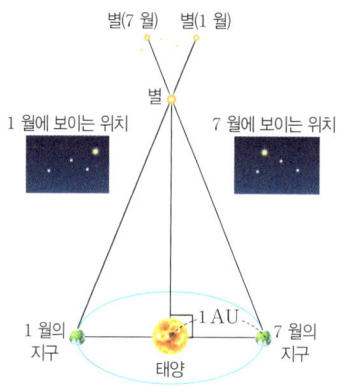

지구의 공전 운동에 의해 일어나는 별이 보이는 위치 변화를 연주 시차라고 한다. 지구에서 측정하는 별의 연주 시차가 작을수록 지구에서 별까지의 거리가 크다.

3 규모에 따른 측정 방법의 비교

(1) 연주 시차④, 별의 밝기⑤ 등을 이용하여 우주처럼 큰 규모의 거시 세계에서도 거리 측정이 가능하다.

➡ 멀리 있는 물체까지의 거리를 측정하기 위해서는 정확한 관측 정보가 필요하다.

(2) 현미경을 이용하여 생물의 세포처럼 작은 규모에서의 길이 측정이 가능하다.

➡ 광학 현미경을 사용하면 렌즈의 배율을 이용하여 실제 세포의 길이 측정이 가능하고, 세포보다 작은 규모의 길이를 측정할 때는 X선이나 전자선을 이용한다.
└ 광학 현미경에서 이용하는 가시광선보다 파장이 짧아

(3) 초고속 투과 전자 현미경⑥을 이용하여 원자나 분자 내부의 움직임을 ns(나노초) 이하 단위까지 측정이 가능하다.

4 측정 규모의 확장과 과학의 발전

과거로부터 현재까지 과학자들은 다양한 시간과 공간을 정확하게 측정하려고 노력해 왔고, 이러한 노력으로 인간의 경험 범위가 크게 확장되었다. 이로 인해 아주 작은 규모부터 큰 규모에 이르는 자연 현상을 설명할 수 있게 되었다.

⑤ 별의 밝기

별의 밝기는 거리의 제곱에 반비례하므로 별의 실제 밝기(절대 밝기)와 겉보기 밝기를 비교해서 실제 밝기의 기준이 되는 거리보다 멀거나 가까운 정도를 알 수 있다.

⑥ 초고속 투과 전자 현미경

초고속 레이저 분광 기술과 전자 현미경을 결합한 것으로, fs(펨토초) 단위로 전자빔을 쏠 수 있다.

용어신

- 배율 물체의 크기와 렌즈에 나타난 상의 크기의 비이다. 배율이 클수록 물체의 크기보다 상의 크기가 크다.

바로 복습

정답과 해설 02쪽

빈칸 채우기 문제

01 다양한 범위의 자연 세계는 시간과 공간의 범위를 구분 짓는 (   )로 표현할 수 있다.

02 과학자들은 다양한 규모의 (   )과 (   )을 측정하고자 노력하였고, 그 결과 인간의 경험 범위가 크게 확장되었다.

03 정확한 길이를 측정하기 위해 (   )을 정밀하게 측정하는 것이 매우 중요하다.

OX 문제

04 시간과 공간에 대한 정보는 과학에서만 중요하다.
(○ ×)

05 현대에는 정밀하게 시간을 측정하기 위해 진자를 이용한 시계를 이용한다.
(○ ×)

06 위성 위치 확인 시스템(GPS)은 미시 세계의 거리를 측정하는 데 이용한다.
(○ ×)

탐구 미시 세계와 거시 세계의 물체 크기에 따른 차이점 분석하기

목표 길이와 시간 측정의 현대적 방법과 다양한 규모의 측정 사례를 조사하고 크기에 따른 차이점을 분석할 수 있다.
준비물 > 스마트 기기

과정 ❶ 그림은 시간을 측정하는 두 사례를 나타낸 것이다. 이 두 사례에서 측정 규모를 조사해 비교해 보자.

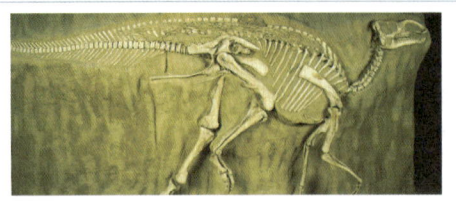

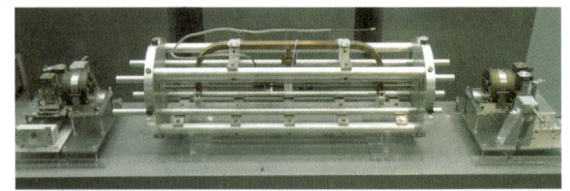

화석이나 주변 암석에 들어 있는 방사성 물질을 이용해 화석이 생성된 시기를 알아낸다.

원자시계는 원자가 흡수하거나 방출하는 전자기파의 진동수를 이용해 $\frac{1}{수십억}$ 초까지 시간을 나타낸다.

❷ 그림은 길이를 측정하는 두 사례를 나타낸 것이다. 이 두 사례에서 측정 규모를 각각 조사해 비교해 보자.

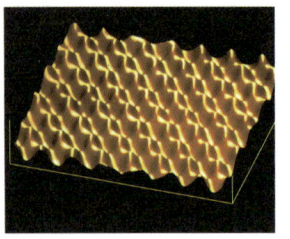

원자 힘 현미경으로 흑연 표면의 탄소 원자를 촬영하여 원자의 크기를 측정한다.

달 주변을 도는 탐사선에 레이저를 쏘아 지구와 달까지의 거리를 측정한다.

결과 ❶ 방사성 물질의 반감기는 몇천 년 단위로 측정 규모가 (   ), 원자시계는 아주 (   ) 시간 규모까지 측정이 가능하다.
➡ 관측 현상에 따라 측정하고자 하는 시간 규모는 (   )하고, 시간 규모에 따라 측정 도구와 방법이 달라진다.

❷ 탄소 원자의 크기는 nm(나노미터) 단위로 측정 규모가 (   ), 지구와 달까지의 거리를 측정하는 레이저를 이용하여 (   ) 공간 규모까지 측정이 가능하다.
➡ 측정 대상에 따라 측정하고자 하는 공간 규모는 (   )하고, 공간 규모에 따라 측정 도구와 방법이 달라진다.

정리

1 원자시계가 아주 작은 시간 단위까지 정확하게 측정할 수 있는 까닭은 무엇인가?
➡ 원자시계는 세슘 원자가 흡수하거나 방출하는 전자기파의 (   )를 측정하여 시간을 정밀하게 측정할 수 있다.

2 레이저를 이용하여 거리를 측정하는 원리는 무엇인가?
➡ 일정한 빛의 속력과 빛이 진행하는 (   )을 측정하여 거리를 측정할 수 있다.

01 시간과 공간

1 시간과 공간의 규모

01

자연 세계의 규모에 대한 설명으로 옳은 것만을 〈보기〉에서 있는 대로 고른 것은?

〈보기〉
- ㄱ. 적혈구의 크기와 같은 아주 작은 규모의 세계를 미시 세계라고 한다.
- ㄴ. 과학에서는 긴 시간 동안 나타난 현상만을 다룬다.
- ㄷ. 자연 세계의 규모에 따라 측정 방법은 다양하다.

① ㄱ 　　② ㄴ 　　③ ㄱ, ㄷ
④ ㄴ, ㄷ 　　⑤ ㄱ, ㄴ, ㄷ

02

자연 현상에 대한 탐구 과정 중 시간, 공간의 측정에 대한 설명으로 옳은 것만을 〈보기〉에서 있는 대로 고른 것은?

〈보기〉
- ㄱ. 과학에서의 탐구 대상은 정밀성을 위해 미시 세계에 한정한다.
- ㄴ. 시간과 길이를 측정할 때는 측정 규모에 관계 없이 모두 동일한 측정 기구를 사용한다.
- ㄷ. 측정 시기와 장소에 따라 시간과 길이를 측정하는 방법은 다르다.

① ㄱ 　　② ㄷ 　　③ ㄱ, ㄴ
④ ㄴ, ㄷ 　　⑤ ㄱ, ㄴ, ㄷ

03

다음은 자연 세계를 설명하는 시간과 공간에 대해 학생 A, B, C가 대화한 내용이다.

학생 A: 자연 세계는 크게 미시 세계와 거시 세계로 구분할 수 있어.
학생 B: 자연 현상을 탐구할 때는 측정 대상의 규모에 따라 측정 방법을 다르게 해야 해.
학생 C: 현대의 시간 측정 장치는 태양의 운동을 이용해.

제시한 내용이 옳은 학생만을 있는 대로 고른 것은?

① A 　　② C 　　③ A, B
④ B, C 　　⑤ A, B, C

04 ✔빈출

표는 자연 세계의 공간 범위를 분류한 것으로 ㉠과 ㉡은 미시 세계와 거시 세계를 순서 없이 나타낸 것이다.

㉠	㉡
원자의 크기, 적혈구의 반지름	산의 높이, 우주의 반지름

이에 대한 설명으로 옳은 것만을 〈보기〉에서 있는 대로 고른 것은?

〈보기〉
- ㄱ. 공간 범위의 규모는 ㉠이 ㉡보다 크다.
- ㄴ. ㉡은 거시 세계이다.
- ㄷ. 적혈구와 우주의 반지름을 측정할 때, 정확성을 위해 같은 측정 도구를 사용한다.

① ㄱ 　　② ㄴ 　　③ ㄱ, ㄷ
④ ㄴ, ㄷ 　　⑤ ㄱ, ㄴ, ㄷ

05 ✔빈출

그림 (가)~(라)는 다양한 범위의 자연 세계를 나타낸 것이다.

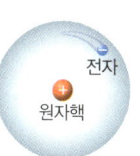 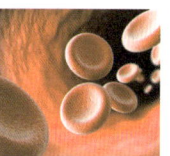

(가) 원자의 지름　　(나) 적혈구의 지름

(다) 사람의 키　　(라) 우리은하의 지름

이에 대한 설명으로 옳은 것만을 〈보기〉에서 있는 대로 고른 것은?

〈보기〉
- ㄱ. (가)는 미시 세계에 해당한다.
- ㄴ. (다)는 거시 세계에 해당한다.
- ㄷ. 공간의 규모는 (나)가 (라)보다 크다.
- ㄹ. 공간의 규모에 따라 측정 도구는 다양하다.

① ㄱ, ㄴ 　　② ㄴ, ㄷ 　　③ ㄷ, ㄹ
④ ㄱ, ㄴ, ㄷ 　　⑤ ㄱ, ㄴ, ㄹ

2 시간과 길이 측정의 발전

06

시간 측정의 발전 과정에 대한 설명으로 옳은 것만을 〈보기〉에서 있는 대로 고른 것은?

〈보기〉
ㄱ. 과거에는 해, 달 등 천체의 주기적인 현상을 이용하여 시간을 측정하였다.
ㄴ. 원자에서 나오는 빛의 진동수를 이용하여 만든 원자시계로 시간을 정밀하게 측정할 수 있다.
ㄷ. 시간 측정의 규모는 과거가 현대보다 더 다양하다.

① ㄱ   ② ㄷ   ③ ㄱ, ㄴ
④ ㄴ, ㄷ   ⑤ ㄱ, ㄴ, ㄷ

07

길이 측정의 발전 과정에 대한 설명으로 옳은 것만을 〈보기〉에서 있는 대로 고른 것은?

〈보기〉
ㄱ. 과거에는 진자 운동을 활용해 길이를 측정하는 도구를 개발하였다.
ㄴ. 현대에는 레이저 빛을 이용해 길이 측정을 정밀하게 한다.
ㄷ. 별의 밝기를 측정하여 먼 곳에 있는 은하까지의 거리를 측정할 수 있다.

① ㄱ   ② ㄴ   ③ ㄱ, ㄷ
④ ㄴ, ㄷ   ⑤ ㄱ, ㄴ, ㄷ

08 ✔빈출

시간과 길이의 측정에 대한 설명으로 옳은 것만을 〈보기〉에서 있는 대로 고른 것은?

〈보기〉
ㄱ. 세슘 원자시계를 이용하면 시간을 정밀하게 측정할 수 있다.
ㄴ. 원자 수준의 미시 세계 규모의 길이는 측정이 불가능하다.
ㄷ. 레이저 빛을 이용한 길이 측정 장치는 정밀한 시간 측정을 통해 길이를 측정할 수 있다.

① ㄱ   ② ㄴ   ③ ㄱ, ㄷ
④ ㄴ, ㄷ   ⑤ ㄱ, ㄴ, ㄷ

09
난이도 상

다음은 길이 측정 기술의 발달에 대한 설명이다.

• 지구에서 아주 먼 곳에 있는 별까지의 거리를 측정할 때는 주로 별의 밝기를 이용한다.
• 세포보다 작은 규모의 길이를 측정하기 위해 전자기파의 영역 중 ㉠X선이나 전자선을 이용한다.

이에 대한 설명으로 옳은 것만을 〈보기〉에서 있는 대로 고른 것은?

〈보기〉
ㄱ. 측정 기술의 발달로 측정 규모의 범위가 넓어진다.
ㄴ. 멀리 있는 별일수록 실제 밝기와 겉보기 밝기의 차이가 작다.
ㄷ. ㉠은 가시광선보다 파장이 길다.

① ㄱ   ② ㄴ   ③ ㄱ, ㄷ
④ ㄴ, ㄷ   ⑤ ㄱ, ㄴ, ㄷ

서술형 문제

10

그림 (가)는 위성 위치 확인 시스템(GPS)에 이용되는 항법 위성을, (나)는 원자 힘 현미경을 나타낸 것이다.

(가)   (나)

(1) (가)와 (나)의 장치가 측정하는 물리량의 공통점과 차이점을 서술하시오.

(2) (가)의 장치가 (1)에서 서술한 물리량을 측정하는 원리를 바탕으로 추가로 측정해야 하는 물리량은 무엇인지 서술하시오.

02 기본량과 단위

① 기본량

1 기본량

(1) **기본량**: 다른 물리량을 활용하여 표현할 수 없는 가장 기본이 되는 고유한 물리량으로 시간, 길이, 질량, 전류, 온도, 물질량, 광도로 총 7 개의 물리량이 있다.

(2) **유도량**: 기본량을 조합해 유도하는 물리량으로 물체의 운동 거리의 길이를 시간으로 나누어 나타내는 속력 등이 있다.

2 기본량의 단위

자세하게 🔍 **생각해보기 – 단위의 잘못된 적용으로 인해 발생한 사고**

[항공기 불시착 사고]
1983 년 7 월 23 일 캐나다 몬트리올에서 에드먼턴으로 향하던 항공기가 비행 중 엔진의 연료 부족으로 근처 공군 기지에 불시착했다. 지상 작업 요원이 항공기에 급유하는 과정에서 단위를 헷갈려 연료량을 잘못 계산한 것이 연료 부족의 원인으로 파악됐다. 해당 항공사는 사용하는 단위를 야드-파운드법에서 SI 단위로 전환하는 중이었다.

[사라진 화성 궤도선]
1998 년 12 월 11 일 발사된 미국항공우주국(NASA)의 화성기후관측위성(MCO)은 화성 궤도로 진입을 시도하던 중 통신이 끊기고 사라졌다. 제조사와 엔지니어가 미터법과 야드-파운드법으로 적용된 서로 다른 단위를 사용하여 계산 프로그램을 작업한 것이 원인으로 밝혀졌다.

▶ 화성기후관측위성

(1) **기본량의 단위**: 기본량을 측정하여 값으로 나타낼 때는 국제도량형총회❶에서 정한 표준화된 단위인 국제단위계(SI)❷를 사용한다. 국제단위계(SI)에서는 양을 나타내는 여러 개념 사이의 계산 과정을 고려하여 기본량의 크기를 나타내거나 비교하기 위해 단위를 사용한다.

	시간	길이	질량	전류	온도❸	물질량	광도
기본량	🕐	📏	⚖️	〰️	🌡️	⚛️	💡
단위	s(초)	m(미터)	kg(킬로그램)	A(암페어)	K(켈빈)	mol(몰)	cd(칸델라)

(2) **단위의 접두어**: 측정하는 물리량의 크기가 아주 크거나 작을 경우 이들의 크기를 쉽게 나타내기 위해 단위 앞에 접두어 기호❹를 함께 사용하기도 한다. *큰 단위나 작은 단위를 표기할 때는 접두어를 사용해서 표기해 ~*

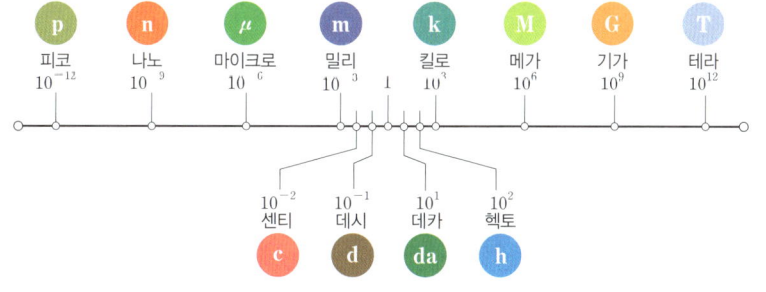

p	n	μ	m	k	M	G	T
피코	나노	마이크로	밀리	킬로	메가	기가	테라
10^{-12}	10^{-9}	10^{-6}	10^{-3}	1	10^{3}	10^{6}	10^{9}	10^{12}

10^{-2}	10^{-1}	10^{1}	10^{2}
센티	데시	데카	헥토
c	d	da	h

단원 한눈에 보기 ✏️

기본량과 단위

기본량 ── 시간(s), 길이(m), 질량(kg), 전류(A), 온도(K), 물질량(mol), 광도(cd)

기본량의 이용 ── 유도량 / 단위의 의미

❶ 국제도량형총회
미터협약 체결에 따라 국제단위계를 유지하기 위해 만들어진 회의로 4 년 또는 6 년마다 개최된다.

❷ 국제단위계(SI, International System of Unit)
과학, 기술, 산업, 무역 등 다양한 분야에서 표준 단위 체계이다. 현재 대부분의 국가에서 채택하여 사용하고 있으며, 우리나라는 1964 년 1 월부터 사용하기 시작했다. 1960 년 제1차 국제도량형총회에서 '국제단위계(SI)' 명칭을 채택하여 '미터법'을 사용해 오던 단위계를 현대화했다. 국제단위계는 다음과 같은 특징이 있다.
• 각 물리량에 대해 한 가지 단위만 사용한다. 예를 들어 길이 단위는 m(미터)만을 사용하며, ft(피트), 자 등의 단위는 사용하지 않는다.
• SI 단위끼리만의 곱하기와 나누기로 이루어진 일관성 있는 단위 체계이다.

❸ 온도
일상생활에서는 온도의 단위로 °C(섭씨도)를 주로 사용한다.

❹ 길이 단위의 접두어
작은 입자의 크기는 nm로 표현하고, 일상생활에서는 cm, m, km 등을 사용한다.

② 기본량의 이용

1 기본량의 이용: 부피, 속력, 농도 등은 기본량으로부터 유도된 유도량이며, ==단위는 기본량의 단위를 조합하여 사용==한다.

유도량	의미	단위
부피	입체적인 물체가 차지하는 공간의 크기를 나타내는 물리량이다. 가로, 세로, 높이의 길이를 곱한 m^3, cm^3 등의 단위로 나타낸다.	부피(m^3) =가로×세로×높이
속력	단위 시간 동안 물체가 이동한 거리를 나타내는 물리량이다. 이동 거리를 시간으로 나눈 m/s, km/h 등의 단위로 나타낸다. 스피드건을 이용해서 속력을 측정할 수 있어~	속력(m/s) =$\dfrac{\text{이동 거리}}{\text{걸린 시간}}$
농도	용액의 묽고 진한 정도로, 일정한 질량이나 부피에 대해 어떤 성분이 얼마나 포함되어 있는지를 나타내는 물리량이다. 질량 퍼센트 농도❺는 전체 용액의 질량 중 용질이 차지하는 질량의 비율에 100을 곱하여 % 단위로 나타내고, 질량 농도는 kg/m^3 단위로 나타낸다.	농도(%) =$\dfrac{\text{용질의 질량}}{\text{용액의 질량}} \times 100$
배터리 용량	전자 기기를 충전하는 보조 배터리의 용량은 전류와 시간을 곱한 mAh, Ah 등의 단위로 나타낸다.	배터리 용량(mAh) =전류×시간

2 단위의 의미와 적용: 단위는 과학기술이 발전하면서 그 정의가 수정되기도 하고, 새로운 물리량이 발견되면 그에 맞는 새로운 단위가 추가되기도 한다. 예를 들어 전류의 단위인 A(암페어)는 19 세기 발전기와 전기 조명의 발견으로 전기가 인류 문명에 본격적으로 등장하면서 새롭게 도입되었다. 이처럼 과학기술의 발전에 따라 단위도 변해 간다.

🔍 자세하게 조사하기 - 단위의 의미 알아내기

다음은 자연 현상을 이해하기 위해 여러 요인을 측정한 보고서의 일부를 나타낸 것이다.

❻ 미세 먼지 농도에 영향을 주는 요인은 무엇일까?
· 측정 날짜: 20○○ 년 ○○ 월 ○○ 일 · 측정 장소: 과학실

미세 먼지 농도가 13 $\mu g/m^3$이라는 것은 미세 먼지가 1 m^3 안에 13 μg만큼 있다는 의미야!

측정 시각	미세 먼지 농도 ($\mu g/m^3$)	초미세 먼지 농도 ($\mu g/m^3$)	기온 (℃)	습도 (%)	풍속 (m/s)	특이 사항
9시	13	12	19	46	2.2	
10시	14	12	19	61	3.5	
11시	12	10	20	50	6.5	환기 1 회
3시	11	9	19	48	7.0	
4시	11	8	19	47	5.0	

· 기본량의 단위로는 온도를 나타내는 ℃, 유도량의 단위로는 미세 먼지 농도와 초미세 먼지 농도를 나타내는 $\mu g/m^3$, 습도를 나타내는 %, 풍속을 나타내는 m/s 등이 있다.
· 단위는 자연 현상을 객관적이고 정확하게 설명하고 비교하는 데 유용하게 사용할 수 있다. 즉 단위는 물리량의 크기를 파악하게 해주는 필수적인 약속이다.

⚠️ **주의신**

❺ **질량 퍼센트 농도**
용액의 질량에 대한 용질의 질량비로, 같은 물리량의 비로 정의되며 단위를 표시하지 않는다. 질량 퍼센트 농도를 표시할 때는 농도에 100을 곱해 단위 없이 %(퍼센트)로만 나타내며, 이때 기호 %는 $\dfrac{1}{100}$을 뜻한다.

❻ **미세 먼지와 초미세 먼지**
· 미세 먼지는 지름이 10 μm 이하인 먼지이다.
· 초미세 먼지는 지름이 2.5 μm 이하인 먼지이다.

📗 **용어신**

· **물리량** 물질계의 성질이나 상태를 나타내는 양
· **1 A(암페어)** 도선의 단면을 1 초 동안 1 C(쿨롬)의 전하가 지나갈 때 흐르는 전류의 세기이다.

✏️ 바로 복습

정답과 해설 03쪽

빈칸 채우기 문제

01 자연 현상이나 우리 주변의 여러 현상은 시간, 길이, 질량, 전류, 온도 등의 (　　　)으로 나타낼 수 있다.

02 과학에서는 기본량 중 (　　　)의 단위로 m(미터)를 사용한다.

03 과학의 유도량을 기본량의 단위로 표현하면 부피의 단위는 (　　　), 속력의 단위는 (　　　)이다.

○✕ 문제

04 속력은 시간과 길이의 단위를 이용해 m/s, km/h 등의 단위로 나타낸다. (○ ✕)

05 kg, g, mg 등은 길이의 단위이다. (○ ✕)

06 부피는 기본량 중 질량의 개념을 이용해 설명할 수 있다. (○ ✕)

02 기본량과 단위

1 기본량

01 ✓빈출

기본량에 대한 설명으로 옳은 것만을 〈보기〉에서 있는 대로 고른 것은?

〈보기〉
ㄱ. 과학에서는 기본량마다 표준화된 단위인 국제단위계 (SI)를 사용한다.
ㄴ. 같은 기본량이라도 측정의 다양성을 위해 서로 다른 단위를 사용한다.
ㄷ. 기본량을 조합하여 부피, 속력, 농도 등과 같은 과학 개념을 설명할 수 있다.

① ㄱ   ② ㄴ   ③ ㄱ, ㄷ
④ ㄴ, ㄷ   ⑤ ㄱ, ㄴ, ㄷ

02

다음과 같은 자연의 기본량을 측정하려고 한다.

(가) 지구에서 달까지의 거리 측정
(나) 수소 원자의 반지름 측정

(가), (나)에서 공통으로 측정하는 기본량과 표준화된 단위를 옳게 짝 지은 것은?

	기본량	단위		기본량	단위
①	길이	m	②	길이	kg
③	질량	m	④	질량	kg
⑤	시간	s			

03

다음은 기본량에 대해 학생 A, B, C가 대화한 내용이다.

기본량은 물질의 기본 상태를 표현하는 물리량이므로 단위가 없어. (학생 A)

물질의 가장 기본이 되는 고유한 양이므로 기본량은 한 가지만 있어. (학생 B)

측정할 수 있는 기본량의 규모는 자연 현상의 종류에 따라 달라져. (학생 C)

제시한 내용이 옳은 학생만을 있는 대로 고른 것은?

① A   ② C   ③ A, B
④ B, C   ⑤ A, B, C

04

난이도 상

다음은 과학의 기본량 A에 대한 설명이다.

• 물체의 차갑고 뜨거운 정도를 측정하여 수치로 나타내는 물리량이다.
• 열은 A가 높은 물체에서 A가 낮은 물체로 자연스럽게 이동한다.

A에 대한 설명으로 옳은 것만을 〈보기〉에서 있는 대로 고른 것은?

〈보기〉
ㄱ. A는 온도이다.
ㄴ. A의 표준화된 단위는 K(켈빈)이다.
ㄷ. 물체가 흡수하는 열량이 많을수록 A의 증가량은 크다.

① ㄱ   ② ㄴ   ③ ㄱ, ㄷ
④ ㄴ, ㄷ   ⑤ ㄱ, ㄴ, ㄷ

05 ✓빈출

다음은 현대에 기본량 A를 측정하는 장치에 대한 설명으로, A를 측정할 때 기본량 B의 측정 결과를 이용한다.

현대에는 레이저를 이용한 장치를 이용해 A를 측정한다. 이 장치는 빛을 쏘아 빛이 왕복한 B를 이용하여 A를 정밀하게 측정한다.

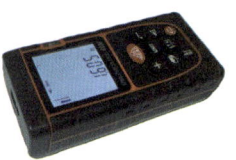

이에 대한 설명으로 옳은 것만을 〈보기〉에서 있는 대로 고른 것은?

〈보기〉
ㄱ. A의 표준화된 단위는 m(미터)이다.
ㄴ. B는 시간이다.
ㄷ. 이 장치의 원리를 이용하면 미시 세계 규모의 A만을 측정할 수 있다.

① ㄱ   ② ㄷ   ③ ㄱ, ㄴ
④ ㄴ, ㄷ   ⑤ ㄱ, ㄴ, ㄷ

2 기본량의 이용

06 ✔빈출

국제단위계(SI)의 기본량과 유도량에 대한 설명으로 옳은 것만을 〈보기〉에서 있는 대로 고른 것은?

보기
ㄱ. 부피의 단위는 질량의 단위를 이용해 표현한다.
ㄴ. 속력은 기본량 중 시간과 길이를 조합하여 나타낸다.
ㄷ. 배터리의 용량은 기본량만으로 유도할 수 없다.

① ㄱ   ② ㄴ   ③ ㄱ, ㄷ
④ ㄴ, ㄷ   ⑤ ㄱ, ㄴ, ㄷ

07

다음은 기본량을 이용하여 표현하는 과학 개념 A에 대한 설명이다.

[과학 개념 A]
• 일정한 시간 동안 이동한 거리
• 단위는 길이 단위와 시간 단위를 조합한 ☐ ⊙ 이다.

A와 ⊙으로 옳은 것은?

	A	⊙		A	⊙
①	부피	m^3	②	부피	m/s
③	속력	m/s	④	속력	%
⑤	농도	mA·s			

08

난이도 상

표는 기본량을 활용해 표시하는 유도량에 대한 설명이다.

유도량	설명
⊙	가로와 세로 길이의 곱으로 표시
질량 농도	일정한 ⓒ 에 대한 성분의 질량으로 표시

이에 대한 설명으로 옳은 것만을 〈보기〉에서 있는 대로 고른 것은?

보기
ㄱ. '넓이'는 ⊙으로 적절하다.
ㄴ. ⓒ은 기본량인 길이를 이용하여 나타낸다.
ㄷ. 질량 농도의 단위는 kg/m^3이다.

① ㄱ   ② ㄴ   ③ ㄱ, ㄷ
④ ㄴ, ㄷ   ⑤ ㄱ, ㄴ, ㄷ

09 ✔빈출

표는 유도량 ⊙, ⓒ을 측정하는 장치에 대한 설명이다.

	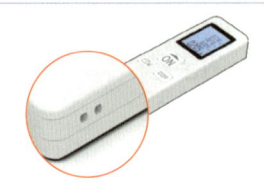
측정 장치에서 발생하는 파동이 물체에 반사되어 되돌아올 때 변하는 진동수를 이용하여 측정한 ☐⊙☐ 을/를 표시한다.	장치에서 발생하는 레이저가 물체에 반사되어 되돌아오는 데까지 걸리는 시간을 통해 가로, 세로, 높이를 각각 구한 후, ☐ⓒ☐ 을/를 표시한다.

이에 대한 설명으로 옳은 것만을 〈보기〉에서 있는 대로 고른 것은?

보기
ㄱ. '속력'은 ⊙으로 적절하다.
ㄴ. ⊙은 기본량 중 길이와 광도를 조합하여 나타낸다.
ㄷ. ⓒ의 단위는 m/s^2이다.

① ㄱ   ② ㄴ   ③ ㄱ, ㄷ
④ ㄴ, ㄷ   ⑤ ㄱ, ㄴ, ㄷ

서술형 문제

10

다음은 일기예보 앱에 나타난 정보이다.

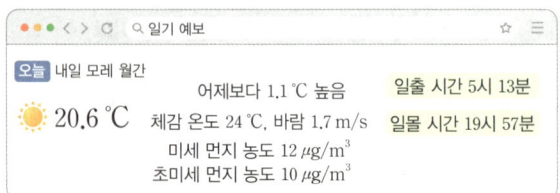

(1) 앱에 나타난 정보 중 기본량에 해당하는 것 두 가지를 쓰시오.

(2) 앱에 나타난 정보 중 유도량의 종류와 유도량에 조합된 기본량을 서술하시오.

03 측정과 측정 표준

1 측정과 어림

1 측정: 감각 기관을 이용하여 관찰하는 것은 한계가 있다. 촉감으로 느끼는 온도는 같은 온도라도 체온에 따라 차갑거나 따뜻하게 느낀다. 길이, 시간, 속도 또한 주위 환경이나 관찰자의 상황에 영향을 받는다. 과학 탐구에서는 이러한 한계를 극복하려고 도구를 이용하여 측정한다.

측정 도구나 범위에 따라 적절한 측정 단위와 도구를 사용해야 해∼

(1) 측정: 미지의 양을 미리 정의한 기준과 비교하여 그 값을 결정하는 과정으로, 어떤 대상의 물리량을 기준이 되는 양과 비교하여 수치와 단위로 나타내는 것이다.❶

(2) 과학의 발전과 측정 장치의 성능 향상

부피의 측정	질량의 측정
실험실에서 적은 양의 용액을 다룰 때에는 밀리리터(mL) 단위의 눈금 피펫이 아니라 마이크로리터(μL) 단위의 마이크로 피펫을 사용한다.	가정용 요리 저울은 그램(g) 단위를 사용하지만, 실험실에서 사용하는 분석용 저울은 밀리그램(mg) 단위를 사용한다.
 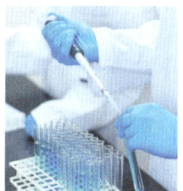	 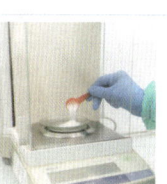
눈금 피펫　　　마이크로 피펫	가정용 요리 저울　　　분석용 저울

2 어림: 높은 건물 등의 높이를 측정하는 데 측정 도구가 없을 경우, 건물 전체가 몇 층인지 세어 보고, 한 층의 높이가 몇 m인지 생각하여 건물의 높이를 가늠할 수 있다.

(1) 어림: 과학 탐구에서 어떠한 양을 추정하는 과정으로 정확한 측정이나 계산 없이 이용할 수 있는 정보를 바탕으로 물리량을 예상하거나, 물리량의 크기를 대략 가늠하는 것이다. ➡ 측정 경험을 바탕으로 수행하는 과정으로 적절한 단위와 도구를 사용한 측정 경험이 많을수록 더 정확하게 어림❷할 수 있다.

(2) 어림의 역할

① 효율적인 측정 계획과 수행을 돕는다.

　예 암석의 밀도❸를 측정할 때 암석의 대략적인 부피와 질량의 예상값을 어림하는 것은 측정 도구의 크기와 측정 단위를 선택하는 데 도움이 된다.

② 측정 결과와 비교하여 측정값의 의미를 파악하고 새로운 지식의 생산을 촉진한다.

　예 에라토스테네스❹는 자신의 예상과 달리 시에네와 알렉산드리아에서 같은 시기에 막대기를 수직으로 세우면 한 지점에서는 그림자가 생기지 않는다는 측정 결과를 바탕으로 예상과 측정 결과가 다른 현상이 어떤 의미가 있는지 파악하려고 노력하는 과정에서 지구가 둥글다는 것을 깨달았다.

🔍 자세하게 　조사하기 - 물의 질량 어림하기

전자저울 없이 컵에 물 50 g을 어림하여 정확하게 담기 위한 방법은 무엇일까?

· 눈에 보이는 부피의 어림으로 질량을 어림하는 것이므로 물의 밀도를 알고, 컵의 부피를 어림한 뒤 컵에 적당한 양을 담아 질량을 어림하는 과정을 거치면 물의 질량을 보다 정확하게 어림할 수 있다.

단원 한눈에 보기

측정과 측정 표준

측정과 어림

측정 표준

측정 표준의 활용

측정 단위
측정 방법
측정 도구
표준 물질

일상생활, 산업, 의료, 우주 항공

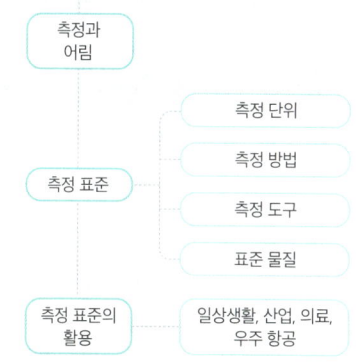

❶ 측정 결과
측정 결과는 수와 측정 단위의 두 부분으로 나눈다.
예 사람 키를 측정한 결과가 162 cm이다.
　　　　　　　　　　　　　수　단위

❷ 어림의 또 다른 의미
도구에 나타나는 값이나 그 값을 읽는 방법에는 한계가 있으므로 측정에는 반올림과 같은 어림이 따른다.

❸ 밀도
물질의 단위 부피당 질량이며, 국제단위계(SI)에서의 단위는 kg/m³이다.

❹ 에라토스테네스(Eratosthenes, B.C. 276∼B.C. 194)
에라토스테네스는 시에네와 알렉산드리아에서의 측정 결과를 통해 지구가 둥글다는 사실을 알고 어림으로 지구 둘레를 계산할 수 있었다.

② 측정 표준의 필요성

1 측정 표준: 어떤 물리량을 측정하는 기준으로 쓰기 위하여 단위를 정의한 것으로 ==물리량을 정확하고 일관성 있게 측정하려고 만든 과학적 기준==이다.

2 측정 표준의 종류: 측정 단위, 측정 방법, 측정 도구, 표준 물질❺ 등

🔍 자세하게 조사하기 – 길이 측정을 위한 노력 알아보기

다음은 미터원기와 미터 협약에 대한 자료이다.

> 18 세기 말 프랑스에서는 인류 공동의 자산인 지구를 이용해 북극에서 적도까지 거리의 1000 만분의 1을 1 m로 정의했다. 과학자들은 이를 활용해 미터원기❻를 제작했고, 1875 년 17 개 나라가 모여 국제 사회의 도량형❼ 통일에 관한 조약인 미터 협약을 맺어 미터원기를 측정 표준으로 활용했다. 현재는 미터원기를 측정 표준으로 활용하지 않고, 1983 년 빛을 이용해 새롭게 정의한 1 m를 측정 표준으로 활용한다.

- **현재 미터원기를 측정 표준으로 활용하지 않는 까닭:** 측정 표준은 다른 조건에 의해 절대 변하지 않는 값으로 정의되어야 이를 활용해 정확한 측정이 가능하다. 그러나 ==미터원기는 금속으로 제작되어 온도, 압력 등에 따라 차이가 발생하므로 측정 표준으로 적합하지 않다.==
- **미터원기와 비교할 때 새롭게 정의한 1 m의 좋은 점:** ==절대 변하지 않는 진공에서의 빛의 속력으로 1 m가 정의되어 있으므로 이를 활용해 기본량, 유도량 등을 정확하게 측정하여 정보를 알 수 있다.==

③ 측정 표준의 활용

1 일상생활에서 측정 표준의 활용 예

온도의 측정	속력의 측정	미세 먼지의 농도 측정	소음의 측정
우리나라는 온도를 ℃ 단위로 측정하며, 최고 체감 온도가 33 ℃ 이상인 상태로 2 일 이상 지속되면 폭염주의보를 발령한다.	자동차 도로의 과속 단속 장비는 자동차의 속력을 km/h 단위로 측정하여 자동차의 과속을 방지하고 있다.	미세 먼지의 농도를 $\mu g/m^3$ 단위로 측정하며, 시간당 평균 농도가 150 $\mu g/m^3$ 이상인 상태로 2 시간 이상 지속되면 미세 먼지주의보를 발령하고 있다.	우리나라는 주택가에서 공사를 할 경우 발생하는 소음의 세기를 dB❽ 단위로 측정하며, 생활 소음을 주간 65 dB, 야간 50 dB 이하로 규제하고 있다.

2 측정 표준 활용의 확대

산업 분야	길이, 질량, 부피 등의 측정 표준을 활용해 자동차의 부품을 정교하게 만들고, 이를 조립해 자동차를 생산하면 성능과 안전이 보장된다.
의료 분야	질량, 부피 등의 측정 표준을 활용해 혈액 속에 함유되어 있는 포도당의 농도를 측정한다.
우주 항공 분야	시간, 길이, 질량 등의 측정 표준을 활용해 발사체를 개발한다.

국제단위계(SI)에서 s(초)와 m(미터)의 정의
- s(초): 1 s는 세슘−133 원자에서 나오는 빛이 9,192,631,770 번 진동하는 데 걸리는 시간으로 정의한다.
- m(미터): 1 m는 진공에서 빛이 $\dfrac{1}{299,792,458}$ 초 동안 진행한 경로의 길이로 정의한다.

❺ **표준 물질**
물질량을 측정할 때 기준이 되는 것으로, 측정한 물질량의 정확한 정보를 포함한다.

❻ **미터원기**

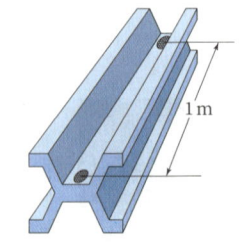

1 m에 해당하는 길이를 금속으로 만든 기구이다.

질량의 측정 표준
과거에는 킬로그램 원기를 이용해 1 kg을 정의했지만 현재는 빛의 에너지와 관련된 플랑크 상수를 이용한 값으로 정의한다.

❼ **도량형**
길이, 질량, 부피 등의 양을 나타내는 단위와 관련된 체계이다.

❽ **dB (데시벨)**
사람의 귀에 들리는 가장 작은 소리를 0으로 정하고 소리의 세기가 기준보다 10 배 커지면 10 dB, 100 배 커지면 20 dB로 정한다.

✏️ 바로 복습

정답과 해설 04쪽

빈칸 채우기 문제

01 도구를 이용하면 길이나 온도를 (　　　)할 수 있다.

02 측정 도구 없이 현재 알고 있는 정보를 이용해 그 양을 대략 가늠하는 일을 (　　　)이라고 한다.

03 (　　　　)은 어떠한 양을 측정할 때 공통으로 사용할 수 있는 단위에 대한 기준이다.

◯✕ 문제

04 어림은 부정확한 측정이므로 과학 탐구에서는 의미가 없다. (◯ ✕)

05 과학에서 측정한 기본량을 정확하게 나타내려면 기본 단위에 대한 정의가 필요하다. (◯ ✕)

06 측정 표준은 산업 및 의료 분야에도 유용하게 활용된다. (◯ ✕)

03 측정과 측정 표준

1 측정과 어림

01

도구를 이용한 물질의 기본량 측정에 대한 설명으로 옳은 것만을 〈보기〉에서 있는 대로 고른 것은?

〈보기〉
ㄱ. 감각 기관을 이용한 관찰에 의한 측정은 도구를 이용한 측정보다 더 정확하다.
ㄴ. 도구를 이용한 측정 결과는 수와 단위로 나타낸다.
ㄷ. 도구를 이용한 측정값을 읽는 과정에는 한계가 있다.

① ㄱ   ② ㄷ   ③ ㄱ, ㄴ   ④ ㄴ, ㄷ   ⑤ ㄱ, ㄴ, ㄷ

02

측정과 어림에 대한 설명으로 옳은 것만을 〈보기〉에서 있는 대로 고른 것은?

〈보기〉
ㄱ. 어림은 효율적인 측정 도구와 측정 방법을 선택하는 데 도움이 된다.
ㄴ. 질량을 측정할 때 mg(밀리그램) 단위보다 g(그램) 단위를 사용하면 더 정밀한 측정을 할 수 있다.
ㄷ. 측정과 어림은 과학 탐구에서만 활용된다.

① ㄱ   ② ㄴ   ③ ㄱ, ㄷ   ④ ㄴ, ㄷ   ⑤ ㄱ, ㄴ, ㄷ

03

다음은 물리량의 측정 과정에 대한 설명이다.

도구를 이용하면 기본량을 비롯해 물질이나 물질의 양을 측정할 수 있다. 이 과정에서 도구를 이용한 측정값을 읽는 방법에 한계가 있으므로 측정에는 반올림과 같은 ⃞ ㉠ ⃞ 을/를 활용한다.

이에 대한 설명으로 옳은 것만을 〈보기〉에서 있는 대로 고른 것은?

〈보기〉
ㄱ. 기본량의 종류에 따라 다양한 측정 도구를 사용한다.
ㄴ. '어림'은 ㉠으로 적절하다.
ㄷ. ㉠은 측정값의 의미를 파악하고 새로운 지식의 생산을 촉진한다.

① ㄱ   ② ㄴ   ③ ㄱ, ㄷ   ④ ㄴ, ㄷ   ⑤ ㄱ, ㄴ, ㄷ

2 측정 표준의 필요성

04 ✓빈출

다음은 국제단위계(SI)에서 정의한 두 측정 표준 단위에 대한 설명이다. ㉠은 단위, ㉡은 기본량의 종류이다.

㉠	s(초)
진공에서 빛이 특정 시간 동안 진행한 경로의 길이의 단위	세슘 원자에 흡수되거나 방출된 빛이 특정 횟수만큼 진동하는 데 걸리는 ㉡ 의 단위

이에 대한 설명으로 옳은 것만을 〈보기〉에서 있는 대로 고른 것은?

〈보기〉
ㄱ. ㉠은 'kg(킬로그램)'이다.
ㄴ. '시간'은 ㉡으로 적절하다.
ㄷ. 속력은 기본량인 길이와 ㉡을 조합하여 나타낸다.

① ㄱ   ② ㄴ   ③ ㄱ, ㄷ
④ ㄴ, ㄷ   ⑤ ㄱ, ㄴ, ㄷ

05 ✓빈출

다음은 미터원기에 대한 설명이다.

과학자들은 이전에 정의되었던 1 m를 기준으로 미터원기를 제작하고 이를 ⃞ ㉠ ⃞ 으로 활용했다. 현재는 1983년에 ㉡ 빛을 이용해 새롭게 정의한 1 m를 ⃞ ㉠ ⃞ 으로 활용한다.

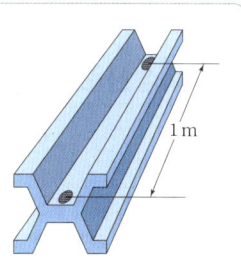

이에 대한 설명으로 옳은 것만을 〈보기〉에서 있는 대로 고른 것은?

〈보기〉
ㄱ. 미터원기는 길이를 측정하는 데 사용되었다.
ㄴ. '측정 표준'은 ㉠으로 적절하다.
ㄷ. ㉡과 미터원기에 의해 표시되는 1 m는 항상 같다.

① ㄱ   ② ㄷ   ③ ㄱ, ㄴ
④ ㄴ, ㄷ   ⑤ ㄱ, ㄴ, ㄷ

06

다음은 측정 표준에 대해 학생 A, B, C가 대화한 내용이다.

어떤 물리량을 측정할 때 공통으로 사용할 수 있는 단위에 대한 기준이야.
학생 A

측정 표준을 이용한 측정 결과는 신뢰할 수 있는 정보로 활용해.
학생 B

학문 영역에만 사용하고 일상생활에는 적용되지 않아.
학생 C

제시한 내용이 옳은 학생만을 있는 대로 고른 것은?

① A   ② C   ③ A, B   ④ B, C   ⑤ A, B, C

07 ✔빈출

다음은 고대 이집트 시대에 사용하던 길이 측정 방법에 대한 설명이다.

고대 이집트에서는 사람의 팔꿈치부터 가운뎃손가락 끝까지의 길이를 '큐빗'이라는 길이의 단위로 정하고, 그 단위에 해당하는 자를 만들어 사용하였다.

1 큐빗

큐빗이라는 단위에 대한 설명으로 옳은 것만을 〈보기〉에서 있는 대로 고른 것은?

〈보기〉
ㄱ. 고대 이집트 시대의 측정 표준이다.
ㄴ. 1 큐빗의 길이는 항상 일정하다.
ㄷ. 측정한 길이를 수치와 단위로 나타낼 수 없다.

① ㄱ   ② ㄴ   ③ ㄱ, ㄷ
④ ㄴ, ㄷ   ⑤ ㄱ, ㄴ, ㄷ

③ 측정 표준의 활용

08 ✔빈출

측정 표준의 활용과 필요성에 대한 설명으로 옳은 것만을 〈보기〉에서 있는 대로 고른 것은?

〈보기〉
ㄱ. 원활한 의사소통과 공정한 거래를 가능하게 한다.
ㄴ. 각 지역의 특성을 고려하여 다른 길이 단위를 적용하여 속력을 규정한다.
ㄷ. 일상생활 영역 및 과학기술 영역에 전반적으로 활용되고 있다.

① ㄱ   ② ㄴ   ③ ㄱ, ㄷ
④ ㄴ, ㄷ   ⑤ ㄱ, ㄴ, ㄷ

09

난이도 상

다음은 우주 발사체 개발 과정에 대한 설명이다.

우주 발사체는 많은 연구 분야들의 협업으로 이루어진다. 인공위성의 궤도와 높이 등을 정하고 이에 맞춘 발사체의 무게, 모양, 발사 ㉠ 속력 등을 정확하게 설정하기 위해 연구 결과를 교환하고 부품을 생산, 조립해야 한다. 이 과정에서 각 연구 분야들의 시간, ㉡ 길이, 질량 등의 측정 결과를 공유하는 과정이 필요하다.

이에 대한 설명으로 옳은 것만을 〈보기〉에서 있는 대로 고른 것은?

〈보기〉
ㄱ. 각 분야별 특성에 따라 같은 기본량이라도 서로 다른 측정 표준을 사용하여야 한다.
ㄴ. ㉠은 기본량 중 길이와 시간을 조합하여 나타낸다.
ㄷ. ㉡의 기본량 단위는 미터원기를 이용해 정의한다.

① ㄱ   ② ㄴ   ③ ㄱ, ㄷ
④ ㄴ, ㄷ   ⑤ ㄱ, ㄴ, ㄷ

서술형 문제

10

그림 (가), (나)는 각각 길이와 질량의 기본량 단위의 기준으로 사용하였던 미터원기와 킬로그램 원기를 나타낸 것이다.

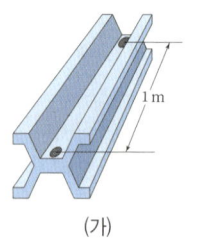
1 m

(가)   (나)

(1) (가), (나)와 같은 길이와 질량 기준의 문제점을 원기의 재료와 관련지어 서술하시오.

_____

_____

(2) (1)에서 서술한 문제점을 해결하기 위한 현대의 길이와 질량의 측정 표준의 특징은 무엇인지 서술하시오.

_____

_____

04 신호와 정보

① 신호의 측정과 분석

1 신호와 정보

(1) **신호**: 인간을 둘러싼 자연의 변화❶가 전달되는 것으로 자연에서 발생하는 신호는 지진파나, 빛, 소리와 같은 파동부터 힘, 압력, 온도 등 여러 가지 형태를 띠고 있다.

(2) **정보**: 자연계의 신호를 측정하고 분석하여 우리에게 의미 있는 형태의 자료로 만든 것으로 우리는 감각을 통해 자연의 여러 가지 신호를 받아들이고 필요한 정보를 얻어 일상생활에 유용하게 이용한다.

(3) **신호 발생과 정보 수집의 예**

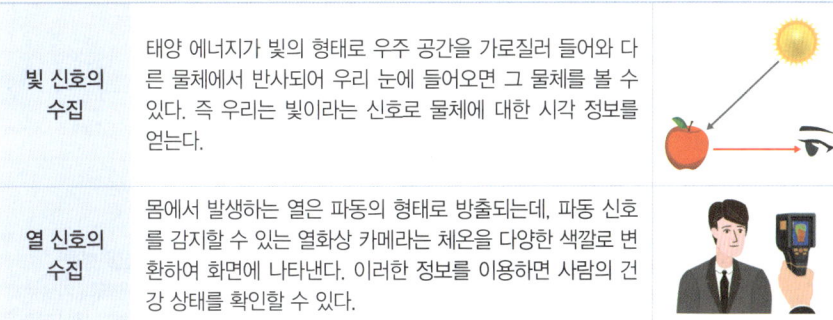

빛 신호의 수집	태양 에너지가 빛의 형태로 우주 공간을 가로질러 들어와 다른 물체에서 반사되어 우리 눈에 들어오면 그 물체를 볼 수 있다. 즉 우리는 빛이라는 신호로 물체에 대한 시각 정보를 얻는다.
열 신호의 수집	몸에서 발생하는 열은 파동의 형태로 방출되는데, 파동 신호를 감지할 수 있는 열화상 카메라는 체온을 다양한 색깔로 변환하여 화면에 나타낸다. 이러한 정보를 이용하면 사람의 건강 상태를 확인할 수 있다.

2 신호와 정보의 변환

(1) **아날로그 신호와 디지털 신호**

① **아날로그 신호**: 자연에서 발생하는 빛, 소리 등 대부분의 신호 형태로 <mark>연속적으로 변하는 값을 가지는 신호</mark>

② **디지털❷ 신호**: 컴퓨터에서 인식할 수 있는 신호로 0과 1의 이진수❸의 형태로 표시되는 <mark>불연속적인 신호</mark>

(2) **센서**: 자연계에서 발생하는 아날로그 신호를 감지하여 디지털 신호로 변환하는 장치로 인간의 감각을 대신하여 감지한 신호를 전기 신호로 바꾸어 준다. 감지하는 신호의 종류에 따라 광센서, 화학 센서, 가속도 센서, 압력 센서, 온도 센서, 힘 센서, 초음파 센서, 정전 센서 등 여러 가지 종류가 있다.

광센서	<mark>비접촉형 체온계는 물체가 자신의 온도에 해당하는 에너지를 파동의 형태로 방출하는 원리를 이용해 온도를 측정</mark>한다. 일반적으로 사람의 체온 정도의 온도에서는 적외선을 방출하고 체온계에는 적외선을 감지하는 센서가 있다. 전자기파 중 하나야~
가속도 센서	물체의 관성을 이용한 센서로 <mark>수평과 수직 방향의 가속도를 감지할 수 있어 수평을 유지하는 데 이용</mark>된다. 스마트폰 내부에는 가속도 센서가 들어 있어 스마트폰의 방향에 맞추어 화면이 가로나 세로 방향으로 자동 전환된다.
초음파 센서	자동차 앞뒤 범퍼에 초음파를 감지하는 센서가 있어서 초음파를 발생시킨 후 반사되어 오는 신호를 감지하여 장애물까지의 거리를 측정한다.
정전 센서	화면의 글자나 그림에 사람의 손이 닿았을 때 변환되는 전기 신호를 감지해 명령을 실행할 수 있다.

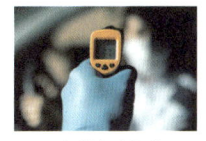
적외선 체온계

스마트폰의 화면 전환

자동차의 범퍼

터치스크린

단원 한눈에 보기

신호와 정보

신호와 정보

신호, 정보의 변환 ─ 아날로그 신호 ─ 센서
─ 디지털 신호 ◁
─ 광, 가속도, 초음파, 정전

디지털 기술 ─ 현대 문명의 변화

❶ **자연계의 변화 예**
낮에 강했던 햇빛의 세기가 약해지면서 밤이 되고, 여름에 높았던 기온이 낮아지면서 겨울이 되는 현상 등

▲ 낮과 밤

▲ 여름과 겨울

❷ **디지털**
연속적으로 변하는 양을 최소 단위를 갖는 불연속적인 값으로 나타낸 것이다.

❸ **이진수**
이진법으로 나타낸 수를 말한다. 이진법은 숫자 0과 1만을 사용하여 둘씩 묶어서 윗자리로 올려 가는 표기법으로 십진법의 0, 1, 2, 3, 4는 이진법에서는 0, 1, 10, 11, 100이다.

(3) **신호의 변환**: 스마트폰을 비롯한 대부분의 전자 기기는 디지털 신호를 사용하여 정보를 처리한다. 따라서 센서에서 변환될 아날로그 전기 신호를 일정한 주기로 자르고, 그 각각의 값을 이진수로 표시하여 디지털 신호로 변환하는 과정을 거쳐야 한다.

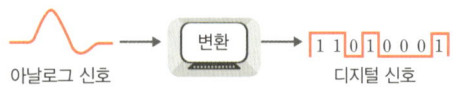

아날로그 디지털 변환기에서의 신호 변환❹

[디지털 신호의 장점]
아날로그 신호에 비해 저장에 필요한 용량이 작고, 복사와 편집이 자유로우며 빠르게 정보를 전달할 수 있다.

② 디지털 기술과 현대 문명

• **디지털 정보 기술의 기능과 변화**: 디지털 신호를 이용하는 정보 통신❺ 기술은 우리 생활을 크게 변화시켰다. 인터넷이나 스마트폰을 이용해 전 세계의 사람들과 즉시 연결되고 정보를 공유할 수 있으며, 디지털 신호를 처리하는 컴퓨터의 발달로 복잡한 작업을 빠르게 수행할 수 있다. 최근에는 빅데이터, 사물 인터넷(IoT), 인공지능(AI) 등의 기술이 발달하면서 새로운 형태의 의사소통, 협업, 문제 해결을 가능하게 하고 있다.

🔍 자세하게 조사하기 – 디지털 기술이 일상생활에 이용된 사례 조사하기

[교육] 전자책, 교육앱 등으로 원하는 시간과 장소에서 학습할 수 있어 교육 분야에서 널리 쓰인다.

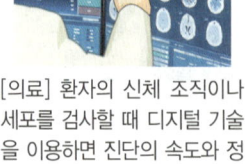

[의료] 환자의 신체 조직이나 세포를 검사할 때 디지털 기술을 이용하면 진단의 속도와 정확도가 높아진다.

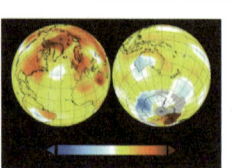

[과학 연구] 많은 양의 디지털 자료를 빠르게 처리하여 기후 변화를 감시하고 분석하는 데 활용된다.

[전자 상거래] 인터넷 뱅킹, 전자 화폐 등으로 디지털 금융 및 상품 구매 서비스를 제공받는다.

[운송 및 교통] 무인 드론, 자율 주행 기술 등으로 운전자 없이 운송하거나 상품을 배달한다.

[에너지 산업] 재생 에너지 기술, 스마트 그리드 기술로 기후 변화 및 에너지 고갈 문제에 대처한다.

아날로그 방식과 디지털 방식의 비교

(가)　　　　(나)

그림 (가)와 같이 시간이 지나면서 바늘의 눈금이 계속 변하는 방식을 아날로그 방식이라고 하고, 그림 (나)와 같이 숫자를 써서 불연속적으로 변하는 방식을 디지털 방식이라고 한다.

정보 처리 시스템 과정

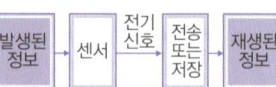

❹ **아날로그 디지털 신호 변환**
신호 변환 과정에서 원래의 아날로그 신호의 모든 정보를 기록하지 못하고 왜곡되거나 일부를 잃을 수도 있다.

정보의 왜곡을 최소화하려면 기록하는 간격을 작게 해야 해! 그런데 기록하는 간격을 작게 하면 처리 속도가 느려져~

❺ **정보 통신**
컴퓨터와 다양한 통신 수단을 이용하여 정보를 주고받는 것

✏️ 바로 복습

정답과 해설 05쪽

빈칸 채우기 문제

01 (　　　)는 자연계의 변화를 전달하는 것이며, 이 (　　　)를 분석하여 우리에게 의미 있는 형태의 자료로 만든 것을 정보라고 한다.

02 (　　　)를 활용하여 자연에서 일어나는 아날로그 신호를 측정하고 분석하여 일상생활에서 이용할 수 있는 (　　) 방식의 정보를 산출할 수 있다.

03 (　　　) 정보 기술은 은행 및 금융, 교육, 의료 등 사회의 여러 분야에 영향을 미친다.

OX 문제

04 비접촉식 체온계는 광센서를 이용해 전자기파를 감지하여 온도를 측정한다.　　（○ ×）

05 자연계에서 발생하는 신호는 불연속적인 디지털 형태의 신호이다.　　（○ ×）

06 센서를 이용하면 디지털 형태의 신호를 아날로그 형태의 신호로 변환할 수 있다.　　（○ ×）

07 스마트 기기로 측정한 정보 및 촬영한 사진과 영상은 모두 디지털 정보로 이루어져 있다.　　（○ ×）

탐구 스마트 기기를 활용해 기본량 측정하기

정답과 해설 05쪽

목표
스마트 기기를 활용해 길이(거리), 시간, 온도 등의 기본량을 측정하고 분석할 수 있다.
준비물 > 스마트 기기

과정

[과정 1]
❶ 스마트 기기에 길이와 시간 측정 애플리케이션을 각각 설치한다.
❷ 설치한 애플리케이션을 이용해 나와 목표물 사이의 거리를 측정하고, 걸어갈 때와 뛰어갈 때 목표물까지 이동하는 데 걸린 시간을 각각 측정한다.
❸ 측정한 거리와 시간을 이용해 속력을 분석한다.

[과정 2]
❶ 온도 측정 애플리케이션을 이용해 운동장의 온도를 9 시부터 15 시까지 1 시간 간격으로 측정한다.
❷ 측정한 온도를 이용해 그래프를 작성하고 시간에 따른 온도 변화를 분석한다.

결과

❶ [과정 1]에서 측정한 나와 목표물 사이의 거리, 걸어갈 때와 뛰어갈 때 걸린 시간을 표에 정리하고 분석해 보자.

나와 목표물 사이의 거리	걸어갈 때 걸린 시간	뛰어갈 때 걸린 시간
50 m	50 초	10 초

➡ 걸어갈 때의 속력은 (   )이고, 뛰어갈 때의 속력은 (   )이다.
➡ 같은 거리를 운동할 때, 운동하는 데 걸리는 시간은 속력에 (   )한다.

❷ [과정 2]에서 시간에 따른 운동장의 온도를 표에 정리하고 분석해 보자.

시간(시)	9	10	11	12	13	14	15
기온(℃)	9.3	12.1	14.6	17.7	18.2	19.6	19.7

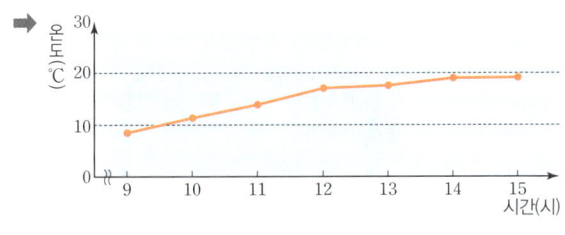

➡ 9시부터 15시까지 운동장의 온도는 (   )진다.

정리

1 스마트 기기에 설치한 애플리케이션이 거리를 측정하는 원리는 무엇인가?
➡ 스마트 기기에 설치한 애플리케이션이 거리를 측정하는 원리는 (   ) 센서를 이용한 것이다. 스마트 기기가 기울어진 각도를 바탕으로 거리를 측정할 수 있다.

2 스마트 기기에 설치한 애플리케이션이 온도를 측정하는 원리는 무엇인가?
➡ 스마트 기기에 설치한 애플리케이션이 온도를 측정하는 원리는 (   )센서를 이용한 것이다. 스마트 기기에서 측정하는 적외선을 이용해 온도를 측정할 수 있다.

04 신호와 정보

1 신호의 측정과 분석

01 ✓빈출

신호와 정보에 대한 설명으로 옳은 것만을 〈보기〉에서 있는 대로 고른 것은?

〈보기〉
ㄱ. 자연계의 변화가 인간에게 전달되어 신호가 된다.
ㄴ. 신호를 측정하고 분석하여 우리에게 의미 있는 형태의 정보를 얻을 수 있다.
ㄷ. 물체에 반사된 빛 신호에 의한 시각 정보는 인간의 감각 기관을 통해서만 얻을 수 있다.

① ㄱ   ② ㄷ   ③ ㄱ, ㄴ
④ ㄴ, ㄷ   ⑤ ㄱ, ㄴ, ㄷ

02

표는 신호를 형태에 따라 분류한 것을 나타낸 것으로, ⓐ, ⓑ는 아날로그와 디지털을 순서 없이 나타낸 것이다.

ⓐ 형태의 신호	ⓑ 형태의 신호
자연에서 발생하는 빛, 소리 등 대부분의 신호 형태	컴퓨터에서 인식할 수 있는 ⓐ 의 형태로 표시되는 신호

이에 대한 설명으로 옳은 것만을 〈보기〉에서 있는 대로 고른 것은?

〈보기〉
ㄱ. ⓐ는 아날로그이다.
ㄴ. ⓑ 형태의 신호는 불연속적이다.
ㄷ. '이진수'는 ⓐ으로 적절하다.

① ㄱ   ② ㄴ   ③ ㄱ, ㄷ
④ ㄴ, ㄷ   ⑤ ㄱ, ㄴ, ㄷ

03

센서에 대한 설명으로 옳은 것만을 〈보기〉에서 있는 대로 고른 것은?

〈보기〉
ㄱ. 자연계의 신호를 수신하는 장치이다.
ㄴ. 디지털 전기 신호를 아날로그 신호로 변환해 주는 장치이다.
ㄷ. 센서를 이용해 얻은 정보는 전송이 어렵다.

① ㄱ   ② ㄷ   ③ ㄱ, ㄷ
④ ㄴ, ㄷ   ⑤ ㄱ, ㄴ, ㄷ

04 ✓빈출   난이도 상

그림은 자연계에서 발생한 신호 A가 센서에 수신되어 신호 B로 변환되는 과정을 나타낸 것이다. A, B는 아날로그 신호와 디지털 신호를 순서 없이 나타낸 것이다.

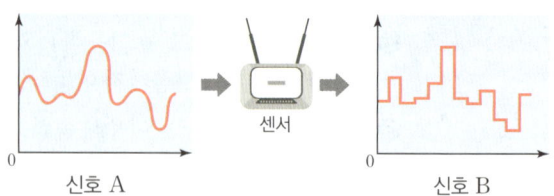

신호 A   센서   신호 B

이에 대한 설명으로 옳은 것만을 〈보기〉에서 있는 대로 고른 것은?

〈보기〉
ㄱ. A는 디지털 신호이다.
ㄴ. A가 B로 변환되는 과정에서 원래 가지고 있던 전체 정보는 항상 보존된다.
ㄷ. B는 A보다 신호를 저장하거나 재생하기가 쉽다.

① ㄱ   ② ㄷ   ③ ㄱ, ㄴ
④ ㄴ, ㄷ   ⑤ ㄱ, ㄴ, ㄷ

05

그림 (가)는 스마트폰을 기울여 거리를 측정하는 모습을, (나)는 레이저 거리 측정기를 활용하여 거리를 측정하는 모습을 나타낸 것이다.

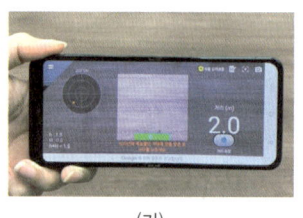   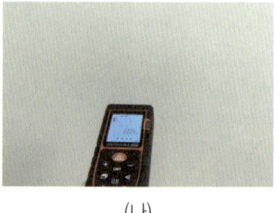

(가)   (나)

이에 대한 설명으로 옳은 것만을 〈보기〉에서 있는 대로 고른 것은?

〈보기〉
ㄱ. 거리의 기본량 단위는 m(미터)이다.
ㄴ. (가)는 스마트폰의 가속도 센서를 이용한다.
ㄷ. (나)에서 레이저 빛이 반사되어 되돌아오는 데 걸리는 시간이 길수록 측정된 거리가 길다.

① ㄱ   ② ㄷ   ③ ㄱ, ㄴ
④ ㄴ, ㄷ   ⑤ ㄱ, ㄴ, ㄷ

06 ✅빈출

그림 (가)는 자동차의 속력 표시 장치로 자동차의 운동 상태에 따라 변하는 자기력을 이용한다. 그림 (나)는 속력 측정 장치로 자동차의 속력을 측정할 때 이용한다.

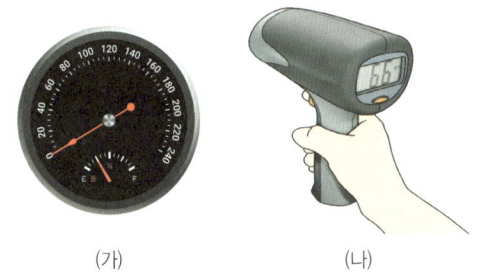

(가)   (나)

이에 대한 설명으로 옳은 것만을 〈보기〉에서 있는 대로 고른 것은?

> 보기
> ㄱ. (가)에서는 속력이 아날로그 형태의 정보로 표시된다.
> ㄴ. (나)에서는 광센서가 전자기파를 감지한다.
> ㄷ. (나)에서는 장치에 수신되는 연속적인 신호를 불연속적인 신호로 변환한다.

① ㄱ   ② ㄷ   ③ ㄱ, ㄴ
④ ㄴ, ㄷ   ⑤ ㄱ, ㄴ, ㄷ

---

② 디지털 기술과 현대 문명

07 ✅빈출

다음은 현대 문명과 관련된 자료이다.

> (가) 사회 관계망 서비스를 이용하여 ⊙ 사진, 영상 등의 정보를 여러 사람과 공유할 수 있다.
> (나) 인터넷 뱅킹, 전자 화폐 등으로 ⓒ 금융 및 상품 구매 서비스를 제공받는다.

이에 대한 설명으로 옳은 것만을 〈보기〉에서 있는 대로 고른 것은?

> 보기
> ㄱ. ⊙은 불연속적인 형태의 정보로 전송된다.
> ㄴ. ⓒ은 아날로그 형태로 제공된다.
> ㄷ. (가)와 (나)에 모두 정보 통신 기술이 이용된다.

① ㄱ   ② ㄴ   ③ ㄱ, ㄷ
④ ㄴ, ㄷ   ⑤ ㄱ, ㄴ, ㄷ

08

디지털 정보와 기술의 활용에 대한 설명으로 옳은 것만을 〈보기〉에서 있는 대로 고른 것은?

> 보기
> ㄱ. 태양의 고도 변화를 통해 시간을 알 수 있다.
> ㄴ. 물체에서 발생하는 연속적인 소리의 변화를 듣고 물체의 운동 방향을 분석한다.
> ㄷ. 실시간 영상을 통해 원하는 장소에서 수업을 들을 수 있다.

① ㄱ   ② ㄷ   ③ ㄱ, ㄴ
④ ㄴ, ㄷ   ⑤ ㄱ, ㄴ, ㄷ

09

디지털 정보와 현대 문명에 대한 설명으로 옳은 것만을 〈보기〉에서 있는 대로 고른 것은?

> 보기
> ㄱ. 디지털 정보는 아날로그 신호로 수신되는 모든 정보를 십진수의 형태로 저장한다.
> ㄴ. 환자의 신체 조직이나 세포를 검사할 때 디지털 기술을 이용하면 진단의 정확도가 높아진다.
> ㄷ. 정보 통신 시스템에서는 디지털 정보를 송수신한다.

① ㄱ   ② ㄴ   ③ ㄱ, ㄷ
④ ㄴ, ㄷ   ⑤ ㄱ, ㄴ, ㄷ

서술형 문제

10

다음은 원격 화상 회의의 원리에 대한 설명이다.

> 원격 화상 회의는 회의에 참석한 사람들에 대한 ⊙ 영상, 소리 정보가 실시간으로 전송되어 직접 대면하지 않고 영상 화면과 소리를 이용해 회의를 진행할 수 있다.

(1) ⊙이 실시간으로 전송되기 위한 정보의 변환 과정을 서술하시오.

_____

_____

(2) ⊙이 (1)과 같이 변환되는 과정에서의 문제점과 그 문제점을 줄이는 방법을 서술하시오.

_____

_____

I 과학의 기초

빈출 개념 기본량과 기본량의 이용 ★★★★   측정 표준의 발전과 활용 ★★★★★   신호와 정보 ★★★★

1 기본량과 단위

그림 (가)는 국제단위계(SI)의 기본량 단위를, (나)는 기본량을 이용하여 나타낸 유도량의 단위를 나타낸 것이다.

유도량	유도 단위
넓이	m^2
부피	m^3
속력	m/s
밀도	kg/m^3

(가)   (나)

- 다음 설명 중 옳은 것은 ○표, 옳지 <u>않은</u> 것은 ✕표 하시오.

1 질량의 단위 ㉠은 'kg(킬로그램)'이다.　　　　(○ ┊ ✕)
2 기본량 ㉡은 '길이'이다.　　　　　　　　　(○ ┊ ✕)
3 시간의 단위 ㉢은 'pc(파섹)'이다.　　　　　(○ ┊ ✕)
4 넓이는 기본량 중 길이와 시간의 곱으로 나타내는 물리량이다.　　　　　　　　　　　　　　　　　(○ ┊ ✕)
5 속력은 기본량 중 길이와 시간의 조합으로 $\dfrac{\text{이동 거리}}{\text{걸린 시간}}$이다.　　　　　　　　　　　　　　　　　(○ ┊ ✕)
6 밀도는 단위 부피당 물질의 질량으로 기본량 중 물질량과 질량의 조합으로 나타낸다.　　　　　　　　(○ ┊ ✕)

2 측정 표준의 발전과 활용

(가)는 미터와 미터원기, (나)는 자동차의 생산 과정에 대한 설명이다.

> (가) 1875년 과학자들은 미터원기를 제작하고, 17개 나라가 모여 국제 사회의 도량형 통일에 관한 조약인 미터 협약을 맺어 미터원기를 ┃ ㉠ ┃으로 활용했다. 현재는 1983년 빛을 이용해 새롭게 정의한 1 m를 ┃ ㉠ ┃으로 활용한다.
>
> (나) 수만 개의 부품들이 정확한 크기와 성능으로 만들어져 하나의 자동차로 조립되기 위해 길이, 질량 등의 ┃ ㉠ ┃이 활용된다.

- 다음 설명 중 옳은 것은 ○표, 옳지 <u>않은</u> 것은 ✕표 하시오.

1 m(미터)는 기본량 중 시간의 기본 단위이다.　　(○ ┊ ✕)
2 ㉠은 '측정 표준'이다.　　　　　　　　　　(○ ┊ ✕)
3 빛을 이용하여 정의된 1 m는 미터원기로 정의된 1 m보다 더 정밀하다.　　　　　　　　　　　　　　　(○ ┊ ✕)
4 과학기술의 발달을 위해 ㉠이 필요하다.　　　(○ ┊ ✕)
5 ㉠은 과학기술 분야에만 영향을 미친다.　　　(○ ┊ ✕)
6 ㉠에 의한 질량의 기본 단위는 g(그램)이다.　　(○ ┊ ✕)

3 신호와 정보

그림 (가)와 (나)는 온도 정보를 두 가지의 형태로 나타낸 것으로, (가)와 (나)는 아날로그 정보와 디지털 정보를 순서 없이 나타낸 것이다.

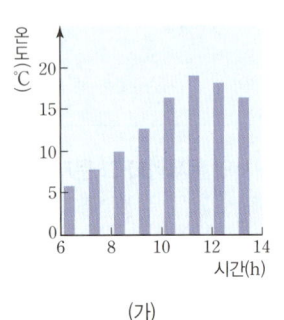
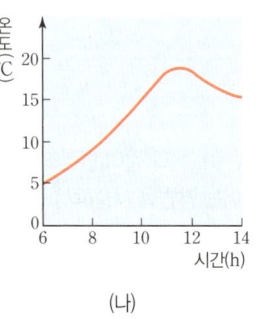

(가)   (나)

- 다음 설명 중 옳은 것은 ○표, 옳지 <u>않은</u> 것은 ✕표 하시오.

1 (가)는 아날로그 정보이다.　　　　　　　　(○ ┊ ✕)
2 (가)는 신호를 이진수로 표시하여 저장한다.　(○ ┊ ✕)
3 (나)는 불연속적인 신호에 의한 정보이다.　　(○ ┊ ✕)
4 센서에 의해 (나) 형태의 정보가 (가) 형태의 정보로 변환된다.　　　　　　　　　　　　　　　　　　　(○ ┊ ✕)
5 아날로그 신호를 디지털 신호로 변환하는 과정에서 정보가 일부 왜곡되거나 잃을 수도 있다.　　　　　　(○ ┊ ✕)
6 아날로그 신호는 디지털 정보에 비해 저장에 필요한 용량이 작다.　　　　　　　　　　　　　　　　　(○ ┊ ✕)

01

길이와 시간의 측정에 대한 설명으로 옳지 <u>않은</u> 것은?

① 원자나 분자처럼 눈에 보이지 않는 규모의 길이도 측정이 가능하다.
② 조선시대에 사용했던 앙부일구는 시간을 측정하는 장치이다.
③ 우주처럼 큰 규모의 거리를 측정할 때는 별의 밝기를 이용한다.
④ 현대 가장 정밀한 시계는 지구의 공전을 이용하여 시간을 측정한다.
⑤ 현대 길이 측정 장치는 레이저 빛을 이용해 길이를 정밀하게 측정한다.

02

다음은 기본량 A에 대한 설명이다.

> • 물질이 가지는 고유한 양으로 중력에 의해 정의한다.
> • 국제단위계(SI)에서는 플랑크 상수와 빛의 속력, 시간을 조합하여 정의한다.

기본량 A와 A의 단위로 옳은 것은?

	기본량	단위		기본량	단위
①	길이	m	②	길이	kg
③	질량	m	④	질량	kg
⑤	시간	s			

03 ✅빈출

표는 기본량과 기본량을 나타내는 표준화된 단위를 나타낸 것이다.

기본량	시간	질량	ⓒ
단위	⊙	ⓛ	K(켈빈)

이에 대한 설명으로 옳은 것만을 〈보기〉에서 있는 대로 고른 것은?

> 〈보기〉
> ㄱ. ⊙은 's(초)'이다.
> ㄴ. 속력의 단위는 ⊙과 ⓛ의 조합으로 나타낸다.
> ㄷ. 열은 ⓒ이 높은 물질에서 낮은 물질로 이동한다.

① ㄱ ② ㄴ ③ ㄱ, ㄷ ④ ㄴ, ㄷ ⑤ ㄱ, ㄴ, ㄷ

04

다음은 조선시대에 기본량을 측정한 장치인 앙부일구에 대한 설명이다.

> 앙부일구는 조선시대에 기본량 중 ⊙ 을/를 측정하는 장치로서 영침이 북극성(북쪽)을 향하도록 설치하여 영침의 그림자의 위치를 통해 ⊙ 을/를 측정하였다.

⊙에 대한 설명으로 옳은 것만을 〈보기〉에서 있는 대로 고른 것은?

> 〈보기〉
> ㄱ. 시간이다.
> ㄴ. 국제단위계(SI)에서 표준화된 단위는 's(초)'이다.
> ㄷ. 현대에는 정밀하게 측정하기 위해 레이저 빛을 이용한 측정 장치를 사용한다.

① ㄱ ② ㄷ ③ ㄱ, ㄴ
④ ㄴ, ㄷ ⑤ ㄱ, ㄴ, ㄷ

05

그림은 태블릿 PC 상품 정보를 나타내는 광고문을 나타낸 것이다.

제품 상세 정보	
화면 넓이	0.03 m²
정격 전류	1 A
배터리 용량	2000 mAh
최대 사용 시간	10 시간
CPU 온도	40 ℃
질량	1 kg

이에 대한 설명으로 옳은 것만을 〈보기〉에서 있는 대로 고른 것은?

> 〈보기〉
> ㄱ. 정격 전류는 기본량이다.
> ㄴ. 화면 넓이는 기본량 중 길이만의 조합으로 나타낸 유도량이다.
> ㄷ. 배터리 용량은 전류와 시간의 곱으로 나타낸다.

① ㄱ ② ㄴ ③ ㄱ, ㄷ
④ ㄴ, ㄷ ⑤ ㄱ, ㄴ, ㄷ

06 ☑빈출

측정 표준에 대한 설명으로 옳지 <u>않은</u> 것은?

① 어떠한 양을 측정할 때 공통으로 사용할 수 있는 단위에 대한 기준이다.
② 일상생활에서 소리의 세기를 측정할 때 dB(데시벨) 단위를 사용한다.
③ 현대 길이의 측정 표준으로 길이의 미터원기를 사용한다.
④ 측정 표준을 활용해 제작한 부품으로 조립한 제품은 성능과 신뢰성이 보장된다.
⑤ 측정 표준은 일상생활에서도 의사소통을 할 때 중요하게 활용된다.

07

다음은 과학 탐구 과정에 활용되는 방법에 대한 설명이다.

> ⊙ 은/는 과학 탐구에서 어떠한 양을 추정하는 과정으로 정확한 측정이나 계산 없이 정보를 바탕으로 물리량을 예상하는 과정이다.

이에 대한 설명으로 옳은 것만을 〈보기〉에서 있는 대로 고른 것은?

> **보기**
> ㄱ. '어림'은 ⊙으로 적절하다.
> ㄴ. ⊙은 효율적인 측정 계획과 수행을 돕는 역할을 한다.
> ㄷ. ⊙은 측정값의 의미를 파악하고 새로운 지식의 생산을 촉진한다.

① ㄱ   ② ㄴ   ③ ㄱ, ㄷ
④ ㄴ, ㄷ   ⑤ ㄱ, ㄴ, ㄷ

08

다음은 센서에 대해 학생 A, B, C가 대화한 내용이다.

센서는 아날로그 신호를 수신해서 디지털 신호로 변환해. — 학생 A
비접촉식 온도계에는 초음파를 수신하는 초음파 센서가 있어. — 학생 B
스마트폰은 광센서를 통해 스마트폰이 기울어진 정도를 감지해. — 학생 C

제시한 내용이 옳은 학생만을 있는 대로 고른 것은?

① A   ② C   ③ A, B
④ B, C   ⑤ A, B, C

만점 도전 문제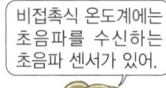

09 ☑빈출

그림 (가)는 스마트폰에 목소리를 녹음하는 모습이고, 그림 (나)는 (가)에서 나타나는 신호의 세기를 시간에 따라 나타낸 것으로 A, B는 스마트폰의 센서에 수신되는 신호와 센서를 통해 변환된 신호를 순서 없이 나타낸 것이다.

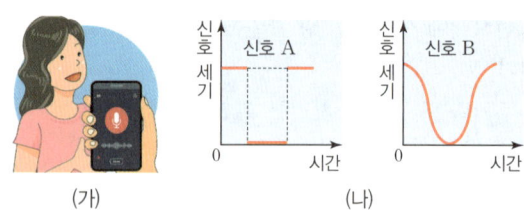

(가)   (나)

이에 대한 설명으로 옳은 것만을 〈보기〉에서 있는 대로 고른 것은?

> **보기**
> ㄱ. 센서에 수신되는 신호는 A이다.
> ㄴ. B는 아날로그 신호이다.
> ㄷ. A에 의한 정보는 B에 의한 정보보다 복사와 편집이 쉽다.

① ㄱ   ② ㄷ   ③ ㄱ, ㄴ
④ ㄴ, ㄷ   ⑤ ㄱ, ㄴ, ㄷ

서술형 문제

10

다음은 디지털 카메라의 원리에 대한 설명이다.

> 렌즈를 통해 빛이 전하 결합 소자(CCD)의 광센서에 들어오면 빛이 광센서와 연결된 신호 변환기를 거쳐 메모리 카드에 저장된다. 이때 CCD에 배치된 화소의 수에 따라 사진의 *해상도가 달라진다.
>
>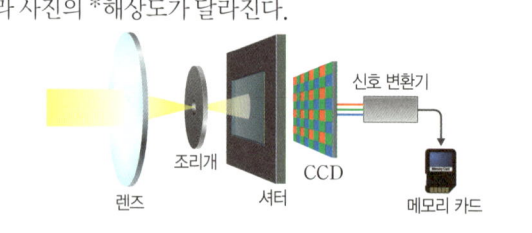
>
> 렌즈   조리개   셔터   CCD   신호 변환기   메모리 카드
>
> *해상도: 화면 또는 인쇄 등에서 이미지의 정밀도를 나타내는 지표

(1) 신호 변환기에서 일어나는 신호의 변환 과정을 서술하시오.

(2) 신호 변환 과정에서 왜곡을 줄이고, 해상도를 높이기 위한 방법을 그 까닭과 함께 서술하시오.

I 과학의 기초

01 그림 (가), (나)는 각각 기본량 A, B를 측정하는 장치와 원리를 나타낸 것이다.

(가)	(나)
현대에는 A를 정밀하게 측정하기 위해 세슘 원자가 흡수하거나 방출하는 전자기파를 이용한 장치를 이용한다.	현대에는 B를 정밀하게 측정하기 위해 레이저 빛을 쏘아 빛이 왕복하는 원리를 이용하는 장치를 이용한다.

이에 대한 설명으로 옳은 것만을 〈보기〉에서 있는 대로 고른 것은?

〈보기〉
ㄱ. A는 길이이다.
ㄴ. B의 표준화된 단위는 m(미터)이다.
ㄷ. 부피는 기본량 A, B를 조합하여 나타내는 유도량이다.

① ㄱ   ② ㄴ   ③ ㄱ, ㄷ   ④ ㄴ, ㄷ   ⑤ ㄱ, ㄴ, ㄷ

☑ 기출 패턴

기본량을 측정하는 장치의 종류와 원리를 알고 있어야 한다.

💡 배경 지식

- 기본량인 길이와 시간의 표준화된 단위는 각각 m(미터), s(초)이다.
- 길이와 시간을 조합하여 단위 시간 동안 물체가 이동한 거리인 속력의 단위 m/s를 나타낼 수 있다.

02 다음은 비접촉식 온도계를 이용해 사람의 체온을 측정하는 원리에 대한 설명이다.

모든 물체는 자신의 온도에 해당하는 에너지를 전자기파의 형태로 방출한다. 사람의 체온 정도의 온도에서는 적외선 신호를 주로 방출하는데, 비접촉식 온도계의 ⓐ 이/가 이 적외선 신호를 수신하고 ⓑ 신호를 변환하여 온도 정보를 화면을 통해 나타낸다.

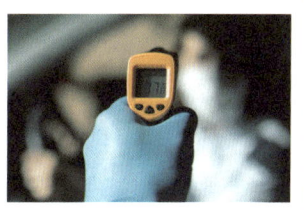

이에 대한 설명으로 옳은 것만을 〈보기〉에서 있는 대로 고른 것은?

〈보기〉
ㄱ. 온도의 측정 표준은 dB(데시벨) 단위로 표현한다.
ㄴ. '광센서'는 ⓐ으로 적절하다.
ㄷ. ⓑ 과정에서 아날로그 신호가 디지털 신호로 변환된다.

① ㄱ   ② ㄷ   ③ ㄱ, ㄴ   ④ ㄴ, ㄷ   ⑤ ㄱ, ㄴ, ㄷ

☑ 기출 패턴

기본량의 측정 표준 단위가 무엇인지 알고 있어야 한다.

💡 배경 지식

- 온도의 측정 표준은 K(켈빈) 또는 ℃(섭씨도 – 일상생활에서 주로 사용) 단위로 표현한다.
- 센서는 자연계에서 발생하는 아날로그 신호를 감지하여 디지털 신호로 변환한다.

II

물질과 규칙성

우주의 팽창

01 대부분의 외부 은하들은 특별한 중심 없이 모든 방향으로 멀어지고 있으며, 멀리 떨어져 있는 은하일수록 더 ☐☐☐ 멀어지고 있어요.

02 ☐☐☐☐☐은 약 138억 년 전 초고온, 초고밀도의 한 점에서 대폭발 이후 우주가 탄생하였고 우주가 식어가면서 현재와 같은 우주가 탄생하였다는 이론이에요.

시간의 흐름

은하

대폭발

원자와 이온

03 원자는 양전하를 띠는 ☐☐☐과 음전하를 띠는 ☐☐로 이루어져 있어요.

04 원자가 전자를 잃어 형성된 ☐☐☐은 (+)전하를 띠고, 원자가 전자를 얻어 형성된 ☐☐☐은 (-)전하를 띠어요.

원자   양이온   음이온

전류

05 전류는 전하의 흐름으로 도선을 통해 ☐☐가 이동하면서 전하를 운반해요.

06 전류가 흐를 때 ☐☐☐은 이동하지 않고 ☐☐만 이동해요.

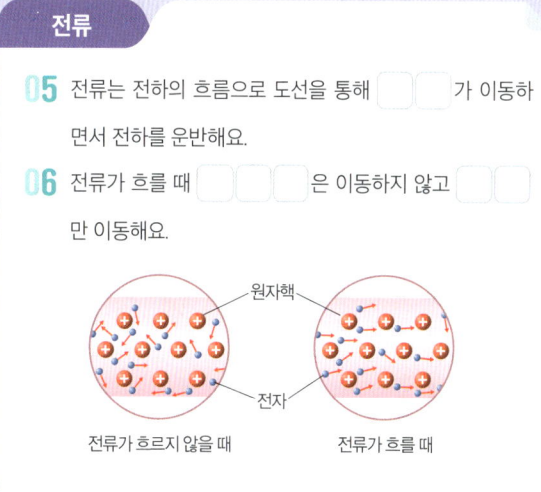

원자핵

전자

전류가 흐르지 않을 때   전류가 흐를 때

05 우주 초기에 생성된 원소

1 스펙트럼과 우주의 원소 분포

1 스펙트럼❶: 빛을 분광기로 관측할 때 파장에 따라 나누어져 보이는 색의 띠
2 스펙트럼의 종류: 연속 스펙트럼과 선스펙트럼(흡수, 방출)으로 구분된다.

구분		특징
연속 스펙트럼		• 모든 파장 영역에서 연속적인 색이 나타나는 스펙트럼 • 백열전구나 고온·고밀도의 광원을 관측할 때 나타난다.
선 스펙트럼	흡수 스펙트럼	• 연속 스펙트럼에서 특정 파장 부분이 검은 선으로 나타나는 선스펙트럼 • 저온의 기체를 통과한 빛을 관측할 때 나타난다. • 저온의 기체를 구성하는 원소가 특정한 파장을 흡수하기 때문
	방출 스펙트럼	• 특정 파장 부분이 밝은 선으로 나타나는 선스펙트럼 • 고온의 광원 주변에서 가열된 고온의 기체를 관측할 때 나타난다. • 고온의 기체를 구성하는 원소가 특정한 파장을 방출하기 때문

광원(별) → 연속 스펙트럼

광원(별) / 저온의 기체 → 흡수 스펙트럼

고온의 기체 → 방출 스펙트럼

3 스펙트럼의 분석

(1) 서로 다른 원소는 흡수선이나 방출선의 위치가 서로 다르고, 동일한 원소는 흡수선과 방출선의 위치가 같다. ➡ 원소마다 특정 파장의 에너지를 흡수하거나 방출한다.
(2) 별이나 은하의 스펙트럼 흡수선의 세기를 비교하면 구성 원소의 질량비를 알 수 있다.
(3) 별이나 은하의 흡수선과 원소의 방출선의 위치를 비교하면 별이나 은하를 구성하는 원소의 종류를 알아낼 수 있다.

🔍 **자세하게** **원소의 종류에 따라 스펙트럼 선의 위치가 다르게 나타나는 까닭**

	수소	탄소
흡수 스펙트럼		
방출 스펙트럼		

1. 서로 다른 원소: 수소와 탄소의 흡수 스펙트럼을 비교해 보면 흡수선의 위치가 서로 다르며, 방출 스펙트럼에서 방출선의 위치도 서로 다르다.
2. 같은 원소: 수소에서 흡수 스펙트럼과 방출 스펙트럼을 비교해 보면 흡수선과 방출선의 위치가 같으며, 탄소에서도 흡수선과 방출선의 위치가 같다.

4 스펙트럼과 우주의 원소 분포: 기체를 구성하는 원소들은 항상 원소마다 특정한 파장의 에너지만을 흡수 또는 방출하기 때문에 우주 전역의 천체에서 방출되는 빛의 스펙트럼을 분석하면 우주에 존재하는 원소의 정보를 얻을 수 있다.

(1) **현재 우주에 존재하는 원소**: 대부분 수소와 헬륨이다.
(2) **우주 구성 원소 비율**: 우주의 수소와 헬륨의 질량비가 약 3 : 1이라는 것을 밝혀냈다.
└ 빅뱅 우주론에서의 예측값과 같아서 빅뱅 우주론의 증거가 돼~

이 원소들은 빅뱅 이후 우주 초기에 생성된 것이지!

❶ 스펙트럼의 원리
빛은 파장에 따라 굴절되는 정도가 다르기 때문에 파장에 따라 나누어진다.

스펙트럼이 나타나는 까닭
전자들은 특정 값의 에너지를 갖는 궤도에만 존재할 수 있는데, 이를 에너지 준위라고 한다. 전자가 궤도를 이동할 때는 이동한 궤도의 에너지 차이만큼 빛이 방출되거나 흡수된다. 이러한 원리에 의해 방출 스펙트럼 또는 흡수 스펙트럼이 나타난다.

태양의 스펙트럼
19 세기 초 독일의 프라운호퍼는 태양의 스펙트럼을 자세하게 분석한 결과 최초로 태양에서 수백 개의 흡수선을 발견하였다. 이는 태양 대기를 구성하는 원자들이 각기 특정한 파장의 빛을 흡수하기 때문에 생기는 선으로, 흡수선을 분석한 결과 태양의 대기가 수소, 헬륨, 나트륨 등 다양한 원소로 구성되어 있음을 알아냈다.

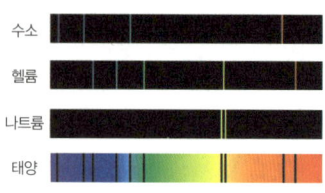

수소 / 헬륨 / 나트륨 / 태양

⭐ **암기신**

우주를 구성하는 주요 원소
수소, 헬륨 ➡ 빅뱅 이후 우주 초기에 생성

② 우주 초기 원소의 생성

1 물질의 구성 입자: 모든 물질은 원자로 이루어져 있고, 원자는 원자핵과 전자로, 원자핵은 양성자와 중성자로, 양성자와 중성자는 더 이상 분해되지 않는 쿼크❷로 이루어져 있다.

 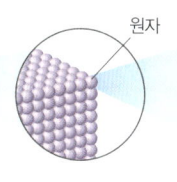 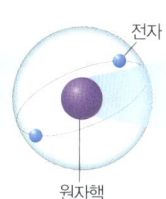 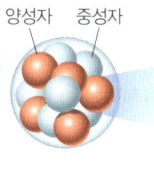 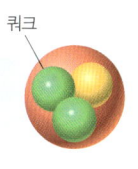

물질　　　원자　　　전자　　　양성자　중성자　　쿼크
　　　　　　　　　　원자핵

(1) 입자의 종류

① **기본 입자**
- 물질의 기본 단위로 더 이상 분해할 수 없는 입자이다. **예** 쿼크, 전자 등
- 전자는 전기적으로 음(−)전하를 띤다.

② **양성자, 중성자**❸
- 3개의 쿼크(같은 종류 쿼크 2개＋다른 종류 쿼크 1개)로 이루어진 입자이다.
- 결합하는 쿼크에 따라 양성자나 중성자가 된다.
- 양성자는 전기적으로 양(＋)전하를 띠고, 중성자는 전하를 띠지 않는다. ── 중성이야~
　└ 양성자들이 단단히 뭉칠 수 있도록 도와주는 역할을 해~

③ **원자핵**
- 양성자와 중성자가 결합하여 생성된 입자이다.
- 원자핵은 전기적으로 양(＋)전하를 띤다. ·양성자는 양(＋)전하를 띠고, 중성자는 전하를 띠지 않기 때문이야~

④ **원자**
- 원자핵과 전자로 이루어진 입자이다.
- 원자의 전자 수는 원자핵을 이루는 양성자수와 같다.
- 전기적으로 중성을 띤다.
　┌ '빅뱅'과 '대폭발'은 같이 사용하는 용어임.

2 빅뱅 우주론(대폭발 우주론): 약 138억 년 전 모든 물질과 에너지가 모인 고온·고밀도 상태의 한 점에서 ==빅뱅(대폭발)이 일어나 우주가 탄생==하였고, 우주는 ==지금까지도 팽창==하고 있다는 이론 ➡ 빅뱅 우주론으로 우주에서 원소의 생성 과정을 설명한다.

허블의 관측
허블은 외부 은하의 스펙트럼을 관측하여 대부분의 외부 은하가 우리은하로부터 멀어지고 있다는 사실을 알아내었고, 이로부터 우주가 팽창하고 있다는 것을 밝혔다.

❷ 쿼크
물질을 이루는 기본 입자로, 양성자는 위 쿼크 2개와 아래 쿼크 1개로 이루어져 있고, 중성자는 위 쿼크 1개와 아래 쿼크 2개로 이루어져 있다.

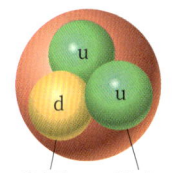 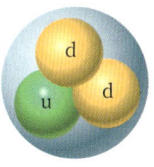

아래 쿼크　위 쿼크
▲ 양성자　　　　▲ 중성자

❸ 양성자와 중성자
양성자와 중성자가 처음 생성되었을 때는 우주의 온도가 매우 높아서 서로 결합할 수 없었다.

✏ 바로 복습
정답과 해설 08쪽

빈칸 채우기 문제

01 스펙트럼은 빛을 (　　　)로 관측할 때 파장에 따라 나누어져 보이는 색의 띠로, (　　　) 스펙트럼과 (　　　) 스펙트럼으로 구분된다.

02 고온의 물체에서 나오는 빛을 분광기로 관찰하면 (　　　) 스펙트럼이 나타난다.

03 양성자와 중성자는 각각 같은 종류의 (　　　) 2개와 다른 종류의 (　　　) 1개가 결합하여 만들어진다.

04 원자의 (　　　) 수는 원자핵의 양성자수와 같다.

05 (　　　) 우주론에 따르면 우주 초기의 진화 과정에서 기본 입자가 만들어졌다.

○✕ 문제

06 원소의 종류에 관계없이 선스펙트럼의 흡수선과 방출선이 나타나는 위치는 모두 같다. (○ ✕)

07 우주를 이루는 수소와 헬륨의 질량비는 스펙트럼 분석을 통해 알아낼 수 있다. (○ ✕)

08 천체의 스펙트럼을 분석하여 원소의 스펙트럼과 비교하면 천체의 구성 원소를 알 수 있다. (○ ✕)

09 양성자와 중성자는 물질을 이루는 기본 입자이다. (○ ✕)

10 양성자는 전기적으로 양(＋)전하를 띠고, 중성자는 음(−)전하를 띤다. (○ ✕)

3 빅뱅과 입자의 생성: 빅뱅 우주론에 의하면 대폭발 이후 우주가 팽창함❹에 따라 우주의 온도가 낮아지면서 기본 입자가 생성되고, 점차 무거운 입자가 생성되어 수소 원자와 헬륨 원자가 생성되었다.

자세하게 빅뱅과 원자의 생성

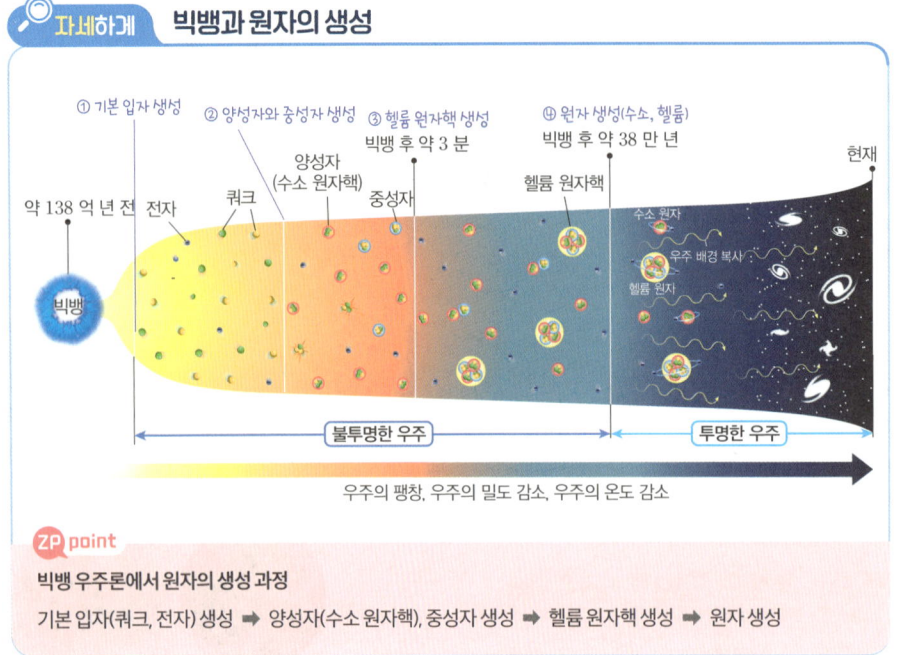

ZP point

빅뱅 우주론에서 원자의 생성 과정

기본 입자(쿼크, 전자) 생성 ➡ 양성자(수소 원자핵), 중성자 생성 ➡ 헬륨 원자핵 생성 ➡ 원자 생성

(1) **기본 입자 생성**: 빅뱅 직후 초고온 상태였던 우주가 급팽창했고, 이 과정에서 쿼크, 전자와 같은 기본 입자(최초의 입자) 생성

(2) **양성자, 중성자 생성**: 우주가 계속 팽창하면서 온도가 낮아졌으며, 쿼크 3개가 결합하여 양성자와 중성자 생성
   ① 양성자와 중성자가 서로 변환이 가능 ➡ 양성자수와 중성자수의 비율은 약 1 : 1
   ② 양성자, 중성자, 전자가 가득한 뿌연 상태 〔안개 속에서 앞이 잘 보이지 않는 것처럼 빛이 통과하지도 못할 만큼 물질들이 가득해서 뿌연 상태야~〕

(3) **중성자가 양성자로 변환 가능**: 양성자는 중성자로 변환되기 어렵고, 중성자는 양성자로 변환이 가능 ➡ 양성자수와 중성자수의 비율은 약 7 : 1

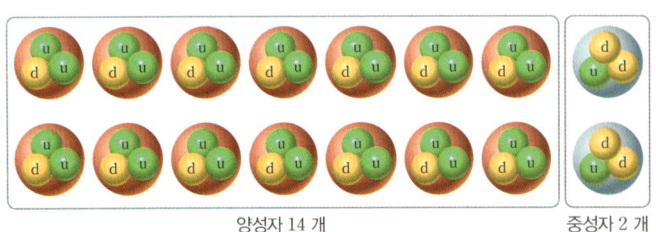

양성자 14개   중성자 2개

(4) **원자핵 생성(빅뱅 후 약 3분)**: 양성자는 수소 원자핵이 되고, 양성자 2개와 중성자 2개가 결합하여 헬륨 원자핵이 생성 ➡ 수소 원자핵과 헬륨 원자핵의 질량비는 약 3 : 1

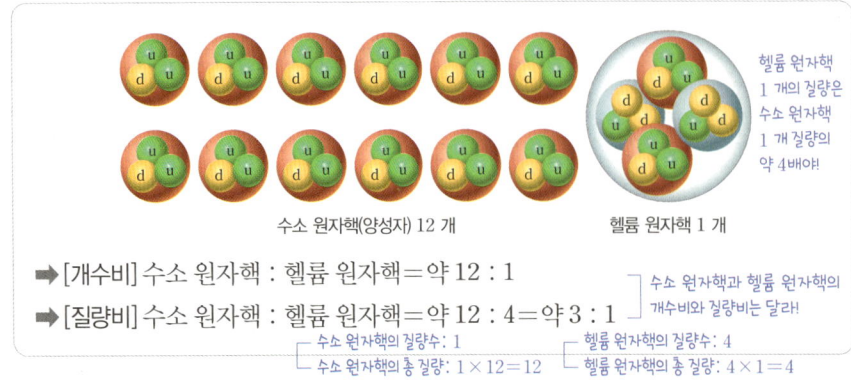

수소 원자핵(양성자) 12개   헬륨 원자핵 1개
〔헬륨 원자핵 1개의 질량은 수소 원자핵 1개 질량의 약 4배야!〕

➡ [개수비] 수소 원자핵 : 헬륨 원자핵＝약 12 : 1
➡ [질량비] 수소 원자핵 : 헬륨 원자핵＝약 12 : 4＝약 3 : 1
   〔수소 원자핵의 질량수: 1   헬륨 원자핵의 질량수: 4〕
   〔수소 원자핵의 총 질량: $1 \times 12 = 12$ 헬륨 원자핵의 총 질량: $4 \times 1 = 4$〕
〔수소 원자핵과 헬륨 원자핵의 개수비와 질량비는 달라!〕

원자의 구조

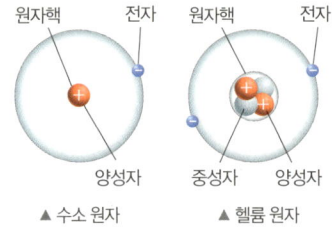

▲ 수소 원자   ▲ 헬륨 원자

❹ 우주의 팽창

최근의 연구 결과에 의하면 빅뱅 직후 우주는 급격하게 팽창하였으며, 그 후 우주는 계속 팽창하다가 현재는 팽창 속도가 점차 빨라지고 있는 것으로 밝혀졌다.

정리쏙

빅뱅 약 1초 후 양성자수가 중성자수보다 많아진 까닭

중성자는 양성자보다 질량이 약간 더 크기 때문에 중성자는 양성자가 되면서 에너지를 방출하고, 양성자는 중성자가 되면서 에너지를 흡수한다. 빅뱅 약 1초 후 우주의 온도가 낮아진 상태에서는 에너지를 흡수해야 하는 양성자에서 중성자로의 변환이 잘 일어나지 않았다.

용어쏙

• **빅뱅** 대폭발을 의미하는 것으로, 정상 우주론을 주장한 호일이 가모프의 우주론을 비판하면서 빅뱅이라는 용어를 처음 사용하였다.

• **전하** 물체가 띠고 있는 전기적 성질로, 양(＋)전하와 음(－)전하가 있다.

자세하게 헬륨 원자핵이 만들어지는 과정

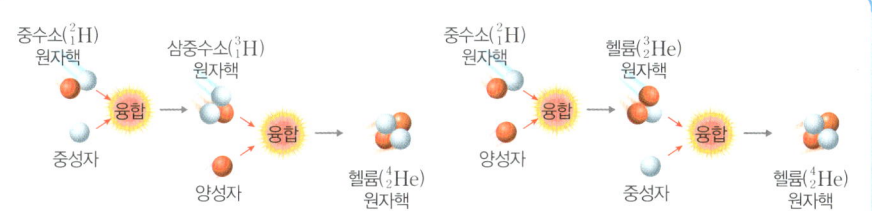

양성자 1 개와 중성자 1 개가 결합하여 중수소 원자핵이 만들어지고, 중수소 원자핵에 중성자 1 개와 양성자 1 개가 결합하여 헬륨 원자핵이 만들어졌다.

(5) 원자 생성(빅뱅 후 약 38 만 년): 우주의 온도가 약 3000 K으로 낮아져 원자핵과 전자가 결합하여 수소 원자와 헬륨 원자가 생성

① 전자가 원자핵에 붙잡히면서 중성 상태가 되었다. 빛이 직진할 수 있게 되어 우주가 투명해졌다. ➡ 우주 최초의 빛이 방출되었다.(우주 배경 복사)

② 수소 원자핵＋전자 1 개 ➡ 수소 원자 생성 ⎫
③ 헬륨 원자핵＋전자 2 개 ➡ 헬륨 원자 생성 ⎭ ➡ 우주 배경 복사 생성

자세하게 우주 배경 복사

- **우주 배경 복사:** 빅뱅 후 약 38 만 년, 우주의 온도가 약 3000 K일 때 원자가 생성되면서 물질로부터 분리되어 우주 공간으로 퍼져 나가 우주 전체를 채우고 있는 빛(전파)
  빅뱅 우주론을 지지하는 결정적인 증거가 되었다.

빅뱅 우주론 – 가모프의 예측(1948 년)

빅뱅 이후 우주가 팽창하면서 그에 따라 우주의 온도는 낮아졌으며 우주의 온도가 약 3000 K일 때 빛과 물질이 분리되었다. 그때 물질과 분리되어 나온 빛은 우주가 팽창하면서 파장이 길어져 수 K의 우주 배경 복사로 발견될 것이다. 고온의 물체는 짧은 파장, 저온의 물체는 긴 파장의 빛을 방출해!

(6) 은하와 별 생성(빅뱅 후 약 3～4 억 년): 초기 우주에서 만들어진 수소와 헬륨은 중력에 의해 덩어리를 이루기 시작하여 현재의 은하와 별들을 생성

---

⑤ 동위 원소

양성자수는 같지만 중성자수가 달라 원자 번호는 같고 질량수가 다른 원소를 동위 원소라고 한다.

우주 배경 복사(더블유맵(WMAP) 위성이 관측)

우주의 온도 분포가 약 2.7 K으로 대체로 균일하지만 $\frac{1}{10만}$ 정도로 미세한 차이가 나타난다.

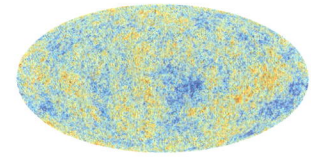

용어신

- **절대 온도** 물질의 특이성에 의존하지 않는 절대적인 온도로, 단위는 K(켈빈)이다. ➡ 절대 온도(K)＝섭씨 온도(℃)＋273.15

바로 복습

정답과 해설 08쪽

빈칸 채우기 문제

11 빅뱅 후 약 3 분이 지나자 수소 원자핵과 헬륨 원자핵의 질량비가 약 ( )이 되었다.

12 빅뱅 후 약 ( ) 분이 되었을 때 우주의 온도가 낮아지면서 양성자와 중성자가 결합하여 ( ) 원자핵이 만들어졌다.

13 수소 원자는 수소 원자핵과 전자 ( ) 개가 결합하여 만들어졌고, 헬륨 원자는 헬륨 원자핵과 전자 ( ) 개가 결합하여 만들어졌다.

14 빅뱅 후 약 38 만 년, 우주의 온도가 약 3000 K일 때 우주 공간으로 퍼져 나가 우주 전체를 채우고 있는 빛(전파)을 ( )라고 한다.

○✕ 문제

15 우주 배경 복사는 양성자와 중성자가 결합하여 헬륨 원자핵이 만들어졌을 때 우주 공간으로 퍼져 나갔다.
(○ ✕)

16 우주의 진화 과정에서 전자는 수소 원자핵이 생성된 후 만들어졌다.
(○ ✕)

17 헬륨 원자핵은 빅뱅 후 약 38 만 년이 지났을 때 생성되었다.
(○ ✕)

18 우주 배경 복사는 수소 원자와 헬륨 원자가 생성되면서 우주로 퍼져 나간 빛이다.
(○ ✕)

탐구 태양과 여러 가지 원소의 스펙트럼 관찰하기

정답과 해설 08쪽

목표 천체의 스펙트럼을 분석하여 우주를 구성하는 원소의 종류를 알아내는 원리를 설명할 수 있다.

준비물 〉 간이 분광기, 기체 방전관(수소, 헬륨, 나트륨), 스마트 기기, 내열 장갑

과정

❶ 간이 분광기를 이용하여 수소, 헬륨, 나트륨이 들어 있는 기체 방전관에서 방출되는 스펙트럼을 관찰하고, 스마트 기기로 촬영한다.

❷ 햇빛을 간이 분광기로 관찰하고, 스마트 기기로 촬영한다.

❸ 기체 방전관과 햇빛에서 관찰한 스펙트럼을 기록한다.

> ⚠ **주의신**
> • 방전관은 30 초 정도 사용한 후 전원을 끄고 식힌 후 다시 사용한다.
> • 기체 방전관은 고전압이 발생하므로 주의한다.
> • 햇빛을 맨눈으로 직접 관찰하지 않도록 한다.

결과

❶ 기체 방전관과 태양에서 관측한 스펙트럼의 모습은 다음과 같다.

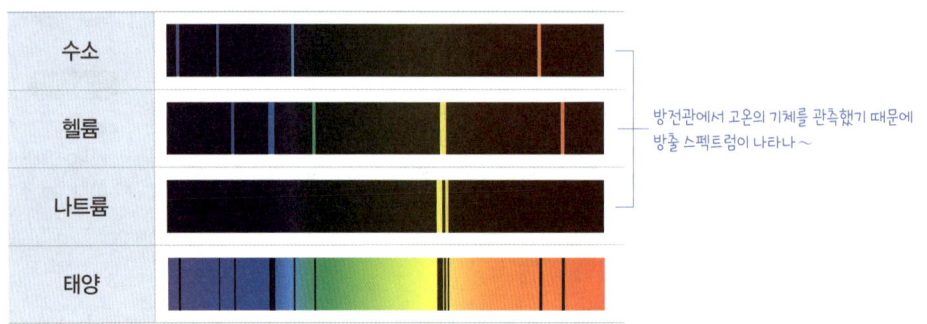

방전관에서 고온의 기체를 관측했기 때문에 방출 스펙트럼이 나타나 ~

❷ 원소마다 고유한 방출 스펙트럼이 나타난다.

➡ 선스펙트럼의 (   ) 위치와 개수가 원소마다 서로 다르다.

❸ 태양의 스펙트럼에서 검은색의 (   ) 위치가 수소, 헬륨, 나트륨의 방출선 위치와 같다.

➡ 태양은 (   ), (   ), (   ) 등의 원소로 구성되어 있다.

❹ 천체의 스펙트럼을 분석하여 원소의 스펙트럼과 비교하면 천체의 구성 (   )를 알 수 있다.

➡ 우주 전역에서 관측되는 천체들의 스펙트럼에서 수소와 헬륨이 관측된다.

➡ 과학자들은 우주에 존재하는 원소의 비율은 수소가 약 74 %, 헬륨이 약 24 %, 기타 2 %임을 알아냈다.

정리

1 우주 전역의 천체에서 대부분 수소의 선스펙트럼이 관찰되는 까닭은 무엇인가?

➡ 우주 전역에 (   )가 분포하기 때문이다.

2 태양 스펙트럼에서 관측된 검은색 선은 어떤 과정을 거쳐 만들어진 것인가?

➡ 태양 (   )에 존재하는 원소가 태양 표면에서 방출된 빛 중 특정한 파장의 빛을 (   )할 때 만들어진다.

심화
외부 은하의 관측

외부 은하를 관측했을 때 대부분 외부 은하들의 스펙트럼상에서 적색 편이가 나타나는 것을 알 수 있는데, 이는 허블 – 르메트르 법칙이 탄생한 배경이 되었음을 이해하자.

└ 허블 법칙이라고도 알려져 있지 ~

1 도플러 효과

1 빛의 파장

(1) 가시광선 영역에 있는 빛의 파장 범위는 380 nm ~ 750 nm 정도이며, 파장에 따라 사람의 눈에 다른 색으로 보인다.

(2) 보라색 빛의 파장이 가장 짧으며 빨간색 빛의 파장이 가장 길다.

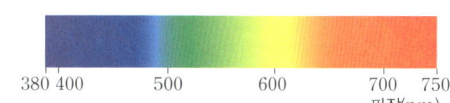

2 빛의 도플러 효과

빛을 내는 물체가 관측자에게서 멀어질 때	빛의 파장이 길어진다. ➡ 스펙트럼상에서 흡수선의 위치가 긴 파장(적색) 쪽으로 이동: 적색 편이
빛을 내는 물체가 관측자에게 다가올 때	빛의 파장이 짧아진다. ➡ 스펙트럼상에서 흡수선의 위치가 짧은 파장(청색) 쪽으로 이동: 청색 편이

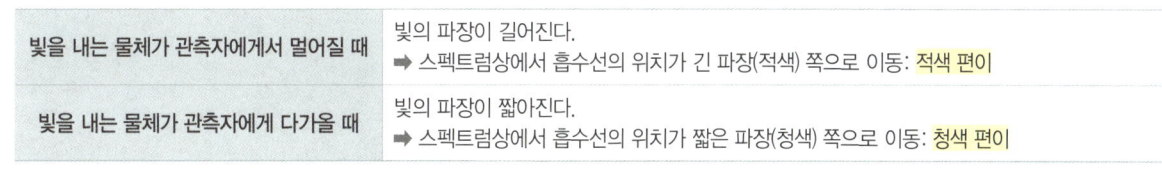

▲ 빛의 도플러 효과

2 외부 은하의 관측

1 외부 은하의 스펙트럼 관측: 허블은 거리가 알려진 외부 은하의 스펙트럼을 관측하였고, 그 결과 대부분의 외부 은하에서 적색 편이를 관측하였다.

도플러 효과는 빛이나 관측자의 운동에 따른 거리 변화에 의해 나타나는 현상이지만,
우주 팽창에 의한 적색 편이는 공간 자체가 늘어나기 때문에 나타나는 현상이야 ~

(1) **적색 편이**: 흡수선들의 위치가 원래 위치보다 파장이 긴 붉은색 쪽으로 이동하는 현상이다.

(2) **적색 편이가 나타나는 까닭**: 외부 은하가 우리은하로부터 멀어지고 있기 때문이다.

2 외부 은하의 스펙트럼과 후퇴 속도: 외부 은하의 스펙트럼에 나타난 흡수선의 파장 변화량을 측정하여 외부 은하의 후퇴 속도를 구할 수 있다.

(1) **외부 은하의 적색 편이량과 후퇴 속도의 관계**: 우리은하로부터 외부 은하의 거리가 멀수록 적색 편이량이 크며, 적색 편이량이 큰 은하일수록 후퇴 속도가 빠르다.

(2) **외부 은하의 거리와 후퇴 속도의 관계**: 외부 은하의 후퇴 속도는 외부 은하의 거리에 비례한다.

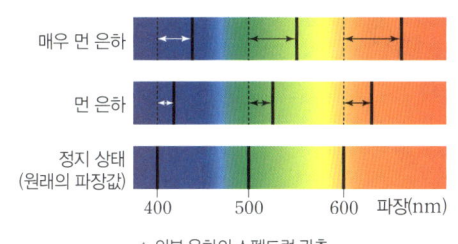

▲ 외부 은하의 스펙트럼 관측

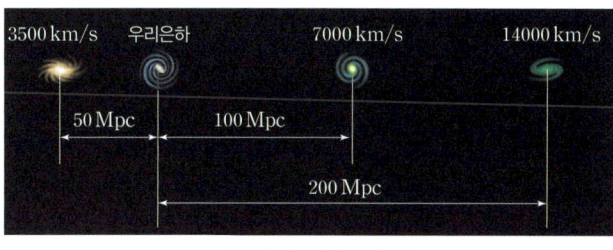

▲ 외부 은하의 거리와 후퇴 속도

보충

우주 초기의 진화 과정 한눈에 보기

빅뱅 후 우주는 팽창하면서 온도와 밀도가 감소하고 있다. 우주가 탄생하면서 만들어지는 물질의 생성과 시간의 흐름에 따라 변화하는 우주에 대해 한눈에 정리해 보자.

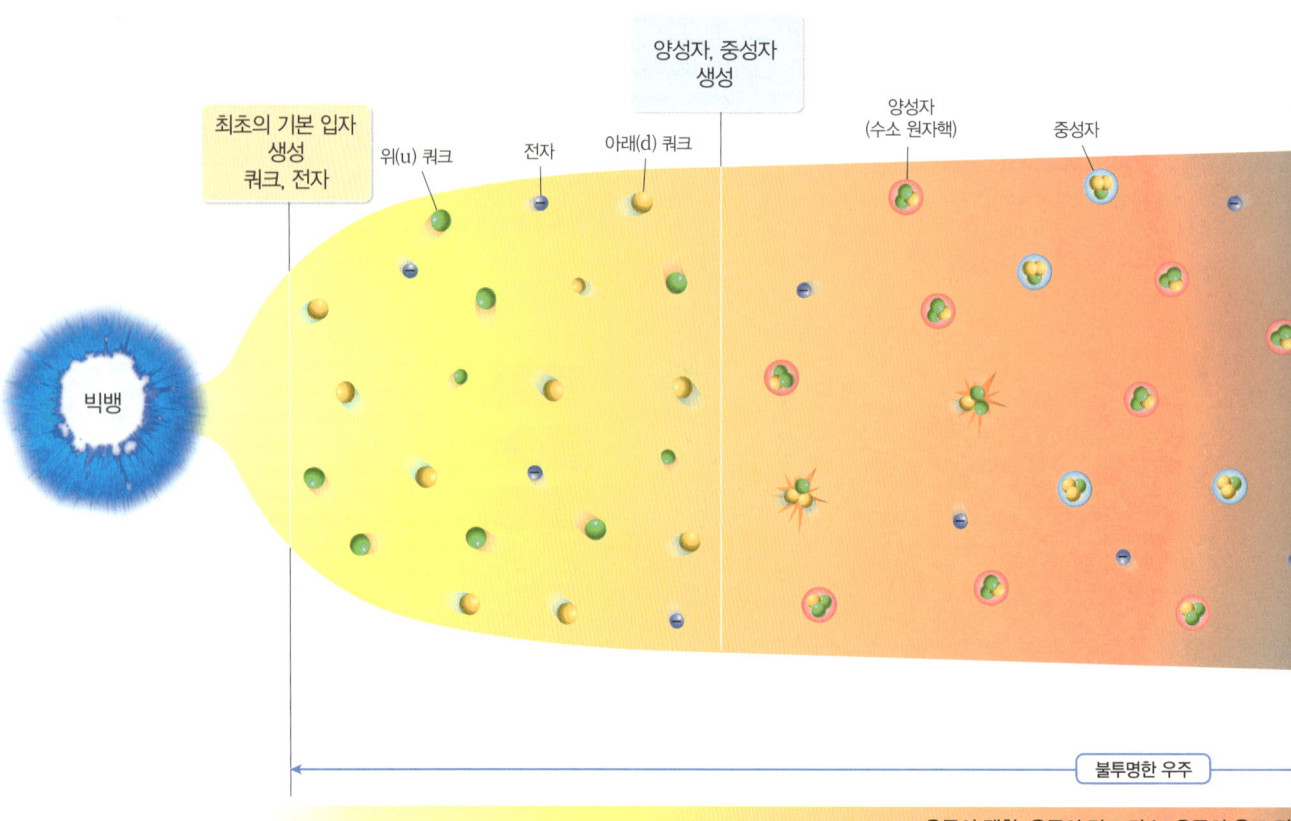

최초의 기본 입자 생성 쿼크, 전자

위(u) 쿼크   전자   아래(d) 쿼크

양성자, 중성자 생성

양성자 (수소 원자핵)   중성자

빅뱅

불투명한 우주

우주의 팽창, 우주의 밀도 감소, 우주의 온도 감

- 약 138 억 년 전 현재 우주를 이루는 모든 물질과 에너지가 모인 한 점에서 빅뱅(대폭발)이 일어났고 우주가 급격히 팽창하여 시간과 공간이 만들어졌다.
- 빅뱅 직후 우주는 초고온·초고밀도의 상태였다.

- 우주가 매우 급격히 팽창하여 기본 입자인 쿼크와 전자가 생성되었다.
- 온도가 매우 높아 물질과 에너지의 상호 변환이 자유롭게 일어났다.

- 쿼크 3 개가 결합하여 양성자와 중성자가 생성되었다.
- 양성자와 중성자가 서로 변환 가능하며, 이때 양성자와 중성자의 개수비는 약 1 : 1이었다.
- 이때 우주는 쿼크, 양성자와 중성자 및 전자로 가득해 빛이 잘 진행하지 못하는 뿌연 상태였다.

불투명한 우주!

- 우주의 온도가 낮아지면서 양성자는 중성자로 변환되기 어려웠고, 중성자는 양성자로 변환이 가능하여 양성자의 수가 증가하였다.
- 이때 양성자와 중성자의 개수비는 약 7 : 1이 되었다.

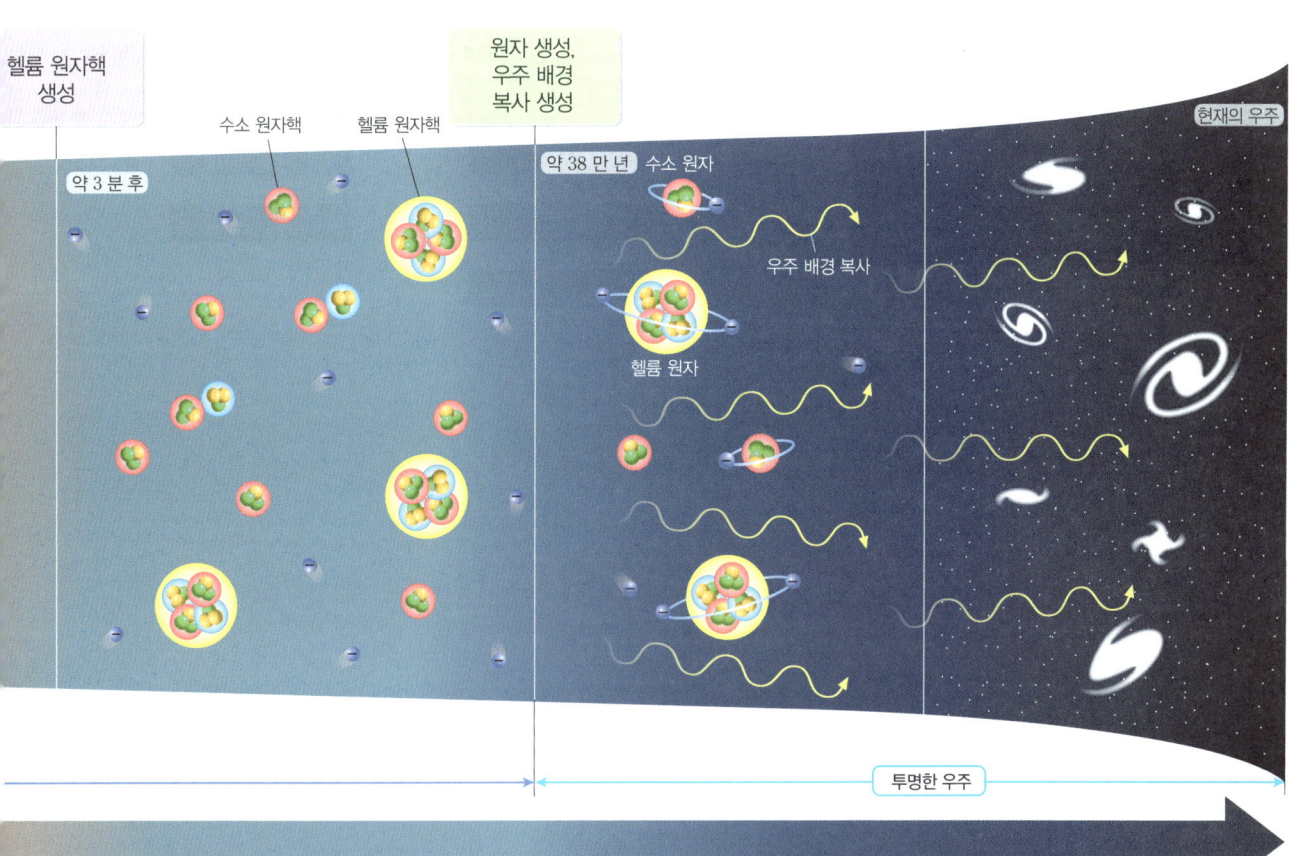

헬륨 원자핵 생성

수소 원자핵   헬륨 원자핵

약 3 분 후

원자 생성,
우주 배경
복사 생성

약 38 만 년   수소 원자

우주 배경 복사

헬륨 원자

현재의 우주

투명한 우주

- 빅뱅 후 약 3 분이 되었을 때 핵합성에 의해 **중수소 원자핵과 헬륨 원자핵이 생성**되었다.
- 빅뱅 후 약 3 분이 되었을 때 우주의 온도가 10 억 K 이하로 낮아지면서 핵합성이 중단되었고, **수소 원자핵과 헬륨 원자핵의 질량비가 약 3 : 1**이 되었다.

- 우주의 온도가 약 3000 K이 되었을 때 원자핵과 전자가 결합하여 **수소 원자와 헬륨 원자가 생성**되었다.
- 빛이 전자의 방해를 받지 않게 되었고 빛이 자유롭게 퍼져 나가 **우주가 투명**해졌다.
  ➡ 우주 배경 복사
    투명한 우주!

- 중력에 의해 수소와 헬륨이 모여 현재의 은하와 별들이 생성되었다.
- 별의 진화 과정에서 핵융합 반응에 의해 무거운 원소가 만들어졌다.

05 우주 초기에 생성된 원소

1 스펙트럼과 우주의 원소 분포

01

그림은 서로 다른 종류의 스펙트럼이 생기는 원리를 나타낸 것이다.

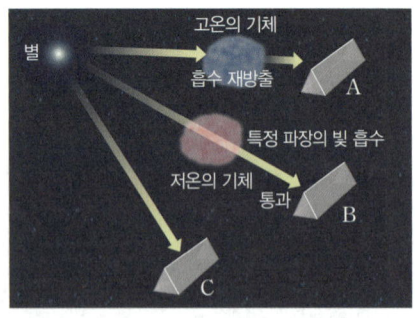

각 분광기로 관측한 스펙트럼 A~C에 대한 설명으로 옳은 것만을 〈보기〉에서 있는 대로 고른 것은?

〈보기〉

ㄱ. A는 방출 스펙트럼, B는 흡수 스펙트럼이다.
ㄴ. 백열전구의 스펙트럼은 C와 같은 종류이다.
ㄷ. 동일한 원소의 기체를 통과하였다면 A와 B에서 선이 나타나는 위치가 같다.

① ㄱ   ② ㄴ   ③ ㄱ, ㄷ
④ ㄴ, ㄷ   ⑤ ㄱ, ㄴ, ㄷ

02 ✅빈출

그림은 원소 A~D의 스펙트럼과 별 S의 스펙트럼을 나타낸 것이다.

이에 대한 설명으로 옳은 것만을 〈보기〉에서 있는 대로 고른 것은?

〈보기〉

ㄱ. 원소 A~D는 방출 스펙트럼이다.
ㄴ. 별 S의 주요 원소는 A와 D이다.
ㄷ. 별 S에서 방출된 빛은 저온의 기체를 통과하였다.

① ㄱ   ② ㄴ   ③ ㄱ, ㄷ
④ ㄴ, ㄷ   ⑤ ㄱ, ㄴ, ㄷ

03

그림 (가)와 (나)는 기체 A와 B에서 관측된 방출 스펙트럼을 나타낸 것이다.

(가)   (나)

A와 B가 혼합된 기체의 방출 스펙트럼의 모습으로 가장 적절한 것은? (단, A와 B는 화합물을 형성하지 않는다.)

2 우주 초기 원소의 생성

04 ✅빈출

그림은 원자를 구성하는 입자들을 나타낸 것이다.

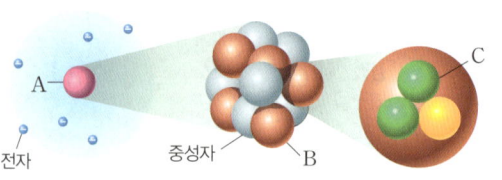

A~C 입자에 대한 설명으로 옳은 것만을 〈보기〉에서 있는 대로 고른 것은?

〈보기〉

ㄱ. A는 기본 입자이다.
ㄴ. B는 3개의 쿼크로 이루어진다.
ㄷ. A와 B는 모두 음(-) 전하를 띤다.
ㄹ. 빅뱅 이후 가장 먼저 생성된 것은 C이다.

① ㄱ, ㄹ   ② ㄴ, ㄷ   ③ ㄴ, ㄹ
④ ㄱ, ㄴ, ㄷ   ⑤ ㄱ, ㄷ, ㄹ

05 ✔빈출

우주의 특성과 물질의 생성에 대한 설명으로 옳은 것만을 〈보기〉에서 있는 대로 고른 것은?

> 보기
> ㄱ. 우주의 크기와 나이는 무한하다.
> ㄴ. 우주가 팽창함에 따라 밀도와 온도는 낮아진다.
> ㄷ. 빅뱅으로 생성된 수소 원자와 헬륨 원자를 기본 입자라고 한다.

① ㄱ   ② ㄴ   ③ ㄱ, ㄴ
④ ㄱ, ㄷ   ⑤ ㄱ, ㄴ, ㄷ

06

다음은 빅뱅 우주론에서 입자의 생성 과정을 순서 없이 나열한 것이다.

> (가) 수소 원자의 생성
> (나) 쿼크와 전자의 생성
> (다) 헬륨 원자핵의 생성
> (라) 양성자와 중성자의 생성

입자의 생성 과정을 순서대로 나열한 것은?

① (가) → (다) → (라) → (나)
② (나) → (라) → (가) → (다)
③ (나) → (라) → (다) → (가)
④ (라) → (나) → (가) → (다)
⑤ (라) → (나) → (다) → (가)

07

그림은 빅뱅 이후 어느 시기에 양성자와 중성자의 비율이 (가)에서 (나)로 변한 모습을 나타낸 것이다.

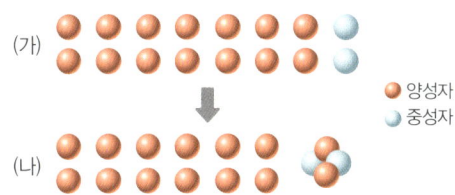

이에 대한 설명으로 옳은 것만을 〈보기〉에서 있는 대로 고른 것은?

> 보기
> ㄱ. 빅뱅 후 약 3 분이 되었을 때 일어난 변화이다.
> ㄴ. 온도가 상승하면서 헬륨 원자핵이 형성되었다.
> ㄷ. (나)의 시기에 $\dfrac{\text{수소 원자핵의 총 질량}}{\text{헬륨 원자핵의 총 질량}}$ 은 약 3이다.

① ㄱ   ② ㄴ   ③ ㄱ, ㄷ
④ ㄴ, ㄷ   ⑤ ㄱ, ㄴ, ㄷ

08 ✔빈출

그림은 빅뱅 이후 어느 시기에 빛의 진행이 (가)에서 (나)로 변한 모습을 나타낸 것이다.

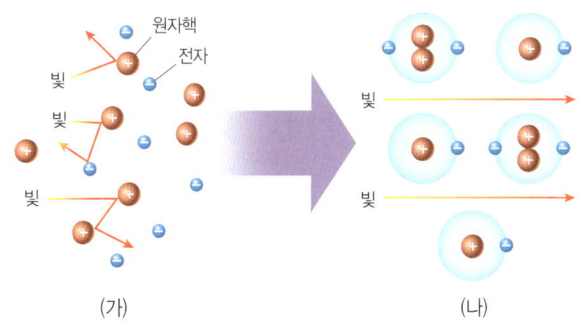

이에 대한 설명으로 옳은 것만을 〈보기〉에서 있는 대로 고른 것은?

> 보기
> ㄱ. 온도 하강으로 원자가 형성되었다.
> ㄴ. 빅뱅 후 약 38 만 년이 지났을 때의 변화이다.
> ㄷ. (나)의 우주의 크기는 이전 시기보다 커졌다.

① ㄱ   ② ㄷ   ③ ㄱ, ㄴ
④ ㄴ, ㄷ   ⑤ ㄱ, ㄴ, ㄷ

09

난이도 상

그림은 빅뱅 이후 시간이 경과함에 따라 우주에서 입자가 생성되는 과정을 나타낸 것이다.

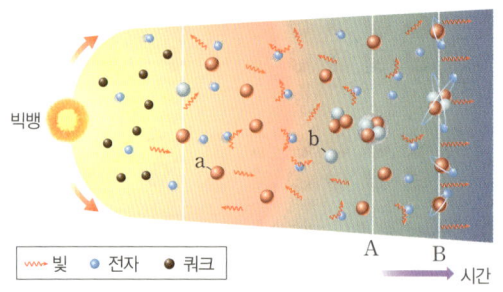

이에 대한 설명으로 옳은 것만을 〈보기〉에서 있는 대로 고른 것은?

〈보기〉

ㄱ. a는 중성자, b는 양성자이다.
ㄴ. A 시기 직전에 a의 개수 : b의 개수는 약 3 : 1이었다.
ㄷ. B 시기의 빛은 현재 우주 전역에서 관측된다.

① ㄱ   ② ㄷ   ③ ㄱ, ㄴ
④ ㄴ, ㄷ   ⑤ ㄱ, ㄴ, ㄷ

10

난이도 상

그림은 태양 표면에서 관측된 구성 원소의 질량비를 나타낸 것이다.

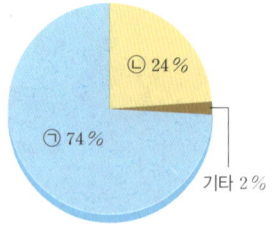

이에 대한 설명으로 옳은 것만을 〈보기〉에서 있는 대로 고른 것은?

〈보기〉

ㄱ. ㉠은 수소이다.
ㄴ. 태양 표면에서 ㉠과 ㉡의 개수비는 약 12 : 1이다.
ㄷ. ㉠과 ㉡의 비율은 태양 스펙트럼을 분석하여 알아낼 수 있다.

① ㄱ   ② ㄷ   ③ ㄱ, ㄴ
④ ㄴ, ㄷ   ⑤ ㄱ, ㄴ, ㄷ

서술형 문제

11 ✓빈출

그림 (가)~(라)는 서로 다른 스펙트럼을 나타낸 것이다.

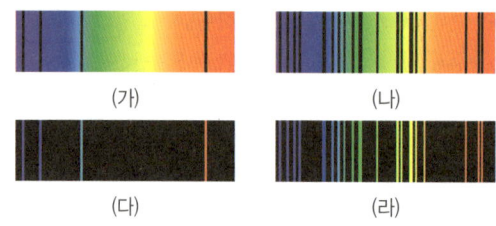

(1) (가)와 (나), (다)와 (라) 스펙트럼의 공통점을 스펙트럼의 종류와 함께 각각 서술하시오.

(2) (가)와 (다), (나)와 (라) 스펙트럼의 공통점을 쓰고, 그 까닭을 서술하시오.

12

그림은 빅뱅 이후 어느 시기에 만들어진 입자를 나타낸 것이다.

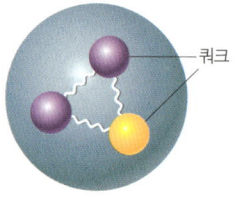

(1) 이 입자는 무엇인지 쓰시오.

(2) 이 입자가 만들어질 수 있었던 우주 환경의 변화에 대해 서술하시오.

06 별의 진화와 원소의 생성

1 별의 탄생과 원소의 생성

핵융합 반응으로 스스로 빛을 내는 천체

1 별의 탄생: 성운이 형성되고, 성운 내부의 물질이 뭉쳐지면서 밀도가 높은 곳에서 별이 탄생한다.

가스 구름의 형성 ➡	성운의 형성 ➡	원시별❶의 생성 ➡	별의 탄생❷
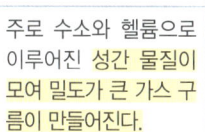	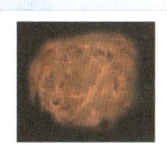	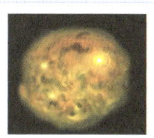	
주로 수소와 헬륨으로 이루어진 성간 물질이 모여 밀도가 큰 가스 구름이 만들어진다.	가스 구름이 중력에 의해 수축하여 성운이 만들어진다.	•중력 수축이 계속 일어나면 중심부의 온도와 밀도가 더욱 높아진다. •중심부의 온도가 높아지면 빛을 내기 시작하면서 원시별이 생성된다.	•원시별이 중력 수축하여 중심부의 온도가 약 1000만 K 이상으로 높아지면 수소 핵융합 반응이 일어난다. •수소 핵융합 반응이 일어나 빛을 방출하면서 별이 된다. → 주계열성

2 주계열성: 수소 핵융합 반응으로 에너지를 생성하는 별로, 별의 크기, 광도가 거의 일정하게 유지된다. 예 태양 ➡ 별은 일생의 대부분을 주계열성으로 보낸다.

자세하게 수소 핵융합 반응

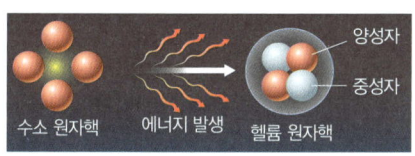
4H ⟶ He + E(에너지)

양성자 / 중성자 / 수소 원자핵 / 에너지 발생 / 헬륨 원자핵

- 별의 중심부 온도가 약 1000만 K 이상이 되면 4개의 수소(H) 원자핵이 융합하여 1개의 헬륨(He) 원자핵을 생성한다.
- 이 과정에서 감소한 질량이 에너지로 전환되어 방출된다.
- 주계열성의 중심부는 시간이 지나면 수소는 감소하고 헬륨이 증가한다.

별을 구성하는 원소의 대부분이 수소이기 때문에 별은 일생 중 90 %를 수소 핵융합 반응을 하는 주계열성으로 보내~!

2 별의 진화와 무거운 원소의 생성

1 질량이 태양과 비슷한 별의 진화와 원소의 생성

① 주계열성의 수소 핵융합 반응은 중심부의 수소가 모두 헬륨으로 변할 때까지 일어나며, 그 이후의 과정은 별의 질량에 따라 달라진다.

② 질량이 태양과 비슷한 별의 진화: 주계열성 → 적색 거성 → 행성상 성운, 백색 왜성으로 진화하면서 헬륨, 탄소, 산소가 생성된다.

진화		별의 내부에서의 핵융합 반응
적색 거성 크기가 크고 표면 온도가 낮아 붉은 색이야~	헬륨 생성	주계열성의 중심부에서 수소가 모두 고갈되어 헬륨으로 바뀌면, 수소 핵융합 반응이 멈추고 중심부는 중력에 의해 급격하게 수축한다. → 별의 중심부가 수축하면서 발생한 에너지가 중심부 바깥의 수소층을 가열하여 수소 핵융합 반응이 일어나 헬륨이 생성된다. → 내부 압력의 증가로 별의 바깥쪽이 팽창하여 적색 거성이 된다.
	탄소, 산소 생성	헬륨으로 된 중심부가 계속 수축하여 온도가 약 1억 K 이상이 되면 중심부에서 헬륨 핵융합 반응이 일어나고 탄소, 산소가 생성된다.
행성상 성운, 백색 왜성		•별의 중심부: 핵융합 반응이 멈추고 수축하여 백색 왜성이 된다. •별의 바깥층: 팽창하여 우주로 물질이 방출되어 행성상 성운을 이룬다.

정리신

❶ 원시별
성운 내부에서 성간 물질이 뭉쳐지면서 별의 모습을 갖추고 중력 수축에 의한 온도 상승으로 빛을 내는 천체

❷ 별의 탄생 장소

성운 내부의 온도가 낮고 밀도가 큰 곳에서 탄생한다.

행성상 성운과 백색 왜성
적색 거성의 중심부에서 헬륨 핵융합 반응이 멈추면 별의 중심부는 급격히 수축하고 바깥쪽은 팽창한다.
수축한 중심부는 백색 왜성이, 팽창하여 외부로 물질이 퍼져 나가는 바깥쪽은 행성상 성운이 된다.

행성상 성운

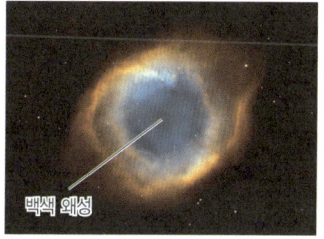
백색 왜성

2 질량이 태양보다 훨씬 큰 별의 진화와 원소의 생성❸

① 질량이 태양보다 훨씬 큰(태양의 약 10 배 이상) 별의 진화: 주계열성 → 초거성 → 초신성 폭발→ 중성자별 또는 블랙홀로 진화한다.

② **주계열성에서 초거성까지**: 헬륨, 탄소, 산소, 규소~ 철이 생성된다.

③ **초신성 폭발 시**: 철보다 무거운 원소가 생성된다.

진화		별의 내부에서의 핵융합 반응
초거성	헬륨, 탄소, 산소, 규소~ 철 생성	주계열성 이후 초거성이 된다. → 초거성의 중심부에서는 헬륨 핵융합 반응에 의해 탄소가 만들어진 후에도 계속 온도가 상승하여 탄소, 산소, 규소 등의 핵융합 반응이 일어나 최종적으로 철까지 만들어진다.❹
초신성 폭발	금, 납, 우라늄 등 철보다 무거운 원소 생성	별 중심부에서 철이 만들어지면 더 이상의 핵융합 반응이 일어나지 않는다. → 핵융합 반응이 중단되면 중력에 의해 별이 계속 수축한다. → 중력 수축을 견디다 못한 별이 급격히 폭발하여 초신성이 된다. → 초신성 폭발❺ 과정에서 엄청난 에너지가 방출된다. → 막대한 양의 에너지로 인해 금, 납, 우라늄 등의 철보다 무거운 원소가 생성된다.
중성자별, 블랙홀		• 초신성 폭발 후 별의 중심부는 중성자로 이루어진 중성자별이 된다. • 이보다 질량이 더 큰 별의 경우 중성자로 이루어진 중심부마저 계속 중력 수축하여 빛조차도 빠져나올 수 없는 블랙홀이 된다.

자세하게 질량이 태양보다 훨씬 큰 별의 내부에서 탄소~ 철의 생성 과정

수소
수소 핵융합
(H→He)
헬륨
헬륨 핵융합으로
탄소 생성
(He→C)

수소
수소 핵융합(H→He)
헬륨
헬륨 핵융합
(He→C, O)
탄소, 산소

수소
헬륨
탄소, 산소
산소, 네온, 마그네슘
규소, 황
철

---

❸ **질량이 태양보다 훨씬 큰 별**
질량이 태양보다 훨씬 큰 별은 핵융합 반응이 계속 일어나 최종적으로 철까지 만들어지며, 별의 중심부로 갈수록 점점 무거운 원소가 만들어진다.

❹ **초거성에서 철까지만 생성되는 까닭**
철 원자핵은 매우 안정하여 더 이상 핵융합 반응이 일어나지 않기 때문이다.

❺ **초신성 폭발 잔해**

용어닌

• **핵융합** 가벼운 원자핵이 고온·고압의 환경에서 결합하여 무거운 원자핵으로 되는 과정이다.
• **성운** 성간 물질이 밀집되어 있어 구름 모양으로 보이는 천체이다.
• **적색 거성** 주계열성이 팽창하고 표면 온도가 낮아져 크기가 크고, 붉은색을 띠는 별이다.
• **행성상 성운** 적색 거성이 팽창하여 형성된 행성 모양의 성운이다.
• **백색 왜성** 작고 밀도가 큰 청백색 별로, 핵융합 반응이 일어나지 않는다.
• **초거성** 적색 거성보다 훨씬 크고 밝은 별이다.

바로 복습

정답과 해설 09쪽

빈칸 채우기 문제

01 성운 내부의 밀도가 (　　　) 곳에서 원시별이 형성된다.

02 별의 탄생 과정은 가스 구름과 (　　　)의 형성 → 성운의 (　　　) → (　　　)의 형성 → 별의 탄생이다.

03 (　　　　　)의 중심부에서는 수소 핵융합 반응에 의해 (　　　)이 생성되고, (　　　　　)의 중심부에서는 헬륨 핵융합 반응에 의해 (　　　)가 생성된다.

04 (　　　) 폭발 과정에서 발생하는 엄청난 에너지에 의해 철보다 무거운 원소가 생성된다.

05 질량이 태양보다 훨씬 큰 별의 진화 단계는 주계열성 → (　　　) → 초신성 → (　　　　　) 또는 블랙홀이다.

○✕ 문제

06 원시별의 중심부 온도가 약 1000 K 이상이 되면 수소 핵융합 반응이 일어나 주계열성이 된다. (○ ✕)

07 질량이 태양 정도인 별의 진화 단계는 주계열성 → 적색 거성 → 행성상 성운과 백색 왜성이다. (○ ✕)

08 질량이 태양 정도인 별에서는 탄소 핵융합 반응까지 일어난다. (○ ✕)

09 초거성의 중심부에서는 핵융합 반응에 의해 탄소에서 철까지 생성된다. (○ ✕)

10 철보다 무거운 원소는 질량이 태양보다 훨씬 큰 별의 중심부에서 만들어진다. (○ ✕)

③ 태양계와 지구의 형성

1 태양계의 형성

(1) **태양계 물질의 기원**: 초신성 폭발로 인해 우주에 흩어져 있던 다양한 원소들

(2) **태양계의 형성(성운설)❻**

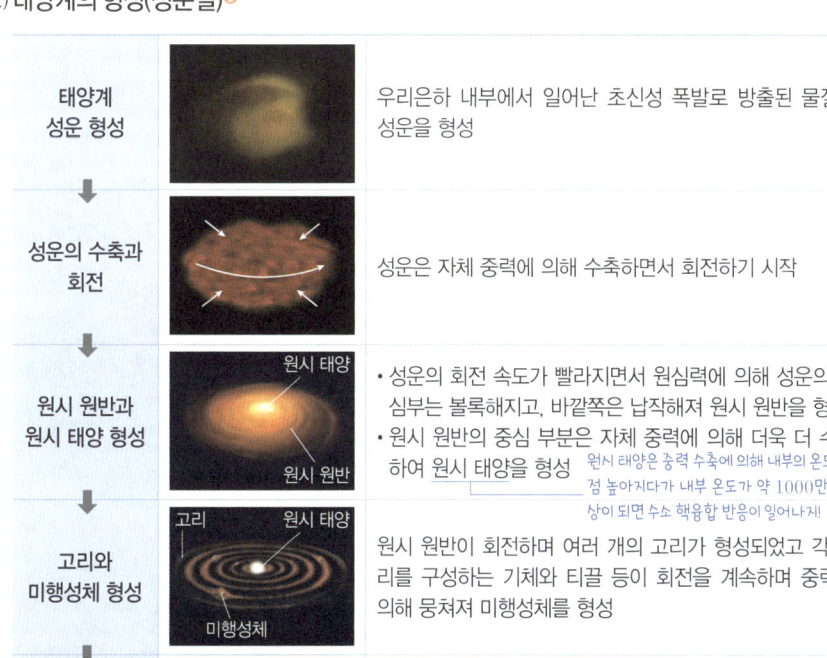

태양계 성운 형성	우리은하 내부에서 일어난 초신성 폭발로 방출된 물질이 성운을 형성
성운의 수축과 회전	성운은 자체 중력에 의해 수축하면서 회전하기 시작
원시 원반과 원시 태양 형성	• 성운의 회전 속도가 빨라지면서 원심력에 의해 성운의 중심부는 볼록해지고, 바깥쪽은 납작해져 원시 원반을 형성 • 원시 원반의 중심 부분은 자체 중력에 의해 더욱 더 수축하여 원시 태양을 형성 [원시 태양은 중력 수축에 의해 내부의 온도가 점점 높아지다가 내부 온도가 약 1000만 K 이상이 되면 수소 핵융합 반응이 일어나지!]
고리와 미행성체 형성	원시 원반이 회전하며 여러 개의 고리가 형성되었고 각 고리를 구성하는 기체와 티끌 등이 회전을 계속하며 중력에 의해 뭉쳐져 미행성체를 형성
원시 행성과 태양계 형성❻	• 원시 태양의 중심부에서 핵융합 반응이 시작되면서 태양으로 성장 • 미행성체들이 서로 충돌을 하며 뭉쳐져 원시 행성을 형성 • 남은 가스와 먼지는 태양풍에 의해 태양계 바깥으로 보내져 현재의 태양계를 형성

2 지구형 행성과 목성형 행성❼: 물질의 녹는점 차이에 의해 지구형 행성은 암석 성분의 행성이, 목성형 행성은 기체 성분의 행성이 되었다.

(1) **지구형 행성의 형성**: 수성, 금성, 지구, 화성과 같은 지구형 행성은 태양으로부터의 거리가 가까워 상대적으로 온도가 높은 곳에서 형성되었고, 철, 니켈, 규소와 같은 녹는점이 높고 무거운 물질이 모여 암석 성분으로 이루어져 있다.

(2) **목성형 행성의 형성**: 목성, 토성, 천왕성, 해왕성과 같은 목성형 행성은 태양으로부터의 거리가 멀어 상대적으로 온도가 낮은 곳에서 형성되었고, 수소, 헬륨, 메테인과 같은 가벼운 기체 성분으로 이루어져 있다.

🔍 **자세하게** **태양계**

• 태양과 태양의 중력에 의해 태양 주변을 공전하는 천체와 이들이 차지하는 공간이다.
• 중심에 태양이 있고 그 주위를 수성, 금성, 지구, 화성, 목성, 토성, 천왕성, 해왕성이 순서대로 나열되어 태양 주위를 공전한다.
• 태양계 행성들의 공전 방향은 서쪽에서 동쪽으로 모두 같다. 이는 태양계를 형성한 성운의 회전 방향과 같을 것으로 추측한다.

지구형 행성　　목성형 행성

🏠 **정리신**

태양계 형성 과정에서 일어난 중요한 변화
• 성운의 중력 수축 → 원시 태양 형성 → 태양의 형성
• 성운의 회전 → 납작한 원반과 고리 형성

❻ **태양계의 형성(성운설)**
태양계에는 초신성 폭발로 만들어진 원소인 철, 금, 우라늄 등이 있기 때문에 초신성 폭발로 만들어진 성운에서 태양계가 탄생하였다는 성운설이 가장 유력한 학설이다.

❼ **지구형 행성의 크기가 목성형 행성보다 작은 까닭**
태양계 성운의 구성 물질 중 가장 많은 비율을 차지하는 것은 수소와 헬륨이다. 지구형 행성의 주요 구성 물질인 철과 산소 등은 성운에 소량 존재하였으므로 지구형 행성의 크기가 크게 성장할 수 없었다. 반면에 목성형 행성의 주요 구성 물질인 수소와 헬륨은 성운 내에 많았기 때문에 크기가 크게 성장할 수 있었다.

📖 **용어신**

• **중성자별** 중성자로 이루어진 밀도가 매우 큰 별
• **미행성체** 태양계 형성 초기에 만들어진 작은 천체로, 원시 원반에 포함된 얼음 조각이나 먼지가 서로 충돌하면서 합쳐지며 성장한 것이다.

3 지구의 형성과 생명체의 탄생

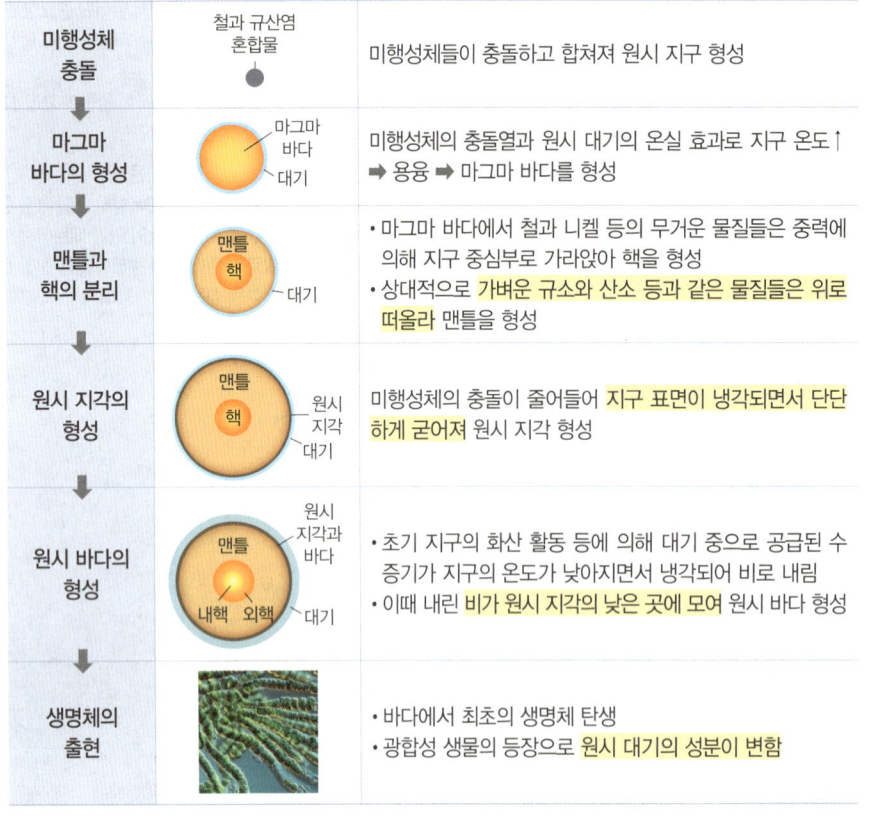

미행성체 충돌	철과 규산염 혼합물 ●	미행성체들이 충돌하고 합쳐져 원시 지구 형성
↓ 마그마 바다의 형성	마그마 바다 / 대기	미행성체의 충돌열과 원시 대기의 온실 효과로 지구 온도↑ ➡ 용융 ➡ 마그마 바다를 형성
↓ 맨틀과 핵의 분리	맨틀 / 핵 / 대기	• 마그마 바다에서 철과 니켈 등의 무거운 물질들은 중력에 의해 지구 중심부로 가라앉아 핵을 형성 • 상대적으로 가벼운 규소와 산소 등과 같은 물질들은 위로 떠올라 맨틀을 형성
↓ 원시 지각의 형성	맨틀 / 핵 / 원시 지각 / 대기	미행성체의 충돌이 줄어들어 지구 표면이 냉각되면서 단단하게 굳어져 원시 지각 형성
↓ 원시 바다의 형성	원시 지각과 바다 / 맨틀 / 내핵 / 외핵 / 대기	• 초기 지구의 화산 활동 등에 의해 대기 중으로 공급된 수증기가 지구의 온도가 낮아지면서 냉각되어 비로 내림 • 이때 내린 비가 원시 지각의 낮은 곳에 모여 원시 바다 형성
↓ 생명체의 출현		• 바다에서 최초의 생명체 탄생 • 광합성 생물의 등장으로 원시 대기의 성분이 변함

4 우주, 지구, 생명체를 구성하는 원소: 빅뱅 이후 우주 초기에 생성된 원소는 별을 만들고, 별이 진화하면서 만들어낸 수많은 원소가 우주 공간으로 방출되어 태양계를 만들었으며, 지구에 존재하는 생명체를 구성하는 유기물을 만들었다.

① 우주의 주요 원소❽: 수소, 헬륨이 전체 원소의 약 98 %를 차지한다.
② 지구의 주요 원소❾: 철, 산소, 규소, 마그네슘 등이 대부분을 차지한다.
③ 생명체의 주요 원소❿: 산소, 탄소, 수소가 대부분을 차지한다.

❽ 우주를 구성하는 원소의 질량비

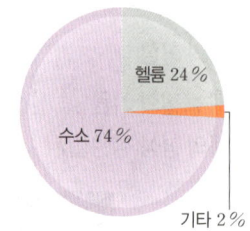

헬륨 24 %
수소 74 %
기타 2 %

❾ 지구를 구성하는 원소의 질량비

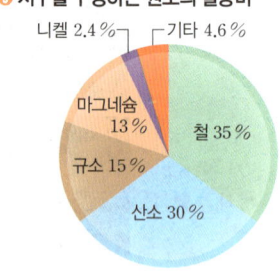

니켈 2.4 % / 기타 4.6 %
마그네슘 13 %
철 35 %
규소 15 %
산소 30 %

❿ 생명체를 구성하는 원소의 질량비

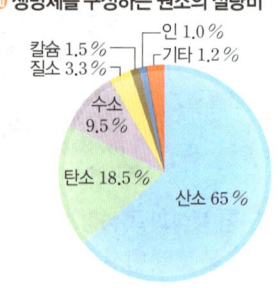

칼슘 1.5 % / 인 1.0 %
질소 3.3 % / 기타 1.2 %
수소 9.5 %
탄소 18.5 %
산소 65 %

✏ **바로 복습**

정답과 해설 09쪽

빈칸 채우기 문제

11 태양보다 질량이 훨씬 큰 별은 (   )이 되고 이보다 질량이 더 큰 별은 블랙홀이 된다.

12 태양계는 약 50 억 년 전에 초신성 폭발로 만들어진 거대한 (   )에서 형성되었다.

13 납작해진 태양계 성운에서는 여러 개의 고리가 만들어졌고, 이곳에서 수많은 (   )가 형성되었다.

14 미행성체들이 서로 (   )을 하며 뭉쳐져 원시 행성이 형성되었다.

15 원시 지구에 수많은 미행성체가 충돌하면서 지구의 온도가 점차 높아졌고, (   )를 형성하였다.

○✕ 문제

16 태양계 성운이 납작한 원반 모양으로 변하게 된 것은 중력 수축하였기 때문이다. (○ ✕)

17 태양계 성운의 회전 속도가 빨라지면서 성운의 중심부는 볼록해지고, 중심에서 멀어질수록 납작해져 원시 원반을 형성하였다. (○ ✕)

18 마그마 바다가 형성되고 물질 분리가 일어나 철과 니켈 등은 맨틀을, 규소와 산소 등은 핵을 형성하였다. (○ ✕)

19 원시 바다는 원시 대기에 포함되어 있던 수증기가 응결하여 비로 내려 형성되었다. (○ ✕)

20 지구에 가장 풍부한 원소는 철과 산소이고, 우주에 가장 풍부한 원소는 수소와 헬륨이다. (○ ✕)

지구와 생명체 구성 물질의 유래 알아보기

정답과 해설 10쪽

목표 지구와 생명체를 구성하는 성분을 비교하고, 우주와 지구의 역사를 바탕으로 하여 구성 성분의 유래를 설명할 수 있다.

과정 그림은 지구와 생명체를 구성하는 주요 성분의 질량비를 나타낸 것이다.

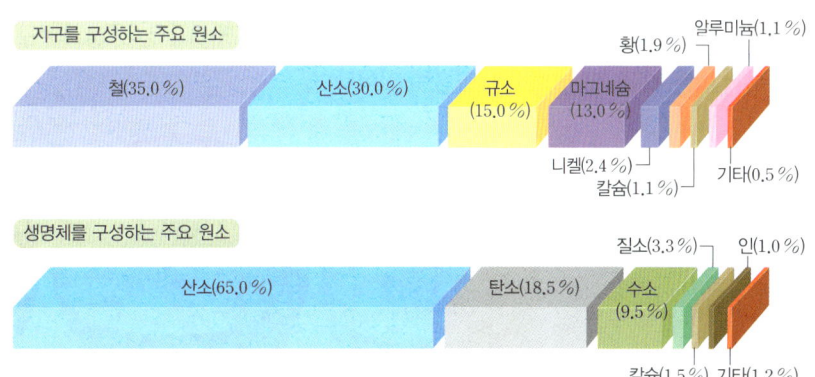

① 지구와 생명체를 구성하는 주요 성분을 비교한다.

② 지구와 생명체의 주요 구성 성분을 우주 초기에 형성된 원소, 별에서 생성된 원소, 초신성 폭발 과정에서 생성된 원소로 구분한다.

③ 지구와 생명체를 이루는 구성 성분을 우주 및 지구의 역사와 관련지어 설명한다.

결과

① 우주에는 수소와 헬륨이 대부분을 차지하지만, 지구와 생명체를 이루는 성분은 다르다.

➡ 지구는 철＞산소＞규소 순이고, 생명체(사람)는 산소＞탄소＞수소 순이다.

➡ 지구와 생명체에 공통으로 풍부한 원소는 (   )이다.

② 지구와 생명체를 이루는 주요 성분은 대부분 별의 진화 과정에서 생성되었다.

➡ 태양과 질량이 비슷한 별에서 생성될 수 있는 원소: (   ), 산소

➡ 태양보다 질량이 훨씬 큰 별에서 생성될 수 있는 원소: 철, (   ), 산소, 마그네슘 등

➡ 초신성 폭발 과정에서 생성될 수 있는 원소: 니켈 등

③ 빅뱅에서 지구 형성 및 생명체 탄생까지의 역사

➡ 약 138 억 년 전에 빅뱅으로 탄생한 우주에서 별의 재료가 되는 (   )와 헬륨이 생성되었고, 별의 진화 과정에서 탄소 ～ (   )까지의 원소가 생성되었으며, 철보다 무거운 원소는 초신성 폭발 과정에서 생성되었다. 이후 다양한 성분이 포함된 성운에서 철과 산소, 규소가 풍부한 지구가 형성되었고, 지구에서 주로 산소와 탄소로 이루어진 (   )가 탄생하였다.

정리

1 우주, 지구, 사람을 구성하는 원소 중 가장 풍부한 것은 각각 무엇인가?

➡ 우주에는 (   ), 지구에는 (   ), 사람에게는 (   )가 가장 풍부하다.

2 사람을 이루는 주요 성분 중 산소가 가장 많은 질량비를 차지하는 까닭은 무엇인가?

➡ 사람의 몸은 대부분 (   )로 구성되어 있기 때문에 산소와 (   )가 풍부하다. 특히 산소는 질량이 (   )의 약 16 배이기 때문에 차지하는 질량비가 가장 크다

별의 질량에 따른 진화 과정과 원소의 생성

현재 지구에는 산소와 탄소를 비롯하여 약 100여 종이 넘는 원소가 존재한다. 이렇게 많은 원소는 별이 진화하는 과정에서 만들어진 것인데, 그 과정을 한눈에 정리해 보자.

우주 공간의 수소, 헬륨, 먼지 등으로 이루어진 성간 물질이 모여 성운을 형성하고, 성운 내부의 물질이 뭉쳐지면서 원시별이 탄생한다. 원시별이 중력 수축을 계속하여 중심부 온도가 약 1000 만 K 이상이 되면 중심부에서 수소 핵융합 반응을 하는 주계열성이 된다. 한편 별은 처음 탄생할 때의 질량에 따라 진화 과정이 달라지며, 질량이 클수록 중심부의 온도가 높아져 더 무거운 원소를 만드는 핵융합 반응이 일어난다.

별의 질량이 태양 정도인 별은 주계열성의 중심부에서 수소 핵 융합 반응이 일어나 헬륨이 생성되고, 적색 거성으로 진화하여 중심부 온도가 약 1 억 K 이상이 되면 헬륨 핵융합 반응이 일어나 탄소 등이 만들어진다.

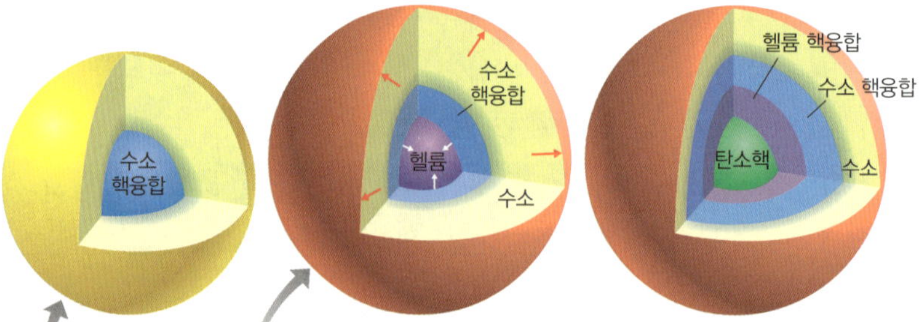

수소 핵융합

수소 핵융합 / 헬륨 / 수소

헬륨 핵융합 / 수소 핵융합 / 탄소핵 / 수소

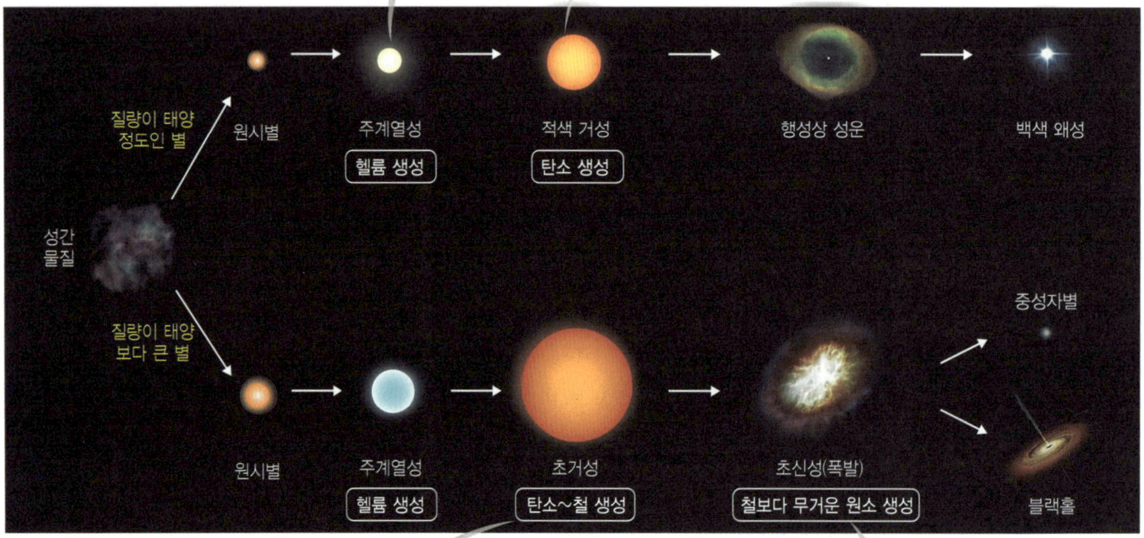

질량이 태양 정도인 별 · 원시별 → 주계열성 [헬륨 생성] → 적색 거성 [탄소 생성] → 행성상 성운 → 백색 왜성

성간 물질

질량이 태양 보다 큰 별 · 원시별 → 주계열성 [헬륨 생성] → 초거성 [탄소~철 생성] → 초신성(폭발) [철보다 무거운 원소 생성] → 중성자별 / 블랙홀

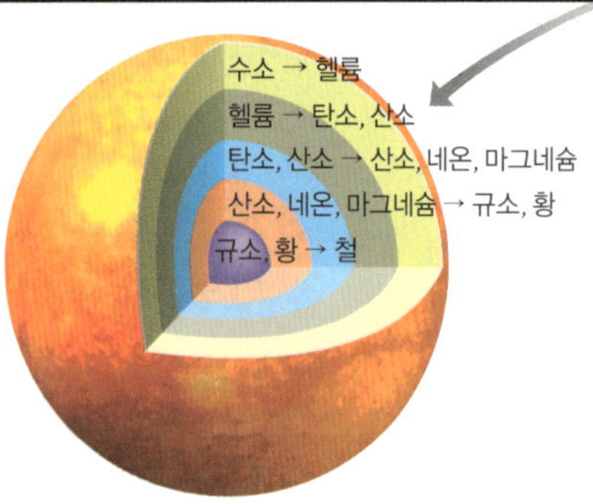

수소 → 헬륨
헬륨 → 탄소, 산소
탄소, 산소 → 산소, 네온, 마그네슘
산소, 네온, 마그네슘 → 규소, 황
규소, 황 → 철

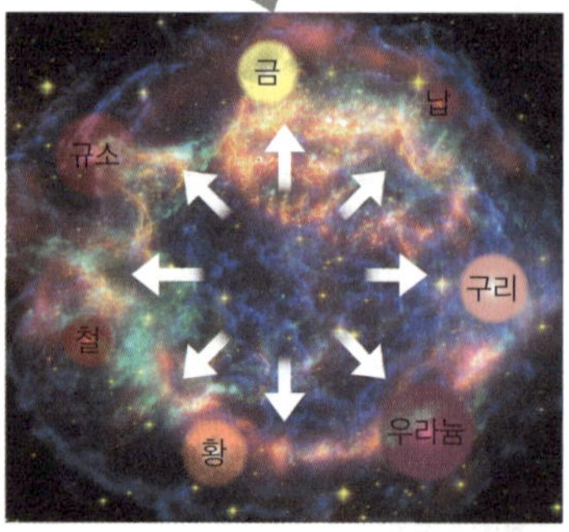

별의 질량이 태양보다 큰 별은 주계열성의 중심부에서 수소 핵융합 반응이 일어나 헬륨이 생성되고, 초거성으로 진화하여 중심부 온도가 약 1 억 K 이상이 되면 헬륨 핵융합 반응이 일어나 탄소 등이 만들어지며, 헬륨 핵융합 반응이 끝나면 탄소 핵융합 반응이 일어나 산소, 네온, 마그네슘이 만들어진다. 이후 산소 핵융합 반응으로 황, 규소가 만들어지고, 규소 핵융합 반응으로 철이 만들어진다.

금 / 납 / 규소 / 구리 / 철 / 황 / 우라늄

별의 중심부에 철이 만들어지면, 철 원자핵은 매우 안정하기 때문에 더 이상 핵융합 반응이 일어나지 않는다. 핵융합 반응이 끝난 별은 초신성 폭발을 일으키는데, 이때 발생한 엄청난 에너지로 인해 철보다 무거운 금, 납, 우라늄 등의 원소가 만들어진다.

06 별의 진화와 원소의 생성

1 별의 탄생과 원소의 생성

01 ✅빈출

그림 (가)~(다)는 별이 탄생하기까지의 과정을 나타낸 것이다.

 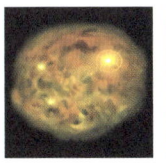 

(가) 성운의 형성   (나) 원시별의 형성   (다) 별의 탄생

이에 대한 설명으로 옳은 것만을 〈보기〉에서 있는 대로 고른 것은?

〈보기〉
ㄱ. (가)는 주로 수소와 헬륨이 모여 형성된다.
ㄴ. (가)→(나)→(다)에서 중심부 물질의 밀도는 증가한다.
ㄷ. 수소 핵융합 반응이 시작되는 단계는 (나)이다.

① ㄱ   ② ㄷ   ③ ㄱ, ㄴ
④ ㄴ, ㄷ   ⑤ ㄱ, ㄴ, ㄷ

02

그림은 어느 별의 중심부에서 일어나는 핵융합 반응을 나타낸 것이다.

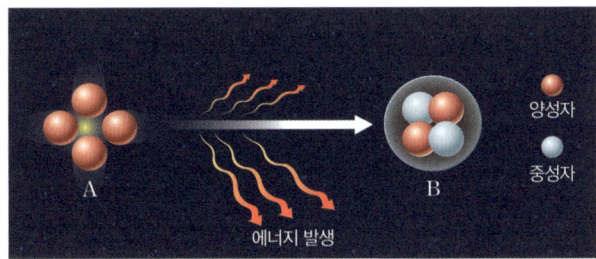

이에 대한 설명으로 옳은 것만을 〈보기〉에서 있는 대로 고른 것은?

〈보기〉
ㄱ. A는 수소 원자핵, B는 헬륨 원자핵이다.
ㄴ. 주계열성의 중심부에서 일어나는 반응이다.
ㄷ. 핵융합 반응이 일어나는 과정에서 질량이 감소한다.

① ㄱ   ② ㄷ   ③ ㄱ, ㄴ
④ ㄴ, ㄷ   ⑤ ㄱ, ㄴ, ㄷ

03 ✅빈출

별의 탄생에 대한 설명으로 옳은 것만을 〈보기〉에서 있는 대로 고른 것은?

〈보기〉
ㄱ. 별은 성운 내부의 밀도가 크고 온도가 높은 부분이 중력 수축하여 생성된다.
ㄴ. 성운을 구성하는 주요 원소는 수소와 헬륨이다.
ㄷ. 하나의 성운에서는 하나의 별만 생성한다.

① ㄱ   ② ㄴ   ③ ㄷ
④ ㄱ, ㄴ   ⑤ ㄴ, ㄷ

2 별의 진화와 무거운 원소의 생성

04 ✅빈출

별의 진화와 원소의 생성에 대한 설명으로 옳지 <u>않은</u> 것은?

① 별은 질량에 따라 진화하는 과정이 달라진다.
② 태양은 주계열성을 지난 직후에는 크기가 커진다.
③ 태양은 최종적으로 중심부에서 탄소가 생성된다.
④ 납과 우라늄은 성운이 중력 수축하는 과정에서 생성된다.
⑤ 별의 중심부에서 생성될 수 있는 가장 무거운 원소는 철이다.

05

그림은 어느 별의 진화 과정을 나타낸 것이다.

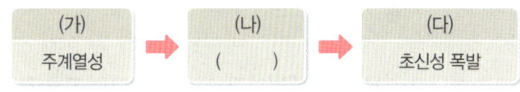

이에 대한 설명으로 옳은 것만을 〈보기〉에서 있는 대로 고른 것은?

〈보기〉
ㄱ. (가)에서는 중심부에서 헬륨이 생성된다.
ㄴ. 별의 크기는 (가)보다 (나)에서 크다.
ㄷ. (다)에서 철보다 무거운 원소가 생성된다.

① ㄱ   ② ㄷ   ③ ㄱ, ㄴ
④ ㄴ, ㄷ   ⑤ ㄱ, ㄴ, ㄷ

06

난이도 상

그림 (가)와 (나)는 어느 별이 진화하는 동안 서로 다른 진화 단계에서의 내부 구조를 나타낸 것이다.

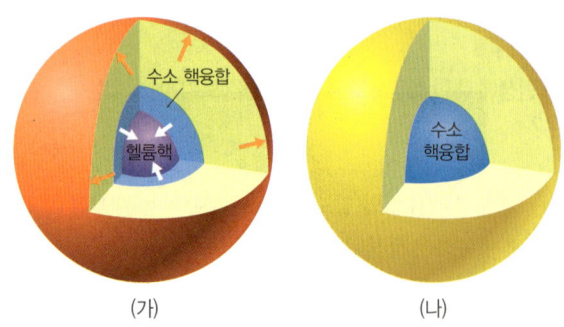

(가)   (나)

이에 대한 설명으로 옳은 것만을 〈보기〉에서 있는 대로 고른 것은? (단, 별의 크기는 고려하지 않는다.)

〈보기〉
ㄱ. 진화하는 순서는 (가) → (나)이다.
ㄴ. 별의 크기는 (가)가 (나)보다 크다.
ㄷ. 중심부에서 수소 핵융합 반응은 (가)가 (나)보다 활발하다.

① ㄱ   ② ㄴ   ③ ㄱ, ㄷ
④ ㄴ, ㄷ   ⑤ ㄱ, ㄴ, ㄷ

07 빈출

그림 (가)와 (나)는 질량이 다른 두 별의 중심부에서 더 이상 핵융합 반응이 일어나지 않을 때의 내부 구조를 나타낸 것이다.

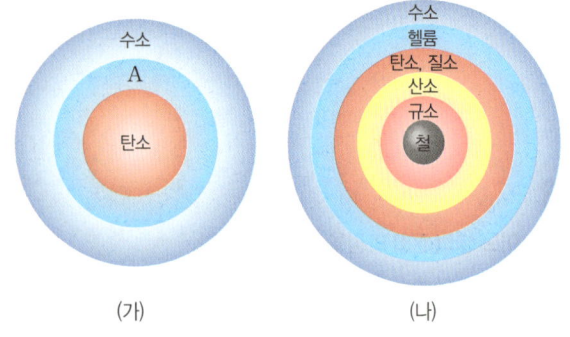

(가)   (나)

이에 대한 설명으로 옳은 것만을 〈보기〉에서 있는 대로 고른 것은?

〈보기〉
ㄱ. A는 산소로 이루어진 층이다.
ㄴ. 별의 질량은 (가)가 (나)보다 작다.
ㄷ. 철보다 무거운 원소는 (나) 단계 이후에 별의 중심부에서 생성된다.

① ㄱ   ② ㄴ   ③ ㄱ, ㄷ
④ ㄴ, ㄷ   ⑤ ㄱ, ㄴ, ㄷ

08

난이도 상

표는 어느 별의 중심부에서 일어나는 핵융합 반응 (가)~(다)를 나타낸 것이다.

핵융합 반응	반응 원소	생성 원소
(가)	H	He
(나)	He	C
(다)	O	S, Si

이에 대한 설명으로 옳은 것만을 〈보기〉에서 있는 대로 고른 것은?

〈보기〉
ㄱ. 중심부의 온도는 (가)일 때가 가장 낮다.
ㄴ. 태양의 중심부에서는 최종적으로 (다)가 일어난다.
ㄷ. (가)~(다) 모두 질량이 감소하면서 에너지가 생성된다.

① ㄱ   ② ㄴ   ③ ㄱ, ㄷ
④ ㄴ, ㄷ   ⑤ ㄱ, ㄴ, ㄷ

3 태양계와 지구의 형성

09 빈출

태양계의 형성에 대한 설명으로 옳지 않은 것은?

① 원시 행성은 태양계 성운의 원반에서 형성되었다.
② 태양계 성운은 회전하면서 납작한 원반을 형성하였다.
③ 태양계 성운의 중심부는 수축하여 원시 태양이 형성되었다.
④ 태양계 성운의 크기는 현재의 태양계 크기와 거의 같았다.
⑤ 태양계 성운에는 철보다 무거운 원소가 포함되어 있었다.

10

난이도 상

그림은 태양계의 형성 과정을 나타낸 것이다.

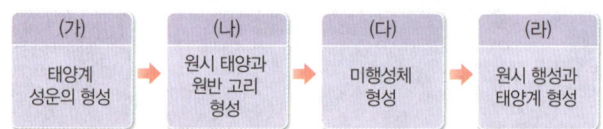

(가)	(나)	(다)	(라)
태양계 성운의 형성	원시 태양과 원반 고리 형성	미행성체 형성	원시 행성과 태양계 형성

이에 대한 설명으로 옳은 것만을 〈보기〉에서 있는 대로 고른 것은?

〈보기〉
ㄱ. (가)의 이전에 초신성 폭발이 있었다.
ㄴ. (나)의 원시 태양은 수축하면서 온도가 점차 상승하였다.
ㄷ. (다) → (라)에서 원시 행성은 미행성체가 충돌하며 뭉쳐 형성되었다.

① ㄱ   ② ㄷ   ③ ㄱ, ㄴ
④ ㄴ, ㄷ   ⑤ ㄱ, ㄴ, ㄷ

● 정답과 해설 10쪽

11

그림은 지구의 형성 과정을 나타낸 것이다.

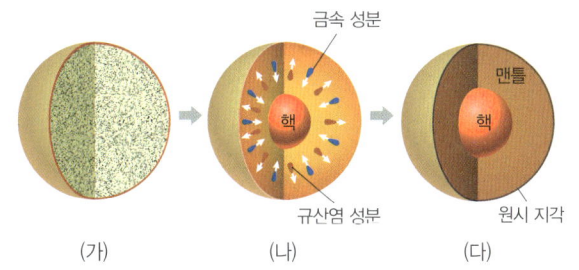

(가)　　　　　　(나)　　　　　　(다)

이에 대한 설명으로 옳은 것만을 〈보기〉에서 있는 대로 고른 것은?

보기

ㄱ. (가) → (나)의 변화는 온도 상승에 의해 일어났다.
ㄴ. 지구 중심부의 밀도는 (가)가 (나)보다 높았다.
ㄷ. 원시 바다는 (나)와 (다) 사이에 형성되었다.

① ㄱ　　　　　② ㄴ　　　　　③ ㄱ, ㄷ
④ ㄴ, ㄷ　　　　⑤ ㄱ, ㄴ, ㄷ

12

난이도 상

그림 (가)와 (나)는 지구와 생명체를 구성하는 원소들의 질량비를 순서 없이 나타낸 것이다.

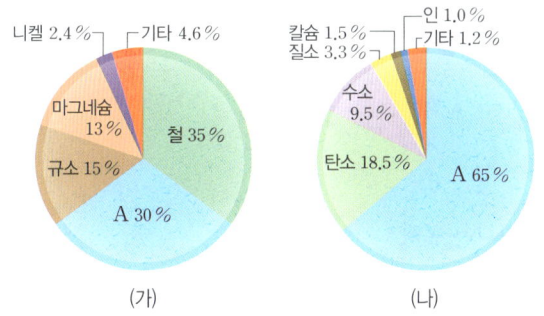

(가)　　　　　　　　　(나)

이에 대한 설명으로 옳은 것만을 〈보기〉에서 있는 대로 고른 것은?

보기

ㄱ. (가)는 지구의 원소, (나)는 생명체의 원소에 해당한다.
ㄴ. 원소 A는 별의 내부에서 생성되었다.
ㄷ. (가)를 구성하는 원소는 대부분 우주의 나이가 약 38만 년이 되었을 때 만들어졌다.

① ㄱ　　　　　② ㄴ　　　　　③ ㄷ
④ ㄱ, ㄴ　　　　⑤ ㄴ, ㄷ

서술형 문제

13

그림 (가)와 (나)는 서로 다른 두 별이 각각 진화하는 마지막 단계를 나타낸 것이다.

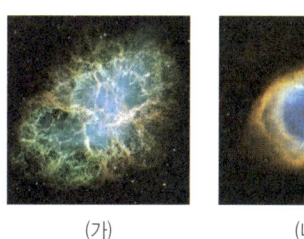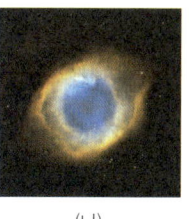

(가)　　　　　　　(나)

(가)와 (나) 중 철보다 무거운 원소는 어느 쪽에 더 많은지 쓰고, 그 까닭을 서술하시오.

_____

_____

14

지구형 행성은 목성형 행성보다 철, 니켈, 규소 등 무거운 물질의 함량이 많다. 그 까닭을 아래의 세 가지 개념을 포함하여 서술하시오.

태양으로부터의 거리　　　온도　　　녹는점

_____

_____

15

다음은 지구 형성 과정의 일부를 나타낸 것이다.

핵과 맨틀의 분리　(가)→　원시 지각 형성　(나)→　최초의 생명체 탄생

(가) 기간에는 원시 바다가 형성될 수 없었고, (나) 기간에 원시 바다가 형성되었다. 그 까닭을 서술하시오.

_____

_____

07 원소의 주기성

단원 한눈에 보기

원소와 주기율표

주기율	금속 원소와 비금속 원소
	주기율표
	알칼리 금속과 할로젠
원자의 전자 배치	원자의 구조
	전자 배치
	원자가 전자

① 원소와 주기율

1 원소❶

(1) 물질을 이루는 기본 성분으로, 더 이상 다른 물질로 분해되지 않는다.

(2) 현재까지 118가지의 원소가 알려져 있으며, 종류에 따라 각 원소의 성질이 다르다.

(3) 한 종류의 원소가 물질을 구성하기도 하고 다른 종류의 원소들끼리 결합하여 다른 물질을 구성하기도 한다.

2 금속 원소와 비금속 원소

구분		금속	비금속
주기율표에서의 위치		대부분 왼쪽과 가운데	대부분 오른쪽(수소는 예외)
실온에서의 상태		고체(단, 수은은 액체)	기체 또는 고체(단, 브로민은 액체)
특징	광택의 유무	대부분 특유의 광택이 있다.	광택이 없다.
	힘이 가해졌을 때	부서지지 않고 길게 뽑히거나 얇게 펴진다.	부서지거나 쪼개진다.
	열의 전달과 전기 전도성	열과 전기가 잘 통한다.	열과 전기가 잘 통하지 않는다. (단, 흑연❷은 예외)
	이온화	전자를 잃고 양이온이 되기 쉽다.	전자를 얻고 음이온이 되기 쉽다.
이용의 예		• 철: 강도가 높아 각종 철물 및 기계에 이용한다. • 구리: 전기가 잘 통하는 성질이 있어 전선 등에 이용한다. • 금: 얇게 펴지거나 가늘게 늘릴 수 있어 장식 등에 이용한다. • 알루미늄: 가볍고 얇게 펴져 포일, 일회용 접시 등에 이용한다.	• 질소: 반응성이 작아 식품 포장용 충전 기체로 이용한다. • 산소: 다른 원소와 잘 결합하는 성질이 있어 다양한 물질을 만드는 데 이용되며, 생물의 호흡에 필요하다. • 헬륨: 반응성이 작고 실온에서 기체 상태로 존재하며 비행선이나 풍선을 띄우는 데 이용한다.

▲ 철　　▲ 구리　　▲ 산소　　▲ 헬륨

3 주기율과 주기율표

(1) **주기율**: 원소들을 나열했을 때 성질이 비슷한 원소들이 주기적으로 나타나는 현상

(2) **주기율표**: 주기율이 드러나도록 원소들을 배열한 표

(3) **주기율의 발견 과정**

되베라이너 (1817 년)	성질이 비슷한 세 쌍의 원소들의 원자량 사이에 일정한 관계가 있다는 것을 알아냈다. ⑩ Li−Na−K, Cl−Br−I
멘델레예프 (1869 년)	• 63종의 원소를 상대적 질량에 따라 순서대로 나열하여 최초의 주기율표를 제작하였다. 같은 쪽 원소는 가장 바깥 전자 껍질의 전자 수가 같다. ➡ 화학적 성질이 비슷함～(동족 원소) • 발견되지 않은 원소의 자리는 비워두고 그 자리에 들어갈 원소의 물리량을 예측하여 새로운 원소 발견에 기여하였다. • 몇몇 원소들의 성질이 주기성을 벗어나는 문제점이 있었다.
모즐리 (1913 년)	원자 번호(양성자수)에서 원자의 주기성을 발견하여 현재의 주기율표를 만들었다. ➡ 원자 번호 순서대로 배열한 주기율표 같은 주기 원소들은 전자가 들어 있는 전자 껍질의 수가 같아～

⚠ 주의신

❶ 원소와 원자 구분하기

원소는 물질을 구성하는 기본 성분이고, 원자는 물질을 이루고 있는 기본 입자이다.
• H_2O(물)을 구성하는 원소: H(수소)와 O(산소) 두 가지
• H_2O(물) 분자 1 개를 구성하는 원자: H(수소) 원자 2 개와 O(산소) 원자 1 개

❷ 흑연의 전기 전도성

비금속 원소이지만 자유롭게 움직일 수 있는 전자가 있어 전기 전도성이 있으므로 전극 등에 이용한다.

📖 용어신

• **원자량** 질량수가 12인 탄소(^{12}C) 원자의 원자량을 12.00으로 정하고, 이를 기준으로 비교한 원자의 상대적인 질량

(4) 현대의 주기율표

① 원소들을 <mark>원자 번호 순서로 나열</mark>하고, <mark>세로줄에 화학적 성질이 비슷한 원소들이 오</mark>도록 배열한 것이다.

② 주기율표의 족과 주기

- 족: 주기율표의 세로줄로 1~18족까지 있다.
- 주기: 주기율표의 가로줄로 1~7주기까지 있다.
- 1주기에는 수소(H)와 헬륨(He)만 있다.
- 2주기와 3주기에는 각각 8개의 원소가 있다.
- 수소는 1족 원소이지만 비금속 원소이고, 1족 알칼리 금속 원소와는 화학적 성질이 다르다.

❸ 준금속 원소

주기율표에서 금속 원소와 비금속 원소의 경계 부분에 위치하여 금속 원소와 비금속 원소의 성질을 모두 가지고 있거나, 금속 원소와 비금속 원소의 중간 정도의 성질을 가진다. 붕소(B), 규소(Si), 저마늄(Ge), 비소(As) 등이 있으며, 이 중 규소(Si)와 저마늄(Ge)은 반도체를 만드는 데 사용된다.

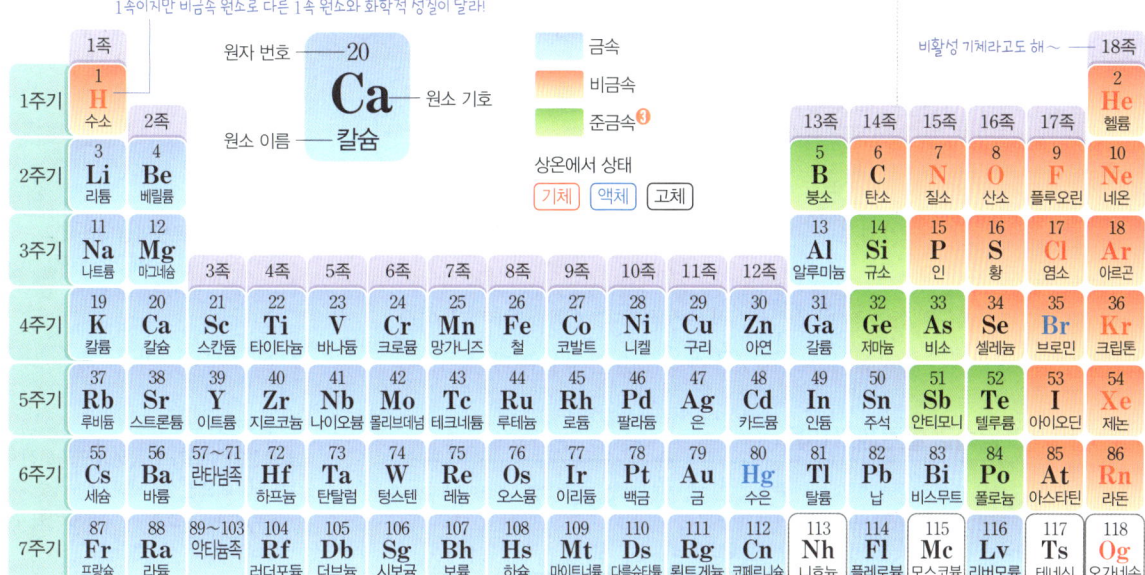

빈칸 채우기 문제

01 물질을 이루는 기본 성분인 (   )는 화학적인 방법에 의해 더 이상 분해되지 않는다.

02 (   )은 열과 전기가 잘 통하며, (   )은 열과 전기가 잘 통하지 않는다.

03 (   ) 원소는 주기율표에서 대부분 왼쪽과 가운데에 위치하고, (   ) 원소는 주기율표에서 대부분 오른쪽에 위치한다.

04 멘델레예프는 원소들을 상대적 (   )에 따라 순서대로 나열하여 최초의 (   )를 만들었다.

05 주기율표에서 가로줄은 (   ), 세로줄은 (   )이라고 한다.

○✕ 문제

06 주기율표에서 비금속 원소는 대체로 왼쪽에 위치한다. (○ ✕)

07 생활용품으로 많이 사용되는 플라스틱은 주로 금속 원소로 이루어져 있다. (○ ✕)

08 원소를 상대적 질량에 따라 순서대로 나열하면 원소들의 성질이 주기성을 띤다. (○ ✕)

09 현대의 주기율표에서는 원소를 원자 번호 순으로 나열한다. (○ ✕)

10 주기율표에서 가로줄에 화학적 성질이 비슷한 원소들이 배치된다. (○ ✕)

② 원소의 주기적 성질

1 알칼리 금속

┌ 원자가 전자 1 개~

(1) **알칼리 금속**: 주기율표의 1족에 속하는 금속 원소 예 리튬(Li), 나트륨(Na), 칼륨(K) 등
└ 수소는 비금속 원소야!

(2) **알칼리 금속의 성질**

① 은백색의 광택이 있다.
└ Li, Na, K은 물보다 밀도가 작아 물 위에 뜨지!
② 밀도가 작아 매우 가볍고, 칼로 쉽게 잘릴 정도로 무르다.
③ 실온에서 모두 고체 상태이다.
④ 반응성이 커서 산소, 물과 빠르게 반응하며, 반응성은 Li<Na<K이다. ❹
⑤ 물과 반응하여 수소 기체가 발생하고, 생성된 수용액은 염기성을 띤다.
└ 페놀프탈레인 용액을 붉게 변화시켜!

2 할로젠

┌ 원자가 전자가 7 개~

(1) **할로젠**: 주기율표의 17족에 속하는 비금속 원소

예 플루오린(F), 염소(Cl), 브로민(Br), 아이오딘(I) 등

(2) **할로젠의 성질**

① 실온에서 원자 2 개가 결합한 이원자 분자의 형태로 존재한다.
② 실온에서 플루오린과 염소는 기체, 브로민은 액체, 아이오딘은 고체 상태로 존재하며 각각 특유의 색깔을 띤다. ❺
③ 금속이나 수소 등의 다른 원소와 잘 반응하며, 반응성은 $F_2>Cl_2>Br_2>I_2$이다.
④ 수소와 반응하여 만들어진 할로젠화 수소❻가 물에 녹으면 산성을 띤다.

> #### 🔍 자세하게 **알칼리 금속과 할로젠의 이용**
>
>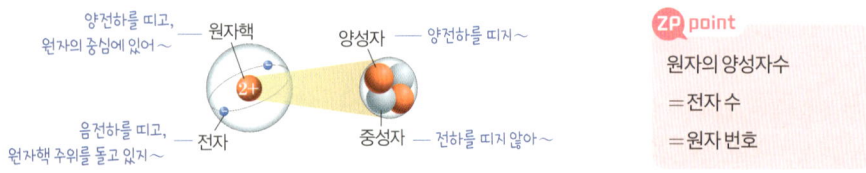
>
> | 알칼리 금속 | | | 할로젠 | | |
> |---|---|---|---|---|---|
> | 건전지 | 바나나 | 가로등 | 수영장 물 소독제 | 치약 | 소독약 |
> | 리튬 이온(Li^+) 포함 | 칼륨 이온(K^+) 포함 | 나트륨 이온(Na^+) 포함 | 염화 이온(Cl^-) 포함 | 플루오린화 이온(F^-) 포함 | 아이오딘화 이온(I^-) 포함 |

③ 원자의 전자 배치

1 원자의 구조: 원자의 중심에 원자핵이 있고, 원자핵 주위를 전자가 돌고 있다.

(1) 원자는 양성자수와 전자 수가 같아 전기적으로 중성이다.

(2) 양성자수는 원자마다 다르므로 양성자수로 원자 번호를 정한다.

양전하를 띠고,
원자의 중심에 있어~ ─ 원자핵
양성자 ─ 양전하를 띠지~

음전하를 띠고,
원자핵 주위를 돌고 있어~ ─ 전자
중성자 ─ 전하를 띠지 않아~

ZP point

원자의 양성자수
= 전자 수
= 원자 번호

2 원자의 전자 배치

(1) **원자 내에서 전자의 운동**

① 전자 껍질: 특정한 에너지 준위를 갖는 궤도로, 전자는 전자 껍질에만 존재한다.
② 에너지 준위: 원자 내에 전자가 존재할 수 있는 궤도(전자 껍질)에서 전자가 갖는 특정한 에너지값 또는 특정한 에너지값을 갖는 상태를 말하며, 원자핵과 가까울수록 에너지 준위가 낮다.

> ⚠ 주의신
>
> **❹ 알칼리 금속의 보관**
> 알칼리 금속은 반응성이 커 물이나 공기 중의 산소와 매우 활발하게 반응하기 때문에 석유나 액체 파라핀에 담가 공기와의 접촉을 피하여 보관해야 한다.

> 🏠 정리신
>
> **❺ 실온에서 할로젠의 상태와 색깔**
> • 플루오린(F_2): 기체(옅은 황색)
> • 염소(Cl_2): 기체(황록색)
> • 브로민(Br_2): 액체(적갈색)
> • 아이오딘(I_2): 고체(흑자색)
>
> **❻ 할로젠화 수소**
> 할로젠과 수소가 반응하여 만들어진 물질로, 물에 녹으면 산성을 띤다.
> • 플루오린＋수소 ⟶ 플루오린화 수소
> • 염소＋수소 ⟶ 염화 수소
> • 브로민＋수소 ⟶ 브로민화 수소

> **보어의 원자 모형과 현재 원자 모형**
>
>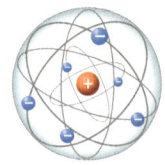
>
> ▲ 보어의 원자 모형
>
> • 보어의 원자 모형: 전자는 원자핵 주위에서 불연속적인 원궤도를 그리면서 운동한다. ➡ 전자 껍질
>
>
>
> ▲ 현재의 원자 모형
>
> • 현재의 원자 모형: 전자는 원자핵 주변의 특정 영역에 존재할 확률이 높고, 확률 분포에 따라 전자의 위치를 표시한다. ➡ 전자 구름

(2) **원자의 전자 배치**: 전자는 에너지 준위가 낮은 원자핵과 가까운 전자 껍질부터 차례로 채워진다. 원자의 첫 번째 전자 껍질에는 전자가 최대 2 개, 두 번째 전자 껍질에는 전자가 최대 8 개 채워질 수 있다.

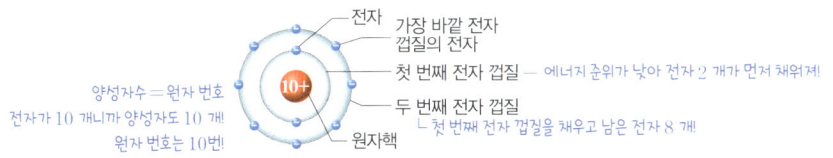

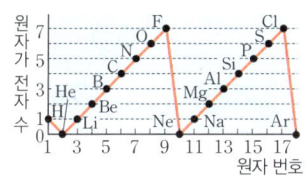

양성자수 = 원자 번호
전자가 10 개니까 양성자도 10 개!
원자 번호는 10번!

전자
가장 바깥 전자 껍질의 전자
첫 번째 전자 껍질 ― 에너지 준위가 낮아 전자 2 개가 먼저 채워져!
두 번째 전자 껍질
└ 첫 번째 전자 껍질을 채우고 남은 전자 8 개!
원자핵

▲ 네온(Ne)의 원자 구조

(3) **원자가 전자❼**: 원자의 전자 배치에서 가장 바깥 전자 껍질에 존재하는 전자로, 화학 결합에 참여하므로 원자가 전자 수에 따라 원소들의 화학적 성질이 결정된다.

(4) **주기율표와 전자 배치**
① **같은 족 원소의 전자 배치**: 원자가 전자 수가 같다. ➡ 화학적 성질이 비슷하다.
② **같은 주기 원소의 전자 배치**: 전자가 채워진 전자 껍질 수가 같다.

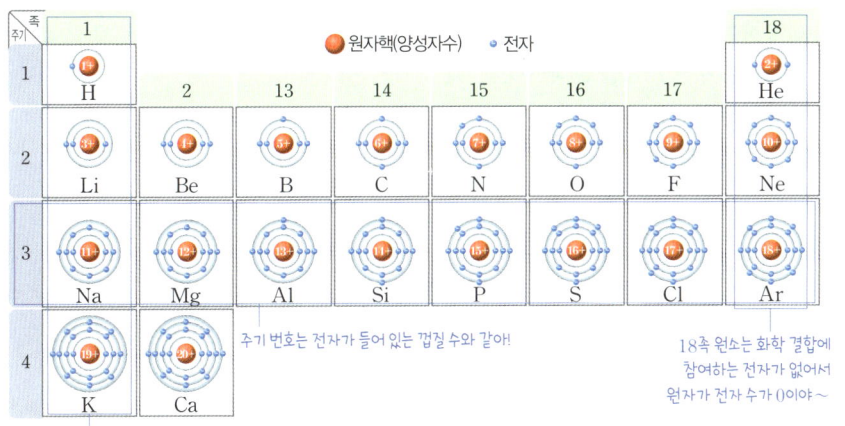

족 번호의 일의 자리 수가 원자가 전자 수와 같아!

주기 번호는 전자가 들어 있는 껍질 수와 같아!

18족 원소는 화학 결합에 참여하는 전자가 없어서 원자가 전자 수가 0이야~

▲ 원자의 전자 배치

(5) **원소의 주기성이 나타나는 까닭**: 원소의 화학적 성질을 결정하는 원자가 전자 수가 주기적❽으로 변하기 때문이다.

📌 **암기신**

족과 원자가 전자의 관계
족이 같으면 원자가 전자 수가 같다.
주기와 전자 껍질의 관계
주기가 같으면 전자 껍질 수가 같다.

❼ **원자가 전자**   최외각 전자
• **원자가 전자**: 가장 바깥 전자 껍질의 전자 중 화학 결합에 참여할 수 있는 전자
• 1, 2, 13~17족 원소: 가장 바깥 전자 껍질의 전자 수 = 원자가 전자 수
• 18족 원소: 가장 바깥 전자 껍질의 전자 수(2 또는 8) ≠ 원자가 전자 수(0)

🏠 **정리신**

❽ **원자가 전자 수의 주기성**

주기율표에서 원자 번호가 증가함에 따라 원소들의 원자가 전자 수가 주기적으로 변하기 때문에 성질이 비슷한 원소들이 주기적으로 나타난다.

✏️ **바로 복습**

정답과 해설 11쪽

빈칸 채우기 문제

11 주기율표에서 1족에 속하는 리튬, 나트륨, 칼륨 등을 ( ) 금속이라고 하고, 17족에 속하는 플루오린, 염소, 브로민, 아이오딘 등을 ( )이라고 한다.

12 물에 나트륨 조각을 넣으면 ( ) 기체가 발생하고 용액의 액성은 ( )을 띠게 된다.

13 1기압, 실온에서 브로민은 ( ), 아이오딘은 ( ), 플루오린과 염소는 ( )로 존재한다.

14 전자 껍질에서 전자가 갖는 특정한 에너지값을 ( )라고 한다.

○× 문제

15 알칼리 금속과 할로젠은 반응성이 커 다른 원소와 잘 반응한다는 공통점이 있다. ○ ×

16 원자핵에 가까운 전자 껍질일수록 에너지 준위가 높다. ○ ×

17 원자를 구성하는 전자 중 가장 바깥 전자 껍질에 있으면서 화학 결합에 관여하는 전자를 원자가 전자라고 한다. ○ ×

18 전자가 들어 있는 전자 껍질 수가 같은 원자들은 화학적 성질이 비슷하다. ○ ×

같은 족 원소의 유사성 탐구 실험 설계하기

정답과 해설 12쪽

⚠️ **주의신**
실험으로 확인할 같은 족 원소의 유독성 여부를 미리 확인한다.

목표　같은 족 원소의 유사성을 탐구하고 이를 확인하는 실험을 설계할 수 있다.

과정　❶ 모둠별로 확인하고 싶은 같은 족 원소를 선정한다.

> (예시) 1족 금속 원소인 알칼리 금속을 선정하였다.

❷ 스마트 기기를 이용하여 확인하고 싶은 같은 족 원소의 성질을 찾고, 모둠별로 확인하고 싶은 성질을 골라 보자.

> (예시)
> ☐ 알칼리 금속은 무른 성질이 있다.
> ☐ 알칼리 금속은 공기 중의 산소와 빠르게 반응한다.
> ☑ 알칼리 금속은 물과 반응하여 기체를 발생시킨다.
> ☑ 알칼리 금속은 물과 반응하여 수소 기체를 발생시킨다.
> ☑ 알칼리 금속이 물과 반응한 수용액은 염기성을 띤다.

❸ 모둠별로 고른 같은 족 원소의 성질을 확인하기 위한 가설을 세우고 실험을 설계해 보자.

❹ 설계한 실험에서 필요한 준비물을 정리한다.

❺ 설계한 실험이 ❷에서 확인하고 싶은 성질을 확인하는 데 적절한 실험 방법인지 토의해 보자.

결과　○ **설계한 실험 [예시]**

> **[가설]** 알칼리 금속은 물과 빠르게 반응하여 수소 기체를 발생시키고, 반응 후 수용액은 염기성이 된다.
> **[실험 과정]**
> (가) 3 개의 시험관에 각각 물을 절반 정도 채운다.
> (나) 쌀알 크기의 리튬, 나트륨, 칼륨을 각각 시험관에 넣고 빈 시험관을 위에 뒤집어 발생하는 기체를 포집하면서 시험관 속 변화를 관찰한다.
> (다) 반응 후 기체를 포집한 시험관에 불꽃을 대어 본다.
> (라) (나)에서 반응 후 시험관에 남아 있는 수용액에 (　　　　　　　　　)을 2~3 방울 떨어뜨린다.
>
> **(예시) 준비물:** 장갑, 보안경, 실험복, 칼, 핀셋, 시험관, 시험관대, 점화 장치, 리튬, 나트륨, 칼륨,
> 　　　　　　 (　　　　　　　　　)

정리

1 설계한 실험 과정 (나), (다), (라)에서 확인하고자 하는 같은 족 원소의 성질을 쓰시오.

➡️
(나)	
(다)	
(라)	

2 같은 족 원소들이 유사한 성질을 나타내는 까닭은 무엇인가?

➡️ 같은 족 원소들은 (　　　　　　　)가 같기 때문이다.

3 실험 과정 (나)에서 일어나는 반응을 화학 반응식으로 쓰시오. (단, 알칼리 금속은 M으로 나타낸다.)

➡️

원소 표현의 기초

우주 초기에 생성된 기본 입자와 원자핵의 특징에 대해 알아보고, 원자의 생성과 구조에 대해 이해해 보자.

1 기본 입자의 생성

빅뱅 이후 약 10^{-35} 초가 되었을 때 기본 입자가 생성되었다.

┌─── 더 이상 분해할 수 없는 작은 입자 → 쿼크, 전자 등

1 기본 입자의 종류: 기본 입자는 크게 쿼크와 경입자로 구분되며, 전자는 경입자에 속한다. 현재까지 여섯 종류의 쿼크와 여섯 종류의 경입자(렙톤)가 발견되었다.

구분	특징	대표적인 쿼크와 경입자	전하량
쿼크	• 양성자와 중성자를 구성하는 기본 입자 • 종류: 위(u), 아래(d), 참(c), 스트레인지(s), 톱(t), 보텀(b)	위 쿼크(u)	$+\dfrac{2}{3}$
		아래 쿼크(d)	$-\dfrac{1}{3}$
경입자 (렙톤)	• 전자가 속하는 가벼운 입자의 무리 • 종류: 전자(e), 전자 중성미자, 뮤온(μ), 뮤온 중성미자, 타우(τ), 타우 중성미자	전자(e)	-1
		전자 중성미자	0

2 양성자와 중성자의 생성

빅뱅 이후 약 10^{-6} 초가 되었을 때 쿼크 3개가 결합하여 양성자와 중성자가 생성되었다.

1 양성자의 생성: 위 쿼크 2개 + 아래 쿼크 1개

2 중성자의 생성: 위 쿼크 1개 + 아래 쿼크 2개

3 양성자와 중성자의 전하: 전자의 전하를 -1이라 할 때 위 쿼크의 전하는 $+\dfrac{2}{3}$, 아래 쿼크의 전하는 $-\dfrac{1}{3}$이므로 양성자의 전하량은 $\left(+\dfrac{2}{3}\right)+\left(+\dfrac{2}{3}\right)+\left(-\dfrac{1}{3}\right)=+1$이고 중성자의 전하량은 $\left(+\dfrac{2}{3}\right)+\left(-\dfrac{1}{3}\right)+\left(-\dfrac{1}{3}\right)=0$이다.

쿼크

▲ 양성자　　▲ 중성자
위 쿼크 2개 + 아래 쿼크 1개　위 쿼크 1개 + 아래 쿼크 2개

4 양성자와 중성자의 개수비 변화

(1) 아래 쿼크의 질량이 위 쿼크의 질량보다 커서 중성자의 질량이 양성자의 질량보다 크다. 따라서 중성자는 에너지를 방출하면서 양성자로 변하고, 양성자는 질량 차이만큼 주위로부터 에너지를 흡수하여 중성자로 변한다.

(2) 양성자와 중성자가 생성된 초기에는 우주의 온도가 높아 중성자가 양성자로 변하고, 양성자가 중성자로 변하는 과정이 자주 일어나 양성자와 중성자의 개수가 비슷하였다. ➡ 양성자와 중성자의 개수비 약 1 : 1

(3) 우주의 온도가 낮아지면서 에너지를 흡수해야 하는 양성자에서 중성자로의 변화가 어려워지고, 에너지를 방출하는 중성자에서 양성자로의 변화는 계속 일어나 중성자보다 양성자의 수가 많아졌다. ➡ 양성자와 중성자의 개수비 약 7 : 1

3 원자핵의 생성

1 수소 원자핵의 생성: 양성자 1개가 그 자체로 수소 원자핵이 된다.

2 헬륨 원자핵의 생성: 빅뱅 이후 약 3분이 되었을 때 우주의 온도가 10억 K 이하로 낮아져 양성자와 중성자의 운동이 느려지면서 양성자 2개와 중성자 2개가 서로 결합하여 헬륨 원자핵이 만들어졌다. 헬륨 원자핵이 생성되는 동안 우주의 온도가 계속 낮아져 헬륨 원자핵보다 더 무거운 원소의 핵합성은 일어나지 못했어~

양성자

양성자　　중성자

▲ 수소 원자핵　　▲ 헬륨 원자핵

3 수소 원자핵과 헬륨 원자핵의 질량비

(1) 헬륨 원자핵이 생성되기 직전, 양성자와 중성자의 개수비는 약 7 : 1이다.

(2) 양성자 2개와 중성자 2개가 결합하여 헬륨 원자핵이 생성되므로 수소 원자핵과 헬륨 원자핵의 개수비는 약 12 : 1이다. ➡ 수소 원자핵과 헬륨 원자핵의 질량비는 약 3 : 1

4 원자의 생성

빅뱅 이후 약 38만 년이 되었을 때 우주의 온도가 약 3000 K으로 낮아지자 전자의 운동 에너지가 작아지면서 전자가 원자핵 주위로 끌려들어와 원자핵과 결합하였다. ➡ 수소 원자와 헬륨 원자 생성

수소 원자	헬륨 원자
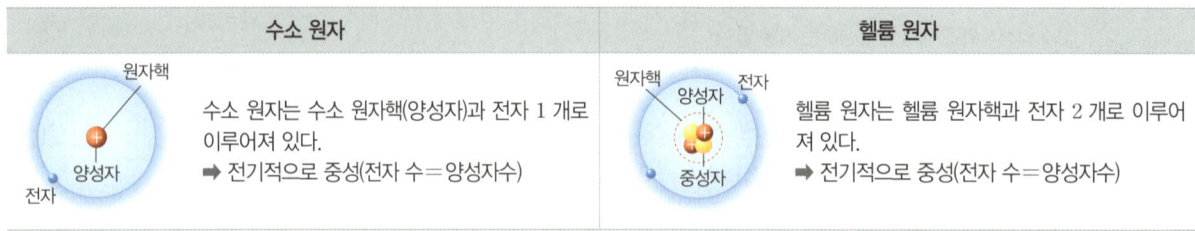 수소 원자는 수소 원자핵(양성자)과 전자 1개로 이루어져 있다. ➡ 전기적으로 중성(전자 수＝양성자수)	헬륨 원자는 헬륨 원자핵과 전자 2개로 이루어져 있다. ➡ 전기적으로 중성(전자 수＝양성자수)

5 원자

1 원자: 화학 원소로서의 특성을 잃지 않는 범위에서 도달할 수 있는 물질의 기본적인 최소 입자

2 원자의 구조: 원자의 중심에는 (＋)전하를 띠는 원자핵이 있고, 원자핵 주위에 (－)전하를 띠는 전자가 분포되어 있다.

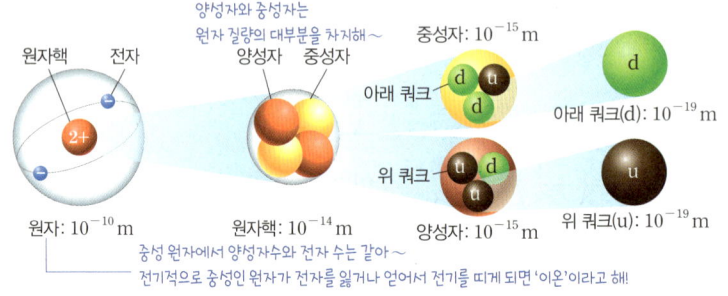

원자핵	• (＋)전하를 띠는 양성자와 전하가 0인 중성자로 구성 ➡ (＋)전하를 띠는 작고 단단한 입자 • 원자 질량의 대부분을 차지한다.
전자	원자핵과의 전자기력에 의해 원자핵 주위를 도는 (－)전하를 띠는 경입자
원자	원자의 대부분은 텅 비어 있는 구조로 하나의 핵과 이를 둘러싼 전자로 구성되어 있다.

3 원자의 표시

(1) **질량수**: 원소 기호의 왼쪽 위에 표시한다. 질량수는 원자핵 속에 들어 있는 양성자수와 중성자수를 모두 합한 값으로 원자의 상대적인 질량을 비교하는 데 사용한다. (질량수＝양성자수＋중성자수)

(2) **원자 번호**: 원소 기호의 왼쪽 아래에 표시한다. 원자 번호는 원자핵의 양성자수를 나타낸다.
    (원자 번호＝양성자수＝전자 수)

6 동위 원소

양성자수는 같지만 중성자수가 달라 원자 번호는 같고, 질량수가 서로 다른 원소로 원자 번호가 같으므로 같은 종류의 원소이다. 원자의 중성자수는 그 원자의 화학적 성질에 거의 영향을 주지 않으므로 동위 원소들은 화학적 성질이 같으나 질량 차이로 물리적 성질이 다르다. 예 수소의 동위 원소: $^1_1H, ^2_1H, ^3_1H$

07 원소의 주기성

1 원소와 주기율

[01~03] 그림은 주기율표의 일부를 나타낸 것이다.

주기＼족	1	2	13	14	15	16	17	18
1	A							B
2	C					D	E	F
3		G						

01

현대의 주기율표에 대한 설명으로 옳은 것만을 〈보기〉에서 있는 대로 고른 것은?

〈보기〉
ㄱ. 원자량 순서대로 원소를 나열한 것이다.
ㄴ. 같은 세로줄에 있는 원소는 화학적 성질이 비슷하다.
ㄷ. 같은 가로줄에 있는 원소는 전자 껍질 수가 같다.

① ㄱ   ② ㄷ   ③ ㄱ, ㄴ
④ ㄴ, ㄷ   ⑤ ㄱ, ㄴ, ㄷ

02 ✔빈출

A~G의 원소들을 화학적 성질이 같은 원소와 전자 껍질 수가 같은 원소로 옳게 분류한 것은? (단, A~G는 임의의 원소 기호이다.)

	화학적 성질이 같은 원소	전자 껍질 수가 같은 원소
①	A, C	A, G
②	A, C	D, F
③	B, F	C, E
④	B, F	C, G
⑤	D, E	B, F

03

다음 중 $_{10}$Ne과 같은 전자 수를 갖는 입자는? (단, A~G는 임의의 원소 기호이다.)

① B   ② C$^+$ ③ D^{2-} ④ E$^+$ ⑤ G^{2-}

04 ✔빈출   난이도 상

다음은 원소 A~D에 대한 자료이다.

- A~D는 각각 아래 주기율표의 빗금 친 부분 중 하나에 위치한다.

주기＼족	1	2	13	14	15	16	17	18
1	▨							
2								▨
3							▨	▨

- A와 C는 원자가 전자 수가 같다.
- C와 D는 전자 껍질 수가 같다.

A~D에 대한 설명으로 옳은 것만을 〈보기〉에서 있는 대로 고른 것은? (단, A~D는 임의의 원소 기호이다.)

〈보기〉
ㄱ. D의 원자가 전자 수는 7이다.
ㄴ. 전자 껍질 수는 B>D이다.
ㄷ. A와 C는 화학적 성질이 비슷하다.

① ㄱ   ② ㄷ   ③ ㄱ, ㄴ   ④ ㄴ, ㄷ   ⑤ ㄱ, ㄴ, ㄷ

05

다음은 주기율표에 대한 세 학생의 대화이다.

학생 A: 주기율은 일정한 간격을 두고 성질이 비슷한 원소가 나타나는 것을 말해.

학생 B: 멘델레예프는 원소들을 원자량 순서대로 배열하였어.

학생 C: 주기율표는 7주기 8족으로 구성되어 있어.

제시한 내용이 옳은 학생만을 있는 대로 고른 것은?

① A   ② C   ③ A, B   ④ B, C   ⑤ A, B, C

06

금속 원소의 성질로 옳지 <u>않은</u> 것은?

① 대부분 특유의 광택을 가진다.
② 전자를 잃어 양이온이 되기 쉽다.
③ 열과 전기가 잘 통한다.
④ 힘을 가하면 부서진다.
⑤ 실온에서 대부분 고체 상태이며, 수은만 액체 상태이다.

2 원소의 주기적 성질

07 ✅빈출

그림은 주기율표의 일부를 나타낸 것이다.

주기＼족	1	2	13	14	15	16	17	18
1	A							B
2							C	
3	D						E	
4		F						

A～F에 대한 설명으로 옳은 것은? (단, A～F는 임의의 원소 기호이다.)

① D와 F는 비금속 원소이다.

② B는 반응성이 매우 작다.

③ A와 D의 화학적 성질은 비슷하다.

④ D와 E의 원자가 전자 수는 같다.

⑤ F는 전자를 얻어 음이온이 되기 쉽다.

08 ✅빈출 난이도 상

다음은 나트륨의 성질을 알아보기 위한 실험이다.

[실험 과정]

• 페놀프탈레인 용액을 1～2 방울 넣은 물에 쌀알 크기의 ㉠ 나트륨 조각을 넣는다.

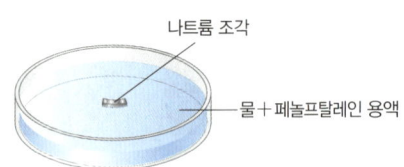

나트륨 조각

물＋페놀프탈레인 용액

[실험 결과]

• 기체가 발생하면서 용액이 붉은색으로 변하였다.

이에 대한 설명으로 옳은 것만을 〈보기〉에서 있는 대로 고른 것은?

보기

ㄱ. ㉠ 대신 리튬을 사용하여도 실험 결과는 같다.

ㄴ. 발생한 기체는 수소이다.

ㄷ. 나트륨이 물과 반응하면 염기성 물질이 생성된다.

① ㄱ   ② ㄷ   ③ ㄱ, ㄴ

④ ㄴ, ㄷ   ⑤ ㄱ, ㄴ, ㄷ

09 난이도 상

다음은 알칼리 금속의 성질을 알아보기 위한 실험이다.

[실험 과정 및 결과]

(가) 물이 담긴 시험관 A, B, C에 서로 다른 알칼리 금속 a, b, c의 조각을 각각 넣었더니 A에서는 빠르게, B에서는 격렬하게, C에서는 매우 격렬하게 반응하여 기체가 발생하였다.

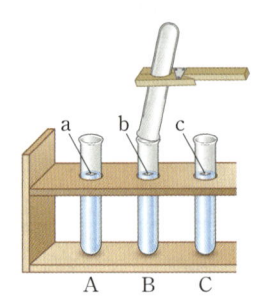

(나) B에서 발생한 기체를 다른 시험관에 모아서 성냥불을 대어 보니 '펑' 소리가 났다.

이에 대한 설명으로 옳은 것만을 〈보기〉에서 있는 대로 고른 것은?

보기

ㄱ. B에서는 산소 기체가 발생한다.

ㄴ. 반응성은 c＞b＞a이다.

ㄷ. A～C에 각각 페놀프탈레인 용액을 떨어뜨리면 모두 붉은색으로 변한다.

① ㄱ   ② ㄷ   ③ ㄱ, ㄴ

④ ㄴ, ㄷ   ⑤ ㄱ, ㄴ, ㄷ

10

그림은 주기율표의 일부를 나타낸 것이다.

주기＼족	1	2	13	14	15	16	17	18
2	A						D	
3	B						E	
4	C						F	
5							G	

이에 대한 설명으로 옳지 않은 것은? (단, A～G는 임의의 원소 기호이다.)

① A, B, C는 알칼리 금속이다.

② D, E, F, G는 할로젠이다.

③ 반응성은 C＞B＞A이다.

④ D, E, F, G는 일원자 분자로 존재한다.

⑤ D, E, F, G는 －1가의 음이온이 되기 쉽다.

11

그림은 금속 원소인 리튬, 나트륨, 칼륨의 공통적인 성질을 알아보기 위해 칼로 금속의 단면을 자르는 모습을 나타낸 것이다. 알칼리 금속에 대한 설명으로 옳은 것만을 〈보기〉에서 있는 대로 고른 것은?

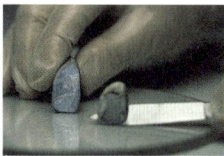

――――〈보기〉――――
ㄱ. 칼로 자를 수 있을 정도로 무르다.
ㄴ. 산소와의 반응이 매우 빠르다.
ㄷ. 석유나 파라핀에 보관해야 한다.

① ㄱ   ② ㄷ   ③ ㄱ, ㄴ   ④ ㄴ, ㄷ   ⑤ ㄱ, ㄴ, ㄷ

12

다음은 원소 A ~ C에 대한 자료이다. A ~ C는 각각 나트륨, 염소, 아르곤 중 하나이다.

A: 연한 노란색 기체이고 전기 전도성이 없으며 대부분의 다른 원소와 반응한다.
B: 무색 기체이고 전기 전도성이 없으며 다른 원소와 거의 반응하지 않는다.
C: 은백색 고체이고 전기 전도성이 있으며 물과 격렬히 반응한다.

이에 대한 설명으로 옳은 것만을 〈보기〉에서 있는 대로 고른 것은?

――――〈보기〉――――
ㄱ. A의 원자가 전자 수는 1이다.
ㄴ. B는 18족 원소이다.
ㄷ. C는 알칼리 금속이다.

① ㄱ   ② ㄴ   ③ ㄷ   ④ ㄱ, ㄷ   ⑤ ㄴ, ㄷ

③ 원자의 전자 배치

13

그림은 원소 X의 전자 배치를 모형으로 나타낸 것이다. X에 대한 설명으로 옳은 것만을 〈보기〉에서 있는 대로 고른 것은? (단, X는 임의의 원소 기호이다.)

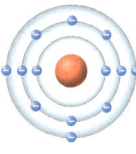

――――〈보기〉――――
ㄱ. 원자 번호는 13이다.
ㄴ. 3주기 3족 원소이다.
ㄷ. 원자가 전자 수는 3이다.

① ㄱ   ② ㄴ   ③ ㄱ, ㄷ   ④ ㄴ, ㄷ   ⑤ ㄱ, ㄴ, ㄷ

14 ✓빈출

그림은 원자 W ~ Z의 전자 배치를 모형으로 나타낸 것이다.

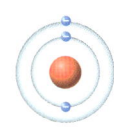 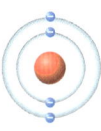 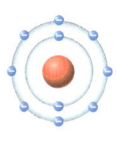 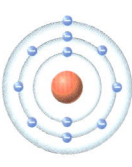

W   X   Y   Z

W ~ Z에 대한 설명으로 옳은 것만을 〈보기〉에서 있는 대로 고른 것은? (단, W ~ Z는 임의의 원소 기호이다.)

――――〈보기〉――――
ㄱ. 2주기 원소는 세 가지이다.
ㄴ. 금속 원소는 두 가지이다.
ㄷ. W와 Z는 화학적 성질이 비슷하다.

① ㄱ   ② ㄴ   ③ ㄱ, ㄷ
④ ㄴ, ㄷ   ⑤ ㄱ, ㄴ, ㄷ

15 ✓빈출

그림은 원자 A와 B의 전자 배치를 모형으로 나타낸 것이다.

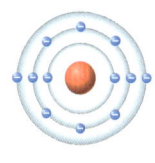 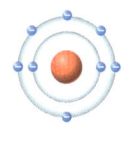

A   B

이에 대한 설명으로 옳은 것만을 〈보기〉에서 있는 대로 고른 것은? (단, A와 B는 임의의 원소 기호이다.)

――――〈보기〉――――
ㄱ. A는 금속 원소이다.
ㄴ. B는 전자 2개를 얻어 안정한 음이온이 된다.
ㄷ. A와 B가 안정한 이온이 되었을 때 전자 수는 서로 같다.

① ㄱ   ② ㄷ   ③ ㄱ, ㄴ
④ ㄴ, ㄷ   ⑤ ㄱ, ㄴ, ㄷ

16

그림은 원자 A~C의 전자 배치를 모형으로 나타낸 것이다. A~C는 각각 O, Mg, Cl 중 하나이다.

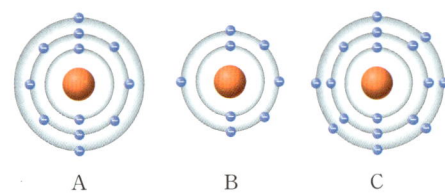

A   B   C

이에 대한 설명으로 옳은 것만을 〈보기〉에서 있는 대로 고른 것은?

〈보기〉
ㄱ. A는 Mg이다.
ㄴ. 원자가 전자 수는 B>C이다.
ㄷ. B는 2주기 6족 원소이다.

① ㄱ   ② ㄷ   ③ ㄱ, ㄴ   ④ ㄱ, ㄷ   ⑤ ㄴ, ㄷ

17

그림은 원자 A와 B의 전자 배치를 모형으로 나타낸 것이다. 이에 대한 설명으로 옳은 것만을 〈보기〉에서 있는 대로 고른 것은? (단, A와 B는 임의의 원소 기호이다.)

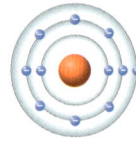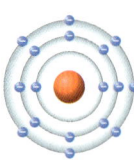

A   B

〈보기〉
ㄱ. A는 금속 원소이다.
ㄴ. B의 원자가 전자 수는 7이다.
ㄷ. 안정한 이온의 전자 수는 A와 B가 같다.

① ㄱ   ② ㄷ   ③ ㄱ, ㄴ   ④ ㄴ, ㄷ   ⑤ ㄱ, ㄴ, ㄷ

18

표는 원자 A와 B의 주기와 족을 나타낸 것이다.

원자	A	B
주기	2	3
족	16	2

이에 대한 설명으로 옳은 것만을 〈보기〉에서 있는 대로 고른 것은? (단, A와 B는 임의의 원소 기호이다.)

〈보기〉
ㄱ. A는 비금속 원소이다.
ㄴ. B는 음이온이 되기 쉽다.
ㄷ. 원자가 전자 수비는 A : B=8 : 1이다.

① ㄱ   ② ㄷ   ③ ㄱ, ㄴ   ④ ㄱ, ㄷ   ⑤ ㄴ, ㄷ

서술형 문제

19 빈출

다음은 나트륨의 성질과 반응을 알아보기 위한 실험이다.

> 페놀프탈레인 용액을 떨어뜨린 물에 나트륨 조각을 넣었더니 물 위에 떠서 빠르게 반응하면서 ㉠ 기체가 발생하였고, 수용액의 색은 [㉡]으로 변하였다.

(1) ㉠은 무엇인지 쓰시오.

(2) ㉡의 색을 쓰고, 그 색을 띠는 까닭을 서술하시오.

20

그림은 1~4주기 원소 A~E에서 전자 껍질 수와 원자가 전자 수를 나타낸 것이다. A~E 중 알칼리 금속과 할로젠을 찾고, 그 까닭을 서술하시오. (단, A~E는 임의의 원소 기호이다.)

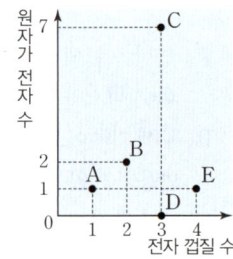

21

표는 원소 A~C에 대한 자료이다. (단, A~C는 임의의 원소 기호이다.)

원소	A	B	C
원자 번호	3	6	(가)
전자 껍질 수	(나)	2	4
원자가 전자 수	(다)	(라)	1

(1) (가)+(나)+(다)+(라)를 쓰시오.

(2) A와 C의 화학적 성질이 비슷한 까닭을 서술하시오.

(3) A~C의 전자 배치 모형을 나타내시오.

08 화학 결합과 물질의 성질

❶ 화학 결합의 형성

1 18족 원소❶: 주기율표의 18족에 속하는 원소 ☞ 헬륨(He), 네온(Ne), 아르곤(Ar) 등

2 18족 원소의 전자 배치

(1) 가장 바깥 전자 껍질에 전자 8 개가 채워진 안정한 전자 배치를 이룬다.(단, 헬륨은 2 개)

(2) 반응성이 매우 작아 다른 원소와 결합하지 않고 원자 상태로 존재하여 비활성 기체라고 한다.(원자가 전자 수＝0)

 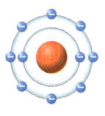 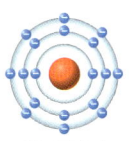

헬륨(He)   네온(Ne)   아르곤(Ar)

▲ 18족 원소의 전자 배치

3 화학 결합을 형성하는 까닭: 원자들이 전자를 잃거나 얻어 18족 원소(비활성 기체)와 같이 가장 바깥 전자 껍질에 2 개 또는 8 개의 전자를 채워 안정해지기 위해 화학 결합을 형성한다.

🔍자세하게   옥텟 규칙

금속 원자들은 전자를 잃고 비금속 원자들은 전자를 얻어서 18족 원소(비활성 기체)와 같이 가장 바깥 전자 껍질에 2 개 또는 8 개의 전자를 채워 안정해지려는 경향성을 갖는다.

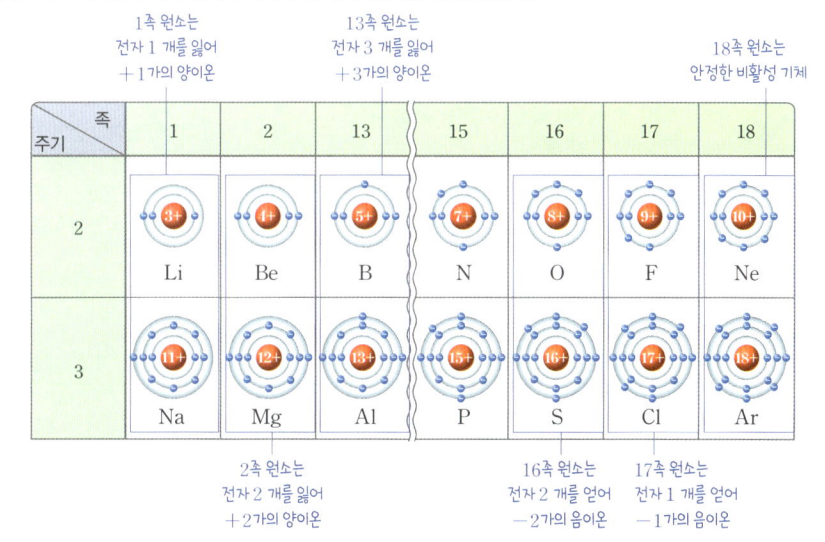

❷ 화학 결합의 종류

1 이온 결합

(1) **이온 결합**: 양이온과 음이온 사이의 정전기적 인력에 의해 형성되는 화학 결합

(2) **이온의 생성**: 원자가 전자를 잃으면 양이온이 되고, 원자가 전자를 얻으면 음이온이 된다.

단원 한눈에 보기🌟

화학 결합과 물질의 성질

화학 결합 ─ 18족 원소
─ 옥텟 규칙
─ 이온 결합
─ 공유 결합

우리 주변의 물질 ─ 이온 결합 물질
─ 공유 결합 물질
─ 생존에 필수적인 물질

❶ 18족 원소의 이용

네온	아르곤
광고판	전구의 충전 기체

📖용어❗

• **비활성** 반응성이 거의 없어 다른 원소들과 거의 결합하지 않는 성질이다.
• **정전기적 인력** 서로 반대 전하를 띠는 입자가 서로 끌어당기는 힘이다.

구분	양이온	음이온
정의	원자가 전자를 잃어 양전하를 띠는 이온	원자가 전자를 얻어 음전하를 띠는 이온
이온의 생성	주로 금속 원소들이 전자를 잃어 생성	주로 비금속 원소들이 전자를 얻어 생성
이온 생성 과정	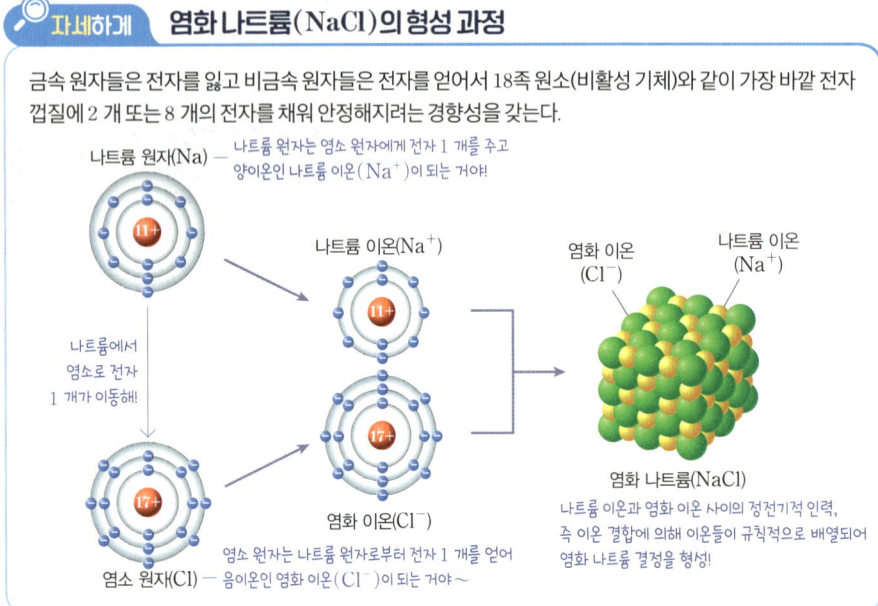 마그네슘 원자 → 마그네슘 이온 원자가 전자가 2개인 마그네슘(Mg) 원자는 전자 2개를 잃어 바로 앞 주기의 18족 원소인 네온(Ne) 원자와 같은 전자 배치를 이루면서 안정해진다.	산소 원자 → 산화 이온 원자가 전자가 6개인 산소(O) 원자는 전자 2개를 얻어 같은 주기의 18족 원소인 네온(Ne) 원자와 같은 전자 배치를 이루면서 안정해진다.

(3) **이온 결합의 형성**❷: 주로 양이온이 되기 쉬운 금속 원소와 음이온이 되기 쉬운 비금속 원소 사이에 형성된다.

🔍 **자세하게** **염화 나트륨(NaCl)의 형성 과정**

금속 원자들은 전자를 잃고 비금속 원자들은 전자를 얻어서 18족 원소(비활성 기체)와 같이 가장 바깥 전자 껍질에 2개 또는 8개의 전자를 채워 안정해지려는 경향성을 갖는다.

나트륨 원자(Na) — 나트륨 원자는 염소 원자에게 전자 1개를 주고 양이온인 나트륨 이온(Na^+)이 되는 거야!

나트륨 이온(Na^+)

나트륨에서 염소로 전자 1개가 이동해!

염소 원자(Cl) — 음이온인 염화 이온(Cl^-)이 되는 거야~

염화 이온(Cl^-) 염소 원자는 나트륨 원자로부터 전자 1개를 얻어

염화 이온 (Cl^-) 나트륨 이온 (Na^+)

염화 나트륨(NaCl)

나트륨 이온과 염화 이온 사이의 정전기적 인력, 즉 이온 결합에 의해 이온들이 규칙적으로 배열되어 염화 나트륨 결정을 형성!

└ 일반적으로 양이온의 원소 기호를 앞에 쓰고, 음이온의 원소 기호를 뒤에 쓴다.

(4) **이온 결합 물질의 화학식**❸: 이온 결합 물질은 전기적으로 중성이므로 양이온의 총 전하와 음이온의 총 전하의 합이 0이 되는 개수비로 양이온과 음이온이 결합한다.

정답과 해설 13쪽

✏️ **바로 복습**

빈칸 채우기 문제

01 주기율표의 (   )족 원소는 가장 바깥 전자 껍질에 전자가 모두 채워진 안정한 전자 배치를 가진다.

02 원소들은 (   )을 통해 18족 원소와 같은 안정한 전자 배치를 가지려는 경향이 있다.

03 양이온과 음이온 사이의 정전기적 인력에 의해 형성되는 화학 결합을 (   )이라고 한다.

04 이온이 생성될 때 원자가 전자를 얻으면 (   )이 되고, 원자가 전자를 잃으면 (   )이 된다.

○✕ 문제

05 네온과 아르곤은 다른 원소와 잘 결합하지 않는다. (○ ✕)

06 염화 나트륨(NaCl)이 생성될 때 나트륨 원자는 전자 1개를 잃고, 염소 원자는 전자 1개를 얻어 모두 네온(Ne)과 같은 전자 배치를 하여 안정해진다. (○ ✕)

07 이온 결합으로 형성된 물질은 전기적으로 중성이다. (○ ✕)

08 금속 원소인 나트륨과 비금속 원소인 염소는 각각 이온이 되어 1 : 1의 개수비로 이온 결합한다. (○ ✕)

이온의 표시

이온을 표시할 때는 원소 기호의 오른쪽 위에 잃거나 얻은 전자의 수와 전하의 종류를 표시해 준다.

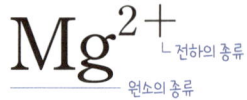

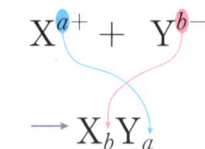

잃거나 얻은 전자의 수 / 전하의 종류 / 원소의 종류

❷ **이온 결합의 형성**

양이온과 음이온이 접근하면 가장 안정한 거리에서 이온 결합이 형성된다.

❸ **이온 결합 물질의 화학식**

• X^{a+}과 Y^{b-}이 결합하여 생성되는 물질의 화학식은 다음과 같이 나타낸다. 이때 a와 b는 가장 간단한 정수비로 나타내고, 1인 경우 생략한다.

$$X^{a+} + Y^{b-}$$
$$\longrightarrow X_b Y_a$$

• 총 전하의 합이 0이 되는 개수비로 양이온과 음이온이 결합한다.

이온 결합 물질	개수비
$Na^+ + Cl^- \longrightarrow NaCl$	1 : 1
$Mg^{2+} + O^{2-} \longrightarrow MgO$	1 : 1
$Mg^{2+} + 2Cl^- \longrightarrow MgCl_2$	1 : 2
$Ca^{2+} + 2NO_3^- \longrightarrow Ca(NO_3)_2$	1 : 2

다원자 이온

원자 1개가 전자를 잃거나 얻어 이온이 형성되는 게 일반적이지만, 이외에도 여러 개의 원자로 이루어진 물질이 전자를 잃거나 얻어서 형성된 이온이 있는데 이를 다원자 이온이라고 한다.

⑩ NO_3^-(질산 이온), SO_4^{2-}(황산 이온)

2 공유 결합

(1) **공유 결합**: 비금속 원소의 원자들이 전자쌍을 공유하여 형성되는 화학 결합

(2) **공유 결합의 형성**: 비금속 원소가 각각 전자를 내놓아 전자쌍을 만들고, 이 전자쌍을 공유하여 결합이 형성된다.

① 공유 결합을 통해 원자들은 18족 원소와 같은 전자 배치를 이루어 안정해진다.

② 수소 분자의 형성 과정: 수소 분자(H_2) 형성 시, 2 개의 수소 원자(H)는 각각 전자 1 개씩을 내놓아 전자쌍을 만들고, 이 전자쌍을 공유하며 결합을 형성한다. 이때 각 수소 원자는 가장 바깥 전자 껍질의 전자가 2 개가 되어 헬륨(He)의 전자 배치를 가지며 안정해진다.

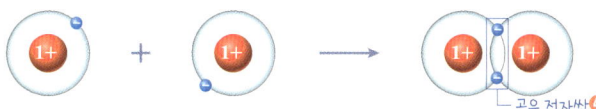

③ 물 분자의 형성 과정: 물 분자(H_2O) 형성 시, 1 개의 산소 원자(O)는 2 개의 수소 원자(H)와 각각 1 개의 전자쌍을 공유하며 결합을 형성한다. 이때 각 수소 원자는 가장 바깥 전자 껍질의 전자가 2 개가 되어 헬륨(He)의 전자 배치를 가지며 안정해지고, 산소 원자는 가장 바깥 전자 껍질의 전자가 8 개가 되어 네온(Ne)의 전자 배치를 가지며 안정해진다.

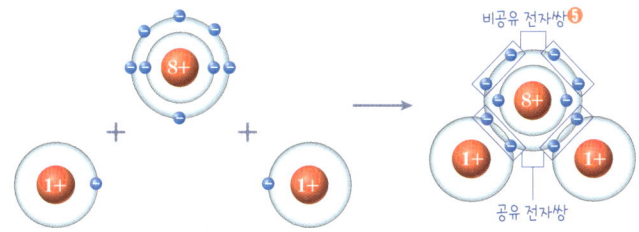

④ 산소 분자의 형성 과정: 산소 분자(O_2) 형성 시, 2 개의 산소 원자(O)는 각각 전자 2 개씩을 내놓아 전자쌍을 만들고, 이 전자쌍을 공유하며 결합을 형성한다. 이때 각 산소 원자는 가장 바깥 전자 껍질의 전자가 8 개가 되어 네온(Ne)의 전자 배치를 가지며 안정해진다.

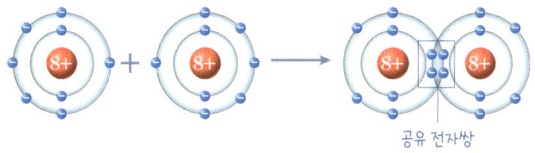

3 화학 결합에 따른 물질의 성질

1 **이온 결합 물질**: 이온 결합으로 생성된 물질로 수많은 양이온과 음이온이 연속적으로 결합하여 결정을 이룬다.

(1) **이온 결합 물질의 전기 전도성**: 고체 상태에서는 전류가 흐르지 않지만, 물에 녹으면 이온화⑥되어 전류가 흐른다.

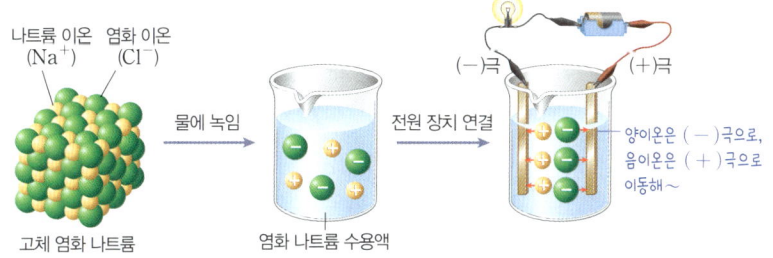

고체 염화 나트륨 / 염화 나트륨 수용액

---

❹ **공유 전자쌍**
공유 결합에서 결합하는 원자가 공유하는 전자쌍

❺ **비공유 전자쌍**
공유 결합에서 결합하는 원자가 공유하지 않는 전자쌍

공유 결합의 종류
• 단일 결합: 두 원자 사이에 전자쌍 1 개를 공유하는 결합
  예 H_2, F_2, HCl 등
• 이중 결합: 두 원자 사이에 전자쌍 2 개를 공유하는 결합
  예 O_2, CO_2 등
• 삼중 결합: 두 원자 사이에 전자쌍 3 개를 공유하는 결합
  예 N_2 등

암모니아, 이산화 탄소, 질소 분자의 형성

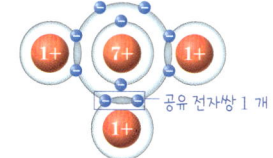

▲ 암모니아

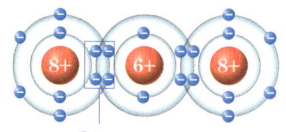

▲ 이산화 탄소

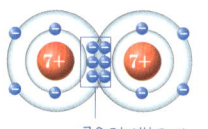

▲ 질소

❻ **물에 대한 용해성**
대부분 물에 잘 녹으며, 양이온과 음이온으로 이온화되어 이온들이 자유롭게 이동한다.

(2) 우리 주변의 이온 결합 물질

물질	이용
염화 나트륨($NaCl$)	소금의 주성분
탄산 칼슘($CaCO_3$)	산호초, 조개껍데기, 달걀 껍데기의 주성분
수산화 마그네슘($Mg(OH)_2$)	제산제의 주성분
염화 칼슘($CaCl_2$)	습기 제거제, 제설제
탄산수소 나트륨($NaHCO_3$)	제빵 소다의 주성분

2 공유 결합 물질: 공유 결합으로 생성된 물질로 일반적으로 일정한 수의 원자들이 전자 쌍을 공유하여 분자를 이룬다.

(1) 공유 결합 물질의 전기 전도성❼: 대부분 물에 녹더라도 이온화되지 않고 분자 상태로 존재하기 때문에 고체 상태와 수용액 상태에서 모두 <mark>전류가 흐르지 않는다.</mark>

— 물도 공유 결합 물질로 물만 있을 때 전류가 흐르지 않아~

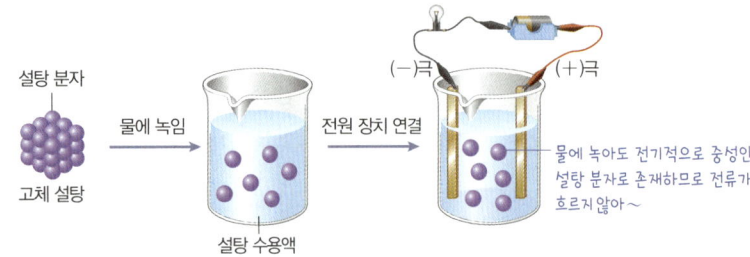

설탕 분자 / 물에 녹임 / 전원 장치 연결 / (−)극 / (+)극
고체 설탕 / 설탕 수용액
물에 녹아도 전기적으로 중성인 설탕 분자로 존재하므로 전류가 흐르지 않아~

(2) 우리 주변의 공유 결합 물질

물질	이용
질소(N_2)	과자 봉지 충전재
뷰테인(C_4H_{10})	뷰테인 가스의 주성분
에탄올(C_2H_5OH)	소독용 알코올, 술의 주성분
설탕($C_{12}H_{22}O_{11}$)	감미료

3 생존에 필수적인 물질

물(H_2O)	사람 몸의 약 70 %를 차지, 몸의 체온을 조절하고, 영양분을 운반하는 데 관여한다.
산소(O_2)❽	식물의 광합성으로 생성되어 생명체의 호흡에 이용된다.
소금($NaCl$)❾	체액의 삼투압을 유지하는 데 관여한다.

❼ **공유 결합 물질의 전기 전도성**
공유 결합 물질 중 염화 수소(HCl), 암모니아(NH_3), 아세트산(CH_3COOH) 등과 같은 물질은 물에 녹아 이온으로 나누어지기 때문에 수용액에서 전류가 흐른다. 그러나 고체 상태에서는 분자 상태로 존재하므로 전류가 흐르지 않는다.

❽ **물과 산소의 분자 모형**
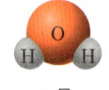 
▲ 물   ▲ 산소

❾ **염화 나트륨의 모형**
나트륨 이온(Na^+)   염화 이온(Cl^-)
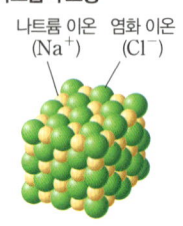

✏️ **바로 복습**

정답과 해설 13쪽

빈칸 채우기 문제

09 비금속 원소의 원자들이 서로 전자를 내놓아 (   )을 만들고, 이 (   )을 공유하여 형성되는 결합이 공유 결합이다.

10 (   ) 물질은 고체 상태에서는 전류가 흐르지 않지만, 수용액 상태에서는 전류가 흐른다.

11 공유 결합 물질은 고체 상태에서 전류가 (   ), 수용액 상태에서 전류가 (   ).

12 휴대용 가스레인지에 사용하는 뷰테인은 탄소와 수소로 이루어진 (   ) 물질이다.

○✕ 문제

13 수소와 질소는 모두 공유 결합으로 이루어져 있다. ○ ✕

14 소금물은 설탕물보다 전기 전도성이 크다. ○ ✕

15 염화 나트륨과 설탕은 고체 상태에서는 전류가 흐르지 않지만 수용액 상태에서는 전류가 흐른다. ○ ✕

16 생명체의 호흡에 이용되는 산소와 사람 몸의 약 70 %를 차지하는 물은 모두 공유 결합 물질이다. ○ ✕

이온 결합 물질과 공유 결합 물질의 성질 비교하기

정답과 해설 14쪽

목표

이온 결합 물질과 공유 결합 물질의 성질을 비교할 수 있다.

준비물 ▷
6홈판, 증류수, 설탕, 포도당, 염화 나트륨, 황산 구리(Ⅱ), 염화 칼슘, 간이 전기 전도성 측정기, 약숟가락, 스포이트, 유리 막대, 보안경, 실험용 고무 장갑, 실험복

과정

❶ 6홈판의 홈 (가)~(바)에 각각 증류수, 설탕, 포도당, 염화 나트륨, 황산 구리(Ⅱ), 염화 칼슘을 넣는다.

❷ 간이 전기 전도성 측정기로 증류수와 각각의 고체 물질에 전류가 흐르는지 확인해 본다.

❸ 홈 (나)~(바)에 스포이트로 증류수를 떨어뜨린 뒤 유리 막대로 저어 고체를 녹인다.

❹ 간이 전기 전도성 측정기로 각각의 수용액에 전류가 흐르는지 확인해 본다.

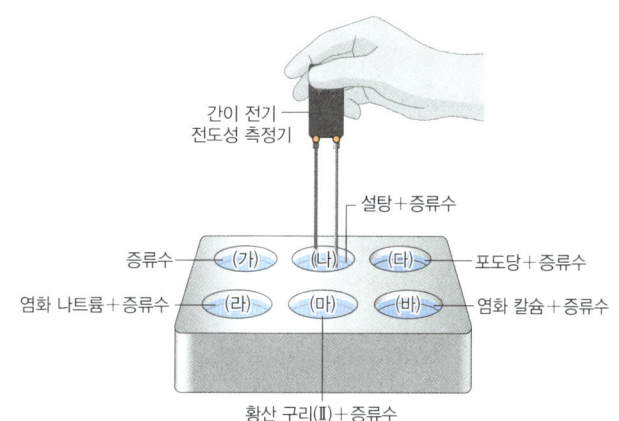

⚠️**주의 신**

약숟가락, 유리 막대, 간이 전기 전도성 측정기는 시약을 바꿀 때마다 시약에 닿는 부분을 증류수로 씻어야 한다.

결과

실험 결과 전류가 흐르면 ○표, 흐르지 않으면 ×표 해 보자.

구분	증류수	설탕		포도당		염화 나트륨		황산 구리(Ⅱ)		염화 칼슘	
상태	액체	고체	수용액	고체	수용액	고체	수용액	고체	수용액	고체	수용액
실험 결과	(1)	(2)	(3)	(4)	(5)	(6)	(7)	(8)	(9)	(10)	(11)

정리

1 여섯 가지 물질을 이온 결합 물질과 공유 결합 물질로 분류해 보자.

이온 결합 물질	공유 결합 물질
(1)	(2)

2 이온 결합 물질과 공유 결합 물질의 전기 전도성을 비교하고, 그 까닭을 설명해 보자.

➜ 공유 결합 물질은 고체 상태와 수용액 상태에서 모두 전기 전도성이 (   ). 이온 결합 물질은 고체 상태에서는 전기 전도성이 (   ), 수용액 상태에서는 전기 전도성이 (   ). 이온 결합 물질은 (   )과 (   )이 각각 (−)극과 (+)극 쪽으로 이동하므로 전기 전도성이 있지만, 공유 결합 물질은 (   )이 없으므로 전기 전도성이 없다.

기초 잡기

원소 기호, 원자와 이온의 표현

원자 및 이온의 전자 배치 모형을 그려보고, 이온 결합 물질의 이온화식과 루이스 전자점식에 대해 알아보자.

Quiz ① 원자의 전자 배치 연습하기

원자 번호	원소 기호	전자 배치	주기, 족	원소 이름	전자 배치
(1)	Na	(2)	3주기 17족	(9)	(10)
6	(3)	(4)	(11)	인	(12)
(5)	(6)	(12+ 모형)	3주기 16족	(13)	(14)
(7)	Al	(8)	(15)	(16)	(18+ 모형)

Quiz ② 이온의 전자 배치 모형 그려보기

이온	전자 배치		전자 껍질 수 변화
	원자	이온	
Li⁺	(3+ 모형)	→ (1)	2 → 1
Ca²⁺	(2)	→ (3)	(4)
O²⁻	(5)	→ (6)	(7)
Cl⁻	(8)	→ (9)	(10)

Quiz ❸ 이온 결합 물질의 화학식과 이온화식 연습하기

이온 결합 물질	이온화식	개수비(양이온 : 음이온)
염화 나트륨($NaCl$)	$NaCl \longrightarrow Na^+ + Cl^-$	$1 : 1$
질산 암모늄(NH_4NO_3)	(1)	(2)
염화 마그네슘($MgCl_2$)	(3)	(4)
수산화 칼슘($Ca(OH)_2$)	(5)	(6)
황산 구리($CuSO_4$)	(7)	(8)

Quiz ❹ 루이스 전자점식 그려보기

C	O	N	Cl
(1) C	(2) O	(3) N	(4) Cl

S	CH_4	O_2	CO_2
(5) S	(6) H H C H H	(7) O O	(8) O C O

NH_3	H_2O		
(9) H N H H	(10) O H H		

08 화학 결합과 물질의 성질

1 화학 결합의 형성

01 ✅빈출

그림은 화합물 AB가 형성되는 과정을 화학 결합 모형으로 나타낸 것이다.

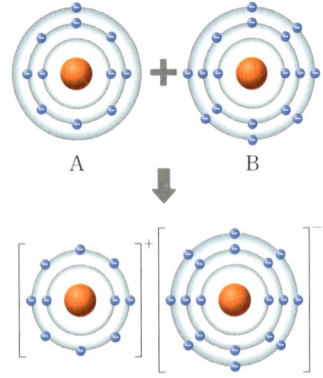

이에 대한 설명으로 옳은 것만을 〈보기〉에서 있는 대로 고른 것은? (단, A와 B는 임의의 원소 기호이다.)

〈보기〉
ㄱ. 결합이 형성될 때 전자는 A에서 B로 이동한다.
ㄴ. 전자 수는 A^+과 B^-이 같다.
ㄷ. A^+과 B^- 사이에는 정전기적 인력이 작용한다.

① ㄱ   ② ㄴ   ③ ㄱ, ㄷ
④ ㄴ, ㄷ   ⑤ ㄱ, ㄴ, ㄷ

02 ✅빈출

그림은 A^-과 B^+의 전자 배치 모형을 나타낸 것이다.

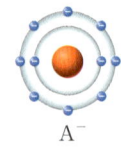 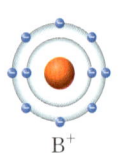

이에 대한 설명으로 옳은 것만을 〈보기〉에서 있는 대로 고른 것은? (단, A와 B는 임의의 원소 기호이다.)

〈보기〉
ㄱ. A는 금속 원소이다.
ㄴ. A와 B는 1 : 1의 개수비로 결합하여 안정한 화합물을 형성한다.
ㄷ. A^-과 B^+의 전자 배치는 모두 Ne과 같다.

① ㄱ   ② ㄴ   ③ ㄱ, ㄷ
④ ㄴ, ㄷ   ⑤ ㄱ, ㄴ, ㄷ

2 화학 결합의 종류

03

그림은 주기율표의 일부를 나타낸 것이다.

주기 \ 족	1	2	13	14	15	16	17	18
1	A							B
2	C					D		
3		E					F	

이에 대한 설명으로 옳은 것만을 〈보기〉에서 있는 대로 고른 것은? (단, A~F는 임의의 원소 기호이다.)

〈보기〉
ㄱ. A와 B는 공유 결합한다.
ㄴ. C와 D는 이온 결합한다.
ㄷ. E와 F는 1 : 1의 개수비로 결합하여 안정한 화합물을 형성한다.

① ㄱ   ② ㄴ   ③ ㄱ, ㄴ
④ ㄴ, ㄷ   ⑤ ㄱ, ㄴ, ㄷ

04

다음 중 화학 결합의 종류가 나머지와 <u>다른</u> 것은?

① N_2 ② O_2 ③ LiF   ④ H_2O ⑤ NH_3

05

그림은 화합물 (가)와 (나)를 화학 결합 모형으로 나타낸 것이다.

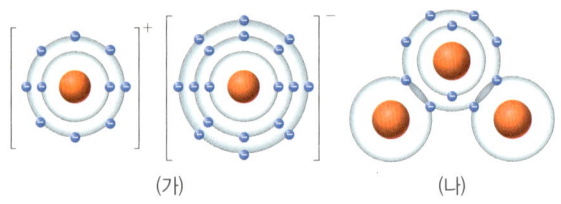

(가)   (나)

이에 대한 설명으로 옳은 것만을 〈보기〉에서 있는 대로 고른 것은?

〈보기〉
ㄱ. (가)와 (나)는 인류의 생존에 필수적인 물질이다.
ㄴ. (가)는 공유 결합, (나)는 이온 결합을 한다.
ㄷ. 염화 칼슘은 (나)와 같은 종류의 화학 결합을 한다.

① ㄱ   ② ㄷ   ③ ㄱ, ㄴ
④ ㄴ, ㄷ   ⑤ ㄱ, ㄴ, ㄷ

06 ✔빈출

그림은 화합물 A_2B를 화학 결합 모형으로 나타낸 것이다.

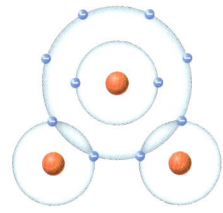

이에 대한 설명으로 옳은 것만을 〈보기〉에서 있는 대로 고른 것은? (단, A와 B는 임의의 원소 기호이다.)

〈보기〉

ㄱ. A와 B는 같은 주기 원소이다.
ㄴ. A_2B의 공유 전자쌍 수는 2이다.
ㄷ. 화합물에서 A와 B는 18족 원소와 같은 전자 배치를 갖는다.

① ㄱ   ② ㄷ   ③ ㄱ, ㄴ
④ ㄴ, ㄷ   ⑤ ㄱ, ㄴ, ㄷ

07

다음은 바닥상태 원자 X와 Y에 대한 자료이다.

- X: 3주기 금속 원소이고, 원자가 전자 수는 2이다.
- Y: 3주기 비금속 원소이고, 원자가 전자 수는 7이다.

X와 Y의 화학 결합에 대한 설명으로 옳은 것만을 〈보기〉에서 있는 대로 고른 것은? (단, X와 Y는 임의의 원소 기호이다.)

〈보기〉

ㄱ. Y_2에는 이중 결합이 있다.
ㄴ. X와 Y는 1 : 2의 개수비로 결합하여 안정한 화합물을 형성한다.
ㄷ. 안정한 이온의 가장 바깥 껍질의 전자 수는 X와 Y가 같다.

① ㄱ   ② ㄴ   ③ ㄷ
④ ㄱ, ㄴ   ⑤ ㄴ, ㄷ

08

그림은 화합물 AB_2와 CB의 화학 결합 모형을 나타낸 것이다.

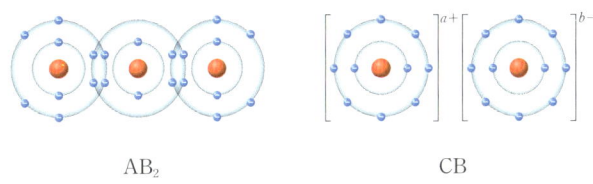

AB₂   CB

이에 대한 설명으로 옳은 것만을 〈보기〉에서 있는 대로 고른 것은? (단, A~C는 임의의 원소 기호이다.)

〈보기〉

ㄱ. AB_2와 CB의 화학 결합의 종류는 같다.
ㄴ. $a+b=4$이다.
ㄷ. A~C 중 2주기 원소는 두 가지이다.

① ㄱ   ② ㄷ   ③ ㄱ, ㄴ
④ ㄴ, ㄷ   ⑤ ㄱ, ㄴ, ㄷ

09 ✔빈출

그림은 원자 A, B의 전자 배치를 모형으로 나타낸 것이다.

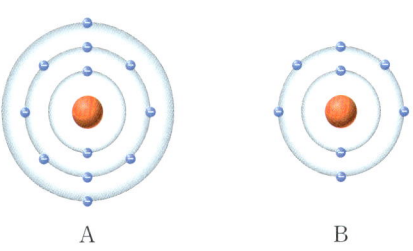

A   B

이에 대한 설명으로 옳은 것만을 〈보기〉에서 있는 대로 고른 것은? (단, A와 B는 임의의 원소 기호이다.)

〈보기〉

ㄱ. A와 B는 1 : 1의 개수비로 결합하여 안정한 화합물을 형성한다.
ㄴ. A의 안정한 이온의 전자 배치는 Ar과 같다.
ㄷ. B_2의 공유 전자쌍 수는 2이다.

① ㄱ   ② ㄴ   ③ ㄱ, ㄷ
④ ㄴ, ㄷ   ⑤ ㄱ, ㄴ, ㄷ

10

난이도 상

그림은 화합물 AB와 CD를 각각 화학 결합 모형으로 나타낸 것이고, 표는 화합물 (가)와 (나)에 대한 자료이다.

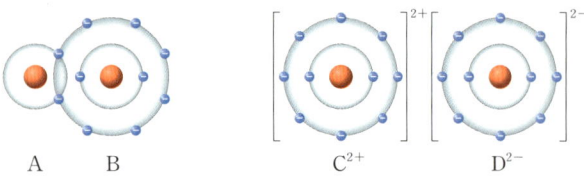

화합물	(가)	(나)
구성 원자 수 비	$A : D = 2 : 1$	$B : C = x : y$

이에 대한 설명으로 옳은 것만을 〈보기〉에서 있는 대로 고른 것은? (단, A ~ D는 임의의 원소 기호이다.)

〈보기〉
ㄱ. 원자가 전자 수는 D > B이다.
ㄴ. (가)의 구성 원자는 공유 결합을 한다.
ㄷ. $x : y = 1 : 2$이다.

① ㄱ   ② ㄴ   ③ ㄷ
④ ㄱ, ㄴ   ⑤ ㄴ, ㄷ

11 ✔빈출

그림은 원자 A ~ C를 모형으로 나타낸 것이다.

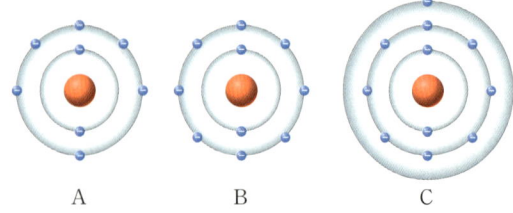

이에 대한 설명으로 옳은 것은? (단, A ~ C는 임의의 원소 기호이다.)

① 원자가 전자 수는 C > A이다.
② A와 C는 공유 결합을 형성한다.
③ A_2의 공유 전자쌍 수는 3이다.
④ B는 다른 원자와 화학 결합을 형성하기 어렵다.
⑤ C의 안정한 이온의 전자 배치는 Ar과 같다.

---

3 화학 결합에 따른 물질의 성질

12

그림은 실온에서 액체 X를 넣은 비커에 전류가 흐르지 않다가 고체 Y를 녹인 후 혼합 용액에 전류가 흐르는 모습을 나타낸 것이다.

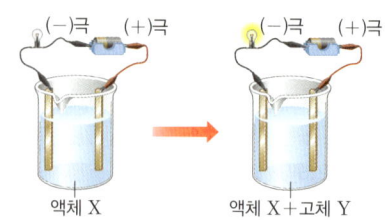

다음 중 X와 Y로 가장 적절한 것은?

	X	Y
①	포도당	염화 나트륨
②	포도당	염화 칼슘
③	물	포도당
④	물	염화 칼슘
⑤	물	설탕

13 ✔빈출

표는 물질 (가)~(다)의 성질을 나타낸 것이다. (가)~(다)는 염화 나트륨($NaCl$), 포도당($C_6H_{12}O_6$), 황산 구리(Ⅱ)($CuSO_4$)를 순서 없이 나타낸 것이고, (가)와 (다)를 구성하는 원소 중에 같은 원소가 있다.

물질		(가)	(나)	(다)
전기 전도성	고체	㉠	없음	없음
	수용액	없음	있음	㉡

이에 대한 설명으로 옳은 것만을 〈보기〉에서 있는 대로 고른 것은?

〈보기〉
ㄱ. ㉠과 ㉡은 모두 '있음'이다.
ㄴ. (나)는 염화 나트륨이다.
ㄷ. (다)를 구성하는 원소는 모두 비금속이다.

① ㄱ   ② ㄴ   ③ ㄷ
④ ㄱ, ㄴ   ⑤ ㄴ, ㄷ

14

다음은 물질 A와 B의 성질을 알아보기 위한 실험이다. A와 B는 각각 염화 칼슘($CaCl_2$), 설탕($C_{12}H_{22}O_{11}$) 중 하나이다.

[실험 과정]

(가) ⬚ ㉠ ⬚ 을/를 이용하여 고체 A와 B의 전기 전도성을 각각 확인한다.

(나) ⬚ ㉠ ⬚ 을/를 이용하여 A 수용액과 B 수용액의 전기 전도성을 각각 확인한다.

[실험 결과]

물질	A	B
고체	없음	없음
수용액	㉡	있음

이에 대한 설명으로 옳은 것만을 〈보기〉에서 있는 대로 고른 것은?

〈보기〉

ㄱ. '전기 전도성 측정기'는 ㉠으로 적절하다.

ㄴ. ㉡은 '없음'이다.

ㄷ. B를 구성하는 모든 입자의 전자 배치는 같다.

① ㄱ   ② ㄷ   ③ ㄱ, ㄴ

④ ㄴ, ㄷ   ⑤ ㄱ, ㄴ, ㄷ

15 ✔빈출

그림은 염화 나트륨($NaCl$), 물(H_2O), 포도당($C_6H_{12}O_6$)을 두 가지 기준에 따라 분류한 것이다.

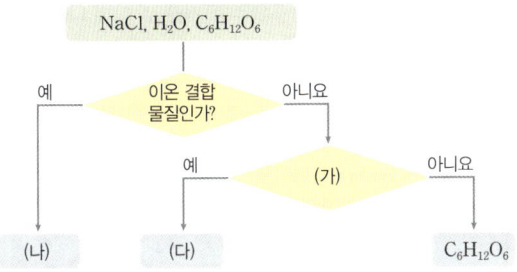

이에 대한 설명으로 옳은 것만을 〈보기〉에서 있는 대로 고른 것은?

〈보기〉

ㄱ. '고체 상태에서 전기 전도성이 있는가?'는 (가)로 적절하다.

ㄴ. (나)에서 입자들은 정전기적 인력으로 결합되어 있다.

ㄷ. (다)에서 모든 원자는 Ne과 같은 전자 배치를 갖는다.

① ㄱ   ② ㄴ   ③ ㄷ

④ ㄱ, ㄴ   ⑤ ㄴ, ㄷ

서술형 문제

16

그림은 산화 마그네슘(MgO)과 산소(O_2)를 화학 결합 모형으로 나타낸 것이다.

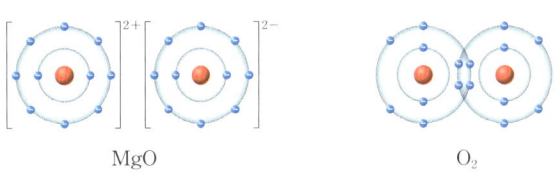

MgO과 O_2에서 O의 화학 결합의 공통점을 서술하시오.

17 ✔빈출

그림은 화합물 AB와 BC_2의 화학 결합 모형을 나타낸 것이다. (단, A~C는 임의의 원소 기호이다.)

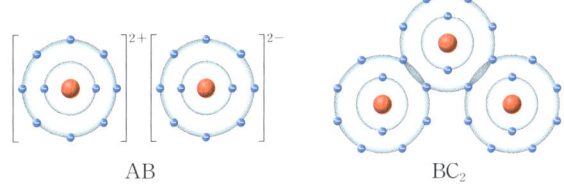

(1) AB와 BC_2의 화학 결합의 종류를 각각 쓰시오.

(2) A와 C가 결합하여 안정한 화합물을 형성할 때, 결합하는 A와 C의 개수비를 구하는 과정을 서술하시오.

18

그림은 염화 칼륨(KCl) 수용액에 전원 장치를 연결하고 전류를 흘려 주었을 때 이온이 이동하는 모습을 모형으로 나타낸 것이다.

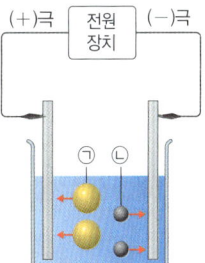

㉠과 ㉡은 어떤 입자인지 설명하고, KCl 수용액이 전기 전도성이 있는지 여부와 그 까닭을 서술하시오.

05 우주 초기에 생성된 원소

빈출 개념　스펙트럼의 종류 ★★★★　빅뱅 이후 입자의 생성 과정 ★★★★★

1 스펙트럼의 종류

그림은 서로 다른 종류의 스펙트럼 (가), (나), (다)가 만들어지는 원리를 나타낸 것이다.

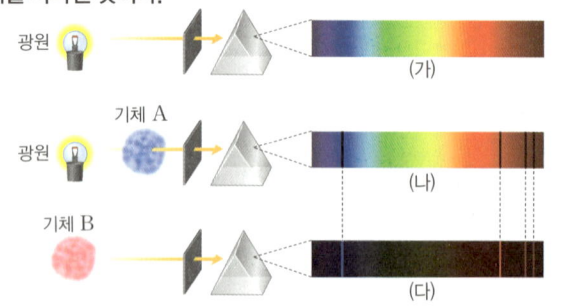

- 다음 설명 중 옳은 것은 ○표, 옳지 <u>않은</u> 것은 ✕표 하시오.

1 (가)는 연속 스펙트럼이고, (나)는 흡수 스펙트럼이다.
　　　　　　　　　　　　　　　　　　　　　　(○ | ✕)

2 (다)의 밝은 선은 특정 파장의 빛이 기체에 흡수되었기 때문에 생긴다.　　　　　　　　　　　　　　(○ | ✕)

3 기체의 온도는 A가 B보다 높다.　　　　　(○ | ✕)

4 기체 A와 기체 B는 동일한 원소로 이루어져 있다.　(○ | ✕)

5 별빛의 흡수 스펙트럼을 관측하면 별을 구성하는 원소를 알아낼 수 있다.　　　　　　　　　　　(○ | ✕)

6 빅뱅 우주론에서 주장하는 수소와 헬륨의 질량비는 천체의 스펙트럼을 분석하여 알아낸다.　　　　　(○ | ✕)

2 빅뱅 이후 입자의 생성 과정

그림은 빅뱅 이후 시간이 경과함에 따라 입자들이 생성되는 과정을 나타낸 것이다.

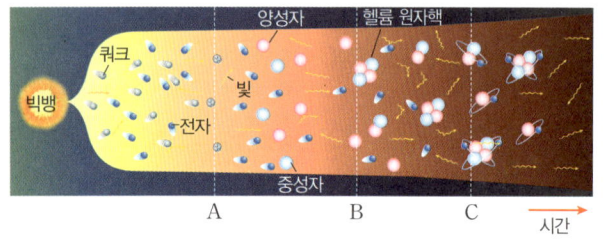

- 다음 설명 중 옳은 것은 ○표, 옳지 <u>않은</u> 것은 ✕표 하시오.

1 쿼크와 전자는 기본 입자이다.　　　　　　(○ | ✕)

2 양성자와 중성자는 쿼크와 전자가 결합하여 생성된다.
　　　　　　　　　　　　　　　　　　　　　　(○ | ✕)

3 A 시기에 양성자와 중성자가 생성될 수 있었던 것은 우주의 온도가 낮아졌기 때문이다.　　　　　　(○ | ✕)

4 헬륨 원자핵은 양성자 2 개와 중성자 2 개가 결합하여 생성된다.　　　　　　　　　　　　　　　　(○ | ✕)

5 우주 배경 복사는 B 시기에 우주 공간으로 퍼져 나간 빛이다.
　　　　　　　　　　　　　　　　　　　　　　(○ | ✕)

6 우주의 온도는 B 시기가 C 시기보다 높았다.　(○ | ✕)

06 별의 진화와 원소의 생성

빈출 개념　별의 진화에 따른 별의 내부 구조와 원소의 생성 ★★★★　태양계의 형성 과정 ★★★★★

3 주계열성에서의 에너지 생성

그림은 어느 별의 중심부에서 일어나는 핵융합 반응을 나타낸 것이다.

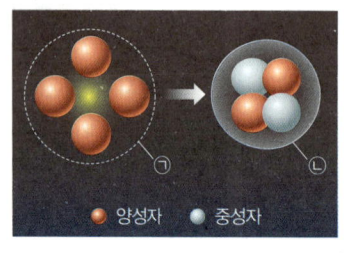

- 다음 설명 중 옳은 것은 ○표, 옳지 <u>않은</u> 것은 ✕표 하시오.

1 ㉠의 질량은 ㉡의 질량보다 작다.　　　　(○ | ✕)

2 주계열성의 중심부에서는 그림과 같은 반응이 일어난다.
　　　　　　　　　　　　　　　　　　　　　　(○ | ✕)

3 그림과 같은 반응은 별의 중심부 온도가 약 100만 K일 때 일어난다.　　　　　　　　　　　　　　　(○ | ✕)

4 별의 진화

그림 (가)와 (나)는 질량이 다른 두 주계열성 A, B의 진화 과정을 나타낸 것이다.

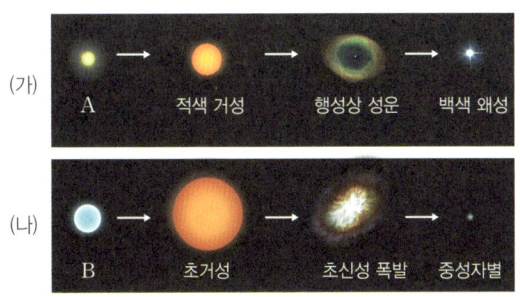

(가) A → 적색 거성 → 행성상 성운 → 백색 왜성

(나) B → 초거성 → 초신성 폭발 → 중성자별

• 다음 설명 중 옳은 것은 ○표, 옳지 않은 것은 ✕표 하시오.

1 질량은 A가 B보다 크다. (○ ✕)

2 A에서 적색 거성으로 진화하는 과정에서 별의 크기는 커진다. (○ ✕)

3 중심부의 수소 핵융합 반응은 A보다 적색 거성에서 더 활발하게 일어난다. (○ ✕)

4 A와 B가 진화하여 거성 단계에서 핵융합 반응이 끝났을 때 중심부 밀도는 B가 더 크다. (○ ✕)

5 태양은 (가)의 과정을 거치면서 진화한다. (○ ✕)

6 (가)에서 생성되는 가장 무거운 원소는 철이다. (○ ✕)

7 철보다 무거운 원소는 (나)의 초거성에서 생성된다. (○ ✕)

5 별의 내부 구조와 원소의 생성

그림 (가)와 (나)는 질량이 서로 다른 두 별의 진화 과정에서 중심부의 핵융합 반응이 끝난 직후 별의 내부 구조를 나타낸 것이다. (단, (가)와 (나)에서 별의 크기는 고려하지 않는다.)

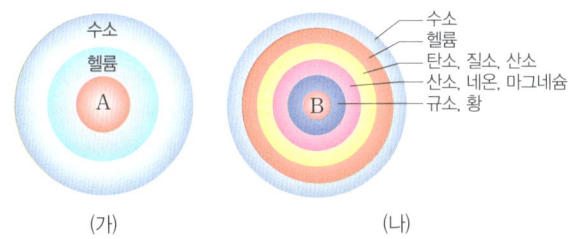

(가) 수소 / 헬륨 / A

(나) 수소 / 헬륨 / 탄소, 질소, 산소 / 산소, 네온, 마그네슘 / 규소, 황 / B

• 다음 설명 중 옳은 것은 ○표, 옳지 않은 것은 ✕표 하시오.

1 (가)는 질량이 태양 정도인 별의 진화 과정에서 나타난다. (○ ✕)

2 별의 크기는 (가)가 (나)보다 크다. (○ ✕)

3 별의 중심부 온도는 (가)가 (나)보다 낮다. (○ ✕)

4 A는 탄소이고, B는 철이다. (○ ✕)

5 초신성 폭발이 일어날 수 있는 별은 (가)이다. (○ ✕)

6 (가)와 (나) 모두 중심부로 갈수록 무거운 원소가 분포한다. (○ ✕)

7 (가)와 (나) 모두 진화의 마지막 단계에서는 핵융합으로 생성된 물질을 우주 공간으로 방출한다. (○ ✕)

6 태양계의 형성 과정

그림 (가)~(라)는 태양계의 형성 과정을 나타낸 것이다.

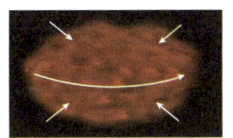

(가) 성운의 중력 수축

(다) 고리와 미행성체 형성

(라) 태양계 형성

(나) 원반 모양 형성

• 다음 설명 중 옳은 것은 ○표, 옳지 않은 것은 ✕표 하시오.

1 (가)에서 성운의 크기는 감소한다. (○ ✕)

2 (가)에서 성운 중심부의 온도는 높아진다. (○ ✕)

3 (나)의 모양이 형성되는 것은 성운이 회전하기 때문이다. (○ ✕)

4 (가) → (나)의 과정에서 성운의 회전 속도는 점차 느려졌다. (○ ✕)

5 (다) → (라)의 과정에서 행성이 충돌하면서 수많은 미행성체로 분리된다. (○ ✕)

07 원소의 주기성

빈출 개념   원소의 주기성 ★★★★   알칼리 금속과 할로젠의 성질 ★★★   원자의 전자 배치 ★★★★★

7 원소의 주기성

그림은 주기율표의 일부를 나타낸 것이다.

주기＼족	1	2	13	14	15	16	17	18
1	A							B
2				C				
3		D					E	F

• 다음 설명 중 옳은 것은 ○표, 옳지 않은 것은 ×표 하시오.

1 A는 금속 원소이다. (○ ｜ ×)

2 B의 원자가 전자 수는 0이다. (○ ｜ ×)

3 C의 원자 번호는 6이다. (○ ｜ ×)

4 D는 금속 원소이다. (○ ｜ ×)

5 D와 E는 주기가 다른 원소이다. (○ ｜ ×)

6 B와 F는 화학적 성질이 비슷하다. (○ ｜ ×)

8 알칼리 금속의 성질

다음은 알칼리 금속의 성질을 알아보기 위한 실험이다.

[실험 과정]

(가) $\frac{3}{4}$ 정도 물이 담긴 시험관 A와 B에 서로 다른 알칼리 금속 조각 a와 b를 각각 넣고 반응을 관찰한다.

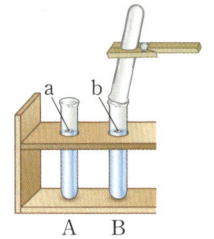

(나) A와 B에서 발생한 기체를 각각 모아 성냥불을 대어 본다.

(다) A와 B에 페놀프탈레인 용액을 떨어뜨리고 색 변화를 관찰한다.

[실험 결과]

과정	결과
(가)	A와 B에서 모두 격렬하게 반응하며 기체가 발생하였다.
(나)	A와 B에서 모두 '펑' 소리가 났다.
(다)	A와 B의 용액 모두 붉은색으로 변하였다.

• 다음 설명 중 옳은 것은 ○표, 옳지 않은 것은 ×표 하시오.

1 시험관 A에서 발생한 기체는 산소이다. (○ ｜ ×)

2 (나)에서 모은 기체는 H_2이다. (○ ｜ ×)

3 (다)에서 A와 B의 수용액은 염기성이다. (○ ｜ ×)

4 금속 a와 b는 같은 주기 원소이다. (○ ｜ ×)

5 알칼리 금속은 물에 닿지 않도록 석유에 넣어 보관한다. (○ ｜ ×)

9 원자의 전자 배치

그림은 원자 A, B의 전자 배치를 모형으로 나타낸 것이다.

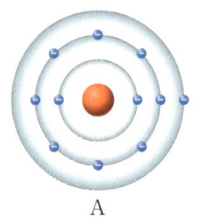 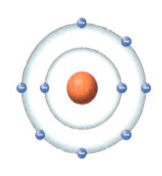

A   B

• 다음 설명 중 옳은 것은 ○표, 옳지 않은 것은 ×표 하시오.

1 A의 양성자수는 11이다. (○ ｜ ×)

2 B_2는 공유 결합 물질이다. (○ ｜ ×)

3 AB는 고체 상태에서 전기 전도성이 있다. (○ ｜ ×)

4 A의 안정한 이온은 B의 안정한 이온과 전자 배치가 같다. (○ ｜ ×)

5 A는 금속 원소이다. (○ ｜ ×)

6 B는 비금속 원소이다. (○ ｜ ×)

7 전자가 들어 있는 전자 껍질 수는 A > B이다. (○ ｜ ×)

08 화학 결합과 물질의 성질

빈출 개념 | 화학 결합의 형성과 종류 ★★★★ 화학 결합에 따른 물질의 성질 ★★★★★

10 화학 결합의 형성과 종류

그림은 원자 A와 B가 결합하여 BA_2를 생성하는 과정을 화학 결합 모형으로 나타낸 것이다.

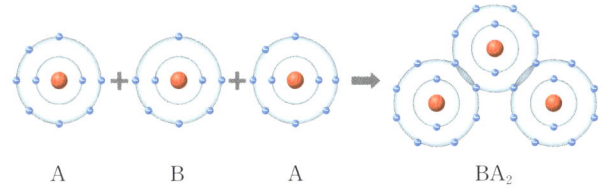

A   B   A BA_2

• 다음 설명 중 옳은 것은 ○표, 옳지 <u>않은</u> 것은 ×표 하시오.

1 A는 2주기 원소이다.   (○ | ×)
2 B는 비금속 원소이다.   (○ | ×)
3 A는 16족 원소이다.   (○ | ×)
4 BA_2에서 원자는 모두 Ne과 같은 전자 배치를 갖는다.   (○ | ×)
5 A_2에서 공유 전자쌍 수는 1이다.   (○ | ×)
6 B_2에서 공유 전자쌍 수는 2이다.   (○ | ×)
7 BA_2에서 공유 전자쌍 수는 4이다.   (○ | ×)

11 화학 결합에 따른 물질의 성질

그림은 나트륨(Na) 원자와 염소(Cl) 원자가 결합하여 염화 나트륨(NaCl)을 생성하는 과정을 화학 결합 모형으로 나타낸 것이다.

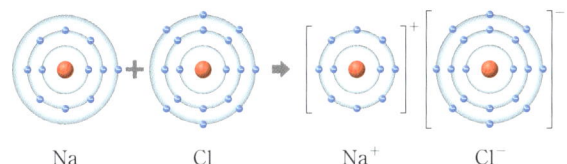

Na   Cl Na^+ Cl^-

• 다음 설명 중 옳은 것은 ○표, 옳지 <u>않은</u> 것은 ×표 하시오.

1 원자가 전자 수는 Cl > Na이다.   (○ | ×)
2 NaCl은 공유 결합 물질이다.   (○ | ×)
3 NaCl은 수용액 상태에서 전기 전도성이 있다.   (○ | ×)
4 Cl_2의 공유 전자쌍 수는 2이다.   (○ | ×)
5 NaCl은 외부에서 힘을 주면 쪼개진다.   (○ | ×)
6 NaCl은 양이온과 음이온의 정전기적 인력으로 결합되어 있다.   (○ | ×)

12 생존에 필수적인 물질의 성질

그림 (가)~(다)는 각각 물, 소금, 산소의 화학 결합 모형을 나타낸 것이다.

(가)
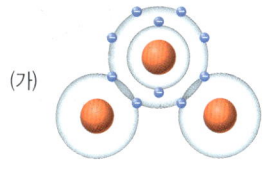

(나)
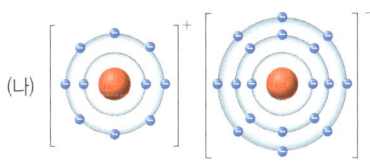

(다)
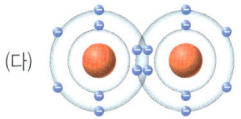

• 다음 설명 중 옳은 것은 ○표, 옳지 <u>않은</u> 것은 ×표 하시오.

1 (가)와 (다)는 공유 결합 물질이다.   (○ | ×)
2 (나)는 이온 결합 물질이다.   (○ | ×)
3 (나)는 양이온과 음이온이 전자쌍을 공유하여 결합되어 있다.   (○ | ×)
4 공유 전자쌍 수는 (다) > (가)이다.   (○ | ×)
5 (가)~(다)는 모두 인류의 생존에 중요한 물질이다.   (○ | ×)
6 (가)와 (나)에서 모든 원자는 Ne의 전자 배치를 갖는다.   (○ | ×)
7 Na과 O는 1 : 2의 개수비로 결합하여 안정한 화합물을 형성한다.   (○ ×)

05 우주 초기에 생성된 원소

01

학평 기출

그림은 고온 고밀도의 광원에 의해 만들어지는 스펙트럼 A와 B를 나타낸 것이다.

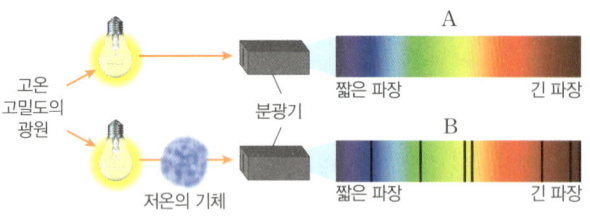

이에 대한 설명으로 옳은 것만을 〈보기〉에서 있는 대로 고른 것은?

───── 보기 ─────
ㄱ. A는 연속 스펙트럼이다.
ㄴ. B의 검은 선은 특정 빛이 저온의 기체에 흡수되어 나타난 것이다.
ㄷ. B를 분석하면 저온의 기체를 구성하고 있는 원소의 종류를 알 수 있다.

① ㄱ   ② ㄷ   ③ ㄱ, ㄴ
④ ㄴ, ㄷ   ⑤ ㄱ, ㄴ, ㄷ

02 빈출

빅뱅 후 약 38만 년이 되었을 때의 우주에 대한 설명으로 옳은 것을 2개 고르면?

① 기본 입자가 생성되었다.
② 우주의 온도는 약 2.7 K이었다.
③ 수소 원자와 헬륨 원자가 생성되었다.
④ 빛이 우주의 모든 방향으로 퍼져 나갈 수 있었다.
⑤ 양성자와 중성자가 결합하여 헬륨 원자핵이 생성되었다.

03

다음은 빅뱅 이후 서로 다른 시기의 우주를 나타낸 것이다.

(가) 양성자와 중성자가 결합하여 헬륨 원자핵을 만들었다.
(나) 수소 원자핵이 전자와 결합하여 수소 원자가 되었다.

(가)와 (나) 시기의 우주를 비교한 것 중 옳은 것만을 〈보기〉에서 있는 대로 고른 것은?

───── 보기 ─────
ㄱ. 우주의 밀도: (가) > (나)
ㄴ. 우주의 온도: (가) < (나)
ㄷ. 빅뱅 후 경과 시간: (가) > (나)

① ㄱ   ② ㄷ   ③ ㄱ, ㄴ
④ ㄴ, ㄷ   ⑤ ㄱ, ㄴ, ㄷ

06 별의 진화와 원소의 생성

04

학평 기출

그림 (가)와 (나)는 질량이 다른 두 별의 진화 과정을 나타낸 것이다.

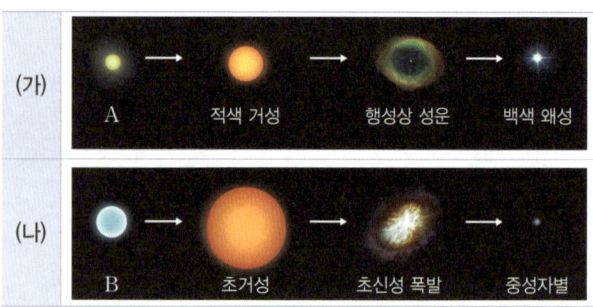

이에 대한 설명으로 옳은 것만을 〈보기〉에서 있는 대로 고른 것은?

───── 보기 ─────
ㄱ. 별의 질량은 A가 B보다 크다.
ㄴ. 태양은 (가) 과정으로 진화한다.
ㄷ. 철보다 무거운 원소는 (나) 과정을 통해 생성된다.

① ㄱ   ② ㄷ   ③ ㄱ, ㄴ
④ ㄴ, ㄷ   ⑤ ㄱ, ㄴ, ㄷ

05 ✔빈출

그림 (가)와 (나)는 핵융합 반응이 끝난 직후 두 별의 내부 구조를 나타낸 것이다.

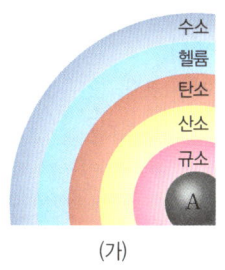 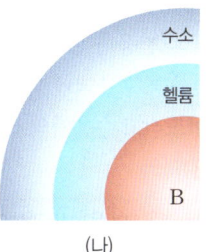

(가)   (나)

이에 대한 설명으로 옳은 것만을 〈보기〉에서 있는 대로 고른 것은?

보기

ㄱ. A는 마그네슘, B는 규소이다.
ㄴ. 질량은 (가)의 별이 (나)의 별보다 크다.
ㄷ. (나)의 별은 폭발 후 중성자별이 된다.

① ㄱ   ② ㄴ   ③ ㄱ, ㄷ
④ ㄴ, ㄷ   ⑤ ㄱ, ㄴ, ㄷ

06 ✔빈출   학평 기출변형

그림 (가)~(라)는 태양계 형성 과정의 일부를 순서대로 나타낸 것이다.

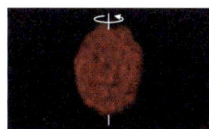 

(가) 성운의 중력 수축   (나) 원시 원반과 원시 태양 형성

(다) 고리와 미행성체 형성   (라) 원시 행성 형성

이에 대한 설명으로 옳은 것만을 〈보기〉에서 있는 대로 고른 것은?

보기

ㄱ. (가) → (나)에서 성운의 모양은 점차 납작해진다.
ㄴ. (가) → (나)에서 성운의 중심부 온도는 상승한다.
ㄷ. (다) → (라)에서 미행성체의 개수는 감소한다.

① ㄱ   ② ㄴ   ③ ㄱ, ㄷ
④ ㄴ, ㄷ   ⑤ ㄱ, ㄴ, ㄷ

07 ✔빈출

다음은 지구의 형성 과정을 순서 없이 나타낸 것이다.

(가) 지구의 표면에 원시 지각이 형성되었다.
(나) 원시 지구가 원시 태양 주위를 돌면서 수많은 미행성체들을 병합하였다.
(다) 지구 내부에서 무거운 물질은 가라앉고, 가벼운 물질은 위로 떠올라 물질의 분리가 일어났다.

(가)~(다)에 대한 설명으로 옳은 것만을 〈보기〉에서 있는 대로 고른 것은?

보기

ㄱ. 가장 나중에 일어난 현상은 (다)이다.
ㄴ. (나)와 (다) 사이의 기간에 지구 내부의 온도는 상승하였다.
ㄷ. (가)의 시기 이후에 대기 중에는 수증기의 양이 크게 증가하였다.

① ㄱ   ② ㄴ   ③ ㄱ, ㄷ
④ ㄴ, ㄷ   ⑤ ㄱ, ㄴ, ㄷ

08

표는 우주, 지구, 사람을 구성하는 주요 원소 중 가장 풍부한 원소와 두 번째로 풍부한 원소의 종류를 나타낸 것이다.

구분	가장 풍부한 원소	두 번째로 풍부한 원소
우주	㉠	헬륨
지구	철	㉡
사람	산소	㉢

이에 대한 설명으로 옳은 것만을 〈보기〉에서 있는 대로 고른 것은?

보기

ㄱ. 원자가 전자 수는 ㉠<㉢<㉡이다.
ㄴ. 우주에서 $\dfrac{㉠의 질량비}{헬륨의 질량비}$는 지구에서 $\dfrac{철의 질량비}{㉡의 질량비}$보다 크다.
ㄷ. 사람을 구성하는 원소들은 대부분 초기 우주에서 생성되었다.

① ㄱ   ② ㄴ   ③ ㄷ
④ ㄱ, ㄴ   ⑤ ㄱ, ㄷ

07 원소의 주기성

09

학평 기출

다음은 원자 (가)와 (나)에 대한 자료이다.

- (가)와 (나)는 각각 원소 ⓐ~ⓕ 중 하나이다.

주기＼족	1	2	13	14	15	16	17	18
1	ⓐ							
2					ⓑ	ⓒ	ⓓ	
3		ⓔ		ⓕ				

- (가)와 (나)의 원자가 전자 수의 합은 8이다.
- 전자가 들어 있는 전자 껍질 수는 (나)＞(가)이다.
- (가)와 (나)의 양성자수의 차는 5보다 작다.

(가)와 (나)로 옳은 것은?

	(가)	(나)		(가)	(나)
①	ⓐ	ⓓ	②	ⓑ	ⓕ
③	ⓒ	ⓔ	④	ⓔ	ⓒ
⑤	ⓕ	ⓑ			

10 ✓빈출

학평 기출변형

그림은 전자 수가 같은 A^+과 B^{2-}의 전자 배치를 모형으로 나타낸 것이다.

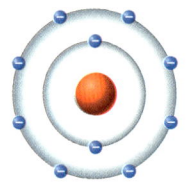

A와 B에 대한 설명으로 옳은 것만을 〈보기〉에서 있는 대로 고른 것은? (단, A와 B는 임의의 원소 기호이다.)

보기
ㄱ. A의 원자가 전자 수는 1이다.
ㄴ. B는 금속 원소이다.
ㄷ. 전자가 들어 있는 전자 껍질 수는 A＞B이다.

① ㄱ　　　　② ㄴ　　　　③ ㄱ, ㄷ
④ ㄴ, ㄷ　　　⑤ ㄱ, ㄴ, ㄷ

11 ✓빈출

학평 기출변형

다음은 금속 나트륨(Na)의 성질을 알아보기 위한 실험이다.

[실험 과정]
(가) 유리판 위에 Na을 올려놓고 칼로 자른 후 단면의 변화를 관찰한다.
(나) 물이 들어 있는 비커에 좁쌀 크기의 Na 조각을 넣고 물과 반응하는 모습을 관찰한다.
(다) (나)의 수용액에 페놀프탈레인 용액을 1~2 방울 떨어뜨리고 수용액의 색 변화를 관찰한다.

[실험 결과]

(가)	단면의 은백색 광택이 곧 사라진다.
(나)	Na 조각이 물과 반응하여 기포가 발생한다.
(다)	㉠

이에 대한 설명으로 옳은 것만을 〈보기〉에서 있는 대로 고른 것은?

보기
ㄱ. (가)에서 Na은 공기 중의 산소와 반응한다.
ㄴ. (나)에서 발생하는 기체는 공유 결합 물질이다.
ㄷ. ㉠의 결과가 나온 까닭은 염기성 물질이 생성되기 때문이다.

① ㄱ　　　　② ㄷ　　　　③ ㄱ, ㄴ
④ ㄴ, ㄷ　　　⑤ ㄱ, ㄴ, ㄷ

08 화학 결합과 물질의 성질

12 ✓빈출

그림은 주기율표의 일부를 나타낸 것이다.

주기＼족	1	2	13	14	15	16	17	18
1	A							
2				B				C
3		D				E		

이에 대한 설명으로 옳은 것만을 〈보기〉에서 있는 대로 고른 것은? (단, A~E는 임의의 원소 기호이다.)

보기
ㄱ. BA_4는 공유 결합 물질이다.
ㄴ. D와 E는 1 : 1의 개수비로 결합하여 안정한 화합물을 형성한다.
ㄷ. E의 안정한 이온의 전자 배치는 C와 같다.

① ㄱ　　　　② ㄷ　　　　③ ㄱ, ㄴ
④ ㄴ, ㄷ　　　⑤ ㄱ, ㄴ, ㄷ

13

학평 기출변형

그림은 원자 A, B가 결합하여 분자 A_2B가 생성되는 과정을 화학 결합 모형으로 나타낸 것이다.

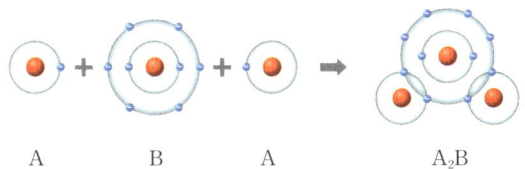

이에 대한 설명으로 옳은 것만을 〈보기〉에서 있는 대로 고른 것은?

보기

ㄱ. A_2B는 공유 결합 물질이다.

ㄴ. A_2B는 고체 상태에서 전류가 흐른다.

ㄷ. 공유 전자쌍 수는 B_2가 A_2의 2배이다.

① ㄱ ② ㄴ ③ ㄱ, ㄷ

④ ㄴ, ㄷ ⑤ ㄱ, ㄴ, ㄷ

14 ✔빈출

학평 기출

그림은 화합물 AB_2와 CA를 화학 결합 모형으로 나타낸 것이다.

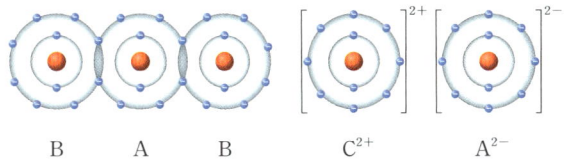

이에 대한 설명으로 옳은 것만을 〈보기〉에서 있는 대로 고른 것은? (단, A~C는 임의의 원소 기호이다.)

보기

ㄱ. AB_2는 공유 결합 물질이다.

ㄴ. 원자가 전자 수는 A>B이다.

ㄷ. A~C는 모두 2주기 원소이다.

① ㄱ ② ㄷ ③ ㄱ, ㄴ

④ ㄴ, ㄷ ⑤ ㄱ, ㄴ, ㄷ

만점 도전 문제

15

그림은 빅뱅 이후 입자의 생성 순서를 나타낸 것이다.

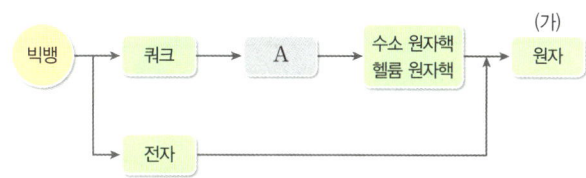

이에 대한 설명으로 옳은 것만을 〈보기〉에서 있는 대로 고른 것은?

보기

ㄱ. A는 쿼크 3개가 결합하여 생성된다.

ㄴ. (가)의 시기에 빛은 우주 공간으로 퍼져 나갔다.

ㄷ. (가)의 시기에 수소와 헬륨의 질량비는 약 3 : 1이었다.

① ㄱ ② ㄷ ③ ㄱ, ㄴ

④ ㄴ, ㄷ ⑤ ㄱ, ㄴ, ㄷ

16

학평 기출

그림은 어떤 별의 진화 과정 일부를 나타낸 것이다.

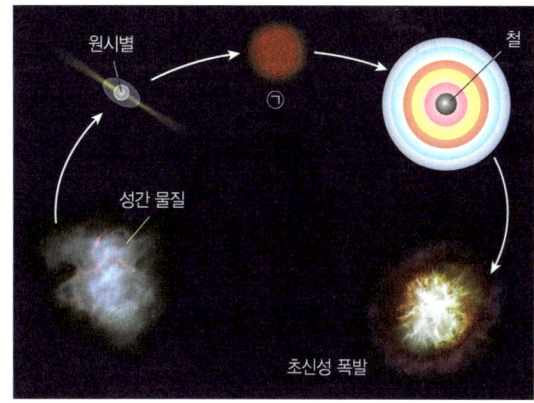

이에 대한 설명으로 옳은 것만을 〈보기〉에서 있는 대로 고른 것은?

보기

ㄱ. ㉠ 단계에서 별의 질량은 태양보다 작다.

ㄴ. 철보다 무거운 원소들은 초신성 폭발로 생성된다.

ㄷ. 초신성 폭발로 방출된 물질들의 일부는 새로운 별의 재료가 된다.

① ㄱ ② ㄷ ③ ㄱ, ㄴ

④ ㄴ, ㄷ ⑤ ㄱ, ㄴ, ㄷ

17

그림 (가)와 (나)는 질량이 태양 정도인 별의 진화 과정 중 서로 다른 단계에서 수소 핵융합 반응이 일어나는 영역을 나타낸 것이다.

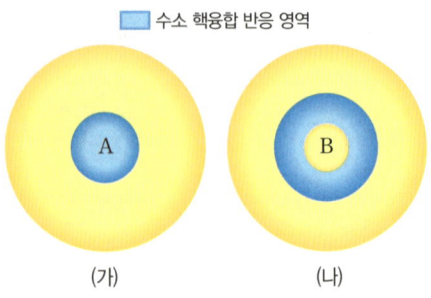

이 별에 대한 설명으로 옳은 것만을 〈보기〉에서 있는 대로 고른 것은? (단, (가)와 (나)에서 별의 크기는 고려하지 않는다.)

〈보기〉
ㄱ. (가)에서 (나)로 진화한다.
ㄴ. $\dfrac{\text{헬륨의 질량}}{\text{수소의 질량}}$ 은 A가 B보다 크다.
ㄷ. 중심부 온도는 A가 B보다 높다.

① ㄱ   ② ㄴ   ③ ㄱ, ㄷ
④ ㄴ, ㄷ   ⑤ ㄱ, ㄴ, ㄷ

18

그림은 원시 지구의 진화 과정 중 어느 단계에서 일어난 물질 A, B의 이동을 나타낸 것이다.

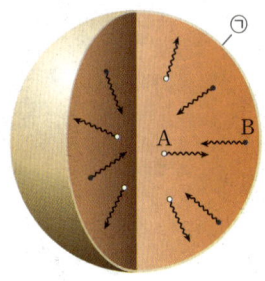

이에 대한 설명으로 옳은 것만을 〈보기〉에서 있는 대로 고른 것은?

〈보기〉
ㄱ. 물질의 밀도는 A가 B보다 작다.
ㄴ. ㉠에는 원시 지각이 존재하였다.
ㄷ. 물질 A, B의 이동을 일으킨 주된 에너지는 지구의 중력 수축으로 생겨났다.

① ㄱ   ② ㄷ   ③ ㄱ, ㄴ
④ ㄴ, ㄷ   ⑤ ㄱ, ㄴ, ㄷ

19 ✔빈출

다음은 원소 A~E에 대한 자료이다.

• ㉠~㉤은 각각 원소 A~E 중 하나이다.

주기\족	1	2	13	14	15	16	17	18
2	㉠					㉡	㉢	
3	㉣						㉤	

• A와 B는 같은 족 원소이다.
• B와 E는 3주기 원소이다.
• 원자 번호는 A가 D보다 크다.
• 원자가 전자 수는 D가 C보다 크다.

이에 대한 설명으로 옳은 것만을 〈보기〉에서 있는 대로 고른 것은? (단, A~E는 임의의 원소 기호이다.)

〈보기〉
ㄱ. A와 B는 알칼리 금속이다.
ㄴ. C와 E는 금속 원소이다.
ㄷ. D의 원자가 전자 수는 7이다.

① ㄱ   ② ㄴ   ③ ㄷ
④ ㄱ, ㄷ   ⑤ ㄴ, ㄷ

20

표는 바닥상태 원자 A~C의 전자 껍질에 들어 있는 전자 수를 나타낸 것이다.

원자	A	B	C
첫 번째 전자 껍질의 전자 수	x	$x+1$	2
두 번째 전자 껍질의 전자 수	—	7	y
세 번째 전자 껍질의 전자 수	—	—	7

A~C에 대한 설명으로 옳은 것만을 〈보기〉에서 있는 대로 고른 것은? (단, A~C는 임의의 원소 기호이다.)

〈보기〉
ㄱ. $x+y=9$이다.
ㄴ. B와 C는 할로젠이다.
ㄷ. A와 C는 이온 결합을 한다.

① ㄱ   ② ㄷ   ③ ㄱ, ㄴ
④ ㄴ, ㄷ   ⑤ ㄱ, ㄴ, ㄷ

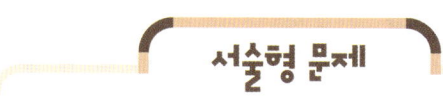

21

다음은 빅뱅 우주론에서 입자 생성 과정의 일부를 나타낸 것이다.

(가) 시기의 양성자와 중성자의 개수가 양성자 : 중성자＝7 : 1의 비율이었다면 (나) 시기에 생성되는 수소 원자핵과 헬륨 원자핵의 질량비를 구하는 과정과 함께 서술하시오.

_____

_____

22 ✔빈출

그림은 질량이 서로 다른 두 별의 진화 경로 (가), (나)를 나타낸 것이다.

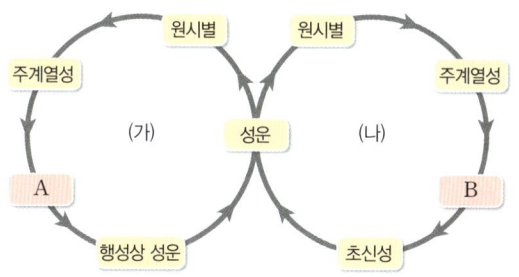

(1) A, B의 질량을 부등호로 비교하시오.

_____

(2) A와 B 중 철을 생성할 수 있는 별을 쓰고, 철보다 무거운 원소의 생성 과정을 서술하시오.

_____

_____

23

그림은 원자 A~D의 원자가 전자 수와 전자가 들어 있는 전자 껍질 수를 나타낸 것이다. (단, A~D는 임의의 원소 기호이다.)

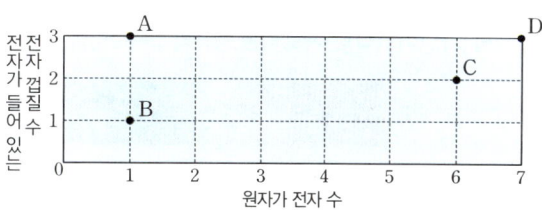

(1) A~D 중 금속 원소를 쓰시오.

_____

(2) A~D가 형성할 수 있는 안정한 이온 결합 물질의 화학식을 그 과정을 포함하여 모두 서술하시오. (단, 화학식을 구성하는 원자 수는 3 이하이다.)

_____

_____

24

다음은 우리 주변에 있는 여러 가지 물질들이다.

> 염화 나트륨($NaCl$) 포도당($C_6H_{12}O_6$) 물(H_2O)
> 이산화 탄소(CO_2) 염화 칼슘($CaCl_2$)

이 물질들을 이온 결합 물질과 공유 결합 물질로 분류하고, 그렇게 분류한 까닭을 함께 서술하시오.

_____

_____

25

그림은 원자 A, B를 전자 배치 모형으로 나타낸 것이다.

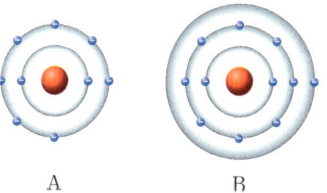

A와 B의 화학 결합이 형성되는 과정을 전자와 관련지어 서술하시오. (단, A와 B는 임의의 원소 기호이다.)

_____

_____

II-1 원소의 생성과 규칙성

01 그림 (가), (나), (다)는 서로 다른 종류의 스펙트럼을 나타낸 것이다.

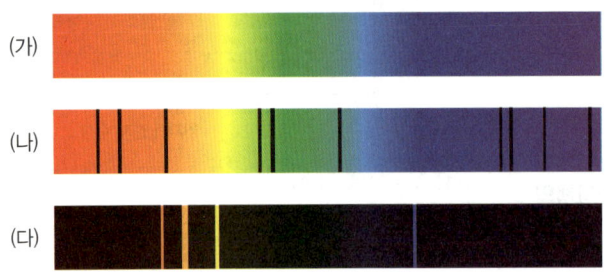

이에 대한 설명으로 옳은 것만을 〈보기〉에서 있는 대로 고른 것은?

> **보기**
>
> ㄱ. 백열전구에서 관찰되는 스펙트럼은 (가)에 해당한다.
> ㄴ. (나)에서 온도가 높아지면 검은색 선의 수가 많아진다.
> ㄷ. (나)와 (다)의 선스펙트럼은 같은 종류의 원소에 의해 형성되었다.

① ㄱ ② ㄷ ③ ㄱ, ㄴ ④ ㄴ, ㄷ ⑤ ㄱ, ㄴ, ㄷ

기출 패턴

스펙트럼의 종류와 특징을 알고 있어야 한다.

배경 지식

• 연속 스펙트럼: 모든 파장에서 연속적인 색의 띠가 나타난다.(예 백열전구)
• 방출 스펙트럼: 검은 바탕에 밝은 색의 선스펙트럼이 나타난다.(예 기체 방전관)
• 흡수 스펙트럼: 연속 스펙트럼을 배경으로 검은색의 흡수선이 나타난다.(예 별빛)

02 그림은 빅뱅 이후 초기 우주에서 생성된 입자의 종류를 순서 없이 나타낸 것이다.

중성자	수소 원자	헬륨 원자핵	쿼크
(가)	(나)	(다)	(라)

이에 대한 설명으로 옳은 것만을 〈보기〉에서 있는 대로 고른 것은?

> **보기**
>
> ㄱ. 입자가 등장한 순서는 (라) → (가) → (나) → (다)이다.
> ㄴ. (나)가 존재하던 시기에는 빛과 입자들이 매우 활발하게 상호작용하였다.
> ㄷ. (다)가 생성되기 시작한 시기에 $\dfrac{\text{양성자의 수}}{\text{중성자의 수}}$ 는 약 7이었다.

① ㄱ ② ㄴ ③ ㄷ ④ ㄱ, ㄴ ⑤ ㄱ, ㄷ

기출 패턴

초기 우주에서 입자의 생성 과정을 알고 있어야 한다.

배경 지식

• 물질의 구성 입자: 모든 물질은 원자로 이루어져 있고, 원자는 원자핵과 전자로, 원자핵은 양성자와 중성자로, 양성자와 중성자는 기본 입자인 쿼크로 이루어져 있다.

03 그림 (가)는 질량이 태양보다 훨씬 큰 별의 진화 과정을, (나)는 (가)의 어느 단계에 해당하는 별의 내부 구조를 나타낸 것이다.

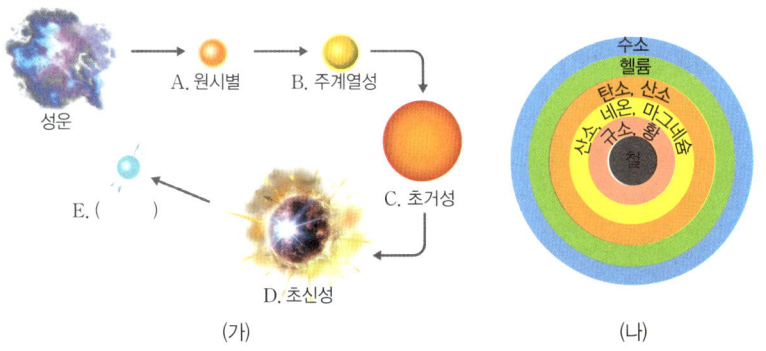

(가)   (나)

이에 대한 설명으로 옳은 것만을 〈보기〉에서 있는 대로 고른 것은?

〈보기〉

ㄱ. 별의 중심부에 존재하는 헬륨의 비율은 A가 B보다 많다.

ㄴ. (나)는 C의 내부 구조이다.

ㄷ. E는 주로 철보다 무거운 원소로 이루어져 있다.

① ㄱ   ② ㄴ   ③ ㄱ, ㄴ   ④ ㄱ, ㄷ   ⑤ ㄴ, ㄷ

기출 패턴

질량이 태양보다 훨씬 큰 별의 진화 과정과 생성되는 원소의 종류를 알아야 한다.

배경 지식

• 질량이 태양 정도인 별의 진화 단계: 주계열성 → 적색 거성 → 행성상 성운, 백색 왜성
• 질량이 태양보다 훨씬 큰 별의 진화 단계: 주계열성 → 초거성 → 초신성 폭발 → 중성자별(또는 블랙홀)

04 그림 (가), (나), (다)는 우주, 지구, 사람을 구성하는 주요 원소의 질량비를 순서 없이 나타낸 것이다.

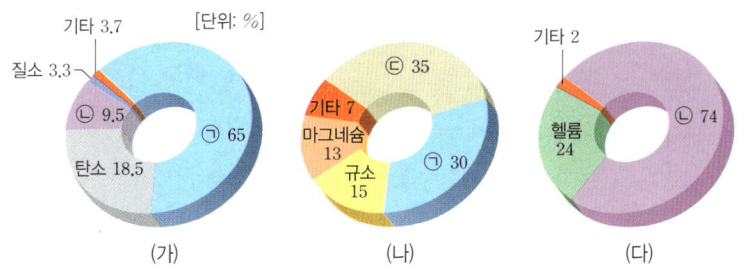

(가)   (나)   (다)

이에 대한 설명으로 옳은 것만을 〈보기〉에서 있는 대로 고른 것은?

〈보기〉

ㄱ. ㉠은 산소이다.

ㄴ. ㉠과 ㉡은 공유 결합으로 화합물을 생성한다.

ㄷ. 원자가 전자 수는 ㉢이 ㉡보다 많다.

① ㄱ   ② ㄴ   ③ ㄱ, ㄷ   ④ ㄴ, ㄷ   ⑤ ㄱ, ㄴ, ㄷ

기출 패턴

우주, 지구, 사람을 구성하는 주요 구성 원소의 종류와 화학 결합의 종류를 파악할 수 있어야 한다.

배경 지식

• 원자가 전자: 원자의 전자 배치에서 가장 바깥 껍질에 들어 있는 전자로, 화학 반응에 참여하는 전자
• 공유 결합: 비금속 원소의 원자들이 전자쌍을 공유하여 형성되는 결합
• 이온 결합: 양이온과 음이온 사이의 정전기적 인력에 의해 형성되는 결합

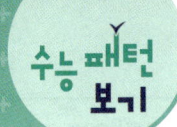

05 다음은 1, 2주기 원소 A~D에 대한 자료이다.

- A와 B는 우주에 가장 많이 존재하는 원소이다.
- C는 물과 반응하여 수소 기체를 발생시킨다.
- A와 C는 같은 족 원소이다.
- 양성자수는 D가 B의 4 배이다.

이에 대한 설명으로 옳은 것만을 〈보기〉에서 있는 대로 고른 것은? (단, A~D는 임의의 원소 기호이다.)

〈보기〉
ㄱ. A는 물과 반응하여 수용액의 액성이 염기성이 되게 한다.
ㄴ. 원자가 전자 수는 D가 C의 6 배이다.
ㄷ. C와 D는 1 : 2의 개수비로 화학 결합한다.

① ㄱ   ② ㄴ   ③ ㄷ   ④ ㄱ, ㄴ   ⑤ ㄴ, ㄷ

06 그림은 주기율표의 일부를 나타낸 것이다.

족 / 주기	1	2	13	14	15	16	17	18
1	A							
2	B			C			D	
3	E	F						

이에 대한 설명으로 옳은 것만을 〈보기〉에서 있는 대로 고른 것은? (단, A~F는 임의의 원소 기호이다.)

〈보기〉
ㄱ. A, B, E는 알칼리 금속이다.
ㄴ. CD_4의 공유 전자쌍 수는 4이다.
ㄷ. FD_2를 구성하는 입자는 모두 Ne과 같은 전자 배치를 갖는다.

① ㄱ   ② ㄷ   ③ ㄱ, ㄴ   ④ ㄴ, ㄷ   ⑤ ㄱ, ㄴ, ㄷ

07 표는 18족 원소를 제외한 2, 3주기 원자 X~Z에 대한 자료이다.

원자	X	Y	Z
전자가 들어 있는 전자 껍질 수	a	$a-1$	3
원자가 전자 수	b	7	6
㉠	11	9	c

이에 대한 설명으로 옳은 것만을 〈보기〉에서 있는 대로 고른 것은? (단, X~Z는 임의의 원소 기호이다.)

─── 보기 ───
ㄱ. '전자 수'는 ㉠으로 적절하다.
ㄴ. $\dfrac{a+b}{c}=\dfrac{3}{8}$이다.
ㄷ. 수용액 상태에서 전기 전도성은 $XY > Y_2Z$이다.

① ㄱ   ② ㄴ   ③ ㄱ, ㄷ   ④ ㄴ, ㄷ   ⑤ ㄱ, ㄴ, ㄷ

🌀 **기출 패턴**

원소의 다양한 성질에 대한 표의 값을 통해 원소의 종류를 결정해야 한다.

💡 **배경 지식**

• 2, 3주기 원자의 전자가 들어 있는 전자 껍질 수는 각각 2, 3으로 같다.
• 원자가 전자는 가장 바깥 전자 껍질에 들어 있는 전자 중 화학 결합에 참여할 수 있는 전자이다.

08 그림은 화합물 AB_2와 CB를 화학 결합 모형으로 나타낸 것이다.

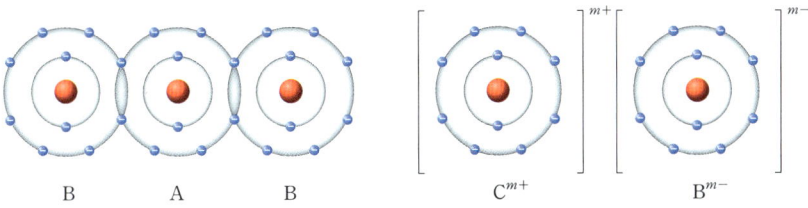

이에 대한 설명으로 옳은 것만을 〈보기〉에서 있는 대로 고른 것은? (단, A~C는 임의의 원소 기호이다.)

─── 보기 ───
ㄱ. $m=2$이다.
ㄴ. 고체 상태의 C를 물과 반응시키면 수소 기체가 발생한다.
ㄷ. 공유 전자쌍 수는 $AB_2 > B_2$이다.

① ㄱ   ② ㄴ   ③ ㄱ, ㄷ   ④ ㄴ, ㄷ   ⑤ ㄱ, ㄴ, ㄷ

🌀 **기출 패턴**

화학 결합 모형으로 화학 결합의 종류를 파악할 수 있어야 한다.

💡 **배경 지식**

• 이온 결합은 양이온과 음이온 사이의 정전기적 인력에 의해 형성되는 결합이다.
• 공유 결합은 비금속 원소의 원자들이 전자쌍을 공유하여 형성되는 결합이다.

09 지각과 생명체를 구성하는 물질

1 지각과 생명체 구성 물질

1 지각: 지구의 표면을 둘러싸고 있는 부분

(1)**구성 물질**: 토양과 단단한 암석

(2)**구성 원소❶**: 산소 > 규소 > 알루미늄 > 철 > 칼슘 > 나트륨 > 칼륨 > 마그네슘 등

(3) 지각에 있는 암석은 대부분 산소와 규소가 결합한 규산염 광물로 이루어져 있다.

2 생명체: 물, 무기염류 등의 무기물과 탄수화물, 지질, 단백질, 핵산 등의 유기물

(1)**단백질**: 아미노산을 기본 단위체로 한다. ────

> 크고 복잡한 물질을 만들 때 기본 단위가 되는 물질(= 단위체)

(2)**핵산**: 뉴클레오타이드를 기본 단위체로 한다.

2 지각을 구성하는 물질의 규칙성

1 규산염 광물: 규소와 산소로 이루어진 규산염 사면체를 기본 구조로 하여 여러 원소와 화학적으로 결합한 화합물로 이루어진 광물이다. 조암 광물의 약 92 %를 차지한다.

2 전자 배치

(1)**규소의 전자 배치**: 규소(Si)는 주기율표의 14족 원소로, 원자가 전자가 4 개이다. ➡ 최대 4 개의 원자와 결합을 할 수 있다.

(2)**산소의 전자 배치**: 산소(O)는 주기율표의 16족 원소로, 원자가 전자가 6 개이다. 가장 바깥쪽의 전자 껍질에 전자가 2 개 채워지면 안정해진다.

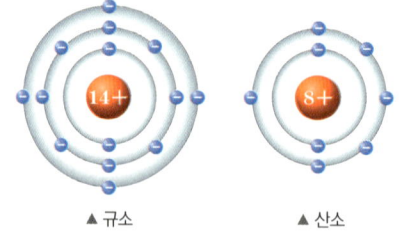

▲ 규소   ▲ 산소

3 규산염(Si−O) 사면체의 구조: 규소 1 개를 중심으로 산소 4 개가 공유 결합하여 정사면체 모양을 이룬다. 이웃하는 다른 규산염 사면체와 산소를 공유하면서 결합할 수 있다.

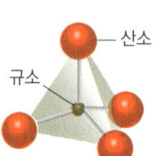

산소
규소

🔍 자세하게 규산염(Si−O) 사면체

- 규소는 +4의 전하를 띠고 산소는 −2의 전하를 띤다.
- 규소 1 개에 산소 4 개가 결합한 규산염 사면체(SiO_4^{4-})는 −4의 전하를 띤다. ➡ 규산염 사면체는 음전하를 띤다.
- 전체 전하가 음전하를 띠고 있어 인접한 양이온과 결합하거나 각 사면체의 모든 산소를 다른 사면체와 공유하여 전기적으로 중성을 띠는 다양한 규산염 광물을 형성한다.

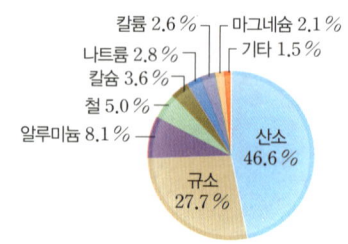

O^{2-} O^{2-} O^{2-} O^{2-} Si^{4+}

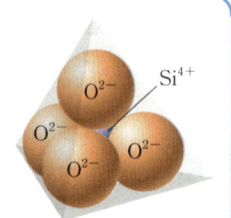

장석

석영   감람석

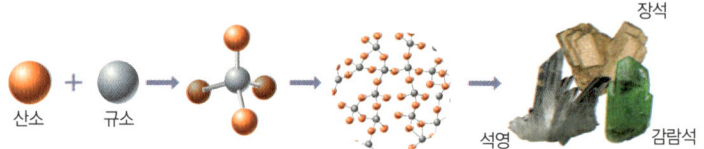

산소 규소

▲ 산소와 규소의 결합   ▲ 규산염 사면체   ▲ 규산염 사면체의 결합   ▲ 규산염 광물

❶ 지각의 구성 원소

지각을 구성하는 원소의 70 %가 넘는 질량비를 산소와 규소가 차지한다.

칼륨 2.6 % ┌ 마그네슘 2.1 %
나트륨 2.8 % │ ┌ 기타 1.5 %
칼슘 3.6 %
철 5.0 %
알루미늄 8.1 %
산소 46.6 %
규소 27.7 %

▲ 지각을 구성하는 원소의 질량비

📖 용어신

- **무기물** 탄소를 포함하지 않은 모든 화합물
- **유기물** 탄소를 포함하며, 생명체를 구성하는 물질

단원 한눈에 보기✦

지각과 생명체를 구성하는 물질

지각 — 생명체

규산염 광물

단백질 — 핵산

결합 구조 (독립형, 단사슬, 복사슬, 판상, 망상)

폴리펩타이드 — 폴리뉴클레오타이드

아미노산 — 뉴클레오타이드

4 규산염 광물의 결합 규칙성: 이웃한 규산염($Si-O$) 사면체와 산소 원자를 1개씩 공유하는 형태로 결합하며, 결합 방식에 따라 다양한 구조를 이룬다.

구분	결합 구조	결합 방식	광물	공유 산소 수
독립형 구조 (독립 사면체)	산소 / 규소	하나의 규산염 사면체가 다른 규산염 사면체와 결합하지 않고 독립적으로 철이나 마그네슘 등의 양이온과 결합	감람석	감소 ↑
단사슬 구조 (직선형)		규산염 사면체들이 양쪽의 산소 2개를 다른 규산염 사면체와 공유하며 단일 사슬 모양으로 길게 결합	휘석	
복사슬 구조 (직선형)		하나의 규산염 사면체가 다른 규산염 사면체와 산소를 2~3개씩 공유하여 2개의 단사슬이 서로 엇갈려 연결된 이중 사슬 모양의 결합	각섬석	
판상 구조 (평면형)		하나의 규산염 사면체가 다른 규산염 사면체와 산소 3개를 공유하여 얇은 판 모양으로 결합	흑운모 판상 구조로 쪼개짐이 있어!	
망상 구조 (입체형)		하나의 규산염 사면체가 다른 규산염 사면체와 산소 4개를 모두 공유하여 3차원으로 결합	석영, 장석❷	↓ 증가

└ 공유 결합이 복잡하기 때문에 풍화에 강해~!

5 대표적인 규산염 광물의 특성

구분	감람석	휘석	각섬석	흑운모	석영	장석
결합 구조	독립형	단사슬	복사슬	판상	망상	
풍화(안정도)	풍화에 약하다(낮다) ←——————————→ 풍화에 강하다(높다)					
쪼개짐, 깨짐	깨짐	쪼개짐 (2방향)	쪼개짐 (2방향)	쪼개짐 (1방향)	깨짐	쪼개짐 (2방향)
결정형	짧은 기둥	짧은 기둥	긴 기둥	얇은 판	육각기둥	두꺼운 판
$\dfrac{O}{Si}$의 값	——————————————→ 작다					

❷ **석영과 장석**

▲ 석영　　　▲ 장석

• 석영: 규산염 사면체의 모든 산소를 다른 규산염 사면체와 공유하여 규소와 산소만으로 이루어져 있다.
• 장석: 규산염 사면체에서 규소 일부를 알루미늄 등의 양이온이 대신한다.

규산염 광물을 이루는 원소
• 감람석: 철, 마그네슘
• 휘석: 칼슘, 마그네슘, 철
• 각섬석: 칼슘, 마그네슘, 철, 알루미늄
• 흑운모: 칼륨, 마그네슘, 철, 알루미늄
• 석영: 규소, 산소
• 장석: 칼륨, 나트륨, 칼슘, 알루미늄

✎ **바로 복습**

정답과 해설 **22쪽**

빈칸 채우기 문제

01 규소는 원자가 전자가 (　　　)개로, 최대 (　　　)개의 원자와 결합할 수 있다.

02 규산염 사면체는 규소 원자 (　　　)개에 산소 원자 (　　　)개가 (　　　) 결합하고 있다.

03 규산염 사면체의 (　　　)를 다른 규산염 사면체와 공유하는 방식에 따라 다양한 규산염 광물이 생성된다.

04 (　　　)은 규산염 사면체가 독립적으로 존재한다.

○✕ 문제

05 지각을 구성하는 원소의 대부분은 탄소와 수소가 차지한다. (○ ✕)

06 규산염 광물은 규소와 산소로 이루어진 규산염 사면체를 기본 구조로 한다. (○ ✕)

07 감람석에 물리적인 힘을 가하면 기둥 모양의 결정을 보이며 2방향으로 쪼개진다. (○ ✕)

08 석영은 하나의 규산염 사면체에서 산소 3개를 다른 규산염 사면체와 공유한다. (○ ✕)

③ 생명체를 구성하는 물질의 규칙성

1 단백질 탄소(C), 수소(H), 산소(O), 질소(N) 등으로 구성되어 있어.

(1) 기능 에너지원으로 이용되기도 해.

① **몸의 주요 구성 물질**: 근육, 피부, 머리카락, 적혈구 등을 구성한다.

② **생리작용 조절**: 효소의 주성분으로 몸속에서 일어나는 여러 화학 반응을 조절해 생명활동이 원활하게 일어나도록 해 준다.

③ 항체의 주성분으로 체내에서 일어나는 면역반응에 관여한다.

(2) 기본 단위체: 아미노산③ ➡ 약 20 종류가 있다.

(3) 단백질의 형성

① **펩타이드결합**: 2 개의 아미노산 사이에서 물 분자 1 개가 빠져나오면서 형성되는 공유 결합이다.

② **폴리펩타이드**: 많은 수의 아미노산이 펩타이드결합으로 연결된 긴 사슬 모양의 분자이다. 단백질은 하나의 폴리펩타이드로 구성되거나 여러 개의 폴리펩타이드가 모여 기능을 나타내기도 한다.

③ 폴리펩타이드를 구성하는 아미노산의 종류와 수, 배열 순서에 따라 폴리펩타이드의 사슬이 구부러지고 접혀서 고유한 입체 구조와 기능을 가진 단백질이 형성된다.

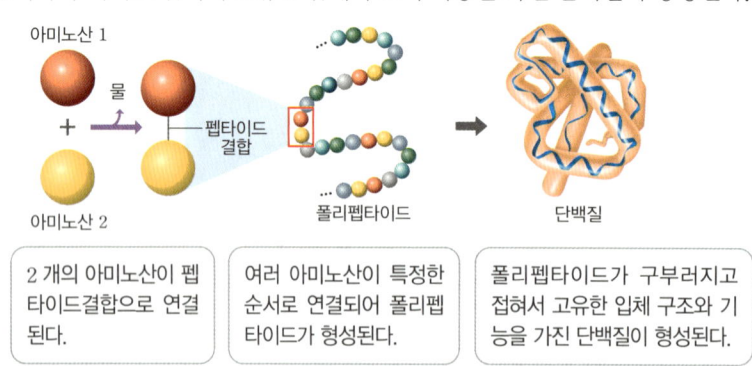

2 개의 아미노산이 펩타이드결합으로 연결된다.	여러 아미노산이 특정한 순서로 연결되어 폴리펩타이드가 형성된다.	폴리펩타이드가 구부러지고 접혀서 고유한 입체 구조와 기능을 가진 단백질이 형성된다.

(4) 다양한 종류의 단백질

① 아미노산의 종류와 수, 배열 순서에 따라 단백질의 입체 구조가 달라지며, 단백질의 입체 구조는 단백질의 기능을 결정한다.

② **단백질의 종류**: 헤모글로빈(적혈구), 케라틴(머리카락과 손톱), 콜라젠(피부), 마이오신과 액틴(근육), 인슐린(호르몬), 아밀레이스(소화효소) 등

2 핵산 핵 속에서 처음 발견되었고, 산성을 띠는 물질이 들어 있기 때문에 핵산이라는 이름이 붙여졌지. 이후 세포질에서도 발견되었어!

(1) 핵산: 유전정보를 저장하거나 유전정보의 전달 및 단백질의 합성에 관여하는 물질이다.

(2) 기본 단위체: 뉴클레오타이드 ➡ 인산, 당, 염기가 1 : 1 : 1로 결합되어 있다.

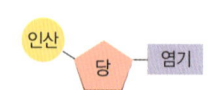

▲ 뉴클레오타이드의 구조

(3) 뉴클레오타이드의 종류

① DNA와 RNA를 구성하는 뉴클레오타이드는 당과 염기가 다르다.

② DNA를 구성하는 뉴클레오타이드와 RNA를 구성하는 뉴클레오타이드는 **각각 4 종류씩** 있다. ➡ 핵산을 구성하는 뉴클레오타이드는 총 8 종류이다. 염기의 종류에 따라 구분해~

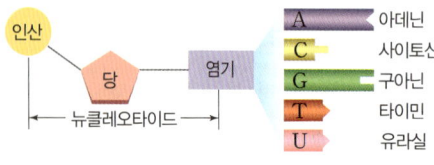

▲ 뉴클레오타이드와 염기의 종류

---

③ 아미노산의 구조

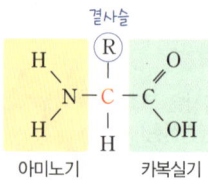

▲ 아미노산의 구조

탄소를 중심으로 아미노기, 카복실기, 수소 원자, 곁사슬(R)이 결합되어 있다. 아미노산의 종류는 곁사슬의 종류에 따라 달라진다.

🔖 **암기신**

- 아미노산의 수(단백질의 기본 단위체 수): n
- 펩타이드결합의 수: $n-1$

뉴클레오타이드를 구성하는 당

뉴클레오타이드를 구성하는 당의 종류에는 디옥시라이보스와 라이보스 두 종류가 있으며, 모두 탄소를 5 개 갖는 5탄당이다. 디옥시라이보스는 라이보스와 비교하였을 때 산소가 하나 없으며, DNA를 구성한다. 라이보스는 RNA를 구성한다.

(4) 핵산의 형성

① 폴리뉴클레오타이드: 한 뉴클레오타이드의 당은 다른 뉴클레오타이드의 인산과 공유 결합하고 나선 안쪽으로 염기가 향하고 있으며, 여러 개의 뉴클레오타이드가 <mark>당−인산 결합으로 연결되어 긴 사슬 모양의 폴리뉴클레오타이드를</mark> 형성한다. 뉴클레오타이드는 같은 당을 가진 뉴클레오타이드끼리만 결합해~

② 어떤 염기를 가진 뉴클레오타이드가 결합되는지에 따라 폴리뉴클레오타이드의 염기서열이 결정된다. 다양한 염기서열을 가진 뉴클레오타이드가 형성되는 까닭이야~!

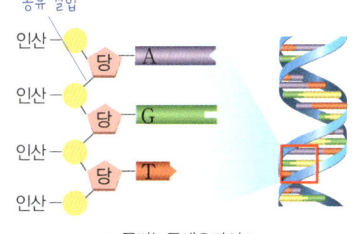
▲ 폴리뉴클레오타이드

(5) 핵산의 종류

DNA	구분	RNA
디옥시라이보스	당	라이보스
아데닌(A), 구아닌(G), 사이토신(C), <mark>타이민(T)</mark>	염기	아데닌(A), 구아닌(G), 사이토신(C), <mark>유라실(U)</mark>
<mark>이중나선구조</mark> 아데닌(A) 구아닌(G) 사이토신(C) 타이민(T) 두 가닥의 폴리뉴클레오타이드는 염기의 수소 결합으로 연결돼!	구조	<mark>단일 가닥 구조</mark> 아데닌(A) 구아닌(G) 사이토신(C) 유라실(U)
유전정보의 저장❹ 염기서열에 유전정보를 저장해!	기능	유전정보의 전달, 단백질합성에 관여

(6) DNA 염기의 상보결합

한 폴리뉴클레오타이드의 염기는 마주 보고 있는 다른 폴리뉴클레오타이드의 염기와 상보적으로 결합한다.

➡ DNA 이중나선구조에서 항상 아데닌(A)은 타이민(T)과, 구아닌(G)은 사이토신(C)과 결합한다.

---

❹ 다양한 유전정보의 저장

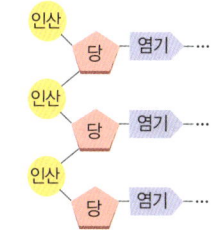

DNA를 구성하는 기본 단위체인 뉴클레오타이드는 4 종류뿐이지만, 뉴클레오타이드의 배열 순서에 따라 다양한 염기서열이 생기므로, 다양한 유전정보가 저장된다.

염기의 상보결합

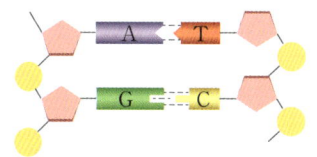

DNA에서 염기는 상보적으로 결합하므로 한 가닥의 염기서열을 알면 다른 가닥의 염기서열도 알 수 있다.

✦ 암기쏙

생명체를 구성하는 물질의 규칙성
- 아미노산<폴리펩타이드<단백질
- 뉴클레오타이드<폴리뉴클레오타이드<핵산

✏ 바로 복습

정답과 해설 22쪽

빈칸 채우기 문제

09 아미노산은 단백질의 (　　　　　　)이다.

10 많은 수의 아미노산이 (　　　　　)으로 연결되어 긴 사슬 모양의 (　　　　　)가 만들어진다.

11 (　　　)은 뉴클레오타이드라는 기본 단위체가 반복적으로 결합하여 형성된 것으로 (　　　)와 (　　　)가 있다.

12 (　　　)는 유전정보를 저장하고, (　　　)는 유전정보를 전달하며 단백질을 합성하는 과정에 관여한다.

○X 문제

13 여러 개의 뉴클레오타이드가 펩타이드결합을 통해 단백질을 형성한다. (○ X)

14 단백질을 구성하는 아미노산의 종류와 수, 배열 순서에 따라 단백질의 입체 구조가 결정된다. (○ X)

15 DNA와 RNA는 인산, 당, 염기가 1 : 1 : 1로 결합한 기본 단위체로 이루어져 있다. (○ X)

16 DNA 이중나선구조에서 항상 아데닌(A)은 유라실(U)과, 구아닌(G)은 사이토신(C)과 결합한다. (○ X)

DNA 모형을 제작하고 DNA의 구조적 특징과 규칙성 탐구

정답과 해설 22쪽

목표 DNA 모형을 제작하고 DNA의 구조적 특징과 규칙성을 찾아 설명할 수 있다.
준비물 > 뉴클레오타이드 모형, 가위, 풀

과정

❶ DNA 모형 제작 방법에 따라 DNA 모형을 제작한다.

❷ 완성된 DNA 모형을 관찰하여 DNA의 구조에서 나타나는 규칙성을 파악해 본다.

❸ 내가 만든 DNA 모형의 염기서열을 써 보고, 친구가 만든 DNA 모형의 염기서열과 비교해 본다.

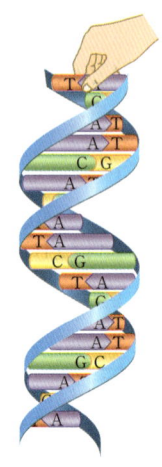

마주 보는 두 폴리뉴클레오타이드 사슬의 염기들이 상보적으로 결합한 이중나선구조를 나타내~ ~

⚠ 주의신

과정 ❶에서 DNA 모형은 12쌍 이상의 염기쌍이 되도록 제작하여, DNA의 이중나선구조의 특징이 충분히 나타나도록 한다.

〈DNA 모형을 관찰한 내용〉

구분	관찰한 내용
전체 모습	이중나선구조
DNA의 구조에서 나타나는 규칙성	10개의 염기쌍마다 한 바퀴 회전한다.
염기간 결합의 규칙성	아데닌(A)은 타이민(T)과 결합하고 구아닌(G)은 사이토신(C)과 결합한다.

결과

❶ DNA는 두 가닥의 폴리뉴클레오타이드가 꼬여 있는 이중나선구조이다.

➡ DNA의 바깥쪽에는 (   )과 (   )이 반복적으로 결합해 있고, 나선 안쪽을 향하고 있는 (   )가 상보적으로 결합해 있다. DNA에서 아데닌(A)은 (   )과, 구아닌(G)은 (   )과 상보적인 염기쌍을 형성한다.

❷ 내가 만든 DNA 모형과 친구가 만든 DNA 모형의 염기서열은 서로 다르다.

➡ DNA는 모두 (   )구조이지만, 뉴클레오타이드 (   ) 종류가 다른 배열 순서로 연결되어 (   )이 다양한 DNA가 만들어진다. 생명체에서 유전정보는 DNA의 염기서열에 들어 있다.

⚠ 주의신

염기서열은 폴리뉴클레오타이드의 끝에 인산이 붙어 있는 쪽부터 읽도록 한다.

※ DNA는 이중나선구조이므로 DNA 모형을 구성하는 두 가닥 중 어떤 가닥을 선택하는가에 따라 염기서열이 두 가지로 읽혀진다. 따라서 염기서열을 비교할 때는 두 가닥을 모두 비교하여 같은지 다른지를 확인하도록 한다.

정리

1 하나의 DNA를 구성하는 두 가닥의 폴리뉴클레오타이드 사이에 염기서열은 어떤 관계가 있는가?

➡ 한 가닥의 염기서열은 다른 가닥의 염기서열과 (   )이다.

2 단백질과 DNA의 구조에서 나타나는 공통점과 차이점은 무엇인가?

➡ 공통점은 종류가 적은 (   )의 조합과 배열 순서에 따라 다양한 물질이 만들어진다는 것이다. 차이점은 단백질의 경우 기본 단위체인 아미노산이 약 (   ) 종류이고, 아미노산이 반복적으로 결합하여 폴리펩타이드를 형성한 다음 고유한 (   )를 형성하는데, DNA의 경우 기본 단위체인 뉴클레오타이드가 (   ) 종류이고, 뉴클레오타이드가 반복적으로 결합하여 폴리뉴클레오타이드를 형성한 다음 상보적인 두 가닥의 폴리뉴클레오타이드가 꼬여 있는 (   )를 형성한다는 것이다.

실격 2 다지기 문제 09 지각과 생명체를 구성하는 물질

① 지각과 생명체 구성 물질

01 ☑빈출

그림은 지각의 암석을 구성하는 어느 광물의 기본 단위체를 나타낸 것이다.

A. 지각 　　B. 암석 　　C. 광물 　　D. 규산염 사면체

이에 대한 설명으로 옳은 것만을 〈보기〉에서 있는 대로 고른 것은?

──〈보기〉──
ㄱ. 지각은 암석으로, 암석은 광물로 이루어져 있다.
ㄴ. C의 광물은 규산염 광물이다.
ㄷ. D는 지각에 가장 풍부한 두 가지 성분으로 이루어져 있다.

① ㄱ 　　　　② ㄷ 　　　　③ ㄱ, ㄴ
④ ㄴ, ㄷ 　　　⑤ ㄱ, ㄴ, ㄷ

② 지각을 구성하는 물질의 규칙성

02 ☑빈출

그림은 어떤 원자의 전자 배치를 모형으로 나타낸 것이다. 이 원자에 대한 설명으로 옳은 것만을 〈보기〉에서 있는 대로 고른 것은?

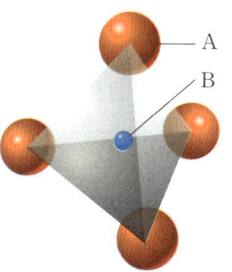

──〈보기〉──
ㄱ. 원자가 전자가 4개이다.
ㄴ. 산소와 결합하여 규산염 사면체를 형성한다.
ㄷ. 지각을 구성하는 원소 중 질량비가 가장 큰 원소이다.

① ㄱ 　　　　② ㄷ 　　　　③ ㄱ, ㄴ
④ ㄴ, ㄷ 　　　⑤ ㄱ, ㄴ, ㄷ

03 ☑빈출

그림은 규산염 사면체를 나타낸 것이다. 이에 대한 설명으로 옳은 것만을 〈보기〉에서 있는 대로 고른 것은?

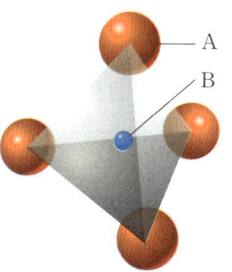

──〈보기〉──
ㄱ. A는 규소, B는 산소이다.
ㄴ. A와 B는 공유 결합을 한다.
ㄷ. 규산염 사면체는 전기적으로 양전하를 띤다.

① ㄱ 　　　　② ㄴ 　　　　③ ㄱ, ㄷ
④ ㄴ, ㄷ 　　　⑤ ㄱ, ㄴ, ㄷ

04

규산염 광물에 대한 설명으로 옳지 <u>않은</u> 것은?

① 지각에 가장 풍부한 광물이다.
② 기본 골격은 규산염 사면체이다.
③ 규산염 광물은 산소와 규소의 개수비가 모두 같다.
④ 규산염 사면체가 양이온과 결합하면 규산염 광물이 된다.
⑤ 규산염 사면체를 이루는 모든 산소를 다른 규산염 사면체와 공유하는 광물이 있다.

05

그림 (가)는 어느 규산염 광물의 모습을, (나)는 이 광물의 규산염 사면체 결합 구조를 나타낸 것이다.

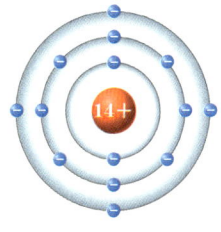 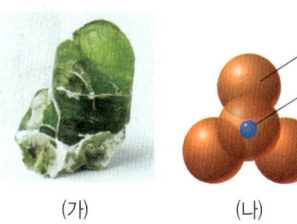

(가) 　　　　　　(나)

이에 대한 설명으로 옳은 것만을 〈보기〉에서 있는 대로 고른 것은?

──〈보기〉──
ㄱ. 독립형 구조이다.
ㄴ. 깨짐이 나타난다.
ㄷ. 이 광물의 예로 감람석이 있다.

① ㄱ 　　　　② ㄷ 　　　　③ ㄱ, ㄴ
④ ㄴ, ㄷ 　　　⑤ ㄱ, ㄴ, ㄷ

06 ✓빈출

그림은 어느 규산염 광물에서 규산염 사면체의 결합 구조를 나타낸 것이다.

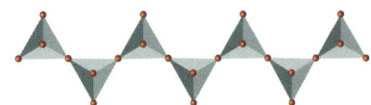

이에 대한 설명으로 옳은 것만을 〈보기〉에서 있는 대로 고른 것은?

───── 보기 ─────
ㄱ. 단사슬 구조이다.
ㄴ. 힘을 주면 쪼개짐이 나타난다.
ㄷ. 이 광물의 예로 흑운모가 있다.

① ㄱ   ② ㄷ   ③ ㄱ, ㄴ
④ ㄴ, ㄷ   ⑤ ㄱ, ㄴ, ㄷ

07

다음은 규산염 광물 A와 B의 특징을 나타낸 것이다.

광물	A	B
모습		
결정 구조	단일 사슬형	독립형

이에 대한 설명으로 옳은 것만을 〈보기〉에서 있는 대로 고른 것은?

───── 보기 ─────
ㄱ. A는 특정 방향으로 쪼개지는 성질이 있다.
ㄴ. A와 B는 모두 규산염 사면체를 기본 구조로 한다.
ㄷ. $\dfrac{\text{산소 원자의 수}}{\text{규소 원자의 수}}$ 는 A가 B보다 많다.

① ㄱ   ② ㄷ   ③ ㄱ, ㄴ
④ ㄴ, ㄷ   ⑤ ㄱ, ㄴ, ㄷ

08 난이도 상

그림 (가)~(다)는 서로 다른 규산염 광물의 결합 구조를 나타낸 것이다.

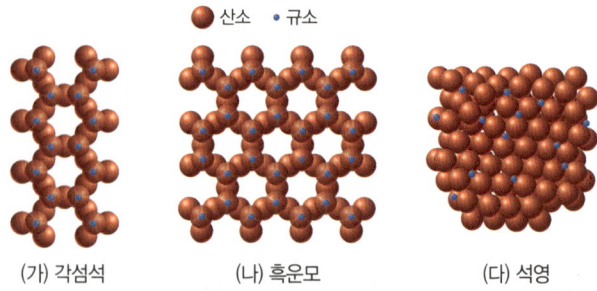

● 산소 • 규소

(가) 각섬석   (나) 흑운모   (다) 석영

이에 대한 설명으로 옳은 것만을 〈보기〉에서 있는 대로 고른 것은?

───── 보기 ─────
ㄱ. (가)는 판상 구조이다.
ㄴ. (가)와 (나)는 쪼개짐, (다)는 깨짐이 나타난다.
ㄷ. (가) → (나) → (다)로 갈수록 사면체 간에 공유하는 산소의 수가 증가한다.

① ㄱ   ② ㄷ   ③ ㄱ, ㄴ
④ ㄴ, ㄷ   ⑤ ㄱ, ㄴ, ㄷ

09 ✓빈출

다음은 규산염 광물 A, B, C 의 특징을 나타낸 것이다. A, B, C는 각각 석영, 감람석, 흑운모 중 하나이다.

특징 \ 광물	A	B	C
결합 구조	(㉠)	망상 구조	독립형 구조
Si : O	2 : 5	1 : 2	(㉡)
쪼개짐	있음	없음	없음

이에 대한 설명으로 옳은 것만을 〈보기〉에서 있는 대로 고른 것은?

───── 보기 ─────
ㄱ. ㉠은 이중 사슬 구조이다.
ㄴ. ㉡은 1 : 4이다.
ㄷ. 세 광물 중 풍화에 가장 강한 광물은 B이다.

① ㄱ   ② ㄴ   ③ ㄷ
④ ㄱ, ㄴ   ⑤ ㄴ, ㄷ

3 생명체를 구성하는 물질의 규칙성

10 빈출

그림은 생명체에서 물질 (가)와 (나)가 만들어지는 과정을 나타낸 것이다. ㉠은 결합이고, (나)는 핵산과 단백질 중 하나이다.

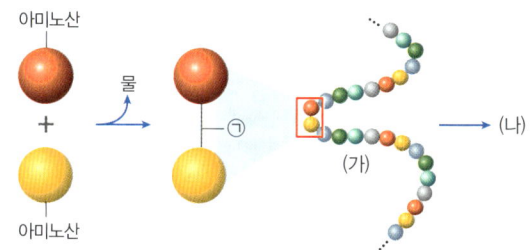

이에 대한 설명으로 옳은 것만을 〈보기〉에서 있는 대로 고른 것은?

〈보기〉
ㄱ. ㉠은 펩타이드결합이다.
ㄴ. (가)는 폴리뉴클레오타이드이다.
ㄷ. (나)는 효소와 항체를 구성하는 물질이다.

① ㄱ 　　② ㄴ 　　③ ㄱ, ㄴ
④ ㄱ, ㄷ 　　⑤ ㄴ, ㄷ

11 난이도 상

그림은 생명체를 구성하는 단백질에서 2개의 기본 단위체가 결합 ㉠을 통해 연결된 모습을 나타낸 것이다.

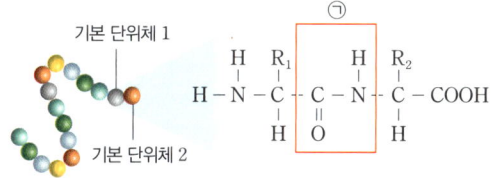

이에 대한 설명으로 옳은 것만을 〈보기〉에서 있는 대로 고른 것은?

〈보기〉
ㄱ. 기본 단위체 1과 2는 모두 아미노산이다.
ㄴ. ㉠에 공유 결합이 있다.
ㄷ. ㉠이 형성될 때 물(H_2O)이 생성된다.

① ㄴ 　　② ㄷ 　　③ ㄱ, ㄴ
④ ㄱ, ㄷ 　　⑤ ㄱ, ㄴ, ㄷ

12 난이도 상

표는 단백질 (가)와 (나)를 구성하는 기본 단위체 ㉠~㉢의 개수를 나타낸 것이다. (가)와 (나)를 구성하는 기본 단위체에는 ㉠~㉢만 있으며, ㉠~㉢은 서로 다른 종류이다.

물질	㉠	㉡	㉢
(가)	10	15	20
(나)	10	20	15

(단위: 개)

이에 대한 설명으로 옳은 것만을 〈보기〉에서 있는 대로 고른 것은?

〈보기〉
ㄱ. ㉠~㉢은 모두 아미노산이다.
ㄴ. (나)에는 45개의 펩타이드결합이 있다.
ㄷ. (가)와 (나)는 입체 구조가 같은 단백질이다.

① ㄱ 　　② ㄴ 　　③ ㄱ, ㄴ
④ ㄱ, ㄷ 　　⑤ ㄴ, ㄷ

13 빈출

그림은 생명체를 구성하는 물질 (가)를 구성하는 기본 단위체 중 하나의 구조를 나타낸 것이다.

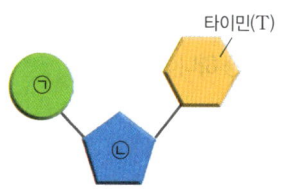

타이민(T)

이에 대한 설명으로 옳은 것만을 〈보기〉에서 있는 대로 고른 것은?

〈보기〉
ㄱ. (가)는 효소의 주성분이다.
ㄴ. ㉡은 디옥시라이보스이다.
ㄷ. 폴리뉴클레오타이드가 형성될 때, 한 기본 단위체의 ㉠과 다른 기본 단위체의 ㉡ 사이에 공유 결합이 일어난다.

① ㄱ 　　② ㄷ 　　③ ㄱ, ㄴ
④ ㄴ, ㄷ 　　⑤ ㄱ, ㄴ, ㄷ

14

그림은 핵산의 일부를 모형으로 나타낸 것이다. (가)는 기본 단위체이고, G은 구아닌, T은 타이민이다. ㉠과 ㉡은 각각 A(아데닌)과 C(사이토신) 중 하나이다.

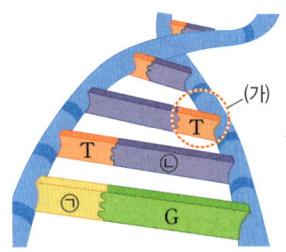

이에 대한 설명으로 옳은 것만을 〈보기〉에서 있는 대로 고른 것은?

〈보기〉
ㄱ. 이 핵산은 DNA이다.
ㄴ. (가)는 아미노산이다.
ㄷ. ㉠은 A(아데닌)이다.

① ㄱ   ② ㄷ   ③ ㄱ, ㄴ
④ ㄱ, ㄷ   ⑤ ㄴ, ㄷ

15

다음은 생명체를 구성하는 물질 ㉠과 ㉡에 대한 자료이다. ㉠과 ㉡은 각각 단백질과 DNA 중 하나이다.

• ㉠은 생명체의 유전정보를 저장한다.
• ㉡은 근육, 혈액 등 몸을 구성하며, 효소의 주성분이다.

이에 대한 설명으로 옳은 것만을 〈보기〉에서 있는 대로 고른 것은?

〈보기〉
ㄱ. ㉠은 단백질이다.
ㄴ. ㉡을 구성하는 아미노산은 약 20 종류이다.
ㄷ. ㉠과 ㉡은 모두 기본 단위체의 배열 순서에 따라 입체 구조가 달라진다.

① ㄱ   ② ㄴ   ③ ㄱ, ㄴ
④ ㄱ, ㄷ   ⑤ ㄴ, ㄷ

16 ✅빈출

그림은 우리 몸에서 물질 (가)가 만들어지는 과정을 나타낸 것이다. (가)는 DNA, RNA, 단백질 중 하나이고, ㉠과 ㉡은 각각 염기와 인산 중 하나이다.

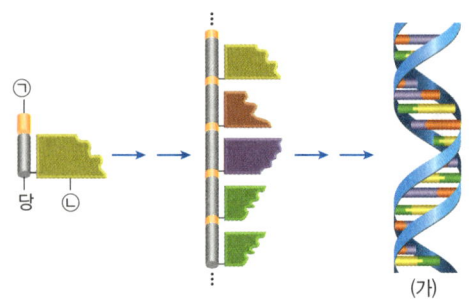

이에 대한 설명으로 옳은 것만을 〈보기〉에서 있는 대로 고른 것은?

〈보기〉
ㄱ. ㉠은 염기이다.
ㄴ. (가)는 이중나선구조이다.
ㄷ. (가)에는 유전정보가 저장되어 있다.

① ㄱ   ② ㄴ   ③ ㄱ, ㄷ
④ ㄴ, ㄷ   ⑤ ㄱ, ㄴ, ㄷ

17 ✅빈출

표는 생명체를 구성하는 물질 A~C의 특징을 나타낸 것이다. A~C는 각각 단백질, DNA, RNA 중 하나이다.

특징 물질	A	B	C
이중나선구조이다.	○	㉠	×
효소의 주성분이다.	×	○	×
기본 단위체는 4 종류가 있다.	○	×	○

(○: 있음, ×: 없음)

이에 대한 설명으로 옳은 것만을 〈보기〉에서 있는 대로 고른 것은?

〈보기〉
ㄱ. ㉠은 '×'이다.
ㄴ. A의 기본 단위체에는 모두 라이보스가 들어 있다.
ㄷ. C의 기본 단위체들은 당과 인산 사이의 결합으로 연결된다.

① ㄱ   ② ㄴ   ③ ㄱ, ㄷ
④ ㄴ, ㄷ   ⑤ ㄱ, ㄴ, ㄷ

18 ✅빈출

그림은 핵산에 속하는 어떤 물질의 구조를 나타낸 것이다. ⊙과 ⓒ은 기본 단위체를 구성하는 성분이다.

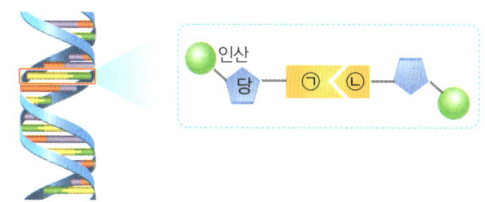

이에 대한 설명으로 옳은 것만을 〈보기〉에서 있는 대로 고른 것은?

〈보기〉
ㄱ. 이 물질은 RNA이다.
ㄴ. 이 물질의 기본 단위체는 뉴클레오타이드이다.
ㄷ. ⊙이 G(구아닌)이면 ⓒ은 T(타이민)이다.

① ㄴ   ② ㄷ   ③ ㄱ, ㄴ
④ ㄱ, ㄷ   ⑤ ㄴ, ㄷ

19

그림은 생명체를 구성하는 물질 (가)와 (나)를 나타낸 것이다. (가)와 (나)는 각각 DNA와 RNA 중 하나이다.

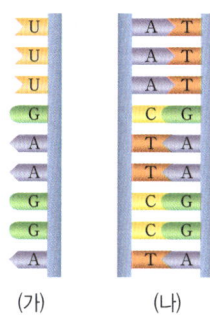

(가)   (나)

이에 대한 설명으로 옳은 것만을 〈보기〉에서 있는 대로 고른 것은?

〈보기〉
ㄱ. (가)는 DNA이다.
ㄴ. (가)와 (나)에 모두 인산이 포함되어 있다.
ㄷ. 모든 생명체는 (나)의 기본 단위체가 배열된 순서가 동일하다.

① ㄱ   ② ㄴ   ③ ㄱ, ㄴ
④ ㄱ, ㄷ   ⑤ ㄴ, ㄷ

서술형 문제

20

그림은 흑운모를 나타낸 것이다. 흑운모는 한 겹씩 잘 벗겨지는 성질이 있어 여러 산업에 활용된다.

흑운모가 한 겹씩 잘 벗겨지는 까닭을 규산염 사면체의 결합 구조와 관련지어 서술하시오.

_____

_____

21 ✅빈출

그림은 생명체를 구성하는 물질 (가)와 (나)를 나타낸 것이다. (가)와 (나)는 각각 단백질과 뉴클레오타이드 중 하나이며, ⊙은 (가)의 구성 성분, ⓒ은 (나)의 기본 단위체이다.

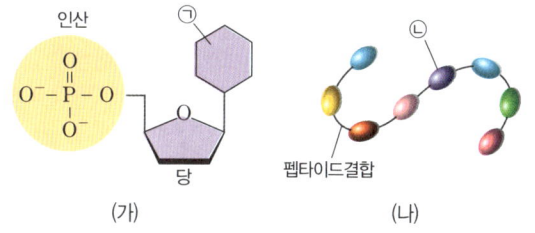

(가)   (나)

(1) ⊙과 ⓒ의 명칭을 각각 쓰시오.

_____

(2) (가)와 (나) 중 효소의 주성분이 되는 물질의 기호를 쓰고, 이 물질이 생명체에서 수행하는 또 다른 기능을 한 가지만 서술하시오.

_____

_____

10 물질의 전기적 성질

단원 한눈에 보기

물질의 전기적 성질에 따른 분류

- 도체
- 반도체
  - p형 반도체, n형 반도체
  - 반도체의 성질
  - 반도체 소자
- 부도체

1 물질의 전기적 성질에 따른 구분

1 원자와 자유 전자: 물질을 이루는 원자는 원자핵과 원자핵의 전기력에 의해 속박된 전자로 이루어져 있다. 원자들이 결합할 때 원자 간의 상호작용으로 원자에서 떨어져 나와 물질 내를 자유롭게 이동할 수 있는 전자를 자유 전자라고 한다.

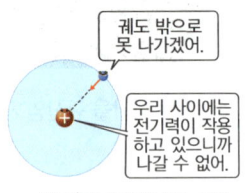

▲ 원자핵에 속박되어 있는 전자

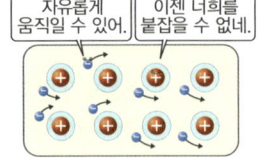

▲ 자유롭게 이동할 수 있는 전자

2 물질의 분류❶

도체	자유 전자가 많아 전류가 잘 흐르는 물질 예 철, 구리, 알루미늄 등 전기 전도성이 커!
부도체	자유 전자가 거의 없어 전류가 잘 흐르지 않는 물질 예 나무, 플라스틱, 고무 등 전기 전도성이 작아!
반도체	전기적 성질이 도체와 부도체의 중간인 물질로, 약간의 불순물을 첨가하거나 에너지를 가하면 자유 전자가 생겨 전류가 흐를 수 있다. 예 규소, 저마늄 등

2 전기적 성질을 이용한 반도체

1 순수 반도체: 순수 반도체에는 원자가 전자가 4 개인 규소(Si)❷ ┌규산염 광물에서 추출해!, 저마늄(Ge) 등이 있다. 순수한 규소 결정은 4 개의 공유 전자쌍을 공유해 공유 결합을 형성한 안정한 구조이므로 전류가 잘 흐르지 않는다.

2 불순물 반도체: 순수한 규소에 붕소(B), 인(P) 등의 불순물을 섞으면 전류가 잘 흐르는 불순물 반도체가 되고, 이는 반도체 소자로 활용된다.

- 불순물 반도체의 종류: 첨가하는 불순물의 종류에 따라 p형 반도체와 n형 반도체로 구분한다.

🔍 **자세하게** **p형 반도체와 n형 반도체**

구분	p형 반도체	n형 반도체
원리	원자가 전자가 3 개인 원소를 추가하면 공유 결합을 하지 못한 **전자의 빈자리(양공)**가 생긴다. 이 공간으로 전자가 이동하면서 전류가 흐른다.	원자가 전자가 5 개인 원소를 추가하면 공유 결합에 참여하지 않고 **남는 전자**가 생기는데, 이 전자가 자유롭게 이동하면서 전류가 흐른다.
첨가 불순물	붕소, 알루미늄 등	인, 비소 등
전하 운반자	양공	자유 전자
구조	(Si Si Si / Si B Si / Si Si Si) 양공	(Si Si Si / Si P Si / Si Si Si) 자유 전자

전기 전도도
특정 온도에서 일정한 단면적과 길이를 가지는 물질이 얼마나 전류를 잘 흐르게 하는지를 나타내는 물리량이다. 전류가 잘 흐르는 도체가 부도체보다 전기 전도도가 크다.

❶ 물질의 전기적 성질에 따른 구분
전류가 잘 흐르는 정도에 따라 도체, 부도체, 반도체로 구분한다.

❷ 규소의 원자가 전자 배열

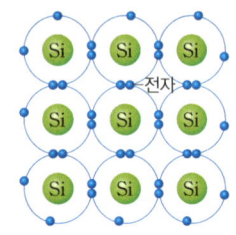

전자

규산염 광물
규산염 광물은 반도체 소자의 재료가 된다. 이산화 규소와 같은 규산염 광물에서 불순물을 제거하고 규소 결정을 추출한다.

도핑
순수 반도체에 소량의 불순물을 첨가하는 것을 도핑이라고 한다. 불순물에 의해 추가된 양공이나 전자에 의해 전기 전도성이 커져 전류가 흐를 수 있게 된다.

③ 물질의 전기적 성질의 활용

1 도체와 부도체의 활용

물질	활용
도체	피뢰침, 정전기 방지 패드, 전력 케이블의 전선 등
부도체	절연 장갑, 전선의 피복 등

2 반도체의 활용: 전류, 빛 등 여러 조건에 따라 다양한 특성을 가지므로 이 특성을 활용한다.

성질	활용
전류가 흐를 때 빛을 내는 성질	LED 디스플레이
빛을 전기 신호로 변환하는 성질	태양 전지

p형 반도체와 n형 반도체를 접합해서 만들어!

3 여러 가지 반도체 소자❸: 반도체 소자는 전기 및 전자 부품과 연결되어 다양한 기능을 구현한다.

전기 신호를 증폭하거나 전류의 흐름을 조절해!

다이오드❹	트랜지스터	집적 회로	발광 다이오드 (LED)	유기 발광 다이오드 (OLED)
• p형 반도체와 n형 반도체를 결합한 소자이다. • 한쪽 방향으로만 전류가 흐른다. • 교류를 직류로 바꾸는 데 사용된다.	• pnp형, npn형이 있다. • 약한 신호의 증폭 작용, 스위칭 작용을 한다. • 전자 기기의 성능 향상과 소형화에 사용된다.	• 복합적인 전기 신호를 제어한다. • 전자 기기의 메모리나 중앙 처리 장치(CPU)에 사용된다.	• 전류가 흐를 때 빛을 방출한다. • 각종 영상 표시 장치, 조명 장치에 사용된다.	• 전류가 흐를 때 빛을 방출하는 유기물의 얇은 필름으로 만든다. • 휘어지는 디스플레이에 사용된다.

반도체의 이용
자율주행 장치, 태양광 발전 장치, 인공지능 장치, 우주 항공 기술 등

인공지능 반도체
많은 정보를 빠른 속도로 처리해야 하는 생성형 인공지능과 같은 기술을 구현하는 반도체

전력 반도체
전기 제품이 최소한의 전력으로 작동할 수 있게 전력을 변환하고 제어하는 반도체

❸ **반도체 소자**
반도체 물질의 전기적인 성질을 이용하기 위해 만든 전자 부품

❹ **다이오드의 기호**

a　　　　　b

다이오드의 기호가 그림과 같이 제시된 경우 다이오드에는 a에서 b 방향으로의 전류만 흐른다.

✏️ 바로 복습

정답과 해설 24쪽

빈칸 채우기 문제

01 (　　　　　　)는 원자들이 결합할 때 원자에서 떨어져 나온 전자로 물질 내를 자유롭게 이동할 수 있다.

02 철, 구리, 알루미늄 등과 같이 자유 전자가 많아 전류가 잘 흐르는 물질은 (　　　)이다.

03 자유 전자가 거의 없어 전류가 잘 흐르지 않는 물질을 (　　　)라고 한다.

04 규소 원자는 원자가 전자가 (　　　) 개이다.

05 순수 반도체에 원자가 전자가 5개인 원소를 첨가한 불순물 반도체는 (　　　　　)이다.

OX 문제

06 순수한 규소는 전기적으로 도체의 성질을 갖는다.
〔 ○ × 〕

07 순수 반도체로 사용되는 원소에는 규소(Si)와 저마늄(Ge)이 있다.
〔 ○ × 〕

08 p형 반도체는 순수 반도체에 원자가 전자가 3개인 원소를 추가하여 만들어진 반도체이다.
〔 ○ × 〕

09 절연 장갑, 전선의 피복 등은 도체를 활용하여 만든다.
〔 ○ × 〕

10 트랜지스터는 한쪽 방향으로만 전류가 흘러 교류를 직류로 바꾸는 데 사용된다.
〔 ○ × 〕

반도체

p형 반도체와 n형 반도체를 비교하여 반도체에 대해 좀 더 자세히 이해해 보자.

1 반도체

1 **순수 반도체**: 규소(Si)나 저마늄(Ge) 등과 같이 불순물이 섞이지 않은 순수한 형태의 반도체로, 자유롭게 움직일 수 있는 전자가 적어 부도체에 가깝다.

2 **불순물 반도체**: 순수 반도체에 불순물을 도핑하여 전류가 잘 흐르도록 만든 반도체로, 첨가한 불순물에 따라 p형 반도체와 n형 반도체로 구분한다.

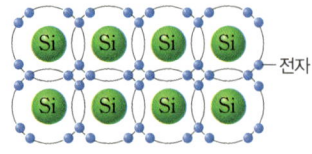

▲ 규소(Si)의 원자가 전자 배열

(1) **도핑**: 순수 반도체에 다른 불순물을 첨가하여 반도체의 전기 전도도를 향상시키는 과정으로, 주로 13족 원소와 15족 원소를 불순물로 사용한다.

(2) **전하 운반자**: 물질 내에서 전하의 흐름을 만들어 전류를 통하게 하는 입자를 말한다.

① **양공**: 전자의 빈자리를 의미하고, 양(＋)의 전하를 띠며 (－)극 쪽으로 이동하면서 전류를 형성한다.

② **전자**: 전자는 음(－)의 전하를 띠며, (＋)극 쪽으로 이동하면서 전류를 형성한다.

2 p형 반도체와 n형 반도체의 비교

p형 반도체	n형 반도체
규소에 13족 원소를 도핑한 반도체	규소에 15족 원소를 도핑한 반도체
규소(Si)에 원자가 전자가 3개인 붕소(B)를 도핑하면 공유 결합할 1개의 전자가 부족하여 양공이 생긴다. ➡ 전하 운반자: 양공	규소(Si)에 원자가 전자가 5개인 인(P)을 도핑하면 공유 결합에 참여하지 않는 1개의 전자가 남는다. ➡ 전하 운반자: 전자

3 p-n 접합 다이오드

p형 반도체와 n형 반도체를 접합한 반도체 소자로 전류를 한쪽 방향으로만 흐르게 하는 정류 작용을 한다.

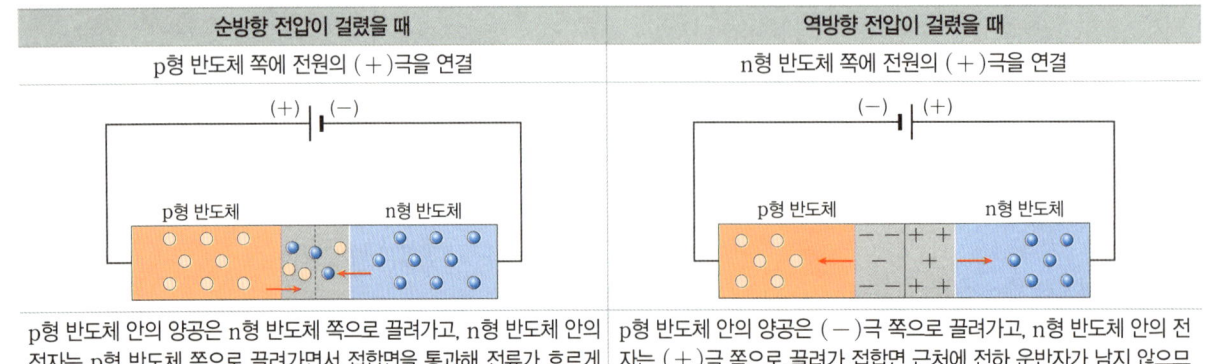

순방향 전압이 걸렸을 때	역방향 전압이 걸렸을 때
p형 반도체 쪽에 전원의 (＋)극을 연결	n형 반도체 쪽에 전원의 (＋)극을 연결
p형 반도체 안의 양공은 n형 반도체 쪽으로 끌려가고, n형 반도체 안의 전자는 p형 반도체 쪽으로 끌려가면서 접합면을 통과해 전류가 흐르게 된다.	p형 반도체 안의 양공은 (－)극 쪽으로 끌려가고, n형 반도체 안의 전자는 (＋)극 쪽으로 끌려가 접합면 근처에 전하 운반자가 남지 않으므로 전류가 흐르지 않는다.

실력 다지기 문제

10 물질의 전기적 성질

1 물질의 전기적 성질에 따른 구분

01 ✅빈출

다음은 도체, 부도체, 반도체의 특징을 순서 없이 나타낸 것이다.

(가) 전류가 잘 흐르지 않던 물질에 불순물을 섞어서 전류를 잘 흐르게 할 수 있다.
(나) 자유 전자가 많아 전류의 흐름을 거의 방해하지 않는다.
(다) 전기 사고를 예방할 수 있는 절연 장갑에 이용되며, 고무, 플라스틱 등이 대표적인 물질이다.

(가), (나), (다)에 해당하는 것을 옳게 짝 지은 것은?

	(가)	(나)	(다)
①	도체	부도체	반도체
②	도체	반도체	부도체
③	반도체	도체	부도체
④	반도체	부도체	도체
⑤	부도체	도체	반도체

02

도체, 부도체, 반도체에 대한 설명으로 옳은 것만을 〈보기〉에서 있는 대로 고른 것은?

〈보기〉
ㄱ. 도선으로 사용되는 구리는 도체이다.
ㄴ. 도선의 피복은 부도체이다.
ㄷ. 알루미늄은 반도체에 해당하는 물질이다.

① ㄱ   ② ㄷ   ③ ㄱ, ㄴ
④ ㄴ, ㄷ   ⑤ ㄱ, ㄴ, ㄷ

03

그림 (가)~(다)는 도체, 부도체, 반도체에 해당하는 물질을 순서 없이 나타낸 것이다.

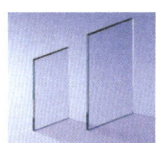  

(가) 유리   (나) 구리   (다) 규산염 광물에서 추출한 규소

이에 대한 설명으로 옳은 것만을 〈보기〉에서 있는 대로 고른 것은?

〈보기〉
ㄱ. (가)는 부도체에 해당하는 물질이다.
ㄴ. (나)는 자유 전자가 거의 이동하지 않아 전류가 잘 흐르지 않는다.
ㄷ. (다)는 특정 불순물을 첨가하여 전류의 흐름을 조절할 수 있다.

① ㄱ   ② ㄴ   ③ ㄷ
④ ㄱ, ㄷ   ⑤ ㄴ, ㄷ

2 전기적 성질을 이용한 반도체

04 ✅빈출

그림은 반도체가 일상생활에서 이용되는 예를 나타낸 것이다.

▲ 컴퓨터 중앙 처리 장치(CPU)   ▲ 발광 다이오드(LED)

이러한 반도체에 대한 설명으로 옳은 것만을 〈보기〉에서 있는 대로 고른 것은?

〈보기〉
ㄱ. 전기적 성질을 변화시킬 수 있는 물질이다.
ㄴ. 항상 전기가 잘 통하는 성질을 갖고 있다.
ㄷ. 규소(Si)에 불순물을 첨가하여 전류가 잘 흐르게 할 수 있다.

① ㄱ   ② ㄴ   ③ ㄱ, ㄷ
④ ㄴ, ㄷ   ⑤ ㄱ, ㄴ, ㄷ

05

그림은 원자 A, B, 저마늄(Ge)의 원자가 전자를 모형으로 나타낸 것이다.

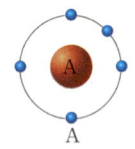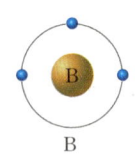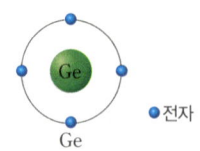

이에 대한 설명으로 옳은 것만을 〈보기〉에서 있는 대로 고른 것은?

―――――――― 보기 ――――――――
ㄱ. 저마늄(Ge)은 순수 반도체이다.
ㄴ. A와 저마늄(Ge)으로 이루어진 반도체는 p형 반도체이다.
ㄷ. B와 저마늄(Ge)으로 이루어진 반도체의 전하 운반자는 양공이다.

① ㄱ   ② ㄴ   ③ ㄷ
④ ㄱ, ㄴ   ⑤ ㄱ, ㄷ

06 ✅빈출

그림은 반도체 (가)와 (나)의 원자가 전자 배열과 자유 전자의 이동을 나타낸 것이다.

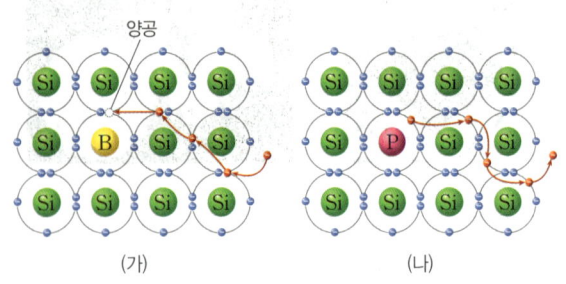

(가)   (나)

이에 대한 설명으로 옳은 것만을 〈보기〉에서 있는 대로 고른 것은?

―――――――― 보기 ――――――――
ㄱ. (가)는 순수 반도체에 비해 전류가 잘 흐른다.
ㄴ. (나)는 p형 반도체이다.
ㄷ. (가)와 (나)를 이용하여 태양 전지를 만들 수 있다.

① ㄱ   ② ㄴ   ③ ㄱ, ㄷ
④ ㄴ, ㄷ   ⑤ ㄱ, ㄴ, ㄷ

07 ✅빈출   난이도 상

그림은 저마늄(Ge)에 비소(As)가 도핑된 물질의 원자가 전자의 배열을 나타낸 것이다.

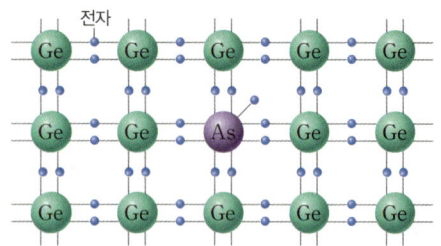

이에 대한 설명으로 옳은 것만을 〈보기〉에서 있는 대로 고른 것은?

―――――――― 보기 ――――――――
ㄱ. n형 반도체이다.
ㄴ. 저마늄으로만 된 반도체의 자기적 성질을 개선한 물질이다.
ㄷ. 원자가 전자 수는 저마늄이 비소보다 많다.

① ㄱ   ② ㄴ   ③ ㄷ
④ ㄱ, ㄷ   ⑤ ㄴ, ㄷ

3 물질의 전기적 성질의 활용

08

그림은 전류가 흐르는 회로에 연결된 다이오드의 기호를 나타낸 것이다.

이 다이오드에 대한 설명으로 옳은 것만을 〈보기〉에서 있는 대로 고른 것은?

―――――――― 보기 ――――――――
ㄱ. 증폭 작용을 한다.
ㄴ. 교류를 직류로 변환시킨다.
ㄷ. 다이오드에 흐르는 전류의 방향은 a → 다이오드 → b 이다.

① ㄱ   ② ㄴ   ③ ㄷ
④ ㄱ, ㄷ   ⑤ ㄴ, ㄷ

09 ✅빈출

반도체의 전기적 특징을 이용한 것으로 적절하지 <u>않은</u> 것은?

①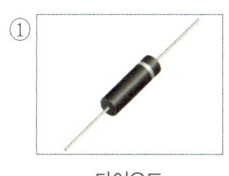
다이오드

②
태양 전지

③
발광 다이오드

④
피뢰침

⑤
중앙 처리 장치

10

난이도 상

그림은 불순물을 첨가한 반도체 X, Y를 접합하여 만든 다이오드가 전지에 연결된 회로를 나타낸 것이다. 표는 X, Y에 첨가한 불순물의 원자가 전자 수를 나타낸 것이다.

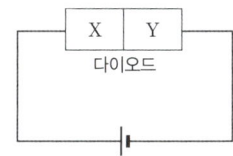

반도체	첨가한 불순물의 원자가 전자 수
X	$n-1$
Y	$n+1$

이에 대한 설명으로 옳은 것만을 〈보기〉에서 있는 대로 고른 것은?

〈보기〉
ㄱ. $n=4$이다.
ㄴ. X는 p형 반도체이다.
ㄷ. Y는 주로 전자가 이동하면서 전류를 흐르게 한다.

① ㄱ   ② ㄷ   ③ ㄱ, ㄴ
④ ㄴ, ㄷ   ⑤ ㄱ, ㄴ, ㄷ

서술형 문제

11

다음은 불순물 반도체에 대한 설명이다.

> 지각에 많은 비중을 차지하는 [(가)]은/는 과거에는 주로 도자기나 유리의 재료로 사용되었지만 현대에는 반도체의 재료가 되어 전자제품의 핵심 부품으로 사용되고 있다. [(가)](으)로 이루어진 순수 반도체에 비소, 붕소 등의 원소를 소량 첨가하여 불순물 반도체를 만든다.

(1) (가)로 가능한 원소의 원자가 전자 수를 쓰시오.

(2) 불순물 반도체가 순수 반도체에 비하여 개선된 점을 서술하시오.

12

다음은 태양 전지를 만들 때 활용하는 물질에 대한 설명이다.

> • 전자의 이동을 쉽게 제어할 수 있어야 한다.
> • 빛을 전기 신호로 변환하는 성질이 있어야 한다.

도체, 부도체, 반도체 중 태양 전지에 적합한 물질을 쓰고, 해당 물질이 사용되는 예를 서술하시오.

13 ✅빈출

그림은 규소(Si)에 인(P)을 첨가한 반도체의 원자 주변의 전자 배열을 나타낸 것이다.

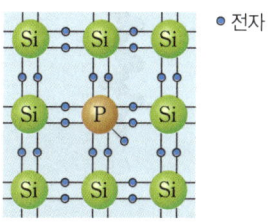
● 전자

이렇게 만들어진 반도체의 종류를 쓰고, 불순물을 첨가하는 까닭을 서술하시오.

09 지각과 생명체를 구성하는 물질

빈출 개념	지각과 지구 구성 물질 ★★★	규산염 사면체의 화학적 성질 ★★★★	규산염 광물의 결합 구조 ★★★★★
	단백질의 형성 과정 ★★★★	DNA와 RNA의 특징 ★★★★★	

1 지각과 지구를 구성하는 물질

그림 (가)와 (나)는 지각과 지구 전체의 주요 구성 성분의 질량비(%)를 순서 없이 나타낸 것이다.

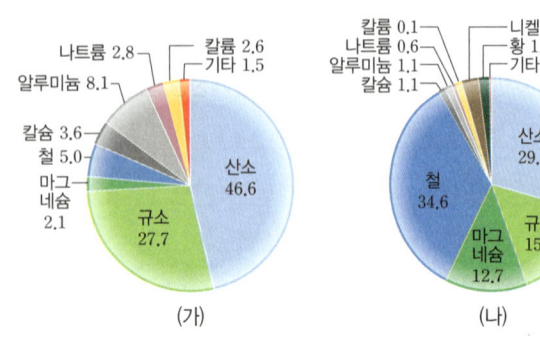

(가) (나)

• 다음 설명 중 옳은 것은 ○표, 옳지 않은 것은 ×표 하시오.

1 (가)는 지각, (나)는 지구 전체의 구성 성분이다. (○ ┊ ×)
2 지각을 이루는 물질은 주로 규소와 산소의 화합물로 이루어져 있다. (○ ┊ ×)
3 지구 내부의 핵에 가장 풍부한 원소는 산소이다. (○ ┊ ×)
4 지구 전체에서 가장 풍부한 원소는 태양의 핵융합 반응으로 생성되었다. (○ ┊ ×)
5 지각에 가장 풍부한 원소는 다른 원소와 쉽게 결합하지 않는 매우 안정한 물질이다. (○ ┊ ×)

2 규산염 사면체

그림은 규산염 사면체를 모형으로 나타낸 것이다.

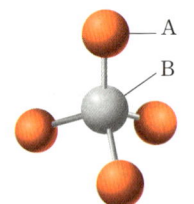

A
B

• 다음 설명 중 옳은 것은 ○표, 옳지 않은 것은 ×표 하시오.

1 A는 규소, B는 산소이다. (○ ┊ ×)
2 규소는 원자가 전자가 2개이다. (○ ┊ ×)
3 산소는 가장 바깥 전자 껍질에 전자가 2개 채워지면 안정해진다. (○ ┊ ×)
4 규소와 산소는 공유 결합을 한다. (○ ┊ ×)
5 규산염 사면체는 양전하를 띤다. (○ ┊ ×)
6 규산염 사면체는 규산염 광물의 기본 골격이다. (○ ┊ ×)

3 규산염 광물의 결합 구조

그림 (가)~(마)는 서로 다른 규산염 광물의 결합 구조를 나타낸 것이다.

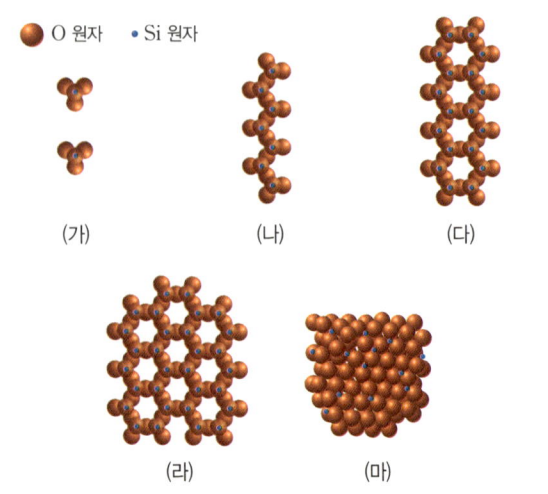

● O 원자 • Si 원자

(가) (나) (다)

(라) (마)

• 다음 설명 중 옳은 것은 ○표, 옳지 않은 것은 ×표 하시오.

1 (가)는 규산염 사면체 간에 1개의 산소가 공유된다. (○ ┊ ×)
2 감람석은 (가)의 결합 구조로 이루어져 있고, 휘석은 (나)의 결합 구조로 이루어져 있다. (○ ┊ ×)
3 (다)는 단사슬 구조이고, (라)는 복사슬 구조이다. (○ ┊ ×)
4 석영은 (마)의 결합 구조로 이루어져 있다. (○ ┊ ×)
5 (가)는 (마)보다 풍화에 약하다. (○ ┊ ×)
6 (나), (다), (라)는 쪼개짐이 나타난다. (○ ┊ ×)
7 (가) → (나) → (다) → (라) → (마)로 갈수록 $\frac{\text{산소의 개수}}{\text{규소의 개수}}$ 가 증가한다. (○ ┊ ×)

4 단백질의 형성 과정

그림은 단백질을 구성하는 기본 단위체 A와 B 사이의 결합 과정을 모식적으로 나타낸 것이다.

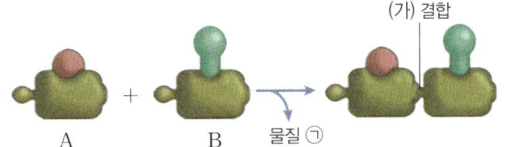

• 다음 설명 중 옳은 것은 ○표, 옳지 않은 것은 ×표 하시오.

1 A는 포도당이다. (○ ┊ ×)
2 B는 아미노산이다. (○ ┊ ×)
3 ㉠은 탄소(C)와 산소(O)로 구성된다. (○ ┊ ×)
4 (가) 결합은 펩타이드결합이다. (○ ┊ ×)
5 A와 B에 모두 탄소(C)가 포함되어 있다. (○ ┊ ×)
6 한 분자의 폴리펩타이드에는 여러 개의 (가) 결합이 있다.
(○ ┊ ×)

5 핵산과 뉴클레오타이드의 특징

그림 (가)는 DNA의 구조를, (나)는 DNA를 구성하는 4 가지 기본 단위체를 모형으로 나타낸 것이다. A은 아데닌, C은 사이토신이고, ㉠과 ㉡은 각각 G(구아닌)과 T(타이민) 중 하나이다.

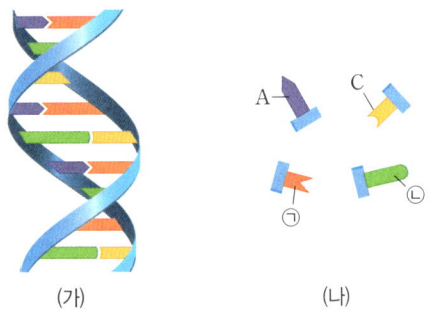

(가)   (나)

• 다음 설명 중 옳은 것은 ○표, 옳지 않은 것은 ×표 하시오.

1 DNA의 구조는 이중나선구조이다. (○ ┊ ×)
2 DNA는 탄소 화합물이다. (○ ┊ ×)
3 ㉠와 ㉡은 모두 당이다. (○ ┊ ×)
4 ㉠은 G(구아닌), ㉡은 T(타이민)이다. (○ ┊ ×)
5 (가)에는 1 개의 폴리뉴클레오타이드만 있다. (○ ┊ ×)
6 (나)의 4 가지 기본 단위체는 모두 아미노산이다. (○ ┊ ×)
7 DNA는 기본 단위체의 배열 순서에 따라 다양한 유전정보를 저장한다. (○ ┊ ×)

6 DNA와 RNA의 특징

그림 (가)와 (나)는 DNA와 RNA 모형을 순서 없이 나타낸 것이다.

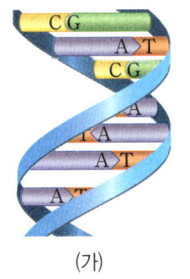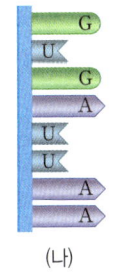

(가)   (나)

• 다음 설명 중 옳은 것은 ○표, 옳지 않은 것은 ×표 하시오.

1 (가)는 RNA 모형이다. (○ ┊ ×)
2 (가)는 이중나선구조이다. (○ ┊ ×)
3 (나)는 단일 가닥 구조이다. (○ ┊ ×)
4 (가)와 (나)를 구성하는 기본 단위체는 모두 뉴클레오타이드이다. (○ ┊ ×)
5 사람에게서 (나)는 유전정보를 저장하고 자손에게 전달하는 역할을 한다. (○ ┊ ×)

10 물질의 전기적 성질

빈출 개념 도체, 부도체, 반도체 ★★★★★ 물질의 전기적 성질의 활용 ★★★★

7 도체와 부도체

그림 (가)와 (나)는 각각 철과 나무로 된 물체 A, B를 전원 장치에 연결한 것을 나타낸 것이다. A와 B의 부피는 같고 A와 B 중 하나에만 전류가 흘렀다.

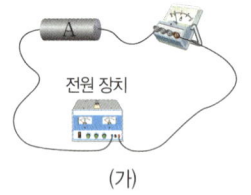

(가)

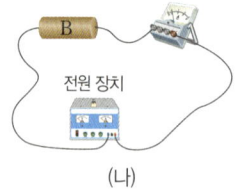

(나)

• 다음 설명 중 옳은 것은 ○표, 옳지 않은 것은 ×표 하시오.

1 A에는 전류가 흐른다. (○ | ×)

2 B는 부도체이다. (○ | ×)

3 자유 전자의 수는 B가 A보다 많다. (○ | ×)

4 (나)에서 전원 장치의 극을 바꾼 후 B에 연결하면 B에는 전류가 흐른다. (○ | ×)

5 B는 주로 양공이 전류를 흐르게 한다. (○ | ×)

8 반도체의 성질

그림 (가)는 2개의 동일한 전원 장치, 발광 다이오드(LED), 스위치 S를 이용하여 구성한 회로를 나타낸 것이다. LED는 규소(Si)에 불순물 a를 첨가한 반도체 X와 불순물 b를 첨가한 반도체 Y를 접합하여 만든 것이다. 그림 (나)는 Y를 구성하는 원소와 원자가 전자의 배열을 나타낸 것이다. S를 c에 연결했을 때 LED에서 빛이 방출되었다.

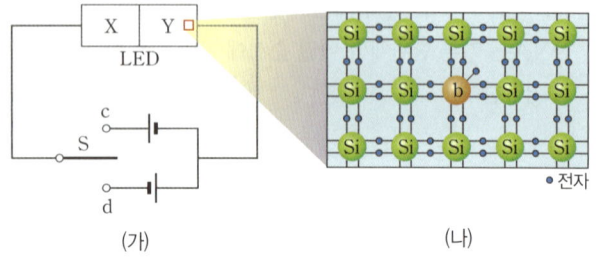

(가) (나)

• 다음 설명 중 옳은 것은 ○표, 옳지 않은 것은 ×표 하시오.

1 Y는 n형 반도체이다. (○ | ×)

2 a의 원자가 전자는 3개이다. (○ | ×)

3 b의 원자가 전자는 4개이다. (○ | ×)

4 S를 d에 연결하면 LED에서 빛이 방출된다. (○ | ×)

5 X는 주로 양공이 전류를 흐르게 한다. (○ | ×)

6 Y는 주로 전자가 전류를 흐르게 한다. (○ | ×)

9 전기적 성질을 이용한 소재

다음은 반도체에 관한 설명이다.

> 불순물 반도체는 ㉠ 순수 반도체에 ㉡ 미량의 다른 원소(불순물)를 첨가하여 만든 소재로 ㉢ 태양 전지, 스마트폰의 전기 소자 등을 만드는 데 활용된다.

태양 전지

스마트폰의 전기 소자

• 다음 설명 중 옳은 것은 ○표, 옳지 않은 것은 ×표 하시오.

1 ㉠의 원료로는 규소(Si), 저마늄(Ge)이 있다. (○ | ×)

2 ㉡을 사용하면 반도체의 전기 전도성이 작아진다. (○ | ×)

3 ㉢은 빛에너지를 전기 에너지로 전환한다. (○ | ×)

4 ㉠에 붕소(B)를 도핑한 반도체는 p형 반도체이다. (○ | ×)

5 ㉠에 인(P)을 도핑한 반도체는 n형 반도체이다. (○ | ×)

09 지각과 생명체를 구성하는 물질

01 빈출

표는 지각과 생명체를 구성하는 주요 물질의 기본 단위체를 나타낸 것이다.

구분	물질	기본 단위체
지각(암석)	규산염 광물	(㉠)
생명체(사람)	핵산	뉴클레오타이드
	(㉡)	아미노산

이에 대한 설명으로 옳은 것만을 〈보기〉에서 있는 대로 고른 것은?

보기
ㄱ. ㉠은 양전하를 띠고 있다.
ㄴ. ㉡은 단백질이다.
ㄷ. 생명체를 구성하는 주요 물질의 기본 단위체는 모두 유기물이다.

① ㄱ   ② ㄴ   ③ ㄱ, ㄷ
④ ㄴ, ㄷ   ⑤ ㄱ, ㄴ, ㄷ

02 빈출

그림 (가)는 서로 다른 두 원자 A, B의 전자 배치 모형을, (나)는 A, B의 결합으로 만들어진 사면체 구조를 나타낸 것이다.

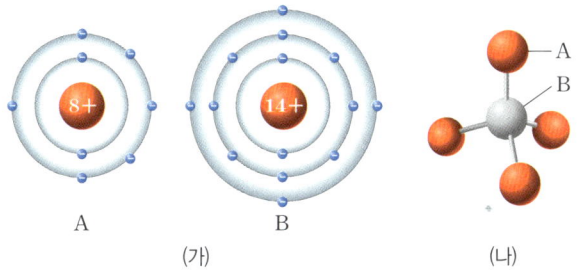

A   B
(가)   (나)

이에 대한 설명으로 옳은 것만을 〈보기〉에서 있는 대로 고른 것은?

보기
ㄱ. A와 B는 주기율표에서 같은 족에 속한다.
ㄴ. (나)의 사면체에서 A와 B는 공유 결합을 한다.
ㄷ. (나)의 사면체는 규산염 광물의 기본 구조이다.

① ㄱ   ② ㄷ   ③ ㄱ, ㄴ
④ ㄴ, ㄷ   ⑤ ㄱ, ㄴ, ㄷ

03

그림은 어느 규산염 광물의 결합 구조를 나타낸 것이다.

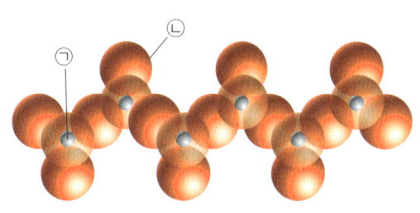

이에 대한 설명으로 옳은 것만을 〈보기〉에서 있는 대로 고른 것은?

보기
ㄱ. ㉠은 14족 원소이다.
ㄴ. ㉠과 ㉡의 개수비는 1 : 4이다.
ㄷ. 특정한 방향으로 쪼개지는 성질이 나타난다.

① ㄱ   ② ㄴ   ③ ㄱ, ㄷ
④ ㄴ, ㄷ   ⑤ ㄱ, ㄴ, ㄷ

04 빈출

그림 (가)와 (나)는 서로 다른 규산염 광물의 결합 구조를 나타낸 것이다.

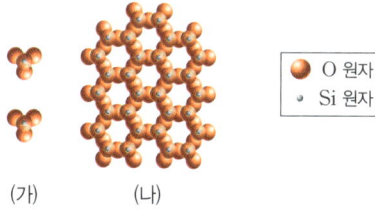

(가)   (나)

O 원자
Si 원자

이에 대한 설명으로 옳은 것만을 〈보기〉에서 있는 대로 고른 것은?

보기
ㄱ. 감람석은 (가)의 결합 구조를 가진다.
ㄴ. (가)는 독립형 구조, (나)는 판상 구조이다.
ㄷ. (가)는 깨짐, (나)는 쪼개짐이 나타난다.

① ㄱ   ② ㄴ   ③ ㄱ, ㄷ
④ ㄴ, ㄷ   ⑤ ㄱ, ㄴ, ㄷ

05

그림은 헤모글로빈의 구조를 나타낸 것이다. A와 B는 헤모글로빈의 기본 단위체이다.

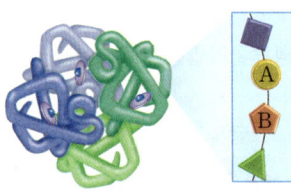

이에 대한 설명으로 옳은 것만을 〈보기〉에서 있는 대로 고른 것은?

〈보기〉
ㄱ. 헤모글로빈은 탄소 화합물이다.
ㄴ. A는 아미노산이다.
ㄷ. A와 B는 펩타이드결합으로 연결되어 있다.

① ㄱ   ② ㄷ   ③ ㄱ, ㄴ
④ ㄴ, ㄷ   ⑤ ㄱ, ㄴ, ㄷ

06 빈출

그림은 생명체를 구성하는 물질 (가)와, 이 물질의 기본 단위체인 (나)를 나타낸 것이다. (가)의 A, G, C, T은 모두 염기이다.

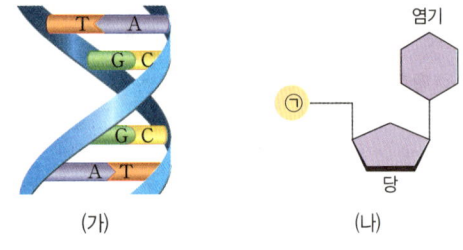

이에 대한 설명으로 옳지 <u>않은</u> 것은?

① (가)는 DNA이다.
② (가)에 탄소가 포함되어 있다.
③ (가)에 유전정보가 저장되어 있다.
④ ㉠은 인산이다.
⑤ (나)는 폴리뉴클레오타이드이다.

07 빈출

그림은 핵산 (가)와 (나)의 구조를 나타낸 것이다.

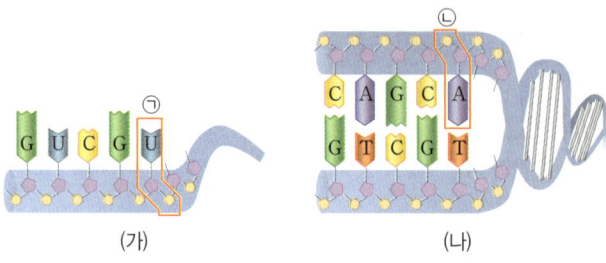

이에 대한 설명으로 옳은 것만을 〈보기〉에서 있는 대로 고른 것은?

〈보기〉
ㄱ. (가)는 DNA이다.
ㄴ. (나)는 자손에게 전달될 수 있다.
ㄷ. ㉠과 ㉡은 모두 뉴클레오타이드이다.

① ㄴ   ② ㄷ   ③ ㄱ, ㄴ
④ ㄱ, ㄷ   ⑤ ㄴ, ㄷ

08

그림 (가)와 (나)는 단백질과 DNA의 기본 단위체를 순서 없이 나타낸 것이다.

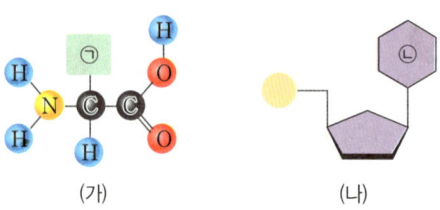

이에 대한 설명으로 옳은 것만을 〈보기〉에서 있는 대로 고른 것은?

〈보기〉
ㄱ. (가)는 아미노산이다.
ㄴ. ㉠ 부위의 차이에 따라 (가)의 종류가 달라진다.
ㄷ. 사이토신(C)과 유라실(U)은 모두 ㉡에 해당한다.

① ㄱ   ② ㄴ   ③ ㄱ, ㄴ
④ ㄱ, ㄷ   ⑤ ㄴ, ㄷ

10 물질의 전기적 성질

09 ✅빈출

그림은 전원 장치에 연결된 물질 A, B의 전자의 움직임을 나타낸 것이다. A, B는 도체와 부도체를 순서 없이 나타낸 것이다.

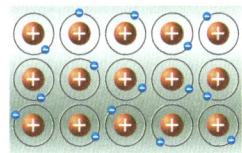 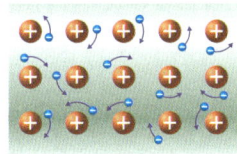

물질 A   물질 B

이에 대한 설명으로 옳은 것만을 〈보기〉에서 있는 대로 고른 것은?

――― 보기 ―――

ㄱ. A는 도체이다.

ㄴ. 자유 전자의 수는 A가 B보다 적다.

ㄷ. 전기 전도성은 A가 B보다 작다.

① ㄱ   ② ㄴ   ③ ㄷ

④ ㄱ, ㄷ   ⑤ ㄴ, ㄷ

10 학평 기출

그림은 고체 A, 규소(Si), 고체 B의 전기 전도성을 상대적으로 나타낸 것이다. A와 B는 도체와 부도체를 순서 없이 나타낸 것이다.

A   규소(Si)   B

작다.   전기 전도성   크다.

이에 대한 설명으로 옳은 것만을 〈보기〉에서 있는 대로 고른 것은?

――― 보기 ―――

ㄱ. 자유 전자는 B가 A보다 많다.

ㄴ. 규소(Si)의 원자가 전자는 3개이다.

ㄷ. 고무나 유리 등은 B에 해당한다.

① ㄱ   ② ㄴ   ③ ㄷ

④ ㄱ, ㄷ   ⑤ ㄴ, ㄷ

11

다음은 물질 A에 대한 설명이다.

A는 전기적으로 도체와 부도체의 중간 정도의 특성을 가진 순수한 물질에 불순물을 첨가하여 만든다. 지각을 구성하는 원소 중 산소 다음으로 풍부한 ⃞ㄱ 은/는 A를 이용한 전기 소자를 만드는 데 이용된다.

A를 이용한 전기 소자

이에 대한 설명으로 옳지 <u>않은</u> 것은?

① A는 불순물 반도체이다.

② ㉠으로 '규소'가 적절하다.

③ A는 전기 전도성을 개선한 물질이다.

④ A에는 ㉠ 외에 다른 물질은 포함되어 있지 않다.

⑤ A를 이용한 전기 소자에는 집적 회로, 다이오드, 발광 다이오드(LED) 등이 있다.

12

반도체의 전기적 성질을 이용하여 만들어진 제품으로 적절한 것만을 〈보기〉에서 있는 대로 고른 것은?

――― 보기 ―――

ㄱ. 발광 다이오드(LED)   ㄴ. 집적 회로

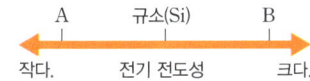   

ㄷ. 전기 저항

① ㄱ   ② ㄷ   ③ ㄱ, ㄴ

④ ㄴ, ㄷ   ⑤ ㄱ, ㄴ, ㄷ

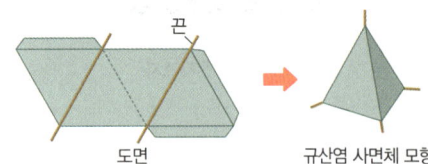

13

다음은 규산염 사면체의 결합 방식에 대한 탐구 활동이다.

[탐구 과정]

(가) 도면과 끈을 이용하여 그림과 같이 여러 개의 규산염 사면체 모형을 만든다.

(나) 규산염 사면체 모형을 규칙성이 있도록 ⊙ 끈으로 연결한다.

[탐구 결과]

ⓛ 사슬 모양으로 길게 연결된 구조와 ⓒ 사슬 모양 2 개가 길게 연결된 구조를 만들었다.

이에 대한 설명으로 옳은 것만을 〈보기〉에서 있는 대로 고른 것은?

보기

ㄱ. ⊙은 규산염 사면체 간의 산소 공유에 해당한다.

ㄴ. 흑운모는 ⓛ과 같은 결합 구조로 되어 있다.

ㄷ. ⓛ과 ⓒ의 결합 구조를 가지는 광물은 쪼개짐이 나타난다.

① ㄱ   ② ㄴ   ③ ㄱ, ㄷ   ④ ㄴ, ㄷ   ⑤ ㄱ, ㄴ, ㄷ

14 ✅빈출

표 (가)는 생명체를 구성하는 물질의 3가지 특징을, (나)는 (가)의 특징 중 물질 A와 B가 갖는 특징의 개수를 나타낸 것이다. A와 B는 각각 단백질과 DNA 중 하나이다.

특징	물질	특징의 개수
• 기본 단위체의 결합으로 형성된다. • 펩타이드결합을 가지고 있다. • 구성 원소에 탄소가 있다.	A	2
	B	3
(가)	(나)	

이에 대한 설명으로 옳은 것만을 〈보기〉에서 있는 대로 고른 것은?

보기

ㄱ. A는 단백질이다.

ㄴ. B는 항체의 주성분이다.

ㄷ. A와 B 모두 유전정보를 저장한다.

① ㄱ   ② ㄴ   ③ ㄱ, ㄷ   ④ ㄴ, ㄷ   ⑤ ㄱ, ㄴ, ㄷ

15

다음은 생명체를 구성하는 물질 (가)에 대한 자료이다. (가)는 DNA, RNA, 단백질 중 하나이다.

• (가)는 2 개의 폴리뉴클레오타이드 ⊙과 ⓛ으로 구성된다.

• ⊙과 ⓛ을 구성하는 기본 단위체의 수는 같다.

• ⊙을 구성하는 염기의 결합 순서는 아래와 같다.

TGAGCGGATATTGCGAATAG

이에 대한 설명으로 옳은 것만을 〈보기〉에서 있는 대로 고른 것은?

보기

ㄱ. (가)를 구성하는 기본 단위체의 수는 20이다.

ㄴ. ⓛ에는 염기의 결합 순서가 AGCGT인 부위가 있다.

ㄷ. ⊙에 있는 당의 수와 ⓛ에 있는 염기의 수는 같다.

① ㄱ   ② ㄷ   ③ ㄱ, ㄴ

④ ㄱ, ㄷ   ⑤ ㄴ, ㄷ

16 ✅빈출

그림은 규소(Si)에 붕소(B)를 첨가한 반도체 X와 규소(Si)에 비소(As)를 첨가한 반도체 Y를 나타낸 것이다.

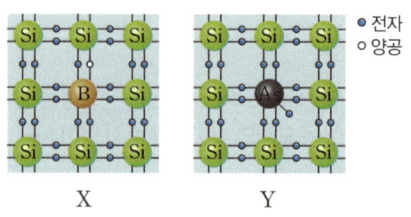

이에 대한 설명으로 옳은 것만을 〈보기〉에서 있는 대로 고른 것은?

보기

ㄱ. X는 n형 반도체이다.

ㄴ. 비소(As)의 원자가 전자는 5 개이다.

ㄷ. 규소(Si)로만 구성된 반도체의 전기 전도성은 Y보다 크다.

① ㄱ   ② ㄴ   ③ ㄷ

④ ㄱ, ㄴ   ⑤ ㄴ, ㄷ

서술형 문제

17

그림 (가)와 (나)는 석영과 흑운모의 모습을 나타낸 것이다. 두 광물 중 깨짐이 발달하는 것과 쪼개짐이 발달하는 것을 각각 쓰고, 그러한 차이가 생기는 까닭을 서술하시오.

(가) 석영   (나) 흑운모

_____

_____

18 ✅빈출

그림은 서로 다른 두 광물 A, B의 규산염 사면체 결합 구조를 나타낸 것이다.

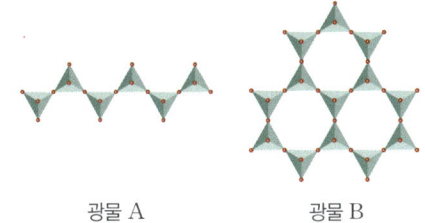

광물 A   광물 B

광물 A, B 중 어느 것이 풍화에 더 강한지 쓰고, 그 까닭을 서술하시오.

_____

_____

19 ✅빈출

그림 (가)와 (나)는 생명체를 구성하는 서로 다른 단백질의 구조를 나타낸 것이다.

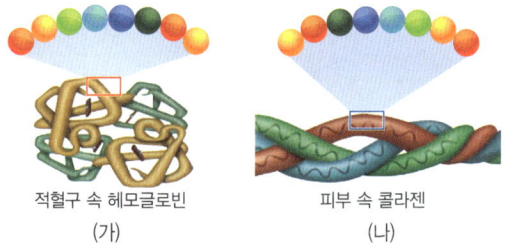

적혈구 속 헤모글로빈   피부 속 콜라겐
(가)   (나)

(가)와 (나)는 모두 기본 단위체가 아미노산이지만 구조와 기능이 다른 까닭을 서술하시오.

_____

_____

20

표 (가)는 생명체를 구성하는 물질 A∼C에서 특징 ㉠∼㉢의 유무를, (나)는 ㉠∼㉢을 순서 없이 나타낸 것이다. A∼C는 각각 DNA, RNA, 단백질 중 하나이다.

구분	㉠	㉡	㉢
A	×	○	?
B	○	?	○
C	×	○	×

(○: 있음, ×: 없음)

(가)

특징(㉠, ㉡, ㉢)
• 이중나선구조의 유전 물질이다.
• 탄소가 있다.
• 기본 단위체가 뉴클레오타이드이다.

(나)

(1) A∼C의 명칭을 각각 쓰시오.

_____

(2) A∼C 중 항체의 주성분이 되는 물질의 기호를 쓰시오.

_____

(3) A와 B의 차이점을 한 가지만 서술하시오.

_____

_____

_____

21

그림 (가)는 규소(Si)로만 구성된 순수 반도체를, (나)는 (가)에 붕소(B)를 첨가한 반도체를 나타낸 것이다.

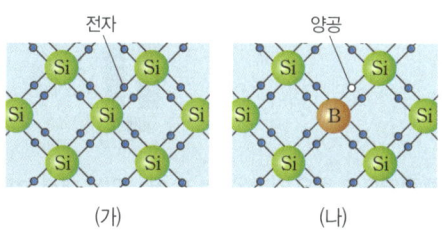

전자   양공

(가)   (나)

(가)와 (나)의 전기 전도성을 비교하고, 그 까닭을 서술하시오.

_____

_____

Ⅱ-2 자연의 구성 물질

01 표는 광물 ㉠~㉢의 특징을 나타낸 것이다.

광물	㉠	㉡	㉢
모습			
주요 구성 원소	O, Si	O, Si, Mg, Fe	O, C, Ca
쪼개짐	없음	없음	있음

이에 대한 설명으로 옳은 것만을 〈보기〉에서 있는 대로 고른 것은?

> **보기**
>
> ㄱ. ㉠은 사슬 형태의 결합 구조를 갖고 있다.
> ㄴ. 규소 원자에 대한 산소 원자의 수는 ㉡이 ㉠보다 많다.
> ㄷ. 세 광물은 모두 규산염 사면체를 기본 단위체로 결합을 형성한다.

① ㄱ 　　② ㄴ 　　③ ㄱ, ㄷ 　　④ ㄴ, ㄷ 　　⑤ ㄱ, ㄴ, ㄷ

✅ **기출 패턴**

규산염 광물을 구성하는 주요 원소는 O, Si라는 것을 알고 있어야 한다.

💡 **배경 지식**

• 석영: Si : O = 1 : 2이며, 규산염 사면체를 이루는 모든 산소가 주변의 규산염 사면체와 공유되어 있다.
• 감람석: Si : O = 1 : 4이며, 규산염 사면체가 독립적으로 금속의 양이온(Mg 또는 Fe)과 결합해 있다.
• 방해석: 석회암을 구성하는 광물로, 주요 성분은 탄산 칼슘이다. 묽은 염산과 반응하여 이산화 탄소 기체가 발생한다.

02 그림은 항체 X의 구조를 나타낸 것이다. A와 B는 항체 X를 구성하는 기본 단위체이다.

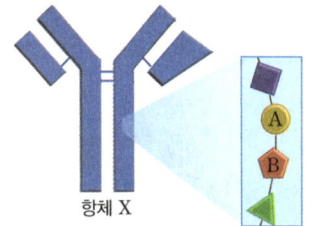

항체 X

이에 대한 설명으로 옳은 것만을 〈보기〉에서 있는 대로 고른 것은?

> **보기**
>
> ㄱ. A는 아미노산이다.
> ㄴ. 항체 X는 폴리펩타이드로 되어 있다.
> ㄷ. A와 B가 결합하는 과정에서 이산화 탄소(CO_2)가 빠져나온다.

① ㄱ 　　② ㄷ 　　③ ㄱ, ㄴ 　　④ ㄴ, ㄷ 　　⑤ ㄱ, ㄴ, ㄷ

✅ **기출 패턴**

단백질로 이루어진 물질과 단백질의 형성 과정을 알고 있어야 한다.

💡 **배경 지식**

• 폴리펩타이드: 단백질의 기본 단위체인 아미노산이 펩타이드결합으로 연결되어 형성된 사슬이다. 펩타이드결합이 형성될 때 물(H_2O)이 빠져나온다.

03 그림 (가)와 (나)는 RNA와 DNA를 순서 없이 나타낸 것이다.

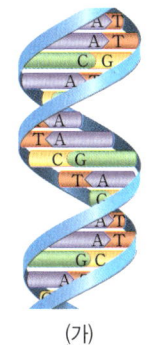 

(가)　　　　　　(나)

이에 대한 설명으로 옳은 것만을 〈보기〉에서 있는 대로 고른 것은?

<보기>

ㄱ. (가)는 DNA이다.

ㄴ. (나)는 단백질을 합성하는 데 관여한다.

ㄷ. (가)와 (나)에서 모두 인산, 당, 염기의 비율은 1 : 1 : 1이다.

① ㄱ　　　　② ㄷ　　　　③ ㄱ, ㄴ　　　　④ ㄴ, ㄷ　　　　⑤ ㄱ, ㄴ, ㄷ

04 그림은 동일한 전지 2개, 부피가 같은 물체 A와 B, 스위치 S_1과 S_2, 전구로 구성한 회로를 나타낸 것이다. 표는 S_1과 S_2의 연결에 따라 전구를 관찰한 결과이다. A, B는 도체와 부도체를 순서 없이 나타낸 것이다.

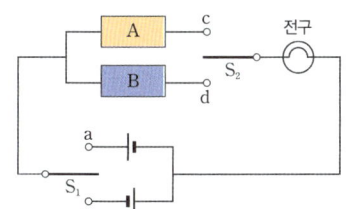

S_1	S_2	전구
a	c	켜짐
a	d	㉠
b	c	㉡

이에 대한 설명으로 옳은 것만을 〈보기〉에서 있는 대로 고른 것은?

<보기>

ㄱ. 자유 전자의 수는 A가 B보다 많다.

ㄴ. ㉠과 ㉡은 같다.

ㄷ. 규소는 B에 해당하는 물질이다.

① ㄱ　　　　② ㄴ　　　　③ ㄷ　　　　④ ㄱ, ㄴ　　　　⑤ ㄱ, ㄷ

Ⅲ

시스템과 상호작용

지구계

01 지구계는 지권, 수권, ⬜⬜⬜, 생물권, 외권으로 이루어져 있어요.

02 지구계의 구성 요소 사이에는 ⬜⬜⬜⬜ 을 통해 끊임없이 물질 교환과 에너지의 이동이 일어나요.

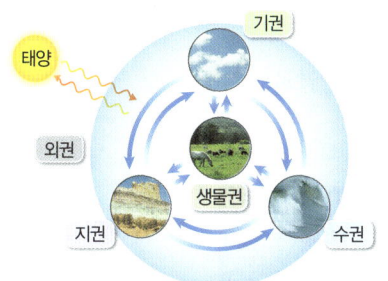

자유 낙하 운동

03 자유 낙하 운동을 하는 물체에는 연직 아래 방향으로 ⬜⬜ 이 작용해요.

04 자유 낙하 운동을 하는 물체의 속력은 질량에 관계없이 1 초마다 ⬜⬜ m/s씩 증가해요.

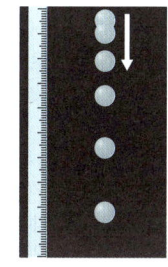 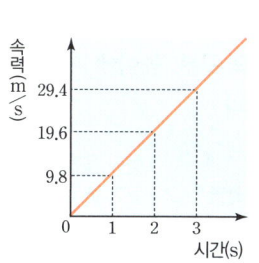

염색체의 구조

05 ⬜⬜⬜ 는 세포가 분열할 때 나타나는 막대 모양의 구조물로 유전정보를 담아 전달하는 역할을 해요.

06 ⬜⬜⬜ 는 생물의 특징을 결정하는 유전정보를 저장하고 있는 유전 물질이고, ⬜⬜⬜ 는 DNA에서 유전정보를 저장하고 있는 특정 부위지요.

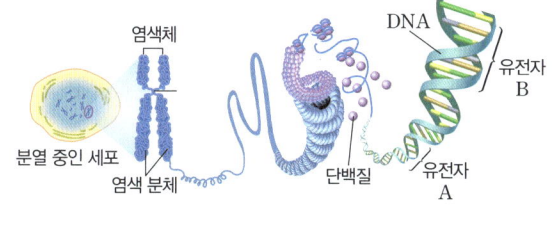

11 지구시스템의 구성과 상호작용

1 태양계와 지구시스템

1 태양계: 태양과 각 구성 천체들의 중력으로 유지되는 체계
— 태양계에서 전체 질량의 99 % 이상을 차지해~
— 행성, 위성, 소행성, 왜소 행성, 혜성 등

2 지구시스템: 지구를 구성하는 <mark>지권, 기권, 수권, 생물권, 외권으로 구성</mark>된 시스템

2 지구시스템의 구성 요소와 특징

1 기권: 지구를 둘러싸고 있는 대기❶가 분포하는 영역으로, 지표에서 높이 약 1000 km 까지 분포한다.

(1) 기권의 구분: <mark>높이에 따른 기온 변화를 기준</mark>으로 대류권, 성층권, 중간권, 열권으로 구분한다.

열권 (높이 약 80 ~1000 km)	• 높이 올라갈수록 기온이 급격히 높아짐 • 공기 매우 희박 ➡ <mark>낮과 밤의 기온 차가 큼</mark> • 태양풍에 포함된 대전 입자들이 극지방에서 공기 입자와 충돌하여 빛을 냄 ➡ <mark>오로라</mark>, 전리층 존재
중간권 (높이 약 50 ~80 km)	• 높이 올라갈수록 기온이 낮아지므로 대기 불안정 ➡ <mark>대류 운동 ○</mark> • 공기 중 수증기 거의 없음 ➡ <mark>기상 현상 ×</mark> • 상층 부분에서 유성이 나타남
성층권 (높이 약 11 ~50 km)	• 높이 올라갈수록 기온이 높아지므로 <mark>대기 안정</mark> • 성층권 하부에 <mark>오존층</mark> 존재(높이 약 20~30 km) ➡ 자외선 흡수
대류권 (지표~높이 약 11 km)	• 높이 올라갈수록 흡수하는 지표 복사 에너지의 양이 감소하여 기온이 낮아지므로 대기 불안정 ➡ <mark>대류 운동 ○</mark> • 공기 중에 수증기가 많음 ➡ <mark>기상 현상 ○</mark>

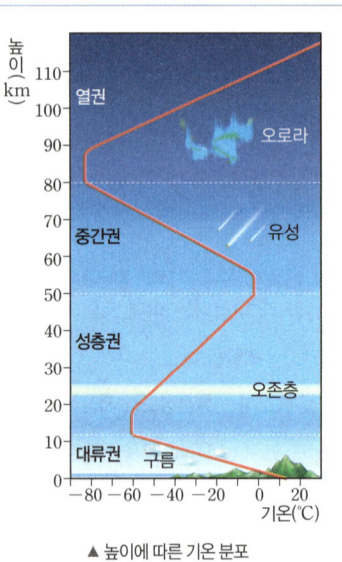

▲ 높이에 따른 기온 분포

(2) 기권의 역할

① 태양으로부터 오는 자외선과 유성체를 차단하여 지표의 생물을 보호한다.
② 온실 효과를 일으켜 생물이 살아가기에 적합한 온도를 유지한다.
③ 태양 복사 에너지와 지구 복사 에너지의 출입을 도와서 복사 평형에 기여한다.
④ 생물의 호흡과 광합성에 필요한 성분을 제공한다.

2 지권: 암석이나 토양으로 이루어진 지구의 겉 부분과 지구 내부 전체를 포함하는 지표에서 깊이 약 6400 km까지의 영역이다.

(1) 지권의 구분: 구성 성분과 물질의 상태에 따라 지각, 맨틀, 외핵, 내핵으로 구분한다.

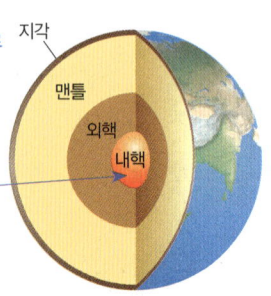

▲ 지권의 성층 구조

— 비교적 가벼운 규산염 물질로 이루어져 있어~

① **지각**(지표면~깊이 약 5~35 km): 암석으로 이루어진 지구의 겉 부분으로, 대륙 지각과 해양 지각❷으로 구분한다.

— 지구 중심으로 갈수록 온도가 높고, 밀도가 커져~

② **맨틀**(깊이 약 35~2900 km): <mark>지권 전체 부피의 약 80 %를 차지</mark>하고 있으며, 지각보다 밀도가 큰 물질로 이루어져 있다. 고체 상태이지만 유동성이 있다.

단원 한눈에 보기

(지권의 성층 구조 · 높이에 따른 기온 분포 관련 도식)

구성 요소 — 기권 / 지권 / 수권 / 생물권 / 외권

지구시스템의 상호작용

에너지원 — 태양 에너지 / 지구 내부 에너지 / 조력 에너지

물질 순환과 에너지 흐름 — 물의 순환 / 탄소의 순환

❶ 지구 대기의 구성 성분(부피비)

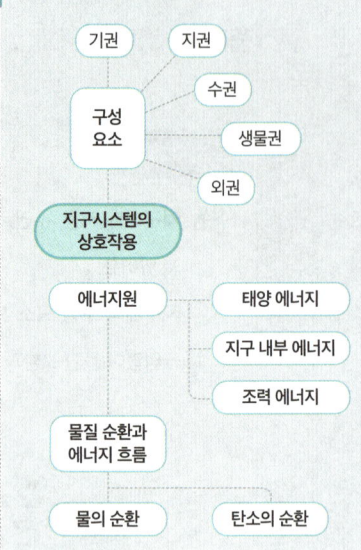

이산화 탄소 0.03 %
아르곤 0.93 %
산소 21 %
기타 0.04 %
질소 78 %

지구의 대기는 대부분 질소와 산소로 이루어져 있다.

❷ 대륙 지각과 해양 지각

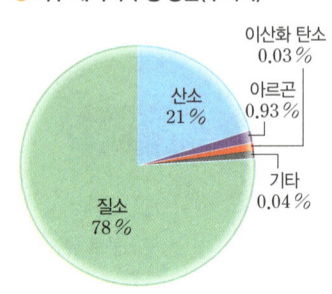

구분	대륙 지각	해양 지각
평균 두께	약 35 km	약 5 km
평균 밀도	약 2.7 g/cm³	약 3.0 g/cm³

용어쏙

• **오존층** 기권의 성층권에서 많은 양의 오존이 존재하는 높이 약 20~30 km 사이에 해당하는 부분으로 산소 원자 3개로 이루어진 오존 분자(O_3)들이 모여 형성된다. 오존 분자들은 태양의 자외선을 흡수한다.

③ 외핵(깊이 약 2900~5100 km): 주로 철과 니켈 등 무거운 원소로 이루어져 있어 밀도가 크고, 액체 상태이다. 외핵의 대류 운동으로 지구 자기장을 형성한다.

④ 내핵(깊이 약 5100~6400 km): 주로 철과 니켈 등 무거운 원소로 이루어져 있어 밀도가 크고, 고체 상태이다. 지권 중 온도와 압력이 가장 높다.

(2) 지권의 역할

① 생명체가 살아가는 데 필요한 서식 공간을 제공하고 물질을 공급한다.

② 화산 활동으로 대기 구성 성분을 변화시켜 기후의 변화를 일으킨다.

③ 지표의 풍화·침식 작용과 해저 화산 활동으로 수권에 염류를 공급한다.

④ 대륙과 해양의 분포는 대기와 해수의 순환에 영향을 준다.

3 수권❸: 해수, 빙하, 지하수, 하천 등 지구에 분포하는 물이 차지하는 영역으로, 지표면의 약 70 %를 차지한다.

(1) 해수의 성층 구조: 깊이에 따른 수온 분포를 기준으로 혼합층, 수온 약층, 심해층으로 구분한다.

혼합층	• 태양 에너지를 흡수하여 수온이 높음 • 바람의 혼합 작용으로 깊이에 관계없이 수온이 거의 일정함 ➡ 바람의 세기가 강할수록 혼합층의 두께가 두꺼워짐
수온 약층	• 깊이가 깊어질수록 수온이 낮아짐 • 해수의 연직 운동이 일어나기 어려워 혼합층과 심해층 사이의 물질 교환과 에너지 흐름을 차단
심해층	• 빛이 거의 도달하지 않아 수온이 일정하고 매우 낮음 • 해수에서 가장 많은 부피를 차지함

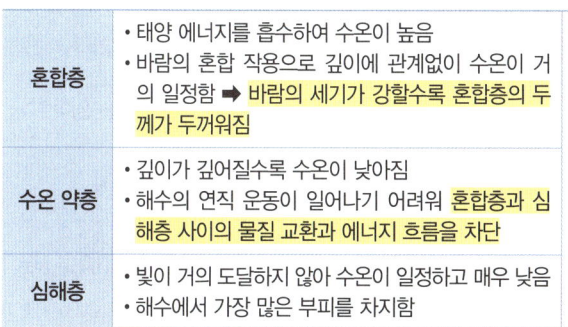

▲ 해수의 깊이에 따른 수온 분포

(2) 수권의 역할: 생명체가 살아가는 데 필요한 서식 공간을 제공하고 물질을 공급하며, 흡수한 태양 에너지를 지구 전체에 고르게 분산시켜 지구의 온도를 일정하게 유지한다.

4 생물권: 인간과 미생물을 포함한 지구에 살고 있는 모든 생명체로, 기권, 지권, 수권에 걸쳐 넓게 분포하며 지구시스템에 생물권이 형성된 이후 수권이나 기권의 성분 변화에 영향을 주었다. └─ 지구시스템의 다른 구성 요소의 변화에 민감하게 적응하며 살아가~ 최근 인간 활동이 지구시스템 구성 요소에 미치는 영향이 점차 커지고 있어~

5 외권: 기권 바깥의 우주 공간으로 태양계, 천체, 별, 은하 등을 모두 포함한다.

(1) 외권의 지구 자기장❹은 태양풍과 우주선을 차단하여 생명체를 보호한다.

(2) 외권에서 오는 태양 에너지는 식물의 광합성에 이용되며, 대기와 해수를 순환시킨다.

❸ 수권의 분포

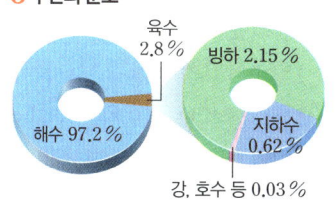

육수 2.8 %
해수 97.2 %
빙하 2.15 %
지하수 0.62 %
강, 호수 등 0.03 %

각 권의 성층 구조

기권	대류권, 성층권, 중간권, 열권
지권	지각, 맨틀, 외핵, 내핵
수권	혼합층, 수온 약층, 심해층

❹ 지구 자기장

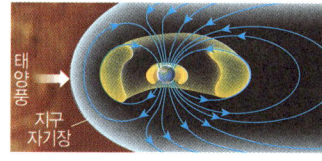

지구 자기력이 미치는 공간으로 우주에서 지구로 들어오는 유해한 우주선이나 태양풍의 고에너지 입자를 차단하여 지구상의 생명체를 보호한다.

✏️ **바로 복습**

정답과 해설 29쪽

빈칸 채우기 문제

01 지구를 구성하는 요소들은 서로 영향을 주고받으며 (   )을 이루고 있다.

02 기권은 높이에 따른 (   ) 변화를 기준으로, 수권의 해수는 깊이에 따른 (   ) 분포를 기준으로 구분한다.

03 지권은 구성 성분과 물질의 상태에 따라 지각, (   ), 외핵, 내핵으로 구분한다.

04 (   )은 지구에 살고 있는 모든 생명체로, 기권, 지권, 수권에 걸쳐 분포한다.

OX 문제

05 태양계는 태양과 각 구성 천체들의 중력으로 유지되는 역학 시스템이다. (○ ✕)

06 기권에서는 높이 올라갈수록 태양과 가까워져 기온이 지속적으로 상승한다. (○ ✕)

07 지권의 성층 구조에서 온도가 가장 높은 층은 외핵이다. (○ ✕)

08 해수의 성층 구조에서 혼합층은 깊이에 관계없이 수온이 거의 일정하다. (○ ✕)

3 지구시스템의 에너지 흐름과 물질 순환

1 지구시스템의 에너지원

태양 에너지	• 근원: 태양 내부에서 일어나는 수소 핵융합 반응 • 지구시스템의 에너지원 중 가장 많은 양을 차지하며, 모든 권역에 영향을 미침 • 대기와 지표에 흡수되거나, 광합성을 통해 생물권에 에너지를 전달 • 기상 현상과 해류 발생, 풍화·침식을 일으키는 원동력
지구 내부 에너지	• 근원: 지구 내부의 방사성 물질에서 나오는 붕괴열과 지구 형성 과정에서 축적된 열 • 화산 활동과 지진, 판의 운동을 일으키고, 외핵의 운동을 일으켜 지구 자기장을 형성
조력 에너지	• 근원: 달과 태양이 지구에 작용하는 인력 • 밀물과 썰물을 일으키고, 해안 지형의 변화와 해안 주변 생태계에 영향을 줌

2 물의 순환
물은 지구시스템의 각 권역 사이를 끊임없이 이동하며, 이때 에너지도 함께 이동하면서 지구의 에너지 평형❷에 중요한 역할을 한다.

물이 상태 변화할 때 잠열을 흡수하거나 방출한다.

(1) 물의 순환을 일으키는 주된 에너지원은 태양 에너지이다.
(2) 지구시스템에서 물의 순환에 의해 물의 총량은 일정하다.
육지, 바다, 대기에서 각각 물의 유입량과 유출량이 같다. ➡ 물수지 평형❸

🔍 자세하게 물의 순환 과정

수권의 물이 태양 에너지를 흡수 → 수증기가 되어 기권으로 이동 → 에너지를 방출하면서 응결 → 구름이 되었다가 비나 눈의 형태로 지권으로 이동 → 지하로 스며들거나 지표를 따라 낮은 곳으로 흐르면서 침식, 퇴적, 풍화 작용을 일으켜 지형을 변화시키고, 지권의 물질을 바다로 운반, 이외에도 일부는 태양 에너지를 흡수해 다시 기권으로 이동, 생물에 흡수되어 생명 활동에 이용

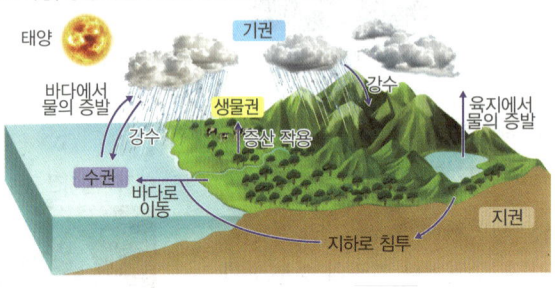

3 탄소의 순환
탄소는 다양한 형태❹로 지권, 기권, 수권, 생물권에 분포하며, 대부분 탄산염 형태로 지권에 존재한다. ➡ 지구시스템에서 전체 탄소의 양은 일정하다.

🔍 자세하게 탄소의 순환

지권 → 기권	① 화산 분출에 의해 이산화 탄소가 기권으로 방출(지구 내부 에너지 방출)
기권 → 수권	② 기권의 이산화 탄소가 해수에 용해되어 탄산 이온으로 존재
수권 → 지권	③ 해수의 탄산 이온이 탄산염으로 해저에 퇴적되어 석회암으로 저장
기권 → 생물권	④ 식물의 광합성 과정에서 기권의 이산화 탄소가 생물권에 유기물로 저장
생물권 → 지권	⑤ 생물의 사체가 쌓인 후 오랜 시간이 지나면 화석 연료나 석회암이 생성
지권 → 기권	⑥ 화석 연료의 연소 과정에서 이산화 탄소가 기권으로 배출
수권 → 기권	⑦ 수온이 상승하여 수권의 탄소가 기권으로 방출
생물권 → 기권	⑧ 생물의 호흡 과정에서 이산화 탄소를 기권으로 방출
지권 → 수권	⑨ 강물과 지하수가 암석의 탄산 칼슘을 녹여 바다로 운반

---

❶ 지구시스템의 에너지원

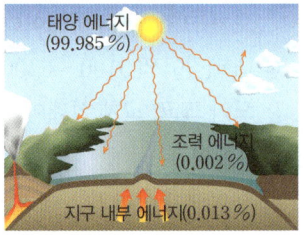

• 지구시스템의 에너지원의 크기: 태양 에너지 ≫ 지구 내부 에너지 > 조력 에너지
• 지구시스템의 에너지원은 상호작용을 통해 다양한 에너지로 전환될 수 있다.
  예 열에너지, 운동 에너지 등
• 지구시스템의 에너지원은 상호 전환되지 않는다.

❷ 지구의 에너지 평형
대기와 해수의 순환을 통해 저위도의 남는 에너지를 고위도 지역으로 이동하여 지구는 전체적으로 에너지 평형을 이룬다.

❸ 물수지 평형(유입량－유출량)

육지	• 유입: 강수 • 유출: 증발＋바다로 이동
바다	• 유입: 강수＋육지에서 유입 • 유출: 증발
대기	• 유입: 육지 증발＋바다 증발 • 유출: 육지 강수＋바다 강수

❹ 탄소의 존재 형태

지권	탄산염 형태(99.94 %)
	화석 연료(0.005 %)
기권	이산화 탄소(0.0001 %)
수권	탄산 이온, 탄산 수소 이온 (0.05 %)
생물권	유기 화합물(0.003 %)

❺ 석회암의 생성
• 수권 → 지권: 해수 속에 녹아 있던 이온들이 결합하여 형성된 탄산 칼슘이 해저에 가라앉아 탄산염을 형성하고 오랜 시간이 지나면 석회암이 된다.
• 생물권 → 지권: 석회질 성분을 가진 생물체(예 조개, 산호 등)의 잔해가 해저에 쌓인 후 오랜 시간이 지나면 석회암이 된다.

🟢 용어
• 잠열(숨은열) 어떤 물질의 상태가 변할 때 흡수하거나 방출하는 에너지로, 물은 증발할 때 잠열을 흡수하고 응결할 때 잠열을 방출한다.

④ 지구시스템의 상호작용과 균형

1 지구시스템의 상호작용: 지구시스템의 각 구성 요소들은 상호작용❻을 통해 서로 영향을 주고받으며, 어느 한 권역에서 발생한 현상은 다른 권역에 연쇄적으로 영향을 미친다. 각 구성 요소들의 상호작용을 통해 끊임없이 물질과 에너지가 이동한다.

🔍 **자세하게** **지구시스템의 구성 요소들 사이에서 일어나는 상호작용의 예**

영향 근원	기권	지권	수권	생물권
기권	• 전선의 형성 • 대기 대순환	• 풍화, 침식 작용으로 지형 변화 • 황사 발생	• 표층 해류 발생 • 파도 발생 • 엘니뇨❼ 발생	• 생물의 호흡, 광합성에 필요한 기체 공급 • 종자, 포자의 운반
지권	• 화산 활동에 의한 기온 변화 • 대륙성 기단 발생	• 판의 운동 • 지각 변동	• 염류 공급 • 지진 해일 발생	• 서식처 제공 • 영양분 공급
수권	• 태풍 발생 • 해양성 기단 발생	• 석회 동굴, 해식 동굴, V자곡, U자곡 형성	• 해수의 혼합 • 조경 수역의 형성 • 심층 순환 발생	• 서식처 제공 • 물 공급
생물권	• 광합성 등으로 기권의 성분 변화	• 생물에 의한 풍화 • 화석 연료 생성	• 생물체에 의한 용해 • 부패 물질의 이동	• 먹이 사슬 형성과 유지

2 인간 활동이 지구시스템의 상호작용에 미치는 영향

① 화석 연료 사용량 증가로 인한 지구 온난화: 대기 중 이산화 탄소량이 증가하여 지구의 평균 기온이 상승한다. ➡ 이상 기후 발생, 해수면 상승, 해양 산성화❽

② 열대 밀림 파괴와 과잉 경작으로 인한 지표면 변화: 인간 활동으로 숲이 파괴되고, 과잉 경작 등으로 사막화가 나타난다. ➡ 생물의 서식지 파괴, 지표의 반사율 변화

3 지구시스템의 균형

① 지구시스템은 상호작용하며 인류를 비롯한 지구 생명체의 존속에 기여하고 있다.

② 최근 인간 활동으로 지구시스템의 균형이 깨지고 있다. 📷 북극해의 얼음 면적 변화, 남극 상공의 오존홀 형성, 해양 쓰레기섬 발생 등

③ 미래 세대를 위해 지구시스템을 최적의 상태로 보전하기 위해 노력해야 한다.

---

❻ 지구시스템 구성 요소의 상호작용

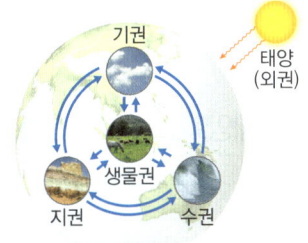

외권과의 상호작용
• 외권 ↔ 기권: 오로라 발생, 유성
• 외권 ↔ 생물권: 태양 에너지를 흡수하여 광합성을 함

❼ 엘니뇨
태평양 적도 부근 해역에서 무역풍이 약해져서 동태평양 연안(페루 연안)의 표층 수온이 평상시보다 높게 유지되는 현상이다.

❽ 해양 산성화
대기 중 이산화 탄소의 농도가 증가하여 해수에 녹아드는 이산화 탄소량이 증가하게 되면 해수의 pH(수소 이온 농도)가 낮아지는데, 이를 해양 산성화라고 한다.

✏️ **바로 복습**

정답과 해설 29쪽

빈칸 채우기 문제

09 지구시스템의 상호작용 과정에서 (　　　)의 순환과 (　　　)의 흐름이 일어난다.

10 지구시스템의 에너지원 중 가장 많은 양을 차지하는 것은 (　　　　　)이다.

11 물의 순환을 일으키는 근원 에너지원은 (　　　) 에너지이다.

12 기권의 탄소의 양이 증가하거나 감소해도 지구시스템에서 전체 탄소의 양은 (　　　)하다.

○✕ 문제

13 달과 태양이 지구에 작용하는 인력에 의해 조력 에너지가 발생한다. (○ ✕)

14 수증기가 응결하여 구름이 되는 과정에서 물은 태양 에너지를 흡수한다. (○ ✕)

15 지구상의 탄소는 대부분 탄산염 형태로 존재한다. (○ ✕)

16 지진 해일(쓰나미)은 지권과 수권의 상호 작용에 의한 현상이다. (○ ✕)

11 지구시스템의 구성과 상호작용

1 태양계와 지구시스템

01 ✔빈출

태양계와 지구시스템에 대한 설명으로 옳지 <u>않은</u> 것은?

① 지구는 태양계 역학적 시스템의 구성원이다.
② 태양계가 유지되는 데는 중력의 영향이 작용한다.
③ 태양계에서 태양은 전체 질량의 99 % 이상을 차지한다.
④ 지구시스템은 구성 요소들이 서로 영향을 주고받는다.
⑤ 지구시스템의 구성 요소는 기권의 상부까지로 한정된다.

2 지구시스템의 구성 요소와 특징

02

표는 지구시스템 구성 요소들을 이루는 여러 물질을 나타낸 것이다.

구성 요소	물질
A	암석, 토양 등
B	해수, 빙하, 지하수 등
C	산소, 질소 등
D	인간을 포함한 생명체
E	태양, 달 등

이에 대한 설명으로 옳은 것만을 〈보기〉에서 있는 대로 고른 것은?

보기
ㄱ. A는 지권, B는 수권이다.
ㄴ. C와 E 사이에는 에너지 흐름이 차단된다.
ㄷ. D의 공간적 영역은 A, B, C에 걸쳐 있다.

① ㄱ　　② ㄴ　　③ ㄱ, ㄷ　　④ ㄴ, ㄷ　　⑤ ㄱ, ㄴ, ㄷ

[03~04] 그림은 기권의 성층 구조를 나타낸 것이다.

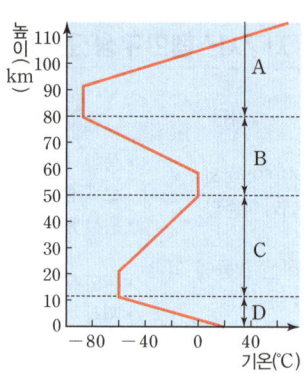

03

A~D층에 대한 설명으로 옳은 것은?

① A는 중간권이다.
② A의 상단은 높이 약 200 km이다.
③ 대류 현상이 일어나는 층은 B와 D이다.
④ 낮과 밤의 기온 차이는 D에서 가장 크다.
⑤ 눈, 비 등의 기상 현상은 B, C, D에서 일어난다.

04

C층에 대한 설명으로 옳은 것만을 〈보기〉에서 있는 대로 고른 것은?

보기
ㄱ. 오존층이 존재한다.
ㄴ. 태양으로부터 오는 적외선을 차단한다.
ㄷ. 온실 효과에 의해 높이 올라갈수록 기온이 상승한다.

① ㄱ　　② ㄴ　　③ ㄱ, ㄷ
④ ㄴ, ㄷ　　⑤ ㄱ, ㄴ, ㄷ

05 ✔빈출

기권의 역할에 대한 설명으로 옳은 것만을 〈보기〉에서 있는 대로 고른 것은?

보기
ㄱ. 태양 복사의 자외선을 차단한다.
ㄴ. 온실 효과에 의해 적절한 온도를 유지한다.
ㄷ. 생물에 필요한 산소와 이산화 탄소를 공급한다.

① ㄱ　　② ㄴ　　③ ㄱ, ㄷ
④ ㄴ, ㄷ　　⑤ ㄱ, ㄴ, ㄷ

06 ✔빈출

그림은 지권의 성층 구조를 나타낸 것이다.
이에 대한 설명으로 옳은 것만을 〈보기〉에서 있는 대로 고른 것은?

---보기---
ㄱ. A는 액체 상태, B는 고체 상태이다.
ㄴ. 물질의 밀도는 A가 C보다 크다.
ㄷ. 지권 전체에서 부피가 가장 큰 것은 C이다.

① ㄱ   ② ㄴ   ③ ㄱ, ㄷ   ④ ㄴ, ㄷ   ⑤ ㄱ, ㄴ, ㄷ

07

난이도 상

그림은 지표 부근의 지권 구조를 나타낸 것이다.

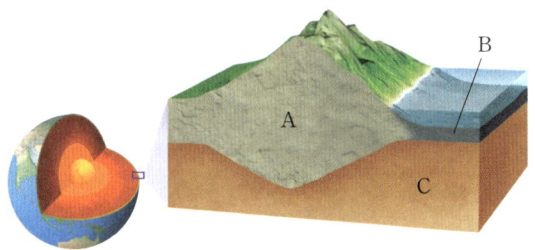

이에 대한 설명으로 옳은 것만을 〈보기〉에서 있는 대로 고른 것은?

---보기---
ㄱ. A와 B는 규산염 물질로 이루어져 있다.
ㄴ. C는 고체 상태이지만 유동성이 있다.
ㄷ. 밀도는 C>A>B이다.

① ㄱ   ② ㄷ   ③ ㄱ, ㄴ   ④ ㄴ, ㄷ   ⑤ ㄱ, ㄴ, ㄷ

08

지권의 역할에 대한 설명으로 옳은 것만을 〈보기〉에서 있는 대로 고른 것은?

---보기---
ㄱ. 수권에 염류를 공급한다.
ㄴ. 생명체에게 서식지와 물질을 공급한다.
ㄷ. 태양 에너지를 지구 전체에 고르게 분산한다.
ㄹ. 자기장을 형성하여 지상의 생명체를 보호한다.

① ㄱ, ㄷ   ② ㄱ, ㄹ   ③ ㄴ, ㄷ
④ ㄱ, ㄴ, ㄹ   ⑤ ㄴ, ㄷ, ㄹ

09

표는 수권을 이루는 물의 분포 비율을 나타낸 것이다. A~C는 각각 지하수, 빙하, 호수와 하천수 중 하나이다. 이에 대한 설명으로 옳은 것만을 〈보기〉에서 있는 대로 고른 것은?

구분	비율
해수	97.2 %
A	2.15 %
B	0.62 %
C	0.03 %

---보기---
ㄱ. A는 주로 고위도와 고산 지대에 분포한다.
ㄴ. 호수와 하천수는 B이다.
ㄷ. 기권으로 이동하는 수증기의 양은 B가 C보다 많다.

① ㄱ   ② ㄴ   ③ ㄱ, ㄷ
④ ㄴ, ㄷ   ⑤ ㄱ, ㄴ, ㄷ

10 ✔빈출

그림은 해수의 성층 구조를 나타낸 것이다. A~C층에 대한 설명으로 옳은 것만을 〈보기〉에서 있는 대로 고른 것은?

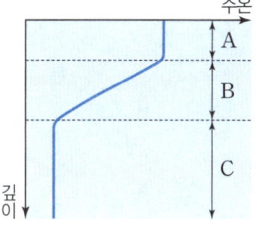

---보기---
ㄱ. A는 태양 복사 에너지를 직접 흡수한다.
ㄴ. B에서는 해수의 연직 혼합이 활발하게 일어난다.
ㄷ. 계절에 따른 수온 변화는 C에서 가장 크게 나타난다.

① ㄱ   ② ㄴ   ③ ㄱ, ㄷ
④ ㄴ, ㄷ   ⑤ ㄱ, ㄴ, ㄷ

11

수권의 역할에 대한 설명으로 옳은 것만을 〈보기〉에서 있는 대로 고른 것은?

---보기---
ㄱ. 지구의 온도 변화를 줄여 준다.
ㄴ. 생물이 살아가는 데 필요한 물질을 공급한다.
ㄷ. 흡수한 태양 에너지를 지구 전체에 고르게 분배한다.

① ㄱ   ② ㄴ   ③ ㄱ, ㄷ
④ ㄴ, ㄷ   ⑤ ㄱ, ㄴ, ㄷ

12

생물권과 외권에 대한 설명으로 옳지 않은 것은?

① 생물권은 태양계 행성 중에서 지구에만 존재한다.

② 생물권의 공간적 분포는 기권, 지권, 수권에 걸쳐 있다.

③ 외권과 생물권 사이에는 물질 교환이 거의 일어나지 않는다.

④ 생물권은 지구시스템의 구성 요소 중 가장 나중에 형성되었다.

⑤ 외권은 태양으로부터 오는 자외선을 차단하여 생물권에 영향을 준다.

③ 지구시스템의 에너지 흐름과 물질 순환

13 ✓빈출

표는 지구시스템의 에너지원과 생성 원인을 나타낸 것이다.

에너지원	생성 원인
A	암석 속에 포함된 방사성 원소의 붕괴열 등
B	수소 핵융합 반응에 의해 생기는 에너지
C	달과 태양이 지구에 작용한 인력에 의해 생기는 에너지

이에 대한 설명으로 옳은 것만을 〈보기〉에서 있는 대로 고른 것은?

보기

ㄱ. 에너지의 양은 A > B > C 순이다.

ㄴ. 대기와 물을 순환시키는 에너지원은 B이다.

ㄷ. B의 일부는 해수에 흡수되어 C가 된다.

① ㄱ   ② ㄴ   ③ ㄱ, ㄷ

④ ㄴ, ㄷ   ⑤ ㄱ, ㄴ, ㄷ

14

그림은 지구시스템에서 물의 순환을 모식적으로 나타낸 것이다.

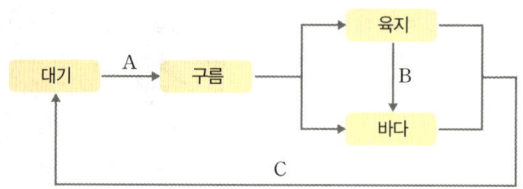

A~C 과정에 대한 설명으로 옳은 것만을 〈보기〉에서 있는 대로 고른 것은?

보기

ㄱ. A는 수증기가 태양 에너지를 흡수하는 과정이다.

ㄴ. B에서 지표와 지하의 지형 변화가 일어난다.

ㄷ. C가 생물권에 의해 일어나는 경우가 있다.

① ㄱ   ② ㄷ   ③ ㄱ, ㄴ

④ ㄴ, ㄷ   ⑤ ㄱ, ㄴ, ㄷ

15

그림은 지구시스템에서 탄소가 순환할 때 탄소의 존재 형태를 나타낸 것이다.

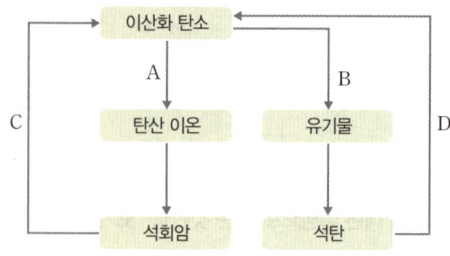

이에 대한 설명으로 옳은 것만을 〈보기〉에서 있는 대로 고른 것은?

보기

ㄱ. A는 탄소가 기권에서 수권으로 이동하는 과정이다.

ㄴ. B에 의해 태양 에너지는 생물권으로 이동한다.

ㄷ. C와 D에 의해 기권의 탄소량은 증가한다.

① ㄱ   ② ㄷ   ③ ㄱ, ㄴ

④ ㄴ, ㄷ   ⑤ ㄱ, ㄴ, ㄷ

④ 지구시스템의 상호작용과 균형

16 ☑빈출   난이도 상

다음은 지구시스템의 두 권역 (가), (나)에 대한 설명이다.

> (가) 산소, 질소 등의 기체로 이루어져 있으며, ㉠ 대류권,
> (㉡), 중간권, 열권으로 구분한다.
> (나) 해수와 육수로 이루어져 있으며, ㉢ 혼합층, (㉣),
> 심해층으로 구분한다.

이에 대한 설명으로 옳은 것만을 〈보기〉에서 있는 대로 고른 것은?

〈보기〉
> ㄱ. ㉠과 ㉢은 태양 에너지를 직접 흡수하여 계절에 따른
> 온도 변화가 일어난다.
> ㄴ. ㉡과 ㉣은 아래로 갈수록 온도가 낮아진다.
> ㄷ. '밀물과 썰물의 주기적인 변화'는 (가)와 (나)의 상호작
> 용에 해당한다.

① ㄱ   ② ㄴ   ③ ㄱ, ㄷ
④ ㄴ, ㄷ   ⑤ ㄱ, ㄴ, ㄷ

17   난이도 상

표는 지구시스템 구성 요소의 상호작용을 나타낸 것이다. (가)는 영
향을 주는 요소이고, (나)는 영향을 받는 요소이다.

(가)＼(나)	지권	수권	기권	생물권
지권			A	
수권	B			
기권	C			D
생물권		E		

A~E의 예로 옳지 않은 것은?

① A: 화산 활동으로 기온이 하강한다.
② B: 파도가 해안 절벽에 동굴을 만든다.
③ C: 바람에 운반된 모래가 쌓여 사구를 만든다.
④ D: 식물의 뿌리가 토양 속의 영양분을 흡수한다.
⑤ E: 하천에 녹조가 번성하면서 물에 녹은 산소가 감소한다.

서술형 문제

18

그림은 지표면에서 높이 50 km까지 기권의 온도 분포를 나타낸 것
이다.

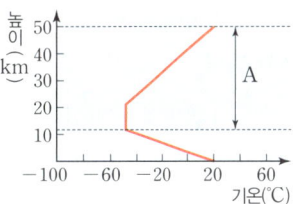

A층에서는 높이 올라갈수록 기온이 상승한다. 그 까닭은 무엇인지
기권의 특정한 기체와 관련지어 서술하고, 그 결과로 이 기체가 생물
체에게 어떤 이로움을 주는지 서술하시오.

19

표는 육지와 바다의 강수량과 증발량을 나타낸 것이다.

구분	강수량	증발량
육지	96	60
바다	284	320

(단위: ×1000 km³/년)

육지와 바다에서 강수량과 증발량이 같지 않지만, 육지와 바다에서
각각 물의 양이 평형을 이룬다. 그 까닭은 무엇인지 서술하시오.

20

다음은 지구시스템의 구성 요소 A~D에서 일어나는 상호작용
㉠~㉢의 예를 나타낸 것이다.

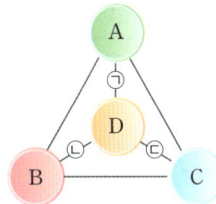

> ㉠: 바람에 의한 해류 발생
> ㉡: 생물의 호흡에 필요한 산소
> 제공
> ㉢: 화석 연료 연소에 의한 이
> 산화 탄소 발생

지구시스템의 구성 요소 중 B와 C의 명칭을 각각 쓰고, A와 D에
의한 상호작용의 예를 한 가지 서술하시오.

12 지권의 변화와 판 구조론

① 지권의 변화

1 지각 변동: 지각의 변형이 일어나는 자연 현상 例 화산 활동, 지진, 조산 운동 등
➡ **원인**: 지구 내부 에너지가 지표로 전달되어 축적되었다가 급격히 방출되기 때문

2 변동대: 지각 변동이 활발하게 일어나는 지역

(1) **화산 활동**: 마그마가 지각의 약한 틈을 뚫고 지표로 나오면서 분출하는 현상
  • **화산 분출물❶**: 화산이 분출할 때 나오는 물질로, 화산 가스, 화산 쇄설물, 용암으로 구분

(2) **지진**: 지하에 누적된 에너지가 방출되면서 지층이 끊어지거나 땅이 흔들리는 현상
  • **지진의 구분**: 발생 깊이에 따라 천발 지진, 중발 지진, 심발 지진으로 구분

(3) **화산대**: 화산 활동이 활발하게 발생하는 지점을 연결한 띠

(4) **지진대**: 지진이 활발한 지점을 연결한 띠

화산 활동과 지진은 대부분 판 경계에서 발생하기 때문이야~

(5) **화산대와 지진대의 분포**: 화산대와 지진대의 분포❷는 거의 일치한다.
  ① 전 세계 주요 화산대와 지진대: 환태평양 화산대·지진대, 알프스 – 히말라야 화산대· 지진대, 해령 화산대·지진대
  ② 화산대와 지진대는 대륙의 중앙부에는 거의 분포하지 않고, 환태평양 지역에 가장 많이 분포한다.
  └*전 세계 화산 활동의 약 80 %가 이곳에서 일어나 '불의 고리'라고 해~!*

🔍 자세하게 전 세계 주요 화산대와 지진대

화산대와 지진대는 거의 일치하며❸, 좁고 긴 띠 모양으로 분포한다.
• **환태평양 화산대·지진대**: 태평양의 가장자리를 따라 분포하며, 전 세계에서 화산 활동이 가장 활발하다.
  ➡ 불의 고리
• **알프스–히말라야 화산대·지진대**: 지중해에서 히말라야산맥을 거쳐 인도네시아에 이르는 지역이다.
• **해령 화산대·지진대**: 태평양, 대서양, 인도양에 발달하는 해저 산맥(해령)을 따라 분포한다.

② 판 구조론

1 판 구조론: 지구 표면은 10여 개의 판으로 이루어져 있으며, 판들은 서로 다른 방향과 속력으로 이동하면서 판의 경계에서 지각 변동이 일어난다는 이론이다.
판은 대체로 수 cm/년의 속력으로 이동해~

(1) **지권의 구분**: 구성 성분과 물질의 상태를 기준으로 지각, 맨틀, 외핵, 내핵으로, 구성 물질의 성질을 기준❹으로 암석권, 연약권, 하부 맨틀, 외핵, 내핵으로 구분

암석권	지각과 맨틀의 최상부를 포함하는 약 100 km 두께의 단단한 부분
연약권	암석권 아래 깊이 약 100 km~400 km의 맨틀 상부로, 유동성이 있는 고체 상태

└*밀도가 약 3.3 g/cm³인 감람암질 암석으로 이루어져 있어~!*

단원 한눈에 보기 ✨

지권의 변화

변동대 — 화산대와 지진대의 분포
판의 경계와 지각 변동 — 지진과 화산 활동 — 대책
이용 — 피해
수렴형 경계 ⇨⇦ | 발산형 경계 ⇦⇨ | 보존형 경계 ⇧⇩

❶ 화산 분출물

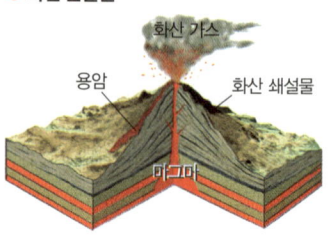

• **화산 가스**: 대부분 수증기이며, 이산화 탄소, 이산화 황 포함
• **용암**: 마그마에서 화산 가스가 빠져나간 고온의 액체 물질
• **화산 쇄설물**: 입자 크기에 따라 화산 암괴 > 화산력 > 화산재 > 화산진으로 구분

❷ 지진대가 화산대보다 광범위한 까닭
화산 활동이 일어나면 지각의 진동이 생겨 지진이 발생한다. 하지만 지진이 발생한다고 해서 반드시 화산 활동이 일어나지는 않기 때문이다.

❸ 화산대와 지진대가 대체로 일치하는 까닭
화산 활동과 지진은 대부분 판 경계에서 판의 상대적인 운동에 의해 발생하기 때문이다.

🔶 암기신

암석권과 연약권의 구성
• 암석권: 해양 지각, 대륙 지각, 최상부 맨틀
• 연약권: 맨틀로만 구성
• 암석권과 연약권 모두 고체 상태이다.

❹ 구성 물질의 물리적 성질에 따른 지권의 구분

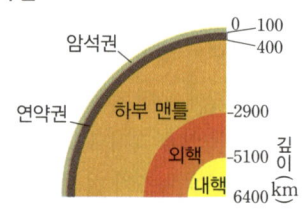

(2) **판의 구분**

① 판: 지구의 겉부분인 암석권은 여러 조각으로 나누어져 있으며, 이러한 암석권의 조각을 판이라고 한다.

② 판의 구분: 판에 포함된 지각의 종류에 따라 대륙판과 해양판으로 구분한다.

구분	구성	평균 밀도❺	평균 두께	구성 물질
대륙판	대륙 지각＋최상부 맨틀	작다	두껍다	화강암질 암석
해양판	해양 지각＋최상부 맨틀	크다	얇다	현무암질 암석

2 전 세계 판의 분포와 이동

(1) **판의 이동**: 판은 1년에 수 cm 정도 이동하고, 판마다 이동 방향과 속력이 다르다.
➡ 판의 경계에서 두 판의 상대적인 운동 방향이 다르다.

(2) **판 이동의 원동력**: 판을 움직이는 에너지원은 지구 내부 에너지이며, 연약권에서 일어나는 맨틀 대류❻는 판을 이동시키는 원동력 중 하나이다.

🔍 **자세하게** **전 세계 판의 분포와 이동 방향**

• 지구의 겉부분은 10여 개의 판으로 이루어져 있다.
• 판마다 이동 속력과 이동 방향이 달라서 판의 경계에서 두 판의 상대적인 운동 방향이 다르다.
• 판의 경계에서 화산 활동과 지진 등의 지각 변동이 활발하다. ➡ 지진대와 화산대는 판의 경계와 거의 일치한다.

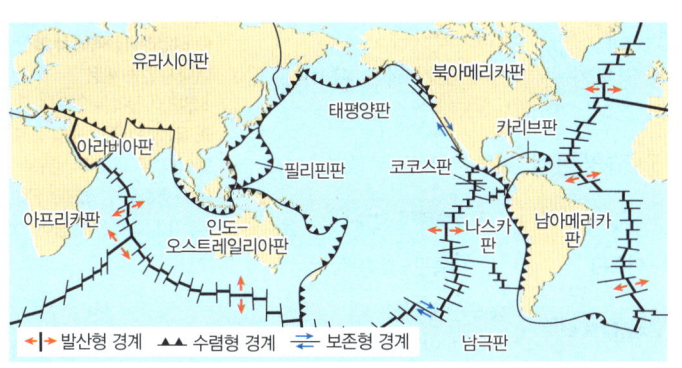

판의 구조

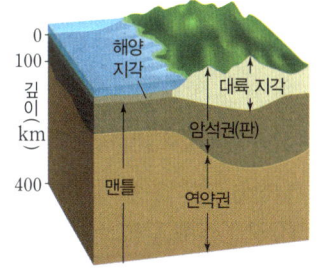

❺ **판의 평균 밀도**
해양 지각은 대륙 지각보다 밀도가 큰 암석으로 되어 있어 해양판이 대륙판보다 밀도가 크다.

⚠️ **주의신**

❻ **맨틀 대류**
현재까지 맨틀 대류가 판을 이동시키는 주요 원인으로 알려져 있다. 하지만 맨틀 대류가 일어나는 정확한 메커니즘에 대해서는 아직도 연구 중인 부분이 많다.

✏️ **바로 복습**

정답과 해설 31쪽

빈칸 채우기 문제

01 화산 활동이나 지진과 같은 지각 변동을 일으키는 주요 에너지원은 (   )이다.

02 화산 활동과 지진은 대부분 (   )에서 판의 상대적인 운동에 의해 발생하므로 화산대와 지진대는 대체로 (   )한다.

03 (   ) 화산대·지진대는 태평양 가장자리를 따라 분포하며 전 세계에서 화산 활동이 가장 활발하다.

04 암석권은 여러 조각으로 나뉘어져 있으며 각 암석권의 조각을 (   )이라고 한다.

05 대륙판은 해양판보다 두께가 (   )고 밀도가 (   ).

OX 문제

06 지진대와 화산대는 대체로 일치하며, 좁고 긴 띠 모양으로 분포한다. (O X)

07 지진이 발생하는 곳에서는 항상 화산 활동이 일어난다. (O X)

08 대륙판은 대륙 지각, 해양판은 해양 지각을 말한다. (O X)

09 판이 이동하는 속력과 방향은 서로 다르며, 판의 경계는 이웃하는 판의 상대적인 이동 방향에 따라 구분한다. (O X)

10 판은 맨틀 대류에 의해 이동한다. (O X)

3 판의 경계와 지각 변동

1 판 경계의 종류: 판의 경계에서 일어나는 두 판의 상대적인 이동 방향을 기준으로 발산형 경계, 수렴형 경계, 보존형 경계로 구분한다.

2 판의 경계에서 발달하는 지형과 지각 변동

(1) 발산형 경계: 두 판이 서로 멀어지는 경계로 맨틀 대류가 상승하는 곳이다.
　① 상승한 맨틀 물질에 의해 새로운 판이 생성된다.
　② 발산형 경계에서 발달하는 지형: 해령, 열곡대　장력에 의한 정단층이 발달해~

판의 종류	해양판－해양판	대륙판－대륙판
지형 및 특징	해령 형성 ➡ 해저 산맥 형성, V자 열곡 발달, 주변에 변환 단층 발달	열곡대 형성 ➡ 마그마가 분출하여 산맥을 형성하지 않고 V자형의 골짜기를 형성
지각 변동	화산 활동 활발, 천발 지진 발생❼	
지역	대서양 중앙 해령, 동태평양 해령	동아프리카 열곡대❽, 아이슬란드 열곡대
모식도	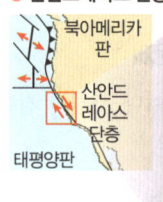	

(2) 수렴형 경계: 두 판이 서로 가까워지는 경계로 맨틀 대류가 하강하는 곳이다.
　① 판과 판이 만나면 충돌하거나, 밀도 차에 의해 밀도가 큰 판이 밀도가 작은 판 아래로 섭입되어 소멸한다.　충돌형 경계　섭입형 경계
　② 수렴형 경계에서 발달하는 지형: 해구, 호상 열도, 습곡 산맥　횡압력에 의한 역단층이 발달해~

구분	섭입형 경계		충돌형 경계
판의 종류	해양판－해양판	해양판－대륙판	대륙판－대륙판
지형 및 특징	・해구, 호상 열도 발달 ・상대적으로 밀도가 큰 해양판이 밀도가 작은 해양판 아래로 섭입하여 소멸 ・해구와 나란하게 호상 열도 형성	・해구, 호상 열도, 습곡 산맥 발달 ・밀도가 큰 해양판이 밀도가 작은 대륙판 아래로 섭입하여 소멸	・습곡 산맥 발달 ・밀도가 비슷한 두 대륙판이 충돌하여 해저 퇴적층이 습곡, 융기되어 습곡 산맥을 형성 ・판의 섭입 없음
지각 변동	・천발 ~ 심발 지진 발생 ・화산 활동 활발	・천발 ~ 심발 지진 발생 ・화산 활동 활발	・천발 ~ 중발 지진 발생 ・화산 활동 거의 없음
지역	주로 밀도가 작은 판에서 발생해~ 마리아나 해구	일본 해구, 페루－칠레 해구와 안데스산맥, 알류샨 해구	히말라야산맥❾, 알프스산맥
모식도			

(3) 보존형 경계: 두 판이 서로 어긋나게 이동하는 경계로 판의 생성이나 소멸이 없다.
　① 지각 변동: 천발 지진이 발생하며, 화산 활동은 거의 일어나지 않는다.
　② 보존형 경계에서 발달하는 지형: 변환 단층 예 산안드레아스 단층❿

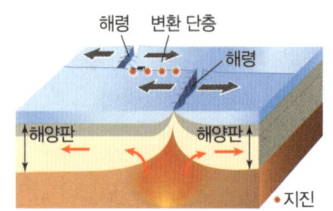

---

❼ 발생 깊이에 따른 지진 구분

구분	발생 지점의 깊이
천발 지진	약 0 km ~ 70 km
중발 지진	약 70 km ~ 300 km
심발 지진	약 300 km 이상

❽ 동아프리카 열곡대

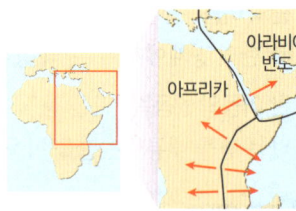

발산형 경계는 주로 해양에 발달해 있으나, 아프리카 동쪽의 동아프리카 열곡대는 대륙에 위치한 발산형 경계로 아프리카판이 갈라지면서 멀어지고 있다.

⚠ 주의신!

❾ 히말라야산맥에서 화산 활동이 거의 일어나지 않는 까닭
히말라야산맥은 인도－오스트레일리아판과 유라시아판이 충돌하여 형성된 습곡 산맥이다. 두 판 모두 밀도가 작은 대륙 지각을 포함하고 있으므로 판이 섭입하지 못한다. 따라서 화산 활동이 거의 일어나지 않는다.

❿ 산안드레아스 단층

ZP point

판의 경계와 지각 변동

구분		지진	화산 활동
발산형		천발	○
수렴형	섭입형	천발~심발	○
	충돌형	천발~중발	거의 ×
보존형		천발	×

④ 지권의 변화가 지구시스템에 미치는 영향

1 화산 활동에 의한 환경적, 사회 경제적 피해

환경적 피해	• 화산 가스: 기권의 성분을 변화시키거나 대기의 온실 효과에 영향을 주고, 산성비가 내리게 되어 생태계에 직접적인 피해를 준다. • 화산 가스와 화산재: 식물의 광합성에 직접적인 영향을 미친다. • 화산재: 햇빛을 차단하여 지구의 평균 기온을 하강시킬 수 있다. • 용암: 지형이 변하고 산불이 발생한다.
사회 경제적 피해	• 화산재: 항공기 운항을 방해하여 물류 수송에 차질이 생긴다. • 용암: 도로, 농경지 등이 파괴된다.

2 화산 활동의 이용과 피해를 줄이기 위한 대책

이용	• 화산 분출물에 포함된 여러 광물질에 의해 식물이 자라기 좋은 토양이 형성된다. • 화산 지대에 형성된 독특한 지형과 온천이 관광 자원으로 활용된다. • 지열을 온수나 난방에 이용할 수 있다.
대책	• 화산 폭발의 전조 현상⑪을 감시하여 피해에 대비한다. • 화산 주변에 제방을 쌓거나 댐과 수로를 건설하여 용암의 이동 경로를 조절한다. • 용암에 물을 뿌려 식혀 이동 속도와 이동량을 감소시킨다.

3 지진에 의한 환경적, 사회경제적 피해

환경적 피해	• 대규모의 지진은 지구 자전축에 영향을 미쳐, 수륙 분포에도 영향을 준다. • 해저 지진에 의해 지진 해일(쓰나미⑫)이 발생한다. • 산사태, 하천의 경로 변화 등 주변 생태 환경과 생태계에 직접적인 피해를 준다.
사회 경제적 피해	• 지진 발생 후 화재나 질병 등 2차적인 피해를 주기도 한다. • 도로와 건물이 붕괴되어 교통 마비와 인명 피해를 일으킬 수 있다. • 가스관이 파괴되거나 전선이 끊어져 화재가 발생한다.

4 지진의 이용과 피해를 줄이기 위한 대책

이용	• 지진파를 이용하여 지하자원 탐사와 지구 내부 구조 파악이 가능하며, 건설 적정 위치 판단 등에 이용된다. • 인공 지진을 일으켜 지하 구조를 조사하여, 토목공사, 지하자원 탐사 등에 이용한다.
대책	• 건축물에 내진 설계를 의무화한다. • 인공위성을 통해 지형 변화를 관측하여 대비를 강화하고, 지진계 설치, 지진 재난 시스템을 구축하며, 지진 발생 시 대처 방법을 미리 숙지한다.

⑪ 화산 폭발의 전조 현상
- **지진 발생 횟수 증가**: 화산 분출 시기가 가까워지면 마그마가 상승하면서 지진의 발생 횟수가 증가한다.
- **지표 온도 상승**: 지하에서 올라오는 열이 증가하여 지표 온도가 상승한다.
- **산사면의 경사각 증가**: 마그마 상승으로 지표면이 융기하여 산사면의 경사각이 증가한다.

⑫ 지진 해일(쓰나미)

지진 해일은 해저 지각 변동에 의해 발생한 해파로, 해안에 접근함에 따라 전파 속도가 느려지는 대신 파고가 높아져 해안 지대에 큰 피해를 일으킬 수 있다.

📖용어샘

- **해령** 대양의 해저에서 발달하는 해저 산맥으로 주변의 심해저보다 수심이 약 2 km 얕다.
- **열곡대** V자 모양으로 갈라진 골짜기인 열곡이 길게 이어져 있는 지형이다.
- **해구** 수심이 깊은 해저 골짜기로, 주로 태평양의 가장자리를 따라 발달한다.
- **섭입** 판과 판이 서로 수렴하여 한 판이 다른 판의 아래로 비스듬히 들어가는 현상이다.
- **호상 열도** 섭입이 일어나는 지역에서 화산 활동에 의해 형성된 화산섬들이 휘어진 활 모양으로 분포하는 것이다.
- **습곡 산맥** 지층이 횡압력을 받아 휘어지면서 융기하여 형성된 산맥이다.

✏️ 바로 복습

빈칸 채우기 문제

11 (　　　) 경계는 맨틀 대류의 상승부에 위치하여 새로운 판이 생성된다.

12 (　　　) 경계는 맨틀 대류가 하강하는 곳에 위치하고, (　　　), 호상 열도, 습곡 산맥 등이 발달한다.

13 화산 활동으로 분출된 (　　　)는 햇빛을 가려 일시적으로 지구의 평균 기온을 낮춘다.

14 화산 활동으로 분출된 (　　　　　)는 산성비를 내리거나 토양을 산성화하여 생태계에 피해를 주기도 한다.

OX 문제

15 수렴형 경계에서 거대한 습곡 산맥이 형성될 수 있다.
(○ ✕)

16 보존형 경계에서는 지진은 거의 발생하지 않고 화산 활동이 자주 일어난다.
(○ ✕)

17 두 판이 멀어지는 경계에서는 해령이나 습곡 산맥이 발달한다.
(○ ✕)

18 해양판이 대륙판 아래로 섭입하는 경계에서는 천발~심발 지진이 발생하며 화산 활동이 활발하다.
(○ ✕)

12 지권의 변화와 판 구조론　**129**

화산 분출의 피해 조사와 대책 수립하기

정답과 해설 **32쪽**

목표 화산 분출로 인한 환경적, 사회 경제적 피해를 조사하고, 지구와 생명 시스템 측면에서 대책을 수립할 수 있다.

과정

❶ 스마트 기기나 참고 도서를 이용하여 화산 활동이 일어날 때 지표로 분출되는 물질은 어떤 것들이 있는지 조사한다.

❷ 스마트 기기를 이용하여 과거에 발생했거나 현재 활동 중인 화산 분출 사례를 조사한다.

❸ 화산 분출 사례 중 하나를 선택하여 환경적, 사회 경제적 측면에서 화산 분출로 인해 어떤 피해가 발생했는지 조사한다.

❹ 지구와 생명 시스템 측면에서 화산 분출의 피해를 줄이기 위한 대책을 토의한다.

⚠ **주의신**

자료를 조사할 때는 자료의 출처가 되는 도서, 영상, 언론 보도, 인터넷 사이트 등이 신뢰할 수 있는 기관인지 확인하여야 한다.

결과

❶ 화산 활동으로 분출되는 물질에는 화산 쇄설물, 화산 가스, 용암이 있다.

➡ 화산 쇄설물은 화산암괴, 화산력, (   ) 등으로 구분한다.

➡ 화산 가스는 수증기, 이산화 탄소, 이산화 황, 염소 등으로 이루어진다.

❷ 통가 해저 화산(2022년), 하와이 킬라우에아 화산(2023년), 인도네시아 스메루 화산(2022년), 러시아 시벨루치 화산(2023년), 일본 사쿠라지마 화산(2024년) 등의 분출이 있었다.

➡ 과거의 주요 화산 활동과 현재 활동 중인 화산은 대체로 태평양 주변부의 (   )를 따라 분포한다.

❸ 화산이 분출하면 지구 환경이 피해를 입거나 사회적·경제적 피해를 입는다.

구분	환경적 피해	사회 경제적 피해
피해	• 화산재가 대기로 분출되어 지구 기온이 ( ) 한다. • 화산 가스가 분출하여 대기 오염이 일어난다. • ( )가 내려 토양이 산성화된다. • 용암이 흐르고, 두꺼운 화산재가 쌓여 생물의 서식지가 황폐화된다. • 해저의 화산 분출로 ( )이 발생한다.	• 화산재가 햇빛을 가려 농작물 수확량이 ( ) 한다. • 용암이나 고온의 ( )에 의해 인명 피해가 생긴다. • 도로가 파괴되고, 항공기 운항이 중단되어 물류 수송에 피해가 생긴다. • 주택 파손, 전력 및 용수 공급 차단, 수목 소실 등이 발생한다.

❹ 화산 분출에 의한 지구와 생명 시스템의 피해를 줄이려면 활동 중인 화산에 대한 지속적인 감시와 경보 체계를 마련하고, 화산 활동 피해 예상 지역을 설정하여 대피 계획을 세운다.

➡ 화산 분출을 예측하는 과학적 방법을 마련한다.

➡ 화산 주변에 (   )을 쌓으면 산 사면에서 흘러내리는 분출물의 피해를 줄일 수 있다.

➡ 고온의 용암에 직접 물을 뿌리면 도로와 건물의 파괴에 의한 피해를 줄일 수 있다.

➡ 화산 분출구 주변에 댐과 수로를 건설하면 용암이 흐르는 경로를 조절할 수 있다.

정리

1 화산 활동에 의해 대기로 분출한 다량의 화산재가 농작물의 수확량에 피해를 주는 까닭은 무엇인가?

➡ 대기에 머물면서 햇빛을 차단하여 식물의 (   )을 방해하기 때문이다.

2 해저에서 화산 분출이 일어날 때 해안 지역에 지진 해일(쓰나미)의 피해가 생기는 까닭은 무엇인가?

➡ 해저에서 화산 분출이 일어나면서 해수면에 작은 (   )이 발생하고, 그 파동이 해안 쪽으로 이동하면서 진폭이 점차 커져 해안 지역에서는 높은 파도를 형성하기 때문이다.

판의 경계

전 세계에 분포하는 판의 이름과 판의 경계의 종류를 알고, 각 판의 경계에서 일어나는 활동에 대해 알아보자.

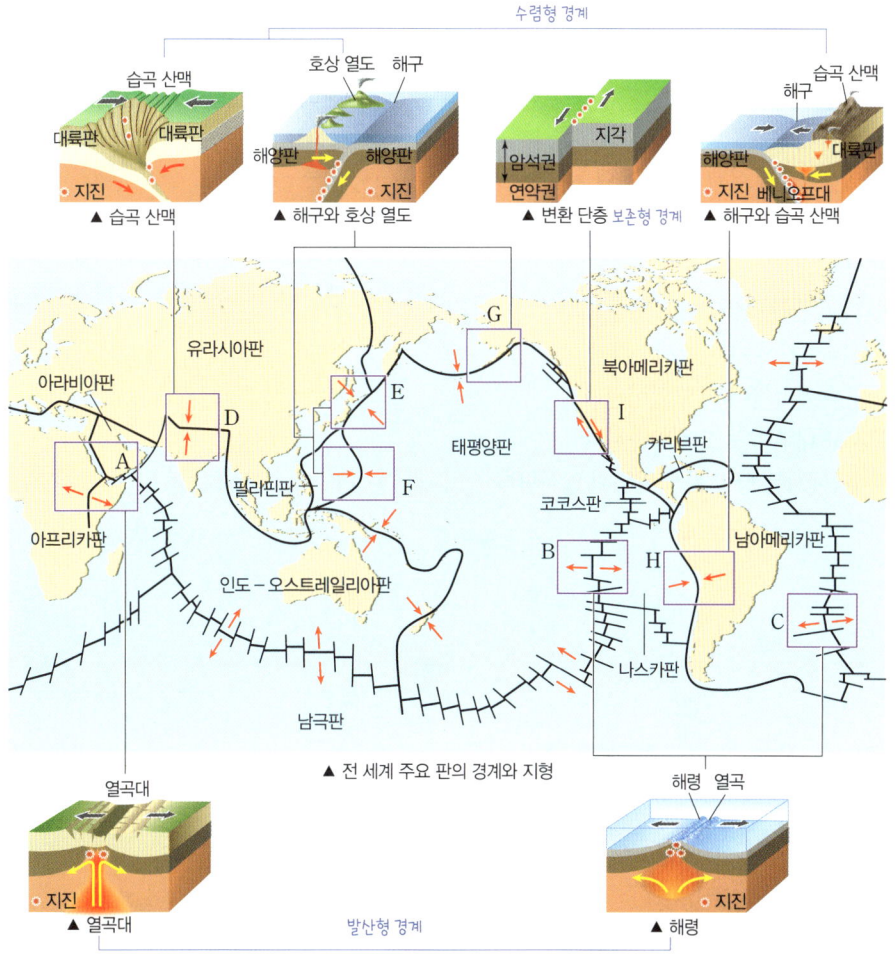

▲ 전 세계 주요 판의 경계와 지형

경계	관련된 판	위치	생성 지형	지진	화산 활동
발산형 경계	아프리카판	**A.** 동아프리카 열곡대	열곡대	천발 지진	활발
	태평양판 — 나스카판	**B.** 동태평양 해령	해령		
	남·북아메리카판 — 아프리카판	**C.** 대서양 중앙 해령	해령		
수렴형 경계	인도−오스트레일리아판, 유라시아판 충돌	**D.** 알프스− 히말라야산맥	습곡 산맥	천발~중발 지진	거의 일어나지 않음
	태평양판이 유라시아판 아래로 섭입	**E.** 일본 해구, 일본 열도	해구, 호상 열도	천발~심발 지진	활발
	태평양판이 필리핀판 아래로 섭입	**F.** 마리아나 해구			
	태평양판이 북아메리카판 아래로 섭입	**G.** 알류샨 열도			
	나스카판이 남아메리카판 아래로 섭입	**H.** 페루−칠레 해구, 안데스산맥	해구, 습곡 산맥		
보존형 경계	북아메리카판 — 태평양판	**I.** 산안드레아스 단층	변환 단층	천발 지진	거의 일어나지 않음

12 지권의 변화와 판 구조론

1 지권의 변화

01

다음은 여러 가지 지각 변동을 나타낸 것이다.

> • 지진   • 화산 활동   • 습곡 산맥 형성 • 대륙 이동

이에 대한 설명으로 옳지 않은 것은?

① 지각 변동이 일어나는 시간은 매우 다양하다.
② 습곡 산맥 부근에서는 지진이 자주 발생한다.
③ 지각 변동은 지구 내부 에너지에 의해 일어난다.
④ 화산이 분출할 때 지구 내부의 물질이 방출된다.
⑤ 지진이 발생하는 지역에서는 항상 화산 활동이 일어난다.

02 ✔빈출

그림은 지진과 화산의 분포를 나타낸 것이다.

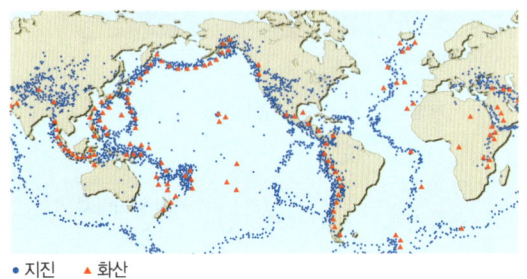

• 지진   ▲ 화산

이에 대한 설명으로 옳은 것만을 〈보기〉에서 있는 대로 고른 것은?

> **보기**
> ㄱ. 지진의 분포는 긴 띠 모양으로 나타난다.
> ㄴ. 대서양에서 지진은 중앙부보다 주변부에서 자주 발생한다.
> ㄷ. 태평양 주변부에서는 지진과 화산의 분포가 대체로 일치한다.

① ㄱ   ② ㄴ   ③ ㄱ, ㄷ
④ ㄴ, ㄷ   ⑤ ㄱ, ㄴ, ㄷ

2 판 구조론

03

판 구조론에 대한 설명으로 옳은 것만을 〈보기〉에서 있는 대로 고른 것은?

> **보기**
> ㄱ. 지구 표면은 크고 작은 여러 개의 판으로 이루어져 있다.
> ㄴ. 대부분의 지각 변동은 판의 운동에 의해 일어난다.
> ㄷ. 판은 크기에 관계없이 속력과 이동 방향이 같다.

① ㄱ   ② ㄷ   ③ ㄱ, ㄴ
④ ㄴ, ㄷ   ⑤ ㄱ, ㄴ, ㄷ

04 ✔빈출   난이도 상

그림은 판의 구조를 나타낸 것이다.

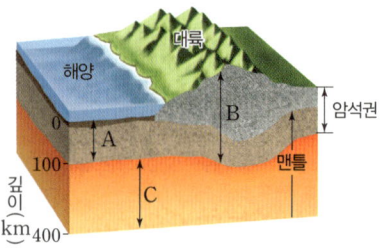

이에 대한 설명으로 옳은 것만을 〈보기〉에서 있는 대로 고른 것은?

> **보기**
> ㄱ. A와 C를 합친 부분을 판이라고 한다.
> ㄴ. 물질의 평균 밀도는 C>A>B이다.
> ㄷ. C에서는 맨틀 대류가 일어난다.

① ㄱ   ② ㄴ   ③ ㄱ, ㄷ
④ ㄴ, ㄷ   ⑤ ㄱ, ㄴ, ㄷ

05

난이도 상

그림은 전 세계 주요 판의 분포와 이동 방향을 나타낸 것이다.

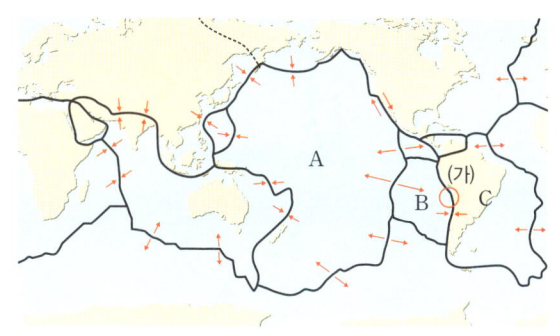

이에 대한 설명으로 옳은 것만을 〈보기〉에서 있는 대로 고른 것은?

보기
ㄱ. A는 해양판이다.
ㄴ. (가) 지역에서 밀도는 B가 C보다 크다.
ㄷ. A를 움직이게 하는 에너지원은 조력 에너지이다.

① ㄱ　　　　② ㄷ　　　　③ ㄱ, ㄴ
④ ㄴ, ㄷ　　　⑤ ㄱ, ㄴ, ㄷ

07 ✓빈출

그림은 판 경계의 단면을 나타낸 것이다.

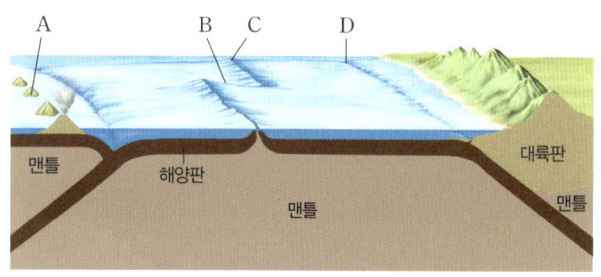

이에 대한 설명으로 옳은 것만을 〈보기〉에서 있는 대로 고른 것은?

보기
ㄱ. A에서는 해구와 나란하게 화산섬이 나열된다.
ㄴ. B에서는 판이 생성되거나 소멸되지 않는다.
ㄷ. 지진의 평균 깊이는 C 부근이 D 부근보다 얕다.

① ㄱ　　　　② ㄴ　　　　③ ㄱ, ㄷ
④ ㄴ, ㄷ　　　⑤ ㄱ, ㄴ, ㄷ

③ 판의 경계와 지각 변동

06 ✓빈출

그림 (가)~(다)는 판의 상대적인 이동 방향에 따라 판 경계를 구분한 모식도이다.

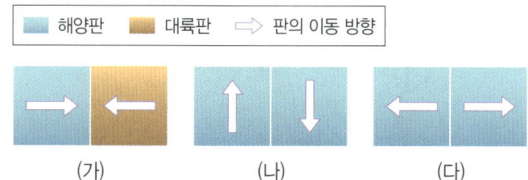

(가)　　　　(나)　　　　(다)

이에 대한 설명으로 옳은 것만을 〈보기〉에서 있는 대로 고른 것은?

보기
ㄱ. (가) 경계에서는 변환 단층을 따라 지진이 발생한다.
ㄴ. (나) 경계에서는 맨틀 대류가 상승하여 새로운 지각이 생성된다.
ㄷ. (가) 경계에서는 해구, (다) 경계에서는 해령이 발달한다.

① ㄱ　　　　② ㄷ　　　　③ ㄱ, ㄴ
④ ㄴ, ㄷ　　　⑤ ㄱ, ㄴ, ㄷ

08

난이도 상

그림 (가)와 (나)는 서로 다른 두 판의 경계를 나타낸 것이다.

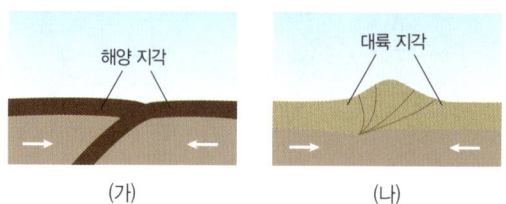

(가)　　　　(나)

이에 대한 설명으로 옳은 것만을 〈보기〉에서 있는 대로 고른 것은?

보기
ㄱ. (가)에서는 호상 열도가 형성된다.
ㄴ. (나)에서는 습곡 산맥이 형성된다.
ㄷ. (가)와 (나)에서 모두 천발 지진이 발생한다.
ㄹ. (가)와 (나)에서 모두 화산 활동이 활발하게 일어난다.

① ㄱ, ㄴ　　　② ㄱ, ㄹ　　　③ ㄴ, ㄹ
④ ㄱ, ㄴ, ㄷ　　⑤ ㄴ, ㄷ, ㄹ

09 ✓빈출

그림은 두 해양판의 상대적인 운동에 의해 형성된 경계를 나타낸 것이다.

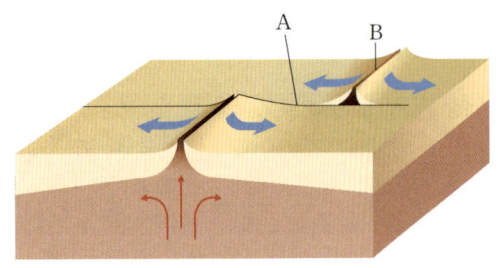

이에 대한 설명으로 옳은 것만을 〈보기〉에서 있는 대로 고른 것은?

보기
- ㄱ. A에는 변환 단층, B에는 열곡이 발달한다.
- ㄴ. A와 B 모두 화산 활동이 활발하게 일어난다.
- ㄷ. A에서는 천발 지진, B에서는 심발 지진이 발생한다.

① ㄱ   ② ㄴ   ③ ㄱ, ㄷ
④ ㄴ, ㄷ   ⑤ ㄱ, ㄴ, ㄷ

10 ✓빈출

그림은 전 세계 주요 판의 분포와 이동 방향을 나타낸 것이다.

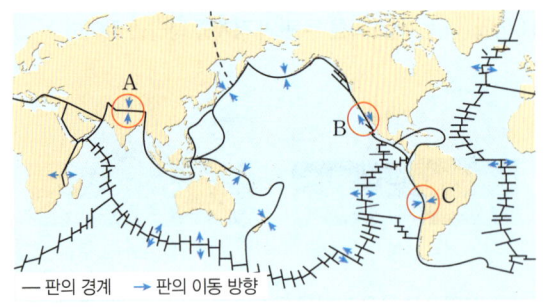

이에 대한 설명으로 옳은 것만을 〈보기〉에서 있는 대로 고른 것은?

보기
- ㄱ. A와 C에서는 습곡 산맥이 발달한다.
- ㄴ. B에서는 변환 단층이 발달한다.
- ㄷ. A, B, C에서는 모두 화산 활동이 활발하게 일어난다.

① ㄱ   ② ㄷ   ③ ㄱ, ㄴ
④ ㄴ, ㄷ   ⑤ ㄱ, ㄴ, ㄷ

11

그림은 북동 태평양 주변부에서의 판의 경계를 나타낸 것이다.

이에 대한 설명으로 옳은 것만을 〈보기〉에서 있는 대로 고른 것은?

보기
- ㄱ. A는 태평양판에 속한다.
- ㄴ. B 부근에서는 천발 지진이 자주 발생한다.
- ㄷ. B에서 북아메리카판은 북서쪽으로 이동한다.

① ㄱ   ② ㄴ   ③ ㄱ, ㄷ
④ ㄴ, ㄷ   ⑤ ㄱ, ㄴ, ㄷ

12

그림은 남아메리카 대륙 주변에 있는 판의 경계를 나타낸 것이다.

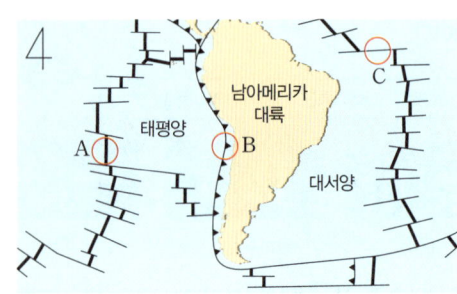

이에 대한 설명으로 옳은 것만을 〈보기〉에서 있는 대로 고른 것은?

보기
- ㄱ. A에서는 오래된 해양판이 소멸한다.
- ㄴ. 인접한 두 판의 밀도 차는 A가 B보다 크다.
- ㄷ. C에서는 동서 방향을 따라 지진이 자주 발생한다.

① ㄱ   ② ㄷ   ③ ㄱ, ㄴ
④ ㄴ, ㄷ   ⑤ ㄱ, ㄴ, ㄷ

4 지권의 변화가 지구시스템에 미치는 영향

13

표는 화산 분출물의 특징을 나타낸 것이다. (가)~(다)는 각각 용암, 화산 쇄설물, 화산 가스 중 하나이다.

구분	특징
(가)	수증기, 이산화 탄소, 이산화 황 등
(나)	지표에 분출한 고온의 마그마
(다)	화산재, 화산진, 화산력, 화산 암괴 등

이에 대한 설명으로 옳은 것만을 〈보기〉에서 있는 대로 고른 것은?

보기
ㄱ. (가)는 산성비를 내려 생태계에 피해를 준다.
ㄴ. (나)는 (다)보다 넓은 지역에 화산 피해를 준다.
ㄷ. (다)는 대기에 체류하면서 일시적으로 기온을 상승시킨다.

① ㄱ　　　　② ㄴ　　　　③ ㄱ, ㄷ
④ ㄴ, ㄷ　　　⑤ ㄱ, ㄴ, ㄷ

14 ✔빈출

다음은 지진과 화산 활동이 지구시스템의 구성 요소에 미치는 영향 A~D와 그에 해당하는 예 (가)~(라)를 나타낸 것이다.

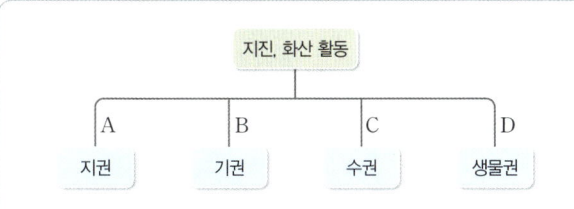

(가) 지진에 의해 지표면이 갈라진다.
(나) 화산 활동에 의해 산불이 발생한다.
(다) 해저 지진에 의해 지진 해일(쓰나미)이 발생한다.
(라) 화산 활동에 의해 유용한 금속 광물이 만들어진다.

A~D와 예 (가)~(라)를 옳게 짝지은 것은?

① A－(나)　　② B－(가)　　③ B－(다)
④ C－(다)　　⑤ D－(라)

15

그림은 전 세계 지진과 화산의 분포를 나타낸 것이다.

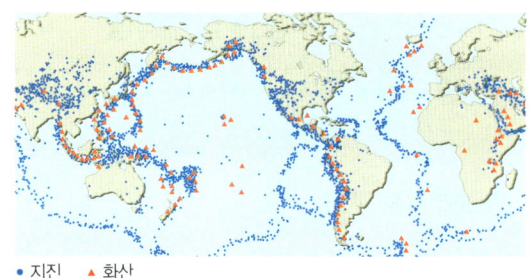

• 지진　▲ 화산

(1) 판의 세 가지 경계 중 태평양 주변부에는 주로 어떤 경계가 나타나는지 쓰고, 태평양 주변부에서 지진대와 화산대가 거의 일치하는 까닭을 서술하시오.

_____

_____

(2) 태평양 주변부에 비해 대서양 주변부에서는 지진과 화산 활동이 거의 일어나지 않는다. 그 까닭은 무엇인지 서술하시오.

_____

_____

16

그림은 해령 부근의 해저 지형을 나타낸 것이다.

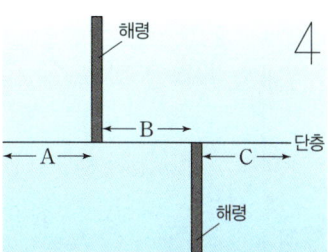

단층선을 따라 B 구간에서는 지진이 자주 발생하지만 A와 C 구간에서는 지진이 거의 발생하지 않는다. 그 까닭을 판의 이동 방향과 관련지어 서술하시오.

_____

_____

17

지진은 짧은 시간에 넓은 지역에 걸쳐 피해를 주는 지각 변동이시만 지진이 효율적으로 이용되는 경우도 있다. 지진이 이용되는 예를 한 가지만 서술하시오.

_____

_____

11 지구시스템의 구성과 상호작용

빈출 개념 기권의 성층 구조 ★★★★★   해수의 성층 구조 ★★★★   지권의 성층 구조 ★★★
물의 순환 ★★★★★   탄소의 순환 ★★★★★   지구시스템의 상호작용 ★★★★★

1 기권의 성층 구조

그림 (가)와 (나)는 높이에 따른 기온과 오존 농도를 나타낸 것이다.

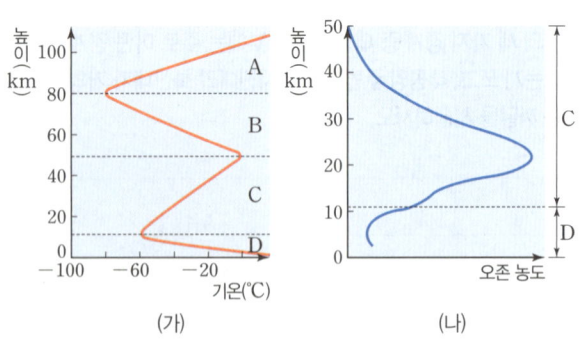

(가)   (나)

• 다음 설명 중 옳은 것은 ○표, 옳지 <u>않은</u> 것은 ×표 하시오.

1 A는 열권이고, B는 중간권이다. (○ | ×)

2 B에서는 공기의 대류에 의한 기상 현상이 일어난다. (○ | ×)

3 태양 복사의 자외선은 대부분 C에서 차단된다. (○ | ×)

4 낮과 밤의 기온 차가 가장 크게 나타나는 층은 D이다.
(○ | ×)

5 공기의 대류는 C보다 D에서 활발하게 일어난다. (○ | ×)

6 C의 연직 기온 분포는 오존의 영향을 받는다. (○ | ×)

2 해수의 성층 구조

그림은 연직 수온 분포에 따라 해수를 A∼C층으로 구분한 것이다.

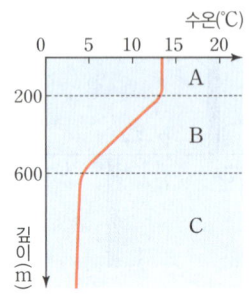

• 다음 설명 중 옳은 것은 ○표, 옳지 <u>않은</u> 것은 ×표 하시오.

1 바람에 의한 해수의 혼합은 A층이 C층보다 활발하다.
(○ | ×)

2 B층에서는 해수의 연직 운동이 활발하다. (○ | ×)

3 B층은 A층과 C층 사이의 에너지 흐름을 촉진시키는 역할을
한다. (○ | ×)

4 계절에 따른 수온 변화는 C층이 A층보다 크다. (○ | ×)

3 지권의 성층 구조

그림은 지권의 성층 구조와 지표 부근의 지각 a, b의 분포를 나타낸
것이다.

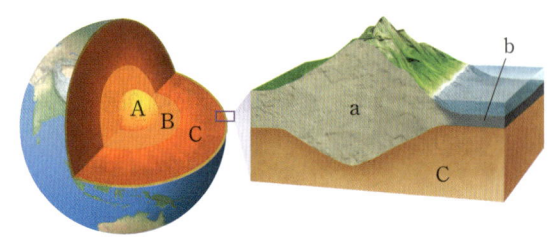

• 다음 설명 중 옳은 것은 ○표, 옳지 <u>않은</u> 것은 ×표 하시오.

1 B의 밀도는 A보다 C에 가깝다. (○ | ×)

2 A는 고체 상태이고, B는 액체 상태이다. (○ | ×)

3 A, B, C는 깊이에 따른 온도 변화를 기준으로 구분한 것이다.
(○ | ×)

4 지권에서 가장 큰 부피를 차지하는 층은 C이다. (○ | ×)

5 C에서 일어나는 대류로 지구 자기장이 형성된다. (○ | ×)

6 a는 대륙 지각이고, b는 해양 지각이다. (○ | ×)

7 b는 C보다 평균 밀도가 크다. (○ | ×)

4 물의 순환

그림은 지구시스템에서 물의 순환을 나타낸 것이다.

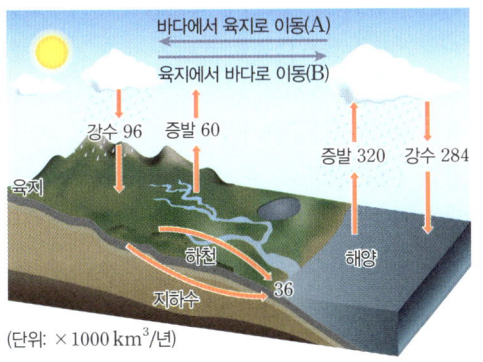

(단위: ×1000 km³/년)

• 다음 설명 중 옳은 것은 ○표, 옳지 <u>않은</u> 것은 ×표 하시오.

1 증발한 물이 응결할 때 에너지를 흡수한다.　　　　(○ | ×)
2 증발하는 물은 태양 에너지를 얻어 수권에서 기권으로 이동한다.　　　　(○ | ×)
3 지구 전체 물의 양은 변하지 않는다.　　　　(○ | ×)
4 바다는 물을 잃은 양이 얻은 양보다 많다.　　　　(○ | ×)
5 대기에서 이동하는 물의 양은 A가 B보다 많다.　　　　(○ | ×)
6 육지의 물이 바다로 이동하는 동안 지표와 지하의 지형이 변한다.　　　　(○ | ×)

5 탄소의 순환

그림은 지구시스템에서 탄소의 순환을 나타낸 것이다.

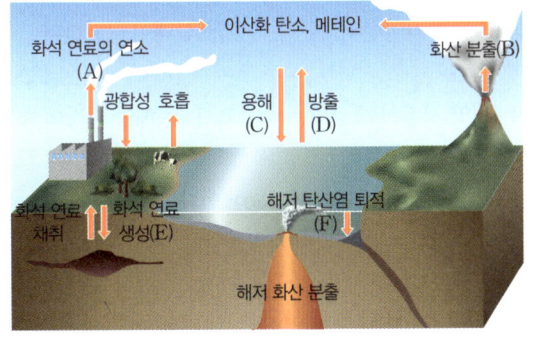

• 다음 설명 중 옳은 것은 ○표, 옳지 <u>않은</u> 것은 ×표 하시오.

1 A에서 발생한 열에너지의 근원은 태양 에너지이다.
　　　　(○ | ×)
2 A와 B는 지권의 탄소가 기권으로 이동하는 과정이다.
　　　　(○ | ×)
3 C를 거치면 탄소는 탄산 이온의 형태로 존재한다.　(○ | ×)
4 해수의 표층 수온이 상승하면 C는 증가하고, D는 감소한다.
　　　　(○ | ×)
5 E는 태양 에너지가 지구 내부 에너지로 전환되는 과정이다.
　　　　(○ | ×)
6 F를 거치면 석회암이 만들어진다.　　　　(○ | ×)

6 지구시스템의 상호작용

다음은 지구시스템의 구성 요소 간에 일어나는 상호작용과 그 예를 (가)~(라)로 나타낸 것이다.

(가) 화산 분출이 일어나면서 화산 가스가 대기로 방출된다.
(나) 대기 중의 이산화 탄소가 해수에 녹는다.
(다) 해안가에서 파도에 의해 동굴이 형성된다.
(라) 오존이 태양 복사 에너지의 자외선을 흡수한다.

• 다음 설명 중 옳은 것은 ○표, 옳지 <u>않은</u> 것은 ×표 하시오.

1 (가)는 지권과 기권의 상호작용이다.　　　　(○ | ×)
2 (나)는 기권과 생물권의 상호작용이다.　　　　(○ | ×)
3 (다)는 수권과 지권의 상호작용이다.　　　　(○ | ×)
4 (라)는 외권과 생물권의 상호작용이다.　　　　(○ | ×)
5 외권과 기권 사이에서는 물질 이동이 활발하게 일어난다.
　　　　(○ | ×)

12 지권의 변화와 판 구조론

빈출 개념   판의 구조와 맨틀의 대류 ★★★   판의 분포와 이동 ★★★★★   판의 경계 ★★★   수렴형 경계와 지각 변동 ★★★★★
발산형 경계와 지각 변동 ★★★★★   보존형 경계와 지각 변동 ★★★★★

7 판의 구조와 맨틀의 대류

그림은 판의 구조를 나타낸 것이다.

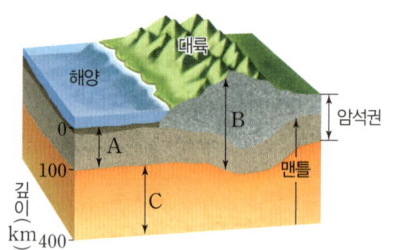

• 다음 설명 중 옳은 것은 ○표, 옳지 않은 것은 ×표 하시오.

1 암석권은 지각과 맨틀의 일부를 포함한다. (○ | ×)

2 A는 해양판이고, B는 대륙판이다. (○ | ×)

3 해양판은 대륙판보다 밀도가 작다. (○ | ×)

4 해양판은 대륙판보다 두께가 두껍다. (○ | ×)

5 암석권 아래에는 연약권이 존재한다. (○ | ×)

6 연약권에서는 맨틀 물질의 대류가 일어난다. (○ | ×)

7 판을 움직이는 에너지원은 태양 에너지이다. (○ | ×)

8 판의 분포와 이동

그림은 전 세계 주요 판의 분포와 이동 방향을 나타낸 것이다.

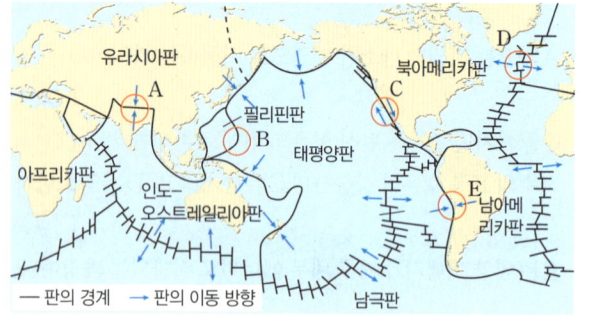

• 다음 설명 중 옳은 것은 ○표, 옳지 않은 것은 ×표 하시오.

1 A, B, E는 수렴형 경계이다. (○ | ×)

2 C는 보존형 경계, D는 발산형 경계이다. (○ | ×)

3 A에는 히말라야산맥, E에는 안데스산맥이 발달한다.
(○ | ×)

4 B는 해양 지각이 생성되는 곳이고, D는 해양 지각이 소멸되는 곳이다. (○ | ×)

5 B와 E에는 모두 해구가 형성되어 있다. (○ | ×)

6 C에서는 천발~심발 지진이 발생한다. (○ | ×)

7 C에는 산안드레아스 단층이 발달한다. (○ | ×)

8 태평양에는 동쪽에 해령이 있고, 대서양에는 중앙부에 해령이 있다. (○ | ×)

9 판의 경계

그림은 판의 경계를 나타낸 것이다.

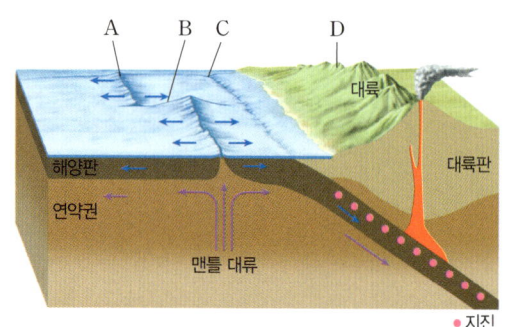

• 다음 설명 중 옳은 것은 ○표, 옳지 않은 것은 ×표 하시오.

1 A는 해령이고, C는 해구이다. (○ | ×)

2 B에는 변환 단층이 발달한다. (○ | ×)

3 A와 B에서는 화산 활동이 활발하게 일어난다. (○ | ×)

4 A와 B에서는 천발 지진이 자주 발생한다. (○ | ×)

5 A는 맨틀 대류의 하강부이고, C는 맨틀 대류의 상승부이다.
(○ | ×)

6 C에서 D로 갈수록 진원의 깊이가 얕아진다. (○ | ×)

7 C에서는 해양판이 대륙판 아래로 섭입한다. (○ | ×)

8 D에서는 화산 활동이 일어난다. (○ | ×)

10 수렴형 경계와 지각 변동

그림 (가)~(다)는 서로 다른 판의 수렴형 경계를 나타낸 것이다.

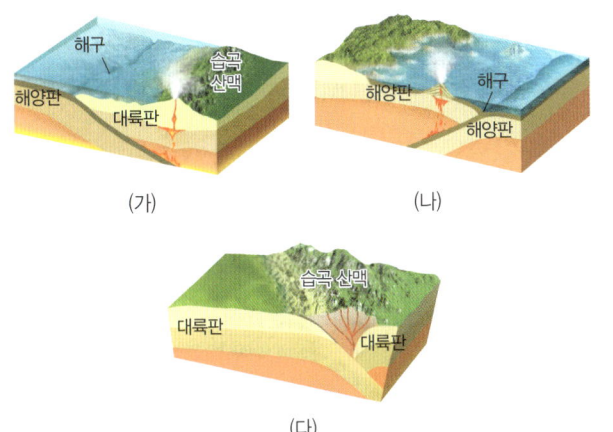

(가)

(나)

(다)

• 다음 설명 중 옳은 것은 ○표, 옳지 **않은** 것은 ✕표 하시오.

1 (가)와 (나)에는 섭입대가 나타난다. (○ | ✕)

2 (가)와 (나)에서는 판의 경계에 해구가 만들어진다. (○ | ✕)

3 (가)에서 형성되는 습곡 산맥의 예로 히말라야산맥이 있다. (○ | ✕)

4 (나)에서는 판의 경계와 나란하게 호상 열도가 형성된다. (○ | ✕)

5 (다)에서는 두 대륙판이 충돌형 경계를 이룬다. (○ | ✕)

6 지진 발생 지점의 평균 깊이는 (나)가 (다)보다 얕다. (○ | ✕)

7 (가)~(다)에서는 모두 화산 활동이 활발하게 일어난다. (○ | ✕)

11 발산형 경계와 지각 변동

그림 (가)와 (나)는 서로 다른 판의 발산형 경계를 나타낸 것이다.

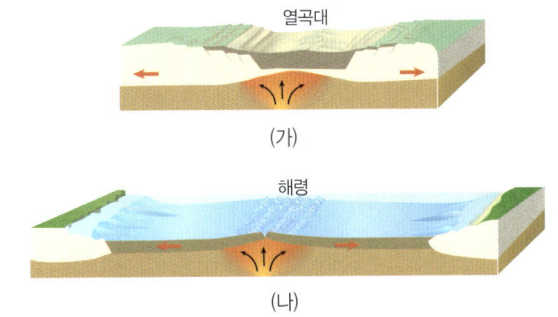

(가)

(나)

• 다음 설명 중 옳은 것은 ○표, 옳지 **않은** 것은 ✕표 하시오.

1 (가)는 대륙 지각이 갈라지면서 형성된다. (○ | ✕)

2 동아프리카 열곡대는 (가)의 지형에 해당한다. (○ | ✕)

3 (나)의 해령에는 열곡이 발달한다. (○ | ✕)

4 (가)와 (나)에서는 모두 천발 지진이 발생한다. (○ | ✕)

5 (가)와 (나)에서는 모두 화산 활동이 일어난다. (○ | ✕)

6 (가)는 맨틀 대류의 하강부이고, (나)는 맨틀 대류의 상승부이다. (○ | ✕)

12 보존형 경계와 지각 변동

그림은 해령 부근에 형성된 보존형 경계를 나타낸 것이다.

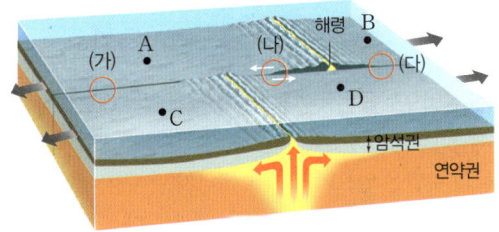

• 다음 설명 중 옳은 것은 ○표, 옳지 **않은** 것은 ✕표 하시오.

1 A와 C, B와 D는 각각 판의 이동 방향과 속도가 거의 같다. (○ | ✕)

2 A와 B의 암석은 해령에서 생성되었다. (○ | ✕)

3 (가)와 (다)에서는 천발 지진이 자주 발생한다. (○ | ✕)

4 (나)는 맨틀 대류의 상승부이다. (○ | ✕)

5 (가)~(다)에서는 모두 화산 활동이 활발하게 일어난다. (○ | ✕)

6 (가)~(다) 중 (나) 부분의 단층을 변환 단층이라고 한다. (○ | ✕)

7 산안드레아스 단층은 (나)의 지형이 육지로 드러난 예이다. (○ | ✕)

11 지구시스템의 구성과 상호작용

01

그림 (가)는 높이에 따른 기온 분포를, (나)는 높이에 따른 오존 농도 분포를 나타낸 것이다.

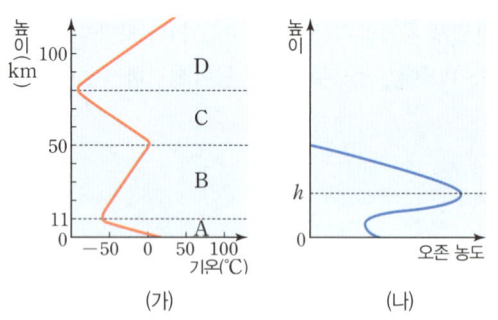

(가)   (나)

이에 대한 설명으로 옳은 것만을 〈보기〉에서 있는 대로 고른 것은?

보기

ㄱ. 공기의 대류와 기상 현상이 모두 나타나는 층은 A이다.
ㄴ. (나)의 높이 h는 B층에 속한다.
ㄷ. A~D 중 낮과 밤의 기온 차이가 가장 큰 층은 D이다.

① ㄱ   ② ㄴ   ③ ㄱ, ㄷ
④ ㄴ, ㄷ   ⑤ ㄱ, ㄴ, ㄷ

02

그림 (가)는 수권의 성층 구조를, (나)는 지권의 성층 구조를 나타낸 것이다. (가)와 (나)에서 층의 상대적인 두께는 고려하지 않는다.

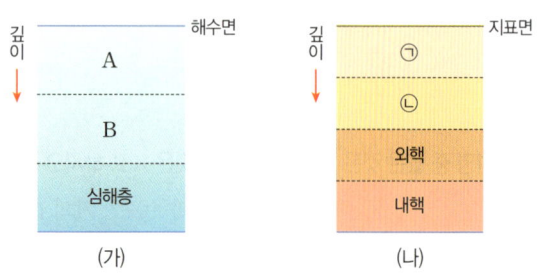

(가)   (나)

이에 대한 설명으로 옳은 것만을 〈보기〉에서 있는 대로 고른 것은?

보기

ㄱ. (가)와 (나)는 모두 깊이에 따른 온도 변화를 기준으로 구분한 것이다.
ㄴ. 해수의 혼합 작용은 A보다 B에서 활발하게 일어난다.
ㄷ. ⓛ의 구성 물질은 외핵보다 ⑤과 비슷하다.

① ㄱ   ② ㄷ   ③ ㄱ, ㄴ
④ ㄴ, ㄷ   ⑤ ㄱ, ㄴ, ㄷ

03 ✔빈출

그림은 해수의 성층 구조를 나타낸 것이다.

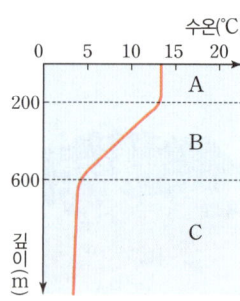

이에 대한 설명으로 옳은 것만을 〈보기〉에서 있는 대로 고른 것은?

보기

ㄱ. A층은 바람이 강할수록 두껍게 나타난다.
ㄴ. 태양 에너지를 가장 많이 흡수하는 층은 B이다.
ㄷ. A와 C는 안정한 층이다.

① ㄱ   ② ㄴ   ③ ㄱ, ㄷ
④ ㄴ, ㄷ   ⑤ ㄱ, ㄴ, ㄷ

04   학평 기출변형

그림은 지구시스템에서의 물의 순환을 나타낸 것이다. 대기, 육지, 바다는 각각 물을 얻은 양과 잃은 양이 같다.

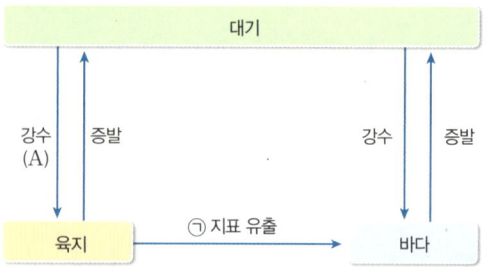

이에 대한 설명으로 옳은 것만을 〈보기〉에서 있는 대로 고른 것은?

보기

ㄱ. 물의 순환을 일으키는 주요 에너지는 태양 에너지이다.
ㄴ. A의 양은 육지에서 증발하는 양과 같다.
ㄷ. ⓧ 과정에서 암석의 풍화와 침식이 일어난다.

① ㄱ   ② ㄴ   ③ ㄱ, ㄷ
④ ㄴ, ㄷ   ⑤ ㄱ, ㄴ, ㄷ

05 ✓빈출

그림은 지구시스템에서 탄소의 순환 과정 중 일부를 나타낸 것이다.

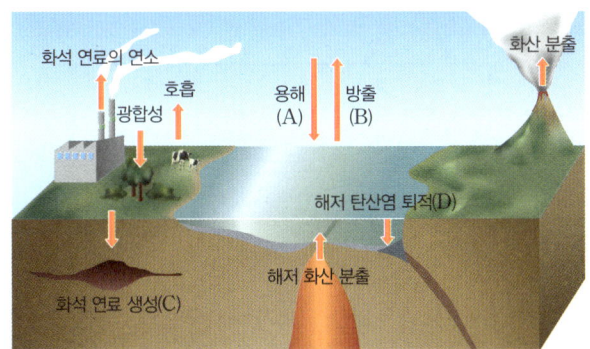

이에 대한 설명으로 옳은 것만을 〈보기〉에서 있는 대로 고른 것은?

보기

ㄱ. 수온이 상승하면 A는 감소하고, B는 증가한다.
ㄴ. C에 의해 태양 에너지는 지권에 저장된다.
ㄷ. 석회암은 D에 의해 생성될 수 있다.

① ㄱ   ② ㄷ   ③ ㄱ, ㄴ
④ ㄴ, ㄷ   ⑤ ㄱ, ㄴ, ㄷ

07

그림은 지구시스템의 구성 요소 사이의 상호작용 A ~ D를, 표는 A ~ D의 예를 나타낸 것이다. (가)~(다)는 각각 수권, 외권, 지권 중 하나이다.

상호작용	예
A	오존층에 의한 자외선 흡수
B	황사의 발생
C	바람에 의한 해류 발생
D	(㉠)

이에 대한 설명으로 옳은 것만을 〈보기〉에서 있는 대로 고른 것은?

보기

ㄱ. (가)는 외권이다.
ㄴ. 빙하는 (나)에 속한다.
ㄷ. '지하수에 의한 석회 동굴의 형성'은 ㉠에 올 수 있다.

① ㄱ   ② ㄴ   ③ ㄷ
④ ㄱ, ㄷ   ⑤ ㄴ, ㄷ

06 ✓빈출

그림 (가)와 (나)는 지구시스템에서 일어나는 현상들을 나타낸 것이다.

(가) 지형 변화   (나) 지진 해일(쓰나미)

이에 대한 설명으로 옳은 것만을 〈보기〉에서 있는 대로 고른 것은?

보기

ㄱ. (가)의 주된 에너지원은 지구 내부 에너지이다.
ㄴ. (나)는 지권과 수권의 상호작용에 의해 일어난다.
ㄷ. (가)와 (나) 현상의 시간적 규모는 (가)가 더 크다.

① ㄱ   ② ㄴ   ③ ㄱ, ㄷ
④ ㄴ, ㄷ   ⑤ ㄱ, ㄴ, ㄷ

12 지권의 변화와 판 구조론

08 ✓빈출

그림은 판의 모습과 이동 방향을 나타낸 것이다.

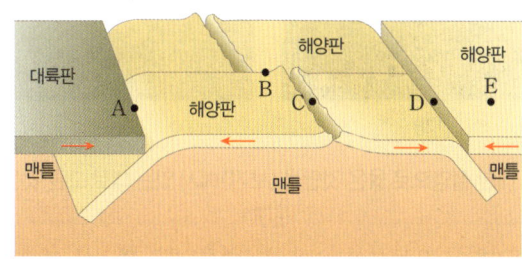

이에 대한 설명으로 옳은 것만을 〈보기〉에서 있는 대로 고른 것은?

보기

ㄱ. 해구가 형성되는 곳은 A와 D이다.
ㄴ. 화산 활동은 C보나 B에서 활발하게 일어난다.
ㄷ. D에서 E로 갈수록 진원의 깊이가 얕아진다.

① ㄱ   ② ㄴ   ③ ㄱ, ㄷ
④ ㄴ, ㄷ   ⑤ ㄱ, ㄴ, ㄷ

09

그림은 세 지역의 지각 변동 특징을 흐름도에 따라 나타낸 것이다.

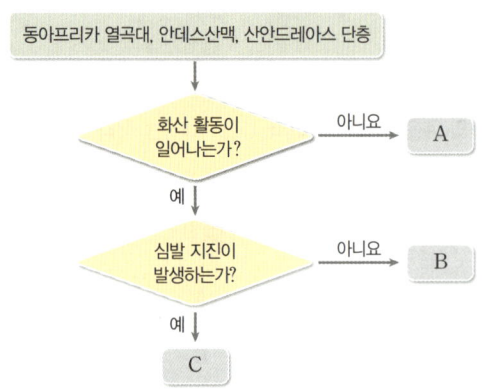

이에 대한 설명으로 옳은 것만을 〈보기〉에서 있는 대로 고른 것은?

〈보기〉
ㄱ. A에서는 판이 소멸한다.
ㄴ. B는 맨틀 대류의 상승부에서 형성된다.
ㄷ. C는 해구와 나란하게 형성된다.

① ㄱ   ② ㄴ   ③ ㄱ, ㄷ
④ ㄴ, ㄷ   ⑤ ㄱ, ㄴ, ㄷ

10

그림 (가)와 (나)는 화산 분출이 일어난 지역에서 생기는 자연 재해를 나타낸 것이다.

(가)   (나)

이에 대한 설명으로 옳은 것만을 〈보기〉에서 있는 대로 고른 것은?

〈보기〉
ㄱ. (가)는 유동성이 큰 용암일수록 넓은 면적에 피해를 준다.
ㄴ. (나)의 화산재가 장기간 대기 중에 체류하면 지구의 기온이 낮아진다.
ㄷ. (나)의 화산재가 쌓인 지역에서 오랜 시간이 지나면 토양이 비옥해진다.

① ㄱ   ② ㄴ   ③ ㄱ, ㄷ
④ ㄴ, ㄷ   ⑤ ㄱ, ㄴ, ㄷ

만점 도전 문제

11

그림은 어느 해역에서 측정한 깊이에 따른 수온을 등수온선으로 나타낸 것이다.

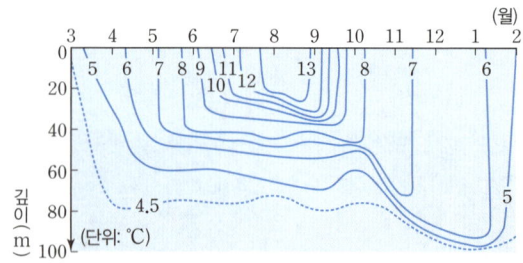

이에 대한 설명으로 옳은 것만을 〈보기〉에서 있는 대로 고른 것은?

〈보기〉
ㄱ. 혼합층의 두께는 5월보다 8월에 얇다.
ㄴ. 수온 약층이 시작되는 깊이는 8월보다 2월에 깊다.
ㄷ. 8월에는 심층 해수의 표층 상승이 활발하게 일어난다.

① ㄱ   ② ㄷ   ③ ㄱ, ㄴ
④ ㄴ, ㄷ   ⑤ ㄱ, ㄴ, ㄷ

12

표는 지구시스템 구성 요소 사이에서 일어나는 상호작용의 예를 나타낸 것이다. (가)~(라)는 각각 기권, 지권, 수권, 생물권 중 하나이다.

구분	(가)	(나)	(다)	(라)
기권	화산 가스 분출			
지권				㉠
수권			태풍 발생	
생물권	㉡			세포 내의 물 공급

이에 대한 설명으로 옳은 것만을 〈보기〉에서 있는 대로 고른 것은?

〈보기〉
ㄱ. (가)는 지권, (나)는 생물권이다.
ㄴ. '홍수에 의한 하천 지형 변화'는 ㉠에 해당한다.
ㄷ. '화석 연료 생성'은 ㉡에 해당한다.

① ㄱ   ② ㄴ   ③ ㄱ, ㄷ
④ ㄴ, ㄷ   ⑤ ㄱ, ㄴ, ㄷ

13

그림은 두 해양판 A와 B가 경계를 이루는 어느 해역에서 발생한 지진의 진앙을 진원의 깊이에 따라 구분하여 나타낸 것이다.

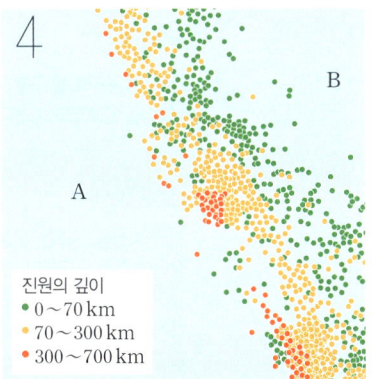

진원의 깊이
● $0 \sim 70$ km
● $70 \sim 300$ km
● $300 \sim 700$ km

이에 대한 설명으로 옳은 것만을 〈보기〉에서 있는 대로 고른 것은?

보기
ㄱ. 판의 밀도는 A가 B보다 크다.
ㄴ. 화산 활동은 판 A가 속한 해역에서 일어난다.
ㄷ. 이 해역에는 북서 – 남동 방향으로 해구가 형성되어 있다.

① ㄱ ② ㄴ ③ ㄱ, ㄷ
④ ㄴ, ㄷ ⑤ ㄱ, ㄴ, ㄷ

14

그림은 세 해양판 A, B, C의 이동 방향과 속력을 나타낸 것이다. 판의 이동 속력은 C > B > A이다.

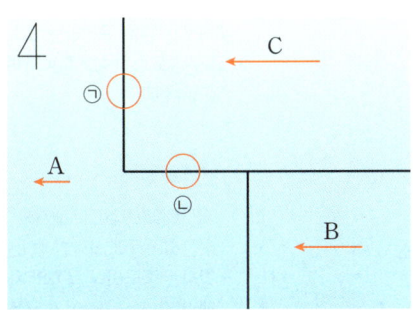

이에 대한 설명으로 옳은 것만을 〈보기〉에서 있는 대로 고른 것은?

보기
ㄱ. ㉠ 부근에서는 심발 지진이 발생한다.
ㄴ. ㉠에서는 새로운 해양 지각이 생성된다.
ㄷ. ㉡에는 변환 단층이 발달한다.

① ㄱ ② ㄴ ③ ㄱ, ㄷ
④ ㄴ, ㄷ ⑤ ㄱ, ㄴ, ㄷ

서술형 문제

15

그림은 극지방 상공의 오로라를 나타낸 것이다. 기권의 성층 구조에서 오로라가 나타나는 층을 쓰고, 오로라가 생기는 까닭을 지구시스템 구성 요소의 상호작용 관점에서 서술하시오.

16

그림은 탄소 순환 과정의 일부를 나타낸 것이다.

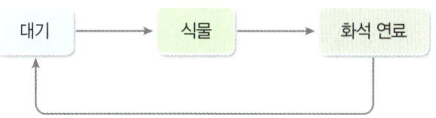

이 과정에서 일어나는 에너지 흐름에 대해 서술하시오.

17

그림은 인도 대륙과 유라시아 대륙 사이에 위치한 판의 경계 (A)를 나타낸 것이다. A에 형성된 지형, 지진과 화산 활동의 특징을 서술하시오.

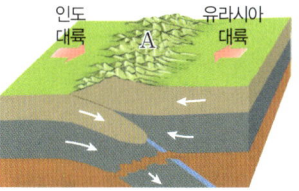

18 ✔빈출

그림은 서로 다른 판의 경계 A와 B를 나타낸 것이다.

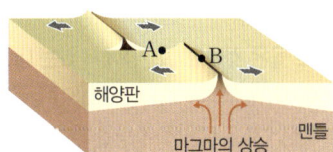

A와 B에서 일어나는 지진과 화산 활동의 특징을 각각 서술하시오.

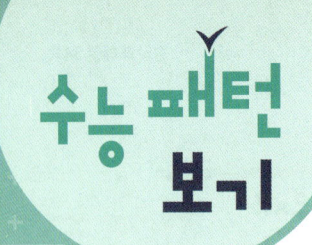

Ⅲ-1 지구시스템

01 그림은 성층 구조를 이루는 지권에서 깊이에 따른 온도와 밀도 분포를 나타낸 것이다.

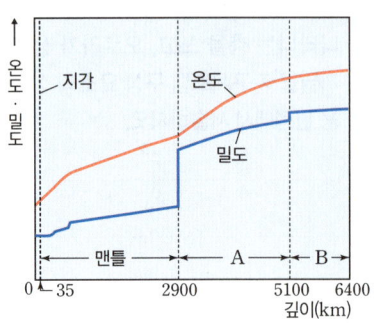

이에 대한 설명으로 옳은 것만을 〈보기〉에서 있는 대로 고른 것은?

〈보기〉

ㄱ. 각 층을 구분하는 기준은 온도가 밀도보다 적합하다.

ㄴ. 지권에서 차지하는 부피는 맨틀이 A보다 크다.

ㄷ. A와 B의 밀도가 다른 것은 구성 물질의 종류가 다르기 때문이다.

① ㄱ   ② ㄴ   ③ ㄱ, ㄷ   ④ ㄴ, ㄷ   ⑤ ㄱ, ㄴ, ㄷ

☑ **기출 패턴**

지권의 성층 구조를 구분하는 기준과 각 층의 특징을 알고 있어야 한다.

💡 **배경 지식**

· 지권의 성층 구조는 구성 성분과 물질의 상태에 따라 구분한다.
· 깊이가 깊어질수록 온도는 대체로 일정하게 증가하는 경향을 보이고, 밀도는 층의 경계에서 급격한 변화를 보이며 증가한다.

02 그림은 지구시스템 구성 요소의 상호작용을, 표는 상호작용 A와 B의 예를 나타낸 것이다. (가), (나), (다)는 각각 기권, 지권, 수권 중 하나이다.

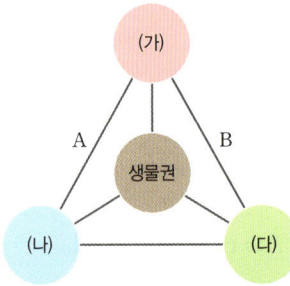

과정	예
A	지진 해일(쓰나미)의 발생
B	기온 상승에 의한 빙하 면적 감소

이에 대한 설명으로 옳은 것만을 〈보기〉에서 있는 대로 고른 것은?

〈보기〉

ㄱ. 지구 내부 에너지는 (가)에서 방출된다.

ㄴ. (나)는 식물의 광합성에 필요한 기체를 제공한다.

ㄷ. '황사의 발생'은 (나)와 (다)의 상호작용에 해당한다.

① ㄱ   ② ㄷ   ③ ㄱ, ㄴ   ④ ㄴ, ㄷ   ⑤ ㄱ, ㄴ, ㄷ

☑ **기출 패턴**

지구시스템을 구성하는 요소의 특징을 알고 구성 요소의 상호작용의 예를 파악할 수 있어야 한다.

💡 **배경 지식**

· 지진 해일(쓰나미)은 해저에서 발생한 지진, 화산 활동 등에 의해 발생하는 해일이다.
· 황사는 중국이나 몽골의 사막에 있는 모래 먼지가 상승하여 편서풍을 타고 멀리까지 날아가 서서히 가라앉는 현상이다.

03 그림은 어느 지역의 판의 경계를 나타낸 것이다. 이 지역의 판은 모두 해양판이고, 판의 경계는 발산형 경계, 수렴형 경계, 보존형 경계가 모두 나타난다.

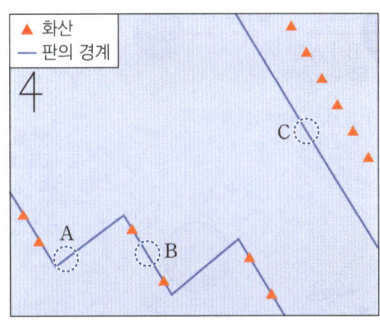

이에 대한 설명으로 옳은 것만을 〈보기〉에서 있는 대로 고른 것은? (단, 판의 이동 속력은 모두 같다.)

─────〈보기〉─────

ㄱ. 두 판의 밀도 차이는 B가 C보다 크다.

ㄴ. 두 판을 이루는 지각의 연령 차이는 A가 B보다 크다.

ㄷ. 진원의 평균 깊이는 C 부근이 B 부근보다 깊다.

① ㄱ   ② ㄷ   ③ ㄱ, ㄴ   ④ ㄴ, ㄷ   ⑤ ㄱ, ㄴ, ㄷ

04 그림 (가)와 (나)는 서로 다른 지역에서 판의 이동 방향을 모식적으로 나타낸 것이다.

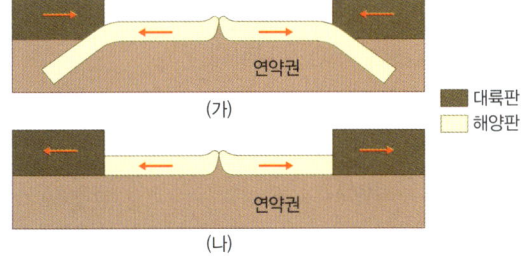

이에 대한 설명으로 옳은 것만을 <보기>에서 있는 대로 고른 것은?

─────〈보기〉─────

ㄱ. 내서양 주변부에서 판의 이동 방향은 (가)보다 (나)에 가깝다.

ㄴ. (가)와 (나)는 대륙 주변부에서 맨틀 대류의 하강류가 발달한다.

ㄷ. 대륙 주변부에서의 화산 활동은 (가)보다 (나)에서 활발하게 일어난다.

① ㄱ   ② ㄷ   ③ ㄱ, ㄴ   ④ ㄴ, ㄷ   ⑤ ㄱ, ㄴ, ㄷ

13 중력을 받는 물체의 운동

단원 한눈에 보기

1 중력과 역학 시스템

1 중력❶: 지구와 물체 사이에 상호작용 하는 힘으로, 질량을 가지는 모든 물체 사이에 작용한다. ❷

(1) 중력은 다양한 자연 현상을 일으키고, 생명체의 생명 활동에도 영향을 미친다. ❸

(2) **중력이 작용하여 나타나는 현상**

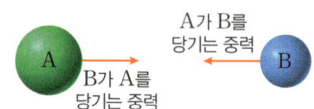

A가 B를 당기는 중력
B가 A를 당기는 중력

▲ 두 물체 사이에 작용하는 중력

번지 점프를 하면 아래로 떨어진다.
물이 높은 곳에서 낮은 곳으로 떨어진다.
달이 지구 주위를 공전한다.
눈, 비 등이 내린다.
야구공이 앞으로 나아 가면서 떨어진다.
나무에 매달린 사과가 지면으로 떨어진다.
동해

2 역학 시스템

(1) **역학 시스템**: 자연에 존재하는 여러 가지 힘이 물체들 사이에 상호작용 하면서 체계적으로 일정한 운동 체계를 유지하고 있는 시스템

(2) **역학 시스템에 관여하는 힘**: 중력, 전기력, 자기력, 탄성력, 마찰력, 부력 등 여러 가지 힘이 작용하여 역학 시스템 및 지구와 생명 시스템을 유지한다.

2 중력에 의한 지구 표면에서의 운동

1 가속도 운동: 물체의 속력이나 운동 방향이 변하는 운동

(1) **속력과 속도**: 속력은 단위 시간 동안 물체가 이동한 거리를 나타내는 물리량이고, 속도는 단위 시간 동안 물체의 위치 변화량으로 물체의 빠르기와 운동 방향을 함께 나타내는 물리량이다.

$$속력 = \frac{이동\ 거리}{걸린\ 시간}\ (단위: m/s),\ 속도 = \frac{변위}{걸린\ 시간}\ (단위: m/s)$$

(2) **가속도**: 단위 시간 동안 속도 변화량으로, 물체의 속도가 시간에 따라 변하는 정도를 나타낸다.

$$가속도 = \frac{나중\ 속도 - 처음\ 속도}{걸린\ 시간} = \frac{속도\ 변화량}{걸린\ 시간}\ (단위: m/s^2)$$

① 가속도는 크기와 방향을 모두 가지는 물리량이다.
② 가속도의 방향: 속도 변화량의 방향과 같다.

---

❶ 중력의 크기

물체의 질량이 클수록, 두 물체 사이의 거리가 가까울수록 크다.

중력의 크기(N)
= 질량(kg) × 중력 가속도(m/s²)

❷ 지구 중력의 방향

연직 방향
지구 중심

지구가 물체에 작용하는 중력의 방향은 지구 중심을 향하는 방향(= 연직 방향)이다.

지표면 근처에서 중력의 방향은 지면에 수직인 방향이야!

❸ 중력이 지구시스템과 생명 시스템에 미치는 영향

중력은 물체의 다양한 운동의 원인이 되며, 지구시스템과 생명 시스템에서 일어나는 다양한 현상에 영향을 미친다.

용어 쏙

• **탄성력** 변형된 물체가 원래 모양으로 되돌아가려는 힘
• **마찰력** 두 물체의 접촉면에서 물체의 운동을 방해하는 힘

속도가 증가할 때	속도가 감소할 때
속도와 가속도의 방향이 같을 때 속도의 크기는 점점 증가한다.	속도와 가속도의 방향이 반대일 때 속도의 크기는 점점 감소한다.
0 초 10 m/s 가속도→ 5 초 30 m/s	5 초 30 m/s ←가속도 10 초 10 m/s
직선상에서 달리는 자동차의 속도가 0 초일 때 10 m/s이고, 5 초일 때 30 m/s로 증가했다면 0~5 초 동안 자동차의 가속도는 $\dfrac{30 \text{ m/s} - 10 \text{ m/s}}{5 \text{ s}} = 4 \text{ m/s}^2$이다.	직선상에서 달리는 자동차의 속도가 5 초일 때 30 m/s이고, 10 초일 때 10 m/s로 감소했다면 5~10 초 동안 자동차의 가속도는 $\dfrac{10 \text{ m/s} - 30 \text{ m/s}}{5 \text{ s}} = -4 \text{ m/s}^2$이다.

2 자유 낙하 운동: 물체가 공기 저항을 받지 않고 중력만 받으면서 낙하하는 운동

(1) **자유 낙하 하는 물체의 속도**: 자유 낙하 하는 물체는 물체의 ==질량에 관계없이 1 초마다 약 9.8 m/s씩 속력이 증가하는 가속도 운동을 한다.==

➡ ==운동 방향과 같은 방향으로 중력이 작용하기 때문==

(2) **중력 가속도**: 지표면 근처에서 자유 낙하❹ 하는 물체의 가속도의 크기는 질량에 관계 없이 약 9.8 m/s²으로 일정하다. 중력 가속도의 방향은 연직 아래 방향이야!

➡ 질량이 다른 두 물체를 같은 높이에서 낙하시키면 두 물체는 ==지표면에 동시에 도달한다. 이는 물체의 질량이 달라도 중력 가속도는 같기 때문이다.==

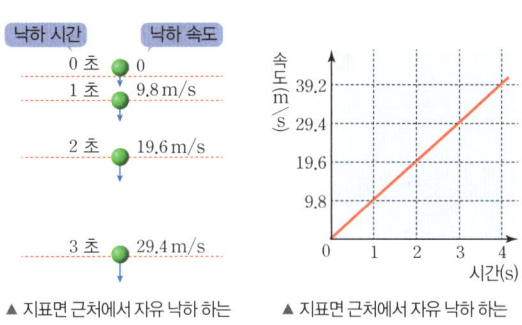

낙하 시간   낙하 속도
0 초   0
1 초   9.8 m/s
2 초   19.6 m/s
3 초   29.4 m/s

▲ 지표면 근처에서 자유 낙하 하는 물체의 시간에 따른 속도

▲ 지표면 근처에서 자유 낙하 하는 물체의 속도 – 시간그래프

⚠ **주의신**

❹ **자유 낙하 하는 물체의 운동**
지표면에서 운동하는 모든 물체는 중력을 받아 가속도 운동을 한다. 중력이 지구 중심 방향으로 작용하므로 중력 가속도의 방향도 지구 중심 방향이다.

📖 **용어신**

• **낙하** 높은 곳에서 낮은 곳으로 떨어지는 현상

✏ **바로 복습**

정답과 해설 37쪽

빈칸 채우기 문제

01 (   )은 지구와 물체 사이에 상호작용 하는 힘이다.

02 물체의 속력이나 운동 방향이 변하는 운동은 (   ) 운동이다.

03 (   ) 운동은 물체가 공기 저항을 받지 않고 중력만 받으면서 낙하하는 운동으로, 물체의 속력이 질량에 관계없이 1 초마다 약 (   ) m/s씩 증가한다.

04 자유 낙하 하는 물체에는 운동 방향과 (   ) 방향으로 중력이 작용한다.

OX 문제

05 질량을 가지는 모든 물체 사이에는 중력이 작용한다.
○ ✕

06 달이 지구 주위를 공전하는 현상은 중력이 작용하기 때문에 나타난다.
○ ✕

07 속도와 가속도의 방향이 반대일 때 속도의 크기는 점점 증가한다.
○ ✕

08 무게가 다른 두 물체를 같은 높이에서 동시에 가만히 놓아 낙하시킬 때, 공기 저항이 없으면 무게가 무거운 물체가 먼저 바닥에 도달한다.
○ ✕

3 수평 방향으로 던진 물체의 운동 (단, 공기 저항 무시)❺

(1) **수평 방향**: 수평 방향으로는 힘이 작용하지 않기 때문에 등속 직선 운동을 한다.

(2) **연직 방향**: 연직 방향으로 지구의 중력이 계속 작용하기 때문에 속력이 일정한 비율로 커지는 자유 낙하 운동, 즉 등가속도 운동을 한다.

(3) 수평 방향의 등속 직선 운동＋연직 방향의 등가속도 운동 ➡ 포물선 궤도를 그리며 떨어진다.

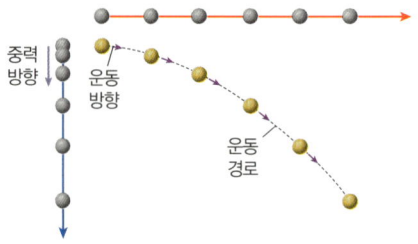

❺ 수평 방향으로 던진 물체의 운동

구분	수평 방향	연직 방향
힘	없음	중력
가속도	없음	중력 가속도
속력	일정	일정 비율로 증가
운동 상태	등속 직선 운동	자유 낙하 운동

등속 직선 운동과 등가속도 운동
등속 직선 운동은 물체의 속도가 일정한 운동이고, 등가속도 운동은 물체의 가속도가 일정한 운동이다.

가속도 법칙
물체의 가속도(a)는 물체에 작용하는 알짜힘(F)에 비례하고 질량(m)에 반비례한다.

$$a = \frac{F}{m}$$

🔍 **자세하게** **자유 낙하 운동과 수평 방향으로 던진 물체의 운동**

같은 높이에서 자유 낙하 하는 물체와 수평 방향으로 던진 물체는 운동하는 동안 중력만이 작용하므로 연직 방향의 가속도가 같다. 따라서 동시에 지면에 떨어진다.

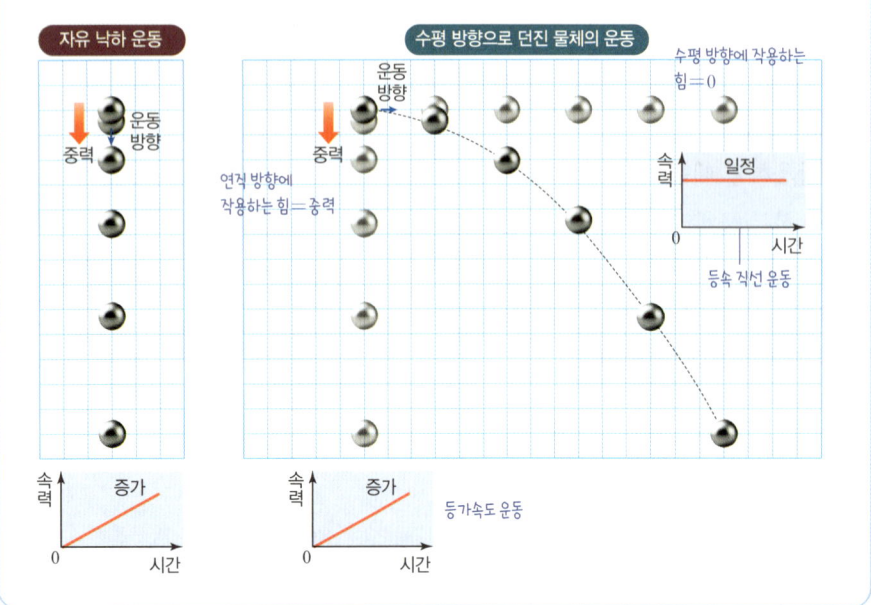

4 수평 방향으로 던진 속력에 따른 물체의 운동 (단, 공기 저항 무시)

(1) **수평 방향**: 수평 방향으로 던지는 물체의 속력이 클수록 같은 시간(수평면에 도달할 때까지 걸린 시간) 동안 수평 방향으로 이동한 거리가 크다.

(2) **연직 방향**: 수평 방향으로 던지는 속력이 다르더라도 물체가 운동하는 동안 연직 방향으로 중력만 작용하므로 수평면에 도달할 때까지 걸린 시간은 자유 낙하 하는 경우와 같다.

(3) 수평 방향으로 던지는 물체의 속력이 클수록 더 멀리 날아갈 뿐, 연직 방향의 가속도는 같으므로 수평면에 도달할 때까지 걸린 시간은 동일하다.

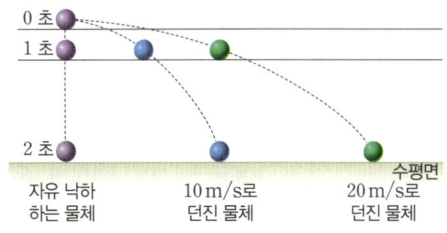

▲ 수평 방향으로 던진 속력에 따른 이동 거리

📖 **용어**
• **연직** 중력의 방향으로 실에 추를 달아 늘어뜨릴 때 실이 나타내는 방향

3 지구 주위의 원운동과 중력

1 뉴턴의 사고 실험❻: 영국의 과학자 뉴턴은 물체를 점점 더 큰 속력으로 던질수록 지구 중심 방향으로 떨어지면서 수평 방향으로 더 멀리까지 나아가고, 특정 속력 이상이 되면 지면에 닿지 않고 지구 주위를 원운동하게 된다고 생각했다.

2 인공위성과 달의 운동: 뉴턴의 사고 실험과 같은 원리로 인공위성이나 달은 중력을 받지만, 지구로 떨어지지 않고 지구 주위를 계속 원운동한다. 중력이 달의 운동 방향에 수직으로 작용하므로 달의 운동 방향이 매 순간 바뀌며 지구 주위를 원운동한다. 이때의 운동은 가속도의 방향이 지구 중심 방향인 가속도 운동이다.

❻ 사고 실험
실제로 실험을 수행하는 대신 머리 속에서 단순화된 실험 장치와 조건을 생각하고 이론에 따라 추론하여 수행하는 실험

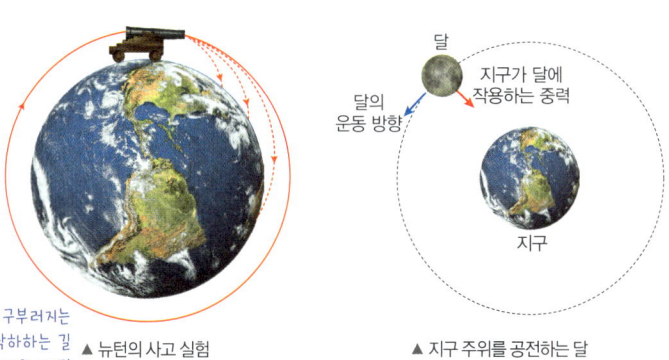

지구가 둥글어서 구부러지는 길이와 아래로 낙하하는 길이의 비가 일정하게 유지되면 지구 주위를 원운동할 수 있어~

▲ 뉴턴의 사고 실험

▲ 지구 주위를 공전하는 달

달에서의 운동과 중력
달 표면에서 운동하는 물체는 달의 중력을 받아 가속도 운동을 한다. 달 표면의 중력은 지구의 약 $\frac{1}{6}$이므로 달에서는 지구에서보다 물체가 느리게 떨어지고, 더 가볍게 느껴진다.

🔍 자세하게 **수평 방향으로 던진 물체가 지구 한 바퀴를 돌 수 있는 최소한의 속력**

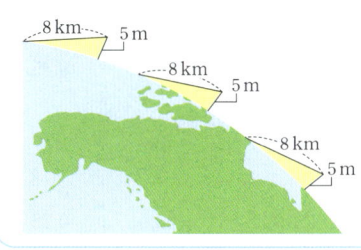

지구 표면에서 중력에 의해 낙하하는 물체는 연직 방향으로 1 초에 약 5 m를 낙하한다. 따라서 1 초마다 물체가 수평 방향으로 약 8 km씩 진행한다면 물체가 낙하하는 거리와 지구가 둥글기 때문에 표면이 내려가는 길이가 같아진다. 즉 물체를 약 8 km/s의 속력으로 수평 방향으로 던진다면 물체는 지구 표면에 닿지 않고 지구 한 바퀴를 돌아 발사한 위치까지 돌아온다.

✏️ 바로 복습

정답과 해설 **37**쪽

빈칸 채우기 문제

09 공기 저항을 무시할 때 수평 방향으로 던진 물체에는 연직 방향으로 (　　　)만이 작용한다.

10 수평 방향으로 던진 물체는 수평 방향으로는 (　　　　) 운동을 하고, 연직 방향으로는 (　　　　) 운동을 한다.

11 수평 방향으로 던진 물체의 속력이 클수록 같은 시간 동안 수평 방향으로 이동한 거리가 (　　　)다.

12 지구와 인공위성 사이에 작용하는 (　　　)에 의해 인공위성은 지구 주위를 원운동한다.

○✕ 문제

13 공기 저항을 무시할 때 수평 방향으로 던진 물체에는 수평 방향으로 일정한 힘이 작용한다.　⟨ ○ ✕ ⟩

14 같은 높이에서 자유 낙하 하는 물체와 수평 방향으로 던진 물체는 동시에 지면에 도달한다.　⟨ ○ ✕ ⟩

15 같은 높이에서 수평 방향으로 던진 물체의 속력이 클수록 지면에 도달할 때까지 걸리는 시간이 길다.　⟨ ○ ✕ ⟩

16 뉴턴의 사고 실험에서 수평 방향으로 던진 물체의 속력이 특정 속력 이상이 되면 지면에 닿지 않고 원운동을 할 수 있다고 하였다.　⟨ ○ ✕ ⟩

탐구 자유 낙하와 수평으로 던진 물체의 운동 비교하기

정답과 해설 38쪽

목표 자유 낙하 운동과 수평 방향으로 던진 물체의 운동을 비교하여 설명할 수 있다.
준비물 > 동시 낙하 장치, 작은 공 2 개, 눈금판(또는 모눈종이), 스마트 기기, 삼각대, 면장갑

과정

❶ 눈금판을 세우고, 그 앞의 1 m 정도 높이에 동시 낙하 장치를 설치한다.

❷ 공이 떨어지는 모습 전체를 촬영할 수 있는 위치에 스마트 기기를 설치한다.

❸ 동시 낙하 장치에 공 A는 자유 낙하, 공 B는 수평 방향으로 운동하도록 놓는다.

❹ 동시 낙하 장치를 작동해 두 공이 동시에 운동하는 모습을 동영상으로 촬영한다.

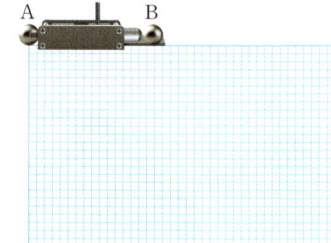

결과

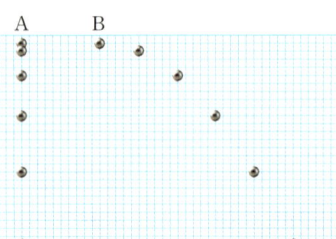

➡ 연직 방향의 위치는 A와 B가 같다.

[A의 시간에 따른 이동 거리와 속력]

시간(s)	0~0.1	0.1~0.2	0.2~0.3	0.3~0.4	0.4~0.5
연직 방향 구간 거리(m)	0.05	0.15	0.25	0.35	0.45
속력(m/s)	0.5	1.5	2.5	3.5	4.5

[B의 시간에 따른 이동 거리와 속력]

시간(s)	0~0.1	0.1~0.2	0.2~0.3	0.3~0.4	0.4~0.5
연직 방향 구간 거리(m)	0.05	0.15	0.25	0.35	0.45
연직 방향 속력(m/s)	0.5	1.5	2.5	3.5	4.5
수평 방향 구간 거리(m)	0.25	0.25	0.25	0.25	0.25
수평 방향 속력(m/s)	2.5	2.5	2.5	2.5	2.5

❶ 자유 낙하 하는 A의 속력은 어떻게 변하는가?

➡ A에 중력이 작용하여 속력이 일정하게 (   )한다.

❷ 수평 방향으로 던진 B의 속력은 어떻게 변하는가?

➡ **연직 방향:** B에 중력이 작용하여 속력이 일정하게 (   )한다.

➡ **수평 방향:** B에 작용하는 힘이 0이므로 속력이 일정하다.

정리

1 A와 B에 작용하는 힘과 힘의 방향은 어떠한가?

➡ A와 B에는 모두 (   )이 작용하고, 방향은 (   ) 아래 방향으로 같다.

2 A와 B의 가속도의 크기를 비교하시오.

➡ A와 B가 운동하는 동안 연직 방향의 위치가 같으므로 가속도의 크기는 (   ).

3 A와 B 사이의 수평 방향의 거리는 어떻게 변하는가?

➡ 수평 방향으로 작용하는 힘은 0이므로 B는 수평 방향으로 일정한 속력으로 운동한다. 따라서 A와 B가 운동하는 동안 A와 B 사이의 수평 방향의 거리는 일정하게 (   )한다.

심화

물체의 운동

그래프를 통해 등속 직선 운동과 자유 낙하 운동을 분석해 보자.

1 등속 직선 운동

1 등속 직선 운동: 물체의 속도가 일정한 운동을 등속 직선 운동이라고 한다. 물체의 속력(빠르기)과 운동 방향은 변하지 않으며, 등속도 운동이라고도 한다.
┗ 가속도가 0인 운동

2 등속 직선 운동의 공식과 그래프

$$이동\ 거리=속력\times시간,\ s=vt \implies v=\frac{s}{t}=일정$$

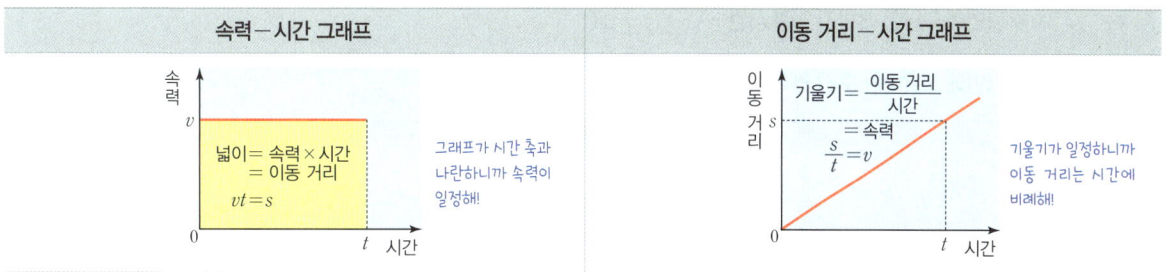

속력 - 시간 그래프	이동 거리 - 시간 그래프
넓이= 속력×시간 = 이동 거리 $vt=s$ / 그래프가 시간 축과 나란하니까 속력이 일정해!	기울기= $\frac{이동\ 거리}{시간}$ =속력 $\frac{s}{t}=v$ / 기울기가 일정하니까 이동 거리는 시간에 비례해!

2 자유 낙하 운동

1 자유 낙하 운동: 정지 상태에서 지구의 중력만을 받아 낙하하는 물체의 운동이다.

2 자유 낙하 운동의 공식과 그래프

$$v=gt \implies h=\frac{1}{2}gt^2\ (g: 중력\ 가속도)$$

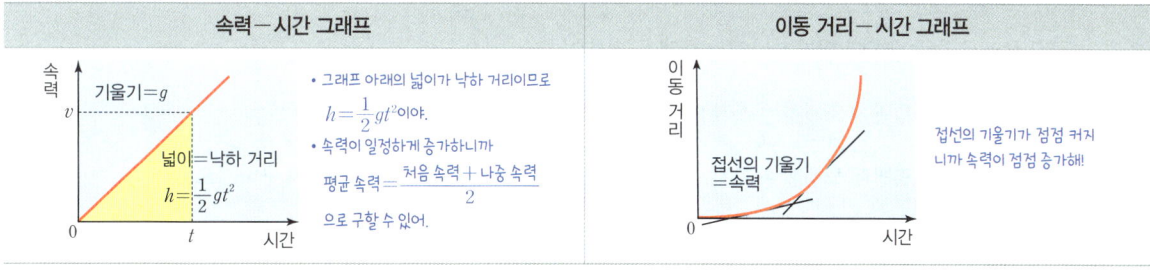

속력 - 시간 그래프	이동 거리 - 시간 그래프
기울기=g 넓이=낙하 거리 $h=\frac{1}{2}gt^2$ / • 그래프 아래의 넓이가 낙하 거리이므로 $h=\frac{1}{2}gt^2$이야. • 속력이 일정하게 증가하니까 평균 속력= $\frac{처음\ 속력+나중\ 속력}{2}$ 으로 구할 수 있어.	접선의 기울기 =속력 / 접선의 기울기가 점점 커지니까 속력이 점점 증가해!

ZP point

- 물체의 운동을 표현한 속력 - 시간 그래프에서 기울기는 물체의 가속도, 넓이는 물체의 이동 거리를 나타낸다.
- 자유 낙하 운동에서 속력은 시간에 비례하여 일정하게 증가하고, 낙하 거리는 시간의 제곱에 비례하여 증가한다.

3 공기 중과 진공 중에서 물체의 운동: 공기 중에서 구슬과 깃털을 같은 높이에서 동시에 떨어뜨리면 구슬이 먼저 떨어진다. 그 까닭은 구슬과 깃털에 중력뿐만 아니라 공기 저항력이 운동 방향과 반대 방향으로 작용하기 때문이다. 그러나 진공 중에서 떨어뜨릴 때는 공기 저항력이 없기 때문에 구슬과 깃털이 동시에 떨어진다.

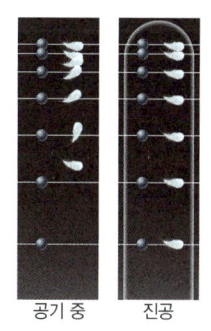

공기 중   진공

수평 방향으로 던진 물체의 운동 오개념 바로 잡기

수평 방향으로 던진 물체의 운동에 대해 이해하고, 다양한 경우에서 물체의 운동을 해석해 보자.

정답과 해설 38쪽

Quiz ❶ 자유 낙하 운동과 수평 방향으로 던진 물체의 운동 비교

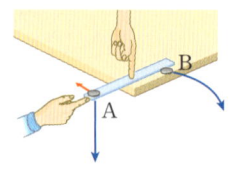

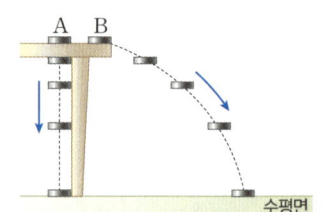

그림과 같이 책상 위에 자와 동전 A, B를 올려 놓고 화살표 방향으로 빠르게 쳐서 A와 B를 동시에 낙하시킨 후 A와 B의 운동을 관찰하였다. (단, 동전의 크기, 자의 두께, 모든 마찰과 공기 저항은 무시한다.)

(1) 수평면에 도달할 때까지 걸린 시간: A ☐ B

(2) 수평면에 도달하는 순간 연직 방향의 속력: A ☐ B

Quiz ❷ 수평 방향으로 던진 속력에 따른 물체의 운동

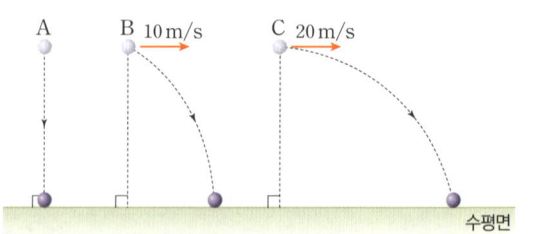

그림은 물체 A를 가만히 놓는 순간 수평면으로부터 높이가 같은 지점에서 동시에 수평 방향으로 물체 B를 10 m/s, 물체 C를 20 m/s의 속력으로 던진 모습을 나타낸 것이다. 자유 낙하 하는 A는 2 초 후 수평면에 도달하였다. (단, 중력 가속도는 10 m/s²이고, 물체의 크기와 공기 저항은 무시한다.)

(1) B와 C 중 수평면에 먼저 도달하는 물체를 쓰시오.

(2) B와 C가 수평면에 도달하는 순간 연직 방향의 속력은 각각 몇 m/s인지 구하시오.

(3) B와 C가 수평면에 도달할 때까지 수평 방향으로 이동한 거리는 각각 몇 m인지 구하시오.

Quiz ❸ 서로 다른 높이에서 수평 방향으로 던진 물체의 운동

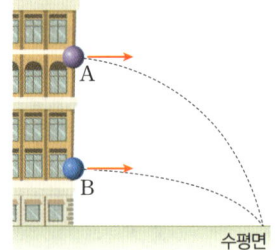

그림과 같이 서로 다른 높이에서 물체 A와 B를 각각 수평 방향으로 던졌더니, 수평면상의 같은 지점에 도달하였다. (단, 물체의 크기와 공기 저항은 무시한다.)

(1) 수평면에 도달할 때까지 걸린 시간: A ☐ B

(2) 수평 방향으로 던진 순간의 속력: A ☐ B

중력과 역학 시스템

기출 문제를 함께 풀어보면서 지금까지 배운 중력과 역학 시스템을 정리해 보자.

정답과 해설 38쪽

 2021년 고1 9월 통합과학 15번

그림은 수평면 위의 물체가 점 p에서 점 q까지 일정한 속력으로 직선 운동하다가 q에서 수평면을 떠나 운동하여 지면 위의 점 r에 도달하는 모습을 나타낸 것이다. 물체가 p에서 q까지 이동한 거리와 걸린 시간은 각각 10 m, 2 초이다. 이에 대한 설명으로 옳은 것만을 〈보기〉에서 있는 대로 고른 것은? (단, 물체의 크기와 공기 저항은 무시한다.)　[3점]

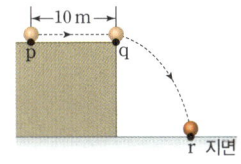

보기

ㄱ. q에서 물체의 속력은 5 m/s이다.
ㄴ. 물체가 r에 도달하는 순간 물체의 수평 방향 속력은 5 m/s이다.
ㄷ. q에서 r까지 운동하는 동안 물체에 작용하는 힘의 방향과 운동 방향은 서로 같다.

① ㄱ　　② ㄷ　　③ ㄱ, ㄴ　　④ ㄴ, ㄷ　　⑤ ㄱ, ㄴ, ㄷ

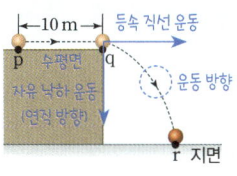

• 물체의 운동 과정
① p ⟶ q: 등속 직선 운동 (2 초 동안 10 m 이동)
② q ⟶ r
　• 수평 방향: 등속 직선 운동
　• 연직 방향: 자유 낙하 운동
➡ 포물선 궤도로 운동

ㄱ 속력 = 이동 거리/걸린 시간 이야. 물체가 p에서 q까지 일정한 속력으로 직선 운동을 했는데, 이동한 거리는 10 m, 걸린 시간은 2 초니까 속력은 $\frac{10\ \mathrm{m}}{2\ \mathrm{s}}$ = 5 m/s가 되겠지!

ㄴ 물체가 q에서 r까지 이동할 때, 수평 방향으로는 힘이 작용하지 않아서 등속 직선 운동을 해! 따라서 r에 도달하는 순간 물체의 수평 방향 속력은 q에서의 속력과 같은 5 m/s야.

✗ 물체가 q에서 r까지 포물선 궤도로 운동하는 동안 작용하는 힘은 중력뿐이야. 중력은 연직 아래 방향으로 작용하므로 물체의 운동 방향과는 방향이 달라!

〈답〉③

유제 ①

그림과 같이 질량이 동일한 물체 A와 B를 지면으로부터 같은 높이에서 동시에 A는 가만히 놓고 B는 수평 방향으로 2 m/s의 속력으로 던졌더니 A와 B가 각각 경로를 따라 운동하여 지면에 도달한다. B는 던져진 순간부터 지면에 도달할 때까지 수평 방향으로 L만큼 이동한다.

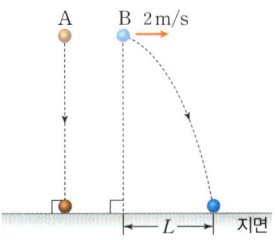

이에 대한 설명으로 옳은 것만을 〈보기〉에서 있는 대로 고른 것은? (단, 물체의 크기와 공기 저항은 무시한다.)

보기

ㄱ. 운동하는 동안 A의 속력은 증가한다.
ㄴ. 지면에 도달할 때까지 A의 낙하 시간이 t일 때 B의 낙하 시간은 $2t$이다.
ㄷ. B가 지면에 도달할 때까지의 낙하 시간이 10 초일 때 L = 20 m이다.

① ㄱ　② ㄴ　③ ㄱ, ㄷ　④ ㄴ, ㄷ　⑤ ㄱ, ㄴ, ㄷ

유제 ②

그림은 질량이 동일한 물체 A와 B를 지면으로부터 같은 높이에서 수평 방향으로 각각 5 m/s, v의 속력으로 동시에 던졌더니 A와 B가 포물선 경로를 따라 운동한 모습을 나타낸 것이다. A, B는 수평 방향으로 각각 10 m, 30 m만큼 이동하였다.

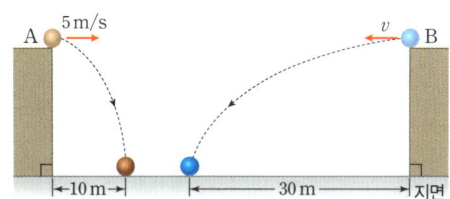

이에 대한 설명으로 옳은 것만을 〈보기〉에서 있는 대로 고른 것은? (단, 물체의 크기와 공기 저항은 무시한다.)

보기

ㄱ. 운동하는 동안 A와 B에 작용하는 힘의 방향은 같다.
ㄴ. 지면에 도달하는 순간 연직 방향의 속력은 B가 A의 3배이다.
ㄷ. v = 10 m/s이다.

① ㄱ　　　　② ㄴ　　　　③ ㄱ, ㄷ
④ ㄴ, ㄷ　　⑤ ㄱ, ㄴ, ㄷ

13 중력을 받는 물체의 운동

01

중력에 대한 설명으로 옳은 것만을 〈보기〉에서 있는 대로 고른 것은?

보기

ㄱ. 물체의 질량이 클수록 물체에 작용하는 중력의 크기는 작다.

ㄴ. 지표면 근처에서 물체에 작용하는 중력의 방향은 지구 중심 방향이다.

ㄷ. 물체 사이의 거리가 충분히 멀어지면, 두 물체 사이에는 서로 미는 중력이 작용한다.

① ㄱ ② ㄴ ③ ㄷ
④ ㄱ, ㄷ ⑤ ㄴ, ㄷ

02 ✔빈출

그림 (가)~(다)는 힘에 의해 일어나는 현상을 나타낸 것이다.

  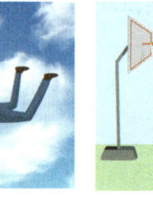

(가) 인공위성이 지구 주위를 공전한다. (나) 낙하하는 스카이다 이버의 속력이 점점 빨라진다. (다) 공이 포물선 경로를 따라 운동한다.

중력이 작용하여 일어나는 현상만을 있는 대로 고른 것은?

① (가) ② (다) ③ (가), (나)
④ (나), (다) ⑤ (가), (나), (다)

03

그림 (가)와 (나)는 각각 공기 중과 진공 상태에서 동일한 깃털과 구슬을 동시에 가만히 놓았을 때, 같은 시간 간격으로 깃털과 구슬의 위치를 나타낸 모습을 순서 없이 나타낸 것이다.

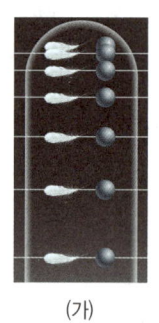 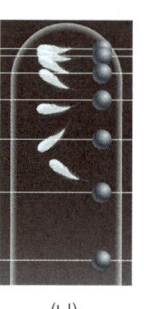

(가) (나)

이에 대한 설명으로 옳은 것만을 〈보기〉에서 있는 대로 고른 것은?

보기

ㄱ. (가)는 공기 중에서 떨어뜨린 것이다.

ㄴ. (나)에서 구슬의 속력은 일정하다.

ㄷ. 깃털에 작용하는 중력의 크기는 (가)에서와 (나)에서가 같다.

① ㄱ ② ㄴ ③ ㄷ
④ ㄱ, ㄷ ⑤ ㄴ, ㄷ

04

그림 (가)는 지구 주위를 일정한 속력으로 원운동하는 인공위성 A를, (나)는 연직 아래로 떨어지는 사과 B를 나타낸 것이다.

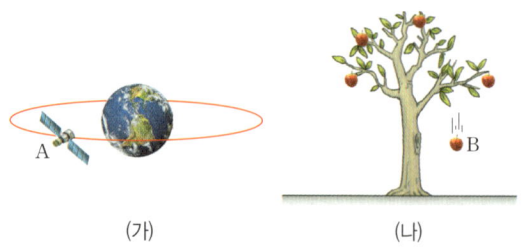

(가) (나)

이에 대한 설명으로 옳은 것만을 〈보기〉에서 있는 대로 고른 것은? (단, 공기 저항은 무시한다.)

보기

ㄱ. A와 B에는 모두 중력이 작용한다.

ㄴ. A에 작용하는 중력의 방향은 A의 운동 방향과 같다.

ㄷ. B는 일정한 속력으로 떨어진다.

① ㄱ ② ㄴ ③ ㄷ
④ ㄱ, ㄷ ⑤ ㄴ, ㄷ

2 중력에 의한 지구 표면에서의 운동

05

그림은 수평면에서 등가속도 운동하는 자동차의 속도를 시간에 따라 나타낸 것이다.

이 자동차의 가속도의 크기는?

① 1 m/s² ② 2 m/s² ③ 3 m/s² ④ 4 m/s² ⑤ 5 m/s²

06 ✔빈출

그림과 같이 지표면 근처의 같은 높이 h에서 물체 A, B를 동시에 가만히 놓는다. A, B의 질량은 각각 m, $2m$이다. 이에 대한 설명으로 옳은 것만을 〈보기〉에서 있는 대로 고른 것은? (단, 물체의 크기와 공기 저항은 무시한다.)

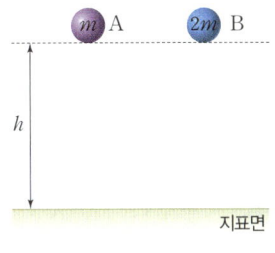

〈보기〉
ㄱ. 지구가 물체에 작용하는 중력의 크기는 A가 B보다 작다.
ㄴ. 지표면에 도달하는 순간 속력은 A와 B가 같다.
ㄷ. 지표면에 B가 A보다 먼저 도달한다.

① ㄱ ② ㄷ ③ ㄱ, ㄴ ④ ㄴ, ㄷ ⑤ ㄱ, ㄴ, ㄷ

07

그림은 지면으로부터 같은 높이에서 물체 A를 가만히 놓은 순간 수평 방향으로 던진 물체 B의 운동 경로를 각각 나타낸 것이다.

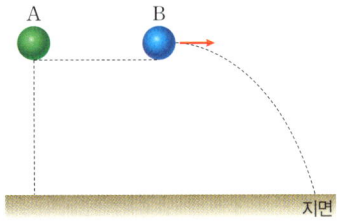

이에 대한 설명으로 옳은 것만을 〈보기〉에서 있는 대로 고른 것은? (단, 물체의 크기와 공기 저항은 무시한다.)

〈보기〉
ㄱ. 가속도의 크기는 A가 B보다 크다.
ㄴ. A와 B는 지면에 동시에 도달한다.
ㄷ. B에 작용하는 중력의 방향은 B의 운동 방향과 같다.

① ㄱ ② ㄴ ③ ㄱ, ㄴ ④ ㄱ, ㄷ ⑤ ㄴ, ㄷ

08 ✔빈출

그림은 같은 높이에서 공 A를 자유 낙하시키는 동시에 공 B를 수평 방향으로 던졌을 때, A, B의 위치를 일정한 시간 간격으로 나타낸 것이다.

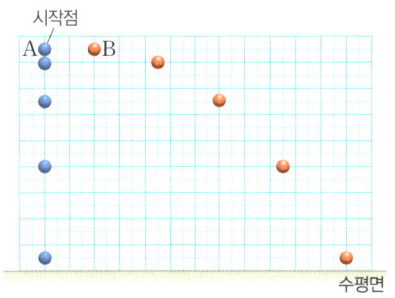

이에 대한 설명으로 옳은 것만을 〈보기〉에서 있는 대로 고른 것은? (단, 공의 크기와 공기 저항은 무시한다.)

〈보기〉
ㄱ. A의 속력은 일정하게 증가한다.
ㄴ. A와 B에 작용하는 힘의 방향은 같다.
ㄷ. A와 B는 동시에 수평면에 도달한다.

① ㄱ   ② ㄷ   ③ ㄱ, ㄴ
④ ㄴ, ㄷ   ⑤ ㄱ, ㄴ, ㄷ

09   난이도 상

그림은 점 p에서 수평 방향으로 5 m/s의 속력으로 던져진 물체가 지면에 도달할 때까지 물체의 운동 경로를 나타낸 것이다. 물체가 던져진 순간부터 지면에 도달할 때까지 걸린 시간은 2 초이고, 이 동안 물체가 수평 방향으로 이동한 거리는 L이다.

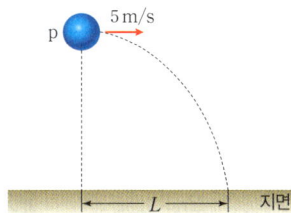

물체가 낙하하는 동안, 이에 대한 설명으로 옳은 것만을 〈보기〉에서 있는 대로 고른 것은? (단, 공기 저항은 무시한다.)

〈보기〉
ㄱ. 물체의 연직 방향의 속력은 일정하다.
ㄴ. $L = 10$ m이다.
ㄷ. 물체에 작용하는 중력의 방향은 물체의 운동 방향에 대해 항상 수직 방향이다.

① ㄱ   ② ㄴ   ③ ㄷ
④ ㄱ, ㄷ   ⑤ ㄴ, ㄷ

10 ✔빈출

그림은 책상 모서리에서 자의 위와 옆에 각각 질량이 같은 동전 A, B를 놓고, 자를 치는 모습을 나타낸 것이다. A가 자에서 떨어지는 순간 B는 책상에서 떨어졌다.

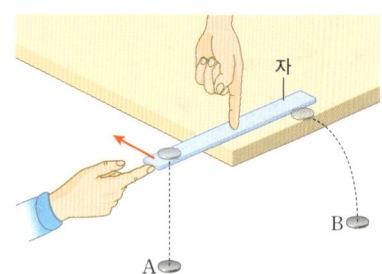

이에 대한 설명으로 옳은 것만을 〈보기〉에서 있는 대로 고른 것은? (단, 동전의 크기, 자의 두께, 공기 저항과 모든 마찰은 무시한다.)

보기

ㄱ. A와 B는 지면에 동시에 도달한다.
ㄴ. 지면에 닿는 순간 속력은 A가 B보다 크다.
ㄷ. 동전에 작용하는 중력의 크기는 A와 B가 같다.

① ㄴ   ② ㄷ   ③ ㄱ, ㄴ
④ ㄱ, ㄷ   ⑤ ㄱ, ㄴ, ㄷ

11

난이도 상

그림과 같이 수평면으로부터 같은 높이에서 쇠구슬 A를 가만히 놓는 순간 쇠구슬 B를 수평 방향으로 발사한다. 이에 대한 설명으로 옳은 것만을 〈보기〉에서 있는 대로 고른 것은? (단, 쇠구슬의 크기와 공기 저항은 무시한다.)

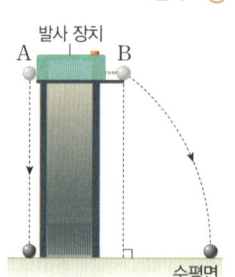

보기

ㄱ. A와 B에 작용하는 중력의 방향은 같다.
ㄴ. 수평면에 도달하는 데 걸린 시간은 B가 A보다 크다.
ㄷ. 수평면에 도달하는 순간 속력은 B가 A보다 크다.

① ㄱ   ② ㄴ   ③ ㄱ, ㄷ
④ ㄴ, ㄷ   ⑤ ㄱ, ㄴ, ㄷ

12

그림과 같이 높이가 각각 h, h, $2h$인 지점에서 동시에 가만히 놓은 물체 A, B, C가 각각 시간 t_A, t_B, t_C 동안 자유 낙하 하여 수평면에 도달하였다. A, B, C의 질량은 각각 m, $2m$, $2m$이다.

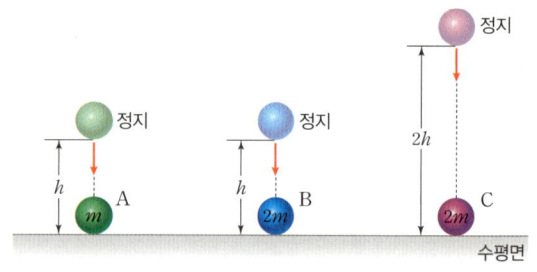

이에 대한 설명으로 옳은 것만을 〈보기〉에서 있는 대로 고른 것은? (단, 물체의 크기와 공기 저항은 무시한다.)

보기

ㄱ. 물체를 가만히 놓는 순간 물체에 작용하는 중력의 크기는 A와 B가 같다.
ㄴ. $t_A = t_B < t_C$이다.
ㄷ. 수평면에서 도달하는 순간 속력은 B가 C보다 작다.

① ㄱ   ② ㄷ   ③ ㄱ, ㄴ
④ ㄱ, ㄷ   ⑤ ㄴ, ㄷ

13

난이도 상

그림은 물체를 가만히 놓은 순간부터 물체의 위치를 일정한 시간 간격으로 나타낸 것이다. 표는 물체를 가만히 놓은 순간부터 시간에 따라 물체의 속력을 나타낸 것이다.

시간(s)	0	0.1	0.2	0.3	⋯	t_1	⋯	t_2
속력(m/s)	0	0.98	㉠	2.94	⋯	14.7	⋯	19.6

이에 대한 설명으로 옳은 것만을 〈보기〉에서 있는 대로 고른 것은? (단, 물체의 크기와 공기 저항은 무시한다.)

보기

ㄱ. 물체에 작용하는 중력의 방향은 운동 방향과 같다.
ㄴ. ㉠은 1.96이다.
ㄷ. $\dfrac{t_1}{t_2} = \dfrac{3}{4}$이다.

① ㄱ   ② ㄷ   ③ ㄱ, ㄴ
④ ㄴ, ㄷ   ⑤ ㄱ, ㄴ, ㄷ

14 빈출

그림은 수평 방향으로 던진 물체의 위치를 일정한 시간 간격으로 나타낸 것이다.

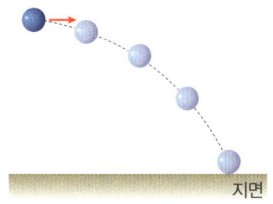

물체의 물리량을 시간에 따라 나타낸 것으로 가장 적절한 것은? (단, 물체의 크기와 공기 저항은 무시한다.)

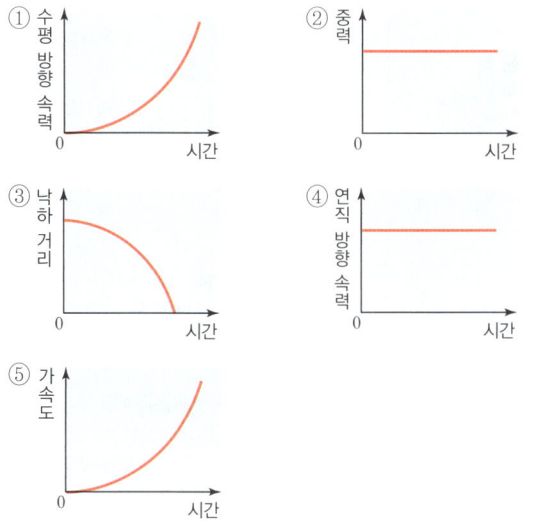

① 수평 방향 속력 / 시간
② 중력 / 시간
③ 낙하 거리 / 시간
④ 연직 방향 속력 / 시간
⑤ 가속도 / 시간

---

3 지구 주위의 원운동과 중력

15 빈출

그림은 지표면 근처의 같은 높이에서 수평 방향으로 발사한 포탄 A, B의 운동 경로를 나타낸 것이다. 지표면에 도달할 때까지 수평 방향으로 이동한 거리는 A가 B보다 작다. 질량은 A와 B가 같다.

이에 대한 설명으로 옳은 것만을 〈보기〉에서 있는 대로 고른 것은?

보기

ㄱ. 수평 방향으로 발사한 속력은 A가 B보다 작다.
ㄴ. 물체에 작용하는 중력의 크기는 A와 B가 같다.
ㄷ. B가 떨어지는 동안 B의 속력은 일정하다.

① ㄱ　　　　② ㄷ　　　　③ ㄱ, ㄴ
④ ㄴ, ㄷ　　　⑤ ㄱ, ㄴ, ㄷ

16

그림은 진공 중에서 깃털과 쇠구슬을 같은 높이에서 동시에 가만히 놓았을 때 낙하하는 모습을 일정한 시간 간격으로 나타낸 것이다.

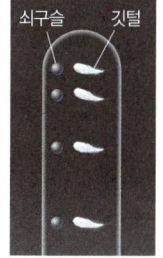

(1) 낙하하는 쇠구슬의 속력에 대해 서술하시오.

(2) 쇠구슬과 깃털 중 어느 것이 먼저 바닥에 도달하는지 쓰고, 그렇게 생각한 까닭을 서술하시오.

17 빈출

그림은 지면으로부터 높이가 1 m인 지점에 설치된 발사 장치를 나타낸 것이다. 물체 A를 가만히 떨어뜨리는 순간 물체 B를 수평 방향으로 발사한다. (단, 물체의 크기와 공기 저항은 무시한다.)

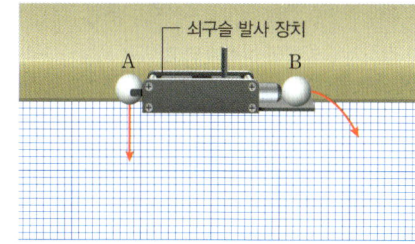

물체가 발사 장치에서 분리되는 순간부터 지면에 도달할 때까지 걸린 시간을 비교하고, 그렇게 생각한 까닭을 서술하시오.

18

그림과 같이 수평면으로부터 높이 H인 곳에서 물체를 수평 방향으로 8 m/s의 속력으로 던졌더니 1초 후에 수평면에 도달하였다. 1초 동안 물체가 수평 방향으로 이동한 거리는 R이다. (단, 중력 가속도는 10 m/s^{2}이고, 물체의 크기와 공기 저항은 무시한다.)

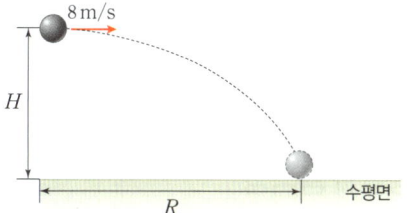

R을 풀이 과정과 함께 구하시오.

14 역학 시스템과 안전

❶ 관성

1 관성: 물체가 현재의 운동 상태를 유지하려는 성질

(1) **관성 법칙:** 물체에 작용하는 알짜힘이 0이면 정지해 있던 물체는 계속 정지해 있고, 움직이던 물체는 등속 직선 운동을 한다. ❶

(2) **관성의 크기:** 물체의 질량이 클수록 관성이 크다.
└ 질량이 클수록 운동 상태를 바꾸기가 어려워!

> **자세하게** **물체의 질량과 관성의 크기**
>
> • 큰 배는 작은 배에 비해 방향을 바꾸기가 더 어렵다.
> • 짐을 가득 실은 트럭은 빈 트럭보다 출발이 느리다.
> • 기차는 자동차에 비해 출발할 때 속력이 서서히 증가한다.
> • 두루마리 휴지가 많이 남아 있을수록 빠르게 잡아당겼을 때 더 쉽게 끊어진다.

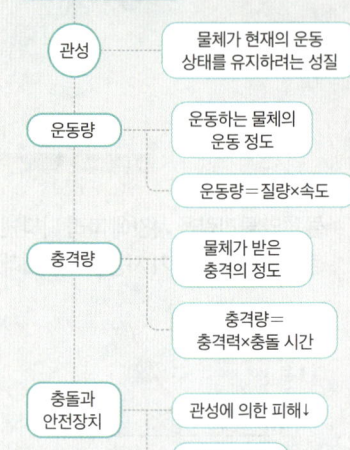

2 관성에 의한 현상

정지해 있던 물체가 계속 정지해 있으려는 성질	운동하던 물체가 계속 운동하려는 성질
• 버스가 갑자기 출발하면 버스에 타고 있던 사람의 몸이 뒤로 쏠린다. • 컵 위에 동전을 올려둔 종이를 놓고 종이를 튕기면 종이만 튕겨 나가고 동전은 컵 속으로 떨어진다. • 이불을 막대기로 두드리면 먼지가 떨어진다.	• 버스가 갑자기 정지하면 버스에 타고 있던 사람의 몸이 앞으로 쏠린다. • 달리던 사람이 돌부리에 걸리면 앞으로 넘어진다. • 망치 자루를 바닥에 치면 헐거워진 망치 머리가 고정된다.

> **자세하게** **관성에 관한 갈릴레이의 사고 실험**
>
> • 마찰이 없는 빗면 AB에서 가만히 놓은 물체는 속력이 점점 증가하다가 빗면 BC를 올라가면서 속력이 점점 감소하여 빗면 AB 위의 처음 높이와 같은 높이까지 올라간다.
> • 이때 빗면의 기울기를 작게 할수록 처음 높이까지 올라가기 위해 굴러가는 거리가 점점 길어진다.
> • 빗면의 기울기를 0으로 하면 물체가 수평면상을 일정한 속도로 계속 운동할 것이다. ➡ 관성 법칙

❷ 운동량과 충격량

1 운동량(p): 운동하는 물체의 질량과 속도를 곱한 물리량

> 운동량(p)=물체의 질량(m)×속도(v)
> [단위: kg·m/s]

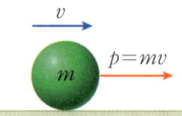

❶ 뉴턴 운동 법칙
• 관성 법칙(운동 제1법칙)
물체에 작용하는 알짜힘이 0이면 정지해 있던 물체는 계속 정지해 있고, 운동하던 물체는 등속 직선 운동을 한다.
• 가속도 법칙(운동 제2법칙)
물체의 가속도(a)는 물체에 작용하는 알짜힘(F)에 비례하고, 질량(m)에 반비례한다.

$$a=\frac{F}{m} \quad F=ma$$

• 작용 반작용 법칙(운동 제3법칙)
물체 A가 다른 물체 B에 힘을 작용하면, B도 A에 크기가 같고 방향이 반대인 힘(반작용)을 작용한다.

(1) **운동량의 크기**: 물체의 질량이 클수록, 물체의 속도의 크기가 클수록 크다.

속도가 같을 때	질량이 같을 때
질량이 클수록 운동량의 크기가 크다.	속도의 크기가 클수록 운동량의 크기가 크다.

(2) **운동량의 방향**: 속도의 방향과 같다.

2 충격량(I): 물체가 받은 충격의 정도를 나타내는 양

$$충격량(I) = 힘(F) \times 시간(\Delta t) \ [단위: N \cdot s]$$

(1) **충격량의 크기**: 물체에 작용한 힘의 크기가 클수록, 힘이 작용한 시간이 길수록 크다.

(2) **충격량의 방향**: 물체에 작용한 힘의 방향과 같다.

(3) **힘−시간 그래프와 충격량**: 물체에 작용한 힘을 시간에 따라 나타낸 그래프에서 그래프와 시간 축이 이루는 넓이는 충격량의 크기를 나타낸다.

> 이 힘을 '충격력'이라고 하지!

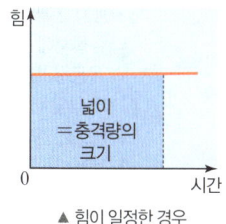

▲ 힘이 일정한 경우

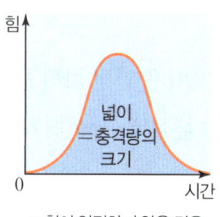

▲ 힘이 일정하지 않은 경우

3 운동량과 충격량의 관계: 물체가 힘을 받으면 속도가 변하므로 운동량이 변한다.

$$충격량(F \Delta t) = 운동량의 변화량(m \Delta v) = 나중 운동량(mv) - 처음 운동량(mv_0)$$ ❷❸

(1) 작용한 힘의 크기가 클수록, 힘이 작용한 시간이 길수록 충격량이 커지므로 운동량의 변화량도 커진다.

(2) 운동 방향으로 물체가 받은 충격량만큼 운동량이 증가한다.

(3) 운동 방향과 반대 방향으로 물체가 받은 충격량만큼 운동량이 감소한다.

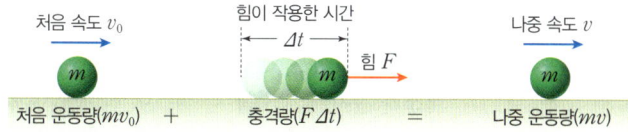

| 처음 운동량(mv_0) | + | 충격량($F \Delta t$) | = | 나중 운동량(mv) |

4 충격량을 이용한 운동량의 변화

(1) 대포의 포신이 길수록 포탄이 힘을 받는 시간이 길어 포탄을 멀리 날릴 수 있다.

(2) 야구 경기에서 야구공을 칠 때 더 큰 힘으로 칠수록 더 멀리 날아간다.

③ 충돌과 안전

1 충격력: 물체가 충돌할 때 받는 힘

(1) **충격력의 크기**: 단위 시간 동안 운동량의 변화량의 크기와 같다.

$$충격력 = \frac{충격량}{충돌\ 시간} = \frac{운동량의\ 변화량}{충돌\ 시간}$$

---

❷ **운동량의 변화량**

물체의 질량을 m, 물체의 처음 속력을 v_0, 물체의 나중 속력을 v라고 할 때, 물체의 운동량의 변화량은 $\Delta p = mv - mv_0$이다.

• 운동 방향이 변하지 않는 경우

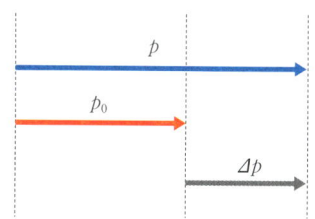

$$\Delta p = p - p_0$$

운동량의 변화량의 크기는 나중 운동량의 크기보다 작다.

• 운동 방향이 바뀌는 경우

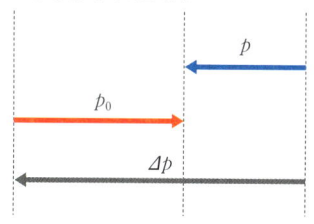

$$\Delta p = p - (-p_0) = p + p_0$$

운동량의 변화량의 크기는 나중 운동량의 크기보다 크다.

운동량과 충격량의 단위

$N = kg \cdot m/s^2$이므로, 운동량의 단위인 $kg \cdot m/s$와 충격량의 단위인 $N \cdot s$는 같다.

❸ **충격량과 운동량의 관계**

일정한 시간 동안 물체가 받은 충격량은 물체의 운동량의 변화량과 같다.

운동량의 변화량(Δp)
= 나중 운동량(p) − 처음 운동량(p_0)
= $mv - mv_0$
= $m(v - v_0)$ ┐ $a = \dfrac{(v - v_0)}{t}$이고,
= mat ┘ $v = v_0 + at$이므로
= Ft
= I(충격량)
∴ $\Delta p = I$

(2) **충격력과 충돌 시간의 관계**: 충격량이 같을 때, <mark>충격력(힘)과 충돌 시간은 반비례</mark>한다.

🔍 자세하게 충격력과 충돌 시간의 관계

그림 (가)는 같은 높이에서 동일한 달걀 2개를 각각 단단한 바닥(A)과 푹신한 방석(B) 위에 떨어뜨린 경우를, (나)는 이때 달걀이 받는 힘의 크기를 시간에 따라 나타낸 것이다.

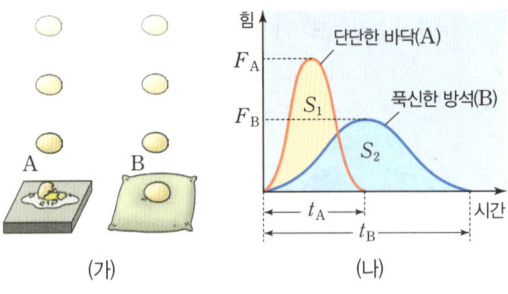

(가)   (나)

- 같은 높이에서 떨어진 두 달걀은 모두 정지한다. ➡ 달걀의 운동량의 변화량은 같다. ($p_A = p_B$) ➡ 달걀이 바닥으로부터 받은 충격량은 같다. ($I_A = I_B$)
- 푹신한 방석(B) 위에 떨어진 달걀의 충돌 시간이 더 길다. ($t_A < t_B$) ➡ 방석 위에 떨어지는 달걀이 받는 평균 힘이 더 작다. ($F_A > F_B$) — 충격량이 같을 때, 충돌하는 시간이 길수록 작용하는 평균 힘(충격력)의 크기는 작아지니까 그런거야!

2 안전장치

(1) **관성에 의한 피해를 줄이는 안전장치**: 자동차의 안전띠❹, 유아용 안전 좌석 등

(2) **충돌 시간을 길게 하는 안전장치**: 자동차의 범퍼, 자동차의 에어백, 높이뛰기 매트 등

(3) **충돌 시간에 따라 충격력과 충격량을 변화시키는 예**

충돌 시간을 길게 하여 <mark>충격력을 작게</mark> 하는 경우	• 야구공을 받을 때 손을 뒤로 빼면서 받으면 힘을 받는 시간이 길어져 손에 작용하는 힘의 크기가 작아지므로 손이 덜 아프다. • 자동차의 에어백이나 범퍼는 자동차가 충돌하여 정지할 때까지의 시간을 길게 하여 사람이 받는 힘의 크기를 최소화한다.
충돌 시간을 길게 하여 <mark>충격량을 크게</mark> 하는 경우	• 대포의 포신이 길수록 힘이 작용하는 시간이 길어져 충격량이 커지므로 포탄이 멀리 날아간다. • 야구 방망이를 끝까지 휘두르면 공과 방망이의 접촉 시간이 길어져 충격량이 커지므로 야구공이 멀리 날아간다.

❹ 관성과 안전띠

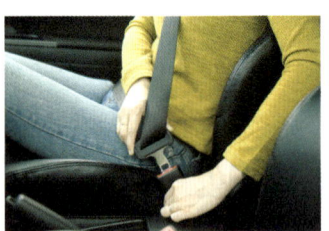

자동차가 빠른 속력으로 달리다가 벽이나 다른 물체에 충돌하면 안에 있는 사람은 계속 운동하려는 관성으로 인해 앞 유리창에 크게 부딪쳐 다치게 된다. 이때 안전띠는 관성으로 인해 몸이 앞으로 쏠리는 것을 방지하여 피해를 줄여 준다.

자동차의 안전장치
- 안전띠: 관성으로 인해 몸이 튕겨 나가는 것을 막기 위해 사용한다.
- 범퍼: 자동차의 충돌 시간을 길게 하여 충격을 흡수한다.
- 에어백: 부풀어 올라 운전자가 앞으로 튕겨 나가 충돌하는 시간을 길게 하여 충격을 흡수한다.

✏️ 바로 복습

정답과 해설 41쪽

빈칸 채우기 문제

01 관성은 물체의 질량이 클수록 (   ).

02 막대로 이불을 두드리면 먼지가 떨어지는 것은 (   )에 의한 현상이다.

03 운동량은 물체의 (   )과 (   )를 곱한 물리량이다.

04 힘─시간 그래프에서 그래프와 시간 축이 이루는 넓이는 물체가 받는 (   )을 나타낸다.

05 야구공을 받을 때 손을 뒤로 빼면서 받으면 힘을 받는 시간이 (   ) 손에 작용하는 힘의 크기가 (   )지므로 손이 덜 아프다.

OX 문제

06 버스가 갑자기 정지할 때 버스에 타고 있던 사람의 몸이 앞으로 쏠리는 것은 관성에 의한 현상이다. (O X)

07 운동량의 크기는 물체의 질량이 클수록 크다. (O X)

08 충격량의 방향은 물체에 작용한 힘의 방향과 반대 방향이다. (O X)

09 운동량의 변화량이 같을 때 물체에 힘이 작용하는 시간을 줄이면 물체가 받는 힘의 크기가 작아진다. (O X)

10 자동차의 범퍼는 충돌 시 자동차의 충돌 시간을 길게 하여 충격력을 작게 하는 역할을 한다. (O X)

뉴턴 운동 법칙

물리학에서 다룰 내용을 미리 알아보고, 관성에 대한 내용을 좀 더 깊이 있게 이해해 보자.

1 뉴턴 운동 제1법칙(관성 법칙)

└─ 물체에 작용하는 모든 힘의 합력!

물체에 작용하는 <mark>알짜힘이 0이면 물체는 현재의 운동 상태를 그대로 유지</mark>한다. 즉 정지해 있던 물체는 계속 정지해 있고, 운동하던 물체는 등속 직선 운동을 한다.

1 관성: 물체가 현재의 운동 상태를 그대로 유지하려는 성질

➡ 정지해 있던 물체는 정지 상태를 계속 유지하려는 관성이 있고, 운동하던 물체는 운동 상태를 계속 유지하려는 관성이 있다.

2 물체의 질량과 관성: 물체의 질량이 클수록 관성이 크다.

➡ 질량이 클수록 운동 상태를 변화시키기 위해 더 큰 힘이 필요하다. 가벼운 사람이 탄 그네를 밀어주는 것보다 무거운 사람이 탄 그네를 밀어주는 게 더 어렵지!

 **갈릴레이 사고 실험**

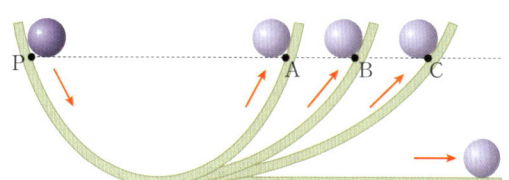

직접 실험하기 어려운 경우 머릿속에서 생각으로만 진행하는 실험이야! 갈릴레이는 마찰이 없는 빗면을 만들 수 없었으므로 사고 실험을 진행했어.

- **가정:** 빗면과 공 사이에 마찰은 없다.
- **사고 과정:** ① 마찰이 없는 빗면의 P점에서 공을 굴리면, 반대편의 같은 높이인 A점까지 올라간다.
  ② 빗면의 경사를 완만하게 해도 공은 P점과 같은 높이인 B점, C점까지 올라간다.
  ③ 빗면의 경사를 낮추어 수평이 되게 하면 P점과 같은 높이까지 올라갈 수 없으므로 공은 관성에 의해 영원히 굴러갈 것이다. 등속 직선 운동을 해!
- **결론:** 물체에 힘이 작용하지 않으면 물체의 운동 상태는 변하지 않는다.

2 뉴턴 운동 제2법칙(가속도 법칙)

물체에 알짜힘이 작용할 때 물체의 가속도(a)는 알짜힘(F)에 비례하고, 질량(m)에 반비례한다.

$$a = \frac{F}{m} \Rightarrow F = ma$$

질량이 일정할 때 가속도와 알짜힘의 관계	알짜힘이 일정할 때 가속도와 질량의 관계
물체의 질량(m)이 일정할 때 가속도(a)는 물체에 작용한 알짜힘(F)에 비례한다. ➡ $a \propto F$	물체에 작용한 알짜힘(F)이 일정할 때 가속도(a)는 물체의 질량(m)에 반비례한다. ➡ $a \propto \dfrac{1}{m}$
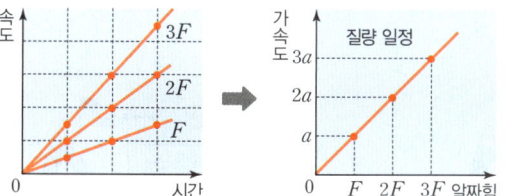	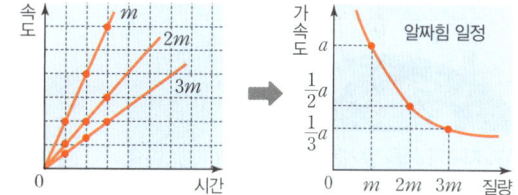
• 알짜힘이 클수록 속도－시간 그래프의 기울기가 크다. • 물체의 질량이 같을 때, 물체에 작용한 알짜힘의 크기가 클수록 물체의 가속도의 크기가 커서 물체의 속력이 많이 변한다.	• 질량이 작을수록 속도－시간 그래프의 기울기가 크다. • 물체에 작용한 알짜힘이 같을 때, 물체의 질량이 클수록 가속도의 크기가 작아서 물체의 속력이 적게 변한다.

- **1 N:** 질량이 1 kg인 물체의 가속도가 1 m/s²이 되게 하는 힘 ➡ 1 N = 1 kg × 1 m/s²

3 뉴턴 운동 제3법칙(작용 반작용 법칙)

물체 A가 물체 B에 힘 F_{AB}를 작용하면 동시에 물체 B도 물체 A에 크기가 같고 방향이 반대인 힘 F_{BA}를 작용한다.

$$F_{AB} = -F_{BA}$$

1 작용과 반작용 관계의 두 힘

⑴ 작용과 반작용은 같은 작용선상에서 동시에 작용하며, 두 힘의 크기가 같고 힘의 방향이 서로 반대이다.

⑵ 작용과 반작용은 서로 다른 물체에 작용하는 힘이므로 작용점이 다르다.

⑶ 작용 반작용은 두 물체가 서로 접촉하여 힘을 작용하는 경우와 두 물체가 서로 떨어져서 힘을 작용하는 경우에 모두 성립한다.

2 작용 반작용 법칙의 예 — 작용, — 반작용

⑴ 로켓이 연료를 분사하며 날아갈 때, 로켓이 연료를 분사하는 힘과 연료가 로켓을 미는 힘

⑵ 배를 타고 노를 저어 앞으로 나갈 때, 노가 물을 밀어내는 힘과 물이 노를 미는 힘

⑶ 마주보고 선 A와 B가 서로 손바닥을 밀 때, A가 B를 미는 힘과 B가 A를 미는 힘

⑷ 달이 지구 주위를 공전할 때, 지구가 달을 당기는 힘과 달이 지구를 당기는 힘

3 작용 반작용과 힘의 평형 비교

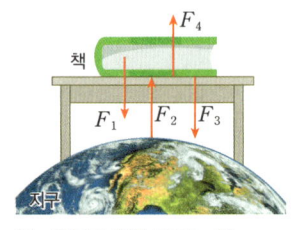

- F_1: 지구가 책을 당기는 힘
- F_2: 책이 지구를 당기는 힘
- F_3: 책이 책상을 누르는 힘
- F_4: 책상이 책을 떠받치는 힘
- ➡ 작용 반작용 관계: F_1과 F_2, F_3과 F_4
- ➡ 힘의 평형 관계: F_1과 F_4

구분	작용 반작용 관계의 두 힘	힘의 평형 관계의 두 힘
공통점	두 힘의 크기가 같고, 방향이 서로 반대이며 같은 작용선상에 있다.	
차이점	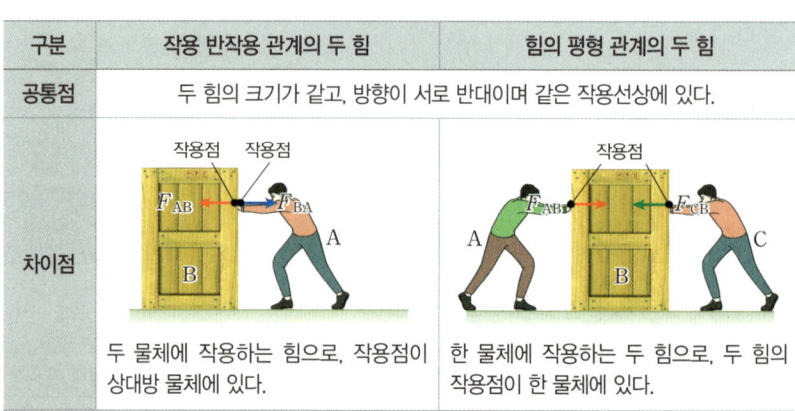 두 물체에 작용하는 힘으로, 작용점이 상대방 물체에 있다.	한 물체에 작용하는 두 힘으로, 두 힘의 작용점이 한 물체에 있다.

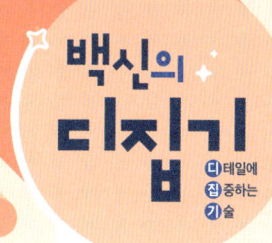

심화

운동량, 충격량 계산 문제 정복

운동량과 충격량에 대한 내용을 이해하고, 다양한 경우에서 운동량과 충격량을 계산해 보자.

정답과 해설 **41쪽**

1 운동량

물체의 질량과 속도를 곱한 물리량

$$운동량 = 질량 \times 속도, \quad p = mv \ [\text{단위: kg·m/s}]$$

Quiz ❶ 질량이 100 g인 야구공이 40 m/s의 속력으로 날아갈 때, 이 야구공의 운동량의 크기는 몇 kg·m/s인지 구하시오. (단, 공기 저항은 무시한다.)

Quiz ❷ 수평면에서 무게가 20 N인 축구공이 왼쪽 방향으로 30 m/s의 속력으로 굴러갈 때, 이 축구공의 운동량은 몇 kg·m/s인지 구하시오. (단, 오른쪽 방향을 (+)로 하며 중력 가속도는 10 m/s²이고, 마찰과 공기 저항은 무시한다.)

2 충격량

물체가 받은 충격의 정도를 나타내는 양

$$충격량 = 힘 \times 힘이 작용한 시간, \quad I = F \Delta t \ [\text{단위: N·s}]$$

Quiz ❸ 정지해 있던 질량이 3 kg인 물체에 운동 방향으로 50 N의 힘을 3 초 동안 가해주었다. 물체가 받은 충격량의 크기는 몇 N·s인지 구하시오. (단, 마찰과 공기 저항은 무시한다.)

Quiz ❹ 그림은 정지해 있는 질량이 2 kg인 물체에 작용한 힘을 시간에 따라 나타낸 것이다. 0 초부터 4 초까지 물체가 받은 충격량의 크기는 몇 N·s인지 구하시오.

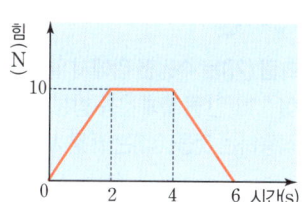

3 운동량과 충격량의 관계

$$충격량 = 운동량의 변화량 = 나중 운동량 - 처음 운동량, \quad I = \Delta p = mv - mv_0$$

Quiz ❺ 무게가 800 N인 자동차가 100 N의 힘을 받아 정지 상태에서 속력이 25 m/s가 될 때까지 가속되었다. 자동차의 운동량 변화량의 크기는 몇 kg·m/s인지 구하시오. (단, 중력 가속도는 10 m/s²이고, 마찰과 공기 저항은 무시한다.)

Quiz ❻ 30 m/s의 속력으로 날아오던 질량이 0.5 kg인 공이 방망이에 충돌한 후, 날아오던 방향의 반대 방향으로 40 m/s의 속력으로 날아갔다. 이때 공이 받은 충격량의 크기는 몇 N·s인지 구하시오. (단, 마찰과 공기 저항은 무시한다.)

Quiz ❼ 20 m/s의 속도로 운동하는 질량이 10 kg인 물체에 100 N·s의 충격량을 운동 방향의 반대 방향으로 작용하였다. 이 물체의 나중 속도의 크기와 운동 방향을 구하시오. (단, 마찰과 공기 저항은 무시한다.)

운동량과 충격량

문제 풀이 연습

기출 문제를 함께 풀어보면서 지금까지 배운 운동량과 충격량 개념을 정리해 보자.

기출 **2023년 고1 6월 통합과학 20번**

그림 (가)는 질량이 5 kg인 정지해 있는 물체에 수평면과 나란한 방향으로 힘 F가 작용하는 것을, (나)는 힘 F의 크기를 시간에 따라 나타낸 것이다.

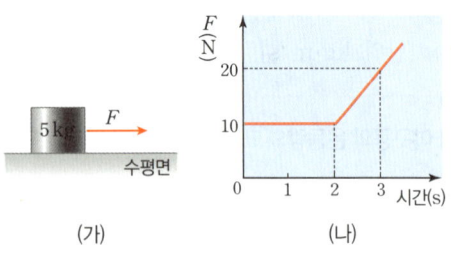

(가)　　　　　(나)

이에 대한 설명으로 옳은 것만을 〈보기〉에서 있는 대로 고른 것은? (단, 마찰과 공기 저항은 무시한다.)　　　　　[3점]

〈보기〉
ㄱ. 물체가 받은 충격량의 크기는 0~2 초까지와 2~3 초까지가 같다.
ㄴ. 물체의 운동량의 크기는 2 초일 때가 1 초일 때의 2배이다.
ㄷ. 3 초일 때 물체의 속력은 7 m/s이다.

① ㄱ　　② ㄷ　　③ ㄱ, ㄷ　　④ ㄴ, ㄷ　　⑤ ㄱ, ㄴ, ㄷ

✗ 힘—시간 그래프에서 그래프와 시간 축이 이루는 넓이는 '힘×시간'이므로 충격량의 크기를 나타내! 따라서 물체가 받은 충격량의 크기는 0~2 초까지 $10\,N\times2\,s=20\,N\cdot s$이고, 2~3 초까지 $\frac{1}{2}\times(10+20)\,N\times1\,s=15\,N\cdot s$이므로 서로 달라.

ㄴ 물체는 처음에 정지해 있는 상태이므로 운동량이 0이고 힘이 작용한 후에 속력을 갖게 되므로 운동량이 변해. 물체가 받은 충격량은 물체의 운동량의 변화량(=나중 운동량-처음 운동량)과 같아! 0~1 초까지 받은 충격량은 $10\,N\times1\,s=10\,N\cdot s$이고, 0~2 초까지 받은 충격량은 $10\,N\times2\,s=20\,N\cdot s$이야. 따라서 2 초일 때의 운동량의 크기 20 kg·m/s는 1 초일 때의 운동량의 크기 10 kg·m/s의 2배야.

ㄷ 0~3 초까지 물체가 받은 충격량의 크기는 0~2 초까지 20 N·s, 2~3 초까지 15 N·s이므로 총 35 N·s이야. 충격량=운동량의 변화량(=나중 운동량-처음 운동량)이고, 처음에는 속력이 0이었으므로 처음 운동량은 0이라고 했지? 따라서 3 초일 때 물체의 속력을 v라고 하면 충격량=나중 운동량, 즉 $35\,N\cdot s=5\,kg\times v$이므로 $v=7\,m/s$야.

〈답〉 ④

유제 **1**

그림 (가)는 수평면 위에서 일정한 속력 2 m/s로 운동하는 질량이 5 kg인 물체에 운동 방향과 같은 방향으로 크기가 F인 힘을 작용하는 것을, (나)는 F를 시간에 따라 나타낸 것이다.

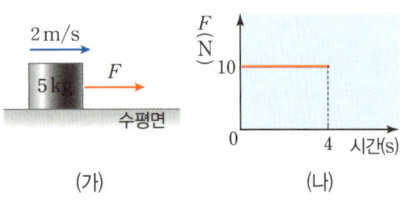

(가)　　　　　(나)

이에 대한 설명으로 옳은 것만을 〈보기〉에서 있는 대로 고른 것은? (단, 마찰과 공기 저항은 무시한다.)

〈보기〉
ㄱ. F가 작용하기 직전 물체의 운동량의 크기는 10 kg·m/s이다.
ㄴ. 0~2 초까지 물체가 받은 충격량의 크기는 20 N·s이다.
ㄷ. 4 초일 때 물체의 속력은 10 m/s이다.

① ㄱ　② ㄷ　③ ㄱ, ㄴ　④ ㄴ, ㄷ　⑤ ㄱ, ㄴ, ㄷ

유제 **2**

그림 (가)는 수평면에서 질량이 6 kg인 물체와 질량이 4 kg인 물체가 각각 6 m/s, 2 m/s의 속력으로 운동하는 모습을, (나)는 A와 B가 충돌한 후 A가 v, B가 5 m/s의 속력으로 운동하는 모습을 나타낸 것이다.

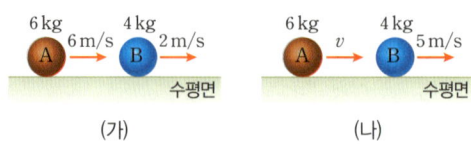

(가)　　　　　(나)

이에 대한 설명으로 옳은 것만을 〈보기〉에서 있는 대로 고른 것은? (단, 모든 마찰과 공기 저항은 무시한다.)

〈보기〉
ㄱ. 충돌 시 받은 충격량의 크기는 A와 B가 같다.
ㄴ. 충돌 전후 B의 운동량의 변화량의 크기는 12 kg·m/s이다.
ㄷ. $v=8$ m/s이다.

① ㄱ　　　　② ㄷ　　　　③ ㄱ, ㄴ
④ ㄴ, ㄷ　　　⑤ ㄱ, ㄴ, ㄷ

실력 2다지기 문제

14 역학 시스템과 안전

---

1 관성

01 ✓빈출

관성에 대한 설명으로 옳은 것만을 〈보기〉에서 있는 대로 고른 것은?

─〈 보기 〉─
ㄱ. 물체가 운동 상태를 계속 유지하려는 성질이다.
ㄴ. 물체의 질량이 클수록 관성이 크다.
ㄷ. 운동하는 물체에 작용하는 알짜힘이 0이면, 물체는 속력이 점점 감소하여 정지하게 된다.

① ㄱ   ② ㄷ   ③ ㄱ, ㄴ
④ ㄴ, ㄷ   ⑤ ㄱ, ㄴ, ㄷ

02

그림은 정지해 있던 버스가 갑자기 출발하자 승객의 몸이 뒤로 쏠리는 모습을 나타낸 것이다.

이와 같은 원리가 적용되는 현상만을 〈보기〉에서 있는 대로 고른 것은?

─〈 보기 〉─
ㄱ. 달리던 사람이 돌부리에 걸려 넘어진다.
ㄴ. 로켓이 가스를 분출하며 위로 올라간다.
ㄷ. 망치 자루를 바닥에 치면 헐거워진 망치 머리가 자루에 단단히 고정된다.

① ㄱ   ② ㄴ   ③ ㄱ, ㄴ
④ ㄱ, ㄷ   ⑤ ㄴ, ㄷ

---

2 운동량과 충격량

03

그림과 같이 수평면에서 자동차 A, B가 각각 일정한 속도로 운동한다. A, B의 질량은 각각 2000 kg, 1000 kg이고 속력은 각각 10 m/s, 20 m/s이다.

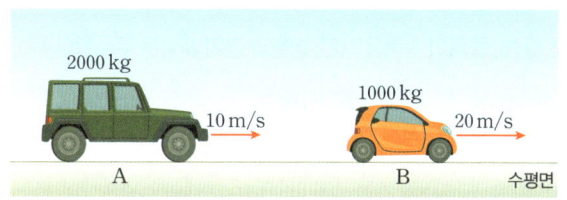

이에 대한 설명으로 옳은 것만을 〈보기〉에서 있는 대로 고른 것은?

─〈 보기 〉─
ㄱ. 관성은 A가 B보다 크다.
ㄴ. 운동량의 크기는 B가 A의 2배이다.
ㄷ. 작용하는 알짜힘의 크기는 A가 B보다 크다.

① ㄱ   ② ㄷ   ③ ㄱ, ㄴ
④ ㄴ, ㄷ   ⑤ ㄱ, ㄴ, ㄷ

04 ✓빈출

그림 (가)는 수평면에 정지해 있는 질량이 3 kg인 물체에 수평 방향으로 크기가 F인 힘이 작용하는 것을 나타낸 것이고, (나)는 이 물체의 운동량을 시간에 따라 나타낸 것이다.

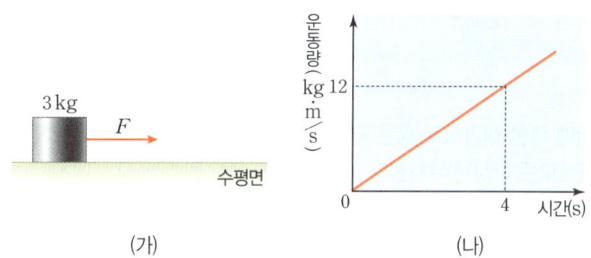

(가)   (나)

이에 대한 설명으로 옳은 것만을 〈보기〉에서 있는 대로 고른 것은?

─〈 보기 〉─
ㄱ. 2 초일 때 물체의 운동량의 크기는 6 kg·m/s이다.
ㄴ. 4 초일 때 물체의 속력은 4 m/s이다.
ㄷ. $F = 3$ N이다.

① ㄱ   ② ㄷ   ③ ㄱ, ㄴ
④ ㄴ, ㄷ   ⑤ ㄱ, ㄴ, ㄷ

05

난이도 상

그림 (가)는 수평면에 정지해 있는 질량이 2 kg인 물체에 수평 방향으로 힘을 작용하는 것을 나타낸 것이고, (나)는 이 물체에 수평 방향으로 작용하는 힘의 크기를 시간에 따라 나타낸 것이다.

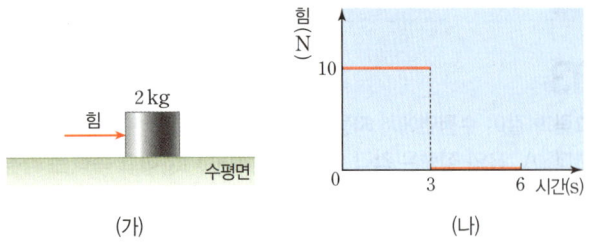

(가)　　　　　(나)

5 초일 때, 물체의 속력은? (단, 마찰과 공기 저항은 무시한다.)

① 10 m/s　　② 15 m/s　　③ 20 m/s
④ 25 m/s　　⑤ 30 m/s

06 빈출

그림 (가)와 (나)는 수평면에서 질량이 같은 동일한 자동차가 같은 속력으로 운동하다가 각각 건초 더미와 벽에 충돌하여 정지한 모습을 나타낸 것이다. 충돌 시간은 (가)에서가 (나)에서보다 길다.

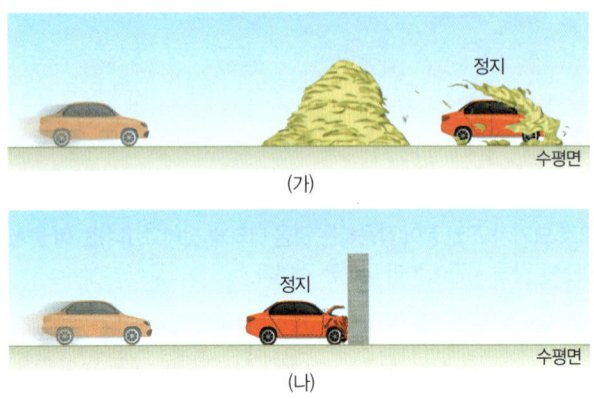

(가)

(나)

이에 대한 설명으로 옳은 것만을 〈보기〉에서 있는 대로 고른 것은? (단, 모든 마찰은 무시한다.)

〈보기〉
ㄱ. 자동차의 운동량 변화량의 크기는 (가)에서가 (나)에서보다 크다.
ㄴ. 자동차가 받은 평균 힘의 크기는 (가)에서가 (나)에서보다 작다.
ㄷ. (나)에서 벽이 자동차에 작용한 힘의 크기는 자동차가 벽에 작용한 힘의 크기보다 크다.

① ㄱ　　　　② ㄴ　　　　③ ㄱ, ㄴ
④ ㄱ, ㄷ　　　⑤ ㄴ, ㄷ

07

난이도 상

그림 (가)는 질량이 2 kg인 물체가 벽을 향해 오른쪽으로 3 m/s의 속력으로 등속도 운동하는 모습을 나타낸 것이고, (나)는 이 물체가 벽에 충돌할 때, 벽으로부터 받은 힘의 크기를 시간에 따라 나타낸 것이다. 그래프가 시간 축과 이루는 넓이는 10 N·s이다.

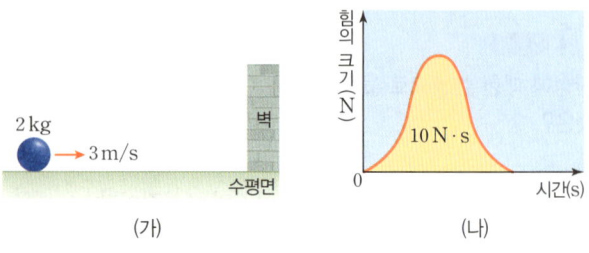

(가)　　　　　(나)

이에 대한 설명으로 옳은 것만을 〈보기〉에서 있는 대로 고른 것은? (단, 충돌 전후 물체는 동일 직선상에서 운동하며, 모든 마찰과 공기 저항은 무시한다.)

〈보기〉
ㄱ. 벽에 충돌하기 전, 물체의 운동량의 크기는 6 kg·m/s 이다.
ㄴ. 물체가 벽으로부터 받은 힘의 방향은 왼쪽이다.
ㄷ. 벽에 충돌한 후, 물체의 속력은 2 m/s이다.

① ㄱ　　　　② ㄷ　　　　③ ㄱ, ㄴ
④ ㄴ, ㄷ　　　⑤ ㄱ, ㄴ, ㄷ

08 빈출

그림 (가)는 질량이 m으로 같은 물체 A, B가 각각 수평면에서 벽을 향해 같은 속력 v로 운동하는 것을 나타낸 것이고, (나)는 A, B가 각각 벽에 충돌한 순간부터 정지할 때까지 벽으로부터 받은 힘을 시간에 따라 나타낸 것이다.

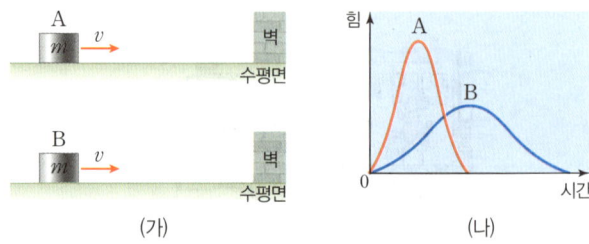

(가)　　　　　(나)

이에 대한 설명으로 옳은 것만을 〈보기〉에서 있는 대로 고른 것은? (단, 모든 마찰과 공기 저항은 무시한다.)

〈보기〉
ㄱ. A가 벽으로부터 받은 충격량의 크기는 mv이다.
ㄴ. 벽으로부터 받은 평균 힘의 크기는 A가 B보다 크다.
ㄷ. (나)에서 그래프가 시간 축과 이루는 넓이는 A가 B보다 크다.

① ㄱ　　　　② ㄴ　　　　③ ㄱ, ㄴ
④ ㄱ, ㄷ　　　⑤ ㄴ, ㄷ

정답과 해설 42쪽

3 충돌과 안전

09 빈출

다음은 충돌에 의해 발생하는 피해를 줄이기 위한 여러 가지 방법들이다.

공기가 든 포장재를 이용하여 깨지기 쉬운 물건을 포장한다.

배의 옆면에 타이어가 부착되어 있다.

번지 점프의 줄은 잘 늘어나는 재질로 만든다.

이 방법들에 공통으로 적용되는 원리로 옳은 것은?

① 물체의 관성을 감소시킨다.
② 물체가 힘을 받는 시간을 길게 한다.
③ 물체가 받는 힘의 크기를 증가시킨다.
④ 물체가 받는 충격량의 크기를 감소시킨다.
⑤ 물체의 운동량 변화량의 크기를 증가시킨다.

10

자동차의 안전장치에 대한 설명으로 옳은 것만을 〈보기〉에서 있는 대로 고른 것은?

보기

ㄱ. 안전띠는 운전자가 관성에 의해 앞으로 튀어 나가는 것을 방지한다.
ㄴ. 에어백은 힘을 받는 시간을 길게 하여 운전자가 받는 평균 힘의 크기를 감소시킨다.
ㄷ. 범퍼는 자동차가 받는 충격량을 줄여 주는 역할을 한다.

① ㄱ　　② ㄷ　　③ ㄱ, ㄴ
④ ㄴ, ㄷ　　⑤ ㄱ, ㄴ, ㄷ

11

그림은 높은 곳에서 뛰어내린 소방관이 공기 안전 매트에 떨어지는 모습을 나타낸 것이다. 공기 안전 매트가 높은 곳에서 뛰어내린 소방관을 안전하게 보호하는 원리를 서술하시오.

공기 안전 매트

12 빈출

그림과 같이 같은 높이에서 질량이 같은 동일한 달걀을 가만히 놓았을 때, 시멘트 바닥에 떨어진 달걀은 깨졌고, 방석에 떨어진 달걀은 깨지지 않았다. (단, 공기 저항은 무시한다.)

 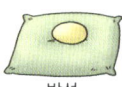

시멘트 바닥　　방석

(1) 달걀이 시멘트 바닥과 방석에 충돌하기 직전 운동량의 크기를 비교하여 서술하시오.

(2) 달걀이 바닥에 충돌하여 정지할 때까지 달걀이 받은 충격량의 크기를 비교하여 서술하시오.

(3) 달걀이 바닥으로부터 받은 평균 힘의 크기를 비교하여 서술하시오.

13

그림과 같이 질량이 1200 kg인 자동차가 30 m/s의 속력으로 벽에 충돌하여 정지하였다. 자동차가 벽에 충돌한 순간부터 정지할 때까지 걸린 시간은 0.4 초이다. 이 자동차가 벽으로부터 받은 평균 힘의 크기를 풀이 과정과 함께 구하시오.

13 중력을 받는 물체의 운동

빈출 개념 자유 낙하 운동 ★★★★ 수평 방향으로 던진 물체의 운동 ★★★★ 중력에 의한 지구 표면에서의 운동 ★★★★★

1 자유 낙하 운동

그림은 지면으로부터 높이가 h인 곳에서 가만히 놓은 물체의 위치를 일정한 시간 간격으로 나타낸 것이다. (단, 공기 저항은 무시한다.)

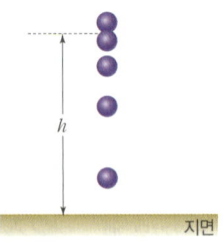

• 다음 설명 중 옳은 것은 ○표, 옳지 않은 것은 ✕표 하시오.

1 지면에 가까워질수록 물체의 속력은 증가한다. (○ ┆ ✕)
2 물체에 작용하는 중력의 크기는 지면에 가까워질수록 감소한다. (○ ┆ ✕)
3 낙하하는 동안 물체에 작용하는 중력의 방향은 물체의 운동 방향과 같다. (○ ┆ ✕)
4 낙하하는 동안 같은 시간 동안 이동한 거리는 일정하다. (○ ┆ ✕)
5 물체의 가속도의 크기는 일정하다. (○ ┆ ✕)

2 자유 낙하 운동과 수평 방향으로 던진 물체의 운동

그림은 같은 높이에서 물체 A를 가만히 놓는 순간 물체 B를 수평 방향으로 속력 v로 던졌더니 A와 B가 각각 경로를 따라 운동하여 수평면에 도달한 모습을 나타낸 것이다. B가 운동하는 경로상의 점 p의 높이는 h이다. 질량은 A와 B가 같다.

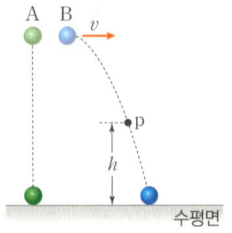

• 다음 설명 중 옳은 것은 ○표, 옳지 않은 것은 ✕표 하시오.

1 p에서 B의 수평 방향의 속력은 v보다 크다. (○ ┆ ✕)
2 A가 운동하는 동안 A의 속력은 증가한다. (○ ┆ ✕)
3 B가 p를 지날 때, A의 높이는 h이다. (○ ┆ ✕)
4 물체에 작용하는 중력의 크기는 A와 B가 같다. (○ ┆ ✕)
5 수평면에는 A가 B 보다 먼저 도달한다. (○ ┆ ✕)
6 B가 p를 지날 때, 속력은 A와 B가 같다. (○ ┆ ✕)

3 수평 방향으로 던진 물체의 운동

그림은 같은 높이에서 수평 방향으로 던진 두 물체 A, B의 위치를 일정한 시간 간격으로 나타낸 것이다.

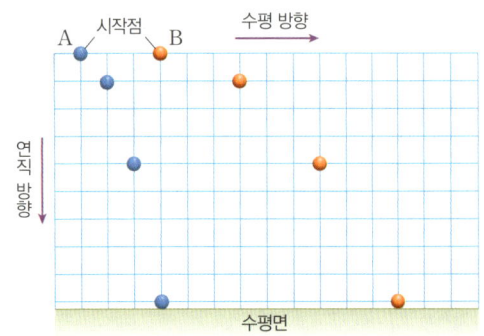

• 다음 설명 중 옳은 것은 ○표, 옳지 않은 것은 ✕표 하시오.

1 A와 B에 작용하는 중력의 방향은 연직 아래 방향이다. (○ ✕)
2 A와 B는 동시에 수평면에 도달한다. (○ ✕)
3 수평 방향으로 던진 속력은 A와 B가 같다. (○ ✕)
4 A와 B는 수평 방향으로 등속도 운동을 한다. (○ ✕)
5 연직 방향의 가속도의 크기는 A가 B보다 크다. (○ ✕)
6 A와 B는 연직 방향으로 등가속도 운동을 한다. (○ ✕)

4 자유 낙하 운동과 수평 방향으로 던진 물체의 운동

그림은 같은 높이에서 가만히 놓은 물체 A와 수평 방향으로 던진 물체 B가 수평면과 나란한 기준선 P를 동시에 지나는 모습을 나타낸 것이다.

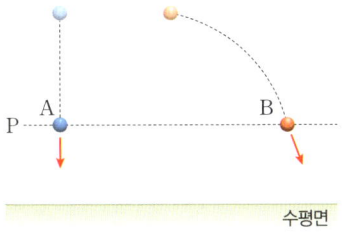

수평면

• 다음 설명 중 옳은 것은 ○표, 옳지 <u>않은</u> 것은 ✕표 하시오.

1 낙하하는 동안 A의 속력은 증가한다.　　　　(○ ｜ ✕)

2 낙하하는 동안 A, B에 작용하는 힘의 방향은 다르다.

　　　　　　　　　　　　　　　　　　(○ ｜ ✕)

3 수평면에 A가 B보다 먼저 도달한다.

　　　　　　　　　　　　　　　　　　(○ ｜ ✕)

4 수평면에 도달하는 순간 속력은 A가 B보다 크다.　(○ ｜ ✕)

5 P를 통과하는 순간 가속도의 크기는 A가 B보다 작다.

　　　　　　　　　　　　　　　　　　(○ ｜ ✕)

5 수평 방향으로 던진 물체의 운동

그림은 질량이 동일한 물체 A와 B를 수평면으로부터 같은 높이에서 수평 방향으로 각각 속력 v_A, v_B로 동시에 던졌더니, A와 B가 포물선 경로를 따라 운동한 모습을 나타낸 것이다. 물체는 수평 방향으로 각각 d, $3d$만큼 이동하였다. (단, 물체의 크기와 공기 저항은 무시한다.)

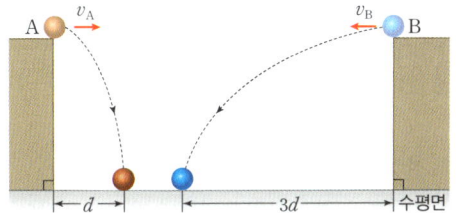

• 다음 설명 중 옳은 것은 ○표, 옳지 <u>않은</u> 것은 ✕표 하시오.

1 가속도의 크기는 A와 B가 같다.　　　　　(○ ｜ ✕)

2 A에 작용하는 중력의 방향은 A의 운동 방향에 대해 항상 수직이다.　　　　　　　　　　　　　　　(○ ｜ ✕)

3 $3v_A = v_B$이다.　　　　　　　　　　　　(○ ｜ ✕)

4 낙하하는 동안 A와 B에 작용하는 중력의 방향은 같다.

　　　　　　　　　　　　　　　　　　(○ ｜ ✕)

5 수평면에 도달하는 순간 연직 방향의 속력은 A가 B보다 작다.　　　　　　　　　　　　　　　　(○ ｜ ✕)

6 물체를 수평 방향으로 던진 순간부터 지면에 도달할 때까지 걸린 시간은 A와 B가 같다.　　　　　(○ ｜ ✕)

14 역학 시스템과 안전

빈출 개념　운동량과 충격량 ★★★　충돌과 평균 힘 ★★★★★　안전장치의 원리 ★★★

6 운동량과 충격량

그림 (가)는 질량이 0.6 kg인 장난감 자동차 A가 직선 경로를 따라 운동하는 모습을 나타낸 것이고, (나)는 A의 운동량을 시간에 따라 나타낸 것이다.

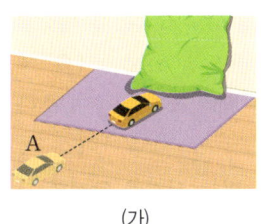

(가)

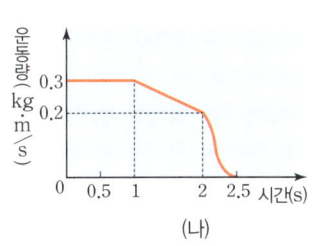

(나)

• 다음 설명 중 옳은 것은 ○표, 옳지 <u>않은</u> 것은 ✕표 하시오.

1 0.5 초일 때 A의 속력은 0.3 m/s이다.　　　(○ ｜ ✕)

2 1 초부터 2 초까지 A에 작용하는 힘의 크기는 일정하다.

　　　　　　　　　　　　　　　　　　(○ ｜ ✕)

3 1 초부터 2 초까지 A가 받은 충격량의 크기는 0.2 N·s이다.

　　　　　　　　　　　　　　　　　　(○ ｜ ✕)

4 1 초부터 2 초까지 A가 받은 평균 힘의 크기는 0.1 N이다.

　　　　　　　　　　　　　　　　　　(○ ｜ ✕)

5 2 초부터 2.5 초까지 A가 받은 평균 힘의 크기는 0.2 N이다.

　　　　　　　　　　　　　　　　　　(○ ｜ ✕)

7 평균 힘

다음은 물체가 받은 평균 힘의 크기를 구하는 과정이다.

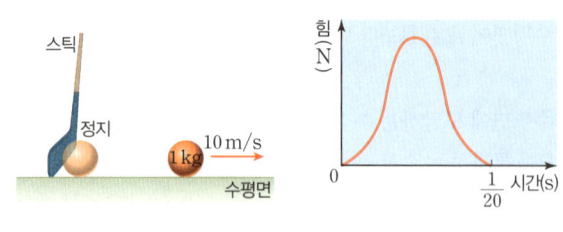

그림과 같이 수평면에 정지해 있던 질량이 1 kg인 물체에 수평 방향으로 힘을 작용하였더니 물체가 10 m/s의 일정한 속력으로 직선 운동한다. 물체는 스틱으로부터 그래프와 같이 $\frac{1}{20}$ 초 동안 힘을 받았다.

• 다음 설명 중 옳은 것은 ○표, 옳지 않은 것은 ×표 하시오.

1 정지해 있는 물체의 운동량은 0이다. (○ ┊ ×)

2 질량이 1 kg인 물체가 10 m/s의 속력으로 운동할 때 운동량의 크기는 10 kg·m/s이다. (○ ┊ ×)

3 힘─시간 그래프에서 그래프가 시간 축과 이루는 넓이는 물체가 받은 충격량의 크기이다. (○ ┊ ×)

4 물체가 스틱으로부터 받은 충격량의 크기는 20 N·s이다. (○ ┊ ×)

5 스틱이 물체에 힘을 작용하는 시간은 $\frac{1}{20}$ 초이다. (○ ┊ ×)

6 물체가 스틱으로부터 받은 평균 힘의 크기는 400 N이다. (○ ┊ ×)

8 평균 힘과 충돌 시간의 관계

그림 (가)는 각각 일정한 속력으로 운동하는 물체 A, B가 기준선을 동시에 통과한 후 같은 거리를 이동하여 벽에 충돌해 정지한 모습을 나타낸 것이고, (나)는 A, B가 기준선을 통과한 순간부터 정지할 때까지 벽으로부터 받은 힘의 크기를 시간에 따라 나타낸 것이다. 시간 축과 A, B에 대한 곡선이 이루는 넓이는 서로 같다. (단, 물체의 크기는 무시한다.)

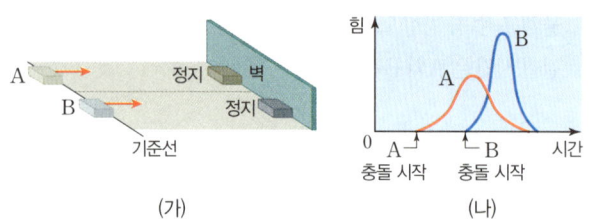

(가) (나)

• 다음 설명 중 옳은 것은 ○표, 옳지 않은 것은 ×표 하시오.

1 기준선을 통과한 순간부터 벽에 충돌할 때까지 이동하는 데 걸린 시간은 A가 B보다 길다. (○ ┊ ×)

2 벽에 충돌하기 직전 속력은 A가 B보다 크다. (○ ┊ ×)

3 벽으로부터 받은 충격량의 크기는 A와 B가 같다. (○ ┊ ×)

4 벽에 충돌하기 직전 운동량의 크기는 A가 B보다 크다. (○ ┊ ×)

5 물체의 질량은 A가 B보다 크다. (○ ┊ ×)

6 벽으로부터 받은 평균 힘의 크기는 A가 B보다 작다. (○ ┊ ×)

9 안전장치의 원리

그림은 자동차의 안전장치를 나타낸 것이다.

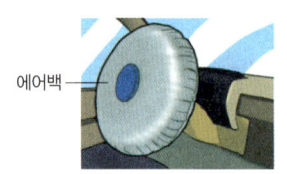 

에어백 범퍼

• 다음 설명 중 옳은 것은 ○표, 옳지 않은 것은 ×표 하시오.

1 에어백과 범퍼는 모두 자동차의 관성을 감소시킨다. (○ ┊ ×)

2 에어백은 운전자가 힘을 받는 시간을 길게 한다. (○ ┊ ×)

3 범퍼는 충돌할 때 자동차가 받는 충격량을 감소시킨다. (○ ┊ ×)

4 에어백과 범퍼는 충돌할 때 받는 힘의 크기를 줄여 준다. (○ ┊ ×)

5 범퍼는 충돌할 때 자동차가 힘을 받는 시간을 짧게 한다. (○ ┊ ×)

13 중력을 받는 물체의 운동

01

그림은 수평면으로부터 같은 높이에서 질량이 같은 구겨진 종이와 펼쳐진 종이를 동시에 가만히 놓았을 때 구겨진 종이가 수평면에 먼저 도달한 것을 나타낸 것이다.

이에 대한 설명으로 옳은 것만을 〈보기〉에서 있는 대로 고른 것은?

보기

ㄱ. 낙하하는 동안 구겨진 종이의 속력은 일정하다.
ㄴ. 구겨진 종이와 펼쳐진 종이에 작용하는 중력의 크기는 같다.
ㄷ. 진공에서 구겨진 종이와 펼쳐진 종이를 같은 높이에서 동시에 가만히 놓으면 동시에 수평면에 도달한다.

① ㄱ   ② ㄴ   ③ ㄱ, ㄷ
④ ㄴ, ㄷ   ⑤ ㄱ, ㄴ, ㄷ

02 ✔빈출

그림은 지표면 근처에서 가만히 놓은 물체가 점 p, q, r을 순서대로 지나며 낙하하는 모습을 나타낸 것이다. 물체가 q에서 r까지 운동하는 데 걸린 시간은 p에서 q까지 운동하는 데 걸린 시간의 2배이다. 물체가 p에서 q까지 운동하는 동안 속력의 증가량은 Δv_1이고, p에서 r까지 운동하는 동안 속력의 증가량은 Δv_2이다.

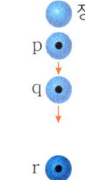

$\dfrac{\Delta v_1}{\Delta v_2}$은? (단, 공기 저항은 무시한다.)

① $\dfrac{1}{3}$ ② $\dfrac{1}{2}$ ③ $\dfrac{2}{3}$
④ $\dfrac{3}{4}$ ⑤ $\dfrac{2}{5}$

03 ✔빈출 학평 기출

다음은 자유 낙하 하는 물체와 수평으로 던진 물체의 운동을 비교하는 실험이다.

[실험 과정]
(가) 쇠구슬 A는 자유 낙하 하도록, 쇠구슬 B는 A와 같은 높이에서 수평 방향으로 발사되도록 쇠구슬 발사 장치에 A와 B를 놓는다.
(나) A와 B를 동시에 운동시킨 후 A와 B가 운동하는 모습을 0.1 초 간격으로 촬영한다.

[실험 결과]

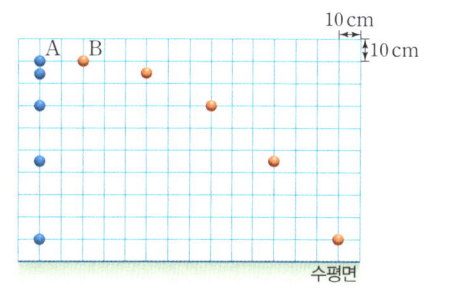

이에 대한 설명으로 옳은 것만을 〈보기〉에서 있는 대로 고른 것은? (단, A, B의 크기와 공기 저항은 무시한다.)

보기

ㄱ. 낙하하는 동안 B에 작용하는 힘의 방향은 연직 방향이다.
ㄴ. A는 B보다 먼저 수평면에 도달한다.
ㄷ. B의 수평 방향 속력은 1 m/s이다.

① ㄱ   ② ㄷ   ③ ㄱ, ㄴ   ④ ㄴ, ㄷ   ⑤ ㄱ, ㄴ, ㄷ

04

그림과 같이 시간 $t=0$일 때 물체를 가만히 놓았더니 $t=t_0$일 때 물체가 점 p를 10 m/s의 속력으로 통과한다. 이에 대한 설명으로 옳은 것만을 〈보기〉에서 있는 대로 고른 것은? (단, 중력 가속도는 10 m/s²이며, 공기 저항은 무시한다.)

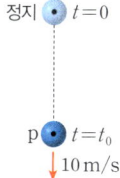

보기

ㄱ. p에서 물체에 작용하는 힘의 방향과 물체의 운동 방향은 같다.
ㄴ. t_0은 1 초이다.
ㄷ. $t=0$부터 $t=t_0$까지 물체에 작용하는 알짜힘의 크기는 커진다.

① ㄱ   ② ㄷ   ③ ㄱ, ㄴ   ④ ㄴ, ㄷ   ⑤ ㄱ, ㄴ, ㄷ

05

다음은 쇠구슬 A, B의 운동을 비교하는 실험이다.

[실험 과정]

(가) 그림과 같이 발사 장치를 이용하여 A, B를 수평면으로부터 같은 높이에 위치시킨 후, A를 가만히 놓는 순간 B를 수평 방향으로 발사시켜 A, B가 각각 수평면에 도달할 때까지의 걸린 시간과 B의 수평 도달 거리를 측정한다.

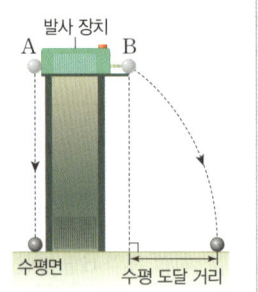

(나) 발사 장치의 높이만을 2배로 하여 과정 (가)를 반복한다.

(다) B를 수평 방향으로 발사하는 속력만을 2배로 하여 과정 (가)를 반복한다.

[실험 결과]

과정	낙하 시간		B의 수평 도달 거리
	A	B	
(가)	t_0	t_0	R_0
(나)	㉠	$\sqrt{2}t_0$	R_1
(다)	t_0	㉡	R_2

이에 대한 설명으로 옳은 것만을 〈보기〉에서 있는 대로 고른 것은? (단, 쇠구슬의 크기와 공기 저항은 무시한다.)

〈보기〉

ㄱ. 운동하는 동안 A와 B에 작용하는 중력의 방향은 같다.

ㄴ. ㉠은 ㉡보다 크다.

ㄷ. R_2는 R_1의 2배이다.

① ㄱ ② ㄷ ③ ㄱ, ㄴ ④ ㄴ, ㄷ ⑤ ㄱ, ㄴ, ㄷ

06 ✅빈출

그림은 빗면에서 등가속도 운동하는 장난감 자동차의 속력을 시간에 따라 나타낸 것이다.

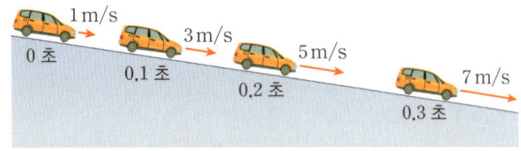

이 장난감 자동차의 가속도의 크기는?

① 5 m/s^2 ② 10 m/s^2 ③ 15 m/s^2
④ 20 m/s^2 ⑤ 25 m/s^2

07

그림과 같이 물체 A를 가만히 놓는 순간 A와 같은 높이에서 물체 B를 수평 방향으로 속력 v로 던졌더니, A와 B가 각각 기준선 P, Q를 통과하였다. P에서 B의 수평 방향 속력과 연직 방향 속력은 같다. A, B의 질량은 각각 m, $2m$이다.

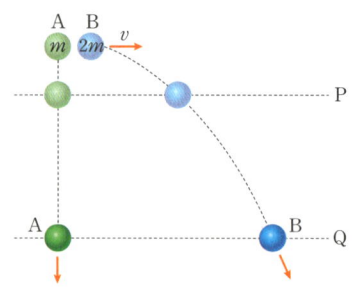

이에 대한 설명으로 옳은 것만을 〈보기〉에서 있는 대로 고른 것은? (단, 물체의 크기와 공기 저항은 무시한다.)

〈보기〉

ㄱ. P에서 물체에 작용하는 중력의 크기는 A와 B가 같다.

ㄴ. P에서 A의 속력은 v이다.

ㄷ. Q에서 물체의 속력은 A가 B보다 작다.

① ㄱ ② ㄴ ③ ㄷ ④ ㄱ, ㄴ ⑤ ㄴ, ㄷ

14 역학 시스템과 안전

08

그림 (가)는 포수가 수평 방향으로 날아오는 공을 받는 모습을 나타낸 것으로, ㉠은 글러브를 뒤로 빼면서 공을 받는 경우이고, ㉡은 글러브를 앞으로 밀면서 공을 받는 경우이다. 그림 (나)의 A, B는 운동량의 크기가 같은 동일한 공을 받아 정지시키는 동안 포수가 공으로부터 받은 힘의 크기를 시간에 따라 나타낸 것이다. A, B는 각각 ㉠과 ㉡ 중 하나를 나타낸다.

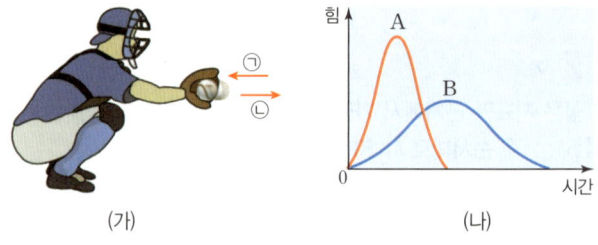

이에 대한 설명으로 옳은 것만을 〈보기〉에서 있는 대로 고른 것은?

〈보기〉

ㄱ. A는 ㉠을 나타낸 것이다.

ㄴ. (나)에서 그래프가 시간 축과 이루는 넓이는 A가 B보다 크다.

ㄷ. 포수가 공으로부터 받는 평균 힘의 크기는 ㉠이 ㉡보다 작다.

① ㄱ ② ㄷ ③ ㄱ, ㄴ ④ ㄴ, ㄷ ⑤ ㄱ, ㄴ, ㄷ

09

그림 (가)는 수평면에 정지해 있는 질량이 2 kg인 물체에 수평 방향으로 크기가 F인 힘을 작용하는 모습을 나타낸 것이다. 그림 (나)는 F를 시간에 따라 나타낸 것이다.

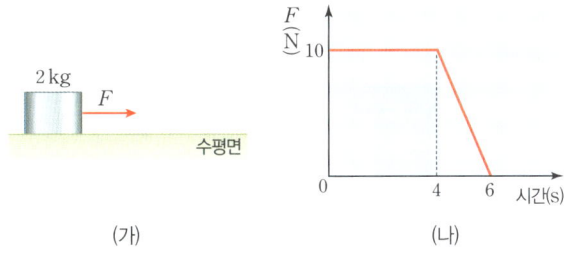

(가)   (나)

이에 대한 설명으로 옳은 것만을 〈보기〉에서 있는 대로 고른 것은? (단, 마찰과 공기 저항은 무시한다.)

보기
ㄱ. 2 초일 때 물체의 가속도의 크기는 10 m/s²이다.
ㄴ. 4 초일 때 물체의 운동량의 크기는 40 kg·m/s이다.
ㄷ. 0 초부터 6초까지 물체가 받은 충격량의 크기는 60 N·s이다.

① ㄱ　　　　② ㄴ　　　　③ ㄱ, ㄷ
④ ㄴ, ㄷ　　　⑤ ㄱ, ㄴ, ㄷ

10 학평 기출

다음은 범퍼카의 안전장치에 대한 설명이다.

범퍼카는 고무 범퍼로 둘러싸여 있어 물체와 충돌할 때 충돌 시간이 길어져 범퍼카를 탄 사람이 받는 충격을 작게 한다.

이와 같은 원리가 적용되는 예에 해당하는 것만을 〈보기〉에서 있는 대로 고른 것은?

보기

ㄱ. 빠르게 잡아당기는 종이 위의 동전
ㄴ. 배에 매단 타이어
ㄷ. 지진계의 무거운 추

① ㄱ　　　　② ㄴ　　　　③ ㄱ, ㄷ
④ ㄴ, ㄷ　　　⑤ ㄱ, ㄴ, ㄷ

11 빈출

그림 (가)는 수평면에서 질량이 m인 물체 A가 속력 $3v$로 등속도 운동하다가 벽면에 충돌하여 정지한 모습을, (나)는 질량이 $2m$인 물체 B가 속력 $2v$로 등속도 운동하다가 벽면에 충돌한 후 속력 v로 등속도 운동하는 모습을 나타낸 것이다.

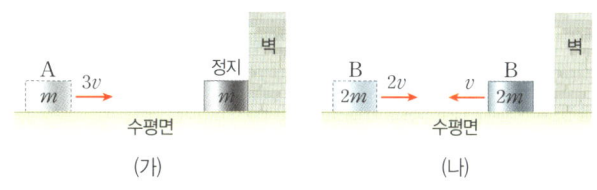

(가)   (나)

이에 대한 설명으로 옳은 것만을 〈보기〉에서 있는 대로 고른 것은?

보기
ㄱ. 충돌 전 운동량의 크기는 A가 B보다 크다.
ㄴ. 충돌 전후 운동량 변화량의 크기는 A가 B보다 작다.
ㄷ. 충돌하는 동안 벽으로부터 받은 충격량의 크기는 B가 A의 3배이다.

① ㄴ　　　　② ㄷ　　　　③ ㄱ, ㄴ
④ ㄱ, ㄷ　　　⑤ ㄴ, ㄷ

12 빈출

다음은 에어백이나 공기 안전 매트가 충격을 흡수하는 원리를 설명한 것이다.

에어백이나 공기 안전 매트는 충돌할 때 힘을 받는 시간을 　⑤　 하여 사람이 받는 평균 힘의 크기를 　ⓛ　 시킨다.

▲ 에어백　　　　▲ 공기 안전 매트

⑤과 ⓛ을 옳게 짝 지은 것은?

	⑤	ⓛ
①	짧게	감소
②	짧게	증가
③	일정하게	감소
④	길게	감소
⑤	길게	증가

만점 도전 문제

13

그림은 자유 낙하 하는 물체를 일정한 시간 간격으로 나타낸 것이다. 점 p, q, r은 운동 경로상의 지점이며, p와 r에서 물체의 속력은 각각 6 m/s, 12 m/s이다. 이에 대한 설명으로 옳은 것만을 〈보기〉에서 있는 대로 고른 것은? (단, 중력 가속도는 10 m/s²이며, 공기 저항은 무시한다.)

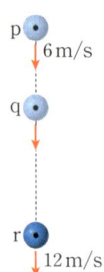

〈보기〉

ㄱ. p와 q에서 물체에 작용하는 중력의 방향은 같다.
ㄴ. q에서 물체의 속력은 9 m/s이다.
ㄷ. p와 r 사이의 거리는 5.4 m이다.

① ㄱ   ② ㄴ   ③ ㄱ, ㄷ
④ ㄴ, ㄷ   ⑤ ㄱ, ㄴ, ㄷ

14

그림 (가)는 수평면에서 일정한 속력 4 m/s로 직선 운동하는 질량이 2 kg인 물체가 벽과 충돌하여 정지한 모습을 나타낸 것이고, (나)는 (가)에서 물체가 벽과 충돌하는 동안 물체가 벽으로부터 받은 힘의 크기를 시간에 따라 나타낸 것이다. 물체와 벽의 충돌 시간은 0.5 초이며, 곡선과 시간 축이 이루는 넓이는 S이다.

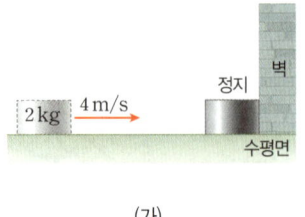 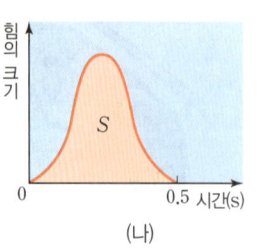

(가)   (나)

이에 대한 설명으로 옳은 것만을 〈보기〉에서 있는 대로 고른 것은?

〈보기〉

ㄱ. 충돌 전 물체의 운동량의 크기는 8 kg·m/s이다.
ㄴ. 물체가 벽으로부터 받은 평균 힘의 크기는 16 N이다.
ㄷ. S는 4 N·s이다.

① ㄱ   ② ㄴ   ③ ㄱ, ㄴ
④ ㄱ, ㄷ   ⑤ ㄴ, ㄷ

15

다음은 중력을 받는 물체의 운동에 대한 실험이다.

[실험 과정]
(가) 그림과 같이 수평면으로부터 일정한 높이에 쇠구슬 발사 장치를 고정한다.

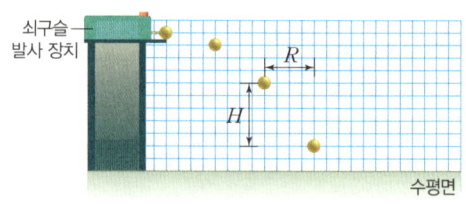

(나) 쇠구슬을 수평 방향으로 발사한 후, 쇠구슬의 운동을 0.1 초 간격으로 촬영하여 수평 방향 구간 거리 R과 연직 방향 구간 거리 H를 측정한다.
(다) 쇠구슬을 발사한 속력만을 다르게 하여 (나)를 반복한다.

[실험 결과]

과정	시간(s)	0~0.1	0.1~0.2	0.2~0.3
(나)	R(m)	0.20	0.20	0.20
	H(m)	0.05	0.15	0.25
(다)	R(m)	0.40	0.40	0.40
	H(m)	0.05	0.15	0.25

이에 대한 설명으로 옳은 것만을 〈보기〉에서 있는 대로 고른 것은? (단, 쇠구슬의 크기와 공기 저항은 무시한다.)

〈보기〉

ㄱ. 쇠구슬을 발사한 속력은 (다)에서가 (나)에서의 2배이다.
ㄴ. 쇠구슬을 발사한 순간부터 수평면에 도달할 때까지 걸린 시간은 (나)에서와 (다)에서가 같다.
ㄷ. 낙하하는 쇠구슬의 가속도의 크기는 10 m/s²이다.

① ㄱ   ② ㄴ   ③ ㄱ, ㄷ   ④ ㄴ, ㄷ   ⑤ ㄱ, ㄴ, ㄷ

16

그림과 같이 수평면에서 직선 운동하는 물체가 구간 A에서만 일정한 크기의 힘을 수평면과 나란한 방향으로 받는다. 물체의 질량은 3 kg이고, A로 들어가기 전과 후 물체의 속력은 각각 5 m/s, 1 m/s로 일정하며 A에서 이동한 거리는 4 m이다.

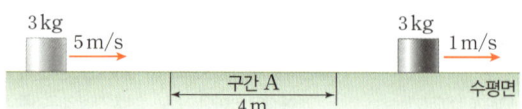

물체가 A에서 받은 힘의 크기는? (단, 물체의 크기와 공기 저항은 무시한다.)

① 6 N   ② 9 N   ③ 12 N   ④ 15 N   ⑤ 18 N

17

표는 지표면 근처에서 수평 방향으로 던진 물체의 연직 아래 방향 구간 거리와 수평 방향 구간 거리를 시간에 따라 나타낸 것이다.

시간(s)	0~0.1	0.1~0.2	0.2~0.3	0.3~0.4
연직 아래 방향 구간 거리(m)	0.1	0.2	0.3	0.4
수평 방향 구간 거리(m)	0.5	0.5	0.5	0.5

(1) 위 자료를 이용하여 다음 표를 완성하시오.

시간(s)	0~0.1	0.1~0.2	0.2~0.3	0.3~0.4
연직 아래 방향 속력(m/s)				
수평 방향 속력(m/s)				

(2) 이 물체의 연직 아래 방향 속력 변화를 물체에 작용하는 힘과 관련지어 서술하시오.

(3) 이 물체의 수평 방향 속력 변화를 물체에 작용하는 힘과 관련지어 서술하시오.

18

그림은 수평면에서 직선 운동하는 물체 A, B의 속도를 시간에 따라 나타낸 것이다. A, B는 각각 등속도 운동, 등가속도 운동 중 하나의 운동을 한다.

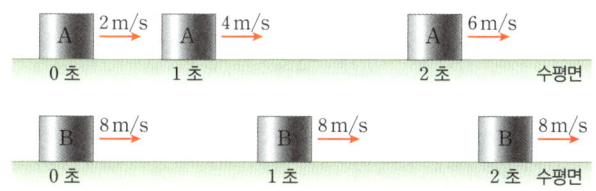

(1) A, B에 작용하는 알짜힘에 대해 서술하시오.

(2) A, B 중 등가속도 운동하는 물체의 가속도의 크기를 풀이 과정과 함께 구하시오.

19

그림 (가)는 모서리 보호대를, (나)는 태권도 선수의 머리를 보호하기 위한 헤드기어를 나타낸 것이다.

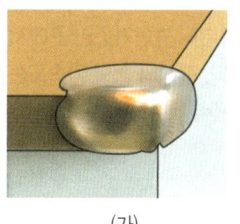 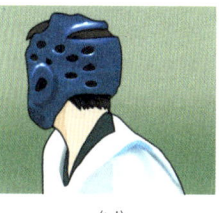

(가)　　　　　　　　(나)

모서리 보호대와 헤드기어가 충돌에 의한 피해나 통증을 줄이는 공통된 원리를 서술하시오.

20

그림 (가)는 질량이 m으로 같은 물체가 수평면에서 각각 속력 v_1, v_2로 등속도 운동하다가 벽 A, B에 각각 충돌하여 정지한 모습을 나타낸 것이다. 그림 (나)는 물체가 A, B로부터 받은 힘을 시간에 따라 나타낸 것으로, 그래프 A, B가 시간 축과 이루는 넓이는 각각 $3S$, $2S$이다.

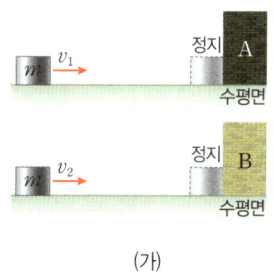 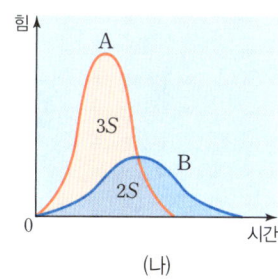

(가)　　　　　　　　(나)

(1) 충돌 전 물체의 속력 v_1과 v_2를 등호나 부등호를 이용해 비교하시오.

(2) 물체가 벽으로부터 받은 평균 힘의 크기를 그 까닭과 함께 비교하여 서술하시오.

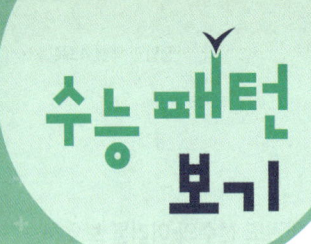

수능 패턴 보기

Ⅲ-2 역학 시스템

01 그림은 행성 A, B의 지면으로부터 높이가 h인 곳에서 수평 방향으로 속력 v로 던진 동일한 물체 P, Q의 운동 경로를 나타낸 것이다. 행성의 중력 가속도는 A에서가 B에서보다 크고, 질량은 P와 Q가 같다. A, B에서 물체를 던진 순간부터 지면에 닿을 때까지 수평 이동 거리는 각각 L_A, L_B이다.

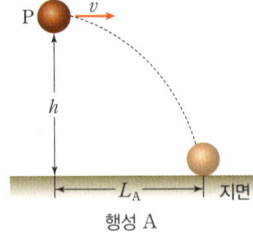 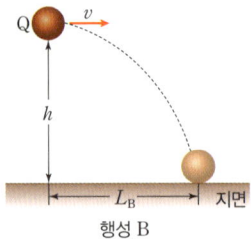

이에 대한 설명으로 옳은 것만을 〈보기〉에서 있는 대로 고른 것은? (단, 물체의 크기, 마찰과 공기 저항은 무시한다.)

〈보기〉

ㄱ. 물체를 던진 순간부터 지면에 닿을 때까지 걸린 시간은 P가 Q보다 크다.

ㄴ. 물체에 작용하는 중력의 크기는 P와 Q가 같다.

ㄷ. $L_A < L_B$이다.

① ㄱ   ② ㄴ   ③ ㄷ   ④ ㄱ, ㄴ   ⑤ ㄴ, ㄷ

☑ 기출 패턴

수평 방향으로 던진 물체의 수평 방향 속력은 일정하다는 것을 알아야 한다.

💡 배경 지식

• 중력 가속도의 크기가 클수록 지면에 도달할 때까지 걸리는 시간이 작다.

---

02 그림 (가)는 지면으로부터 높이가 각각 h, $2h$인 지점에서 물체 A, B를 동시에 가만히 놓는 순간의 모습을 나타낸 것이다. A, B의 질량은 각각 $2m$, m이다. 그림 (나)는 (가)에서 A의 속력을 시간에 따라 나타낸 것이다.

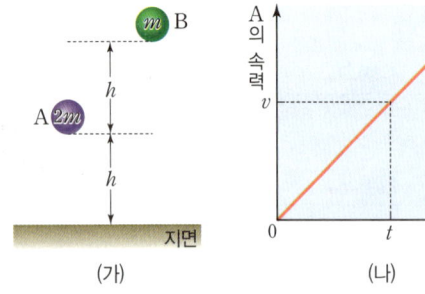

(가)   (나)

이에 대한 설명으로 옳은 것만을 〈보기〉에서 있는 대로 고른 것은? (단, 물체의 크기와 공기 저항은 무시한다.)

〈보기〉

ㄱ. 물체에 작용하는 중력의 크기는 A가 B의 2배이다.

ㄴ. t일 때, B의 속력은 v보다 크다.

ㄷ. 지면에는 A가 B보다 먼저 도달한다.

① ㄱ   ② ㄴ   ③ ㄷ   ④ ㄱ, ㄴ   ⑤ ㄱ, ㄷ

☑ 기출 패턴

자유 낙하 하는 물체에 작용하는 중력의 방향과 물체의 운동 방향은 같다는 것을 알아야 한다.

💡 배경 지식

• 물체에 작용하는 중력의 크기는 질량에 비례한다.
• 자유 낙하 하는 물체의 속력은 일정하게 증가한다.

03 그림 (가)는 질량이 m인 물체가 마찰이 없는 수평면에서 벽을 향해 등속도 운동하는 것을 나타낸 것이다. 물체는 벽에 충돌한 후 정지한다. 그림 (나)는 벽이 물체로부터 받은 힘의 크기를 시간에 따라 나타낸 것이다. 물체와 벽의 충돌 시간은 T이고, 곡선이 시간 축과 이루는 넓이는 S이다.

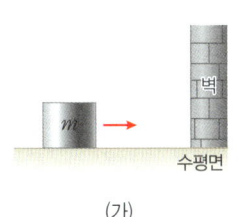
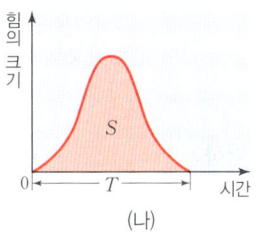

(가)　　　　　　　(나)

이에 대한 설명으로 옳은 것만을 〈보기〉에서 있는 대로 고른 것은? (단, 물체의 크기와 공기 저항은 무시한다.)

────── 보기 ──────

ㄱ. 충돌하는 동안 물체가 벽으로부터 받은 충격량의 크기는 벽이 물체로부터 받은 충격량의 크기와 같다.

ㄴ. 벽에 충돌하기 전 물체의 속력은 $\dfrac{2S}{m}$이다.

ㄷ. 충돌하는 동안, 물체가 벽에 작용한 평균 힘의 크기는 $\dfrac{S}{T}$이다.

① ㄱ　　　② ㄴ　　　③ ㄷ　　　④ ㄱ, ㄴ　　　⑤ ㄱ, ㄷ

04 그림 (가)는 마찰이 없는 수평면에서 물체 A, B가 서로 반대 방향으로 운동량의 크기가 각각 $2p$, p인 등속도 운동하는 모습을 나타낸 것이다. A, B의 질량은 각각 m, $2m$이다. 그림 (나)는 A가 벽에 충돌한 후 B와의 거리가 일정하게 유지되며 등속도 운동하는 것을 나타낸 것이다.

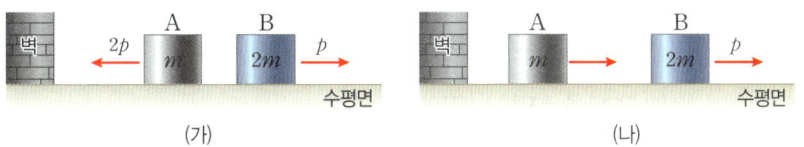

(가)　　　　　　　(나)

이에 대한 설명으로 옳은 것만을 〈보기〉에서 있는 대로 고른 것은? (단, 물체의 크기와 공기 저항은 무시한다.)

────── 보기 ──────

ㄱ. (가)에서 속력은 A가 B의 2배이다.

ㄴ. (나)에서 운동량의 크기는 A와 B가 같다.

ㄷ. A가 벽에 충돌하는 동안, A가 벽으로부터 받은 충격량의 크기는 $\dfrac{5}{2}p$이다.

① ㄱ　　　② ㄴ　　　③ ㄷ　　　④ ㄱ, ㄴ　　　⑤ ㄱ, ㄷ

15 생명 시스템과 화학 반응

단원 한눈에 보기

생명 시스템
- 기본 단위 — 세포 — 세포 소기관
- 생명 시스템에서 화학 반응
- 물질대사 — 생체 촉매 — 효소

① 생명 시스템의 기본 단위

1 생명 시스템: 생명체가 외부 환경 요소와 상호작용 하면서 하나의 정교한 체계를 이루는 것이다. ➡ 생명 시스템의 구성 단계는 세포 → 조직 → 기관 → 개체이다.

2 세포: 생명 시스템을 구성하는 구조적 단위이며, 생명활동이 일어나는 기능적 단위이다.

(1) 세포는 핵, 세포막, 세포질로 구분된다.

(2) 세포질은 핵을 제외한 나머지 부분으로 생명활동을 수행하는 여러 세포소기관을 포함한다.

3 동물 세포와 식물 세포의 구조❶

모양이 비슷하지? 소포체는 핵막과 내부가 서로 연결되어 있지만, 골지체는 서로 연결되어 있지 않다는 차이점이 있어!

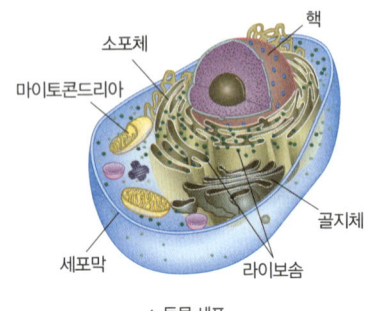

▲ 동물 세포

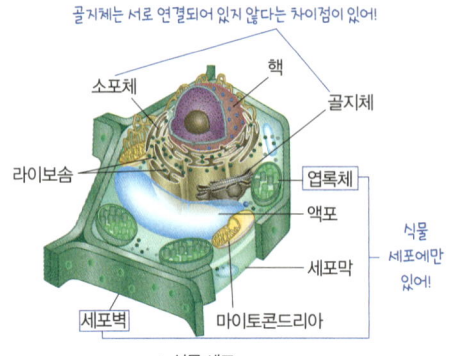

▲ 식물 세포

식물 세포에만 있어!

❶ 동물 세포와 식물 세포의 비교

구분	동물 세포	식물 세포
핵	○	○
엽록체	×	○
라이보솜	○	○
마이토콘드리아	○	○
세포막	○	○
세포벽	×	○
액포	작거나 없다.	크게 발달한다.

4 세포소기관의 종류와 기능

핵	핵막으로 둘러싸여 있으며 DNA가 있어 세포의 구조와 기능을 결정하고 생명활동을 조절한다.
마이토 콘드리아	• 둥근 막대 모양으로, 이중막 구조이다. • DNA, RNA, 라이보솜이 있어 단백질을 합성하여 스스로 증식할 수 있다. • 세포호흡 장소: 유기물을 분해하여 생명활동에 필요한 에너지(ATP)를 생산한다.
엽록체	• 타원형 모양으로, 이중막 구조이다. • DNA, RNA, 라이보솜이 있어 단백질을 합성하여 스스로 증식할 수 있다. • 광합성 장소: 포도당과 같은 유기물을 합성한다. • 여러 색소가 존재한다. ⑩ 엽록소 광합성을 하는 식물 세포에만 존재해~
라이보솜	• 알갱이 모양으로, 막으로 둘러싸여 있지 않다. • 가장 작은 세포소기관으로, 소포체에 붙어 있거나 세포질에 흩어져 있다. • 단백질의 합성 장소: 세포의 생명활동에 필요한 단백질을 합성한다. — 펩타이드 결합이 일어나!
소포체	• 납작한 주머니 모양이나 미세한 관 모양의 막이 복잡하게 얽혀 있는 망상 구조로 핵막과 연결되어 있다. • 세포 내 물질의 이동 통로: 라이보솜에서 합성한 단백질을 골지체나 세포의 다른 부분으로 운반한다. — 일부 소포체는 지질을 합성해!
골지체	• 납작한 주머니를 여러 겹 쌓아 놓은 모양으로, 소포체의 일부가 떨어져 나온 것이다. • 물질의 저장과 분비: 세포에서 만들어진 단백질, 지질 등을 저장하거나 변형시켜 운반하여 분비한다. — 이자의 소화효소 분비 세포와 같이 단백질의 합성과 분비가 활발한 세포에서 발달해!
세포막	세포를 둘러싸서 세포 안을 주변 환경과 분리하며 세포 안팎으로의 물질 출입을 선택적으로 조절한다.
세포벽	식물 세포의 세포막 밖에 있는 단단한 구조물로, 세포를 보호하고 세포의 모양을 유지한다. — 셀룰로스가 주성분이며, 물질 출입을 조절하는 기능은 없어!
액포	• 단일막 구조의 주머니로, 물, 당류, 색소, 노폐물 등을 저장한다. • 성숙한 식물 세포에서 크게 발달한다. 세포 내 삼투압조절에도 관여해!

단백질합성과 이동

라이보솜에서 단백질이 합성되고, 합성된 단백질은 소포체를 통해 골지체로 운반되고, 골지체에서 막으로 싸여 세포 밖으로 분비된다.

ZP point
- DNA 함유: 핵, 마이토콘드리아, 엽록체
- 이중막: 핵, 마이토콘드리아, 엽록체
- 단일막: 소포체, 골지체, 액포
- 막 구조 아님: 라이보솜

② 세포막의 구조와 세포막을 통한 물질 이동

1 세포막의 구조: 인지질 2중층에 단백질(막단백질)이 곳곳에 파묻혀 있거나 관통하고 있다.

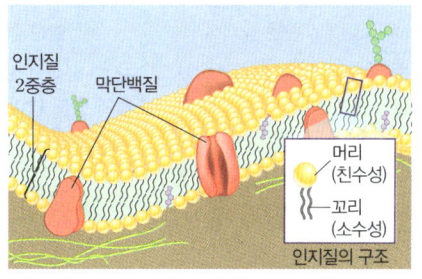

▲ 세포막의 구조

(1) 주요 구성 성분

① 인지질: 머리 부분은 친수성, 꼬리 부분은 소수성이다. ➡ 친수성 머리가 양쪽으로, 소수성 꼬리는 서로 마주 보며 배열되어 2중층을 형성한다.

② 단백질: 인지질 2중층에 파묻혀 있거나 관통하거나 표면에 붙어 있다. ➡ 물질 수송 등 여러 가지 기능을 수행한다. 인지질은 유동성이 있어서 인지질의 움직임에 따라 막단백질의 위치도 고정되어 있지 않고 움직여!

(2) 기능

① 세포의 형태를 유지하고 세포의 내부를 보호한다.

② 물질의 출입을 조절하여 생명활동에 필요한 물질을 선택적으로 받아들이고 노폐물을 내보낸다.

③ 선택적 투과성: 세포막을 통한 물질 이동이 물질의 종류와 특성에 따라 선택적으로 일어나는 것이다.

2 세포막을 통한 물질 이동

(1) 확산: 분자가 스스로 운동하여 농도가 높은 곳에서 낮은 곳으로 퍼져나가는 현상으로, 분자 운동이므로 에너지를 사용하지 않는다. ➡ 분자의 크기가 작을수록, 온도가 높을수록, 농도 차가 클수록 빠르다.

구분	인지질 2중층을 통한 확산(단순확산)	단백질을 통한 확산(촉진확산)❷
확산 방식	산소 / 세포 밖 / 세포 안	포도당 / 세포 밖 / 단백질 / 세포 안
이동 물질	산소, 이산화 탄소 등 크기가 작거나 지용성 물질이 이동 ― 폐포와 모세혈관 사이에 O_2, CO_2가 교환될 때	포도당, 아미노산 등 크기가 크거나 전하를 띠는 이온 상태의 물질이 이동 ― 혈액 속 포도당이 세포로 흡수될 때

(2) 삼투❸: 세포막을 경계로 농도가 다른 두 용액이 있을 때 농도가 낮은 용액에서 농도가 높은 용액으로 용매(물)가 이동하는 현상으로, 용질의 입자 크기가 커서 세포막을 통과할 수 없을 때 일어난다. ― 확산의 일종으로 세포가 에너지를 소모하지 않는 방법이지!

🔍 자세하게   삼투

- 용매(물)는 통과할 수 있지만 용질(설탕)은 통과할 수 없는 세포막을 사이에 두고 U자관의 한쪽에 증류수를 넣고 다른 쪽에 설탕 용액을 넣는다.
- 시간이 지남에 따라 설탕 용액 쪽의 수면 높이가 점차 올라간다. ➡ 용액의 농도가 낮은 증류수에서 용액의 농도가 높은 설탕 용액 쪽으로 물이 이동했기 때문이다.

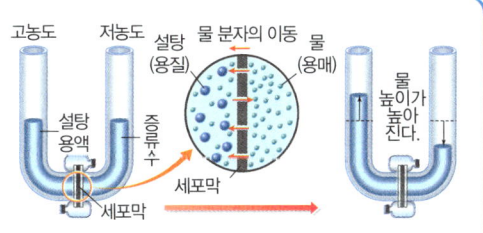

※ 삼투가 일어날 때 물 분자의 이동 방향: 실제로는 세포막을 경계로 삼투에 의해 물이 이동할 때 물 분자는 양방향으로 이동해 ～ 그러나 농도가 낮은 쪽에서 높은 쪽으로 이동하는 물의 양이 농도가 높은 쪽에서 낮은 쪽으로 이동하는 물의 양보다 많아서 농도가 높은 쪽 용액의 양이 많아지는 거야～

단순확산과 촉진확산의 속도

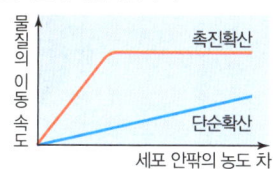

- 단순확산: 물질의 이동 속도가 세포 안팎의 농도 차에 비례한다.
- 촉진확산: 물질의 이동 속도가 세포 안팎의 농도 차에 따라 증가하다가 일정 수준 이상으로 증가하지 않는다.
- ➡ 세포 안팎의 농도 차가 크지 않을 때는 촉진확산이 단순확산보다 훨씬 빠르지만, 일정 농도 이상에서는 촉진확산은 더 이상 증가하지 않는다.

❷ 단백질을 통한 확산

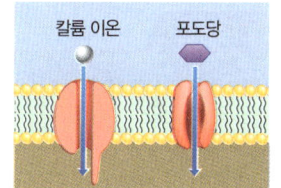

물질의 종류에 따라 통과하는 단백질의 종류가 다르다.

❸ 삼투의 예

- 콩팥의 세뇨관에서 모세혈관으로 물이 재흡수된다.
- 식물의 뿌리털이 토양에서 물을 흡수한다.
- 배추를 소금물에 담가 두면 배추의 숨이 죽는다.

📗 **용어신**

- 막단백질 막에 존재하는 단백질로 막단백질은 효소 작용, 물질 수송, 신호 전달 등의 기능을 수행한다.

① 동물 세포에서의 삼투

구분	세포 안보다 농도가 낮은 용액	세포 안과 농도가 같은 용액	세포 안보다 농도가 높은 용액
모양의 변화	세포 안으로 들어오는 물의 양이 많아 세포가 부풀다가 터진다. 용혈❹ 현상이 일어나!! 적혈구 물	세포 안팎으로 출입하는 물의 양이 비슷하여 세포의 부피가 변하지 않는다.	세포 밖으로 빠져나가는 물의 양이 많아 세포가 쭈그러든다.

② 식물 세포에서의 삼투

구분	세포 안보다 농도가 낮은 용액	세포 안과 농도가 같은 용액	세포 안보다 농도가 높은 용액
모양의 변화	세포 안으로 들어오는 물의 양이 많아 세포가 팽팽해진다. 세포벽이 있어 세포가 터지지는 않는다. 액포 세포벽 세포막 물	세포 안팎으로 출입하는 물의 양이 비슷하여 세포의 부피가 변하지 않는다. 물 물	세포 밖으로 빠져나가는 물의 양이 많아 세포질의 부피가 줄어들다가 세포막이 세포벽에서 분리된다. 원형질분리❺라고 해~! 물 물

3 **세포막의 선택적 투과성**: 우리 몸에서는 생명활동에 필요한 물질이 끊임없이 이동하고 있는데, 세포막의 선택적 투과성으로 인해 세포는 세포 안팎으로 물질의 출입을 조절할 수 있다. ➡ 생명 시스템을 유지하는 데 중요한 역할을 한다.

저장액, 등장액, 고장액
특정 세포의 세포질 용액보다 농도가 낮은 용액을 저장액, 세포질 용액과 농도가 같은 용액을 등장액, 세포질 용액보다 농도가 높은 용액을 고장액이라고 한다.

❹ **용혈**
적혈구 안으로 들어오는 물의 양이 많아 적혈구가 부풀다가 터지는 현상이다.

❺ **원형질분리**
식물 세포에서 세포 밖으로 빠져나간 물의 양이 많아 세포질의 부피가 줄어들다가 세포막이 세포벽에서 분리되는 현상이다.

✏️ **바로 복습**

정답과 해설 48쪽

빈칸 채우기 문제

01 생명체는 ( )를 기본 단위로 한 생명 시스템을 이루어 효율적이고 통합적인 생명활동을 수행한다.

02 ( )은 핵 속에 있는 DNA의 유전정보에 따라 생명활동에 필요한 단백질을 합성한다.

03 에너지의 전환을 담당하는 세포소기관은 광합성을 하는 ( )와 세포호흡을 하는 ( )이다.

04 세포막은 ( )과 단백질로 구성되어 있다.

05 크기가 작거나 인지질의 소수성 부분에 잘 섞이는 물질은 세포막에서 ( )을 통해 이동하고, 크기가 크거나 수용성인 물질은 세포막에 있는 ( )을 통해 이동한다.

06 세포막을 경계로 농도가 낮은 용액에서 농도가 높은 용액으로 용매가 이동하는 현상을 ( )라고 한다.

○✕ 문제

07 엽록체와 세포막은 식물 세포에만 존재하는 세포소기관이다. (○ ✕)

08 골지체는 세포에서 만들어진 단백질, 지질 등을 저장하거나 변형시켜 운반하여 분비한다. (○ ✕)

09 핵, 마이토콘드리아, 엽록체는 DNA를 함유하고 있는 세포소기관이다. (○ ✕)

10 인지질 2중층과 단백질로 이루어진 세포막은 선택적 투과성이 있다. (○ ✕)

11 식물의 뿌리털이 토양에서 물을 흡수하는 원리는 삼투이다. (○ ✕)

12 적혈구를 세포 안보다 농도가 높은 용액에 넣으면 세포의 부피가 줄어들다가 세포막이 세포벽에서 분리된다. (○ ✕)

13 식물 세포를 세포 안보다 농도가 낮은 용액에 넣으면 세포가 부풀어 올라 세포벽이 터진다. (○ ✕)

❸ 물질대사와 효소

1 물질대사: 생물이 살아가기 위해 생명체 내에서 일어나는 모든 화학 반응이다. ➡ 생명체는 물질대사를 통해 에너지를 얻고 몸의 구성 성분을 합성한다.

(1) 물질대사가 일어날 때 반드시 에너지가 흡수되거나 방출되는 과정이 함께 일어난다.

(2) 화학 반응이 단계적으로 일어나므로 에너지가 여러 단계에 걸쳐 조금씩 흡수되거나 방출된다.

(3) 화학 반응에 효소가 관여하여, 체온 범위(약 37 °C)의 낮은 온도에서 진행된다.

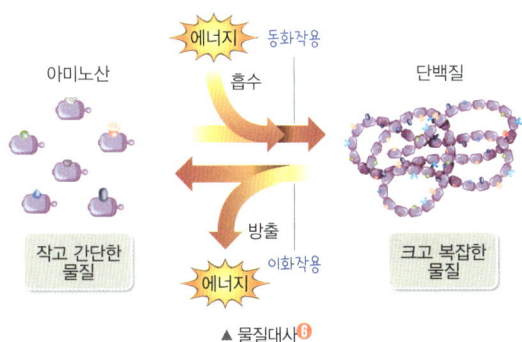

▲ 물질대사 ❻

2 효소(생체 촉매): 생명체 내에서만 합성되며 생명체 내에서 일어나는 다양한 화학 반응에 관여해 생명활동을 돕는다. ⓔ 광합성, 세포호흡, 소화 등

(1) **활성화에너지**: 화학 반응이 일어나기 위해 필요한 최소한의 에너지 ➡ 활성화에너지가 작으면 반응 속도가 빠르고, 활성화에너지가 크면 반응 속도가 느리다.

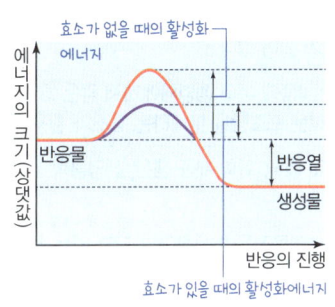

(2) **효소의 작용**: 효소❼는 활성화에너지를 낮춰 물질대사 반응이 빠르고 쉽게 일어날 수 있도록 돕는다. ── 효소의 농도가 높아지면 반응 속도는 빨라지고, 활성화에너지 변화량은 일정하다는 것 명심!
  ➡ 물질대사가 체온 정도의 낮은 온도(37 °C)에서 빠르게 일어날 수 있는 것은 효소 때문이다.

3 효소의 특성: 효소마다 고유한 입체 구조를 가지며, 주로 단백질로 구성되어 있어 온도가 크게 변하면 입체 구조가 변하여 기능을 잃는다.

(1) **기질특이성❽**: 생명체 내에서 일어나는 각각의 화학 반응마다 구조가 서로 맞는 반응물에만 결합하여 반응한다.

(2) **효소의 재사용**: 반응이 끝나면 생성물과 분리되어 다시 같은 종류의 다른 반응물과 결합하여 촉매 작용을 반복할 수 있다. ➡ 반응에서 소모되지 않아 반응 후에 효소의 양은 변하지 않는다.

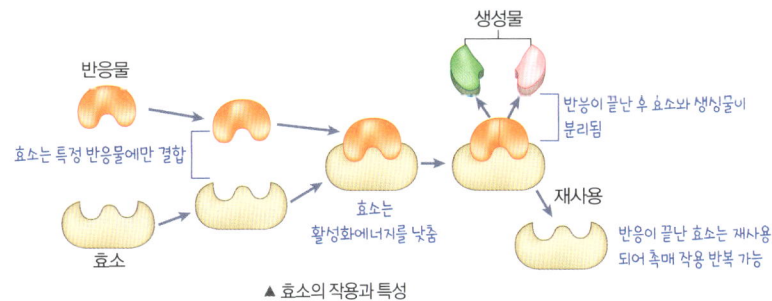

▲ 효소의 작용과 특성

세포호흡과 연소의 에너지 출입 차이
세포호흡은 효소가 관여하여 에너지를 단계적으로 소량씩 방출하며, 연소는 효소가 없어 일시적으로 한꺼번에 에너지를 방출한다.

❻ 물질대사의 종류
• 동화작용: 작고 간단한 물질을 크고 복잡한 물질로 합성하는 반응으로, 에너지를 흡수한다.
  ⓔ 광합성, 단백질합성
• 이화작용: 크고 복잡한 물질을 작고 간단한 물질로 분해하는 반응으로, 에너지를 방출한다.
  ⓔ 세포호흡, 소화

❼ 효소의 구성
효소는 대부분 단백질로 구성된다. 전체가 단백질로 이루어진 효소도 있고, 비단백질 부위(보조인자)를 가지는 효소도 있다.

❽ 기질특이성

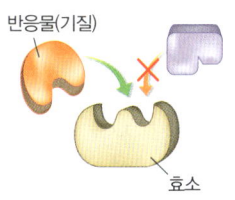

한 종류의 효소는 한 종류의 반응물(기질)에만 작용한다.
  ⓔ 아밀레이스는 녹말과 결합할 수 있지만 단백질하고는 결합할 수 없다. 즉, 아밀레이스는 녹말은 분해할 수 있지만 단백질은 분해할 수 없다.

⭐ 암기닷

효소의 작용과 특성
• 활성화에너지 감소로 반응 촉진
• 기질특이성
• 재사용 가능

4 과산화 수소 분해 반응

$$2H_2O_2 \longrightarrow 2H_2O + O_2$$

과산화 수소 / 물 / 산소

(1) **카탈레이스[9](효소)가 없을 때**: 공기 중에서 과산화 수소는 서서히 산소와 물로 분해되며 반응 속도가 느려 산소 발생을 관찰하기 힘들다.

(2) **카탈레이스(효소)가 있을 때**: 상처 부위에 과산화 수소수를 바르면 과산화 수소수에서 기포가 발생한다. ➡ 혈액 속 헤모글로빈에 들어 있는 <mark>카탈레이스가 과산화 수소의 분해 반응을 촉진하여 산소가 빠르게 발생</mark>한다.

5 효소에 의한 생명활동: 효소는 생명체에서 일어나는 다양한 화학 반응에 관여한다.
➡ 효소에 의한 물질대사가 일어나 생명 시스템을 유지한다. 예 광합성으로 포도당 합성, 영양소의 소화, 성장 과정에서 물질 합성, 출혈 시 혈액 응고

6 효소의 활용 효소는 위험성이 작고 경제적, 환경친화적이기 때문에 다양한 분야에 활용돼!

식품	• 된장, 고추장, 김치, 치즈, 포도주 등과 같은 식품을 만들 때 <mark>미생물이 가지고 있는 효소</mark>를 이용해 만든다. • 고기를 재울 때 키위나 파인애플 등 과일의 단백질분해효소를 이용한다. • 엿기름의 아밀레이스를 이용하여 밥 속의 녹말을 엿당으로 분해하여 식혜를 만든다.
생활용품	• 세제에는 옷의 찌든 때를 분해하는 지방분해효소와 단백질분해효소가 들어 있다. • 치약에는 탄수화물분해효소가 들어 있다.
의약품	• 소화제, 혈전 용해제 등의 의약품에 여러 <mark>생명체에게서 얻은 효소</mark>가 이용된다. • 소변 검사지와 혈당 측정기에는 포도당을 분해하는 효소가 활용된다.
산업 현장	바이오 에너지의 생산, 섬유 및 의류, 화학 제품 생산, 생명공학 기술 등의 여러 분야에서 효소가 이용된다.
환경정화	생활 하수나 공장 폐수 속의 오염물질을 미생물이 가지고 있는 효소를 이용해 제거한다.

[9] 카탈레이스
과산화 수소 분해 반응을 촉매하는 효소이다. 생명체 내에서 일어나는 여러 가지 물질대사의 결과로 독성을 띠는 과산화 수소가 발생하는데, 간세포에는 카탈레이스가 많이 들어 있어 독성을 띠는 과산화 수소를 즉시 분해하여 세포를 보호한다. 카탈레이스는 대부분의 세포에 들어 있으며, 동물의 간과 감자 등에 많이 들어 있다.

용어신
• **응고** 액체가 엉겨서 뭉쳐 딱딱하게 굳는 현상

바로 복습

정답과 해설 48쪽

빈칸 채우기 문제

14 생명체 내에서 물질이 분해되거나 합성되는 모든 화학 반응을 (　　　　　)라고 한다.

15 (　　　　　)는 화학 반응이 일어나기 위해 필요한 최소한의 에너지이다.

16 효소를 구성하는 주성분은 (　　　)이다.

17 효소가 입체 구조에 맞는 특정 반응물에만 작용하는 것을 (　　　　　)이라고 한다.

18 효소는 한 번 반응이 끝나면 (　　　)과 분리되어 다시 같은 종류의 다른 (　　　)과 결합한다.

19 생명체 내에서 과산화 수소를 물과 산소로 분해하는 효소는 (　　　　　)이다.

20 광합성, 영양소의 소화, 성장에 필요한 물질 합성 등에는 모두 (　　　)가 관여한다.

○✕ 문제

21 물질대사가 일어날 때에는 반드시 에너지가 흡수되거나 방출되는 과정이 일어난다. ○✕

22 효소는 화학 반응의 활성화에너지를 높여 반응이 빠르게 일어나도록 한다. ○✕

23 물질대사에 관여하는 효소는 한 종류이며 다양한 기질과 결합하여 다양한 기능을 수행한다. ○✕

24 효소는 반응이 끝난 후에도 입체 구조와 성질이 변하지 않고 남아 있다. ○✕

25 효소의 농도가 높을수록 화학 반응의 활성화에너지를 더 많이 낮출 수 있다. ○✕

26 과산화 수소는 카탈레이스가 없으면 물과 산소로 분해되지 않는다. ○✕

막을 통한 물질의 이동과 세포막의 역할 탐구하기

정답과 해설 49쪽

목표 식물 세포의 세포막을 통한 물질의 이동을 관찰하고 설명할 수 있다.

준비물 ▶ 적양파, 0.9 % 소금물, 10 % 소금물, 증류수, 받침 유리, 덮개 유리, 스포이트, 핀셋, 칼, 거름종이, 현미경, 스마트 기기, 현미경 스마트 기기 촬영 거치대, 실험용 장갑, 실험복

과정

❶ 적양파의 표피에 가로, 세로 5 mm 크기의 칼집을 내고, 핀셋으로 3 개의 표피 조직을 벗겨 낸다.

❷ 1 개는 증류수가 들어 있는 페트리접시에, 다른 1 개는 0.9 % 소금물이 들어 있는 페트리접시에, 나머지 1 개는 10 % 소금물이 들어 있는 페트리접시에 5 분 동안 담근다.

❸ 적양파의 표피 조각을 각각 꺼내 현미경 표본으로 만들고 현미경으로 관찰한다.

❹ 현미경으로 관찰한 모습을 스마트 기기로 촬영하고, 촬영한 사진을 공유 플랫폼에 올린다.

⚠️ **주의**
- 적양파 표피 조각은 가능한 얇게 벗겨 관찰한다.
- 칼이나 덮개 유리에 손을 다치지 않도록 주의한다.

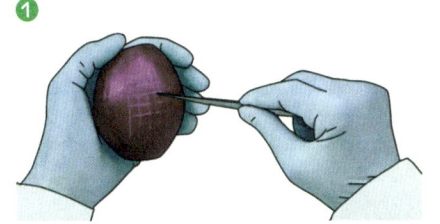

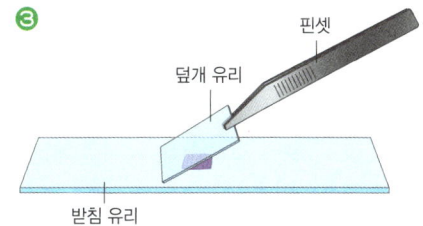

결과

세포 안보다 농도가 낮은 용액 (증류수)에 넣었을 때	세포 안과 농도가 같은 용액 (0.9 % 소금물)에 넣었을 때	세포 안보다 농도가 높은 용액 (10 % 소금물)에 넣었을 때
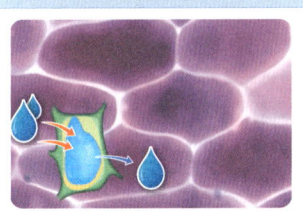	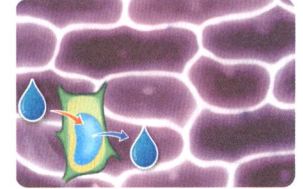	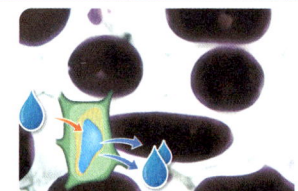
양파 세포 안으로 들어오는 물의 양이 많아 세포가 팽팽해진다.	양파 세포 안팎으로 이동하는 물의 양이 같아 부피가 변하지 않는다.	양파 세포 밖으로 빠져나가는 물의 양이 많아 세포막이 세포벽에서 분리된다.

❶ 양파 표피세포를 증류수에 넣으면 세포의 부피가 커지고 세포가 팽팽해진다.

➡ 세포 (　　　　) 들어오는 물의 양이 (　　　　) 빠져나가는 물의 양보다 많다.

❷ 양파 표피세포를 0.9 % 소금물에 넣으면 세포의 부피가 변하지 않는다.

➡ 세포 안으로 들어오는 물의 양과 밖으로 빠져나가는 물의 양이 (　　　　).

❸ 양파 표피세포를 10 % 소금물에 넣으면 세포질의 부피가 작아지고 결국에는 세포막이 세포벽에서 분리된다.

➡ 세포 (　　　　) 빠져나가는 물의 양이 세포 (　　　　) 들어오는 물의 양보다 많다.

정리

1 식물 세포를 세포 안보다 농도가 낮은 용액에 넣으면 부피가 커지는 까닭은 무엇인가?

➡ (　　　　)인 용액에서 (　　　　)인 세포 안으로 물이 이동했기 때문이다.

2 식물 세포를 세포 안과 농도가 같은 용액에 넣으면 부피가 변하지 않는 까닭은 무엇인가?

➡ 세포 안팎으로 이동하는 물의 양이 (　　　　) 때문이다.

3 식물 세포를 세포 안보다 농도가 높은 용액에 넣으면 세포막이 세포벽에서 분리되는 까닭은 무엇인가?

➡ (　　　　)인 세포 안에서 (　　　　)인 용액으로 물이 빠져나갔기 때문이다.

탐구 효소 작용의 원리를 알아보기 위한 실험하기

목표 실험을 통해 효소(카탈레이스)의 작용 원리를 확인할 수 있다.

준비물 ▶ 생간 조각, 감자 조각, 3 % 과산화 수소수, 시험관, 시험관대, 페트리접시, 스포이트, 향, 핀셋, 점화기, 보안경, 실험용 장갑, 실험복

과정

❶ 시험관 A∼C에 과산화 수소수를 3 mL씩 넣는다.

❷ 시험관 A는 그대로 두고, 시험관 B에는 생간 조각을 넣고, 시험관 C에는 감자 조각을 넣은 다음, 시험관에서 기포가 발생하는지 관찰한다.

❸ 향에 불을 붙였다 끈 뒤 남은 불씨를 시험관 A∼C에 각각 넣고 불씨의 변화를 관찰한다.

❹ 기포 발생이 끝난 뒤, 시험관 A∼C에 과산화 수소수를 2 mL씩 더 넣고 기포가 발생하는지 관찰한다.

⚠ **주의**
· 과산화 수소수가 피부나 옷에 묻지 않게 주의한다.
· 향에 불을 붙일 때에는 화상을 입지 않도록 주의한다.

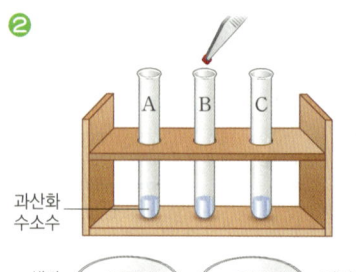

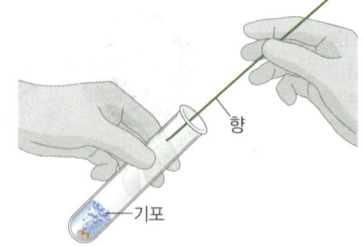

결과

구분	시험관 A	시험관 B	시험관 C
과정 ❷의 결과	변화 없음	기포 발생	기포 발생
과정 ❸의 결과	변화 없음	불씨가 살아남	불씨가 살아남
과정 ❹의 결과	변화 없음	기포가 다시 발생	기포가 다시 발생

❶ 시험관 A에서는 기포가 발생하지 않았다.
➡ 과산화 수소는 자연적으로 물과 산소로 분해되지만 (   )가 매우 느리다.

❷ 시험관 B와 C에서 기포가 발생하였다.
➡ 간세포와 감자의 세포에 있는 (   )는 과산화 수소를 물과 (   )로 분해한다.

❸ 효소인 카탈레이스는 과산화 수소를 분해하는 화학 반응의 (   )를 낮추어 반응이 빠르게 일어날 수 있도록 돕는다.

정리

1 과산화 수소수에 생간 조각이나 감자 조각을 넣으면 과산화 수소가 빠르게 분해되는 까닭은 무엇인가?
➡ 세포에 들어 있는 (   )가 과산화 수소의 분해 반응을 촉진하기 때문이다.

2 효소가 있을 때 화학 반응이 빠르게 일어나는 까닭은 무엇인가?
➡ 화학 반응을 일으키는 데 필요한 최소한의 에너지를 (   )라고 한다. 효소는 (   )를 낮추어 화학 반응이 빠르게 일어나게 한다.

3 시험관 B와 C의 과정 ❹에서 기포가 다시 발생하는 까닭은 무엇인가?
➡ 화학 반응이 끝나면 효소는 (   )과 분리되어 반응 전과 동일한 상태가 되므로 다시 새로운 (   )과 결합할 수 있다.

15 생명 시스템과 화학 반응

1 생명 시스템의 기본 단위

01 ✓빈출

그림은 어떤 세포의 구조를 나타낸 것이다. 이 세포는 사람의 세포와 무궁화의 세포 중 하나이고, A∼D는 각각 핵, 라이보솜, 엽록체, 마이토콘드리아 중 하나이다.

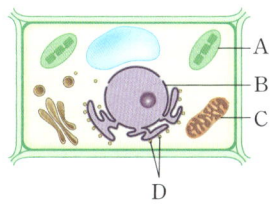

이에 대한 설명으로 옳지 <u>않은</u> 것은?

① A는 엽록체이다.
② B에 DNA가 들어 있다.
③ C에서 포도당이 합성된다.
④ D에서 단백질이 합성된다.
⑤ 이 세포는 무궁화의 세포이다.

02

그림은 세포소기관 (가)∼(다)를 나타낸 것이다. (가)∼(다)는 각각 소포체, 엽록체, 마이토콘드리아 중 하나이다.

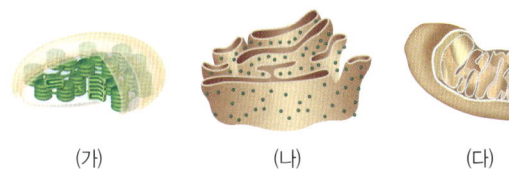

이에 대한 설명으로 옳은 것만을 〈보기〉에서 있는 대로 고른 것은?

─〈보기〉─
ㄱ. (가)는 빛에너지를 흡수한다.
ㄴ. (나)는 세포 내에서 단백질을 이동시킨다.
ㄷ. (다)는 생명활동에 필요한 에너지를 공급한다.

① ㄱ　　　② ㄷ　　　③ ㄱ, ㄴ
④ ㄴ, ㄷ　　　⑤ ㄱ, ㄴ, ㄷ

03 ✓빈출

그림은 사람의 세포 구조를 나타낸 것이고, 자료는 사람에게서 일어나는 어떤 현상에 대한 설명이다. A∼C는 각각 핵, 라이보솜, 마이토콘드리아 중 하나이다.

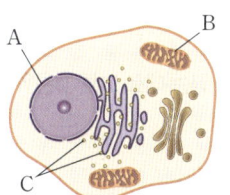

> 사람이 운동을 할 때에는 세포에서 ㉠ 에너지를 생성하여 근육을 수축시킨다.

이에 대한 설명으로 옳은 것만을 〈보기〉에서 있는 대로 고른 것은?

─〈보기〉─
ㄱ. A에 핵산이 있다.
ㄴ. B는 라이보솜이다.
ㄷ. C에서 ㉠이 일어난다.

① ㄱ　　　② ㄷ　　　③ ㄱ, ㄴ
④ ㄱ, ㄷ　　　⑤ ㄴ, ㄷ

2 세포막의 구조와 세포막을 통한 물질 이동

04 ✓빈출

그림은 세포막의 일부 구조를 나타낸 것이다. A와 B는 세포막을 구성하는 물질이다.

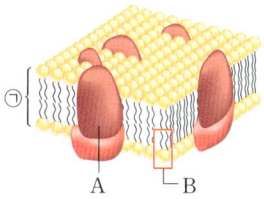

이에 대한 설명으로 옳은 것만을 〈보기〉에서 있는 대로 고른 것은?

─〈보기〉─
ㄱ. A는 인지질이다.
ㄴ. ㉠은 인지질 2중층 구조이다.
ㄷ. 동물, 식물, 세균은 모두 B를 갖는다.

① ㄱ　　　② ㄴ　　　③ ㄱ, ㄴ
④ ㄱ, ㄷ　　　⑤ ㄴ, ㄷ

05

그림 (가)는 세포막의 일부 구조를, (나)는 세포막을 구성하는 B의 구조를 나타낸 것이다. A와 B는 각각 인지질과 단백질 중 하나이다.

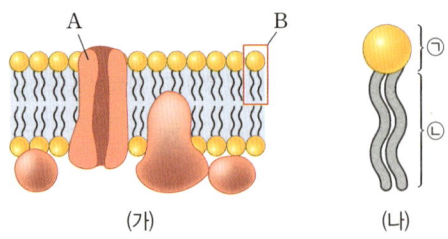

(가) (나)

이에 대한 설명으로 옳은 것만을 〈보기〉에서 있는 대로 고른 것은?

보기

ㄱ. A는 물질의 이동에 관여한다.
ㄴ. B는 인지질이다.
ㄷ. 물에 대한 친화력은 ㉠이 ㉡보다 작다.

① ㄱ   ② ㄷ   ③ ㄱ, ㄴ
④ ㄴ, ㄷ   ⑤ ㄱ, ㄴ, ㄷ

06

그림은 세포막을 통한 물질 A와 B의 이동을 나타낸 것이다. A는 인지질로 된 (가)를 통해 이동하고, B는 단백질로 된 (나)를 통해 이동한다. A와 B 중 하나만 이산화 탄소이다.

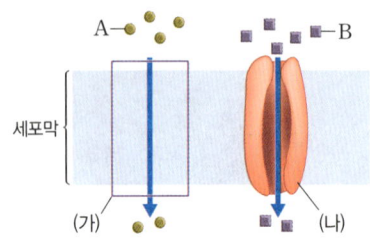

이에 대한 설명으로 옳은 것만을 〈보기〉에서 있는 대로 고른 것은?

보기

ㄱ. A는 이산화 탄소이다.
ㄴ. (가)에 인지질이 2중층으로 배열되어 있다.
ㄷ. (나)를 통한 물질의 이동은 선택적으로 일어난다.

① ㄱ   ② ㄴ   ③ ㄱ, ㄷ
④ ㄴ, ㄷ   ⑤ ㄱ, ㄴ, ㄷ

07 ✅빈출

그림은 세포막을 통한 물질 A와 B의 이동을 나타낸 것이다. A와 B는 각각 산소와 포도당 중 하나이다.

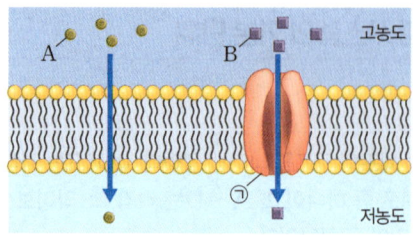

이에 대한 설명으로 옳은 것만을 〈보기〉에서 있는 대로 고른 것은?

보기

ㄱ. A는 산소이다.
ㄴ. A와 B는 모두 세포막을 통해 확산된다.
ㄷ. ㉠은 B의 이동 통로 역할을 하는 단백질이다.

① ㄱ   ② ㄷ   ③ ㄱ, ㄴ
④ ㄱ, ㄷ   ⑤ ㄱ, ㄴ, ㄷ

08 ✅빈출

그림 (가)와 (나) 중 하나는 적혈구를 증류수에 넣었을 때, 나머지 하나는 적혈구를 소금물에 넣었을 때 일어나는 변화를 나타낸 것이다.

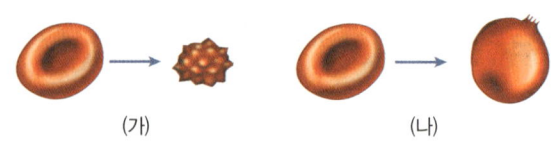

(가) (나)

이에 대한 설명으로 옳은 것만을 〈보기〉에서 있는 대로 고른 것은?

보기

ㄱ. (가)와 (나)에서 모두 삼투가 일어났다.
ㄴ. (가)에서는 물이 적혈구 안에서 밖으로 이동한다.
ㄷ. (나)는 적혈구를 소금물에 넣었을 때의 변화이다.

① ㄱ   ② ㄴ   ③ ㄷ
④ ㄱ, ㄴ   ⑤ ㄴ, ㄷ

③ 물질대사와 효소

09 ✅빈출

그림은 물질대사 (가)와 (나)에서 물질의 변화와 에너지의 출입을 나타낸 것이다.

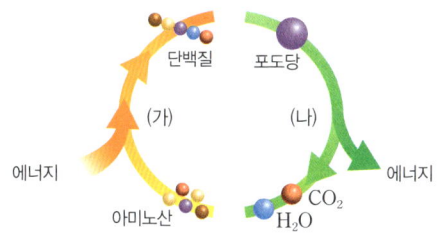

이에 대한 설명으로 옳은 것만을 〈보기〉에서 있는 대로 고른 것은?

〈보기〉
ㄱ. (가)에서 물질이 분해된다.
ㄴ. (나)에서 에너지가 흡수된다.
ㄷ. (가)와 (나)에서 모두 효소가 이용된다.

① ㄱ ② ㄷ ③ ㄱ, ㄴ
④ ㄱ, ㄷ ⑤ ㄴ, ㄷ

10

그림은 어떤 물질대사에서 효소가 있을 때 반응의 진행에 따른 에너지 변화를 나타낸 것이다.

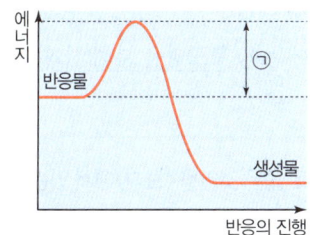

이에 대한 설명으로 옳지 <u>않은</u> 것은?

① ㉠은 활성화에너지이다.
② 에너지를 방출하는 반응이다.
③ 효소가 없으면 ㉠은 더 커진다.
④ ㉠이 클수록 물질대사가 빠르게 일어난다.
⑤ 효소는 생명체 내에서 물질대사에 관여한다.

11 ✅빈출

그림은 효소의 작용을 나타낸 것이다. A~D는 각각 효소, 반응물, 생성물 중 하나이다.

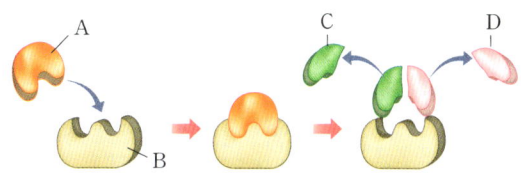

이에 대한 설명으로 옳은 것만을 〈보기〉에서 있는 대로 고른 것은?

〈보기〉
ㄱ. A와 B는 모두 반응물이다.
ㄴ. B는 화학 반응의 활성화에너지를 높인다.
ㄷ. 화학 반응이 끝나면 B는 C, D와 모두 분리된다.

① ㄱ ② ㄴ ③ ㄷ
④ ㄱ, ㄴ ⑤ ㄴ, ㄷ

12

그림 (가)와 (나)는 동일한 화학 반응이 일어나는 두 가지 경우를 나타낸 것이다. ㉠~㉢은 효소, 반응물, 생성물을 순서 없이 나타낸 것이다.

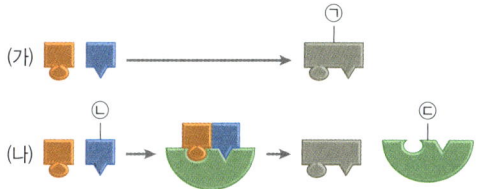

이에 대한 설명으로 옳은 것만을 〈보기〉에서 있는 대로 고른 것은?

〈보기〉
ㄱ. 단위 시간당 ㉠의 생성량은 (가)가 (나)보다 많다.
ㄴ. ㉢은 다시 ㉡과 결합할 수 있다.
ㄷ. ㉡의 작용으로 인해 화학 반응의 활성화에너지는 (나)가 (가)보다 작다.

① ㄱ ② ㄷ ③ ㄱ, ㄴ
④ ㄱ, ㄷ ⑤ ㄴ, ㄷ

13 ✔빈출

다음은 효소의 기능을 알아보기 위한 실험이다.

> (가) 시험관 A와 B에 과산화 수소수를 3 mL씩 넣는다.
> (나) A에는 감자 조각을 넣지 않고, B에는 감자 조각을 넣는다.
> (다) (나)의 결과 시험관 ㉠에서만 기포가 발생하였다. ㉠은 A와 B 중 하나이다.
> (라) 기포 발생이 끝난 후 ㉠에 과산화 수소수를 2 mL 더 넣는다.

이에 대한 설명으로 옳은 것만을 〈보기〉에서 있는 대로 고른 것은?

> **보기**
> ㄱ. (가)의 과산화 수소수에 카탈레이스가 들어 있다.
> ㄴ. (다)에서 ㉠은 A이다.
> ㄷ. (라)의 결과 ㉠에서 기포가 발생한다.

① ㄱ   ② ㄷ   ③ ㄱ, ㄴ
④ ㄱ, ㄷ   ⑤ ㄴ, ㄷ

14

난이도 상

다음은 소의 간 조각을 이용한 실험이다.

> (가) 시험관 A~C에 각각 과산화 수소수를 3 mL씩 넣는다.
> (나) A에는 생간 조각을, B에는 가열하여 삶은 간 조각을 각각 넣고, C에는 아무 것도 넣지 않는다.
> (다) (나)의 결과 시험관 ㉠에서만 ⓐ가 발생하였으며, 그 결과 ㉠에 ⓑ가 있음을 알게 되었다. ㉠은 A~C 중 하나이고, ⓐ와 ⓑ는 기포와 효소를 순서 없이 나타낸 것이다.
> (라) ⓐ의 발생이 끝난 ㉠에 과산화 수소수를 2 mL 더 넣는다.

이에 대한 설명으로 옳은 것만을 〈보기〉에서 있는 대로 고른 것은?

> **보기**
> ㄱ. ㉠은 A이다.
> ㄴ. ⓐ는 주성분이 단백질이다.
> ㄷ. (라)에 의해 ㉠에서 ⓑ와 과산화 수소가 결합하는 현상이 일어난다.

① ㄱ   ② ㄷ   ③ ㄱ, ㄴ
④ ㄱ, ㄷ   ⑤ ㄴ, ㄷ

15

다음은 효소가 관여하는 생명 현상과 효소의 활용에 대한 학생들의 발표 내용이다.

제시한 내용이 옳은 학생만을 있는 대로 고른 것은?

① A   ② C   ③ A, B
④ B, C   ⑤ A, B, C

16

다음은 효소의 활용 사례를 나타낸 것이다.

> • 식혜를 만들 때 ⓐ를 분해하는 효소가 활용된다.
> • 김치를 만들 때 이용되는 미생물 X는 ㉠ 발효를 일으키는 효소를 갖고 있다.
> • 소변 검사지에는 ㉡ 포도당을 분해(산화)하는 효소가 활용된다.

이에 대한 설명으로 옳은 것만을 〈보기〉에서 있는 대로 고른 것은?

> **보기**
> ㄱ. 녹말은 ⓐ에 해당한다.
> ㄴ. ㉠은 X에서 생체 촉매로 작용한다.
> ㄷ. ㉡은 화학 반응의 속도와 활성화에너지를 모두 증가시킨다.

① ㄱ   ② ㄷ   ③ ㄱ, ㄴ
④ ㄱ, ㄷ   ⑤ ㄴ, ㄷ

서술형 문제

17

다음은 동물 세포와 이 세포에서 일어나는 과정 (가)와 (나)에서 물질의 변화를 나타낸 것이다. A~D는 각각 골지체, 라이보솜, 소포체, 마이토콘드리아 중 하나이다.

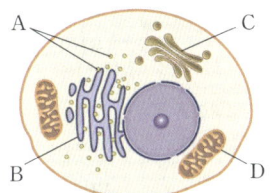

(가) 아미노산 → 단백질
(나) 포도당 → CO_2, H_2O

(1) A~D 중 (가)가 일어나는 세포소기관의 기호와 명칭을 쓰시오.

(2) A~D 중 (나)가 일어나는 세포소기관의 기호와 명칭을 쓰고, 이 세포소기관의 기능을 서술하시오.

18 ✅빈출

그림은 세포막의 일부 구조와 세포막을 구성하는 물질 X를 나타낸 것이다.

(1) 물질 X와 구조 ㉠의 명칭을 각각 쓰시오.

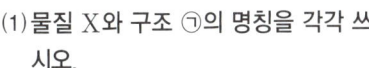
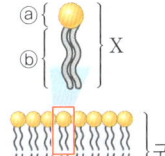

(2) 부위 ⓐ와 ⓑ의 차이점을 물과 연관 지어 서술하시오.

19 ✅빈출

그림 (가)와 (나)는 적혈구를 각각 설탕 용액 ㉠과 ㉡에 넣었을 때의 적혈구의 부피 변화와 세포막을 통한 물의 이동을 나타낸 것이다.

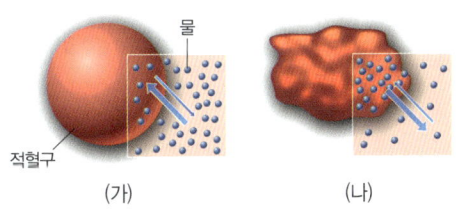

㉠과 ㉡ 중 설탕의 농도가 더 높은 용액의 기호를 쓰고, 그렇게 판단한 까닭을 서술하시오.

20 ✅빈출

그림은 효소의 특성을 나타낸 것이다.

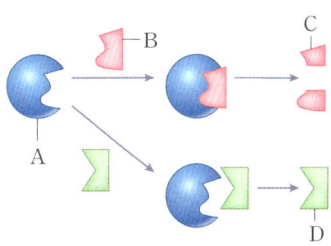

(1) A~D 중 효소의 기호와 효소의 주성분이 되는 물질의 이름을 쓰시오.

(2) 이 그림을 통해 알 수 있는 효소의 특성을 한 가지만 서술하시오.

21 ✅빈출

그림 (가)와 (나)는 과산화 수소(H_2O_2)가 분해되는 반응에서 카탈레이스가 있을 때의 에너지 변화와 없을 때의 에너지 변화를 순서 없이 나타낸 것이다.

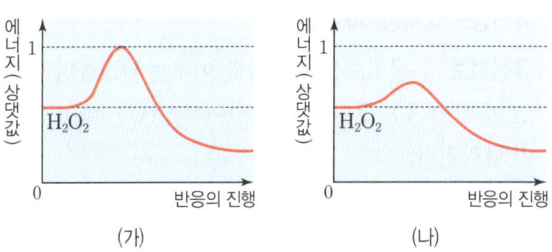

(가)와 (나) 중 카탈레이스가 있을 때의 기호를 쓰고, 그렇게 판단한 까닭을 서술하시오.

16 생명 시스템에서 정보의 흐름

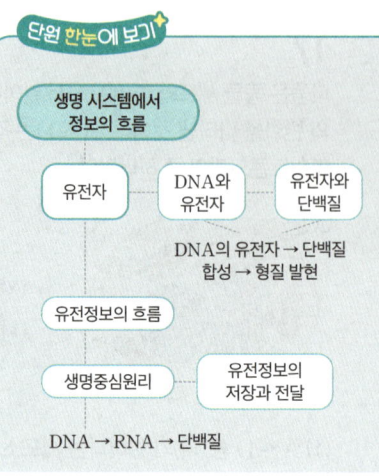

① 유전자와 단백질

1 유전자와 단백질❶

(1) **형질**: 생명체가 가지고 있는 모양이나 속성이다. **예** 사람의 눈동자 색, 피부색 등

(2) **DNA**: 생물의 형질을 결정하는 유전정보가 저장되어 있다.

(3) **유전자**: 유전정보가 저장되어 있는 DNA의 특정 부분으로, 한 분자의 DNA에는 여러 개의 유전자가 들어 있으며, 유전자는 특정한 단백질의 합성에 대한 유전정보가 저장되어 있다.

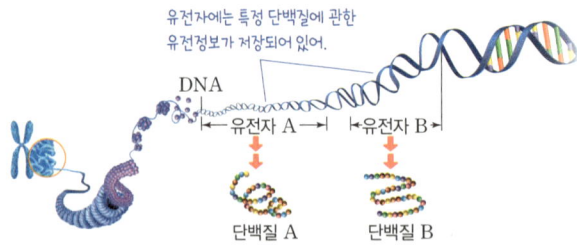

▲ 유전자와 단백질의 관계

2 유전형질 발현: 유전정보에 따라 합성된 단백질의 작용으로 유전형질이 나타난다.

➡ DNA의 유전자 → 단백질합성 → 형질 발현

자세하게 유전자, 단백질, 형질 사이의 관계

• DNA의 유전자에 담긴 정보에 따라 멜라닌 합성효소(단백질)가 합성되고 효소의 작용(멜라닌 합성)으로 눈동자 색(형질)이 나타난다.

• 유전자가 다르면 합성되는 단백질의 양이나 종류가 달라져 형질이 다르게 나타난다.

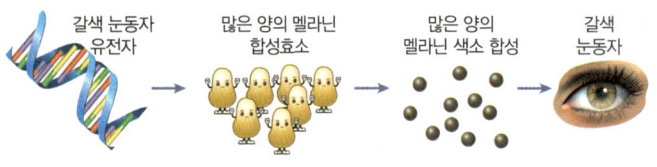

② 세포 내 유전정보의 흐름

1 생명중심원리: 세포 내에서 이루어지는 유전정보의 흐름을 설명하는 원리로, 유전정보는 DNA에서 RNA를 거쳐 단백질로 전달된다.

2 유전정보의 저장❷과 유전부호

(1) **유전정보**: 유전정보는 유전자를 이루는 DNA의 염기서열에 저장되어 있다. ➡ 염기인 아데닌(A), 구아닌(G), 사이토신(C), 타이민(T)의 배열 순서에 따라 유전정보가 달라진다.

(2) **유전부호❸**

① **3염기조합**: DNA에서 아미노산 1 개를 지정하는 연속된 3 개의 염기이다.

② **코돈**: RNA에서 아미노산 1 개를 지정하는 연속된 3 개의 염기로, 코돈은 DNA의 3염기조합과 상보적으로 전사된 것이며 64 종류가 있다.

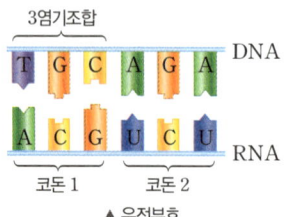

▲ 유전부호

암기신

❶ 유전자와 단백질

• DNA에는 많은 수의 유전자가 있으며, 유전자에는 형질을 결정하는 유전정보가 저장되어 있다.

• 유전정보가 다르면 합성되는 단백질도 다르게 나타난다.

❷ 유전정보의 저장(3염기조합)

• 유전자의 DNA 염기서열에 단백질의 아미노산 배열 순서에 대한 정보가 저장되어 있다.

• DNA의 연속된 3 개의 염기가 한 조가 되어 하나의 아미노산을 지정한다.

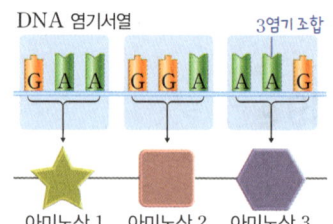

DNA의 염기서열에 따라 합성되는 아미노산이 달라계!

❸ 유전부호의 조합

DNA를 구성하는 염기는 아데닌(A), 구아닌(G), 사이토신(C), 타이민(T)의 4종류이다. 4 종류의 염기가 2 개씩 짝을 지으면 $4^2=16$ 가지의 유전부호가 만들어져 20 종류의 아미노산을 지정할 수 없다. 그러나 4 종류의 염기가 3 개씩 짝을 지으면 $4^3=64$ 가지의 유전부호가 만들어져 20 종류의 아미노산을 모두 지정할 수 있다.

---

(3) 유전부호의 특징

① 지구상의 거의 <mark>모든 생명체는 동일한 유전부호를 사용</mark>하며, 같은 염기서열로 이루어진 코돈은 모든 생물종에서 같은 아미노산을 지정한다. ➡ 모든 생명체가 공통조상으로부터 진화해 왔다는 진화의 증거가 될 수 있다.

② 사람의 유전자를 세균의 DNA에 넣어도 동일한 아미노산 배열의 단백질이 합성된다.

3 유전정보의 전달과 단백질합성

(1) **전사**: <mark>DNA의 유전정보가 RNA로 전달되는 과정</mark>이다.

① DNA 염기서열의 상보적인 염기서열로 구성된 RNA가 합성된다.

② 전사 과정에서 RNA는 염기로 타이민(T) 대신 유라실(U)을 사용한다.

③ <mark>핵 안</mark>에서 일어난다.

(2) **번역**: <mark>RNA의 유전정보에 따라 단백질이 만들어지는 과정</mark>이다.

① RNA로 전달된 유전정보를 기반으로 단백질을 합성한다.

② RNA가 핵을 빠져나와 세포질로 이동하면 RNA는 라이보솜과 결합하며, RNA가 운반해온 아미노산과 아미노산 사이에서 펩타이드결합이 일어난다.

③ RNA에서 <mark>연속된 3개의 염기는 하나의 아미노산을 지정</mark>한다.

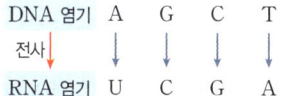
🔍 자세하게 유전정보의 전달과 단백질합성

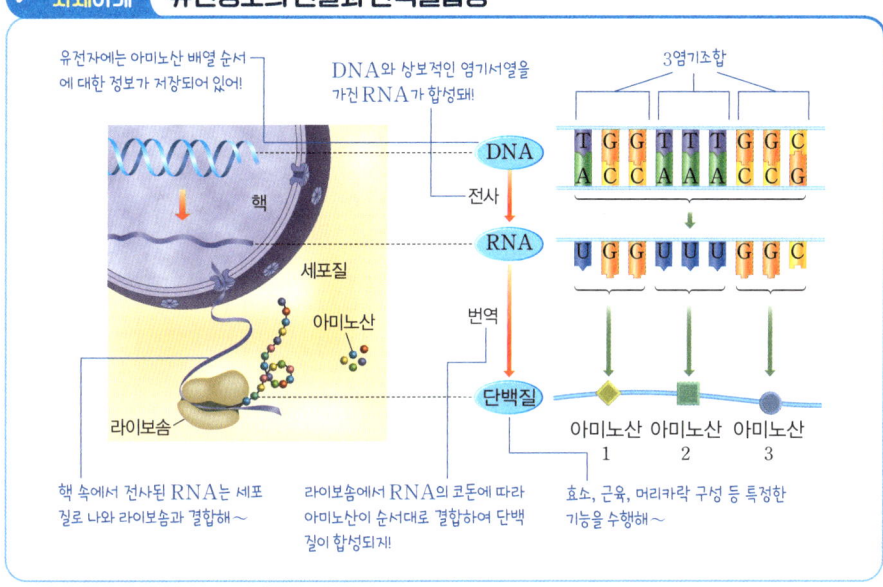

유전자에는 아미노산 배열 순서에 대한 정보가 저장되어 있어!

DNA와 상보적인 염기서열을 가진 RNA가 합성돼!

핵

세포질

아미노산

라이보솜

DNA → 전사 → RNA → 번역 → 단백질

3염기조합

| T | G | G | T | T | T | G | G | C |
| A | C | C | A | A | A | C | C | G |

| U | G | G | U | U | U | G | G | C |

아미노산1 아미노산2 아미노산3

핵 속에서 전사된 RNA는 세포질로 나와 라이보솜과 결합해~

라이보솜에서 RNA의 코돈에 따라 아미노산이 순서대로 결합하여 단백질이 합성되지!

효소, 근육, 머리카락 구성 등 특정한 기능을 수행해~

✏ **바로 복습**

정답과 해설 51쪽

빈칸 채우기 문제

01 (　　　)는 유전정보가 저장되어 있는 DNA의 특정한 부분이다.

02 (　　　)는 유전정보를 저장하는 물질이고, (　　　)는 유전정보를 전달하며 단백질을 합성하는 데 관여하는 물질이다.

03 RNA에서 유전정보를 저장하고 있는 연속된 3개의 염기를 (　　　)이라고 한다.

04 (　　　　　)에서 RNA의 코돈에 따라 순서대로 (　　　　　)이 결합하여 단백질이 합성된다.

○✕ 문제

05 DNA 한 분자에는 1개의 유전자가 들어 있다. ○ ✕

06 번역을 통해 RNA가 합성되고 전사를 통해 단백질이 합성된다. ○ ✕

07 유전정보의 전사 과정은 핵 속에서 일어난다. ○ ✕

08 지구상의 모든 생명체의 유전부호 체계는 서로 다르다. ○ ✕

탐구 세포 내 유전정보의 흐름 확인하기

정답과 해설 51쪽

목표   DNA의 유전정보로부터 단백질이 만들어지는 과정을 설명할 수 있다.

준비물 ▶ 주사위

과정   표는 주사위 숫자, 전사에 사용되는 DNA 가닥의 3염기조합 일부와 각 3염기조합에 대응되는 코돈과 아미노산 모형을 나타낸 것이다.

주사위 숫자	1	2	3	4	5	6
3염기조합	TAC	CCA	CTG	GTA	ACG	AGC
코돈	AUG	GGU	GAC	CAU	UGC	UCG
아미노산 모형	★	●	◆	■	▲	♥

❶ 모둠별로 한 사람씩 돌아가며 주사위를 던져서 나온 숫자에 해당하는 3염기조합을 순서대로 쓴다.

❷ 전사에 사용되는 DNA 가닥으로부터 전사가 일어난 RNA의 코돈을 쓰고, 번역이 일어난 단백질의 아미노산 모형을 그린다.

결과

DNA 가닥	T	A	C	G	T	A	C	T	G	G	T	A	A	C	G
↓전사															
RNA	A	U	G	C	A	U	G	A	C	C	A	U	U	G	C
↓번역															
단백질		★			■			◆			■			▲	

❶ DNA 염기서열과 상보적인 염기서열로 구성된 RNA가 합성된다.

➡ DNA의 유전정보가 RNA로 전달되는 과정을 (　　　　)라고 한다.

➡ RNA는 염기로 타이민(T) 대신 (　　　　)을 사용한다.

❷ RNA로 전달된 유전정보를 기반으로 단백질을 합성한다.

➡ RNA의 유전정보에 따라 단백질이 만들어지는 과정을 (　　　　)이라고 한다.

➡ RNA에서 연속된 (　　　　) 개의 염기는 하나의 아미노산을 지정한다.

정리

1 모둠별로 아미노산서열이 다른 까닭은 무엇인가?

➡ 모둠별로 (　　　　　　)의 서열이 다르기 때문에 전사와 (　　　　)을 거친 아미노산서열도 달라진다.

2 사람의 인슐린 유전자를 대장균에 넣으면 대장균에서 전사와 번역을 거쳐 사람의 인슐린 단백질이 만들어진다. 대장균이 사람의 인슐린 단백질을 합성할 수 있는 까닭은 무엇인가?

➡ 세균에서 사람에 이르기까지 거의 모든 생명체는 동일한 (　　　　　　)를 사용한다. 이 때문에 사람과 대장균에서 동일한 3염기조합과 코돈은 동일한 (　　　　　)으로 번역된다.

기초 잡기
전사와 번역 활용하기

전사와 번역 과정을 예시를 통해 순서대로 분석해 보자.

1 전사

1 상보결합

(1) **DNA 염기의 상보적인 결합**: DNA 이중나선에서 마주 보고 있는 염기끼리 결합할 때는 항상 정해진 염기하고만 결합한다.

➡ 아데닌(A)은 타이민(T)과, 구아닌(G)은 사이토신(C)과만 결합한다.

Quiz 1 그림은 DNA의 염기서열을 나타낸 것이다. 빈칸에 알맞은 염기를 쓰시오.

2 전사

(1) **전사**: DNA 이중나선 중 한 가닥으로부터 RNA가 합성되는 것으로, 두 가닥 중 한 가닥을 주형으로 하여 이 가닥에 상보적인 염기를 가진 RNA 뉴클레오타이드가 결합한다. ➡ 전사 과정을 통해 유전정보는 DNA에서 RNA로 전달된다.

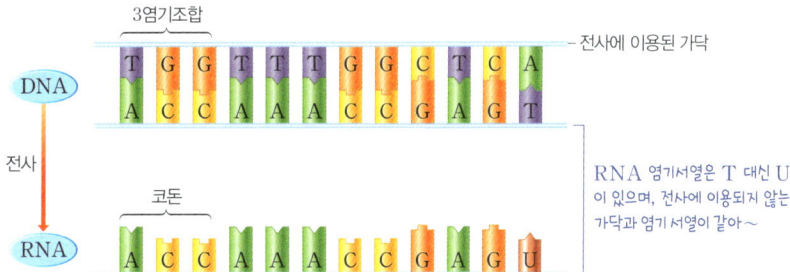

(2) **전사에 이용된 가닥 찾기**: RNA는 전사에 이용된 DNA 가닥의 염기서열에 상보적인 염기서열을 가지고 있기 때문에 RNA의 염기서열만 알아도 전사에 이용된 가닥을 찾거나, DNA의 염기서열을 유추해 낼 수 있다.

Quiz 2 그림은 DNA와 RNA의 염기서열을 나타낸 것이다. (가)와 (나) 중 전사 과정에서 전사에 이용된 가닥으로 쓰인 DNA 가닥을 고르시오.

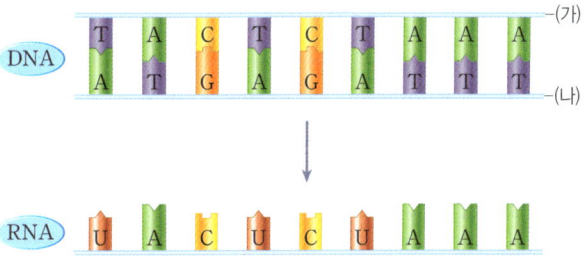

2 번역

1 번역: RNA의 유전정보에 따라 라이보솜에서 단백질을 합성하는 것으로, RNA에서 단백질로 유전정보가 전달된다.

2 코돈과 아미노산: 하나의 코돈은 하나의 아미노산을 지정한다. 코돈은 총 64 종류이고, 아미노산은 20 종류로 하나의 아미노산을 지정하는 코돈이 여러 종류가 있을 수 있다. 또한, 코돈 중에는 단백질합성을 시작하게 하는 개시코돈(AUG)과 단백질합성을 종결하는 종결코돈(UAA, UAG, UGA)이 있다.

UUU UUC	페닐 알라닌	UCU UCC	세린	UAU UAC	타이 로신	UGU UGC	시스 테인	AUU AUC	아이소 류신	ACU ACC	트레 오닌	AAU AAC	아스 파라진	AGU AGC	세린
UUA UUG	류신	UCA UCG		UAA UAG	연결 멈춤 (종결코돈)	UGA	연결 멈춤 (종결코돈)	AUA		ACA ACG		AAA AAG	라이신	AGA AGG	아르 지닌
						UGG	트립 토판	AUG	메싸이오닌 (개시코돈)						
CUU CUC	류신	CCU CCC	프롤린	CAU CAC	히스 티딘	CGU CGC	아르 지닌	GUU GUC	발린	GCU GCC	알라닌	GAU GAC	아스 파트산	GGU GGC	글라 이신
CUA CUG		CCA CCG		CAA CAG	글루 타민	CGA CGG		GUA GUG		GCA GCG		GAA GAG	글루 탐산	GGA GGG	

Quiz ③ 그림은 어떤 세포에서 일어나는 유전정보의 흐름을, 표는 일부 코돈이 지정하는 아미노산을 나타낸 것이다.

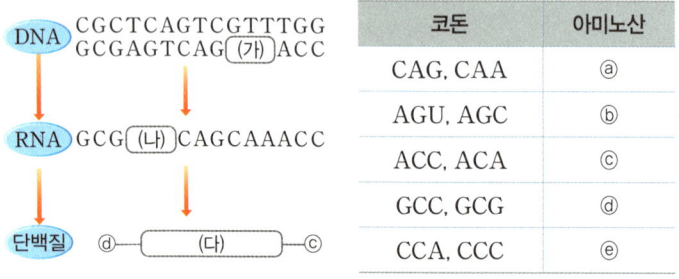

코돈	아미노산
CAG, CAA	ⓐ
AGU, AGC	ⓑ
ACC, ACA	ⓒ
GCC, GCG	ⓓ
CCA, CCC	ⓔ

이에 대한 설명으로 옳은 것은 ○표, 옳지 <u>않은</u> 것은 ×표 하시오. (단, 돌연변이는 고려하지 않는다.)

(1) (가)의 염기서열은 CAA이다. ··· (　　　)

(2) (나)의 염기서열은 UCA이다. ··· (　　　)

(3) (다)의 아미노산서열은 ⓑ－ⓐ－ⓐ이다. ······································· (　　　)

Quiz ④ 그림은 세포에서 일어나는 유전정보의 흐름을, 표는 일부 코돈이 지정하는 아미노산을 나타낸 것이다. (가)~(다)의 염기서열을 쓰시오. (단, 번역은 RNA 왼쪽 첫 번째 염기부터 일어난다.)

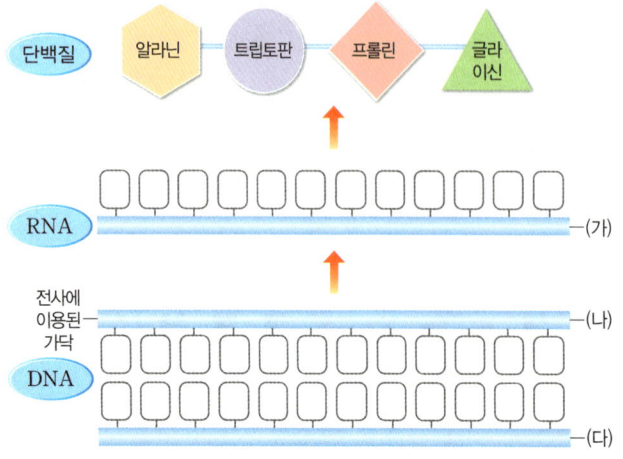

코돈	아미노산
UUC	페닐알라닌
GGA	글라이신
AGA	아르지닌
CUC	류신
GCU	알라닌
AGC	세린
CCG	프롤린
GAA	글루탐산
UGG	트립토판

16 생명 시스템에서 정보의 흐름

● 정답과 해설 52쪽

① 유전자와 단백질

01 ☑빈출

그림은 유전자와 단백질 사이의 관계를 나타낸 것이다. 단백질 A와 단백질 B는 입체 구조가 서로 다르다.

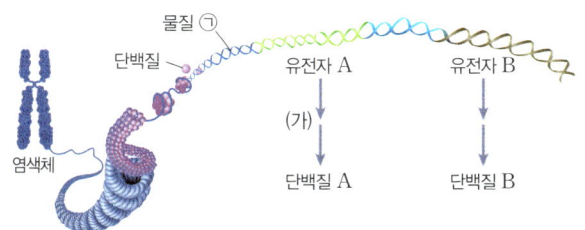

이에 대한 설명으로 옳은 것만을 〈보기〉에서 있는 대로 고른 것은?

〈보기〉
ㄱ. ㉠의 기본 단위체는 아미노산이다.
ㄴ. 유전자 A와 유전자 B는 염기서열이 서로 다르다.
ㄷ. (가) 과정에서 유전정보의 흐름이 일어난다.

① ㄱ   ② ㄷ   ③ ㄱ, ㄴ
④ ㄱ, ㄷ   ⑤ ㄴ, ㄷ

02

다음은 사람에게서 다양한 피부색이 나타나는 과정을 순서 없이 나타낸 것이다. ㉠과 ㉡은 멜라닌 합성효소와 멜라닌 합성효소 유전자를 순서 없이 나타낸 것이다.

(가) 멜라닌 합성효소에 의해 멜라닌이 합성된다.
(나) ㉠에 저장된 정보를 이용하여 ㉡이 합성된다.
(다) 사람마다 합성되는 [ⓐ] 다양한 피부색이 나타난다.

이에 대한 설명으로 옳은 것만을 〈보기〉에서 있는 대로 고른 것은?

〈보기〉
ㄱ. ㉠에 펩타이드결합이 있다.
ㄴ. '멜라닌의 양이 다르므로'는 ⓐ에 해당한다.
ㄷ. 피부색이 나타나는 과정에서 (가)가 (나)보다 먼저 일어난다.

① ㄱ   ② ㄴ   ③ ㄷ
④ ㄱ, ㄴ   ⑤ ㄴ, ㄷ

03

그림은 어떤 식물에서 유전자 ㉠의 작용으로 붉은 꽃의 유전 형질이 표현되기까지의 과정 중 일부를 나타낸 것이다.

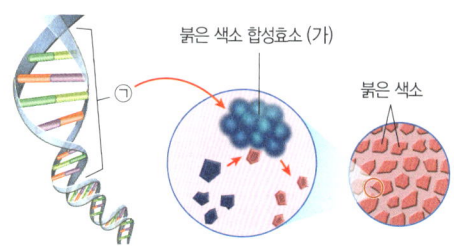

이에 대한 설명으로 옳은 것만을 〈보기〉에서 있는 대로 고른 것은?

〈보기〉
ㄱ. ㉠은 유전정보가 저장된 DNA의 일부분이다.
ㄴ. (가)는 ㉠의 작용으로 만들어진 아미노산이다.
ㄷ. ㉠이 자손에게 전달되면 자손에서 붉은 색소가 만들어질 수 있다.

① ㄱ   ② ㄷ   ③ ㄱ, ㄴ
④ ㄱ, ㄷ   ⑤ ㄴ, ㄷ

② 세포 내 유전정보의 흐름

04 ☑빈출

그림은 세포 내 유전정보의 흐름을 나타낸 것이다. 물질 (가)와 (나)는 각각 RNA와 DNA 중 하나이다.

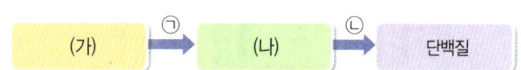

이에 대한 설명으로 옳은 것만을 〈보기〉에서 있는 대로 고른 것은?

〈보기〉
ㄱ. (가)는 이중나선구조이다.
ㄴ. 사람의 경우 핵 안에서 ㉠이 일어난다.
ㄷ. ㉡은 전사이다.

① ㄱ   ② ㄷ   ③ ㄱ, ㄴ
④ ㄱ, ㄷ   ⑤ ㄴ, ㄷ

05 ✅빈출

그림은 세포에서 일어나는 유전정보의 흐름을 나타낸 것이다. (가)와 (나)는 각각 번역과 전사 중 하나이다.

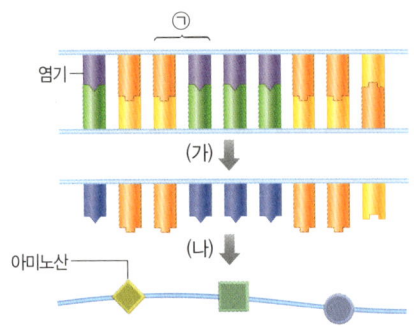

이에 대한 설명으로 옳은 것만을 〈보기〉에서 있는 대로 고른 것은?

보기
ㄱ. ㉠은 DNA에서 1개의 유전부호이다.
ㄴ. (가)에서 DNA의 유전정보는 RNA로 전달된다.
ㄷ. 사람의 세포에서 (나)는 핵에서만 일어난다.

① ㄱ   ② ㄴ   ③ ㄱ, ㄴ
④ ㄱ, ㄷ   ⑤ ㄴ, ㄷ

06 ✅빈출

그림은 세포에서 일어나는 유전정보의 흐름 중 일부를 나타낸 것이다. (가)와 (나)는 각각 DNA와 RNA 중 하나이다.

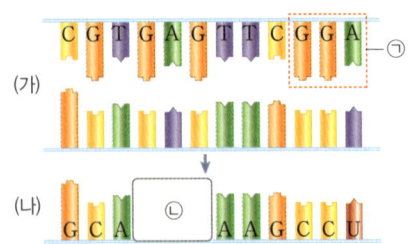

이에 대한 설명으로 옳은 것만을 〈보기〉에서 있는 대로 고른 것은?

보기
ㄱ. ㉠은 3개의 아미노산을 암호화하는 유전부호이다.
ㄴ. ㉡의 염기서열은 CUC이다.
ㄷ. 유전정보가 (가) → (나)로 흐를 때 전사가 일어난다.

① ㄱ   ② ㄴ   ③ ㄱ, ㄷ
④ ㄴ, ㄷ   ⑤ ㄱ, ㄴ, ㄷ

07

난이도 상

그림은 세포에서 일어나는 유전정보의 흐름을, 표는 일부 코돈이 지정하는 아미노산을 나타낸 것이다. ⓐ는 ㉠~㉤ 중 하나이다.

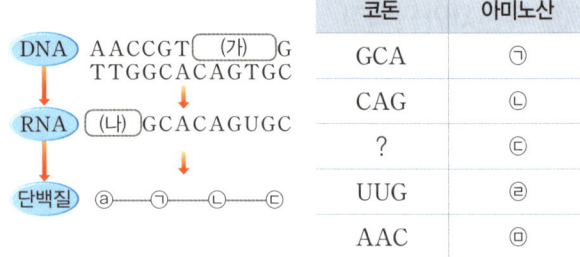

코돈	아미노산
GCA	㉠
CAG	㉡
?	㉢
UUG	㉣
AAC	㉤

이에 대한 설명으로 옳은 것만을 〈보기〉에서 있는 대로 고른 것은? (단, 돌연변이는 고려하지 않는다.)

보기
ㄱ. (가)와 (나)에서 각각 구아닌(G)의 수는 1로 같다.
ㄴ. ⓐ는 ㉣이다.
ㄷ. TGC는 ㉢을 지정하는 코돈이다.

① ㄱ   ② ㄷ   ③ ㄱ, ㄴ
④ ㄴ, ㄷ   ⑤ ㄱ, ㄴ, ㄷ

08

난이도 상

다음은 유전자 ㉠에 대한 설명이다. (가)와 (나)는 각각 번역과 전사 중 하나이다.

- ㉠에는 아데닌(A)이 있다.
- (가) 과정에 의해 ㉠으로부터 RNA ㉡이 만들어진다.
- (나) 과정에 의해 ㉡으로부터 단백질 ㉢이 만들어진다.
- ㉢에는 10개의 펩타이드결합이 있다.

이에 대한 설명으로 옳은 것만을 〈보기〉에서 있는 대로 고른 것은? (단, 돌연변이는 고려하지 않는다.)

보기
ㄱ. ㉠에는 타이민(T)이 있다.
ㄴ. ㉡에 있는 염기의 수는 30개이다.
ㄷ. 라이보솜에서 (가) 과정이 일어난다.

① ㄱ   ② ㄷ   ③ ㄱ, ㄴ
④ ㄴ, ㄷ   ⑤ ㄱ, ㄴ, ㄷ

정답과 해설 52쪽

09 ✓빈출

그림은 DNA의 유전정보로부터 RNA가 합성되는 과정을 나타낸 것이다.

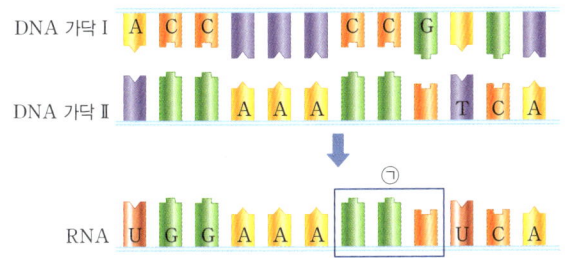

이에 대한 설명으로 옳은 것만을 〈보기〉에서 있는 대로 고른 것은? (단, 돌연변이는 고려하지 않는다.)

〈보기〉
ㄱ. ㉠의 염기서열은 GGC이다.
ㄴ. DNA 가닥 Ⅰ과 Ⅱ 중 전사에 이용된 것은 Ⅰ이다.
ㄷ. 이 가닥으로부터 전사된 RNA는 최대 12개의 아미노산을 지정한다.

① ㄱ   ② ㄷ   ③ ㄱ, ㄴ
④ ㄴ, ㄷ   ⑤ ㄱ, ㄴ, ㄷ

10

그림은 사람에게서 낫모양 적혈구 빈혈증이 발생할 때 일어나는 변화 과정 (가)를 나타낸 것이다. ㉠~㉢은 모두 아미노산이다.

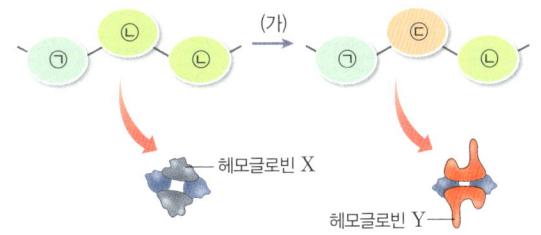

이에 대한 설명으로 옳은 것만을 〈보기〉에서 있는 대로 고른 것은?

〈보기〉
ㄱ. (가)는 유전자의 이상으로 일어난다.
ㄴ. 헤모글로빈 X와 Y는 입체 구조가 서로 같다.
ㄷ. 낫모양 적혈구 빈혈증은 자손에게 유전될 수 있다.

① ㄱ   ② ㄴ   ③ ㄱ, ㄷ
④ ㄴ, ㄷ   ⑤ ㄱ, ㄴ, ㄷ

서술형 문제

11

그림은 어떤 동물에서 유전자 ㉠의 작용으로 갈색 털이 표현되기까지의 과정 일부를 나타낸 것이다.

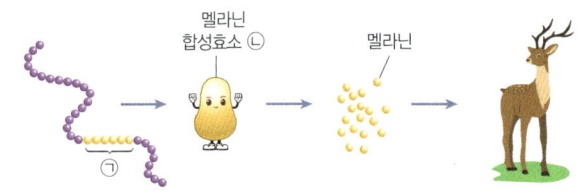

(1) ㉠과 ㉡은 각각 어떤 물질로 이루어져 있는지 쓰시오.

_____

(2) ㉠에 어떤 유전정보가 저장되어 있는지 아래 단어를 모두 포함시켜 서술하시오.

| 염기서열 | 합성 | 아미노산서열 |

_____
_____

12

다음은 생명체의 유전부호와 생명체에서 일어나는 유전정보의 흐름에 대한 설명이다. (가)와 (나)는 번역과 전사를 순서 없이 나타낸 것이다.

· DNA(유전자)의 연속된 x개의 염기가 1개의 아미노산을 지정하는 유전부호가 된다.
· DNA의 유전부호는 (가) 과정을 거쳐 RNA의 유전부호인 ㉠으로 옮겨진다.
· ㉠은 연속된 y개의 염기로 이루어져 있다.
· 세포소기관인 ㉡에서 (나)가 일어난다.

(1) ㉠의 명칭과 $x+y$의 값을 쓰시오.

_____

(2) ㉡의 명칭을 쓰고, (나) 과정에서 일어나는 정보의 흐름을 서술하시오.

_____

15 생명 시스템과 화학 반응

빈출 개념   세포소기관의 특징 ★★★★   세포막을 통한 물질의 확산 ★★★★★   삼투에 의한 물의 이동 ★★★
효소의 작용과 활성화에너지의 변화 ★★★★★   효소에 의한 과산화 수소의 분해 실험 ★★★★

1 세포소기관의 특징

그림은 동물 세포의 구조를 나타낸 것이다. A∼D는 각각 핵, 라이보솜, 소포체, 마이토콘드리아 중 하나이다.

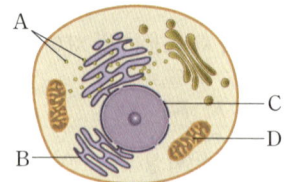

• 다음 설명 중 옳은 것은 ○표, 옳지 <u>않은</u> 것은 ✕표 하시오.

1 A에서 포도당이 합성된다.   (○ · ✕)

2 B는 소포체이다.   (○ · ✕)

3 C에는 유전물질이 있다.   (○ · ✕)

4 D에서 빛에너지가 흡수된다.   (○ · ✕)

5 D에서 세포호흡이 일어난다.   (○ · ✕)

6 A∼D는 모두 식물 세포에도 존재한다.   (○ · ✕)

2 세포막의 구조와 세포막을 통한 물질 이동

그림은 세포막을 통한 산소의 이동을 나타낸 것이다. ㉠과 ㉡은 각각 인지질과 단백질 중 하나이다.

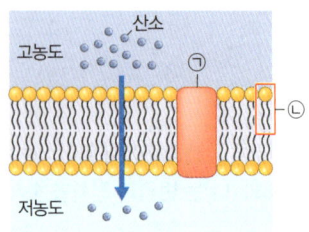

• 다음 설명 중 옳은 것은 ○표, 옳지 <u>않은</u> 것은 ✕표 하시오.

1 ㉠은 인지질이다.   (○ · ✕)

2 ㉠에 펩타이드결합이 있다.   (○ · ✕)

3 ㉡에는 친수성 부위만 있다.   (○ · ✕)

4 세포막에서 ㉡은 2중층을 형성한다.   (○ · ✕)

5 산소는 세포막을 통해 확산된다.   (○ · ✕)

6 산소는 막단백질을 이용해서만 세포막을 통해 이동할 수 있다.   (○ · ✕)

3 세포막을 통한 물질의 확산

그림 (가)는 세포막을 통해 포도당이 이동하는 과정을, (나)는 세포막을 통해 산소가 이동하는 과정을 나타낸 것이다.

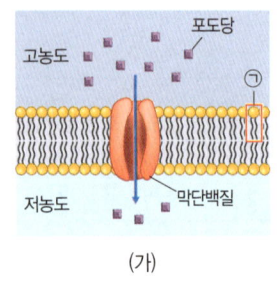 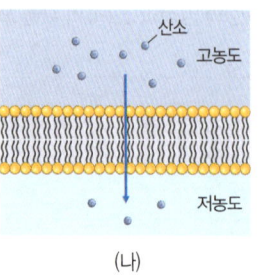

(가)   (나)

• 다음 설명 중 옳은 것은 ○표, 옳지 <u>않은</u> 것은 ✕표 하시오.

1 ㉠은 인지질이다.   (○ · ✕)

2 (가)에서 포도당의 이동에 막단백질이 이용된다.   (○ · ✕)

3 (나)에서 산소의 이동 방식은 확산이다.   (○ · ✕)

4 (나)에서 산소는 세포막의 인지질 2중층을 직접 통과한다.   (○ · ✕)

5 세포막을 통해 아미노산이 이동하는 과정은 (가)와 (나) 중 (나)와 같은 방법으로 일어난다.   (○ · ✕)

4 삼투에 의한 물의 이동

그림 (가)는 어떤 식물에서 얻은 세포의 모습을, (나)와 (다)는 각각 이 식물의 세포를 증류수와 20 % 소금물 중 하나에 넣고 일정 시간이 지났을 때의 모습을 나타낸 것이다. A와 B는 세포막과 세포벽을 순서 없이 나타낸 것이다.

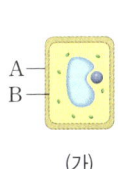 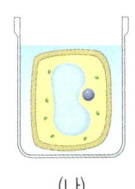 

(가)   (나)   (다)

• 다음 설명 중 옳은 것은 ○표, 옳지 않은 것은✕표 하시오.

1 A는 동물 세포에는 없다. (○ ✕)

2 B에 인지질과 단백질이 있다. (○ ✕)

3 (나)는 식물 세포를 20 % 소금물에 넣은 모습이다. (○ ✕)

4 (가)의 식물 세포를 30 % 소금물에 넣으면 세포 안에서 밖으로 물이 빠져나간다. (○ ✕)

5 (다)는 삼투가 일어나 물이 세포 안에서 밖으로 빠져나간 모습이다. (○ ✕)

5 물질대사와 효소의 작용

그림은 생명체에서 일어나는 물질대사 (가)와 (나)를 나타낸 것이다.

• 다음 설명 중 옳은 것은 ○표, 옳지 않은 것은✕표 하시오.

1 (가)에서 에너지가 방출된다. (○ ✕)

2 (가)에서 펩타이드결합이 형성된다. (○ ✕)

3 (나)에서 물질의 합성이 일어난다. (○ ✕)

4 엽록체에서 (나)가 일어난다. (○ ✕)

5 (가)와 (나)는 모두 화학 반응이다. (○ ✕)

6 (가)와 (나)에 모두 효소가 관여한다. (○ ✕)

6 효소의 작용과 활성화에너지의 변화

그림 (가)는 카탈레이스에 의한 반응을, (나)는 이 효소에 의한 반응에서의 에너지 변화를 나타낸 것이다. ㉠은 생성물이다.

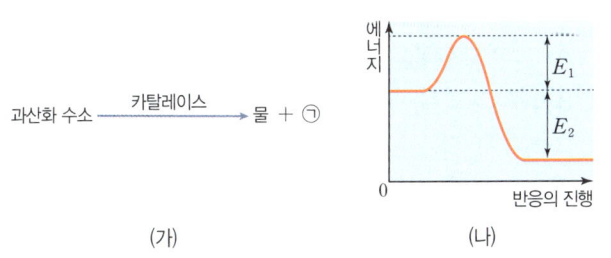

(가)   (나)

• 다음 설명 중 옳은 것은 ○표, 옳지 않은 것은✕표 하시오.

1 ㉠은 산소이다. (○ ✕)

2 (가)에서 에너지가 방출된다. (○ ✕)

3 (나)에서 활성화에너지는 E_2이다. (○ ✕)

4 카탈레이스의 주성분은 단백질이다. (○ ✕)

5 (가)에서 카탈레이스가 없어지면 (나)에서 E_1의 크기가 감소한다. (○ ✕)

7 효소에 의한 과산화 수소의 분해 실험

표는 3 % 과산화 수소수가 든 시험관 A와 B에 각각 ㉠과 ㉡ 중 하나를 넣었을 때 기포 발생 결과를 나타낸 것이다. ㉠과 ㉡은 각각 감자즙과 증류수 중 하나이다.

시험관	시험관에 넣은 용액(mL)			기포 발생 결과
	3 % 과산화 수소수	㉠	㉡	
A	10	2	0	발생하지 않음
B	10	0	2	발생함

• 다음 설명 중 옳은 것은 ○표, 옳지 않은 것은 ✕표 하시오.

1 ㉠은 감자즙이다. (○ | ✕)
2 ㉡에는 단백질이 주성분인 물질이 들어 있다. (○ | ✕)
3 ㉡에는 과산화 수소가 분해되는 반응의 활성화에너지를 낮추는 물질이 들어 있다. (○ | ✕)
4 B에서 발생한 기포는 이산화 탄소 기체이다. (○ | ✕)
5 A와 B에서 과산화 수소가 분해되는 속도는 같다. (○ | ✕)

8 효소의 활용 사례

다음은 당뇨병 진단에 대한 자료이다.

> 건강 진단에 사용되는 소변(요) 검사지에는 ㉠ 포도당 산화효소가 들어 있으며, 소변에 포도당이 있는 경우 이 효소에 의해 포도당이 산화되어 검사지가 청색으로 변한다. 검사지가 진한 청색이면 당뇨병 검사를 추가로 진행한다.

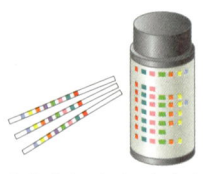

• 다음 설명 중 옳은 것은 ○표, 옳지 않은 것은 ✕표 하시오.

1 ㉠의 주성분은 단백질이다. (○ | ✕)
2 ㉠은 포도당의 산화 반응에서 소모된다. (○ | ✕)
3 ㉠은 생명체 밖에서는 기능하지 않는다. (○ | ✕)
4 ㉠은 포도당과 결합해 포도당을 산화시킨다. (○ | ✕)
5 ㉠은 포도당 산화 반응에 필요한 활성화에너지를 증가시킨다. (○ | ✕)

16 생명 시스템에서 정보의 흐름

빈출 개념 유전자와 단백질 ★★★ 세포 내 유전정보의 흐름 ★★★★ 유전부호의 전사와 번역 ★★★★

9 유전자와 단백질

다음은 사람에게서 다양한 눈동자의 색깔이 나타나는 과정이다.

> (가) 유전자 A로부터 멜라닌 합성효소가 생성된다.
> (나) ㉠ 멜라닌 합성효소에 의해 멜라닌이 합성된다.
> (다) 멜라닌의 양에 따라 다양한 눈동자의 색깔이 나타난다.

• 다음 설명 중 옳은 것은 ○표, 옳지 않은 것은 ✕표 하시오.

1 핵에 A가 있다. (○ | ✕)
2 A에 멜라닌 합성효소의 유전정보가 있다. (○ | ✕)
3 A는 부모로부터 자손에게로 전달될 수 있다. (○ | ✕)
4 ㉠은 번역이다. (○ | ✕)
5 멜라닌 합성효소는 DNA로 이루어져 있다. (○ | ✕)
6 (가) 과정에서 전사와 번역이 모두 일어난다. (○ | ✕)

10 전사와 번역

그림은 사람의 세포에서 일어나는 유전정보의 흐름을 나타낸 것이다. ㉠~㉢은 각각 단백질, DNA, RNA 중 하나이다.

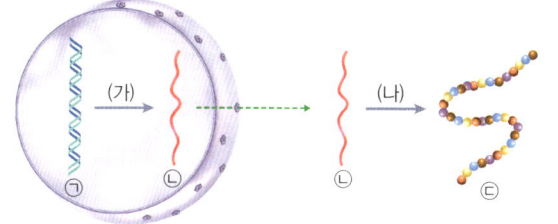

• 다음 설명 중 옳은 것은 ○표, 옳지 않은 것은 ✕표 하시오.

1 ㉠에 유전자가 있다. (○ ✕)
2 ㉡은 이중나선구조이다. (○ ✕)
3 ㉢에는 펩타이드결합이 있다. (○ ✕)
4 (가) 과정은 번역이다. (○ ✕)
5 (가) 과정은 핵에서 일어난다. (○ ✕)
6 (나) 과정에서 아미노산이 사용된다. (○ ✕)
7 (나) 과정은 라이보솜에서 일어난다. (○ ✕)

11 세포 내 유전정보의 흐름

그림은 세포에서 일어나는 유전정보의 흐름을 나타낸 것이다. (단, 돌연변이는 고려하지 않는다.)

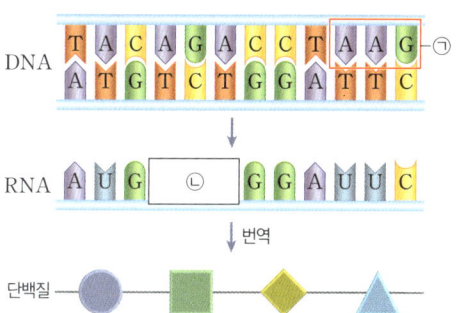

• 다음 설명 중 옳은 것은 ○표, 옳지 않은 것은 ✕표 하시오.

1 ㉠의 염기조합은 코돈이다. (○ ✕)
2 ㉠은 3개의 염기로 구성된 유전부호이다. (○ ✕)
3 ㉡의 염기서열은 AGA이다. (○ ✕)
4 ㉡은 1개의 아미노산을 지정하는 RNA의 유전부호이다.
(○ ✕)
5 DNA를 이용해 RNA를 합성하는 과정은 전사이다.
(○ ✕)
6 번역은 라이보솜에서 일어난다. (○ ✕)

12 유전부호의 전사와 번역

그림은 어떤 세포에서 일어나는 유전정보의 흐름을, 표는 일부 코돈이 지정하는 아미노산을 나타낸 것이다. ㉠과 ㉡은 각각 ⓐ~ⓔ 중 하나이다. (단, 돌연변이는 고려하지 않는다.)

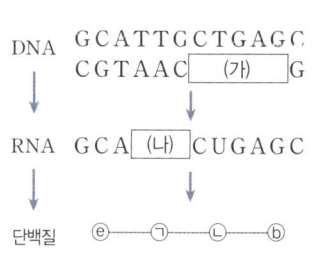

코돈	아미노산
AAC	ⓐ
AGC, UCG	ⓑ
CGA	ⓒ
CUG, UUG	ⓓ
GCA	ⓔ

• 다음 설명 중 옳은 것은 ○표, 옳지 않은 것은 ✕표 하시오.

1 (가)에서 구아닌(G)의 수는 1이다. (○ ✕)
2 (가)는 GACUC이다. (○ ✕)
3 (나)는 TTG이다. (○ ✕)
4 ㉠은 ⓐ이다. (○ ✕)
5 ㉡은 ⓓ이다. (○ ✕)
6 DNA의 염기서열에 의해 합성되는 단백질의 아미노산서열이 결정된다. (○ ✕)

15 생명 시스템과 화학 반응

01 ✅빈출

학평 기출변형

그림은 어떤 세포의 구조를 나타낸 것이다. ㉠~㉣은 핵, 골지체, 라이보솜, 소포체를 순서 없이 나타낸 것이다.

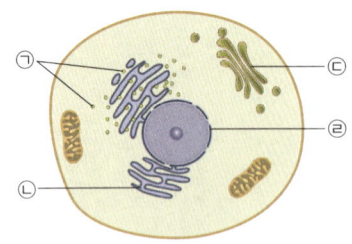

이에 대한 설명으로 옳은 것만을 〈보기〉에서 있는 대로 고른 것은?

〈보기〉
ㄱ. ㉠은 단백질을 합성한다.
ㄴ. ㉡은 골지체이다.
ㄷ. ㉣에는 DNA가 있다.

① ㄱ   ② ㄷ   ③ ㄱ, ㄴ
④ ㄱ, ㄷ   ⑤ ㄴ, ㄷ

02 ✅빈출

그림은 세포막을 통해 물질 A와 B가 확산되는 모습을 나타낸 것이다. A와 B는 산소와 포도당을 순서 없이 나타낸 것이다.

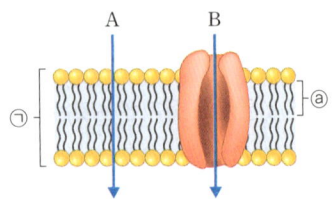

이에 대한 설명으로 옳은 것만을 〈보기〉에서 있는 대로 고른 것은?

〈보기〉
ㄱ. A는 포도당이다.
ㄴ. ㉠은 인지질 2중층 구조이다.
ㄷ. 세포막에서 ⓐ는 친수성 부위이다.

① ㄴ   ② ㄷ   ③ ㄱ, ㄴ
④ ㄱ, ㄷ   ⑤ ㄴ, ㄷ

03

그림 (가)는 U자관의 A와 B에 서로 다른 농도의 설탕 용액을 넣은 모습을, (나)는 충분한 시간이 지난 후 더 이상 수면의 높이 변화가 없을 때의 모습을 나타낸 것이다.

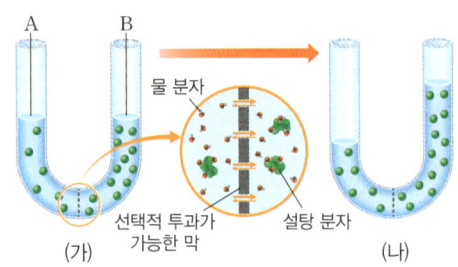

이에 대한 설명으로 옳은 것만을 〈보기〉에서 있는 대로 고른 것은?

〈보기〉
ㄱ. 삼투에 의해 설탕 분자가 이동한다.
ㄴ. (가)에서 용액의 농도는 A에서가 B에서보다 낮다.
ㄷ. B와 농도가 같은 식물 세포를 A에 넣으면 세포막이 세포벽에서 분리된다.

① ㄱ   ② ㄴ   ③ ㄱ, ㄷ
④ ㄴ, ㄷ   ⑤ ㄱ, ㄴ, ㄷ

04 ✅빈출

학평 기출

그림 (가)는 어떤 식물에서 얻은 세포의 모습을, (나)와 (다)는 각각 이 식물의 세포를 증류수와 20 % 소금물 중 하나에 넣고 일정 시간이 지났을 때의 모습을 나타낸 것이다. A와 B는 세포막과 세포벽을 순서 없이 나타낸 것이다.

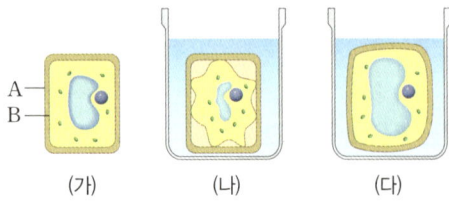

이에 대한 설명으로 옳은 것만을 〈보기〉에서 있는 대로 고른 것은?

〈보기〉
ㄱ. A는 세포벽이다.
ㄴ. (나)는 식물 세포를 증류수에 넣은 모습이다.
ㄷ. (가)의 식물 세포를 20 % 소금물에 넣으면 세포 안에서 밖으로 물이 빠져나간다.

① ㄱ   ② ㄴ   ③ ㄱ, ㄷ
④ ㄴ, ㄷ   ⑤ ㄱ, ㄴ, ㄷ

05

그림은 효소 X의 작용을 나타낸 것이다.

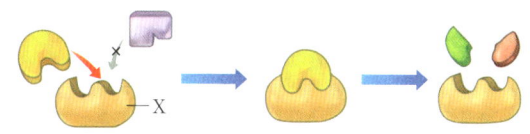

이에 대한 설명으로 옳은 것만을 〈보기〉에서 있는 대로 고른 것은?

보기
- ㄱ. X는 특정 반응물과만 반응한다.
- ㄴ. X는 반응 완료 후 재사용된다.
- ㄷ. 이 반응에서 에너지가 흡수된다.

① ㄱ   ② ㄷ   ③ ㄱ, ㄴ
④ ㄴ, ㄷ   ⑤ ㄱ, ㄴ, ㄷ

06 ✔빈출

학평 기출

그림은 효소가 없을 때 과산화 수소 분해 반응의 에너지 변화를 나타낸 것이다. 표는 3 % 과산화 수소수가 든 시험관 A와 B에 각각 ㉠과 ㉡ 중 하나를 넣었을 때 기포 발생 결과를 나타낸 것이다. ㉠과 ㉡은 각각 감자즙과 증류수 중 하나이다.

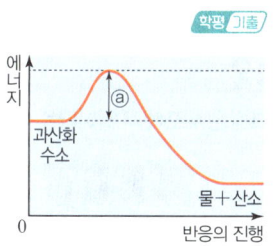

시험관	시험관에 넣은 용액(mL)			기포 발생 결과
	3 % 과산화 수소수	㉠	㉡	
A	10	2	0	발생하지 않음
B	10	0	2	발생함

이에 대한 설명으로 옳은 것만을 〈보기〉에서 있는 대로 고른 것은?

보기
- ㄱ. ㉠은 감자즙이다.
- ㄴ. ㉡에는 ⓐ를 감소시키는 물질이 들어 있다.
- ㄷ. A와 B에서 과산화 수소가 분해되는 속도는 같다.

① ㄱ   ② ㄴ   ③ ㄱ, ㄷ
④ ㄴ, ㄷ   ⑤ ㄱ, ㄴ, ㄷ

07 ✔빈출

그림은 동일한 화학 반응이 조건 ㉠과 ㉡에서 일어날 때 반응의 진행에 따른 에너지의 크기를 나타낸 것이다. ㉠과 ㉡은 각각 효소가 없을 때와 있을 때 중 하나이다.

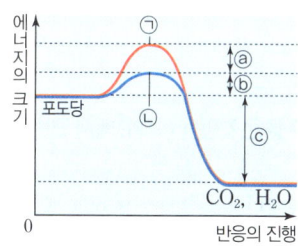

이에 대한 설명으로 옳은 것만을 〈보기〉에서 있는 대로 고른 것은?

보기
- ㄱ. ㉡일 때가 ㉠일 때보다 화학 반응의 속도가 빠르다.
- ㄴ. 효소가 있을 때 화학 반응의 활성화에너지는 ⓑ와 ⓒ를 더한 값이다.
- ㄷ. 세포 안에서 포도당이 분해될 때의 에너지 변화는 ㉠과 ㉡ 중 ㉠에 해당한다.

① ㄱ   ② ㄷ   ③ ㄱ, ㄴ
④ ㄱ, ㄷ   ⑤ ㄴ, ㄷ

08 ✔빈출

학평 기출

다음은 효소 X를 이용한 사례이다.

> 싹을 틔운 보리의 가루를 넣은 물과 쌀밥을 섞은 후 일정 온도에 두면 싹 튼 보리에 있는 X에 의해 ㉠ 녹말이 엿당으로 분해되는 반응이 촉진되어 단맛이 나는 식혜가 만들어진다.

이에 대한 설명으로 옳은 것만을 〈보기〉에서 있는 대로 고른 것은?

보기
- ㄱ. X의 주성분은 단백질이다.
- ㄴ. X에 의해 활성화에너지가 감소해 ㉠이 일어난다.
- ㄷ. X를 높은 온도로 가열해도 X에 의해 ㉠이 일어난다.

① ㄱ   ② ㄷ   ③ ㄱ, ㄴ
④ ㄱ, ㄷ   ⑤ ㄴ, ㄷ

16 생명 시스템에서 정보의 흐름

09

다음은 어떤 식물의 꽃 색깔이 표현되기까지의 과정을 나타낸 것이다. ㉠과 ㉡ 중 하나는 효소이고, 나머지 하나는 유전자이다.

> (가) ㉠에 저장된 유전정보를 이용해 ㉡이 만들어진다.
> (나) ㉡의 작용으로 보라색 색소가 만들어진다.
> (다) 보라색 색소의 작용으로 꽃잎이 보라색을 나타낸다.

이에 대한 설명으로 옳은 것만을 〈보기〉에서 있는 대로 고른 것은?

> ──── 보기 ────
> ㄱ. ㉠은 유전자이다.
> ㄴ. ㉡의 기본 단위체는 뉴클레오타이드이다.
> ㄷ. ㉡은 보라색 색소를 만드는 화학 반응의 활성화에너지를 증가시킨다.

① ㄱ   ② ㄷ   ③ ㄱ, ㄴ
④ ㄱ, ㄷ   ⑤ ㄴ, ㄷ

10 빈출

표는 생명체에서 정보의 흐름에 이용되는 물질 (가)~(다)의 특징을 나타낸 것이다. (가)~(다)는 RNA, DNA, 단백질을 순서 없이 나타낸 것이다.

물질	특징
(가)	펩타이드결합이 있다.
(나)	1개의 폴리뉴클레오타이드로 구성된다.
(다)	?

이에 대한 설명으로 옳은 것만을 〈보기〉에서 있는 대로 고른 것은?

> ──── 보기 ────
> ㄱ. (나)에 유전자가 있다.
> ㄴ. (다)에 유라실(U)이 포함되어 있다.
> ㄷ. 생명체에서 정보의 흐름은 (다) → (나) → (가)의 순서로 일어난다.

① ㄴ   ② ㄷ   ③ ㄱ, ㄴ
④ ㄱ, ㄷ   ⑤ ㄴ, ㄷ

11 빈출

그림은 사람의 세포에서 일어나는 유전정보의 흐름을 나타낸 것이다. ⓐ와 ⓑ는 단백질의 기본 단위체이다.

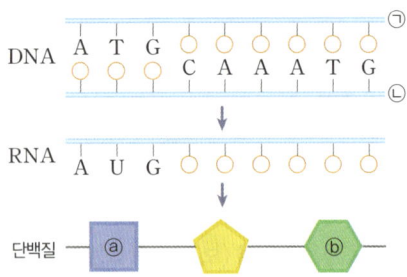

이에 대한 설명으로 옳은 것만을 〈보기〉에서 있는 대로 고른 것은?

> ──── 보기 ────
> ㄱ. 핵에서 전사가 일어난다.
> ㄴ. ⓐ와 ⓑ를 지정하는 코돈은 같다.
> ㄷ. DNA 가닥 ㉠과 ㉡ 중 전사에 이용된 것은 ㉠이다.

① ㄱ   ② ㄴ   ③ ㄱ, ㄷ
④ ㄴ, ㄷ   ⑤ ㄱ, ㄴ, ㄷ

12

그림은 세포에서 일어나는 유전정보의 흐름을 나타낸 것이다.

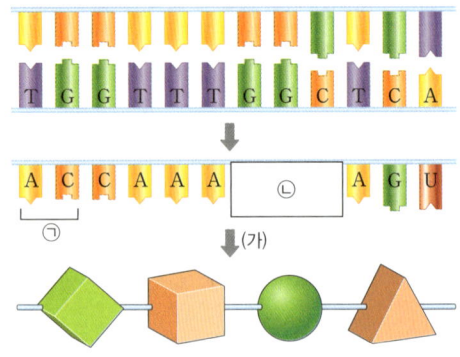

이에 대한 설명으로 옳은 것만을 〈보기〉에서 있는 대로 고른 것은?

> ──── 보기 ────
> ㄱ. ㉠은 1개의 코돈이다.
> ㄴ. ㉡의 염기서열은 CCG이다.
> ㄷ. (가)에서 RNA의 정보를 이용해 단백질이 합성된다.

① ㄱ   ② ㄴ   ③ ㄱ, ㄴ
④ ㄴ, ㄷ   ⑤ ㄱ, ㄴ, ㄷ

만점 도전 문제

13

그림은 세포에 있는 구조 ㉠을 나타낸 것이고, 자료는 세포에 있는 구조 ㉡과 ㉢에 대한 설명이다. ㉠~㉢은 각각 핵, 라이보솜, 세포막, 엽록체, 마이토콘드리아 중 서로 다른 하나이다.

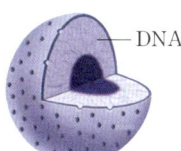

- ㉡에서 세포호흡이 일어난다.
- 사람의 간세포에 인지질이 포함된 ㉢이 있다.

이에 대한 설명으로 옳은 것만을 〈보기〉에서 있는 대로 고른 것은?

〈보기〉
ㄱ. ㉠은 세포의 생명활동을 조절한다.
ㄴ. ㉡에서 빛에너지가 흡수된다.
ㄷ. ㉢은 선택적 투과성을 갖는다.

① ㄱ   ② ㄷ   ③ ㄱ, ㄴ
④ ㄱ, ㄷ   ⑤ ㄴ, ㄷ

14

다음은 적혈구와 소금물 ㉠, ㉡을 이용한 실험이다. 소금물 ㉠과 ㉡은 2 % 소금물, 3 % 소금물을 순서 없이 나타낸 것이다.

(가) 적혈구를 ㉠에 넣고 적혈구의 부피 변화를 측정한다.
(나) 적혈구를 ㉡으로 옮겨 넣고 적혈구의 부피 변화를 측정한다.
(다) 그림은 (가)와 (나) 과정을 통해 얻은 결과를 나타낸 것이다.

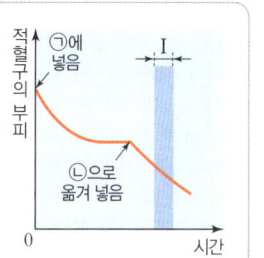

이에 대한 설명으로 옳은 것만을 〈보기〉에서 있는 대로 고른 것은? (단, 적혈구는 소금물의 농도 변화에 영향을 미치지 않는다고 가정한다.)

〈보기〉
ㄱ. 소금물의 농도는 ㉠이 ㉡보다 높다.
ㄴ. 구간 Ⅰ에서 삼투가 일어나 물이 적혈구 안에서 밖으로 이동한다.
ㄷ. (가)에서 적혈구를 ㉠에 넣은 직후 단위 부피당 물 분자의 수는 ㉠에서가 적혈구 안에서보다 많다.

① ㄱ   ② ㄴ   ③ ㄱ, ㄴ
④ ㄱ, ㄷ   ⑤ ㄴ, ㄷ

15

그림은 어떤 세포에서 일어나는 유전정보의 흐름을, 표는 일부 코돈이 지정하는 아미노산을 나타낸 것이다.

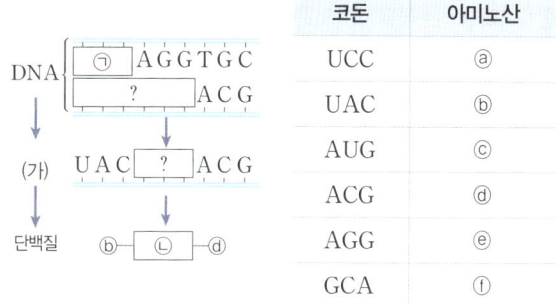

코돈	아미노산
UCC	ⓐ
UAC	ⓑ
AUG	ⓒ
ACG	ⓓ
AGG	ⓔ
GCA	ⓕ

이에 대한 설명으로 옳은 것만을 〈보기〉에서 있는 대로 고른 것은?

〈보기〉
ㄱ. (가)는 RNA이다.
ㄴ. ㉠의 염기서열은 TAC이다.
ㄷ. ㉡에 해당하는 아미노산은 ⓐ이다.

① ㄴ   ② ㄷ   ③ ㄱ, ㄴ
④ ㄱ, ㄷ   ⑤ ㄴ, ㄷ

16

다음은 DNA ㉠, RNA ㉡, 단백질 ㉢에 대한 설명이다.

- ㉠이 전사에 사용되어 ㉡이 만들어졌다.
- ㉡은 30 개의 뉴클레오타이드로 구성된다.
- ㉡에 염기서열이 AUG인 코돈이 있다.
- ㉢에 10 개의 펩타이드결합이 있다.

이에 대한 설명으로 옳은 것만을 〈보기〉에서 있는 대로 고른 것은? (단, 돌연변이는 고려하지 않는다.)

〈보기〉
ㄱ. ㉠에 염기서열이 ATG인 부위가 있다.
ㄴ. ㉡에 타이민(T)이 있다.
ㄷ. ㉡이 번역에 사용되어 ㉢이 합성되었다.

① ㄱ   ② ㄷ   ③ ㄱ, ㄴ
④ ㄱ, ㄷ   ⑤ ㄴ, ㄷ

서술형 문제

17 빈출

그림 (가)와 (나)는 식물 세포와 동물 세포를 순서 없이 나타낸 것이다.

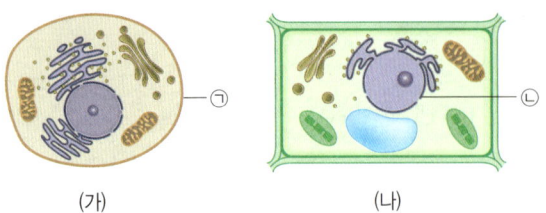

(가)   (나)

(1) ㉠과 ㉡의 명칭을 각각 쓰시오.

(2) (가)와 (나) 중 식물 세포의 기호를 쓰고, 그렇게 판단한 까닭을 <u>두 가지</u> 서술하시오.

18

다음은 효소의 특징을 알아보기 위한 실험이다.

> (가) 시험관 A와 B에 과산화 수소수를 3 mL씩 넣는다.
> (나) A에는 생간 조각을 넣고, B에는 가열하여 삶은 간 조각을 넣는다.
> (다) (나)의 결과 시험관 ㉠에서는 기포가 발생하였고, 시험관 ㉡에서는 기포가 발생하지 않았다. ㉠과 ㉡은 각각 A와 B 중 하나이다.
> (라) ㉠에서 발생한 기포에 꺼져가는 불씨를 갖다 대자 불씨가 [？   ]

(1) A는 ㉠과 ㉡ 중 어느 것인지 쓰시오.

(2) (나)의 결과 ㉡에서 기포가 발생하지 않은 까닭을 효소의 주성분이 되는 물질과 연관 지어 서술하시오.

(3) (라)의 빈칸에 들어갈 알맞은 결과를 쓰고, (라)의 결과를 통해 알 수 있는 사실을 아래 두 단어를 모두 포함하여 서술하시오.

> 기포   기체

19 빈출

표는 어떤 유전자의 DNA 이중나선 중 한 가닥 (가)의 염기 순서와 이 유전자에서 전사가 일어나 합성된 RNA (나)의 염기 순서를 나타낸 것이다. 전사가 일어날 때 (가)에 있는 염기 A, C, ㉠은 각각 그대로 (나)로 옮겨지고, (가)에 있는 염기 ㉡은 ㉢으로 바뀌어 (나)로 옮겨진다. ㉠~㉢은 T, U, G을 순서 없이 나타낸 것이다.

구분	염기 순서
(가)	A㉡㉠AA㉠㉠CA㉠A㉡CACC㉠AA㉡A
(나)	A㉢㉠AA㉠㉠CA㉠A㉢CACC㉠AA㉢A

(1) ㉠~㉢은 각각 어떤 염기인지 쓰시오.

(2) ㉠과 ㉡의 두 가지 염기만으로 만들 수 있는 DNA 유전부호의 가짓수를 쓰고, 그 까닭을 서술하시오.

(3) 표는 코돈과 아미노산 모형의 관계를 나타낸 것이다.

코돈	아미노산 모형	코돈	아미노산 모형	코돈	아미노산 모형
CUU CUC CUA CUG	②	CCU CCC CCA CCG	⑦	CGU CGC CGA CGG	⑲
AUU AUC AUA	③	ACU ACC ACA ACG	⑧	AGU AGC	⑥
AUG	④			AGA AGG	⑲
GUU GUC GUA GUG	⑤	GCU GCC GCA GCG	⑨	GGU GGC GGA GGG	⑳
CAU CAC	⑪	AAU AAC	⑬	GAU GAC	⑮
CAA CAG	⑫	AAA AAG	⑭	GAA GAG	⑯

이 유전자로부터 만들어지는 단백질의 아미노산 순서를 쓰시오. (단, (나)에 있는 모든 유전부호가 번역된다.)

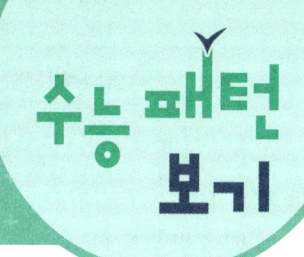

Ⅲ-3 생명 시스템

01 그림 (가)는 세포막의 구조를, (나)는 물질 X와 Y의 세포막을 통한 이동 속도를 세포 안팎의 농도 차이에 따라 나타낸 것이다. A와 B는 막단백질과 인지질을 순서 없이 나타낸 것이고, X와 Y의 이동은 각각 A와 B가 관여하는 이동 방식 중 하나에 의해 일어난다.

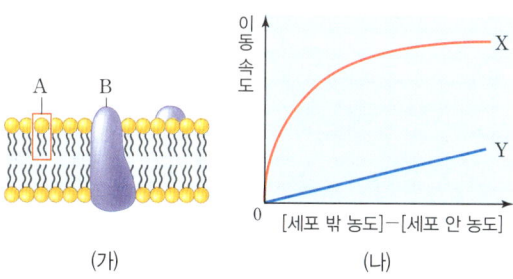

(가)   (나)

이에 대한 설명으로 옳은 것만을 〈보기〉에서 있는 대로 고른 것은?

〈보기〉

ㄱ. X의 이동에는 B가 관여한다.

ㄴ. 포도당은 Y에 해당한다.

ㄷ. X와 Y는 모두 세포 안에서 세포 밖으로 이동한다.

① ㄱ   ② ㄷ   ③ ㄱ, ㄴ   ④ ㄴ, ㄷ   ⑤ ㄱ, ㄴ, ㄷ

✅ 기출 패턴

세포막의 구조와 세포막을 통한 물질의 출입을 알고 있어야 한다.

💡 배경 지식

· 세포막은 주로 인지질과 단백질로 이루어져 있다.

· 세포막에서 인지질은 친수성 부분과 소수성 부분으로 되어 있으며, 소수성 부분이 마주 보며 배열되어 인지질 2중층을 형성한다.

· 단백질은 인지질 2중층에 파묻혀 있거나 관통하고 있다.

· 산소나 이산화 탄소와 같은 기체 분자는 인지질 2중층을 통해 확산하고, 나트륨 이온이나 포도당과 같은 물질은 세포막을 관통하고 있는 단백질을 통해 이동한다.

02 그림 (가)는 어떤 반응에서 효소 X의 유무에 따른 생성물의 농도 변화를, (나)는 X에 의한 반응에서의 에너지 변화를 나타낸 것이다. A와 B는 X가 없을 때와 X가 있을 때를 순서 없이 나타낸 것이다.

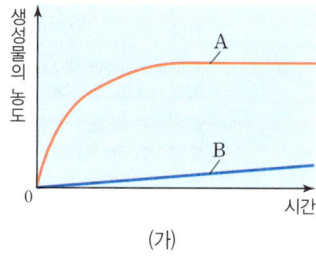 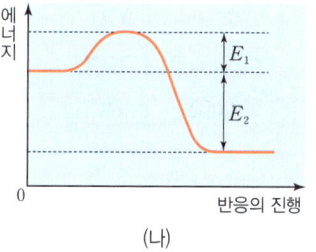

(가)   (나)

이에 대한 설명으로 옳은 것만을 〈보기〉에서 있는 대로 고른 것은?(단, 효소 이외의 조건은 동일하다.)

〈보기〉

ㄱ. A는 X가 있을 때이다.

ㄴ. (가)에서 반응의 활성화에너지는 B일 때가 A일 때보다 크다.

ㄷ. (나)에서 활성화에너지는 $E_1 + E_2$이다.

① ㄱ   ② ㄷ   ③ ㄱ, ㄴ   ④ ㄴ, ㄷ   ⑤ ㄱ, ㄴ, ㄷ

✅ 기출 패턴

활성화에너지의 개념과 효소의 작용 원리를 알아야 한다.

💡 배경 지식

· 화학 반응이 일어나는 데 필요한 최소한의 에너지를 활성화에너지라고 한다.

· 효소는 활성화에너지를 낮추어 화학 반응이 빠르게 일어나게 하며, 낮은 온도에서도 화학 반응이 일어날 수 있게 한다.

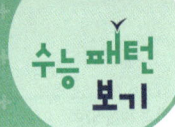

● 정답과 해설 57쪽

03 표는 동물 세포에 있는 세포소기관의 특성을, 그림은 이 세포에서 유전정보의 흐름을 나타낸 것이다. A~C는 핵, 골지체, 세포질을 순서 없이 나타낸 것이다. (가)~(다)는 각각 단백질, DNA, RNA 중 하나이고, ㉠은 번역과 전사 중 하나이다.

구분	특성
A	라이보솜이 있다.
B	생명활동을 조절한다.
C	?

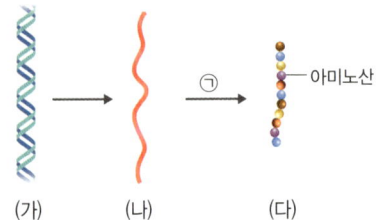

이에 대한 설명으로 옳은 것만을 〈보기〉에서 있는 대로 고른 것은?

─── 보기 ───
ㄱ. (가)에는 연속된 염기 3 개로 이루어진 코돈이 있다.
ㄴ. ㉠은 A에서 일어난다.
ㄷ. C는 (다)를 세포 밖으로 분비하는 데 관여한다.

① ㄱ   ② ㄷ   ③ ㄱ, ㄴ   ④ ㄴ, ㄷ   ⑤ ㄱ, ㄴ, ㄷ

기출 패턴

세포에 있는 세포소기관의 특성과 세포에서 일어나는 유전정보의 흐름에 대해 알고 있어야 한다.

배경 지식

• 세포 내에서 단백질이 만들어질 때 핵에서 DNA의 유전정보가 RNA로 옮겨지는 전사가 일어나고, 세포질에서 RNA의 정보를 이용하여 단백질이 합성되는 번역이 일어난다.
• 동물 세포에서 유전자는 핵 속의 DNA에 있지만, 단백질은 세포질의 라이보솜에서 합성된다.
• 라이보솜에서 합성된 단백질은 골지체에 의해 세포 밖으로 분비된다.

04 그림은 세포에서 일어나는 유전정보의 흐름을, 표는 코돈이 지정하는 아미노산을 나타낸 것이다. (가)와 (나)는 각각 DNA와 RNA 중 하나이고, ㉠~㉣은 각각 구아닌(G), 아데닌(A), 유라실(U), 타이민(T) 중 하나이다.

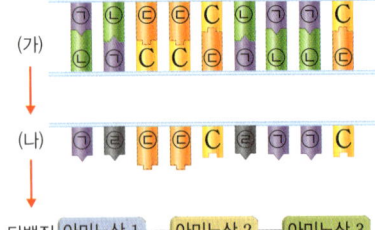

코돈	아미노산	코돈	아미노산
ACA	트레오닌	GUC	발린
AAC	아스파라긴	GCU	알라닌
AUG	메싸이오닌	GCC	

단백질 [아미노산 1]─[아미노산 2]─[아미노산 3]

이에 대한 설명으로 옳은 것만을 〈보기〉에서 있는 대로 고른 것은? (단, RNA의 왼쪽 첫 번째 염기부터 번역된다.)

─── 보기 ───
ㄱ. ㉡은 타이민(T)이다.
ㄴ. 아미노산 3은 아스파라긴이다.
ㄷ. 전사에 이용된 DNA 가닥에서 6번째 염기가 ㉠에서 ㉢으로 바뀌어도 지정되는 아미노산은 동일하다.

① ㄱ   ② ㄷ   ③ ㄱ, ㄴ   ④ ㄴ, ㄷ   ⑤ ㄱ, ㄴ, ㄷ

기출 패턴

세포 내에서 일어나는 유전정보의 흐름을 알아야 한다.

배경 지식

• 세포 내에서 유전정보의 흐름은 핵 내 DNA에 있는 유전정보가 RNA를 거쳐 단백질로 전달되는 과정으로 일어난다.
• 핵에서 DNA의 유전정보가 RNA로 옮겨지는 과정은 전사이고, 세포질에서 RNA의 정보를 이용하여 단백질이 합성되는 과정은 번역이다.
• 전사에 이용되는 가닥의 염기 A, G, C, T이 각각 U, C, G, A으로 대응되어 RNA가 만들어진다.
• RNA에서 연속된 3 개의 염기(코돈)가 지정하는 아미노산이 차례대로 연결되어 단백질이 만들어진다.

백신

통합과학 1

- 필수 개념 체크
- 중간·기말고사 대비

시험
대비

I-1 과학의 기본량

01 시간과 공간

1 (❶　　　): 자연 현상을 설명하기 위해 필요한 시간과 공간, 즉 시공간의 범위

2 시간 규모와 공간 규모

시간 규모	공간 규모
우주 초기 입자들이 생성되는 것처럼 아주 짧은 시간에 나타나거나, 별이 새로 생겨나는 것처럼 아주 긴 시간에 걸쳐 나타남	원자 크기의 아주 작은 세계는 (❷　　　　)라 하고, 별이나 은하처럼 큰 세계는 (❸　　　　)라고 함

3 시간 측정의 발전: 과거에는 천체의 주기적인 현상을 이용하는 앙부일구 등으로 측정 → 진자를 이용한 괘종 시계 등을 사용 → 현대에는 세슘 (❹　　　　　　)를 이용하여 정밀한 시간 측정 가능

4 길이 측정의 발전: 과거에는 신체 일부, 자 등을 이용해서 길이 측정 → 현대에는 레이저 빛 왕복 시간, 위성 위치 확인 시스템(GPS) 등을 이용해 정밀하게 측정 가능

02 기본량과 단위

1 기본량과 유도량

(❶　　　)	• 다른 물리량을 활용하여 표현할 수 없는 가장 기본이 되는 고유한 물리량 • 시간, 길이, 질량, 전류, 온도, 물질량, 광도 등 7개의 물리량
유도량	• 기본량을 조합해 유도하는 물리량 • 넓이, 부피, 속력 등

2 기본량의 단위: 기본량을 측정하여 값으로 나타낼 때 국제도량형총회에서 정한 단위인 국제단위계(SI)를 사용

기본량	단위
시간	(❷　　　)
길이	m(미터)
(❸　　　)	kg(킬로그램)
전류	A(암페어)
온도	(❹　　　)
물질량	mol(몰)
광도	cd(칸델라)

3 기본량의 이용: 부피, 속력, 농도 등은 기본량으로 유도된 유도량이며, 단위는 기본량의 단위를 조합하여 사용

I-2 측정 표준과 정보

03 측정과 측정 표준

1 측정과 어림

측정	미지의 양을 미리 정의한 (❶　　　)과 비교하여 그 값을 결정하는 과정
(❷　　　)	어떠한 양을 추정하는 과정으로 정확한 측정이나 계산 없이 물리량을 예상

2 측정 표준: 어떤 물리량을 측정하는 기준으로 쓰기 위하여 단위를 정의한 것

3 측정 표준의 활용

일상생활에서 측정 표준의 활용	일상생활에서 정확하고 보편적인 측정 표준을 사용해야 함 예 우리나라 온도 단위 ℃, 미세 먼지 농도 단위 $\mu g/m^3$ 등
측정 표준 활용의 확대	산업 분야, 의료 분야, 우주 항공 분야 등에서 측정 표준이 활용됨

04 신호와 정보

1 신호와 정보

(❶　　　)	인간을 둘러싼 자연의 변화가 전달되는 것
정보	자연계의 신호를 측정하고 분석하여 우리에게 의미 있는 형태의 자료로 만든 것

2 신호, 정보의 변환

(1) 아날로그 신호: 자연에서 발생하는 빛, 소리 등의 대부분의 연속적인 신호

(2) (❷　　　) 신호: 컴퓨터에서 인식할 수 있는 신호로 불연속적인 신호

(3) 센서: 자연에서 발생하는 아날로그 신호를 감지하여 (❸　　　) 신호로 변환하는 장치

아날로그 신호 → 변환 → 11010001 디지털 신호

광센서	비접촉식 체온계에는 사람의 몸에서 방출하는 적외선을 감지하는 광센서가 있음
가속도 센서	물체의 관성을 이용한 센서로 수평과 수직 방향의 가속도를 감지할 수 있어 수평을 유지하는 데 이용됨
초음파 센서	자동차 앞뒤 범퍼에 초음파를 감지하는 센서가 있어 장애물까지의 거리를 측정함
정전 센서	화면의 글자나 그림에 사람의 손이 닿았을 때 변환되는 전기 신호를 감지해 명령을 실행할 수 있음

Ⅱ-1 원소의 생성과 규칙성

05 우주 초기에 생성된 원소

1 스펙트럼: 빛을 분광기로 관측할 때 파장에 따라 나누어져 보이는 (❶   )

2 스펙트럼의 종류

연속 스펙트럼	모든 파장 영역에서 (❷) 색이 나타나는 스펙트럼
(❸) 스펙트럼	연속 스펙트럼에서 특정 파장의 부분이 검은 선으로 나타나는 선스펙트럼
방출 스펙트럼	특정 파장의 부분이 (❹)으로 나타나는 선스펙트럼

3 스펙트럼과 우주의 원소 분포

(1) 스펙트럼을 분석하면 우주에 존재하는 원소의 정보를 얻을 수 있음

(2) 우주의 원소: 수소와 헬륨이 대부분을 차지함

관측 방법	여러 천체의 스펙트럼 분석
수소와 헬륨의 질량비	약 (❺)

4 (❻   ): 고온·고밀도 상태의 한 점에서 대폭발이 일어나 우주가 탄생한 후 계속 팽창하고 있다는 이론

5 물질의 구성 입자

(❼)	물질을 구성하는 가장 작은 입자 ⑩ 쿼크, 전자 등
양성자, 중성자	• 쿼크가 결합하여 양성자와 중성자를 형성 • (❽)는 양전하, (❾)는 전하를 띠지 않음
원자핵	• 양성자와 중성자가 강하게 결합하여 생성된 입자 • 원자핵은 전기적으로 (❿)를 띔
원자	• 원자핵과 전자로 이루어진 입자 • 전기적으로 중성을 띔

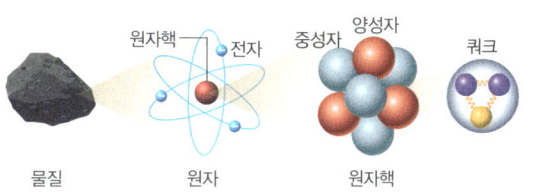

물질 　　원자 　　원자핵

6 빅뱅과 원자의 생성

(1) 시간과 공간의 시작

(2) 기본 입자 생성: 빅뱅 직후 온도가 (⓫   ) 최초의 입자 생성

(3) 양성자와 중성자 생성: 온도가 낮아짐에 따라 양성자와 중성자가 생성, 점차 양성자의 수가 많아져 양성자수와 중성자수의 비율은 약 (⓬   )이 됨

(4) (⓭   ) 생성: 양성자 2 개와 중성자 2 개가 결합하여 헬륨 원자핵 생성 ➡ 수소 원자핵과 헬륨 원자핵의 질량비는 약 (⓮   )

(5) 원자 생성: 원자핵과 전자가 결합하여 원자 형성

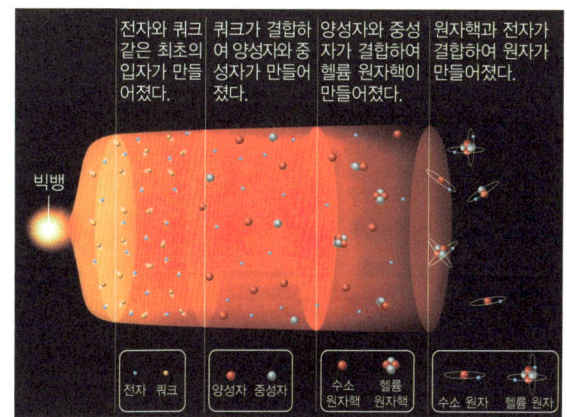

06 별의 진화와 원소의 생성

1 별의 탄생: 성운 내부의 밀도가 높은 곳에서 (❶   )이 탄생

가스 구름의 형성		성간 물질이 모여 밀도가 큰 가스 구름 형성
성운의 형성		가스 구름이 중력으로 수축하여 성운 형성
원시별의 생성		중력 수축이 계속 일어나 밀도와 온도가 높아져 원시별 생성
별의 탄생		중심부 온도가 1000만 K 이상이 되어 수소 핵융합 반응이 일어나 별 탄생

2 별의 진화와 원소의 생성

(1) 별의 진화

질량이 태양 정도인 별	• 수소 핵융합 반응, 헬륨 핵융합 반응에 의해 생성 • 헬륨, 탄소 생성
질량이 태양보다 큰 별	• 중심부에서 탄소, 산소, 규소 등의 핵융합 반응이 일어남 • 별의 중심부에서 철까지 생성 가능

질량이 태양 정도인 별의 중심부 구조   질량이 태양보다 큰 별의 중심부 구조

(2) 철보다 무거운 원소의 생성: 금, 우라늄 등은 (❷   ) 폭발 과정에서 생성

3 태양계의 형성

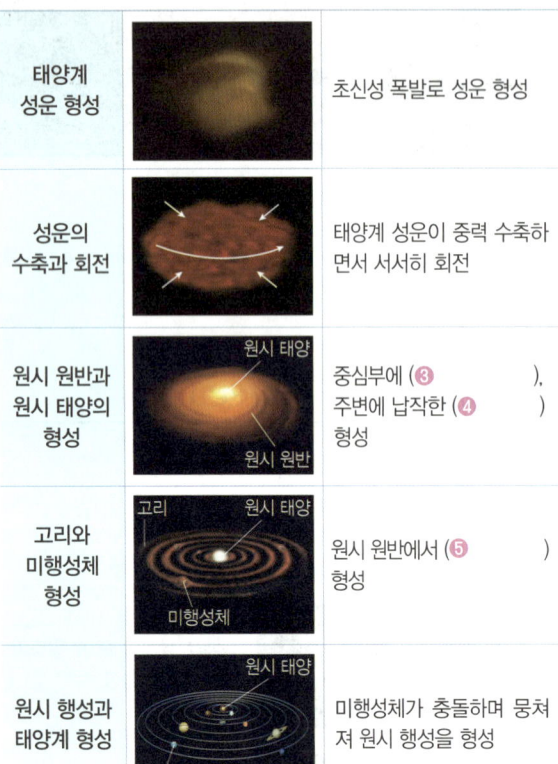

태양계 성운 형성	초신성 폭발로 성운 형성
성운의 수축과 회전	태양계 성운이 중력 수축하면서 서서히 회전
원시 원반과 원시 태양의 형성	중심부에 (❸), 주변에 납작한 (❹) 형성
고리와 미행성체 형성	원시 원반에서 (❺) 형성
원시 행성과 태양계 형성	미행성체가 충돌하며 뭉쳐져 원시 행성을 형성

4 지구의 형성과 생명체의 탄생: 미행성체 충돌 → (❻   ) 바다 형성 → (❼   )의 분리 → 원시 지각과 원시 바다의 형성 → 최초의 생명체 출현(대기 성분 변화)

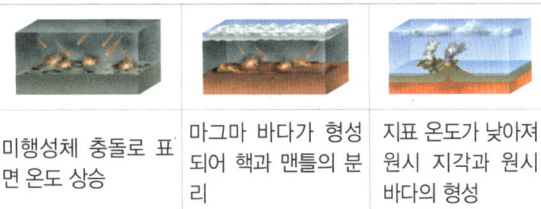

미행성체 충돌로 표면 온도 상승	마그마 바다가 형성되어 핵과 맨틀의 분리	지표 온도가 낮아져 원시 지각과 원시 바다의 형성

---

07 원소의 주기성

1 **원소**: 물질을 이루는 기본 성분으로, 더 이상 다른 물질로 분해되지 않음

2 **금속 원소와 비금속 원소**

구분	금속 원소	비금속 원소
주기율표 위치	대부분 왼쪽과 가운데	대부분 오른쪽
실온에서 상태	대부분 (❶)	대부분 기체, 고체
힘을 가할 때	늘어나거나 얇게 펴짐	부서지거나 쪼개짐
열과 전기 전도성	○	×
이온화 경향성	주로 (❷)	주로 (❸)

3 **주기율표**: 원소들을 (❹   ) 순으로 나열하고 화학적 성질이 비슷한 원소들이 세로줄에 오도록 배치한 표

(❺)	• 주기율표에서 가로줄 • 1주기~7주기
족	• 주기율표에서 (❻) • 1족~18족

4 **알칼리 금속과 할로젠**

(1) 알칼리 금속

종류	Li, Na, K 등
주기율표 위치	(❼) 금속 원소
특징	• 무르고, 산소와 반응하여 광택을 잃음 • 물과 반응하여 (❽) 기체 발생 • 반응성: Li<Na<K
반응 후 액성	물과 반응 후 수용액은 (❾)을 띰

(2) 할로젠

종류	F, Cl, Br, I 등
주기율표 위치	(❿) 비금속 원소
특징	• 원소마다 특유한 색을 띰 • 반응성이 커서 수소, 알칼리 금속 등 다른 원소와 쉽게 반응 ⑩ 염소 + 나트륨 ⟶ 염화 나트륨
반응 후 액성	수소와 반응 후 물에 녹아 (⓫)을 띰

(3) 주기율표에서 위치

1																	18
	2							알칼리 금속				13	14	15	16	17	
Li								할로젠								F	
Na		3	4	5	6	7	8	9	10	11	12					Cl	
K																Br	
Rb																I	
Cs																At	
Fr																	

5 원자의 구조: 원자는 원자핵과 (⑫   )
로 이루어져 있고, 원자핵은 (⑬   )
와 중성자로 이루어져 있음

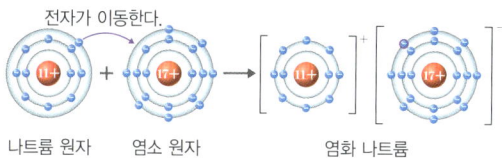
원자핵 / 전자
양성자 / 중성자

6 원자의 전자 배치

(1) (⑭   ): 원자핵 주변에 전자가 존재하는 궤도

(2) 전자는 에너지 준위가 (⑮   ) 원자핵과 가까운 전자
껍질부터 차례로 채워짐

(3) 원자가 전자: 가장 (⑯   )에 있으면서 화학 결
합에 관여하는 전자

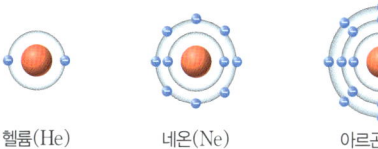

	1족	2족	13족	14족	15족	16족	17족	18족
1주기	수소							헬륨
2주기	리튬	베릴륨	붕소	탄소	질소	산소	플루오린	네온
3주기	나트륨	마그네슘	알루미늄	규소	인	황	염소	아르곤

08 화학 결합과 물질의 성질

1 18족 원소(비활성 기체): 주기율표의 (❶   )족에 속하는
원소

종류	He, Ne, Ar 등
특징	• 가장 바깥 전자 껍질에 전자 (❷) 개가 채워진 안정한 상태(단, 헬륨은 2 개) • 반응성이 매우 작아 다른 원소와 결합하지 않음

헬륨(He)   네온(Ne)   아르곤(Ar)

▲ 18족 원소의 전자 배치

2 화학 결합을 형성하는 까닭: 원자들이 화학 결합을 통해
(❸   ) 비활성 기체와 같은 안정한 전자 배치를 이루려
고 하기 때문

3 이온 결합

(1) 이온 결합: 양이온과 음이온 사이의 (❹   )에
의해 형성되는 화학 결합

(2) 이온의 생성

구분	양이온	음이온
정의	원자가 전자를 (❺) 양전하를 띠는 이온	원자가 전자를 (❻) 음전하를 띠는 이온
이온의 생성	주로 (❼) 원소들이 전자를 잃어 생성	주로 (❽) 원소들이 전자를 얻어 생성

(3) 이온 결합의 형성: 양이온과 음이온이 접근하면 가장 안정
한 거리에서 이온 결합이 형성됨

(4) 염화 나트륨의 이온 결합 모형: 나트륨 원자는 염소 원자에
게 전자 1 개를 주고 (❾   )인 나트륨 이온이 되고, 염
소 원자는 나트륨 원자로부터 전자 1 개를 얻어 (❿   )
인 염화 이온이 되어 염화 나트륨 형성

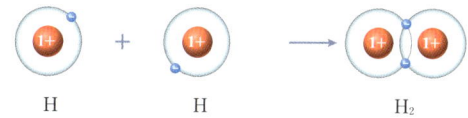
전자가 이동한다.
나트륨 원자   염소 원자   염화 나트륨

4 공유 결합

(1) 공유 결합: 비금속 원소의 원자들이 (⓫   )을 공유하
여 형성되는 화학 결합

(2) 수소 분자의 형성: 수소 분자 생성 시 2 개의 수소 원자는
각각 전자 1 개씩을 내놓아 전자쌍을 만들고, 이 전자쌍
을 공유하며 결합 형성 ➡ 각 수소 원자는 18족 원소인
(⓬   )과 같은 안정한 전자 배치를 이룸

H   +   H   →   H₂

(3) 물 분자의 형성: 물 분자 생성 시 1 개의 산소 원자는 2 개
의 수소 원자와 각각 (⓭   ) 개의 전자쌍을 공유하며
결합 형성

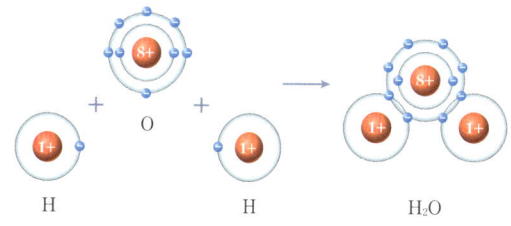
O   +   H   →   H₂O

5 화학 결합에 따른 물질의 성질

(1) 이온 결합 물질

정의	이온 결합으로 생성된 물질	
전기 전도성	• 고체 상태에서 전류가 흐르지 않음 • (⓮) 상태에서 전류가 흐름	(−)극 (+)극

(2) 공유 결합 물질

정의	일정한 수의 원자가 공유 결합을 하여 독립적인 (⓯)를 이룸	
전기 전도성	• 고체 상태에서 전류가 흐르지 않음 • 수용액 상태에서 전류가 (⓰)	(−)극 (+)극

II-2 자연의 구성 물질

09 지각과 생명체를 구성하는 물질

1 지각을 구성하는 물질의 규칙성

(1) (❶   ): 지각을 구성하는 주요한 광물

(2) 규산염 사면체의 구조: 규소 1개를 중심으로 (❷   ) 4개가 공유 결합하여 정사면체 모양을 이룸 ➡ 이웃하는 다른 규산염 사면체와 산소를 공유하면서 결합

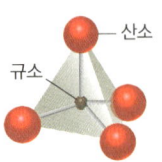
산소
규소

(3) 규산염 사면체의 결합 구조: 공유 산소 수가 증가할수록 구조가 복잡해지고 풍화에 강함

규산염 사면체	독립형 구조 (감람석)	(❸) 구조 (휘석)
Si⁴⁺ O²⁻ O²⁻ O²⁻ O²⁻	산소 규소	
(❹) 구조 (각섬석)	(❺) 구조 (흑운모)	(❻) 구조 (석영, 장석)

2 단백질

(1) 기능: 몸의 주요 구성 물질, 생리작용 조절

(2) 기본 단위체: (❼   ) ➡ 약 20종류

(3) 단백질의 형성

① 펩타이드결합: 2개의 아미노산 사이에서 (❽   ) 1개가 빠져나오면서 형성되는 공유 결합

② (❾   ): 많은 수의 아미노산이 펩타이드결합으로 연결된 긴 사슬 모양의 분자

③ 폴리펩타이드의 사슬이 구부러지고 접혀 고유한 입체 구조와 기능을 가진 단백질이 형성

아미노산 1
+
물
아미노산 2
펩타이드 결합
폴리펩타이드

(4) 다양한 종류의 단백질

① 아미노산의 종류와 수, (❿   )에 따라 단백질의 입체 구조가 달라지며, 단백질의 입체 구조는 단백질의 기능을 결정

② 단백질의 종류: 헤모글로빈(적혈구), 케라틴(머리카락과 손톱), 콜라젠(피부), 마이오신과 액틴(근육), 인슐린(호르몬), 아밀레이스(소화효소) 등

3 핵산

(1) 기본 단위체: (⓫   ) ➡ 인산, 당, 염기가 1:1:1로 결합

(2) 핵산의 형성: 여러 개의 뉴클레오타이드가 당-인산 결합으로 연결되어 폴리뉴클레오타이드를 형성

(3) 핵산의 종류

구분	(⓬)	(⓭)
당	디옥시라이보스	라이보스
염기	아데닌(A), 구아닌(G), 사이토신(C), (⓮)	아데닌(A), 구아닌(G), 사이토신(C), (⓯)
분자 구조	(⓰)	단일 가닥 구조
기능	유전정보의 (⓱)	유전정보의 전달, (⓲)합성에 관여

(4) DNA 염기의 상보결합: 아데닌(A)은 (⓳   )과, 구아닌(G)은 (⓴   )과 결합

10 물질의 전기적 성질

1 물질의 전기적 성질에 따른 구분

도체	(❶)가 많아 전류가 잘 흐르는 물질 ⓔ 철, 구리, 알루미늄 등
부도체	자유 전자가 거의 없어 전류가 잘 흐르지 않는 물질 ⓔ 나무, 플라스틱, 고무 등
(❷)	도체나 부도체의 중간 정도의 성질을 가지는 물질로, 약간의 불순물을 첨가하거나 에너지를 가하는 등 특정 조건에 따라 자유 전자가 생겨 전류가 잘 흐르게 됨 ⓔ 규소, 저마늄 등

2 전기적 성질을 이용한 반도체

(1) 순수 반도체: (❸   )나 저마늄으로만 이루어진 반도체로 전류가 잘 흐르지 않음

(2) 불순물 반도체: 순수 반도체에 인, 붕소 등의 불순물을 섞으면 전류가 잘 흐르는 불순물 반도체가 됨

(❹) 반도체	n형 반도체
원자가 전자가 3개인 원소를 추가한 반도체로, 주요 전하 운반자는 양공임	원자가 전자가 (❺) 개인 원소를 추가한 반도체로, 주요 전하 운반자는 자유 전자임
Si Si Si Si 원자가 전자 / Si B Si 규소 양공 / Si Si Si B 붕소	Si Si Si Si 원자가 전자 / Si P Si 자유 전자 규소 / Si Si Si P 인

3 반도체의 활용: 전류, 빛 등 여러 조건에 따라 다양한 특성을 가지는 성질을 이용. 반도체 소자는 전기 및 전자 부품과 연결되어 다양한 기능을 함

1회 중간 고사 대비

I 과학의 기초 ~
II 물질과 규칙성

---

01 다음은 기본량을 이용하여 나타내는 과학 개념 (가), (나)에 대한 설명이다.

> (가) 입체적인 물체가 차지하는 공간의 크기를 나타내는 물리량으로 기본량 중 ⊙ 길이를 이용하여 나타낸다.
> (나) 용액의 묽고 진한 정도를 나타내는 물리량으로 기본량 중 ⓒ 질량과 길이를 조합하여 나타낸다.

이에 대한 설명으로 옳은 것만을 〈보기〉에서 있는 대로 고른 것은?

> **─ 보기 ─**
> ㄱ. (가)는 부피이다.
> ㄴ. 현대 ⊙의 측정 표준은 금속으로 제작된 미터원기로 정의한다.
> ㄷ. ⓒ의 표준화된 단위는 N(뉴턴)이다.

① ㄱ   ② ㄷ   ③ ㄱ, ㄴ
④ ㄴ, ㄷ   ⑤ ㄱ, ㄴ, ㄷ

---

02 다음은 속력 측정 장치로 운동하는 야구공의 속력을 측정하는 원리에 대한 내용이다.

> 속력 측정 장치에서 날아오는 야구공을 향해 전자기파를 방출하면 야구공에서 전자기파가 반사된다. 속력 측정 장치의 ⊙ 센서에서 반사된 전자기파 신호를 수신하고 ⓒ 신호를 변환하여 속력을 측정한다.

전자기파 반사   전자기파 방출   속력 측정 장치

이에 대한 설명으로 옳은 것만을 〈보기〉에서 있는 대로 고른 것은?

> **─ 보기 ─**
> ㄱ. 속력은 기본량 중 길이와 시간을 조합하여 나타낸다.
> ㄴ. ⊙은 가속도 센서이다.
> ㄷ. ⓒ 과정에서 아날로그 신호가 디지털 신호로 변환된다.

① ㄱ   ② ㄴ   ③ ㄱ, ㄷ
④ ㄴ, ㄷ   ⑤ ㄱ, ㄴ, ㄷ

---

03 그림 (가)~(다)는 빅뱅 이후 우주에서 생성된 입자를 순서 없이 나타낸 것이다.

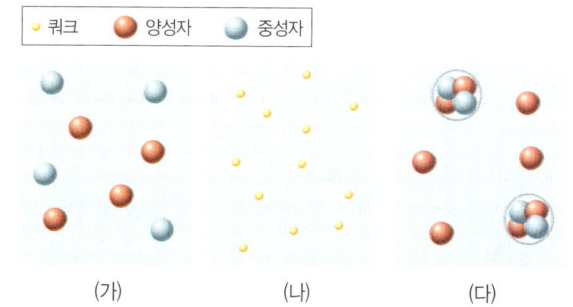

(가)   (나)   (다)

이에 대한 설명으로 옳은 것만을 〈보기〉에서 있는 대로 고른 것은?

> **─ 보기 ─**
> ㄱ. 입자의 생성 순서는 (가) → (나) → (다)이다.
> ㄴ. 전자는 (가)의 시기에 생성되기 시작하였다.
> ㄷ. (다) 시기에 $\dfrac{\text{수소 원자핵의 개수}}{\text{헬륨 원자핵의 개수}}$ 는 약 12이었다.

① ㄱ   ② ㄷ   ③ ㄱ, ㄴ
④ ㄴ, ㄷ   ⑤ ㄱ, ㄴ, ㄷ

---

04 다음은 빅뱅 이후 어느 시기에 우주에서 일어난 변화를 나타낸 것이다.

> 수소 원자핵, 헬륨 원자핵, 전자가 분포하였다. 수소 원자, 헬륨 원자가 생성되면서 우주 공간으로 ⊙ 빛이 퍼져 나갔다.

이에 대한 설명으로 옳은 것만을 〈보기〉에서 있는 대로 고른 것은?

> **─ 보기 ─**
> ㄱ. 빅뱅 후 약 3 분이 지났을 때의 변화이다.
> ㄴ. ⊙은 현재 가시광선 파장으로 관측된다.
> ㄷ. ⊙의 관측은 빅뱅 우주론을 지지하는 증거가 된다.

① ㄱ   ② ㄷ   ③ ㄱ, ㄴ
④ ㄴ, ㄷ   ⑤ ㄱ, ㄴ, ㄷ

05 그림 (가)와 (나)는 질량이 서로 다른 별이 진화하는 동안 중심부의 핵융합 반응이 끝날 때까지의 과정을 나타낸 것이다.

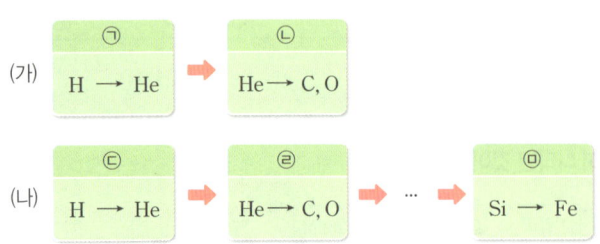

이에 대한 설명으로 옳은 것만을 〈보기〉에서 있는 대로 고른 것은?

〈보기〉
ㄱ. 별의 질량은 ㉠이 ㉢보다 작다.
ㄴ. ㉠ → ㉡ 과정 중 별의 중심부에서 중력 수축이 일어나는 시기가 있다.
ㄷ. 초신성 폭발은 ㉤ 단계 이후에 일어난다.

① ㄱ ② ㄴ ③ ㄱ, ㄷ
④ ㄴ, ㄷ ⑤ ㄱ, ㄴ, ㄷ

06 그림 (가)와 (나)는 태양계 형성 과정의 일부를 나타낸 것이다.

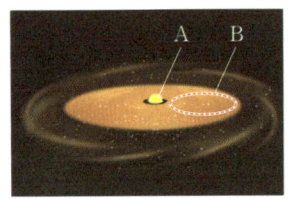

(가) 원시 태양과 원반 형성 　　(나) 태양계 형성

이에 대한 설명으로 옳은 것만을 〈보기〉에서 있는 대로 고른 것은?

〈보기〉
ㄱ. A에서는 중력 수축이 일어난다.
ㄴ. B에서는 여러 개의 고리와 미행성체가 만들어진다.
ㄷ. (가) → (나) 과정에서 미행성체의 충돌과 병합이 일어난다.

① ㄱ ② ㄷ ③ ㄱ, ㄴ
④ ㄴ, ㄷ ⑤ ㄱ, ㄴ, ㄷ

07 그림은 원시 지구의 형성 이후 지구 내부에서 일어난 변화를 나타낸 것이다. A와 B는 지구 내부를 이루는 물질이다.

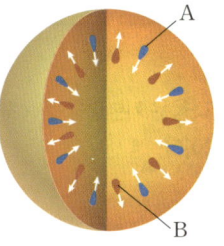

(가) 균질한 원시 지구 　　(나) 물질의 분리

이에 대한 설명으로 옳은 것만을 〈보기〉에서 있는 대로 고른 것은?

〈보기〉
ㄱ. A는 B보다 물질의 밀도가 크다.
ㄴ. (가) → (나) 과정에서 지구의 온도는 하강하였다.
ㄷ. (나) 단계 직전에 지구 표면에서는 지각이 형성되었다.

① ㄱ ② ㄴ ③ ㄱ, ㄷ
④ ㄴ, ㄷ ⑤ ㄱ, ㄴ, ㄷ

08 그림은 주기율표의 일부를 나타낸 것이다.

주기＼족	1	2	13	14	15	16	17	18
2	㉠					㉡	㉢	
3	㉣						㉤	

이에 대한 설명으로 옳은 것만을 〈보기〉에서 있는 대로 고른 것은?

〈보기〉
ㄱ. ㉠과 ㉣은 화학적 성질이 비슷하다.
ㄴ. ㉠~㉤ 중 음이온이 되기 쉬운 원소는 세 가지이다.
ㄷ. 원자가 전자 수는 ㉤ > ㉡이다.

① ㄱ ② ㄴ ③ ㄷ
④ ㄱ, ㄴ ⑤ ㄴ, ㄷ

09 다음은 알칼리 금속 X와 Y의 성질을 알아보는 실험이다.

[실험 과정 및 결과]
(가) 증류수가 들어 있는 시험관 Ⅰ, Ⅱ에 각각 페놀프탈레인 용액을 2 방울씩 떨어뜨린다.
(나) 시험관 Ⅰ에 쌀알 크기의 X 조각을 넣었더니, 기체가 발생하였고 수용액이 붉은색으로 변하였다.
(다) 시험관 Ⅱ에 쌀알 크기의 Y 조각을 넣었더니, 기체가 발생하였고 수용액이 ⟨ ㉠ ⟩(으)로 변하였다.

이에 대한 설명으로 옳은 것만을 〈보기〉에서 있는 대로 고른 것은? (단, X, Y는 임의의 원소 기호이다.)

보기
ㄱ. '붉은색'은 ㉠으로 적절하다.
ㄴ. (나)와 (다)에서 발생하는 기체를 모아 연소시키면 '펑' 소리가 난다.
ㄷ. 반응 후 (나)와 (다)의 수용액에 들어 있는 양이온은 같다.

① ㄱ　　　　② ㄷ　　　　③ ㄱ, ㄴ
④ ㄴ, ㄷ　　　⑤ ㄱ, ㄴ, ㄷ

10 그림은 원자 A와 B의 전자 배치 모형을 나타낸 것이다.

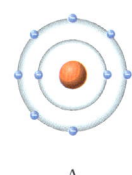 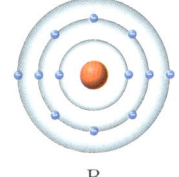

A　　　　　　B

이에 대한 설명으로 옳은 것만을 〈보기〉에서 있는 대로 고른 것은? (단, A와 B는 임의의 원소 기호이다.)

보기
ㄱ. 원자가 전자 수는 A가 B의 3 배이다.
ㄴ. A와 B는 이온 결합을 형성한다.
ㄷ. A와 B는 1 : 1의 개수비로 화학 결합한다.

① ㄱ　　　　② ㄴ　　　　③ ㄷ
④ ㄱ, ㄴ　　　⑤ ㄴ, ㄷ

11 원자들이 화학 결합을 형성하는 까닭으로 가장 적절한 것은?

① 전자 수를 늘리기 위해
② 전자 껍질 수를 늘리기 위해
③ 양이온과 음이온이 되기 위해
④ 원자가 전자 수가 8이 되기 위해
⑤ 18족 원소와 같은 전자 배치를 하기 위해

12 그림은 화합물 AB와 CB를 화학 결합 모형으로 나타낸 것이다.

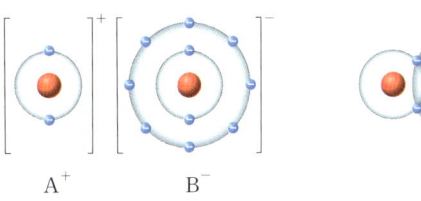

A^+　　　　　B^-　　　　　CB

이에 대한 설명으로 옳은 것은? (단, A~C는 임의의 원소 기호이다.)

① A는 비금속 원소이다.
② B의 원자가 전자 수는 8이다.
③ CB는 이온 결합 물질이다.
④ AB는 수용액 상태에서 전기가 통하지 않는다.
⑤ 공유 전자쌍 수는 B_2와 C_2가 같다.

13 그림은 물질 (가)와 (나)의 수용액을 나타낸 것이다. (가)와 (나)는 각각 설탕, 염화 나트륨 중 하나이다.

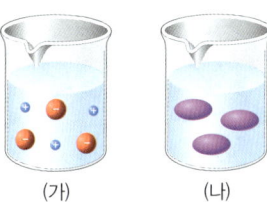

(가)　　　　　(나)

이에 대한 설명으로 옳은 것만을 〈보기〉에서 있는 대로 고른 것은?

보기
ㄱ. (가)는 염화 나트륨이다.
ㄴ. 고체 상태일 때 (나)는 전기가 통한다.
ㄷ. 수용액에 전류를 흘려 주었을 때 입자가 이동하는 것은 (가)이다.

① ㄱ　　　　② ㄴ　　　　③ ㄱ, ㄷ
④ ㄴ, ㄷ　　　⑤ ㄱ, ㄴ, ㄷ

14 그림은 지각을 이루고 있는 주요 광물의 비율(부피비)을 나타낸 것이다.

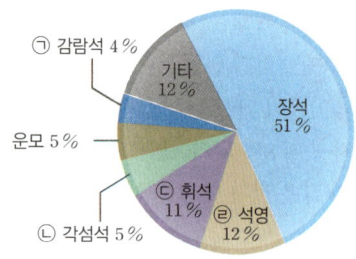

이에 대한 설명으로 옳은 것만을 〈보기〉에서 있는 대로 고른 것은?

〈보기〉
ㄱ. 거의 대부분 규산염 광물로 이루어져 있다.
ㄴ. ㉠은 ㉣보다 풍화에 강하다.
ㄷ. ㉡과 ㉢은 특정한 방향으로 쪼개지는 성질이 있다.

① ㄱ   ② ㄴ   ③ ㄱ, ㄷ
④ ㄴ, ㄷ   ⑤ ㄱ, ㄴ, ㄷ

15 그림 (가)~(다)는 서로 다른 규산염 광물에서 규산염 사면체의 결합 방식을 나타낸 것이다.

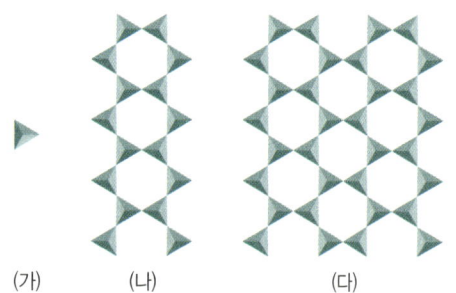

(가)   (나)   (다)

이에 대한 설명으로 옳은 것만을 〈보기〉에서 있는 대로 고른 것은?

〈보기〉
ㄱ. (가)는 규산염 사면체와 양이온이 결합하여 광물이 된다.
ㄴ. (나)는 단사슬 구조, (다)는 복사슬 구조이다.
ㄷ. $\dfrac{\text{O 개수}}{\text{Si 개수}}$가 가장 적은 것은 (가)이다.

① ㄱ   ② ㄷ   ③ ㄱ, ㄴ
④ ㄴ, ㄷ   ⑤ ㄱ, ㄴ, ㄷ

16 그림은 생명체를 구성하는 물질 X가 만들어지는 과정을 나타낸 것이다. X는 핵산과 단백질 중 하나이다.

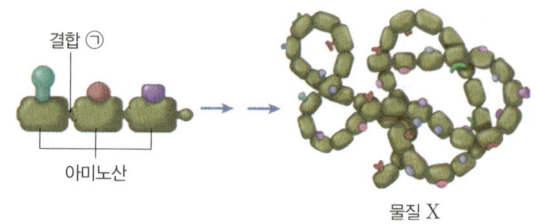

결합 ㉠
아미노산
물질 X

이에 대한 설명으로 옳은 것만을 〈보기〉에서 있는 대로 고른 것은?

〈보기〉
ㄱ. ㉠은 펩타이드결합이다.
ㄴ. X는 효소의 주성분으로 이용된다.
ㄷ. 사람의 몸을 구성하는 비율은 X가 물보다 높다.

① ㄱ   ② ㄴ   ③ ㄷ
④ ㄱ, ㄴ   ⑤ ㄴ, ㄷ

17 그림은 생명체의 구성 물질 (가)와 (나)를 나타낸 것이다. (가)와 (나)는 각각 핵산과 단백질 중 하나이다. (가)의 A, G, C, T은 모두 염기이고, ㉠은 (나)의 기본 단위체이다.

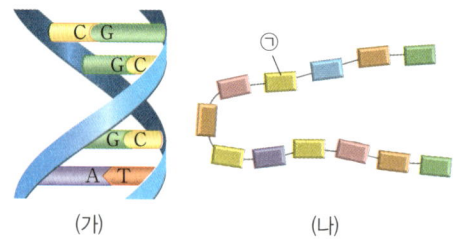

(가)   (나)

이에 대한 설명으로 옳은 것만을 〈보기〉에서 있는 대로 고른 것은?

〈보기〉
ㄱ. (가)는 핵산이다.
ㄴ. ㉠은 뉴클레오타이드이다.
ㄷ. (나)는 기본 단위체의 종류와 수, 배열 순서에 따라 구조와 기능이 다양하다.

① ㄴ   ② ㄷ   ③ ㄱ, ㄴ
④ ㄱ, ㄷ   ⑤ ㄴ, ㄷ

18 그림은 생명체를 구성하는 DNA, RNA, 단백질을 특징 (가)와 (나)를 이용해 구분하는 과정을 나타낸 것이다. (가)와 (나) 중 하나는 '인산이 포함되어 있는가?'이며, ⑤과 ⓒ은 RNA와 단백질을 순서 없이 나타낸 것이다.

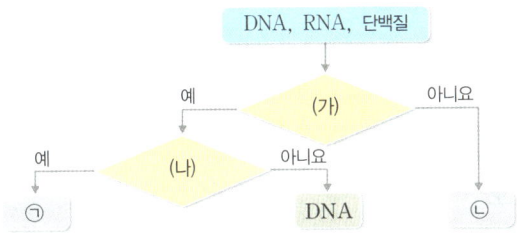

이에 대한 설명으로 옳은 것만을 〈보기〉에서 있는 대로 고른 것은?

〈보기〉
ㄱ. ⑤은 핵산에 속한다.
ㄴ. ⓒ의 예로 헤모글로빈이 있다.
ㄷ. '이중나선구조인가?'는 (가)와 (나) 중 하나에 해당한다.

① ㄱ   ② ㄴ   ③ ㄱ, ㄴ
④ ㄱ, ㄷ   ⑤ ㄴ, ㄷ

19 다음은 반도체에 대한 설명이다.

불순물 반도체는 ⑤ 순수 반도체에 원자가 전자가 ⓒ 개인 원소를 첨가하여 만든 소재로, ⓒ 등을 만드는 데 활용된다.

이에 대한 설명으로 옳은 것만을 〈보기〉에서 있는 대로 고른 것은?

〈보기〉
ㄱ. ⑤의 원자가 전자는 4개이다.
ㄴ. 6은 ⓒ에 해당한다.
ㄷ. 트랜지스터는 ⓒ에 해당한다.

① ㄱ   ② ㄴ   ③ ㄷ
④ ㄱ, ㄷ   ⑤ ㄴ, ㄷ

20 그림은 반도체 소자 A를 나타낸 것이다.

A에 대한 설명으로 옳은 것만을 〈보기〉에서 있는 대로 고른 것은?

〈보기〉
ㄱ. 다이오드이다.
ㄴ. 증폭 작용을 한다.
ㄷ. 전류를 한쪽 방향으로만 흐르게 한다.

① ㄱ   ② ㄴ   ③ ㄷ
④ ㄱ, ㄴ   ⑤ ㄱ, ㄷ

21 그림은 규소(Si)에 원자가 전자가 n개인 불순물을 첨가하여 반도체 X를 만드는 과정을 나타낸 것이다.

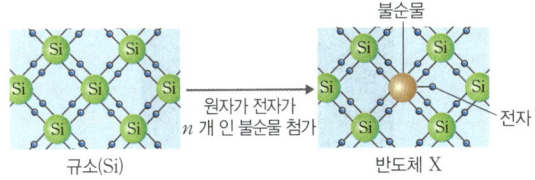

이에 대한 설명으로 옳은 것만을 〈보기〉에서 있는 대로 고른 것은?

〈보기〉
ㄱ. n은 5이다.
ㄴ. X는 n형 반도체이다.
ㄷ. X는 주로 양공이 전류를 흐르게 한다.

① ㄱ   ② ㄷ   ③ ㄱ, ㄴ
④ ㄴ, ㄷ   ⑤ ㄱ, ㄴ, ㄷ

22 그림 (가)와 (나)는 동일한 원소의 스펙트럼을 나타낸 것이다.

(가)

(나)

(가)와 (나)가 동일한 원소를 관찰한 것으로 판단할 수 있는 근거를 서술하시오.

23 그림은 어느 성운의 모습을 나타낸 것이다.

이 성운을 이루는 원소 중에는 수소(H), 탄소(C), 규소(Si), 납(Pb) 등이 포함되어 있다. 이들 원소가 생성된 과정에 대해 서술하시오.

24 그림은 물질 A_2와 BC의 전자 배치 모형을 나타낸 것이다. (단, A~C는 임의의 원소 기호이다.)

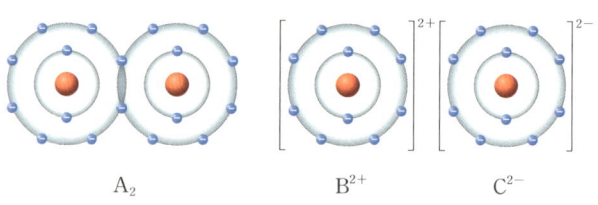

A_2 B^{2+} C^{2-}

(1) A~C의 원자가 전자 수를 등호 또는 부등호를 이용하여 비교하시오.

(2) BA_2와 CA_2의 화학 결합을 비교하여 서술하시오.

25 다음은 단백질과 DNA에 대한 자료이다.

> (가) 단백질의 기본 단위체는 약 20 종류의 아미노산이며, ㉠ 기본 단위체의 조합에 따라 고유한 입체 구조와 기능을 갖는 다양한 단백질이 만들어진다.
> (나) DNA의 기본 단위체는 4 종류의 뉴클레오타이드이며, ㉡ 기본 단위체의 조합에 따라 생명체의 다양한 유전정보가 저장된다.

㉠과 ㉡에서 기본 단위체의 조합이란 무엇을 의미하는지 서술하시오.

26 도체와 부도체의 전기 전도성을 비교하고, 전기 전도성의 차이가 나는 까닭을 서술하시오.

Ⅰ 과학의 기초 ~
Ⅱ 물질과 규칙성

01 다음은 레이저를 이용하여 길이를 측정하는 장치에 대한 설명이다.

레이저 길이 측정기는 레이저 빛을 이용하여 길이를 측정하는 장치이다. ⊙ 장치에서 발사된 레이저 빛이 물체에 도달한 후 반사되어 수신부로 돌아오는 데 걸린 시간을 이용하여 장치와 물체 사이의 거리를 측정하고, 그 길이를 계산한 후, 화면에 표시한다.

이에 대한 설명으로 옳은 것만을 〈보기〉에서 있는 대로 고른 것은?

보기
ㄱ. 길이의 표준화된 단위는 m(미터)이다.
ㄴ. 현대 길이의 측정 표준은 빛의 속력을 이용하여 정의한다.
ㄷ. ⊙이 클수록 측정된 길이도 크다.

① ㄱ
② ㄷ
③ ㄱ, ㄴ
④ ㄴ, ㄷ
⑤ ㄱ, ㄴ, ㄷ

02 그림 (가)는 온도계로 측정한 온도 정보를 시간에 따라 기록한 것이고, (나)는 (가)의 정보를 이진수의 형태로 변환한 것이다.

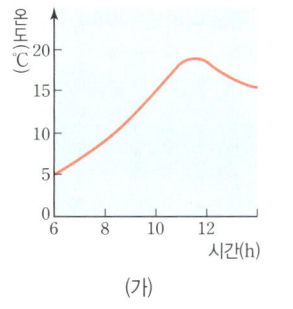
(가)

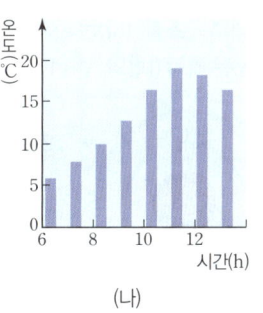
(나)

이에 대한 설명으로 옳은 것만을 〈보기〉에서 있는 대로 고른 것은?

보기
ㄱ. (가)는 아날로그 정보이다.
ㄴ. 저장과 전송이 용이한 정보의 형태는 (나)이다.
ㄷ. 측정 장치의 센서에서는 (나) 형태로 수신한 신호를 (가)의 형태로 변환한다.

① ㄱ
② ㄷ
③ ㄱ, ㄴ
④ ㄴ, ㄷ
⑤ ㄱ, ㄴ, ㄷ

03 다음은 우주에 대한 학생들의 의견을 나타낸 것이다.

우주의 나이와 크기는 무한해. — 학생 A
우리 주변의 원소는 모두 빅뱅 직후에 만들어졌어. — 학생 B
우주가 팽창함에 따라 온도는 낮아지고 있어. — 학생 C

A ~ C 중 빅뱅 우주론의 주장에 부합하는 의견을 제시한 학생만을 있는 대로 고른 것은?

① A
② B
③ C
④ A, B
⑤ B, C

04 그림은 원자의 구조를 나타낸 것이다.

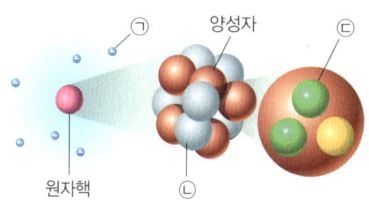

⊙
양성자
ⓒ
원자핵
ⓛ

이에 대한 설명으로 옳은 것만을 〈보기〉에서 있는 대로 고른 것은?

보기
ㄱ. 질량은 ⊙이 ⓛ보다 작다.
ㄴ. ⓛ은 전기적으로 양전하를 띤다.
ㄷ. ⊙과 ⓒ은 모두 더 이상 작게 쪼개지지 않는 기본 입자이다.

① ㄱ
② ㄴ
③ ㄷ
④ ㄱ, ㄷ
⑤ ㄴ, ㄷ

난이도 상

05 그림은 빅뱅 이후 시간에 따른 우주의 진화 과정을 나타낸 것이다.

빅뱅

(가) 기본 입자 (나) 헬륨 원자핵 (다) 수소 원자 (라) 최초의 별
　　생성　　　　생성　　　　생성　　　　생성

이에 대한 설명으로 옳은 것만을 〈보기〉에서 있는 대로 고른 것은?

〈보기〉
ㄱ. 중성자는 (가)와 (나) 시기 사이에 형성되었다.
ㄴ. (다) 시기 이후에 우주는 투명해졌다.
ㄷ. (라) 시기의 별에는 헬륨보다 무거운 원소가 거의 존재하지 않았다.

① ㄱ　　　　② ㄴ　　　　③ ㄱ, ㄷ
④ ㄴ, ㄷ　　⑤ ㄱ, ㄴ, ㄷ

07 그림은 원시 지구의 형성 과정 중 마그마 바다가 형성되기 시작했을 때의 모습을 나타낸 것이다.

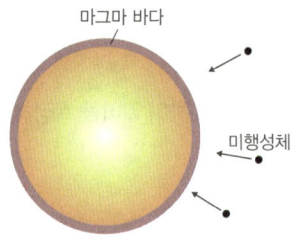

마그마 바다

미행성체

이에 대한 설명으로 옳은 것만을 〈보기〉에서 있는 대로 고른 것은?

〈보기〉
ㄱ. 미행성체의 주성분은 수소와 헬륨이다.
ㄴ. 이 시기에 지구의 질량은 현재의 지구보다 작았다.
ㄷ. 이 시기에 지구 중심부는 주로 철로 이루어져 있었다.

① ㄱ　　　　② ㄴ　　　　③ ㄱ, ㄷ
④ ㄴ, ㄷ　　⑤ ㄱ, ㄴ, ㄷ

06 그림은 어느 별의 내부 구조를 나타낸 것이다.

수소
㉠
탄소 산소
산소, 네온, 마그네슘
규소, 황
철

이에 대한 설명으로 옳지 <u>않은</u> 것은?

① ㉠은 헬륨이다.
② 이 별은 태양보다 질량이 크다.
③ 이 별은 초신성 폭발을 일으킨다.
④ 별의 중심부로 갈수록 온도가 대체로 증가한다.
⑤ 중심부 온도가 현재보다 높아지면 철보다 무거운 원소가 생성된다.

08 그림 (가)는 질량이 태양 정도인 별 내부의 핵융합이 모두 끝난 내부 구조를, (나)는 주기율표의 일부를 나타낸 것이다. (가)의 ㉠~㉢은 각각 (나)의 A~E 중 하나이다.

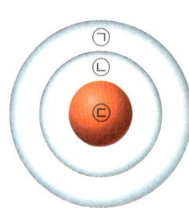

주기, 족	1	14	17	18
1	A			D
2		B	C	E

(가)　　　　　　　　　　　　(나)

㉠~㉢을 (나)의 주기율표의 원소 A~E로 나타낸 것으로 옳은 것은?

	㉠	㉡	㉢
①	A	B	C
②	A	D	B
③	A	E	B
④	B	D	A
⑤	E	D	A

정답과 해설 61쪽

09 그림은 화합물 AB와 C_2D를 화학 결합 모형으로 나타낸 것이다.

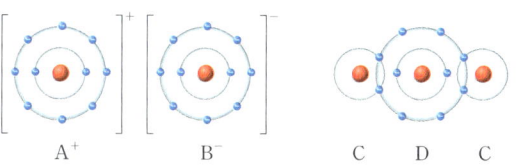

$$A^+ \qquad B^- \qquad C \quad D \quad C$$

A~D에 대한 설명으로 옳은 것만을 〈보기〉에서 있는 대로 고른 것은? (단, A~D는 임의의 원소 기호이다.)

〈보기〉
ㄱ. A는 알칼리 금속이고, B는 할로젠이다.
ㄴ. 2주기 원소는 세 가지이다.
ㄷ. 비금속 원소는 두 가지이다.

① ㄱ   ② ㄴ   ③ ㄷ
④ ㄱ, ㄴ   ⑤ ㄴ, ㄷ

10 그림은 A_2 분자의 화학 결합 모형이다.

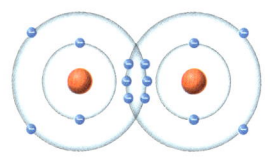

이에 대한 설명으로 옳은 것만을 〈보기〉에서 있는 대로 고른 것은? (단, A는 임의의 원소 기호이다.)

〈보기〉
ㄱ. A의 양성자수는 11이다.
ㄴ. A_2의 공유 전자쌍 수는 3이다.
ㄷ. A_2에서 A의 전자 배치는 Ne과 같다.

① ㄱ   ② ㄷ   ③ ㄱ, ㄴ
④ ㄴ, ㄷ   ⑤ ㄱ, ㄴ, ㄷ

11 다음 중 나트륨(Na)과 염소(Cl_2)가 반응하여 염화 나트륨($NaCl$)이 형성되는 과정과 관계가 없는 것은?

① Na이 전자를 잃고 Na^+이 된다.
② Cl_2가 전자를 얻어 Cl^-이 된다.
③ Na^+과 Cl^-이 정전기적 인력으로 결합한다.
④ Na^+과 Cl^-이 삼차원으로 결합하여 고체 NaCl이 된다.
⑤ 수용액에서 NaCl이 Na^+과 Cl^-으로 이온화한다.

12 표는 물질 (가)~(라)에 대한 자료이다. (가)~(라)는 각각 H_2O, NH_3, O_2, NaCl 중 하나이다. 난이도 **상**

물질	(가)	(나)	(다)	(라)
화학식을 구성하는 원소의 가짓수	1	x	y	2
화학식을 구성하는 원자 수	2	2	3	4

이에 대한 설명으로 옳은 것만을 〈보기〉에서 있는 대로 고른 것은?

〈보기〉
ㄱ. $x+y=5$이다.
ㄴ. 물에 녹였을 때 (나)는 (가)보다 전기가 잘 통한다.
ㄷ. 공유 전자쌍 수는 (다)>(라)이다.

① ㄱ   ② ㄴ   ③ ㄷ
④ ㄱ, ㄴ   ⑤ ㄴ, ㄷ

13 설탕($C_{12}H_{22}O_{11}$)과 염화 칼슘($CaCl_2$)에 대한 설명으로 옳은 것을 2개 고르면?

① $C_{12}H_{22}O_{11}$은 이온 결합 물질이다.
② $CaCl_2$을 이루는 원소는 모두 비금속 원소이나.
③ $CaCl_2$은 고체 상태에서 전기 전도성이 없다.
④ $C_{12}H_{22}O_{11}$은 수용액 상태에서 전기 전도성이 있다.
⑤ $CaCl_2$ 수용액에 전류를 흘려 주면 양이온과 음이온이 이동한다.

14 그림 (가)와 (나)는 지각과 지구 전체의 구성 성분비(질량 기준)를 순서 없이 나타낸 것이다.

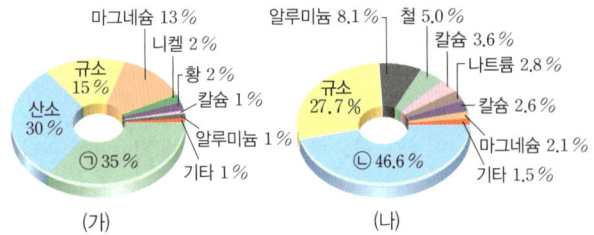

(가)   (나)

이에 대한 설명으로 옳은 것만을 〈보기〉에서 있는 대로 고른 것은?

〈보기〉
ㄱ. (가)는 지구 전체의 구성 성분비이다.
ㄴ. 맨틀에는 ㉠이 ㉡보다 풍부하다.
ㄷ. ㉠과 ㉡은 모두 질량이 태양 정도인 별의 내부에서 생성될 수 있다.

① ㄱ   ② ㄷ   ③ ㄱ, ㄴ
④ ㄴ, ㄷ   ⑤ ㄱ, ㄴ, ㄷ

15 그림은 세 광물을 특징에 따라 구분하는 과정을 나타낸 것이다.

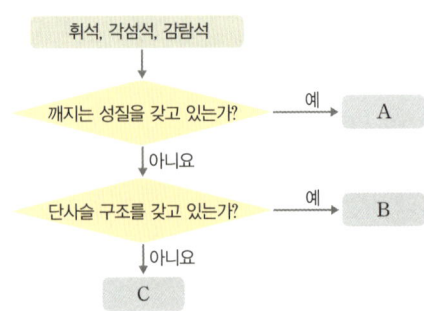

A, B, C에 대한 설명으로 옳은 것만을 〈보기〉에서 있는 대로 고른 것은?

〈보기〉
ㄱ. A는 휘석이다.
ㄴ. 규소 1개당 결합하는 산소의 수는 B가 C보다 많다.
ㄷ. A, B, C는 모두 규산염 광물이다.

① ㄱ   ② ㄷ   ③ ㄱ, ㄴ
④ ㄴ, ㄷ   ⑤ ㄱ, ㄴ, ㄷ

16 표는 생명체에 존재하는 물질 (가)와 (나)의 특징을 나타낸 것이다. (가)와 (나)는 각각 DNA와 단백질 중 하나이고, ㉠과 ㉡은 아미노산과 뉴클레오타이드 중 하나이다.

특징 \ 물질	(가)	(나)
기본 단위체	㉠	㉡
기본 단위체의 종류	4종류	약 20종류

이에 대한 설명으로 옳은 것만을 〈보기〉에서 있는 대로 고른 것은?

〈보기〉
ㄱ. (가)는 케라틴의 주성분이다.
ㄴ. ㉠에는 모두 디옥시라이보스가 들어 있다.
ㄷ. (가)와 (나)에서 기본 단위체들을 연결하는 결합은 모두 공유 결합에 해당한다.

① ㄱ   ② ㄷ   ③ ㄱ, ㄴ
④ ㄱ, ㄷ   ⑤ ㄴ, ㄷ

난이도 상

17 다음은 단백질의 구조를 알아보는 모의 실험이다.

(가) ⓐ 단백질의 기본 단위체 부품 ㉠, ㉡과 펩타이드결합 막대 부품을 표와 같이 준비하였다.

부품	모양	개수(개)
기본 단위체 ㉠		10
기본 단위체 ㉡		?
펩타이드결합 막대	—	20

(나) 그림과 같이 ㉠과 펩타이드결합 막대로만 모형 X를, ㉡과 펩타이드결합 막대로만 모형 Y를 만들었다. X와 Y를 만들고 남은 부품은 없다.

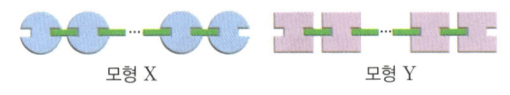

모형 X   모형 Y

이에 대한 설명으로 옳은 것만을 〈보기〉에서 있는 대로 고른 것은?

〈보기〉
ㄱ. ⓐ는 뉴클레오타이드이다.
ㄴ. Y에 있는 ㉡의 개수는 11개이다.
ㄷ. 단백질은 종류에 따라 구성하는 기본 단위체의 수와 배열 순서가 다르다.

① ㄱ   ② ㄷ   ③ ㄱ, ㄴ
④ ㄱ, ㄷ   ⑤ ㄴ, ㄷ

18 표는 생명체의 구성 물질 (가)와 (나)에서 염기의 비율(%)을 나타낸 것이다. (가)와 (나)는 각각 DNA와 RNA 중 하나이고, ㉠~㉢은 C(사이토신), T(타이민), U(유라실)을 순서 없이 나타낸 것이다.

물질	염기	A (아데닌)	G (구아닌)	㉠	㉡	㉢
(가)		?	30	20	ⓐ	0
(나)		25	22	0	27	ⓑ

이에 대한 설명으로 옳은 것만을 〈보기〉에서 있는 대로 고른 것은?

보기
ㄱ. ㉠은 T(타이민)이다.
ㄴ. ⓐ+ⓑ=55이다.
ㄷ. (나)를 구성하는 당은 라이보스이다.

① ㄱ ② ㄷ ③ ㄱ, ㄴ
④ ㄱ, ㄷ ⑤ ㄴ, ㄷ

19 다음은 물질을 전기적 특성에 따라 분류한 것이다.

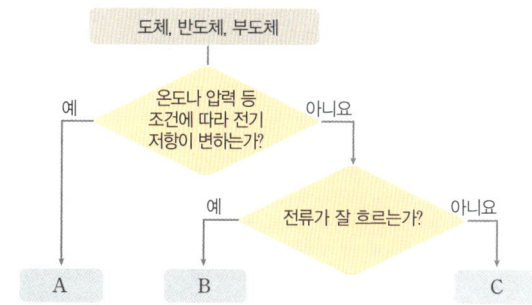

이에 대한 설명으로 옳은 것만을 〈보기〉에서 있는 대로 고른 것은?

보기
ㄱ. A는 반도체이다.
ㄴ. 자유 전자의 수는 B가 C보다 많다.
ㄷ. 고무는 C에 해당한다.

① ㄱ ② ㄷ ③ ㄱ, ㄴ
④ ㄴ, ㄷ ⑤ ㄱ, ㄴ, ㄷ

20 그림 (가)~(다)는 반도체를 사용하여 만든 제품을 나타낸 것이다.

(가) 태양 전지 (나) 발광 다이오드 (다) 집적 회로

이에 대한 설명으로 옳은 것만을 〈보기〉에서 있는 대로 고른 것은?

보기
ㄱ. (가)는 빛을 비추면 전류가 흐르는 성질을 이용한다.
ㄴ. (나)는 순수 반도체만 이용하여 만든다.
ㄷ. (다)에는 약한 신호를 큰 신호로 바꿀 수 있는 소자가 포함되어 있다.

① ㄱ ② ㄴ ③ ㄷ
④ ㄱ, ㄷ ⑤ ㄴ, ㄷ

21 그림은 규소(Si)에 붕소(B)를 첨가한 반도체 X의 원소와 원자가 전자의 배열을 나타낸 것이다.

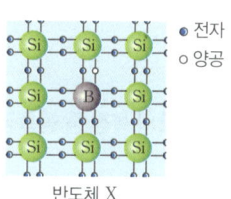

반도체 X

이에 대한 설명으로 옳은 것만을 〈보기〉에서 있는 대로 고른 것은?

보기
ㄱ. 원자가 전자는 규소(Si)가 붕소(B)보다 많다.
ㄴ. X는 p형 반도체이다.
ㄷ. X는 주로 전자가 전류를 흐르게 한다.

① ㄱ ② ㄷ ③ ㄱ, ㄴ
④ ㄴ, ㄷ ⑤ ㄱ, ㄴ, ㄷ

서술형 문제

22 그림은 나트륨등과 백열등을 간이 분광기로 관찰한 모습을 나타낸 것이다.

(가) 나트륨등

(나) 백열등

(가)와 (나)의 스펙트럼의 종류를 쓰고, 두 전등은 각각 어떤 색으로 보일지 서술하시오.

_____

_____

23 그림은 화합물 AB_2와 CD_3의 화학 결합 모형을 나타낸 것이다. (단, A~D는 임의의 원소 기호이다.)

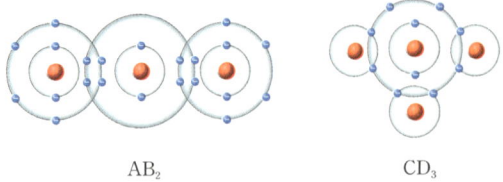

AB_2 CD_3

(1) A~D의 주기를 쓰시오.

_____

(2) A~D를 원자 번호가 커지는 순서대로 나열하는 과정을 서술하시오. (단, 주기와 족을 이용하시오.)

_____

_____

24 그림은 석영과 흑운모의 특징 중 공통점과 차이점을 벤다이어그램으로 나타낸 것이다.

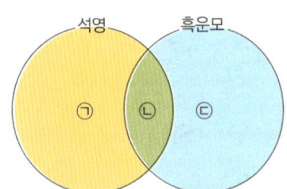

석영   흑운모

㉠, ㉡, ㉢에 해당하는 광물의 특징을 한 가지씩 서술하시오.

_____

25 그림은 두 종류의 핵산의 구조를 나타낸 것이다. (가)와 (나)는 각각 DNA와 RNA 중 하나이다.

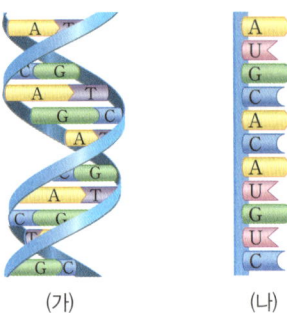

(가)   (나)

(1) (가)와 (나)의 이름을 쓰시오.

_____

(2) (가)와 (나)의 구조를 쓰시오.

_____

(3) (가)와 (나)에서 기본 단위체들이 결합하여 형성되는 사슬을 일컫는 공통적인 이름을 쓰고, 사슬이 형성될 때 기본 단위체들이 결합하는 방법을 서술하시오.

_____

_____

26 순수 반도체와 불순물 반도체의 전기 전도성을 비교하고, 전기 전도성에 차이가 나는 까닭을 다음 용어를 사용하여 서술하시오.

> 공유 결합, 원자가 전자

_____

I 과학의 기초 ~
II 물질과 규칙성

01 다음은 기본량을 측정하는 탐구이다.

[탐구 과정]
(가) 스마트 기기에 길이와 시간 측정 애플리케이션을 각 각 설치한다.
(나) 목표물까지의 거리를 측정하고, 걸어갈 때와 뛰어갈 때 목표물까지 이동하는 데 걸린 시간을 각각 측정한다.
(다) 측정한 거리와 시간을 이용해 속력을 분석한다.

[탐구 결과]

거리	걸어갈 때 걸린 시간	뛰어갈 때 걸린 시간
L	t_1	t_2

➡ 뛰어갈 때 속력이 걸어갈 때 속력의 2 배이다.

이에 대한 설명으로 옳은 것만을 〈보기〉에서 있는 대로 고른 것은?

〈보기〉
ㄱ. 시간의 표준화된 단위는 s(초)이다.
ㄴ. 스마트 기기에서 거리를 측정할 때 정전 센서를 이용 한다.
ㄷ. $\frac{t_1}{t_2} = 2$이다.

① ㄱ   ② ㄴ   ③ ㄱ, ㄷ   ④ ㄴ, ㄷ   ⑤ ㄱ, ㄴ, ㄷ

02 다음은 자동차 수출 과정과 측정 표준에 관한 내용이다.

자동차 생산은 여러 기업에서 생산하는 수많은 부품들을 정밀하게 조립해서 완제품으로 만들어 내는 산업이다. 따라서 부품의 길이, ㉠ 질량, ㉡ 부피 등의 측정 표준을 활용하고 정밀도를 위해 측정 기기들이 정확해야 한다.

이에 대한 설명으로 옳은 것만을 〈보기〉에서 있는 대로 고른 것은?

〈보기〉
ㄱ. 현대 ㉠의 측정 표준은 금속으로 질량원기를 만들어 사용한다.
ㄴ. ㉡은 기본량 중 길이의 조합만으로 표시되는 유도량이다.
ㄷ. 자동차의 수출을 위해 국제단위계보다는 국내 실정에 맞는 단위를 사용하여야 한다.

① ㄱ   ② ㄴ   ③ ㄱ, ㄷ   ④ ㄴ, ㄷ   ⑤ ㄱ, ㄴ, ㄷ

난이도 상

03 그림은 빅뱅으로 시작된 우주가 시간에 따라 팽창하는 모습을 나타낸 모식도이다.

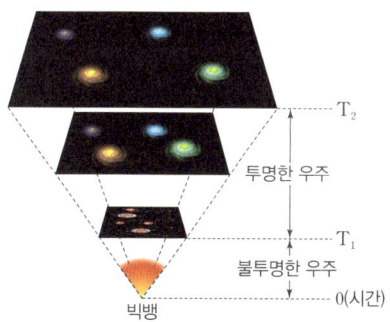

이에 대한 설명으로 옳은 것만을 〈보기〉에서 있는 대로 고른 것은?

〈보기〉
ㄱ. 우주의 밀도는 T_1일 때가 T_2일 때보다 작다.
ㄴ. 헬륨의 생성량은 $0 \sim T_1$ 기간이 $T_1 \sim T_2$ 기간보다 많다.
ㄷ. 태양계가 형성된 시기는 T_1 이전이다.

① ㄱ   ② ㄴ   ③ ㄷ
④ ㄱ, ㄴ   ⑤ ㄴ, ㄷ

04 그림은 우주 초기에서 처음으로 생성된 입자 (가), (나), (다)를 모형으로 시간 순서 없이 나타낸 것이다.

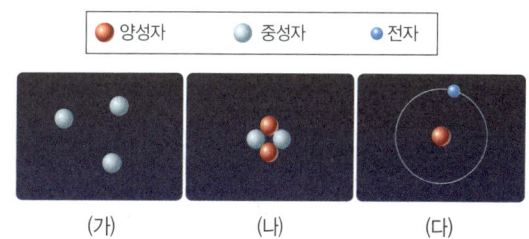

이에 대한 설명으로 옳은 것만을 〈보기〉에서 있는 대로 고른 것은?

〈보기〉
ㄱ. 입자가 생성된 순서는 (가) → (나) → (다)이다.
ㄴ. (나)는 전기적으로 중성 상태이다.
ㄷ. (다)가 생성될 당시에 철보다 가벼운 원자가 모두 생성되었다.

① ㄱ   ② ㄷ   ③ ㄱ, ㄴ
④ ㄴ, ㄷ   ⑤ ㄱ, ㄴ, ㄷ

05 그림은 별 A에서 관측한 스펙트럼과 기체 ㉠, ㉡, ㉢의 스펙트럼을 나타낸 것이다.

이에 대한 설명으로 옳은 것만을 〈보기〉에서 있는 대로 고른 것은?

> **보기**
> ㄱ. 기체 ㉠, ㉡, ㉢의 스펙트럼은 연속 스펙트럼이다.
> ㄴ. 별 A의 흡수선은 중심부에서 핵융합 반응이 일어날 때 생성된다.
> ㄷ. 별 A에는 기체 ㉠, ㉡, ㉢이 모두 존재한다.

① ㄱ   ② ㄴ   ③ ㄷ
④ ㄱ, ㄷ   ⑤ ㄴ, ㄷ

06 그림은 어느 성운에서 탄생한 두 별 A, B의 진화 경로를 나타낸 것이다.

이에 대한 설명으로 옳은 것만을 〈보기〉에서 있는 대로 고른 것은?

> **보기**
> ㄱ. 질량은 A가 B보다 작다.
> ㄴ. 태양의 진화 경로는 A보다 B에 가까울 것이다.
> ㄷ. ㉠ 단계에서 우라늄, 금 등의 원소가 생성될 수 있다.

① ㄱ   ② ㄷ   ③ ㄱ, ㄴ
④ ㄴ, ㄷ   ⑤ ㄱ, ㄴ, ㄷ

07 그림은 태양계 형성 과정의 일부를 나타낸 것이다.

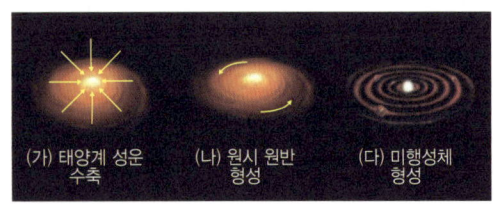

(가) 태양계 성운 수축   (나) 원시 원반 형성   (다) 미행성체 형성

이에 대한 설명으로 옳은 것만을 〈보기〉에서 있는 대로 고른 것은?

> **보기**
> ㄱ. (가) → (나)에서 원시 원반은 회전축에 수직한 평면을 따라 형성되었다.
> ㄴ. (다)의 미행성체는 주로 고체 물질이 뭉쳐 형성되었다.
> ㄷ. 원시 태양은 (다) 이후에 형성되었다.

① ㄱ   ② ㄷ   ③ ㄱ, ㄴ
④ ㄴ, ㄷ   ⑤ ㄱ, ㄴ, ㄷ

08 그림은 주기율표의 일부를 나타낸 것이다.

	1족	17족	18족
2주기	A	B	C
3주기	D	E	

이에 대한 설명으로 옳은 것만을 〈보기〉에서 있는 대로 고른 것은? (단, A~E는 임의의 원소 기호이다.)

> **보기**
> ㄱ. A와 D는 물과 반응할 때 비슷한 모습을 보인다.
> ㄴ. B와 E는 원자가 전자 수가 7로 같다.
> ㄷ. 화합물 AE에서 두 입자의 전자 배치는 모두 C와 같다.

① ㄱ   ② ㄷ   ③ ㄱ, ㄴ
④ ㄴ, ㄷ   ⑤ ㄱ, ㄴ, ㄷ

09 그림 (가)는 리튬(Li) 조각을 자르는 모습을, (나)는 리튬을 물에 넣는 모습을, (다)는 반응 후 (나)의 수용액에 페놀프탈레인 용액을 떨어뜨리는 모습을 나타낸 것이다.

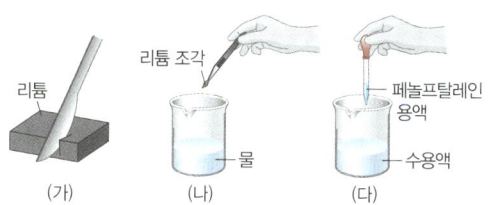

리튬
리튬 조각
페놀프탈레인 용액
물
수용액
(가)　　　(나)　　　(다)

이에 대한 설명으로 옳은 것만을 〈보기〉에서 있는 대로 고른 것은?

보기

ㄱ. (가)에서 Li 표면에 이온 결합 물질이 생성된다.
ㄴ. (나)에서 수소 기체가 생성된다.
ㄷ. (다)에서 수용액은 붉은색으로 변한다.

① ㄱ　　　② ㄴ　　　③ ㄱ, ㄷ
④ ㄴ, ㄷ　　　⑤ ㄱ, ㄴ, ㄷ

난이도 상

11 그림은 원소 W~Z의 원자가 전자 수(a)와 전자가 들어 있는 전자 껍질 수(b)의 차($|a-b|$)를 나타낸 것이다. W~Z는 각각 Li, F, Na, Cl 중 하나이다.

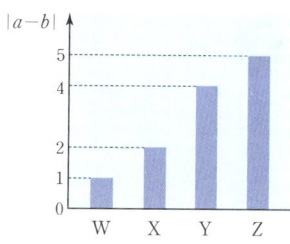

이에 대한 설명으로 옳은 것만을 〈보기〉에서 있는 대로 고른 것은?

보기

ㄱ. W와 X는 같은 족 원소이다.
ㄴ. 원자 번호는 Z>Y이다.
ㄷ. 안정한 이온의 전자 배치는 X와 Z가 같다.

① ㄱ　　　② ㄴ　　　③ ㄱ, ㄷ
④ ㄴ, ㄷ　　　⑤ ㄱ, ㄴ, ㄷ

---

10 그림은 이온 A^+, B^+, C^{2-}의 전자 배치를 모형으로 나타낸 것이다.

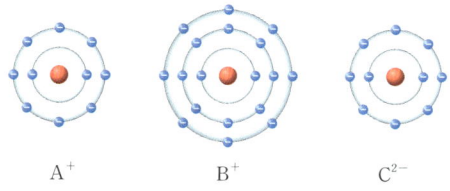

A^+　　　B^+　　　C^{2-}

이에 대한 설명으로 옳은 것만을 〈보기〉에서 있는 대로 고른 것은? (단, A~C는 임의의 원소 기호이다.)

보기

ㄱ. A와 B는 화학적 성질이 비슷하다.
ㄴ. A~C 중 3주기 원소는 두 가지이다.
ㄷ. C_2의 공유 전자쌍 수는 2이다.

① ㄱ　　　② ㄴ　　　③ ㄱ, ㄷ
④ ㄴ, ㄷ　　　⑤ ㄱ, ㄴ, ㄷ

---

12 그림은 화합물 AB와 CD_3를 화학 결합 모형으로 나타낸 것이다. 원자가 전자 수는 B가 C보다 1 크다.

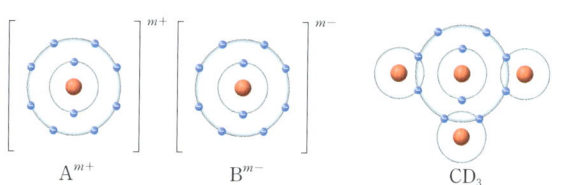

A^{m+}　　　B^{m-}　　　CD_3

이에 대한 설명으로 옳은 것만을 〈보기〉에서 있는 대로 고른 것은? (단, A~D는 임의의 원소 기호이다.)

보기

ㄱ. A와 D는 같은 족 원소이다.
ㄴ. B와 C의 원자가 전자 수 합은 11이다.
ㄷ. 공유 전자쌍 수는 B_2>C_2이다.

① ㄱ　　　② ㄴ　　　③ ㄷ
④ ㄱ, ㄴ　　　⑤ ㄷ

13 그림은 규산염 사면체를 이루는 두 원소 (가)와 (나)의 전자 배치를 나타낸 것이다.

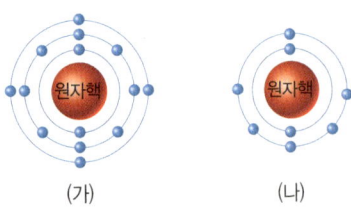

(가)   (나)

이에 대한 설명으로 옳은 것만을 〈보기〉에서 있는 대로 고른 것은?

〈보기〉

ㄱ. 탄소와 원자가 전자 수가 같은 원소는 (가)이다.
ㄴ. 탄소와 같은 주기에 속하는 원소는 (나)이다.
ㄷ. (가) 1개와 (나) 4개가 결합하여 −4가의 음이온을 형성한다.

① ㄱ   ② ㄷ   ③ ㄱ, ㄴ
④ ㄴ, ㄷ   ⑤ ㄱ, ㄴ, ㄷ

14 그림은 암석이 풍화를 받을 때 시간에 따른 구성 광물의 양의 변화를 나타낸 것이다. 광물 A, B, C는 각각 석영, 장석, 흑운모 중 하나이다.

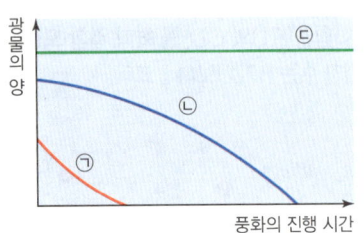

이에 대한 설명으로 옳은 것만을 〈보기〉에서 있는 대로 고른 것은?

〈보기〉

ㄱ. 풍화에 가장 강한 광물은 ⓒ이다.
ㄴ. 규산염 사면체 사이의 공유 결합은 ⊙이 ⓛ보다 복잡하다.
ㄷ. 시간이 지날수록 석영이 차지하는 상대적 비율이 증가한다.

① ㄱ   ② ㄷ   ③ ㄱ, ㄴ
④ ㄴ, ㄷ   ⑤ ㄱ, ㄴ, ㄷ

15 그림은 단백질을 구성하는 기본 단위체 A, B 사이의 결합 과정을 모식적으로 나타낸 것이다.

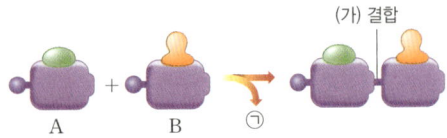

이에 대한 설명으로 옳은 것만을 〈보기〉에서 있는 대로 고른 것은?

〈보기〉

ㄱ. A와 B는 아미노산이다.
ㄴ. ⊙은 이산화 탄소(CO_2)이다.
ㄷ. 단백질에서 기본 단위체들은 기본 단위체의 종류와 관계없이 (가) 결합으로 연결된다.

① ㄱ   ② ㄴ   ③ ㄱ, ㄷ
④ ㄴ, ㄷ   ⑤ ㄱ, ㄴ, ㄷ

16 그림은 생명체를 구성하는 탄소 화합물을 나타낸 것이다. (가)와 (나)는 각각 콜라젠과 DNA 중 하나이다.

(가)   (나)

이에 대한 설명으로 옳은 것만을 〈보기〉에서 있는 대로 고른 것은?

〈보기〉

ㄱ. (가)에 유라실(U)이 있다.
ㄴ. (나)는 펩타이드결합을 갖는다.
ㄷ. (가)와 (나)는 모두 기본 단위체로 이루어져 있다.

① ㄱ   ② ㄴ   ③ ㄱ, ㄷ
④ ㄴ, ㄷ   ⑤ ㄱ, ㄴ, ㄷ

17 그림은 이중나선구조인 DNA의 일부를 나타낸 것이다.

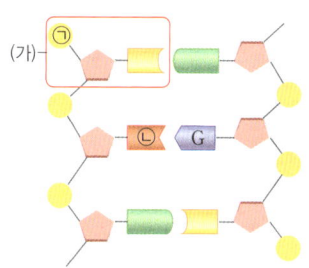

이에 대한 설명으로 옳은 것만을 〈보기〉에서 있는 대로 고른 것은?

보기
ㄱ. (가)는 뉴클레오타이드이다.
ㄴ. ㉠은 당이다.
ㄷ. ㉡에 들어갈 염기는 사이토신(C)이다.

① ㄱ   ② ㄴ   ③ ㄱ, ㄷ
④ ㄴ, ㄷ   ⑤ ㄱ, ㄴ, ㄷ

18 다음은 반도체의 종류를 특성에 따라 분류한 것이다.

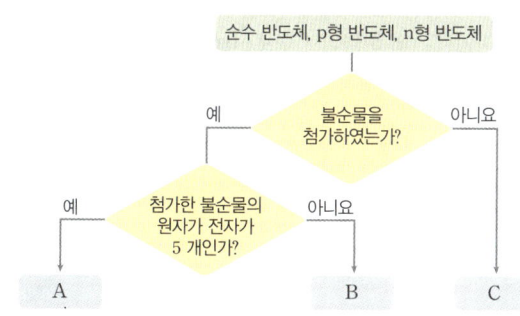

이에 대한 설명으로 옳은 것만을 〈보기〉에서 있는 대로 고른 것은?

보기
ㄱ. A는 주로 전자가 전류를 흐르게 한다.
ㄴ. B는 p형 반도체이다.
ㄷ. C를 구성하는 원소의 원자가 전자는 3개이다.

① ㄱ   ② ㄷ   ③ ㄱ, ㄴ
④ ㄴ, ㄷ   ⑤ ㄱ, ㄴ, ㄷ

19 그림 (가)와 (나)는 반도체를 이용하여 만든 전기 소자를 나타낸 것이다.

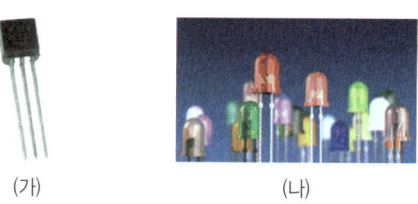

(가)   (나)

이에 대한 설명으로 옳은 것만을 〈보기〉에서 있는 대로 고른 것은?

보기
ㄱ. (가)는 트랜지스터이다.
ㄴ. 교류 전원에 연결된 (나)는 깜박임 없이 빛을 방출한다.
ㄷ. (가)와 (나)는 모두 불순물 반도체를 접합하여 만든다.

① ㄱ   ② ㄴ   ③ ㄷ
④ ㄱ, ㄷ   ⑤ ㄴ, ㄷ

난이도 상

20 그림은 동일한 다이오드 4개와 저항을 교류 전원에 연결한 회로를 나타낸 것이다. 저항에 흐르는 전류의 방향은 a → 저항 → b 방향이 (+)이다.

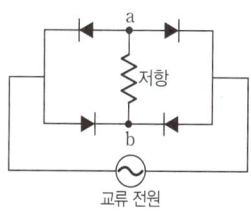

교류 전원

저항에 흐르는 전류를 시간에 따라 나타낸 것으로 가장 적절한 것은?

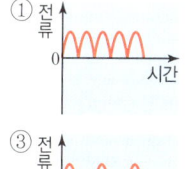
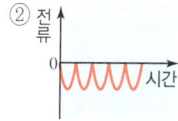
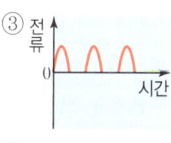
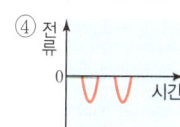
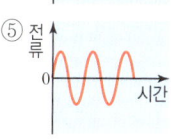

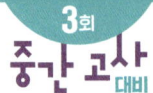
21 원시 지구가 단순히 미행성체들이 충돌·병합 과정을 거쳐 생성되었다면 전체적으로 균일한 성분을 갖고 있어야 한다. 하지만 지구는 주요 성분이 서로 다른 성층 구조를 갖고 있다. 그 까닭을 원시 지구의 형성 과정과 관련지어 서술하시오.

22 다음은 알칼리 금속의 성질을 알아보기 위한 실험이다.

[실험 과정]
(가) 리튬, 나트륨, 칼륨을 각각 ⃝ㄱ

(나) 3개의 비커에 물을 $\frac{1}{3}$ 정도 넣고 ⃝ㄴ 쌀알 크기의 리튬, 나트륨, 칼륨을 넣은 후 물과 반응하는 모습을 관찰한다.

[실험 결과]
• (가)에서 단면의 광택이 사라졌다.
• (나)에서 3개의 비커 모두에서 격렬하게 반응하면서 기체가 발생하였다.

(1) ⃝ㄱ으로 적절한 실험 과정을 쓰시오.

(2) ⃝ㄴ으로 실험하는 까닭을 서술하시오.

(3) 이 실험 결과를 바탕으로 알칼리 금속의 보관 방법을 쓰고, 그 까닭을 서술하시오.

23 다음은 어느 광물의 모습과 특징을 나타낸 것이다.

어두운 갈색으로 보이며, 얇은 판 모양으로 쪼개짐이 잘 나타난다.

이 광물의 결합 구조와 규소와 산소의 개수비에 대해 서술하시오.

난이도 상

24 다음은 DNA를 이루는 염기에 대한 자료이다.

• 생명체의 종류에 관계없이 한 생명체의 DNA를 이루는 염기의 양을 조사하면 아데닌(A)의 양은 타이민(T)의 양과 같고, 구아닌(G)의 양은 사이토신(C)의 양과 같다.
• 대장균의 DNA는 아데닌(A)의 비율이 24.7 %이며, 사람의 DNA는 아데닌(A)의 비율이 30.4 %이다.

(1) 대장균의 DNA와 사람의 DNA에서 사이토신(C)의 비율을 서술하시오.

(2) DNA에서 아데닌(A)의 비율이 타이민(T)의 비율과 같고, 구아닌(G)의 비율이 사이토신(C)의 비율과 같은 까닭을 DNA의 구조적 특징과 관련지어 서술하시오.

25 불순물 반도체인 p형 반도체와 n형 반도체의 주된 전하 운반자에 대해 쓰고, 불순물 반도체를 만들 때 첨가하는 원소의 특징을 원자가 전자를 이용하여 서술하시오.

III-1 지구시스템

11 지구시스템의 구성과 상호작용

1 지구시스템의 구성 요소와 특징

(1) 기권의 성층 구조와 특징

열권	공기 매우 희박 ➡ 기온의 (❶　　)가 큼	
(❷　　)	대류 운동 ○, 기상 현상 ×	
성층권	• (❸　　) 존재 • 대기가 안정	
대류권	• 대류 운동 ○, • (❹　　) 현상 ○	

(높이(km) 1000~0, 기온(℃) −80~20, 열권/중간권/성층권/대류권, 오로라, 유성, 오존층, 구름 그래프)

(2) 지권의 성층 구조와 특징

지각	대륙 지각＋해양 지각	
(❺　　)	지구 전체 부피의 약 80 %	
외핵	• 철과 니켈 • (❻　　) 상태	
내핵	• 철과 니켈 • (❼　　) 상태	

(깊이(km): 0, 5~35, 2900, 5100. 지각, 맨틀, 외핵, 내핵)

(3) 수권의 성층 구조와 특징

혼합층	• (❽　　)에 의한 혼합 ➡ 깊이에 따른 수온이 거의 일정 • 바람이 (❾　　)수록 두께가 두꺼워짐
(❿　　)	• 수심이 깊어질수록 수온이 낮아짐 • 혼합층과 심해층의 에너지 흐름 차단
심해층	햇빛이 도달하지 않음 ➡ 수온이 낮고 일정

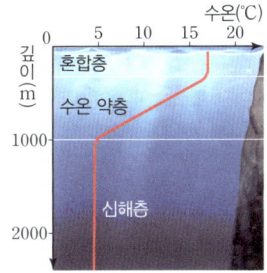

(수온(℃): 5 10 15 20, 깊이(m): 0, 1000, 2000. 혼합층, 수온 약층, 심해층)

(4) 생물권: 지구의 모든 생명체 ➡ 기권, 지권, 수권에 분포

(5) 외권: 기권 바깥의 우주 공간 ➡ 지구 자기장은 유해한 우주선이나 태양풍을 차단해 생명체를 보호

2 지구시스템의 에너지 흐름과 물질 순환

(1) 에너지원: 태양 에너지, 지구 내부 에너지, (⓫　　　　)

(2) 물질의 순환: 지구를 순환하는 물과 탄소의 전체 양은 변하지 않음.

물의 순환	• 근원 에너지: (⓬　　　) • 물의 평형: 물은 각 권 사이를 이동하지만, 각 권에서 물을 얻은 양과 잃은 양은 같음 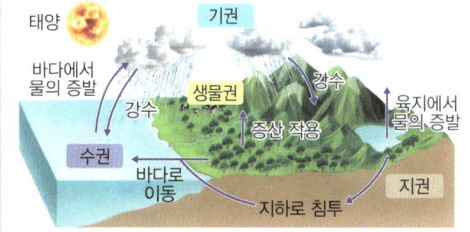
탄소의 순환	• 탄소의 존재 형태: 기권(이산화 탄소, 메테인), 지권(석회암, 화석 연료), 수권(탄산 이온), 생물권(유기물) • 탄소는 다양한 형태로 각 권을 이동하면서 순환함 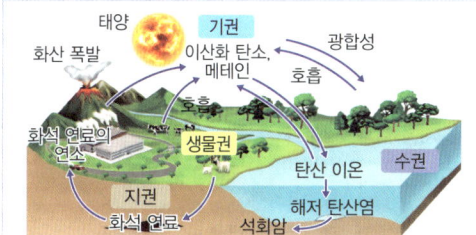

12 지권의 변화와 판 구조론

1 지진대와 화산대: 지진대, 화산대, 판의 경계는 대체로 일치 ➡ 지진과 화산 활동이 대부분 (❶　　　　)에서 발생하기 때문

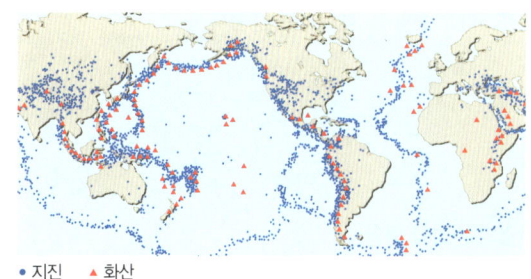

• 지진　▲ 화산

2 판 구조론: 지구의 표면을 이루는 여러 개의 판들이 맨틀 (❷　　)에 의해 서로 다른 방향과 속력으로 이동하면서 판의 경계에서 (❸　　　)이 일어난다는 이론

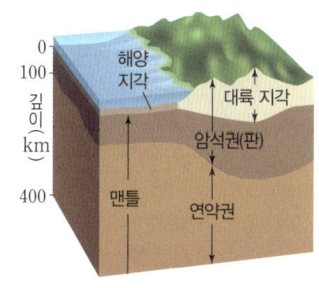

▲ 판의 구조

3 판의 경계와 지각 변동

(1) 발산형 경계: 맨틀 대류의
(④   )부, 판의 생성

판 종류	해양판－해양판	대륙판－대륙판
지형 및 특징	(⑤) 형성 ➡ 해저 산맥 형성, V자 열곡 발달, 주변에 변환 단층 발달	(⑥) 형성 ➡ 마그마가 분출하여 산맥을 형성하지 않고 V자형의 골짜기를 형성
지각 변동	화산 활동 활발, 천발 지진 발생	

(2) 수렴형 경계: 맨틀 대류의
(⑦   )부, 판의 소멸

구분	(⑧)형 경계		(⑨)형 경계
판 종류	해양판 －해양판	해양판 －대륙판	대륙판－대륙판
지형 및 특징	•(⑩), 호상 열도 발달 •밀도가 큰 해양판이 밀도가 작은 해양판 아래로 섭입, 소멸	•해구, 호상 열도, 습곡 산맥 발달 •밀도가 큰 해양판이 밀도가 작은 대륙판 아래로 섭입, 소멸	•밀도가 비슷한 두 대륙판 충돌 ➡ 해저 퇴적층이 습곡, 융기되어 (⑪) 형성 •판의 소멸 없음
지각 변동	(⑫) 지진		천발~중발 지진
	화산 활동 활발		화산 활동 거의 없음

(3) 보존형 경계: 판의 생성이나 소멸 없이 두 판이 서로 어긋나는 지역으로, (⑬   ) 발달, (⑭   ) 지진이 발생하며, 화산 활동은 일어나지 않는다.

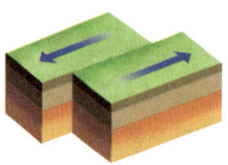

4 지권의 변화와 영향

구분	화산 활동의 영향	지진의 영향
피해	•용암 → 산불, 산사태 •화산재, 화산 가스 → 기후 변화 •화산 쇄설물 → 항공기 운항 방해, 화산 이류 발생	•건물 붕괴, 가스 누출 → 화재 발생 •쓰나미 발생 → 해안 지역, 생태계 피해
이용	비옥한 토양 형성, 관광 자원, 지열 난방 등	지진파 이용 → 지하자원 탐사, 지구 내부 구조 파악, 건설에 적정한 위치 판단 등

Ⅲ-2 역학 시스템

13 중력을 받는 물체의 운동

1 중력

정의	지구와 물체 사이에 상호작용 하는 힘
방향	지구 (①) 방향
중력에 의해 나타나는 현상	•비, 눈 등이 내린다. •물이 아래로 흐른다. •달이 지구 주위를 공전한다.

2 중력에 의한 지구 표면에서의 운동

(1) 자유 낙하 운동: 물체가 공기 저항을 받지 않고 (②   )만 받으면서 낙하하는 운동 ➡ 질량에 관계없이 1 초마다 약 (③   )씩 속력이 증가하는 가속도 운동을 함

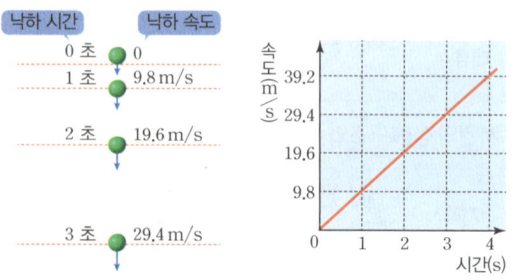

(2) 수평 방향으로 던진 물체의 운동

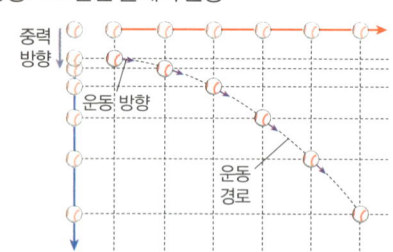

구분	수평 방향	연직 방향
힘	없음	(④)
속력	(⑤)	일정하게 (⑥)
가속도	(⑦)	일정
운동	(⑧) 운동	(⑨) 운동

(3) 수평 방향으로 던진 속력에 따른 물체의 운동 (단, 높이는 일정)

수평 방향	던진 속력이 클수록 같은 시간 동안 수평 방향으로 이동한 거리가 큼
연직 방향	던진 속력에 관계없이 수평면에 도달할 때까지 걸린 시간은 (⑩)

3 뉴턴의 사고 실험

(1) 포탄의 수평 방향 발사 속력이 큼 ➡ 포탄이 날아가는 거리가 큼

(2) 특정 속력 이상이면 포탄은 지구 주위를 원운동함

14 역학 시스템과 안전

1 관성: 물체가 현재의 운동 상태를 (❶   )하려는 성질
➡ 물체의 질량이 클수록 큼

계속 (❷)해 있으려는 관성에 의한 현상	계속 (❸)하려는 관성에 의한 현상
• 정지해 있던 버스가 갑자기 출발하면 몸이 뒤로 쏠림 • 컵 위에 동전을 올려둔 종이를 놓고 종이를 퉁기면 종이만 퉁겨 나가고 동전은 컵 속으로 떨어짐	• 달리던 버스가 갑자기 정지하면 몸이 앞으로 쏠림 • 달리던 사람이 돌부리에 걸리면 앞으로 넘어짐 • 망치 자루를 바닥에 치면 헐거워진 망치 머리가 고정됨

2 운동량과 충격량

(1) 운동량과 충격량

구분	운동량(p)	충격량(I)
크기	질량(m)×속도(v) [단위: kg·m/s]	힘(F)×시간(Δt) [단위: N·s]
방향	속도의 방향	작용한 힘의 방향

(2) 힘–시간 그래프와 충격량: 그래프와 시간 축이 이루는 넓이는 (❹   )의 크기를 나타냄

(3) 운동량과 충격량의 관계

처음 속도 v_0 힘이 작용한 시간 Δt 힘 F 나중 속도 v

$$충격량(F\Delta t)=운동량의 변화량(m\Delta v)$$
$$=(❺   ) 운동량(mv) - (❻   ) 운동량(mv_0)$$

3 충돌과 안전

(1) 충돌 시 작용하는 힘과 시간의 관계: 충격량이 같을 때 충격력(힘)과 충돌 시간은 (❼   )함

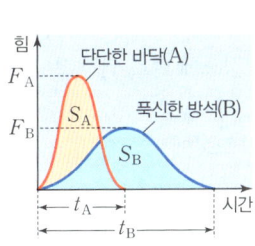

힘   단단한 바닥(A)   푹신한 방석(B)

그래프의 넓이	$S_A=S_B$
충격량의 크기	I_A(❽)I_B
충돌 시간	t_A(❾)t_B
평균 충격력의 크기	F_A(❿)F_B

(2) 안전장치의 원리

관성에 의한 피해를 줄이는 방법	충돌 시간을 길게 하여 힘을 줄이는 방법
• 승용차의 안전띠 • 유아용 안전 좌석	• 자전거 안장의 용수철 • 자동차 범퍼 • 자동차 에어백

Ⅲ-3 생명 시스템

15 생명 시스템과 화학 반응

1 생명 시스템의 기본 단위

(1) (❶   ): 생물의 구조적·기능적 기본 단위
(2) 동물 세포와 식물 세포의 구조

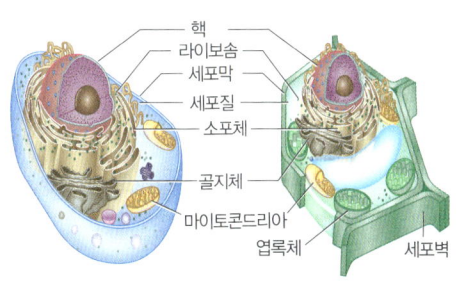

핵
라이보솜
세포막
세포질
소포체
골지체
마이토콘드리아
엽록체
세포벽

▲ 동물 세포   ▲ 식물 세포

(3) 세포소기관의 종류와 기능

핵	DNA가 있어 세포의 생명활동 조절
(❷)	세포호흡 장소 ➡ 에너지(ATP) 생성
(❸)	광합성 장소 ➡ 포도당 합성
(❹)	단백질의 합성 장소
(❺)	세포 내 물질의 이동 통로, 지질 합성
(❻)	물질의 저장과 분비
세포막	세포 안팎으로 물질 출입을 조절
세포벽	세포 보호, 세포 모양 유지

2 세포막의 구조: (❼   ) 2중층에 단백질이 파묻혀 있거나 관통하고 있는 구조로, 물질의 종류에 따라 물질을 투과시키는 정도가 다르다. ➡ (❽   )

3 세포막을 통한 물질의 이동

(1) 확산: 농도가 높은 쪽에서 낮은 쪽으로 분자가 퍼져나가는 현상

구분	인지질 2중층을 통한 확산	단백질을 통한 확산
확산 방식	산소 / 세포 밖 / 세포 안	포도당 / 세포 밖 / 단백질 / 세포 안
이동 물질	크기가 (❾) (❿) 물질	크기가 (⓫) (⓬) 물질

(2) 삼투: 세포막을 경계로 농도가 (⓭   ) 용액에서 농도가 (⓮   ) 용액으로 (⓯   )가 이동하는 현상

구분	세포 안보다 농도가 낮은 용액	세포 안보다 농도가 높은 용액
동물 세포	세포가 부풀다가 (⓰)다.	세포가 쭈그러든다.
식물 세포	세포가 팽팽해진다.	세포막이 세포벽에서 (⓱)된다.

4 물질대사와 효소

(1) **물질대사**: 생명체 내에서 일어나는 모든 화학 반응 ➡ 에너지 출입 동반, 효소 관여로 단계적 반응

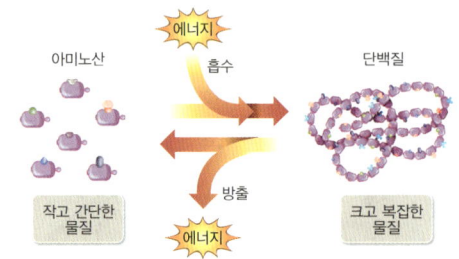

(2) **효소(생체 촉매)**

① (⑱   ): 생명체 내에서 일어나는 다양한 화학 반응에 관여해 생명활동을 돕는 것

② **효소의 작용**: 효소는 (⑲   )를 낮춰 물질대사 반응이 빠르고 쉽게 일어나도록 함

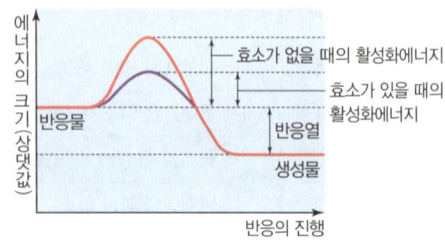

③ **효소의 특징**

• 주로 (⑳   )로 구성

• (㉑   ): 특정 반응물(기질)과만 결합

• **효소의 재사용**: 반응이 끝난 후 효소와 생성물이 분리되며, 효소는 다시 반응물과 결합하여 촉매 작용 반복 가능

(3) **과산화 수소 분해 반응**

효소가 없을 때	공기 중에서는 반응 속도가 느려 서서히 산소와 물로 분해
효소가 있을 때	효소인 (㉒)를 넣으면 과산화 수소의 분해 반응이 촉진되어 산소가 빠르게 발생

(4) **효소의 활용**

식품	된장, 고추장, 치즈, 포도주 등과 같은 식품을 만들 때 미생물이 가지고 있는 효소 활용
생활용품	세제에 단백질분해효소가 들어 있고, 치약에 탄수화물분해효소가 들어 있음
의약품	소화제, 혈전 용해제 등에 효소가 이용됨
환경정화 및 산업 현장	생활 하수 속의 오염 물질을 효소를 이용해 제거, 의류 및 화학 제품 생산 등에 효소가 이용됨

16 생명 시스템에서 정보의 흐름

1 유전자와 단백질

(1) **유전자**: 유전정보가 저장된 (❶   ) 상의 특정 부분

① 한 분자의 DNA에는 여러 개의 유전자가 들어 있음

② 유전자는 특정한 (❷   )의 합성에 대한 유전정보가 저장되어 있음

(2) **유전형질 발현**: 유전정보에 따라 합성된 단백질의 작용으로 유전(❸   )이 나타남

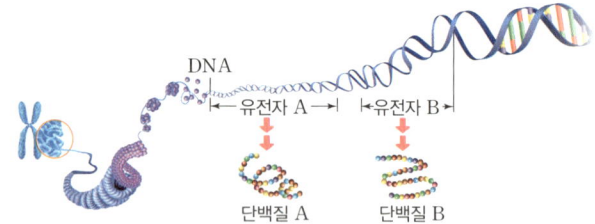

2 세포 내 유전정보의 흐름

(1) (❹   ): 세포 내에서 이루어지는 유전정보의 흐름을 설명하는 원리 ➡ 유전정보는 DNA → RNA → 단백질로 전달

(2) **유전정보**: 유전자를 이루는 DNA의 (❺   )에 저장

(3) **유전부호**

① (❻   ): DNA에서 아미노산 1 개를 지정하는 연속된 3 개의 염기

② (❼   ): RNA에서 아미노산 1 개를 지정하는 연속된 3 개의 염기로, 64 종류가 있음

③ **유전부호의 특징**: 지구상의 거의 모든 생명체는 동일한 유전부호를 사용함 ➡ 모든 생명체가 공통조상으로부터 진화해왔다는 진화의 증거가 됨

(4) **유전정보의 전달과 단백질합성**

① **전사**: (❽   )의 유전정보가 (❾   )로 전달되는 과정

• (❿   ) 안에서 DNA 염기서열과 상보적인 염기서열을 가진 RNA 합성

• 전사 과정에서 RNA는 타이민(T) 대신 (⑪   )을 사용

② (⑫   ): RNA의 유전정보에 따라 단백질이 합성되는 과정

• (⑬   )에서 RNA의 코돈에 따라 아미노산이 순서대로 결합하여 단백질이 합성

• RNA에서 연속된 3 개의 염기인 코돈은 하나의 (⑭   )을 지정

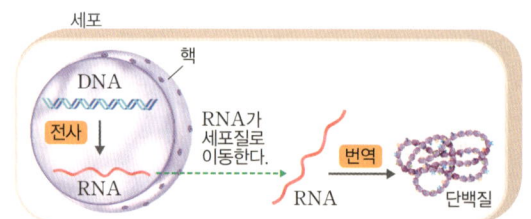

Ⅲ 시스템과 상호작용

01 그림 (가)는 높이에 따른 기권의 온도 분포를, (나)는 해수의 성층 구조를 나타낸 것이다.

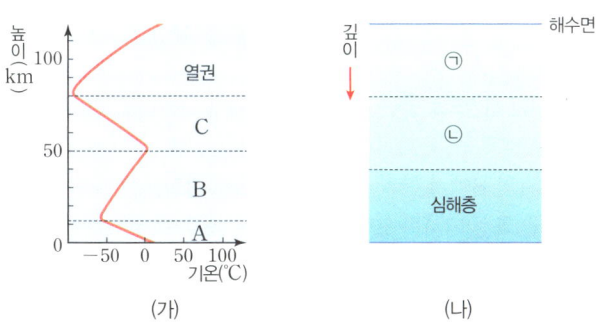

(가)   (나)

이에 대한 설명으로 옳은 것만을 〈보기〉에서 있는 대로 고른 것은?

〈보기〉
ㄱ. 기권과 수권 사이의 에너지 교환이 가장 활발한 층은 ㉠과 A 사이이다.
ㄴ. 대류 운동이 ㉡과 같은 특징을 보이는 층은 A와 C이다.
ㄷ. 기권에서 기상 현상은 A, B, C층에서 일어난다.

① ㄱ   ② ㄴ   ③ ㄱ, ㄷ   ④ ㄴ, ㄷ   ⑤ ㄱ, ㄴ, ㄷ

02 그림은 지구 시스템에서 물의 순환을 나타낸 것이다. 대기, 육지, 해양은 각각 물을 얻은 양과 잃은 양이 평형을 이룬다.

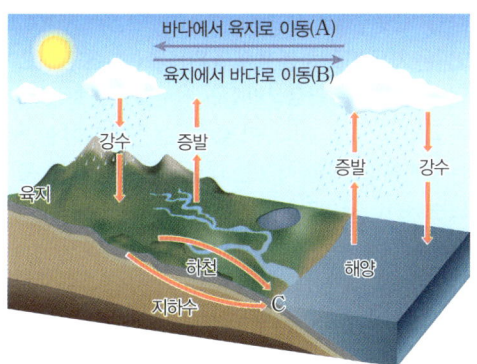

이에 대한 설명으로 옳은 것만을 〈보기〉에서 있는 대로 고른 것은?

〈보기〉
ㄱ. A의 양이 B의 양보다 많다.
ㄴ. C는 육지에서 지형의 변형을 일으킨다.
ㄷ. 물의 순환 과정에서 수권과 기권 사이의 에너지 이동이 일어난다.

① ㄱ   ② ㄷ   ③ ㄱ, ㄴ   ④ ㄴ, ㄷ   ⑤ ㄱ, ㄴ, ㄷ

03 그림은 지구시스템에서 탄소 순환 과정의 일부를 나타낸 것이다.

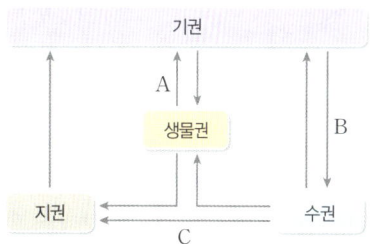

이에 대한 설명으로 옳은 것만을 〈보기〉에서 있는 대로 고른 것은?

〈보기〉
ㄱ. 호흡에 의한 탄소 이동은 A에 해당한다.
ㄴ. B를 거치면 탄소는 탄산 이온이 된다.
ㄷ. 화석 연료의 생성은 C에 해당한다.

① ㄱ   ② ㄷ   ③ ㄱ, ㄴ
④ ㄴ, ㄷ   ⑤ ㄱ, ㄴ, ㄷ

04 그림은 지구시스템 구성 요소의 상호작용을, 표는 상호작용 A와 B를 나타낸 것이다. (가)~(다)는 각각 기권, 수권, 지권 중 하나이다.

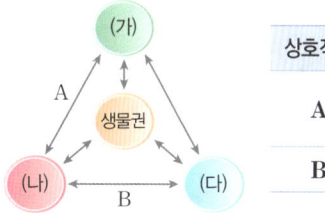

상호작용	예
A	빙하에 의한 U자곡 형성
B	태풍 발생

이에 대한 설명으로 옳은 것만을 〈보기〉에서 있는 대로 고른 것은?

〈보기〉
ㄱ. (가)는 지권이다.
ㄴ. 태양으로부터 오는 자외선의 차단은 (다)에서 일어난다.
ㄷ. '칼슘 이온과 탄산 이온의 흡수에 의한 산호의 성장'은 생물권과 (나)의 상호작용에 해당한다.

① ㄱ   ② ㄴ   ③ ㄱ, ㄷ
④ ㄴ, ㄷ   ⑤ ㄱ, ㄴ, ㄷ

난이도 상

05 그림은 전 세계 주요 판의 분포와 경계를 나타낸 것이다.

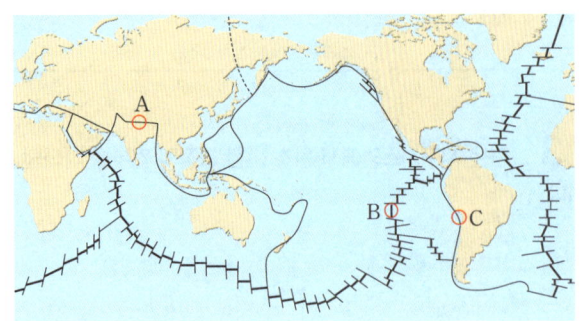

이에 대한 설명으로 옳은 것만을 〈보기〉에서 있는 대로 고른 것은?

〈보기〉
ㄱ. A에서는 두 대륙판이 수렴형 경계를 이룬다.
ㄴ. 나스카판은 B에서 생성되고, C에서 소멸한다.
ㄷ. 지진은 태평양 주변부보다 대서양 주변부에서 자주 발생한다.

① ㄱ   ② ㄷ   ③ ㄱ, ㄴ
④ ㄴ, ㄷ   ⑤ ㄱ, ㄴ, ㄷ

06 그림은 인도양 어느 지역에서 판의 경계와 진앙의 분포를 나타낸 것이다.

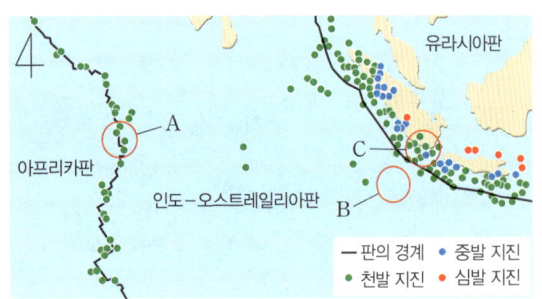

이에 대한 설명으로 옳은 것만을 〈보기〉에서 있는 대로 고른 것은?

〈보기〉
ㄱ. A에는 맨틀 대류의 상승부가 있다.
ㄴ. 화산 활동은 B보다 C에서 활발하게 일어난다.
ㄷ. B와 C 사이에는 북서 – 남동 방향의 열곡대가 발달한다.

① ㄱ   ② ㄷ   ③ ㄱ, ㄴ
④ ㄴ, ㄷ   ⑤ ㄱ, ㄴ, ㄷ

07 그림은 어느 해령 부근의 해저 지형을 나타낸 것이다.

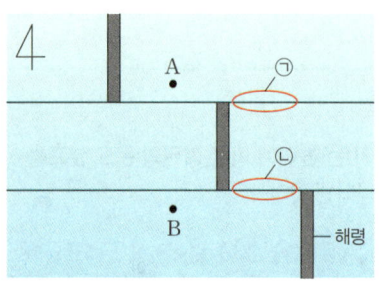

이에 대한 설명으로 옳은 것을 〈보기〉에서 있는 대로 고른 것은?

〈보기〉
ㄱ. A와 B에서 판의 이동 방향은 서로 같다.
ㄴ. ㉠과 ㉡에서는 모두 천발 지진이 자주 발생한다.
ㄷ. ㉠과 ㉡에서는 모두 화산 활동이 일어나지 않는다.

① ㄱ   ② ㄷ   ③ ㄱ, ㄴ
④ ㄴ, ㄷ   ⑤ ㄱ, ㄴ, ㄷ

08 그림은 자유 낙하 하는 물체의 위치를 0.5 초 간격으로 나타낸 것이다. 운동 경로상의 점 a, b, c를 지날 때 물체의 속력은 각각 v_a, v_b, v_c이다. 이 물체의 운동에 대한 설명으로 옳은 것만을 〈보기〉에서 있는 대로 고른 것은? (단, 중력 가속도는 10 m/s²이다.)

〈보기〉
ㄱ. 물체에 작용하는 중력의 크기는 a를 지날 때와 c를 지날 때가 같다.
ㄴ. $v_c - v_a = 10$ m/s이다.
ㄷ. $2v_b = v_a + v_c$이다.

① ㄱ   ② ㄷ   ③ ㄱ, ㄴ
④ ㄴ, ㄷ   ⑤ ㄱ, ㄴ, ㄷ

09 그림은 수평면으로부터 동일한 높이 h인 곳에서 물체 A를 가만히 놓는 순간 물체 B는 수평 방향으로 속력 v로 던지는 모습을 나타낸 것이다. A, B의 질량은 각각 $m, 2m$이다.

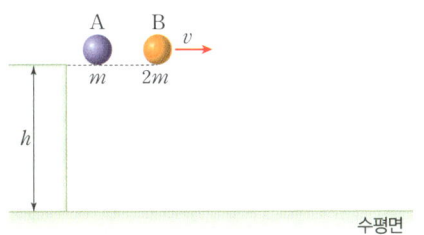

이에 대한 설명으로 옳은 것만을 〈보기〉에서 있는 대로 고른 것은? (단, 물체의 크기와 공기 저항은 무시한다.)

〈보기〉

ㄱ. 물체에 작용하는 알짜힘의 크기는 A가 B의 $\frac{1}{2}$ 배이다.

ㄴ. 같은 시간 동안 속도 변화량은 A와 B가 같다.

ㄷ. 수평면으로부터 A의 높이가 $\frac{1}{2}h$인 순간, 수평면으로부터 B의 높이는 $\frac{1}{2}h$보다 작다.

① ㄱ　　　　② ㄷ　　　　③ ㄱ, ㄴ
④ ㄴ, ㄷ　　　⑤ ㄱ, ㄴ, ㄷ

10 그림은 수평면으로부터 높이 L_0인 곳에서 수평 방향으로 10 m/s의 속력으로 던져진 물체가 수평 방향으로 거리 L_0만큼 이동하여 수평면에 도달한 모습을 나타낸 것이다.

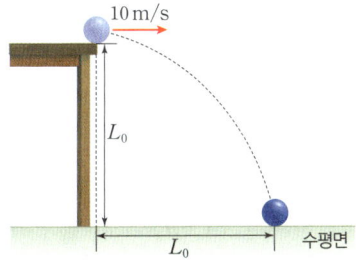

물체가 던져진 순간부터 수평면에 도달하는 데까지 걸린 시간은? (단, 중력 가속도는 10 m/s²이고, 물체의 크기와 공기 저항은 무시한다.)

① 1 초　　　　② 2 초　　　　③ 3 초
④ 4 초　　　　⑤ 5 초

11 다음은 물체의 운동에 대한 실험이다.

[실험 과정]

(가) 그림과 같이 발사 장치를 이용하여 같은 높이에서 쇠구슬 A를 가만히 놓는 순간 쇠구슬 B를 수평 방향으로 발사시킨다.

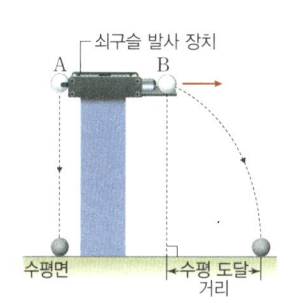

(나) A, B가 수평면에 도달할 때까지의 낙하 시간과 수평 도달 거리를 측정한다.

(다) (가)에서 B의 처음 속력만을 2 배로 하여 (나)를 반복한다.

[실험 결과]

과정	낙하 시간		B의 수평 도달 거리
	A	B	
(나)	t	㉠	L
(다)	t	㉡	㉢

이에 대한 설명으로 옳은 것만을 〈보기〉에서 있는 대로 고른 것은? (단, 쇠구슬의 크기와 공기 저항은 무시한다.)

〈보기〉

ㄱ. ㉠은 ㉡보다 작다.

ㄴ. ㉢은 $2L$이다.

ㄷ. B에 작용하는 중력의 크기는 (다)에서가 (나)에서보다 크다.

① ㄴ　　　　② ㄷ　　　　③ ㄱ, ㄴ
④ ㄱ, ㄷ　　　⑤ ㄴ, ㄷ

12 그림 (가)는 수평면에서 물체 A, B가 등속도 운동하는 모습을 나타낸 것이다. A, B의 질량은 각각 2 kg, 6 kg이고, 속력은 각각 4 m/s, 2 m/s이다. 그림 (나)는 A와 B가 충돌할 때 A가 B로부터 받은 힘의 크기를 시간에 따라 나타낸 것이다. 곡선이 시간 축과 이루는 넓이는 6 N·s이다.

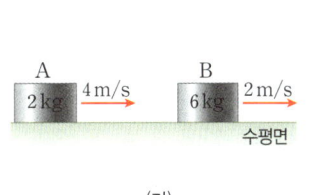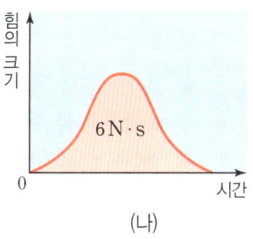

(가)　　　　　　　　　　　　(나)

A와 B가 충돌한 후, B의 속력은?

① 2 m/s　　　② 3 m/s　　　③ 4 m/s
④ 5 m/s　　　⑤ 6 m/s

13 그림과 같이 수평면에서 질량이 m으로 같은 물체 A, B가 각각 속력 v, $2v$로 등속도 운동하다가 벽에 충돌한 후 반대 방향으로 등속도 운동한다. 표는 A, B가 벽으로부터 받은 충격량의 크기와 충돌 시간을 나타낸 것이다.

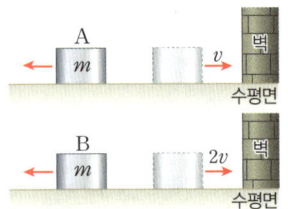

물체	벽으로부터 받은 충격량의 크기	충돌 시간
A	$\frac{3}{2}mv$	t_0
B	$3mv$	$2t_0$

이에 대한 설명으로 옳은 것만을 〈보기〉에서 있는 대로 고른 것은?

〈보기〉
ㄱ. 벽에 충돌 전 운동량의 크기는 A가 B보다 작다.
ㄴ. 충돌 후 속력은 B가 A의 2배이다.
ㄷ. 벽으로부터 받은 평균 힘의 크기는 A와 B가 같다.

① ㄱ ② ㄴ ③ ㄱ, ㄷ
④ ㄴ, ㄷ ⑤ ㄱ, ㄴ, ㄷ

14 그림과 같이 책상면으로부터 일정한 높이에서 빨대에 구슬을 넣고 수평 방향으로 불 때 구슬이 수평 방향으로 날아간 거리를 측정한다.

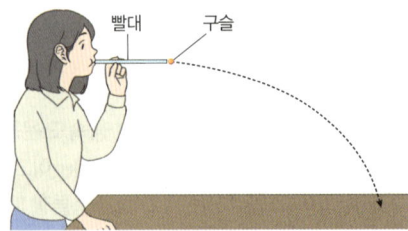

이에 대한 설명으로 옳은 것만을 〈보기〉에서 있는 대로 고른 것은?

〈보기〉
ㄱ. 빨대를 떠나는 순간 구슬의 운동량의 크기는 강하게 불 때가 약하게 불 때보다 크다.
ㄴ. 같은 세기로 불 때, 빨대의 길이가 짧을수록 빨대 속에서 구슬이 힘을 받는 시간이 길다.
ㄷ. 같은 세기로 불 때, 빨대의 길이가 길수록 구슬은 더 멀리 날아간다.

① ㄱ ② ㄴ ③ ㄱ, ㄷ
④ ㄴ, ㄷ ⑤ ㄱ, ㄴ, ㄷ

15 그림은 동물 세포의 구조를 나타낸 것이다. A~C는 핵, 골지체, 라이보솜을 순서 없이 나타낸 것이다.

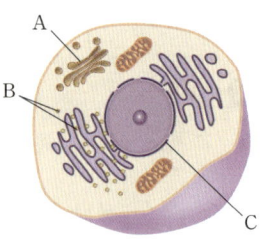

이에 대한 설명으로 옳은 것만을 〈보기〉에서 있는 대로 고른 것은?

〈보기〉
ㄱ. A는 유전정보에 따라 단백질을 합성한다.
ㄴ. B는 단백질을 세포 밖으로 분비하는 데 관여한다.
ㄷ. C에는 유전정보가 저장되어 있는 DNA가 있다.

① ㄱ ② ㄷ ③ ㄱ, ㄴ
④ ㄴ, ㄷ ⑤ ㄱ, ㄴ, ㄷ

16 그림은 세포막을 통한 물질 ⓐ와 ⓑ의 이동을 나타낸 것이다.

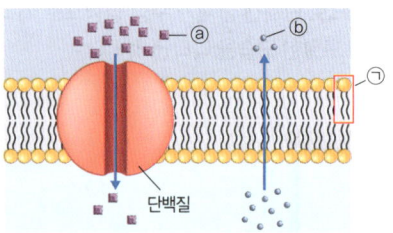

이에 대한 설명으로 옳은 것만을 〈보기〉에서 있는 대로 고른 것은?

〈보기〉
ㄱ. ㉠은 핵산에 속한다.
ㄴ. CO_2는 ⓐ와 ⓑ 중 ⓐ에 해당한다.
ㄷ. ⓐ와 ⓑ는 모두 세포막을 통해 확산된다.

① ㄱ ② ㄷ ③ ㄱ, ㄴ
④ ㄱ, ㄷ ⑤ ㄴ, ㄷ

17 그림은 어떤 효소에 의해 촉매되는 물질대사를 나타낸 것이다. A∼C는 각각 효소와 반응물 중 하나이다.

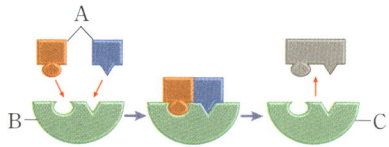

이에 대한 설명으로 옳은 것만을 〈보기〉에서 있는 대로 고른 것은?

〈보기〉
ㄱ. 이 효소는 동화작용을 촉매한다.
ㄴ. A와 B가 결합하면 A의 작용으로 활성화에너지가 감소한다.
ㄷ. C는 더 이상 A와 결합하지 않는다.

① ㄱ   ② ㄷ   ③ ㄱ, ㄴ
④ ㄱ, ㄷ   ⑤ ㄴ, ㄷ

18 다음은 감자에 들어 있는 효소를 이용한 과산화 수소 분해 실험이다.

(가) 시험관 A∼C에 각각 과산화 수소수를 3 mL씩 넣는다.
(나) A에는 가열하여 삶은 감자 조각을, B에는 생감자 조각을 각각 넣고, C에는 아무 것도 넣지 않는다.
(다) (나)의 결과 시험관 ㉠에서만 ⓐ 기포가 발생하였다. ㉠은 A∼C 중 하나이다.
(라) ⓐ의 발생이 끝난 ㉠에 과산화 수소수를 2 mL 더 넣는다.

이에 대한 설명으로 옳은 것만을 〈보기〉에서 있는 대로 고른 것은?

〈보기〉
ㄱ. ㉠은 A이다.
ㄴ. ⓐ에 꺼져가는 불씨를 넣으면 불씨가 살아나 다시 잘 타오른다.
ㄷ. (라) 과정의 ㉠에서 효소와 과산화 수소가 결합하는 현상이 일어난다.

① ㄱ   ② ㄷ   ③ ㄱ, ㄴ
④ ㄱ, ㄷ   ⑤ ㄴ, ㄷ

19 그림은 사람의 세포에서 일어나는 유전정보의 흐름을 나타낸 것이다. ㉠∼㉢은 각각 단백질, DNA, RNA 중 하나이다.

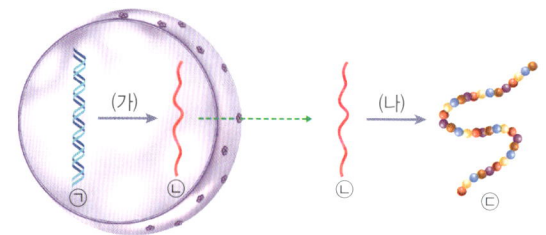

이에 대한 설명으로 옳은 것만을 〈보기〉에서 있는 대로 고른 것은?

〈보기〉
ㄱ. (가) 과정은 핵 안에서 일어난다.
ㄴ. ㉠의 기본 단위체의 종류가 ㉢의 기본 단위체의 종류보다 많다.
ㄷ. (나) 과정에서 펩타이드결합이 형성된다.

① ㄱ   ② ㄴ   ③ ㄱ, ㄷ
④ ㄴ, ㄷ   ⑤ ㄱ, ㄴ, ㄷ

난이도 **상**
20 표는 DNA 이중나선 중 전사에 사용되는 가닥과 RNA의 염기 조성을 나타낸 것이다. (가)와 (나)는 각각 전사에 이용되는 DNA 가닥과 RNA 중 하나이다.

(단위: %)

염기	A	G	T	C	U	계
(가)	㉠	31	0	㉡	19	100
(나)	㉢	㉣	23	31	0	100

이에 대한 설명으로 옳은 것만을 〈보기〉에서 있는 대로 고른 것은?

〈보기〉
ㄱ. (가)는 디옥시라이보스를 갖는다.
ㄴ. (나)는 유전정보를 전달하는 역할을 한다.
ㄷ. $\dfrac{㉠+㉡}{㉢+㉣}$은 1보다 크다.

① ㄱ   ② ㄷ   ③ ㄱ, ㄴ
④ ㄱ, ㄷ   ⑤ ㄴ, ㄷ

21 그림은 어느 대규모 화산이 분출하기 전후의 지구 평균 기온 편차를 나타낸 것이다.

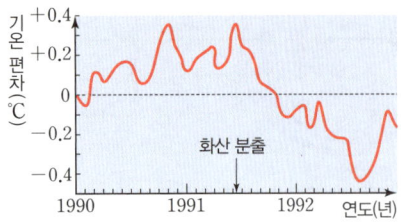

화산 분출이 지구 기온 변화에 영향을 준 까닭에 대해 서술하시오.

_____

_____

22 그림은 태평양 북동부 지역에 있는 판의 경계와 화산의 분포를 나타낸 것이다.

(1) A에 발달하는 지형의 이름을 쓰시오.

_____

(2) 이 지역의 두 판 중 밀도가 더 큰 판은 어느 것인지 쓰고, 판단의 근거를 서술하시오.

_____

_____

23 그림 (가)는 동일한 자동차 A, B의 충돌 실험을 나타낸 것으로, A, B에는 각각 동일한 인형이 운전석에 타고 있으며 A, B는 벽에 같은 속도로 충돌하여 정지한다. A는 에어백이 작동하였고, B는 에어백이 작동하지 않았다. 그림 (나)의 P, Q는 (가)의 자동차에 타고 있는 인형이 충돌 순간부터 정지할 때까지 받은 힘을 시간에 따라 순서 없이 나타낸 것이다. 곡선이 시간 축과 이루는 넓이는 S_0으로 같다.

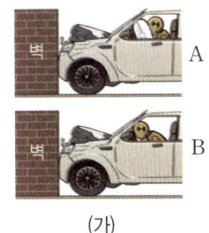
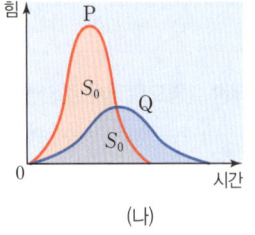

A에 타고 있는 인형이 받은 힘을 나타낸 그래프를 (나)에서 고르고, 그렇게 생각한 까닭을 서술하시오.

_____

_____

24 다음은 세포막을 통한 물질 이동에 대한 실험이다.

(가) 겉껍데기를 제거한 달걀 2 개의 질량을 각각 측정한 후 1 개는 증류수에, 다른 1 개는 10 % 소금물에 동시에 넣는다.

(나) 일정 시간 후 2 개의 달걀을 동시에 꺼내 질량을 각각 측정한다.

(다) 실험 결과가 표와 같이 나타났다. ㉠과 ㉡은 각각 증류수와 10 % 소금물 중 하나이다.

구분	달걀의 질량(g)	
	용액에 넣기 전	용액에 넣은 후
㉠에 넣었을 때	62.5	61.2
㉡에 넣었을 때	62.0	64.2

(1) ㉠과 ㉡ 중 증류수의 기호를 쓰시오.

_____

(2) 실험 결과 ㉠과 ㉡에 각각 넣었을 때 달걀의 질량이 서로 다르게 변한 까닭을 각각 서술하시오.

_____

_____

25 그림은 세포에서 일어나는 유전정보의 흐름을 나타낸 것이다. (가)~(다)는 각각 단백질, DNA, RNA 중 하나이고, ㉠~㉢은 각각 아데닌(A), 유라실(U), 타이민(T) 중 하나이다.

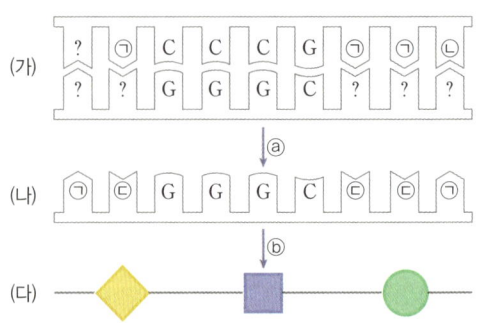

(1) ㉠~㉢의 명칭을 각각 쓰시오.

_____

(2) ⓐ와 ⓑ 과정에서 일어나는 유전정보의 흐름을 각각 서술하시오.

_____

_____

01 그림은 높이에 따른 기권의 온도 분포를 나타낸 것이다.

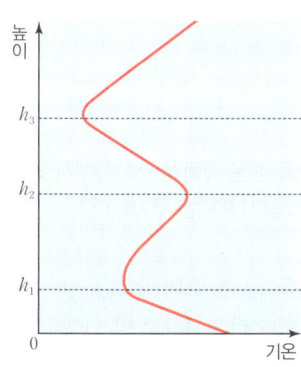

이에 대한 설명으로 옳은 것만을 〈보기〉에서 있는 대로 고른 것은?

〈보기〉
ㄱ. 물의 순환이 활발하게 일어나는 높이는 h_3까지이다.
ㄴ. 태양 복사의 자외선 흡수량이 가장 많은 구간은 $h_1 \sim h_2$이다.
ㄷ. 대기의 연직 운동은 $h_1 \sim h_2$ 구간보다 $h_2 \sim h_3$ 구간에서 잘 일어난다.

① ㄱ　　② ㄷ　　③ ㄱ, ㄴ
④ ㄴ, ㄷ　　⑤ ㄱ, ㄴ, ㄷ

02 표는 지권에서 성층 구조를 이루는 각 층의 특징을 나타낸 것이다. A, B, C는 지각, 외핵, 내핵 중 하나이다.

층	특징
A	고체 상태의 규산염 암석으로 이루어져 있다.
B	고체 상태의 철과 니켈로 이루어져 있다.
C	액체 상태의 철과 니켈로 이루어져 있다.

이에 대한 설명으로 옳은 것만을 〈보기〉에서 있는 대로 고른 것은?

〈보기〉
ㄱ. 맨틀의 구성 성분은 A보다 B에 가깝다.
ㄴ. 지표로부터의 거리가 가장 먼 층은 C이다.
ㄷ. 수권과의 상호작용이 가장 활발한 층은 A이다.

① ㄱ　　② ㄷ　　③ ㄱ, ㄴ
④ ㄴ, ㄷ　　⑤ ㄱ, ㄴ, ㄷ

03 그림은 지구시스템에서 탄소의 순환을 나타낸 것이다.

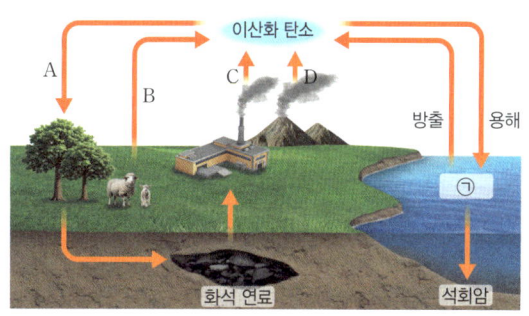

이에 대한 설명으로 옳은 것만을 〈보기〉에서 있는 대로 고른 것은?

〈보기〉
ㄱ. '탄산 이온'은 ㉠에 해당한다.
ㄴ. A는 호흡, B는 광합성이다.
ㄷ. C와 D로 방출하는 에너지의 근원은 지구 내부 에너지이다.

① ㄱ　　② ㄷ　　③ ㄱ, ㄴ
④ ㄴ, ㄷ　　⑤ ㄱ, ㄴ, ㄷ

04 그림은 태평양과 인도양에서 판의 분포와 경계를 나타낸 것이다.

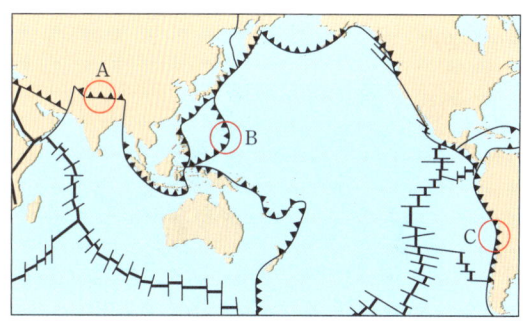

A, B, C 지역에 대한 설명으로 옳은 것만을 〈보기〉에서 있는 대로 고른 것은?

〈보기〉
ㄱ. A, B, C 모두 지하에 맨틀 대류의 하강류가 있다.
ㄴ. 화산 활동은 A보다 B에서 활발하다.
ㄷ. 인접한 두 판의 밀도 차는 C가 가장 크다.

① ㄱ　　② ㄷ　　③ ㄱ, ㄴ
④ ㄴ, ㄷ　　⑤ ㄱ, ㄴ, ㄷ

05 그림은 두 해양판 A와 B의 경계 부근에서 판의 이동 방향을, 표의 (가)와 (나)는 판의 이동 속력이 서로 다른 두 가지 경우를 나타낸 것이다.

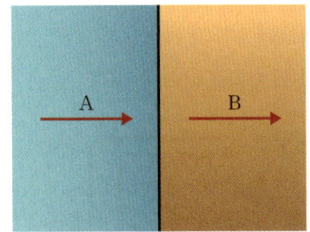

구분	이동 속력
(가)	A>B
(나)	B>A

이에 대한 설명으로 옳은 것만을 〈보기〉에서 있는 대로 고른 것은?

보기

ㄱ. (가)는 판의 경계 부근에 열곡이 형성된다.
ㄴ. (나)는 판의 경계에서 새로운 해양 지각이 형성된다.
ㄷ. 판의 경계 부근에서 진원의 평균적인 깊이는 (가)가 (나)보다 깊다.

① ㄱ   ② ㄷ   ③ ㄱ, ㄴ
④ ㄴ, ㄷ   ⑤ ㄱ, ㄴ, ㄷ

06 그림은 어느 지역에서 발생한 지진의 진앙 위치와 진원 깊이를 나타낸 것이다.

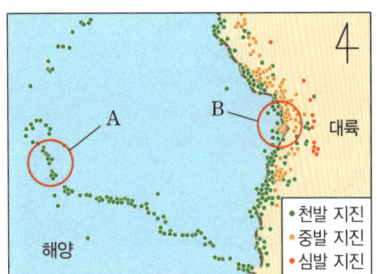

이에 대한 설명으로 옳은 것만을 〈보기〉에서 있는 대로 고른 것은?

보기

ㄱ. 해양 지각은 A에서 생성되고, B에서 소멸된다.
ㄴ. A에는 충돌형 경계, B에는 섭입형 경계가 형성된다.
ㄷ. 화산 활동은 B의 서쪽보다 동쪽에서 활발하게 일어난다.

① ㄱ   ② ㄴ   ③ ㄱ, ㄷ
④ ㄴ, ㄷ   ⑤ ㄱ, ㄴ, ㄷ

07 그림은 같은 높이의 시작점에서 동시에 수평 방향으로 던져진 물체 A와 B의 위치를 일정한 시간 간격으로 나타낸 것이다.

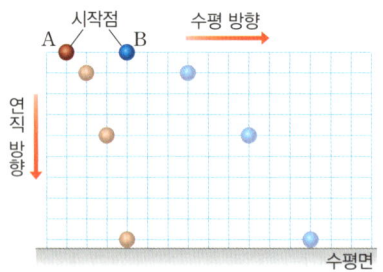

이에 대한 설명으로 옳은 것만을 〈보기〉에서 있는 대로 고른 것은? (단, 물체의 크기와 공기 저항은 무시한다.)

보기

ㄱ. 물체에 작용하는 중력의 방향은 A와 B가 같다.
ㄴ. 수평 방향의 속력은 B가 A의 2배이다.
ㄷ. 낙하하는 동안 연직 방향의 속력은 항상 B가 A보다 크다.

① ㄱ   ② ㄴ   ③ ㄷ
④ ㄱ, ㄴ   ⑤ ㄱ, ㄷ

08 그림과 같이 수평면으로부터의 높이가 같은 두 지점에서 공 A, B를 수평 방향으로 각각 10 m/s, v의 속력으로 던졌다. A, B의 수평 도달 거리는 각각 20 m, 40 m이다.

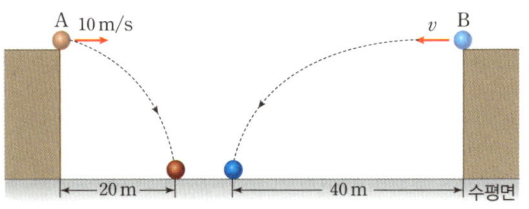

v는? (단, 물체의 크기와 공기 저항은 무시한다.)

① 5 m/s   ② 10 m/s   ③ 15 m/s
④ 20 m/s   ⑤ 25 m/s

◑ 정답과 해설 **70**쪽

09 그림은 지구 표면 위의 같은 높이에서 수평 방향으로 발사된 대포알 A, B, C의 운동 경로를 나타낸 것이다. C의 발사 속력은 v 이고, 발사된 C는 원 궤도를 따라 운동한다.

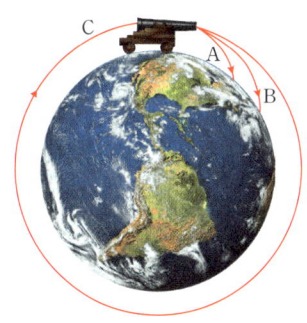

이에 대한 설명으로 옳은 것만을 〈보기〉에서 있는 대로 고른 것은? (단, 지구는 구이며, 공기 저항은 무시한다.)

〈보기〉
ㄱ. 수평 방향으로 발사된 속력은 A가 B보다 작다.
ㄴ. 대포알이 운동하는 동안, 가속도의 크기는 B가 C보다 작다.
ㄷ. C를 수평 방향으로 v보다 큰 속력으로 발사시키면, C 는 등속 직선 운동을 한다.

① ㄱ   ② ㄴ   ③ ㄷ
④ ㄱ, ㄴ   ⑤ ㄱ, ㄷ

10 그림은 빗면의 점 A에 가만히 놓은 물체가 레일 상의 점 B, C, D, E를 차례로 지나며 운동하는 것을 나타낸 것이다.

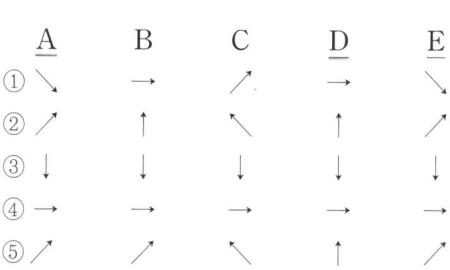

A∼E에서 물체에 작용하는 중력의 방향을 나타낸 것으로 가장 적절한 것은?

	A	B	C	D	E
①	↘	→	↗	→	↘
②	↗	↑	↖	↑	↗
③	↓	↓	↓	↓	↓
④	→	→	→	→	→
⑤	↗	↗	↖	↑	↗

11 그림은 자유 낙하 운동 하는 물체 A와 수평 방향으로 던져진 물체 B의 위치를 같은 시간 간격으로 나타낸 것이다.

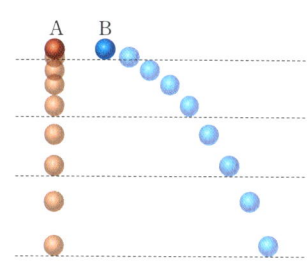

A와 B의 운동을 나타낸 것으로 옳은 것은?

	A	B의 수평 방향	B의 연직 방향
①	등속도 운동	등속도 운동	등속도 운동
②	등속도 운동	등가속도 운동	등가속도 운동
③	등가속도 운동	등속도 운동	등속도 운동
④	등가속도 운동	등속도 운동	등가속도 운동
⑤	등가속도 운동	등가속도 운동	등가속도 운동

12 그림은 수평면에서 직선 운동하는 물체의 운동량을 시간에 따라 나타낸 것이다. 물체의 질량은 2 kg이다.

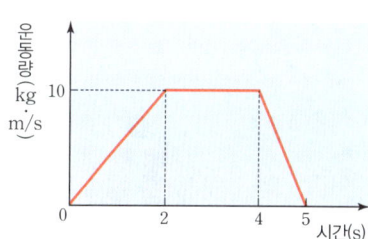

이에 대한 설명으로 옳은 것만을 〈보기〉에서 있는 대로 고른 것은?

〈보기〉
ㄱ. 0 초부터 2 초까지 물체가 받은 충격량의 크기는 5 N·s이다.
ㄴ. 3 초일 때, 물체의 속력은 5 m/s이다.
ㄷ. 4 초부터 5 초까지 물체에 작용한 평균 힘의 크기는 10 N이다.

① ㄱ   ② ㄴ   ③ ㄷ
④ ㄱ, ㄷ   ⑤ ㄴ, ㄷ

13 그림은 마찰이 없는 수평면에서 정지해 있는 질량이 2 kg인 물체 B를 향해 질량이 3 kg인 물체 A가 일정한 속력으로 직선 운동하는 것을 나타낸 것이다. 충돌한 후 A는 충돌 전과 같은 방향으로 2 m/s의 속력으로 운동하고 B는 v의 속력으로 운동한다.

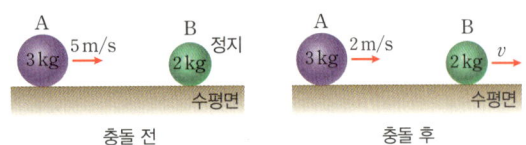

A
5 m/s
3 kg

B 정지
2 kg

수평면

충돌 전

A
2 m/s
3 kg

B
2 kg v

수평면

충돌 후

이에 대한 설명으로 옳은 것만을 〈보기〉에서 있는 대로 고른 것은?

보기

ㄱ. 충돌 과정에서 B가 A로부터 받은 충격량의 크기는 9 N·s이다.
ㄴ. A가 B에 충돌할 때, A가 B로부터 받은 충격량의 방향은 충돌 전 A의 운동 방향과 같다.
ㄷ. $v=4$ m/s이다.

① ㄱ ② ㄴ ③ ㄷ
④ ㄱ, ㄷ ⑤ ㄴ, ㄷ

난이도 **상**

15 그림 (가)와 (나)는 양파 표피세포를 농도가 다른 소금물에 각각 넣고 일정 시간이 지났을 때의 모습을 나타낸 것이다.

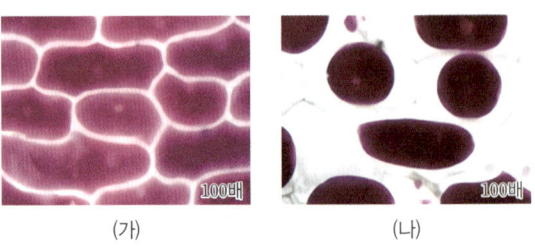

(가) 100배 (나) 100배

이에 대한 설명으로 옳은 것만을 〈보기〉에서 있는 대로 고른 것은?

보기

ㄱ. 농도가 더 높은 소금물에 넣은 경우는 (가)이다.
ㄴ. (나)에서 양파 표피세포의 세포막이 세포벽에서 분리되었다.
ㄷ. 세포막은 물질의 종류에 따라 투과시키는 정도가 다르다.

① ㄱ ② ㄴ ③ ㄱ, ㄷ
④ ㄴ, ㄷ ⑤ ㄱ, ㄴ, ㄷ

14 그림은 물질 A와 B가 세포막을 통해 확산하는 모습을 나타낸 것이다.

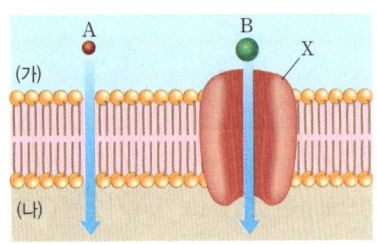

A

B X

(가)

(나)

이에 대한 설명으로 옳은 것만을 〈보기〉에서 있는 대로 고른 것은?

보기

ㄱ. A의 농도는 (가)에서가 (나)에서보다 높다.
ㄴ. 포도당은 B에 해당한다.
ㄷ. 이산화 탄소는 X를 통해 세포막을 통과한다.

① ㄱ ② ㄷ ③ ㄱ, ㄴ
④ ㄴ, ㄷ ⑤ ㄱ, ㄴ, ㄷ

16 그림은 세포에서 일어나는 물질대사 (가)와 (나)를 나타낸 것이다.

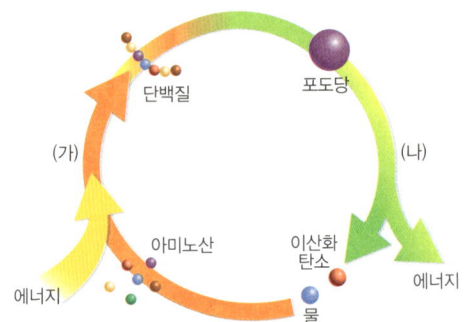

단백질 포도당

(가) (나)

아미노산 이산화 탄소

에너지 에너지

물

이에 대한 설명으로 옳은 것만을 〈보기〉에서 있는 대로 고른 것은?

보기

ㄱ. (가)에서 생성물의 에너지는 반응물의 에너지보다 크다.
ㄴ. (나)에서 물질의 합성이 일어난다.
ㄷ. (가)와 (나)에 모두 효소가 관여한다.

① ㄱ ② ㄴ ③ ㄷ
④ ㄱ, ㄷ ⑤ ㄴ, ㄷ

● 정답과 해설 70쪽

17 그림은 과산화 수소가 분해되는 반응에서 카탈레이스가 있을 때와 없을 때의 에너지 변화를 나타낸 것이다.

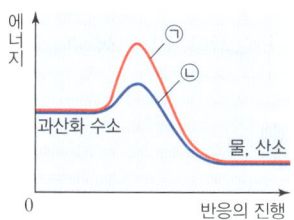

이에 대한 설명으로 옳은 것만을 〈보기〉에서 있는 대로 고른 것은?

〈보기〉

ㄱ. ㉠은 카탈레이스가 있을 때의 에너지 변화이다.
ㄴ. 이 반응의 활성화에너지는 ㉠에서가 ㉡에서보다 크다.
ㄷ. 카탈레이스는 활성화에너지를 높인다.

① ㄱ　　　② ㄴ　　　③ ㄷ
④ ㄱ, ㄷ　　⑤ ㄴ, ㄷ

18 그림은 세포에서의 유전정보 흐름을 나타낸 것이다.

이에 대한 설명으로 옳은 것만을 〈보기〉에서 있는 대로 고른 것은?

〈보기〉

ㄱ. (가)는 전사이다.
ㄴ. (나)는 라이보솜에서 일어난다.
ㄷ. ㉠의 기본 단위체는 아미노산이다.

① ㄱ　　　② ㄷ　　　③ ㄱ, ㄴ
④ ㄴ, ㄷ　　⑤ ㄱ, ㄴ, ㄷ

난이도 상

19 그림은 어떤 세포에서 일어나는 유전정보의 흐름을, 표는 일부 코돈이 지정하는 아미노산을 나타낸 것이다.

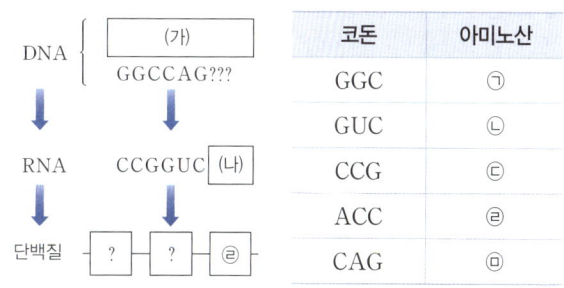

코돈	아미노산
GGC	㉠
GUC	㉡
CCG	㉢
ACC	㉣
CAG	㉤

이에 대한 설명으로 옳은 것만을 〈보기〉에서 있는 대로 고른 것은? (단, 돌연변이는 고려하지 않는다.)

〈보기〉

ㄱ. (가)에서 구아닌(G)의 수는 4이다.
ㄴ. (나)의 염기서열은 ACC이다.
ㄷ. 단백질의 아미노산 배열 순서는 ㉠ – ㉤ – ㉣이다.

① ㄱ　　　② ㄴ　　　③ ㄱ, ㄷ
④ ㄴ, ㄷ　　⑤ ㄱ, ㄴ, ㄷ

20 그림은 어떤 식물에서 유전자 ㉠의 작용으로 붉은 꽃이 표현되기까지의 과정 일부를 나타낸 것이다.

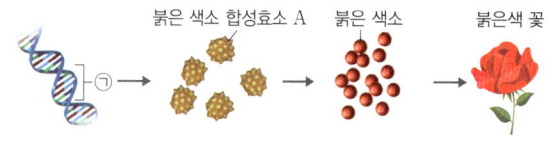

이에 대한 설명으로 옳은 것만을 〈보기〉에서 있는 대로 고른 것은?

〈보기〉

ㄱ. ㉠은 유전정보를 전달하는 RNA의 특정 부분이다.
ㄴ. A의 주성분은 단백질이다.
ㄷ. ㉠에 저장된 유전정보에 따라 A가 합성된다.

① ㄱ　　　② ㄷ　　　③ ㄱ, ㄴ
④ ㄴ, ㄷ　　⑤ ㄱ, ㄴ, ㄷ

21 그림은 과거 약 40년 동안 남극 상공의 오존 농도가 (가)에서 (나)로 변한 모습을 나타낸 것이다. 그림에서 붉은색은 오존 농도가 높은 영역이고, 푸른색은 오존 농도가 낮은 영역이다.

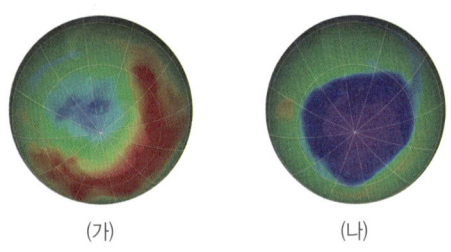

(가)   (나)

(가)에서 (나)로의 변화가 지속될 때 일어나는 변화에 대해 ㉠, ㉡의 순서로 서술하시오.

> ㉠ 성층권에서의 오존층 두께 변화
> ㉡ ㉠의 변화가 연쇄적으로 일으키는 외권과 기권, 외권과 지권의 상호작용 변화

_____

_____

22 그림은 깊이 약 400 km까지 지권의 구조를 나타낸 것이다.

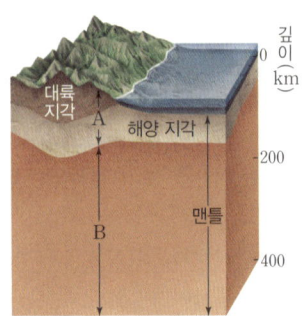

A, B의 명칭을 각각 쓰고, A가 이동하는 까닭에 대해 서술하시오.

_____

_____

23 그림은 동일한 높이에서 수평 방향으로 던져진 물체 A, B, C의 운동 경로를 나타낸 것이다. A, B, C의 질량은 같다. 물체가 수평 방향으로 발사되는 순간부터 지면에 닿을 때까지 수평 방향으로 이동한 거리는 C가 가장 크고 A가 가장 작다. (단, 공기 저항은 무시한다.)

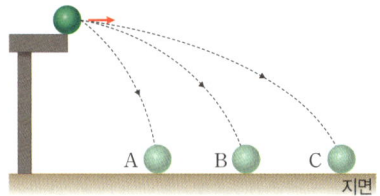

(1) A, B, C의 수평 방향의 속력을 각각 v_A, v_B, v_C라고 할 때, 수평 방향의 속력을 비교하고, 그 까닭을 서술하시오.

_____

_____

(2) A, B, C가 모두 같은 물리량 **두 가지**를 쓰시오.

_____

24 그림은 효소 X의 작용을 나타낸 것이다.

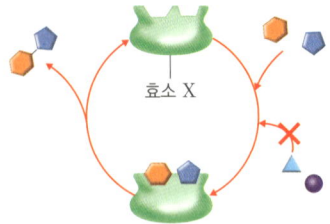

효소 X

이 자료에서 알 수 있는 효소의 특성을 **두 가지** 서술하시오.

_____

_____

25 그림은 정상 적혈구와 낫모양적혈구의 헤모글로빈 유전자의 DNA 염기서열 일부를 나타낸 것이다.

구분	정상 적혈구	낫모양적혈구
DNA의 염기서열 일부	……CTT…… ……GAA……	……CAT…… ……GTA……
적혈구 모양		

낫모양적혈구가 만들어지는 까닭을 세포 내 유전정보의 흐름과 관련지어 서술하시오.

_____

_____

Ⅲ 시스템과 상호작용

01 다음은 지구시스템의 두 권역 (가), (나)의 주요 역할에 대한 설명이다.

> (가) 이산화 탄소와 수증기가 온실 효과를 일으켜 지구를 보온하고, 생물의 광합성과 호흡에 필요한 기체를 제공한다.
>
> (나) ⊙ 태양 에너지를 저장하여 지구의 온도를 일정하게 유지하고, 생명체에게 필수적인 물을 제공한다.

이에 대한 설명으로 옳은 것만을 〈보기〉에서 있는 대로 고른 것은?

> **보기**
> ㄱ. (가)와 (나)는 생물에게 서식처를 제공한다.
> ㄴ. (가)와 (나)는 연직 밀도 분포에 따라 성층 구조를 이룬다.
> ㄷ. ⊙의 양은 육지보다 바다에서 많다.

① ㄱ   ② ㄴ   ③ ㄱ, ㄷ
④ ㄴ, ㄷ   ⑤ ㄱ, ㄴ, ㄷ

02 그림은 위도에 따른 해수의 성층 구조를 나타낸 것이다.

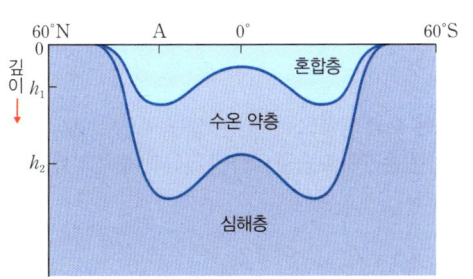

이에 대한 설명으로 옳은 것만을 〈보기〉에서 있는 대로 고른 것은?

> **보기**
> ㄱ. A 해역은 적도 해역보다 바람이 강하게 분다.
> ㄴ. A 해역에서 해수의 연직 운동은 깊이 h_1보다 h_2에서 잘 일어난다.
> ㄷ. 60 °S 해역에서 혼합층이 형성되지 않는 것은 바람이 불지 않기 때문이다.

① ㄱ   ② ㄷ   ③ ㄱ, ㄴ
④ ㄴ, ㄷ   ⑤ ㄱ, ㄴ, ㄷ

03 그림은 지구시스템에서 물의 순환을 나타낸 것이다.

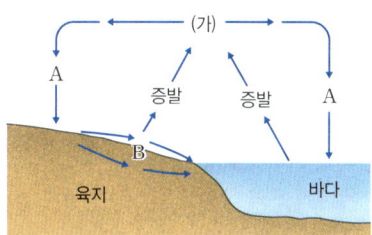

이에 대한 설명으로 옳은 것만을 〈보기〉에서 있는 대로 고른 것은?

> **보기**
> ㄱ. A 과정은 태양 에너지를 흡수하여 일어난다.
> ㄴ. 석회 동굴은 B 과정에서 만들어진다.
> ㄷ. 태풍의 이동은 (가)의 수증기를 운반하는 역할을 한다.

① ㄱ   ② ㄷ   ③ ㄱ, ㄴ
④ ㄴ, ㄷ   ⑤ ㄱ, ㄴ, ㄷ

04 다음은 어느 지진 해일(쓰나미)에 대한 설명이다.

> ○ 월 ○ 일 인도양 해저에서 규모가 큰 지진이 발생했고, 이 과정에서 ⊙ 수십 cm의 파도가 생겼다. 이 파도는 인도양 전역으로 퍼지면서 ⓛ 해저면의 영향으로 점차 그 높이가 높아졌고, 해안에 도달했을 때는 10 m가 넘는 파도로 발달하였다. 지진이 발생한 해역은 수 km ~수백 km 깊이에서 지진이 자주 발생하는 곳으로 알려져 있다.

이에 대한 설명으로 옳은 것만을 〈보기〉에서 있는 대로 고른 것은?

> **보기**
> ㄱ. ⊙의 에너지원은 조력 에너지이다.
> ㄴ. ⓛ은 지권과 수권의 상호작용에 의해 일어났다.
> ㄷ. 이 지진이 발생한 해역은 판의 발산형 경계에 속한다.

① ㄱ   ② ㄴ   ③ ㄱ, ㄷ
④ ㄴ, ㄷ   ⑤ ㄱ, ㄴ, ㄷ

05 그림은 어느 지역에서 판의 분포와 경계를 나타낸 것이다.

이에 대한 설명으로 옳은 것만을 〈보기〉에서 있는 대로 고른 것은?

〈보기〉
ㄱ. 판의 밀도는 A의 판이 C의 판보다 작다.
ㄴ. C 부근에는 해구와 나란하게 호상 열도가 형성된다.
ㄷ. B에서 C로 갈수록 해양 지각의 연령이 증가한다.

① ㄱ   ② ㄴ   ③ ㄱ, ㄷ
④ ㄴ, ㄷ   ⑤ ㄱ, ㄴ, ㄷ

06 그림은 아프리카 대륙 동쪽에서 판의 이동 방향과 경계를 나타낸 것이다.

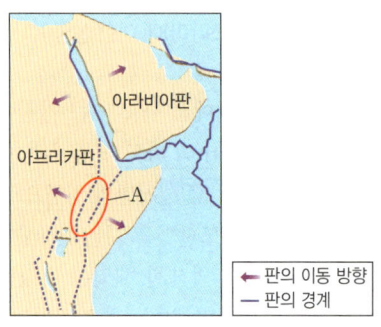

A 지역에 대한 설명으로 옳은 것만을 〈보기〉에서 있는 대로 고른 것은?

〈보기〉
ㄱ. 좁고 긴 열곡대가 발달한다.
ㄴ. 지하에 맨틀 대류의 상승부가 있다.
ㄷ. 판의 이동이 계속된다면 좁고 긴 바다가 형성된다.

① ㄱ   ② ㄴ   ③ ㄱ, ㄷ
④ ㄴ, ㄷ   ⑤ ㄱ, ㄴ, ㄷ

난이도 상

07 그림은 남태평양과 그 주변부에서 발생한 지진을 진원의 깊이에 따라 구분하여 나타낸 것이다.

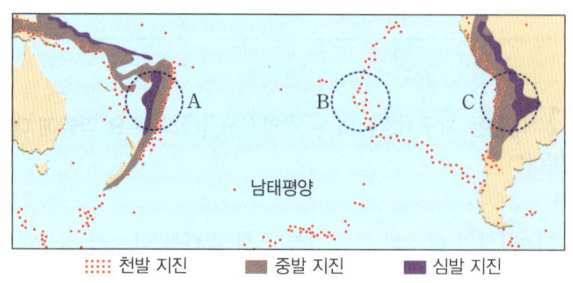

이에 대한 설명으로 옳은 것만을 〈보기〉에서 있는 대로 고른 것은?

〈보기〉
ㄱ. 해양 지각은 A에서 생성되고, B에서 소멸된다.
ㄴ. 인접한 두 판의 밀도 차는 B가 C보다 크다.
ㄷ. C에서는 대륙 쪽에 습곡 산맥이 발달한다.

① ㄱ   ② ㄷ   ③ ㄱ, ㄴ
④ ㄴ, ㄷ   ⑤ ㄱ, ㄴ, ㄷ

08 그림은 수평 방향으로 5 m/s의 속력으로 던져진 물체가 지면에 도달하는 순간의 모습을 나타낸 것이다. 물체의 수평 이동 거리는 30 m이다.

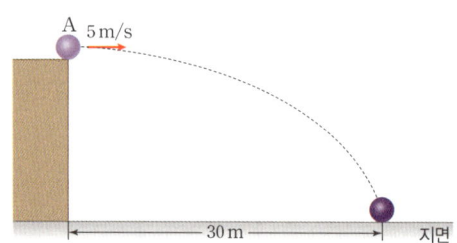

물체를 수평 방향으로 던진 순간부터 지면에 도달할 때까지 걸린 시간은? (단, 중력 가속도는 10 m/s²이고, 물체의 크기와 공기 저항은 무시한다.)

① 3 초   ② 4 초   ③ 5 초
④ 6 초   ⑤ 7 초

09 그림은 물체 A를 수평 방향으로 속력 v로 던지는 순간, A와 같은 높이에서 물체 B를 가만히 놓았더니 점 P에서 충돌한 것을 나타낸 것이다. 질량은 A가 B보다 크다.

이에 대한 설명으로 옳은 것만을 〈보기〉에서 있는 대로 고른 것은? (단, 물체의 크기와 공기 저항은 무시한다.)

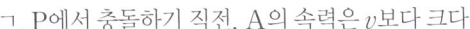

〈보기〉
ㄱ. P에서 충돌하기 직전, A의 속력은 v보다 크다.
ㄴ. P에서 충돌하기 직전, 가속도의 크기는 A가 B보다 크다.
ㄷ. A를 수평 방향으로 v보다 큰 속력으로 던지면, A와 B는 P보다 높은 지점에서 충돌한다.

① ㄱ   ② ㄴ   ③ ㄷ
④ ㄱ, ㄴ   ⑤ ㄱ, ㄷ

10 그림 (가), (나)는 각각 공기가 채워진 유리병과 진공 상태의 유리병 내에서 동일한 깃털과 쇠구슬을 동시에 떨어뜨리는 것을 나타낸 것이다. (가)에서는 쇠구슬이 깃털보다 먼저 떨어지고, (나)에서는 깃털과 쇠구슬이 동시에 떨어진다.

(가)   (나)

이에 대한 설명으로 옳은 것만을 〈보기〉에서 있는 대로 고른 것은?

〈보기〉
ㄱ. (가)에서 가속도의 크기는 깃털이 쇠구슬보다 크다.
ㄴ. (나)에서 깃털과 쇠구슬에 작용하는 중력의 방향은 같다.
ㄷ. 깃털에 작용하는 중력의 크기는 (가)에서가 (나)에서보다 작다.

① ㄱ   ② ㄴ   ③ ㄷ
④ ㄱ, ㄴ   ⑤ ㄴ, ㄷ

11 그림은 태양 주위를 타원 궤도를 따라 공전하는 행성을 나타낸 것이다. 점 a, b는 각각 근일점, 원일점이다.

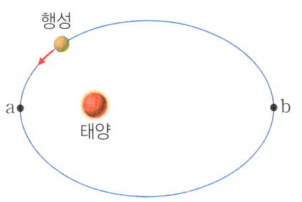

이에 대한 설명으로 옳은 것만을 〈보기〉에서 있는 대로 고른 것은?

〈보기〉
ㄱ. 행성에 작용하는 중력의 크기는 a에서가 b에서보다 크다.
ㄴ. 행성에 작용하는 중력의 방향은 a에서와 b에서가 같다.
ㄷ. 행성이 태양에 작용하는 중력의 크기는 태양이 행성에 작용하는 중력의 크기보다 크다.

① ㄱ   ② ㄴ   ③ ㄷ
④ ㄱ, ㄴ   ⑤ ㄴ, ㄷ

12 그림 (가)는 마찰이 없는 수평면에서 2 m/s의 일정한 속력으로 직선 운동하는 물체를 나타낸 것이다. 그림 (나)는 물체의 운동 방향으로 힘 F를 작용한 순간부터 F의 크기를 시간에 따라 나타낸 것이다.

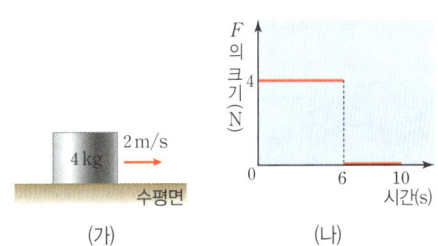

(가)   (나)

이에 대한 설명으로 옳은 것만을 〈보기〉에서 있는 대로 고른 것은?

〈보기〉
ㄱ. (가)에서 물체의 운동량의 크기는 8 kg·m/s이다.
ㄴ. 물체의 운동량의 크기는 6초일 때가 3초일 때의 2배이다.
ㄷ. 0초부터 6초까지 물체가 받은 충격량의 크기는 24 N·s이다.

① ㄱ   ② ㄴ   ③ ㄷ
④ ㄱ, ㄷ   ⑤ ㄴ, ㄷ

13 그림 (가)는 마찰이 없는 수평면에서 물체 A, B가 같은 속력 v로 운동하다가 A는 벽과 충돌한 후 반대 방향으로 운동하고, B는 벽과 충돌한 후 정지한 모습을 나타낸 것이다. A, B의 질량은 각각 $2m$, m이다. 그림 (나)는 A, B가 벽과 충돌하는 순간부터 A와 B가 벽으로부터 받은 힘의 크기를 시간에 따라 나타낸 것이다. 곡선과 시간 축이 만드는 넓이는 A가 $3S$, B가 S이다.

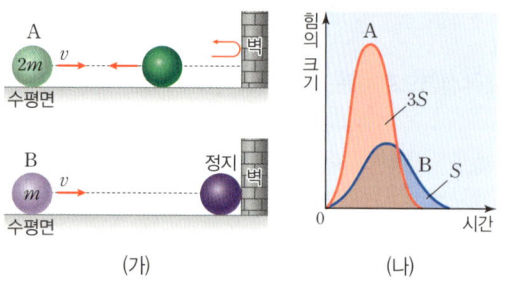

(가)   (나)

이에 대한 설명으로 옳은 것만을 〈보기〉에서 있는 대로 고른 것은?

보기

ㄱ. $S=mv$이다.

ㄴ. A가 벽에 충돌하는 과정에서 A가 벽으로부터 받은 충격량의 크기는 벽이 A로부터 받은 충격량의 크기와 같다.

ㄷ. 벽과 충돌한 후 A의 속력은 $\frac{1}{3}v$이다.

① ㄱ   ② ㄷ   ③ ㄱ, ㄴ
④ ㄴ, ㄷ   ⑤ ㄱ, ㄴ, ㄷ

14 그림은 세포 (가)와 (나)의 구조를 나타낸 것이다. (가)와 (나)는 각각 식물 세포와 동물 세포 중 하나이고, ㉠~㉢은 각각 마이토콘드리아, 엽록체, 핵 중 하나이다.

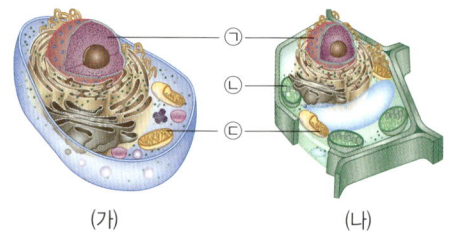

(가)   (나)

이에 대한 설명으로 옳은 것만을 〈보기〉에서 있는 대로 고른 것은?

보기

ㄱ. ㉠은 세포의 생명활동을 조절한다.

ㄴ. ㉡은 세포호흡이 일어나는 장소이다.

ㄷ. ㉢의 존재 유무로 동물 세포와 식물 세포를 구분할 수 있다.

① ㄱ   ② ㄷ   ③ ㄱ, ㄴ
④ ㄴ, ㄷ   ⑤ ㄱ, ㄴ, ㄷ

15 그림은 세포막의 구조를 나타낸 것이다.

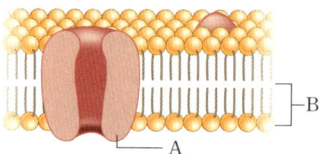

이에 대한 설명으로 옳은 것만을 〈보기〉에서 있는 대로 고른 것은?

보기

ㄱ. A의 기본 단위체는 아미노산이다.

ㄴ. A는 세포막에서 위치가 고정되어 있다.

ㄷ. 세포막에서 B는 2중층을 이루고 있다.

① ㄱ   ② ㄴ   ③ ㄱ, ㄷ
④ ㄴ, ㄷ   ⑤ ㄱ, ㄴ, ㄷ

16 그림은 세포 안과 농도가 같은 용액에 들어 있던 어떤 적혈구를 서로 다른 농도의 용액 A와 B에 넣고 일정 시간이 경과한 후 관찰된 모습을 나타낸 것이다.

세포 안과 농도가 같은 용액	A	B

이에 대한 설명으로 옳은 것만을 〈보기〉에서 있는 대로 고른 것은?

보기

ㄱ. 용액의 농도는 A<B이다.

ㄴ. A에서는 세포 밖으로 빠져나가는 물이 많아 세포가 쭈그러든다.

ㄷ. B에 들어 있는 적혈구를 세포 안과 농도가 같은 용액으로 옮기면 원래의 모양으로 돌아간다.

① ㄱ   ② ㄴ   ③ ㄱ, ㄷ
④ ㄴ, ㄷ   ⑤ ㄱ, ㄴ, ㄷ

17 그림은 효소의 작용을 나타낸 것이다.

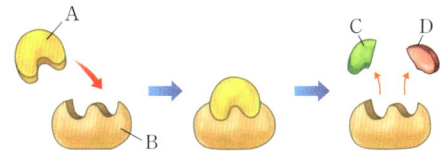

이에 대한 설명으로 옳은 것만을 〈보기〉에서 있는 대로 고른 것은?

〈보기〉
ㄱ. A는 활성화 에너지를 낮춘다.
ㄴ. B는 A가 분해되는 반응을 촉진한다.
ㄷ. 반응이 끝난 후 B는 C, D와 재결합한다.

① ㄱ　　　　② ㄴ　　　　③ ㄷ
④ ㄱ, ㄷ　　　⑤ ㄴ, ㄷ

18 감자 세포에 들어 있는 카탈레이스를 이용한 과산화 수소 분해를 알아보기 위해 시험관 A~C에 각각 표와 같이 물질을 넣고 기포 발생 여부를 확인하였다.

구분	A	B	C
넣은 물질	3 % 과산화 수소수+증류수	3 % 과산화 수소수+생감자	3 % 과산화 수소수+삶은 감자
기포 발생	×	○	×

(○: 발생함, ×: 발생 안 함)

이에 대한 설명으로 옳은 것만을 〈보기〉에서 있는 대로 고른 것은?

〈보기〉
ㄱ. 카탈레이스에는 펩타이드 결합이 있다.
ㄴ. 반응의 활성화 에너지는 B에서가 C에서보다 높다.
ㄷ. 3 % 과산화 수소수 대신 5 % 과산화 수소수를 넣어 주면 발생하는 기포의 양이 증가한다.

① ㄱ　　　　② ㄴ　　　　③ ㄱ, ㄷ
④ ㄴ, ㄷ　　　⑤ ㄱ, ㄴ, ㄷ

19 그림은 세포 내 유전정보의 흐름을 나타낸 것이다.

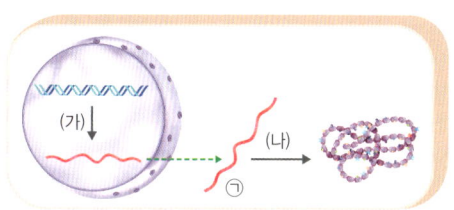

이에 대한 설명으로 옳은 것만을 〈보기〉에서 있는 대로 고른 것은?

〈보기〉
ㄱ. (가)에서 DNA의 유전정보는 RNA로 전달된다.
ㄴ. (나)는 번역이다.
ㄷ. ㉠의 유전부호는 3염기조합이다.

① ㄱ　　　　② ㄷ　　　　③ ㄱ, ㄴ
④ ㄴ, ㄷ　　　⑤ ㄱ, ㄴ, ㄷ

난이도 상

20 그림은 어떤 세포에서 일어나는 유전정보의 흐름을, 표는 일부 코돈이 지정하는 아미노산을 나타낸 것이다.

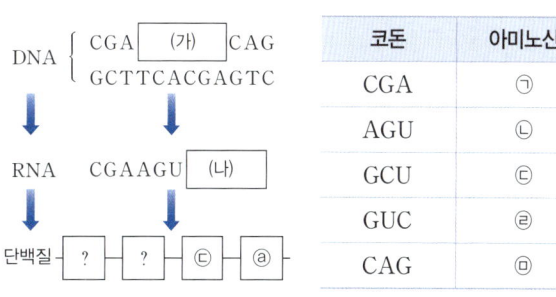

코돈	아미노산
CGA	㉠
AGU	㉡
GCU	㉢
GUC	㉣
CAG	㉤

이에 대한 설명으로 옳은 것만을 〈보기〉에서 있는 대로 고른 것은? (단, 돌연변이는 고려하지 않는다.)

〈보기〉
ㄱ. ⓐ는 ㉣이다.
ㄴ. (가)의 염기 서열은 AGTGCT이다.
ㄷ. (나)에서 사이토신(C)의 수는 2이다.

① ㄱ　　　　② ㄴ　　　　③ ㄱ, ㄷ
④ ㄴ, ㄷ　　　⑤ ㄱ, ㄴ, ㄷ

21 그림은 어느 해역에서 깊이에 따른 수온 분포를 나타낸 것이다.

이 해역에서 해수면에 도달하는 태양 에너지양이 증가한다면 A층과 C층 사이의 물질과 에너지 교환은 어떻게 변하겠는지 판단의 근거와 함께 서술하시오. (단, 태양 에너지양의 변화 이외의 조건은 일정한 것으로 가정한다.)

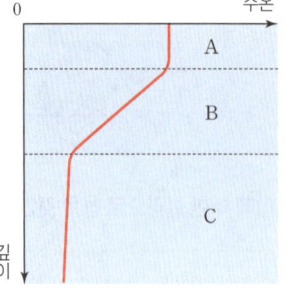

_____

_____

22 그림은 어느 해양에서 판 (가)와 (나)의 경계를 나타낸 것이다. A와 B는 각각 해령과 변환 단층 중 하나이다.

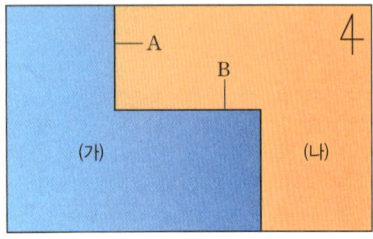

만약 A가 변환 단층이고, B가 해령이라면, 그렇게 판단할 근거는 어떤 것들이 있는지 지각 변동의 특징과 관련지어 서술하시오.

_____

_____

23 그림은 수평면 위의 물체가 점 p에서 q까지 일정한 속력으로 직선 운동하다가 점 r를 지나 지면에 도달하는 모습을 나타낸 것이다. p에서 q까지의 거리는 10 m이고, p에서 q까지 이동하는 데 걸린 시간은 5 초이다.

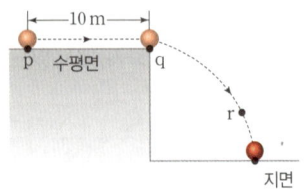

r에서 물체의 수평 방향 속력을 풀이 과정과 함께 구하시오. (단, 물체의 크기와 공기 저항은 무시한다.)

_____

_____

24 그림은 물체 A를 수평 방향으로 속력 v로 던지는 순간 물체를 B를 A와 같은 높이에서 가만히 놓은 것을 나타낸 것이다. B를 가만히 놓은 순간으로부터 2 초 후 A와 B가 만난다.

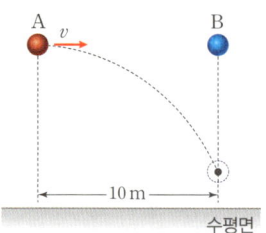

B를 가만히 놓은 순간으로부터 1 초 후, A와 B 사이의 거리를 풀이 과정과 함께 구하시오. (단, 물체의 크기와 공기 저항은 무시한다.)

_____

_____

25 그림은 어떤 DNA 가닥으로부터 전사된 RNA의 염기서열을 나타낸 것이다.

A U G A A G U U U G G C U A C

(1) 전사에 사용된 DNA 가닥의 염기서열을 쓰시오.

_____

(2) 이 RNA의 염기서열이 번역되면 최대 몇 개의 아미노산이 결합한 폴리펩타이드가 만들어지는지 쓰고, 그 까닭을 서술하시오.

_____

MEMO

MEMO

백신

통합과학 1

메가스터디BOOKS

백신

통합과학 1

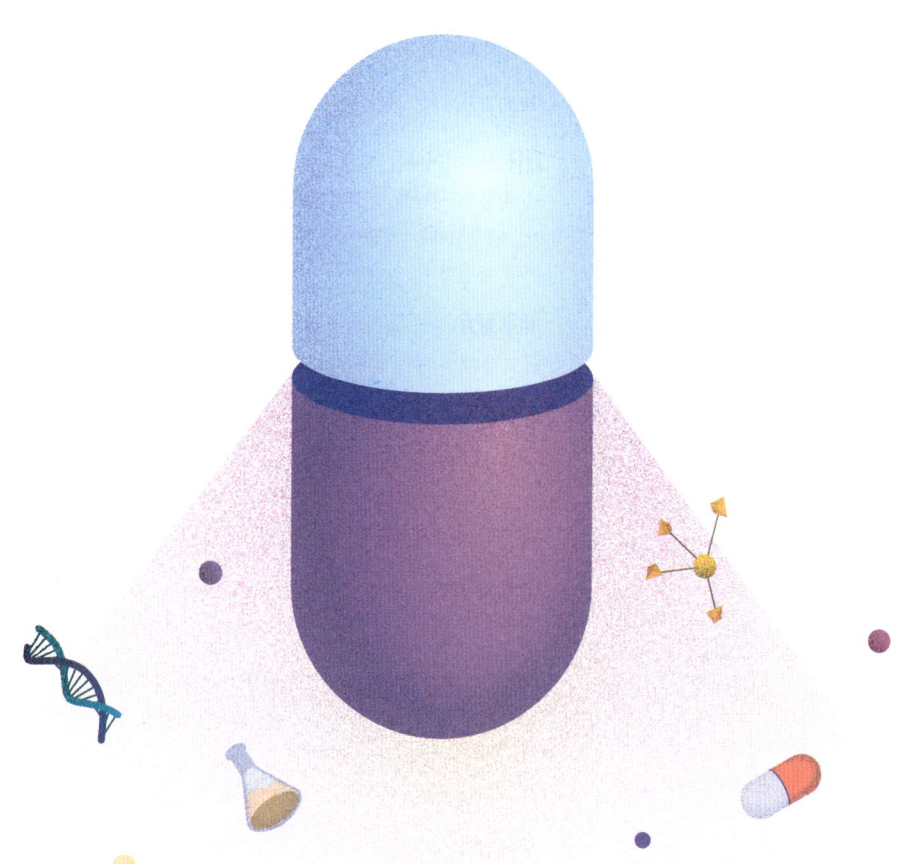

Ⅰ 과학의 기초

Ⅰ-1 과학의 기본량

01 시간과 공간

바로 복습 ◯11쪽

01 규모   **02** 시간, 공간   **03** 시간   **04** ×   **05** ×
06 ×

02 과거로부터 현재까지 과학자들은 다양한 시간과 공간을 정확하게 측정하려고 노력해 왔고, 이러한 노력으로 인간의 경험 범위가 확장되었다.

03 정확한 길이를 측정하기 위한 장치인 레이저 길이 측정기는 정밀한 시간 측정 장치를 통해 시간을 측정할 수 있는 기술이 있기에 가능하다.

04 시간과 공간에 대한 정보는 과학뿐만 아니라 일상생활에서의 다양한 분야에서도 중요하다.

05 현대에는 정밀한 시간 측정을 위해 세슘 원자시계를 이용한다.

06 GPS는 항법 위성과 수신기를 이용하여 거시 세계의 거리를 측정하는 데 이용한다.

탐구 ◯12쪽

결과 ❶ 크고, 작은, 다양   ❷ 작고, 큰, 다양
정리 1 진동수   2 시간

실력 다지기 문제 ◯13~14쪽

01 ③   **02** ②   **03** ③   **04** ②   **05** ⑤   **06** ③
07 ④   **08** ③   **09** ①   **10** 해설 참조

01 ㄱ. 적혈구의 크기와 같이 인간의 감각으로 관찰할 수 없는 물질의 세계를 미시 세계라고 한다.
ㄷ. 자연 세계의 규모는 미시 세계부터 거시 세계까지 다양하므로 규모에 따라 측정 방법이 다양하다.
바로 알기 ㄴ. 과학에서는 수 초 동안 나타나는 현상부터 수 억 년에 이르는 다양한 시간 규모의 현상을 모두 다룬다.

02 ㄷ. 측정 시기와 장소에 따라 시간과 길이를 측정하는 방법 및 측정 도구는 다르다.
바로 알기 ㄱ. 과학에서의 탐구 대상은 미시 세계부터 거시 세계까지 관측이 가능한 모든 공간 규모를 포함한다.
ㄴ. 시간과 길이를 측정할 때는 측정 규모에 따른 적절한 측정 기구를 사용하여야 한다.

03 A. 자연 세계는 인간의 감각으로 관찰할 수 없는 아주 작은 세계인 미시 세계와 인간의 감각으로 관찰할 수 있는 물질의 세계인 거시 세계로 구분할 수 있다.
B. 자연 현상을 탐구할 때는 측정 대상의 규모에 따라 측정 방법을 다르게 해야 한다.
바로 알기 C. 현대의 시간 측정 장치는 세슘 원자시계로, 세슘 원자에서 흡수하거나 방출하는 빛의 진동수를 이용한다.

04 ㄴ. ⓒ은 사람의 감각으로 측정할 수 있는 물질의 세계인 거시 세계이다.
바로 알기 ㄱ. ⓐ은 미시 세계, ⓒ은 거시 세계이다. 따라서 공간 범위의 규모는 ⓐ이 ⓒ보다 작다.
ㄷ. 적혈구를 측정할 때는 μm(마이크로미터) 단위를 측정할 수 있는 현미경을 사용하고, 우주의 반지름을 측정할 때는 별의 밝기를 측정하는 장치를 이용한다.

05 ㄱ, ㄴ. (가), (나)는 미시 세계, (다), (라)는 거시 세계에 해당한다.
ㄹ. (가), (나)는 현미경, (다)는 키 측정 장치, (라)는 별의 밝기 측정 장치를 이용해 공간의 규모를 측정한다.
바로 알기 ㄷ. 공간의 규모는 (나)가 (라)보다 작다.

06 ㄱ. 과거에는 천체의 주기적인 현상이나 물의 흐름의 규칙성 등을 이용해 시간을 측정하였다.
ㄴ. 원자시계는 빛을 이용하여 몇백만분의 1 초 단위까지 정밀한 시간을 측정할 수 있다.
바로 알기 ㄷ. 과학기술의 발달로 현대에는 과거보다 시간 측정의 규모가 더 다양해졌다.

07 ㄴ. 현대에는 레이저 빛을 이용해 왕복 시간을 측정하여 길이를 정밀하게 측정한다.
ㄷ. 별의 밝기를 측정하여 실제 밝기와 겉보기 밝기를 비교해 먼 곳에 있는 별까지의 거리를 측정할 수 있다.
바로 알기 ㄱ. 과거에 진자 운동을 이용해 시간을 측정하는 도구인 괘종 시계를 개발하였다.

08 ㄱ. 세슘 원자시계는 세슘 원자에서 흡수하거나 방출하는 빛의 진동수를 이용하여 시간을 정밀하게 측정할 수 있다.
ㄷ. 레이저 빛을 이용한 길이 측정 장치는 정밀하게 측정된 빛의 왕복 시간을 이용하여 길이를 정밀하게 측정할 수 있다.
바로 알기 ㄴ. 전자 현미경 등을 이용해 미시 세계 규모의 길이를 측정할 수 있다.

09 ㄱ. 측정 기술의 발달로 원자 수준의 미시 세계부터 은하 수준의 거시 세계까지 측정 규모의 범위가 넓어진다.

바로 알기 ㄴ. 별의 밝기는 거리가 멀수록 작아지므로 멀리 있는 은하일수록 실제 별의 밝기와 겉보기 밝기의 차이가 크다.

ㄷ. 세포보다 작은 규모의 길이를 측정하기 위해서는 눈으로 확인 가능한 가시광선보다 파장이 짧은 X선이나 전자선을 이용한다.

10 (1) **모범 답안** | • 공통점: 길이를 측정한다.

• 차이점: (가)는 거시 세계, (나)는 미시 세계를 측정한다.

해설 | (가), (나) 모두 길이를 측정하는 장치로, (가)는 우리가 일상생활에서 경험하며 인간의 감각으로 관찰 가능한 거시 세계를, (나)는 원자 크기의 아주 작은 세계로 인간의 감각으로 관찰할 수 없는 미시 세계의 길이를 측정하는 장치이다.

채점 기준	배점
공통점과 차이점을 모두 옳게 서술한 경우	100 %
공통점과 차이점 중 한 가지만 옳게 서술한 경우	50 %

(2) **모범 답안** | GPS 수신기에 신호가 도달하는 시간을 측정하여 거리를 계산하므로 추가로 측정해야 하는 물리량은 시간이다.

해설 | GPS는 여러 항법 위성에서 보내는 신호가 수신기에 도달하는 시간 차이를 이용하여 거리를 계산하고, 이를 통해 수신기의 위치를 파악한다.

채점 기준	배점
GPS 수신기에서 도달하는 시간 차이를 이용해 위치를 측정하는 원리를 포함하여 시간 측정이 필요하다고 서술한 경우	100 %
시간 측정이 필요하다고만 서술한 경우	50 %

02 기본량과 단위

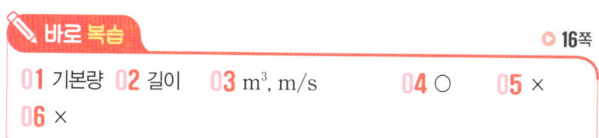

바로 복습 ◎ 16쪽

01 기본량 **02** 길이 **03** m³, m/s **04** ○ **05** ×
06 ×

01 기본량은 시간, 길이, 질량, 전류, 온도, 물질량, 광도 등 7 개의 물리량이다.

02 기본량 중 시간, 길이, 질량의 단위는 각각 s(초), m(미터), kg(킬로그램)이다.

03 유도량 중 부피의 단위는 길이 단위만의 조합으로 m³이고, 속력의 단위는 길이와 시간 단위의 조합으로 m/s이다.

05 kg, g, mg 등은 질량의 단위이다.

06 부피는 입체적인 물체가 차지하는 공간의 크기를 나타내는 물리량으로 가로, 세로, 높이의 길이를 곱해 나타내므로 길이의 개념을 이용해 설명할 수 있다.

실력 다지기 문제 ◎ 17~18쪽

01 ③	**02** ①	**03** ②	**04** ⑤	**05** ③	**06** ②
07 ③	**08** ⑤	**09** ①	**10** 해설 참조		

01 ㄱ. 과학에서는 측정과 자료 변환, 의사소통이 원활하게 이루어질 수 있도록 각 기본량마다 표준화된 단위인 국제단위계(SI)를 사용한다.

ㄷ. 과학 개념을 설명할 때 기본량을 조합하여 부피, 속력, 농도와 같은 유도량을 사용한다.

바로 알기 ㄴ. 같은 기본량의 경우 측정 결과를 나타낼 때 같은 단위를 사용한다.

02 지구에서 달까지의 거리, 수소 원자의 반지름은 기본량 중 길이로 나타내며, 길이의 표준화된 단위는 m(미터)이다.

03 C. 자연 세계는 시공간 규모가 다양하므로 측정할 수 있는 기본량의 규모는 자연 현상의 종류에 따라 달라진다.

바로 알기 A. 기본량은 물질의 기본 상태를 표현하는 물리량으로 각 기본량마다 표준화된 단위를 사용한다.

B. 기본량은 시간, 길이, 질량, 전류, 온도, 물질량, 광도 등 7 개의 물리량으로 구성되어 있다.

04 ㄱ. 물체의 차갑고 뜨거운 정도를 나타내는 기본량은 온도이고, 열은 온도가 높은 물체에서 낮은 물체로 이동한다.

ㄴ. 온도의 표준화된 단위는 K(켈빈)이고, 일상생활에서는 섭씨온도의 단위인 °C(섭씨도)를 많이 사용한다.

ㄷ. 물체가 흡수하거나 방출하는 열량과 온도 변화량의 크기는 비례한다. 따라서 물체가 흡수하는 열량이 많을수록 온도 증가량이 크다.

05 ㄱ. A는 길이로, 표준화된 단위는 m(미터)이다.

ㄴ. 레이저 길이 측정 장치는 길이를 측정할 때 빛의 왕복 시간을 이용한다. 따라서 B는 시간이다.

바로 알기 ㄷ. 레이저 길이 측정 장치를 이용하여 일반적으로 거시 세계 규모의 길이를 측정한다.

06 ㄴ. 속력은 단위 시간 동안 물체가 이동한 거리를 나타내는 물리량으로, 기본량 중 시간과 길이를 조합하여 나타낸다.

바로 알기 ㄱ. 부피는 물체의 가로, 세로, 높이를 곱해 물체가 차지하는 공간의 부피를 나타내는 물리량으로, 길이의 단위를 이용해 표현한다.

ㄷ. 전자 기기를 충전하는 배터리의 용량은 기본량인 전류와 시간의 곱으로 나타낸다.

07 일정한 시간 동안 이동한 거리는 과학 개념 '속력'을 나타낸 것으로, 단위는 길이 단위와 시간 단위를 조합한 'm/s'이다. 따라서 A는 속력, ㉠은 m/s이다.

08 ㄱ. 가로와 세로 길이의 곱으로 표시하는 유도량인 ㉠은 '넓이'이다.

ㄴ. 질량 농도는 일정한 부피에 대한 성분의 질량으로 표시하는 유도량이다. 따라서 ⓛ은 부피이고, 부피는 기본량인 길이만을 조합해 나타내는 물리량으로 단위는 m³이다.

ㄷ. 질량 농도는 $\dfrac{성분의\ 질량}{용액의\ 부피}$ 이므로 단위는 kg/m³이다.

09 ㄱ. 제시된 측정 장치는 스피드건이다. 스피드건에서 발생한 파동이 물체에 반사되어 되돌아올 때 변하는 진동수를 이용하여 측정하는 ⓐ은 '속력'이다.

[바로 알기] ㄴ. ⓐ(속력)은 기본량 중 길이와 시간을 조합하여 나타낸다.

ㄷ. ⓛ은 '부피'이므로 ⓛ의 단위는 m³이다. m/s²은 가속도의 단위이다.

10 (1) 답 | 온도, 시간

해설 | 기본량은 다른 물리량을 활용하여 표현할 수 없는 가장 기본이 되는 물리량으로 시간, 길이, 질량, 전류, 온도, 물질량, 광도 등 7 개의 물리량이 있다.

(2) **모범 답안** | • 바람의 속력: 길이, 시간

• 미세 먼지 농도와 초미세 먼지 농도: 질량, 길이

해설 | 바람의 속력은 단위 시간 동안 바람이 이동한 거리로 길이와 시간을 조합한 유도량이다. 미세 먼지 농도와 초미세 먼지 농도는 단위 부피당 미세 먼지와 초미세 먼지의 질량을 나타낸 것으로 질량과 길이를 조합한 유도량이다.

채점 기준	배점
두 가지 유도량과 조합한 기본량을 모두 옳게 서술한 경우	100 %
한 가지 유도량과 조합한 기본량만을 옳게 서술한 경우	50 %
두 가지 유도량만을 서술하고, 조합한 기본량을 옳게 서술하지 못한 경우	30 %

03 측정과 측정 표준

[바로 복습] ◎ 20쪽

01 측정 **02** 어림 **03** 측정 표준 **04** × **05** ○
06 ○

02 정확한 측정이나 계산 없이 이용할 수 있는 정보를 바탕으로 물리량을 예상하거나, 크기를 대략 가늠하는 일을 어림이라고 한다.

03 물리량을 정확하고 일관성 있게 측정하려고 만든 과학적 기준을 측정 표준이라고 한다.

04 어림을 통해 대략의 결과를 예상한 후 실험 장치나 과정을 알맞게 설계할 수 있다.

05 과학에서 측정한 기본량을 정확하게 나타내려면 시간, 길이, 질량 등의 기본 단위가 정의되어야 한다.

06 측정 표준은 일상생활뿐만 아니라 산업, 의료, 우주 항공 분야 등 다양한 분야에서 활용된다.

[실력 다지기 문제] ◎ 21~22쪽

01 ④ **02** ① **03** ⑤ **04** ④ **05** ③ **06** ③
07 ① **08** ③ **09** ② **10** 해설 참조

01 ㄴ. 도구를 이용한 측정 결과는 수와 측정 물리량을 나타내는 단위로 나타낸다.

ㄷ. 도구를 이용한 측정값을 읽는 과정에 한계가 있으므로 반올림과 같은 어림을 사용하기도 한다.

[바로 알기] ㄱ. 도구를 이용한 측정은 감각 기관을 이용한 관찰에 의한 측정보다 더 정확하다.

02 ㄱ. 어림을 통한 대략적인 예상값은 효율적인 측정 도구와 측정 방법을 선택하는 데 도움이 된다.

[바로 알기] ㄴ. mg(밀리그램) 단위는 g(그램)의 10^{-3} 단위이다. 따라서 mg 단위를 사용할 때가 g 단위를 사용할 때보다 더 정밀한 측정을 할 수 있다.

ㄷ. 측정과 어림은 과학 탐구뿐만 아니라 일상생활에서도 활용된다.

03 ㄱ. 측정하는 기본량에 따라 측정 도구와 방법이 다르다.

ㄴ. 측정 도구를 이용한 측정값을 읽는 방법에 한계가 있으므로 측정값을 읽는 과정에서 어림을 활용한다. 따라서 '어림'은 ⓐ으로 적절하다.

ㄷ. 어림은 효율적인 측정 계획과 수행을 돕고, 측정값의 의미를 파악하여 새로운 지식의 생산을 촉진한다.

04 ㄴ. s(초)는 시간의 측정 표준 단위이다.

ㄷ. 속력은 단위 시간 동안 물체가 이동한 거리로 기본량인 길이와 시간의 조합으로 나타낸다. 따라서 속력의 단위는 시간과 길이의 단위를 조합한 'm/s'이다.

[바로 알기] ㄱ. ⓐ은 길이의 측정 표준 단위로 'm(미터)'이다.

05 ㄱ. 미터원기는 1 m의 길이에 해당하는 금속으로 만든 기구로, 길이를 측정하는 데 사용되었다.

ㄴ. 미터원기는 길이의 1 m를 정의하는 측정 표준으로 활용되었다.

[바로 알기] ㄷ. 빛을 이용해 정의된 1 m는 항상 일정한 크기를 나타내지만, 미터원기는 1 m에 해당하는 길이를 금속으로 만든 기구이므로 온도, 압력, 습도 등에 의해 오차가 발생하는 문제점이 있다.

06 A. 측정 표준은 물리량을 측정할 때 공통으로 사용할 수 있는 측정 단위, 측정 방법 등을 의미한다.

B. 측정 표준을 활용한 측정 결과는 신뢰할 수 있는 정보로 다양한 분야에서 정보를 공유하고 활용한다.

[바로 알기] C. 측정 표준은 학문 분야뿐만 아니라 일상생활, 산업 분야, 의료 분야 등 다양한 분야에서 활용한다.

07 ㄱ. 큐빗은 고대 이집트 시대의 길이에 대한 측정 표준이다.

바로 알기〉 ㄴ. 1 큐빗은 사람마다 그 크기가 모두 다르므로 항상 일정한 것은 아니다.

ㄷ. 큐빗은 고대 이집트 시대의 길이에 대한 측정 표준이므로 측정한 결과를 숫자와 큐빗이라는 단위를 이용해 표현할 수 있다.

08 ㄱ. 측정 표준은 측정에 대한 신뢰를 바탕으로 원활한 의사 소통과 공정한 거래를 가능하게 한다.

ㄷ. 측정 표준은 일상생활 영역 및 과학기술 영역, 학문 영역 등 다양한 영역에서 활용되고 있다.

바로 알기〉 ㄴ. 속력에 대한 규정은 길이와 시간의 측정 표준 단위를 활용하여 통일된 단위로 표현해야 한다.

09 ㄴ. 속력은 기본량 중 길이와 시간을 조합하여 나타낸다.

바로 알기〉 ㄱ. 각 분야별로 측정 정보 등을 교환하며 소통하기 위해서는 같은 기본량에 대한 같은 측정 표준을 사용하여야 한다.

ㄷ. 길이의 기본량 단위는 특정 시간 동안 빛이 진행한 거리를 이용하여 정의한다.

10 (1) **모범 답안** | 금속으로 제작되어 온도, 압력 등의 외부 환경에 따라 그 값이 달라지는 문제점이 있다.

해설 | 미터원기와 킬로그램 원기는 모두 금속으로 제작되어 외부 환경에 따라 변하는 문제점을 가지고 있다. 따라서 불변의 특징을 가져야 하는 측정 표준으로서의 역할을 제대로 하지 못하였다.

채점 기준	배점
각 원기의 재료와 그 문제점을 연결하여 옳게 서술한 경우	100 %
각 원기의 문제점을 제시하였지만 원기의 재료와 연관지어 서술하지 못한 경우	50 %

(2) **모범 답안** | 현대에는 길이의 경우 빛의 속력, 질량의 경우에는 플랑크 상수와 같이 변하지 않는 값을 이용하여 측정 표준을 정한다.

해설 | 현대 길이의 측정 표준은 진공 중에서 빛이 특정 시간 동안 이동한 거리로 정의하고, 질량은 플랑크 상수에 정확히 일치하도록 미세한 저울을 이용한 측정값으로 정의한다.

채점 기준	배점
빛의 속력과 플랑크 상수를 이용한다고 쓰고, 변하지 않는 값을 이용해 측정 표준을 정하였다고 서술한 경우	100 %
빛의 속력과 플랑크 상수를 이용한다고만 서술한 경우	50 %

04 신호와 정보

바로 복습 〉 24쪽

01 신호, 신호　**02** 센서, 디지털　**03** 디지털
04 ○　**05** ×　**06** ×　**07** ○

02 센서는 자연계에서 발생하는 아날로그 신호를 감지하여 디지털 신호로 변환하는 장치로 인간의 감각을 대신하여 감지한 신호를 전기 신호로 바꾸어 준다.

03 디지털 신호를 이용하는 정보 통신 기술은 눈부시게 발전하여 우리 생활을 크게 변화시켰다. 디지털 기술은 현대 문명의 많은 영역에 걸쳐 변화와 혁신을 주도하며 은행 및 금융, 교육, 의료 등 사회 여러 분야에 영향을 미친다.

04 비접촉식 체온계는 광센서를 이용해 전자기파의 일종인 적외선을 감지하여 온도를 측정한다.

05 자연계에서 발생하는 신호는 연속적인 형태의 아날로그 형태의 신호이다.

06 센서를 이용하면 아날로그 형태의 신호를 디지털 형태의 신호로 변환할 수 있다.

07 스마트 기기로 측정한 정보 및 촬영한 사진과 영상은 모두 이진수 형태의 디지털 정보로 저장되어 있다.

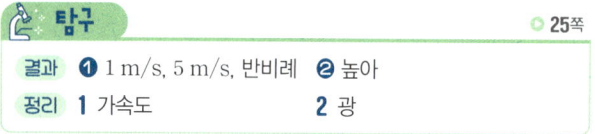

탐구　　　　　　　　　　25쪽

| 결과 | ❶ 1 m/s, 5 m/s, 반비례 | ❷ 높아 |
| 정리 | 1 가속도 | 2 광 |

다지기 문제　　　　　　　26~27쪽

| **01** ③ | **02** ⑤ | **03** ① | **04** ② | **05** ⑤ | **06** ⑤ |
| **07** ③ | **08** ② | **09** ④ | **10** 해설 참조 | | |

01 ㄱ. 자연계의 변화가 빛, 소리 등의 형태로 인간의 감각 기관에 전달되어 신호가 된다.

ㄴ. 자연계의 신호를 측정하고 분석하여 우리에게 의미 있는 형태의 자료로 만든 것을 정보라고 한다. 감각을 통해 여러 신호를 받아들이고 필요한 정보를 얻어 일상생활에 유용하게 이용한다.

바로 알기〉 ㄷ. 물체에 반사된 빛 신호에 의한 시각 정보는 인간의 감각 기관뿐만 아니라 센서를 통해서도 얻을 수 있다.

02 ㄱ. 자연에서 발생하는 빛, 소리 등의 대부분의 신호 형태는 아날로그 신호이다. 따라서 ⓐ는 아날로그이다.

ㄴ. 컴퓨터에서 인식할 수 있는 신호 ⓑ는 디지털 신호로 불연속적이다.

ㄷ. 디지털(ⓑ) 신호는 불연속적으로 이진수의 형태로 표시된다. 따라서 '이진수'는 ㉠으로 적절하다.

03 ㄱ. 센서는 자연계의 신호를 수신하는 장치이다.

바로 알기〉 ㄴ. 센서는 자연계의 아날로그 신호를 디지털 형태의 전기 신호로 변환해 주는 장치이다.

ㄷ. 센서를 통해 디지털 형태로 변환된 정보는 아날로그 정보보다 전송이 쉽다.

04 ㄷ. 디지털 신호(B)는 아날로그 신호(A)보다 저장과 재생이 쉽다.

바로 알기 ㄱ. 자연계에서 발생한 A는 아날로그 신호, 센서를 통해 변환된 B는 디지털 신호이다.

ㄴ. 아날로그 신호(A)가 디지털 신호(B)로 변환되는 과정에서 신호의 모든 정보를 기록하지 못하고 왜곡되거나 일부를 잃을 수도 있다.

05 (가)는 가속도 센서, (나)는 광센서를 이용한다.

ㄱ. 거리는 기본량인 길이로 표현하는 물리량으로 단위는 m(미터)이다.

ㄴ. 스마트폰으로 거리를 측정할 때는 가속도 센서를 이용해 스마트폰의 기울어진 각도를 측정한 결과를 이용한다.

ㄷ. 레이저 거리 측정기는 빛이 반사되어 되돌아오는 시간을 측정한 결과를 바탕으로 거리를 측정한다. 이때 빛의 속력은 일정하므로 빛이 반사되어 되돌아오는 데 걸리는 시간이 길수록 측정된 거리가 길다.

06 ㄱ. (가)는 속력의 연속적인 변화를 자기력의 연속적인 변화를 이용해 표시하는 아날로그 장치로, 자동차의 속력이 아날로그 형태로 표시된다.

ㄴ. (나)의 속력 측정 장치는 측정기에서 발생한 전자기파가 운동하는 물체에 반사되어 되돌아올 때의 진동수 차이를 이용하는데, 이때 장치에 설치된 광센서가 전자기파를 감지한다.

ㄷ. (나)의 광센서는 연속적인 전자기파 신호를 수신하여 불연속적인 디지털 신호로 변환한다.

07 ㄱ. 사회 관계망 서비스는 디지털 기술을 이용하여 사진, 영상 등의 정보를 불연속적인 디지털 형태로 전송, 공유한다.

ㄷ. (가), (나) 모두 디지털 기술이 정보 통신 기술에 적용되어 나타난 현상이다.

바로 알기 ㄴ. 인터넷 뱅킹, 전자 화폐 등은 디지털 기술을 이용한 것으로 금융 및 상품 구매 서비스는 모두 디지털 형태로 제공된다.

08 ㄷ. 실시간 영상 정보가 디지털 형태로 전송되어 원격으로 원하는 장소에서 수업을 들을 수 있다.

바로 알기 ㄱ. 태양의 고도 변화는 자연계의 신호로서 연속적인 아날로그 형태의 정보이다.

ㄴ. 물체에서 발생하는 연속적인 소리 정보는 아날로그 형태의 신호이다.

09 ㄴ. 환자의 신체 조직이나 세포를 검사할 때 디지털 기술을 이용하면 자료의 변환, 분석이 쉬워 진단 속도와 정확도가 높아진다.

ㄷ. 정보 통신 시스템에서는 디지털 기술이 적용되어 모든 정보를 디지털 형태로 송수신한다.

바로 알기 ㄱ. 디지털 정보는 아날로그 신호로 수신되는 정보를 이진수의 형태로 저장한다.

10 (1) **모범 답안** | ㉠과 같은 아날로그 신호는 센서를 통해 수신되어 디지털 정보로 변환되어 실시간으로 전송된다.

해설 | 센서는 연속적인 아날로그 신호를 저장, 복사, 편집, 전송 등이 용이한 불연속적인 디지털 신호로 변환한다.

채점 기준	배점
센서에서 아날로그 신호가 디지털 신호로 변환되는 과정을 옳게 서술한 경우	100 %
센서에서 변환된다고만 서술한 경우	50 %

(2) **모범 답안** | 정보의 변환 과정에서 정보의 왜곡이 발생할 수 있다. 이 문제점을 최소화하려면 센서에서 수신된 정보를 기록하는 간격을 작게 해야 한다.

해설 | 정보의 변환 과정에서 원래의 아날로그 신호로 변환할 때 정보의 손실이나 왜곡과 같은 문제점이 발생한다. 이러한 문제점을 해결하기 위해서는 정보를 기록하는 간격을 작게 하여 정보를 기록할 수 없는 공간이 발생하지 않도록 하여야 한다.

채점 기준	배점
문제점과 해결 방안을 모두 옳게 서술한 경우	100 %
문제점은 옳게 서술하였으나 해결 방안에 대한 서술이 부족한 경우	50 %
문제점만 옳게 서술한 경우	20 %

빈출자료 ◑ 28쪽

1	1 ○	2 ○	3 ×	4 ×	5 ○	6 ×
2	1 ×	2 ○	3 ○	4 ○	5 ×	6 ×
3	1 ×	2 ○	3 ×	4 ○	5 ○	6 ×

1-3 시간의 단위 ㉢은 's(초)'이다.

1-4 넓이는 가로 길이와 세로 길이의 곱으로 나타내는 물리량이다. 즉 기본량 중 길이와 길이의 곱으로 나타내는 물리량이다.

1-6 밀도는 단위 부피당 물질의 질량으로 부피가 기본량인 길이만으로 표현되는 유도량이므로, 밀도는 기본량 중 질량과 길이의 조합으로 나타낸다.

2-1 m(미터)는 기본량 중 길이의 기본 단위이다.

2-5 ㉠은 측정 표준으로, 과학기술 분야뿐만 아니라 일상생활, 학문의 발전 등 많은 분야에서 활용된다.

2-6 측정 표준(㉠)에 의한 질량의 기본 단위는 kg(킬로그램)이다.

3-1 (가)는 디지털 정보, (나)는 아날로그 정보이다.

3-3 (나)는 연속적인 신호에 의한 아날로그 정보이다.

3-6 디지털 정보는 아날로그 정보에 비해 저장에 필요한 용량이 작다.

시험대비 문제 ◑ 29~30쪽

01 ④	02 ④	03 ③	04 ③	05 ⑤	06 ③
07 ⑤	08 ①				

만점 도전 09 ④

서술형 10 해설 참조

01 ① 원자나 분자처럼 눈에 보이지 않는 규모의 길이도 전자 현미경 등을 이용해 측정이 가능하다.
② 조선시대에 사용했던 앙부일구는 태양의 위치에 따른 시간을 측정하는 장치이다.
③ 우주처럼 큰 규모의 거리를 측정할 때는 별의 실제 밝기와 겉보기 밝기의 차이를 이용한다.
⑤ 현대의 길이 측정 장치는 레이저 빛의 왕복 시간을 이용해 길이를 정밀하게 측정한다.

바로 알기 ④ 현대 가장 정밀한 시계는 세슘 원자시계로 세슘 원자가 흡수하거나 방출하는 전자기파를 이용한다.

02 ④ 물질이 가지는 고유한 양으로 중력에 의해 정의되는 기본량은 질량이다. 현재 질량의 표준화된 단위인 kg(킬로그램)은 플랑크 상수, 빛의 속력, 시간을 조합하여 정의한다.

03 ㄱ. 기본량인 시간의 표준화된 단위 ⊙은 's(초)'이다.
ㄷ. 표준화된 단위 'K(켈빈)'을 사용하는 기본량 ⓒ은 온도이다. 열은 온도가 높은 물질에서 낮은 물질로 이동한다.

바로 알기 ㄴ. 속력은 단위 시간 동안 물체가 이동한 거리로 단위는 기본량인 길이와 시간의 조합인 m/s이다.

04 ㄱ. 앙부일구는 태양의 위치를 이용해 기본량 중 시간을 측정하는 장치이다.
ㄴ. 시간의 국제단위계(SI)에서 표준화된 단위는 's(초)'이다.

바로 알기 ㄷ. 현대에는 시간을 정밀하게 측정하기 위해 세슘 원자시계를 이용한다. 레이저 빛을 이용한 측정 장치는 현대에 길이를 정밀하게 측정하는 장치이다.

05 ㄱ. 전류는 기본량으로 표준화된 단위는 'A(암페어)'이다.
ㄴ. 화면의 넓이는 화면의 가로 길이와 세로 길이의 곱으로 나타내므로 길이만의 조합으로 나타낸 유도량이다.
ㄷ. 배터리 용량의 단위가 mAh이므로 배터리 용량은 전류와 시간의 곱으로 나타낸다.

06 ① 측정 표준은 어떠한 양을 측정할 때 공통으로 사용할 수 있는 측정 단위, 측정 방법, 측정 도구 등에 대한 기준이다.
② 일상생활에서 소리의 세기에 대한 측정 표준은 dB(데시벨)이다.
④ 측정 표준을 활용해 부품을 정교하게 만들고 이를 조립한 제품은 성능과 신뢰성이 보장된다.
⑤ 측정 표준은 원활한 의사소통과 공정한 거래 등에 중요하게 활용된다.

바로 알기 ③ 현대 길이의 측정 표준은 빛이 특정 시간 동안 진행한 경로의 길이로 정의한다.

07 ㄱ. 어떠한 양을 추정하는 과정으로 정확한 측정이나 계산 없이 정보를 바탕으로 물리량을 예상하는 과정은 '어림'이다. 따라서 '어림'은 ⊙으로 적절하다.
ㄴ. 어림은 효율적인 측정 계획과 수행을 돕는 역할을 한다.
ㄷ. 어림은 측정 결과와 비교하여 측정값의 의미를 파악하고 새로운 지식의 생산을 촉진한다.

08 A. 센서는 자연의 연속적인 아날로그 신호를 수신하여 불연속적인 디지털 신호로 변환한다.

바로 알기 B. 비접촉식 온도계에는 적외선을 수신하는 광센서가 있다.
C. 스마트폰은 가속도 센서(또는 자기장 센서)를 통해 스마트폰이 기울어진 정도를 감지한다.

09 ㄴ. 불연속적인 신호 A는 디지털 신호, 연속적인 신호 B는 아날로그 신호이다.
ㄷ. 디지털 신호 A는 아날로그 신호 B보다 복사와 편집이 쉽다.

바로 알기 ㄱ. 센서에 수신되는 신호는 연속적인 형태의 아날로그 신호인 B이다.

10 (1) 모범 답안 | 연속적인 아날로그 신호가 불연속적인 디지털 신호로 변환된다.
해설 | 신호 변환기에서는 메모리 카드에 저장 및 편집 등이 용이하도록 아날로그 신호를 이진수의 디지털 신호로 변환한다.

채점 기준	배점
신호 변환기에서 아날로그 신호가 디지털 신호로 변환된다고 서술한 경우	100 %
그 외의 경우	0 %

(2) 모범 답안 | 정보가 저장되는 간격이 작아지도록 화소의 수를 증가시켜야 한다.
해설 | 디지털 카메라에서는 정보의 변환 과정에서 나타나는 왜곡 현상과 사진의 해상도를 높이기 위해 정보를 기록하는 간격이 작아지도록 CCD에 배치된 화소의 수를 증가시킨다.

채점 기준	배점
왜곡을 줄이고 해상도를 높이는 방법을 까닭과 함께 옳게 서술한 경우	100 %
화소의 수를 증가시킨다고만 서술한 경우	50 %

수능 패턴 보기 ▷ 31쪽
01 ②   **02** ④

01 ㄴ. 길이(B)의 표준화된 단위는 m(미터)이다.

바로 알기 ㄱ. A는 시간이고, B는 길이이다.
ㄷ. 부피는 물체의 가로, 세로, 높이를 곱하여 나타내는 물리량으로 길이(B)만의 조합으로 나타내는 물리량이다.

02 ㄴ. 비접촉식 온도계는 장치 내부의 광센서가 물체에서 발생하는 적외선을 수신하여 온도를 측정한다. 따라서 '광센서'는 ⊙으로 적절하다.
ㄷ. 센서는 자연의 연속적인 아날로그 신호를 수신하여 불연속적인 디지털 신호로 변환한다.

바로 알기 ㄱ. 온도의 측정 표준은 K(켈빈) 또는 ℃(섭씨도 - 일상생활에서 주로 사용) 단위로 표현한다.

Ⅱ 물질과 규칙성

Ⅱ-1 원소의 생성과 규칙성

✓ 중학교에서 배운 내용을 떠올려 볼까요? ▶ 33쪽

01 빠르게	**02** 빅뱅 우주론
03 원자핵, 전자	**04** 양이온, 음이온
05 전자	**06** 원자핵, 전자

05 우주 초기에 생성된 원소

✏️ 바로 복습 ▶ 35, 37쪽

01 분광기, 연속, 선	**02** 연속	**03** 쿼크, 쿼크	**04** 전자
05 빅뱅	**06** ×	**07** ○	**08** ○ **09** × **10** ×
11 3 : 1	**12** 3, 헬륨	**13** 1, 2	**14** 우주 배경 복사 **15** ×
16 ×	**17** ×	**18** ○	

06 동일한 원소일 경우 흡수선과 방출선의 위치가 같지만, 서로 다른 원소일 경우 흡수선과 방출선의 위치는 서로 다르다.

09 기본 입자는 물질을 계속 분해할 때 더 이상 분해되지 않는 입자를 말한다. 모든 물질은 쿼크와 전자로 이루어져 있으므로 쿼크와 전자는 기본 입자이고 쿼크 3개로 이루어진 양성자와 중성자는 물질을 이루는 기본 입자가 아니다.

10 양성자는 양(+)전하를 띠지만 중성자는 전하를 띠지 않는다.

15 빅뱅 후 약 38만 년이 지났을 때 원자핵과 전자가 결합하면서 빛이 우주 공간으로 퍼져 나가 우주 배경 복사로 관측될 수 있게 되었다.

16 대폭발 이후 우주가 팽창함에 따라 온도가 낮아지면서 기본 입자인 쿼크와 전자가 생성되었고, 수소 원자핵은 쿼크 3개가 결합해 만들어진 양성자이다. 점차 무거운 입자가 생성되어 수소 원자와 헬륨 원자가 생성되었다.

17 헬륨 원자핵은 빅뱅 후 약 3분이 지났을 때 생성되었다. 빅뱅 후 약 38만 년이 지났을 때에는 수소 원자와 헬륨 원자가 생성되었다.

🔍 탐구 ▶ 38쪽

결과 ❷ 방출선	❸ 흡수선, 수소, 헬륨, 나트륨
❹ 원소	
정리 1 수소	2 대기, 흡수

실력 다지기 문제 ▶ 42~44쪽

01 ⑤	**02** ⑤	**03** ③	**04** ③	**05** ②	**06** ③
07 ③	**08** ⑤	**09** ②	**10** ⑤		

서술형 **11~12** 해설 참조

01 ㄱ. A는 고온의 기체가 특정한 파장의 빛을 방출하여 방출 스펙트럼이 나타나고, B는 저온의 기체가 특정한 파장의 빛을 흡수하여 흡수 스펙트럼이 나타난다.

ㄴ. C는 고온의 별이 방출하는 빛을 관측한 것이므로 연속 스펙트럼이 나타난다. 백열전구는 고온·고밀도의 광원이므로 C와 같은 연속 스펙트럼으로 나타난다.

ㄷ. 원소마다 흡수선이나 방출선이 나타나는 위치가 다르며, 동일한 원소의 기체를 통과하였다면 A의 방출선과 B의 흡수선이 나타나는 위치는 같다.

02 ㄱ. 원소 A~D는 검은 바탕에 밝은 선이 나타나므로 방출 스펙트럼이다.

ㄴ. 별 S의 흡수선 위치와 원소 A, D의 방출선 위치가 일치하므로 별 S의 주요 원소는 A와 D이다.

ㄷ. 별 S의 스펙트럼에는 흡수선이 나타나므로 별 S에서 방출된 빛은 저온의 기체를 통과하면서 특정 파장의 빛이 흡수되었다.

03 A와 B가 혼합된 기체의 스펙트럼에서는 두 기체의 각기 고유한 선스펙트럼이 나타난다. 따라서 (가)와 (나)에서 관측된 방출선이 모두 존재하는 ③이 두 기체 A와 B를 혼합한 기체의 방출 스펙트럼이다.

04 ㄴ. 양성자(B)와 중성자는 각각 3개의 쿼크(C)가 결합하여 만들어진다.

ㄹ. 빅뱅 이후 쿼크(C)와 전자가 생성되었으며, 쿼크의 결합으로 양성자(B)와 중성자가 생성되었고, 양성자와 중성자의 결합으로 원자핵(A)이 생성되었다.

바로 알기 ㄱ. 기본 입자는 더 이상 분해할 수 없는 가장 작은 입자로, 쿼크와 전자가 기본 입자에 해당한다. A는 양성자와 중성자가 결합되어 생성된 원자핵이므로 기본 입자가 아니다.

ㄷ. 원자핵(A)과 양성자(B)는 모두 양(+)전하를 띤다.

05 ㄴ. 빅뱅 후 현재까지 우주는 계속 팽창하였다. 그에 따라 우주의 밀도와 온도는 계속 감소하였다.

바로 알기 ㄱ. 우주는 지금으로부터 약 138억 년 전에 밀도가 매우 높고 뜨거운 한 점에서 탄생하여 현재의 우주가 되었다. 따라서 우주의 크기와 나이는 유한하다.

ㄷ. 기본 입자는 더 이상 쪼갤 수 없는 입자로 쿼크, 전자 등이 여기에 속한다. 원자는 원자핵과 전자로, 원자핵은 양성자와 중성자로, 양성자와 중성자는 쿼크로 이루어져 있다.

06 (나) 빅뱅 후 우주가 급격하게 팽창하면서 온도가 낮아져 쿼크와 전자 등의 기본 입자가 만들어졌다. → (라) 쿼크 3개가 결합하여 양성자 또는 중성자가 만들어졌다. → (다) 양성자 2개와 중성자 2개가 결합하여 헬륨 원자핵이 만들어졌다. → (가) 우주의 온도가 약 3000 K으로 낮아지면서 전자가 수소 원자핵(양성자)과 헬륨 원자핵에 붙잡혀 중성의 수소 원자와 헬륨 원자가 만들어졌다.

07 ㄱ. 빅뱅 후 약 3분이 되었을 때 우주의 온도는 10억 K 이하로 낮아졌으며, 헬륨 원자핵이 형성되었다.

ㄷ. (가) 시기에 양성자와 중성자의 개수비는 약 14 : 2이었고, 이후 양성자 2개와 중성자 2개가 결합하여 헬륨 원자핵 1개가 형성되었

으며, 양성자는 그 자체로 수소 원자핵이므로 (나) 시기에 수소 원자핵과 헬륨 원자핵의 개수비는 약 12 : 1이었다. 그런데 헬륨 원자핵의 질량은 수소 원자핵 질량의 약 4 배이므로 수소 원자핵과 헬륨 원자핵의 질량비는 약 12 : 4=3 : 1이고, $\dfrac{수소\ 원자핵의\ 총\ 질량}{헬륨\ 원자핵의\ 총\ 질량}$ 은 약 3이다.

바로 알기 ㄴ. (가) → (나)의 변화는 양성자와 중성자의 운동이 느려져 일어났으며, 이는 우주가 팽창하면서 온도가 낮아졌기 때문이다.

문제 속 자료 분석

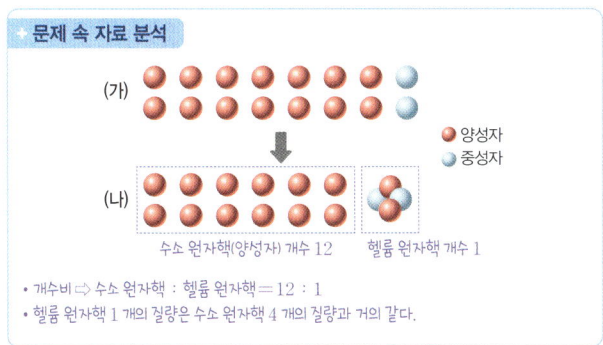

• 개수비 ➡ 수소 원자핵 : 헬륨 원자핵=12 : 1
• 헬륨 원자핵 1 개의 질량은 수소 원자핵 4 개의 질량과 거의 같다.

08 ㄱ, ㄴ. 우주가 팽창하면서 우주의 온도가 약 3000 K으로 낮아졌을 때 전자가 원자핵에 붙잡혀 중성인 원자가 형성되었으며, 이 시기는 빅뱅 후 약 38 만 년이 되었을 때이다.
ㄷ. 빅뱅 후 우주는 계속 팽창했으므로 (나)의 우주의 크기는 이전 시기보다 커졌다.

09 ㄷ. B 시기에는 중성인 원자가 형성되면서 빛이 우주 공간으로 퍼져 나갔으며, 우주가 팽창함에 따라 파장이 점차 길어져 현재는 우주 전역에서 우주 배경 복사로 관측된다.

바로 알기 ㄱ. a는 B 시기의 수소 원자핵과 같으므로 양성자이고, b는 B 시기의 헬륨 원자핵에 2 개가 포함되어 있으므로 중성자이다.
ㄴ. A 시기에 a(양성자) 2 개와 b(중성자) 2 개가 결합하여 헬륨 원자핵이 형성되었다. 이때 수소 원자핵과 헬륨 원자핵의 개수비는 약 12 : 1이었으므로 a와 b의 개수비는 약 14 : 2, 즉 약 7 : 1이었다.

문제 속 자료 분석

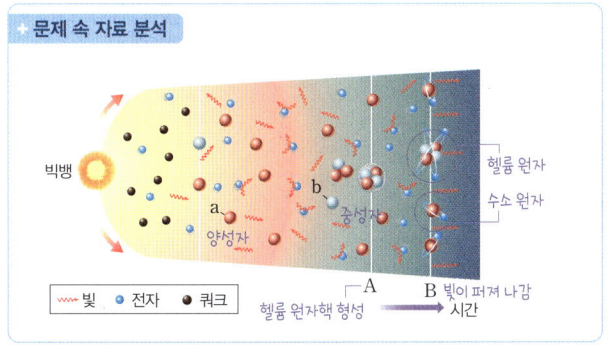

10 ㄱ. ㉠은 수소, ㉡은 헬륨이다.
ㄴ. 헬륨 1 개의 질량은 수소 1 개 질량의 약 4 배이며, 태양 표면에서 ㉠과 ㉡의 질량비가 74 : 24이므로 ㉠과 ㉡의 개수비는 74×4 : 24≒12 : 1이다.
ㄷ. 천체를 구성하는 성분의 종류와 질량비는 스펙트럼 분석을 통해 알아낼 수 있다. 따라서 태양을 구성하는 원소의 질량비도 스펙트럼 분석을 통해 알아낼 수 있다.

서술형 문제

11 (1) **모범 답안** | (가)와 (나)는 흡수선이 나타나므로 흡수 스펙트럼이고, (다)와 (라)는 방출선이 나타나므로 방출 스펙트럼이다.
해설 | (가)와 (나)는 연속적인 색의 띠에 흡수선이 나타나므로 흡수 스펙트럼이고, (다)와 (라)는 특정 파장의 빛만 방출하는 방출선이 나타나므로 방출 스펙트럼이다.

채점 기준	배점
(가)와 (나), (다)와 (라) 스펙트럼의 공통점을 스펙트럼의 종류와 함께 모두 옳게 서술한 경우	100 %
(가)와 (나), (다)와 (라) 중 한 가지만 옳게 서술한 경우	50 %

(2) **모범 답안** | 흡수선과 방출선이 나타나는 위치가 서로 같다. 이는 (가)와 (다), (나)와 (라)가 각각 동일한 원소의 스펙트럼이기 때문이다.
해설 | 흡수 스펙트럼은 낮은 에너지의 전자가 빛에너지를 흡수하여 높은 에너지로 이동할 때 생기고, 방출 스펙트럼은 높은 에너지의 전자가 빛에너지를 방출하고 낮은 에너지로 이동할 때 생긴다. 따라서 동일한 원소의 스펙트럼에서는 흡수선(검은 선)과 방출선(밝은 선)의 위치가 서로 같다.

채점 기준	배점
공통점과 까닭을 모두 옳게 서술한 경우	100 %
공통점만 옳게 서술한 경우	60 %
까닭만 옳게 서술한 경우	40 %

12 (1) **답** | 양성자 또는 중성자
(2) **모범 답안** | 우주가 팽창하면서 우주의 온도가 낮아졌다.
해설 | 빅뱅 직후 우주가 급격히 팽창하면서 쿼크와 전자 등의 기본 입자가 만들어졌고, 계속된 우주의 팽창으로 온도가 낮아지면서 3 개의 쿼크가 결합하여 1 개의 양성자 또는 중성자를 만들었다.

채점 기준	배점
(1)과 (2)를 모두 옳게 서술한 경우	100 %
(1)과 (2) 중 한 가지만 옳게 서술한 경우	50 %

06 별의 진화와 원소의 생성

바로 복습 ◑ 46, 48

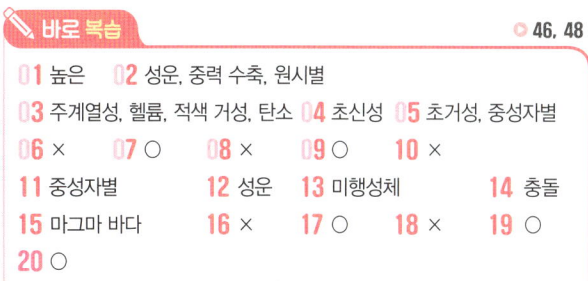

01 높은 02 성운, 중력 수축, 원시별
03 주계열성, 헬륨, 적색 거성, 탄소 04 초신성 05 초거성, 중성자별
06 × 07 ○ 08 ○ 09 ○ 10 ×
11 중성자별 12 성운 13 미행성체 14 충돌
15 마그마 바다 16 × 17 ○ 18 × 19 ○
20 ○

06 원시별의 중심부 온도가 약 1000 만 K 이상이 되면 내부에서 수소 핵융합 반응이 시작되어 내부 에너지를 빛의 형태로 방출하는 주계열성이 된다.

08 질량이 태양 정도인 별에서는 헬륨 핵융합 반응까지 일어난다.

10 철보다 무거운 원소는 초신성 폭발 시 만들어진다.

16 성운의 회전 속도가 빨라지면서 원심력에 의해 성운의 중심부는 볼록해지고, 바깥쪽은 납작해져 원시 원반을 형성하였다.

18 마그마 바다가 형성된 후 철과 니켈 같은 무거운 물질은 가라앉아 핵을 형성하고, 규소와 산소 같은 상대적으로 가벼운 물질은 떠올라 맨틀을 형성하였다.

탐구 ▶ 49쪽

결과	❶ 산소	❷ 탄소, 규소
	❸ 수소, 철, 생명체	
정리	1 수소, 철, 산소	2 물, 수소, 수소

실력 다지기 문제 ▶ 51~53쪽

01 ③	02 ⑤	03 ②	04 ④	05 ⑤	06 ②
07 ②	08 ③	09 ④	10 ⑤	11 ①	12 ④

서술형 **13~15** 해설 참조

01 ㄱ. 성운은 수소, 헬륨 등의 성간 물질이 모여 밀도가 커진 천체이므로 (가)는 주로 수소와 헬륨이 모여 형성된다.

ㄴ. 성간 물질이 모여 성운을 형성하고, 성운이 중력에 의해 수축하여 원시별이 되며, 원시별의 중력 수축으로 중심부 온도가 높아지면서 별이 된다. 따라서 (가) → (나) → (다)에서 중심부 물질의 밀도는 증가한다.

바로 알기 ㄷ. 원시별은 중력 수축에 의해 중심부 온도가 점차 높아지는데, 중심부 온도가 약 1000 만 K 이상이 되면 수소 핵융합 반응이 시작되어 별이 탄생한다. 따라서 수소 핵융합 반응이 시작되는 단계는 (다)이다.

02 ㄱ. A는 양성자이므로 수소 원자핵이고, B는 양성자 2 개와 중성자 2 개가 결합되었으므로 헬륨 원자핵이다.

ㄴ. 수소 원자핵이 융합하여 헬륨 원자핵이 되므로 주계열성의 중심부에서 일어나는 수소 핵융합 반응이다.

ㄷ. 핵융합 반응이 일어날 때 질량이 감소하며, 감소한 질량은 질량−에너지 등가 원리에 의해 에너지로 전환되어 별의 에너지원이 된다.

03 ㄴ. 주로 수소와 헬륨이 밀집된 곳은 다른 곳보다 중력이 크므로 더 많은 물질을 끌어당겨 성운을 이루었다.

바로 알기 ㄱ. 별은 성운 내부의 밀도가 크고 온도가 낮은 부분이 중력에 의해 수축하면 중력 수축 에너지에 의해 중심부의 온도가 높아지고 밀도가 커져 원시별이 생성된다.

ㄷ. 하나의 커다란 성운 내에서 밀도가 크고 온도가 낮은 부분은 여러 군데 생길 수 있으므로 반드시 하나의 별만 생성되는 것은 아니다.

04 ① 별은 질량이 클수록 중심부 온도가 높으므로 질량에 따라 진화하는 과정이 달라진다.

② 태양이 주계열성을 지나면 중심부는 수축하지만 중심부의 바깥층이 급격하게 팽창하여 크기가 커진다.

③ 태양은 주계열성을 지나면 중심부에 있는 헬륨이 핵융합을 일으켜 탄소와 산소를 생성하고 핵융합이 끝나게 된다.

⑤ 별의 중심부에서 철이 생성되면 중심부에서는 더 이상 무거운 원소가 생성되지 않고 핵융합이 끝나게 된다.

바로 알기 ④ 납, 우라늄, 금과 같이 철보다 무거운 원소는 초신성 폭발 과정에서 방출되는 막대한 에너지에 의해 일시적으로 생성된다.

05 ㄱ. 주계열성의 중심부에서는 수소 핵융합 반응이 일어나 헬륨이 생성된다.

ㄴ. 주계열성의 중심부에서 수소 핵융합 반응이 끝나면 중력 수축에 의해 중심부가 수축하면서 열이 발생한다. 이 열은 중심부 바깥층으로 이동하므로 중심부 바깥층에서 수소 핵융합 반응이 시작되어 별이 팽창한다. 따라서 초거성인 (나)의 크기는 주계열성인 (가)보다 크다.

ㄷ. 철보다 무거운 원소는 별의 중심부에서는 생성되지 않고, 초신성 폭발이 일어날 때 방출되는 막대한 에너지에 의해 일시적으로 생성된다.

06 ㄴ. (가)는 적색 거성이고, (나)는 주계열성이다. 따라서 별의 크기는 (가)가 (나)보다 크다.

바로 알기 ㄱ. 주계열성은 중심부에서 수소가 고갈되어 헬륨핵이 되면 적색 거성으로 진화한다. 따라서 진화하는 순서는 (나) → (가)이다.

ㄷ. (가)는 중심부가 헬륨으로 이루어져 있으므로 중심부의 수소 핵융합 반응이 끝난 상태이고, (나)는 주계열성이므로 중심부에서 수소 핵융합 반응이 활발하게 일어난다.

+ 문제 속 자료 분석

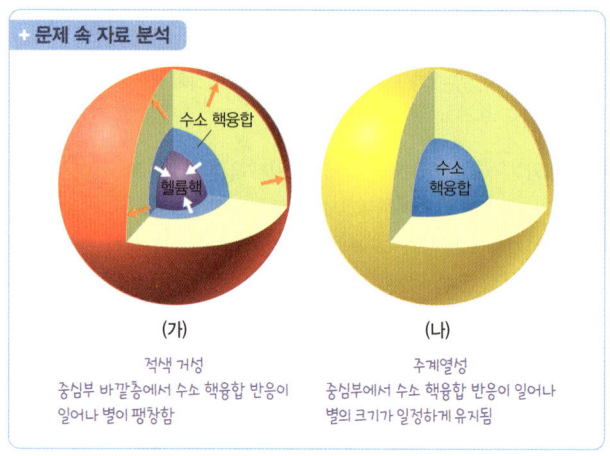

(가)
적색 거성
중심부 바깥층에서 수소 핵융합 반응이 일어나 별이 팽창함

(나)
주계열성
중심부에서 수소 핵융합 반응이 일어나 별의 크기가 일정하게 유지됨

07 ㄴ. (가)는 질량이 태양 정도인 별의 마지막 단계이고, (나)는 질량이 태양보다 훨씬 큰 별의 마지막 단계이므로 질량은 (가)가 (나)보다 작다.

바로 알기 ㄱ. 별의 내부에서 원소들의 층상 구조는 중심부에서 바깥층으로 갈수록 가벼운 원소가 분포한다. (가)는 중심부에 탄소가 분포하므로 A는 탄소보다 가벼운 헬륨으로 이루어진다.

ㄷ. 철보다 무거운 원소는 별의 중심부에서 생성되지 않으며, 초신성 폭발 때 일시적으로 생성된다.

08 ㄱ. (가)는 수소 핵융합 반응, (나)는 헬륨 핵융합 반응, (다)는 산소 핵융합 반응이다. 무거운 원소의 핵융합일수록 더 높은 온도가 필요하므로 중심부의 온도는 (가)일 때 가장 낮다.

ㄷ. (가), (나), (다) 모두 핵융합 반응이므로 반응 후의 총 질량은 반응 전의 총 질량보다 작으며, 감소한 질량이 에너지로 전환된다.

바로 알기 ㄴ. 태양은 현재 주계열성이므로 (가)가 일어나고 있으며, 중심부의 수소가 모두 고갈되면 헬륨 핵융합 반응이 일어나 최종적으로 탄소 중심핵이 생성된다.

> **+ 문제 속 자료 분석**

핵융합 반응	반응 원소	생성 원소
(가) • 더 무거운 원소의 핵융합 반응	H —수소 핵융합 반응→	He
(나) • 핵융합에 필요한	He —헬륨 핵융합 반응→	C, O
(다) ↓ 온도가 높아짐	O —산소 핵융합 반응→	S, Si

09 ① 태양계 성운의 납작한 원반에서는 수많은 미행성체가 형성되었고, 미행성체의 충돌과 병합으로 원시 행성이 형성되었다.

②, ③ 태양계 성운은 회전하면서 수축하여 중심부에는 원시 태양이 형성되었고, 바깥쪽에는 납작한 원반이 형성되었다.

⑤ 태양계 성운을 이루는 성분이 뭉쳐져 현재의 태양계를 이루었다. 현재 지구에는 철보다 무거운 원소들이 있으므로 태양계 성운에는 철보다 무거운 원소가 포함되어 있었다.

바로 알기 ④ 태양계 성운은 수축하면서 밀도가 증가하여 중심부에 현재의 태양이 형성되었으므로 성운의 크기는 현재 태양계보다 매우 컸다.

10 ㄱ. 우리은하의 나선팔에 있던 성운 주변에서 초신성 폭발이 일어나 태양계 성운이 형성되었다.

ㄴ. 원시 태양은 중력 수축하여 밀도가 커졌고, 중심부 온도가 점차 높아져 수소 핵융합 반응이 일어나게 되었다.

ㄷ. 원시 행성은 미행성체가 충돌하여 크기가 커지며 만들어졌다.

11 ㄱ. 원시 지구는 미행성체가 충돌하고 병합하면서 온도가 점차 높아져 마그마 바다가 형성되었다. 마그마 바다에서 철과 니켈은 중심부로 가라앉아 핵을 형성하였고, 규산염 물질은 위로 떠올라 맨틀을 형성하였다. 따라서 (가) → (나)의 변화는 온도가 상승하여 일어났다.

바로 알기 ㄴ. (가)는 원시 지구에 미행성체가 충돌하여 점차 성장하는 단계이므로 원시 지구 내부는 밀도가 거의 균질하였다. (나)는 마그마 바다를 거치면서 물질의 분리가 일어나 중심부를 금속 성분이 차지하게 되었으므로 중심부 밀도는 (나)가 (가)보다 높았다.

ㄷ. 원시 바다는 지표가 냉각되어 원시 지각이 형성된 이후에 생겨났으므로 (다) 이후에 형성되었다.

12 ㄱ. 지구의 구성 원소의 질량비는 철>산소>규소>마그네슘 등이고, 생명체의 구성 원소의 질량비는 산소>탄소>수소>질소 등이므로 (가)는 지구, (나)는 생명체의 구성 원소를 나타낸 것이며, A는 산소이다.

ㄴ. A 산소는 별의 내부에서 핵융합 반응을 거쳐 생성된다.

바로 알기 ㄷ. 빅뱅 후 약 38만 년일 때는 수소와 헬륨 원자가 생성되었다. (가) 지구를 구성하는 원소는 이보다 무거운 원소가 많으며, 별의 진화 과정에서 만들어졌다.

> **서술형 문제**

13 모범 답안 | (가)가 (나)보다 많다. (가) 초신성 폭발이 일어나면서 철보다 무거운 원소를 만들기 때문이다.

해설 | (가)는 질량이 태양보다 훨씬 큰 별이 진화하는 마지막 단계인 초신성 폭발의 모습이고, (나)는 질량이 태양 정도인 별이 진화하는 마지막 단계인 행성상 성운의 모습이다. 초신성 폭발이 일어날 때는 막대한 에너지가 방출되면서 수 초 내의 짧은 시간 동안 철보다 무거운 원소가 만들어진다.

채점 기준	배점
철보다 무거운 원소의 양을 옳게 비교하고, 그 까닭을 옳게 서술한 경우	100 %
(가)에 철보다 무거운 원소가 많은 까닭만 옳게 서술한 경우	80 %
철보다 무거운 원소의 양만 옳게 비교한 경우	20 %

14 모범 답안 | 태양으로부터 가까운 거리에서는 온도가 높아 녹는점이 낮은 물질은 태양계 바깥쪽으로 밀려나고, 녹는점이 높은 무거운 물질만 남았기 때문이다.

해설 | 태양으로부터 가까운 거리에서는 온도가 높으므로 녹는점이 낮은 얼음, 메테인 등은 증발하여 태양계 원반의 바깥쪽으로 밀려나고, 녹는점이 높은 철, 니켈, 규소 등이 뭉쳐져 지구형 행성이 되었다.

채점 기준	배점
세 가지 개념을 모두 포함하여 옳게 서술한 경우	100 %
두 가지 개념만 포함하여 옳게 서술한 경우	60 %
한 가지 개념만 포함하여 옳게 서술한 경우	30 %

15 모범 답안 | (가) 기간에는 지표의 온도가 높아 지표에 내린 물이 증발하였지만, (나) 기간에는 지표가 식어 지표에 내린 물이 모여 바다를 형성할 수 있었다.

해설 | 원시 지각이 형성되기 이전에는 지표가 뜨거운 상태였으므로 대기에서 내린 비는 모두 증발하여 바다가 형성될 수 없었다. 그러나 지표가 식어 원시 지각이 형성된 후에는 대기에서 내린 비가 낮은 곳으로 모여 바다를 형성할 수 있었다.

채점 기준	배점
(가) 기간에 바다가 형성될 수 없었던 까닭과 (나) 기간에 바다가 형성될 수 있었던 까닭을 모두 옳게 서술한 경우	100 %
(가) 기간에 바다가 형성될 수 없었던 까닭과 (나) 기간에 바다가 형성될 수 있었던 까닭 중 한 가지만 옳게 서술한 경우	50 %

> **07 원소의 주기성**

> ✏️ **바로 복습** ⊙ 55, 57쪽

01 원소 **02** 금속, 비금속 **03** 금속, 비금속
04 질량, 주기율표 **05** 주기, 족 **06** × **07** ×
08 ○ **09** ○ **10** × **11** 알칼리, 할로젠
12 수소, 염기성 **13** 액체, 고체, 기체 **14** 에너지 준위
15 ○ **16** × **17** ○ **18** ×

06 주기율표에서 비금속 원소는 대체로 오른쪽에 위치한다.

07 생활용품으로 많이 사용되는 플라스틱은 주로 비금속 원소로 이루어져 있다.

10 주기율표에서 세로줄에 화학적 성질이 비슷한 원소들이 배치된다.

16 원자핵에 가까운 전자 껍질일수록 에너지 준위가 낮다.

18 전자가 들어 있는 전자 껍질 수가 같은 원자들은 주기가 같다. 화학적 성질이 비슷한 원소들은 원자가 전자 수가 같다.

탐구
○ 58쪽

결과	예 페놀프탈레인 용액, 예 페놀프탈레인 용액	
정리	**1**	
	(나)	알칼리 금속은 물과 반응하여 기체를 발생시킨다.
	(다)	알칼리 금속은 물과 반응하여 수소 기체를 발생시킨다.
	(라)	알칼리 금속이 물과 반응한 수용액은 염기성을 띤다.

2 원자가 전자 수

3 $2M + 2H_2O \longrightarrow H_2 + 2MOH$

실력 다지기 문제
○ 61~64쪽

01 ④	**02** ③	**03** ③	**04** ①	**05** ③	**06** ④
07 ②	**08** ⑤	**09** ④	**10** ④	**11** ⑤	**12** ⑤
13 ③	**14** ③	**15** ⑤	**16** ①	**17** ③	**18** ①
서술형	**19~21** 해설 참조				

01 ㄴ, ㄷ. 주기율표는 화학적 성질이 비슷한 원소들을 세로줄에, 전자 껍질 수가 같은 원소들을 가로줄에 배열한 것이다.

바로 알기 ㄱ. 현대의 주기율표는 원자 번호 순서대로 원자를 나열한 것이다.

02 화학적 성질이 같은 원소는 원자가 전자 수가 같은 원소이다. 하지만 A는 비금속, C는 금속이므로 A와 C는 원자가 전자 수가 같지만 화학적 성질이 같은 원소는 아니다. 따라서 B와 F가 화학적 성질이 같은 원소이고, 전자 껍질 수가 같은 원소는 같은 주기의 원소이다.

03 $_{10}$Ne은 전자 수가 10인 원자이다.
③ D는 원자 번호가 8이므로 전자 수가 8이다. 따라서 D^{2-}은 전자 수가 10이다.

바로 알기 전자 수는 B가 2, C^+이 2, E^+이 8, G^{2-}이 14이다.

04 원자가 전자 수가 같으므로 A와 C는 1족 원소이고, C와 D는 전자 껍질 수가 같으므로 같은 3주기 원소이다. 따라서 원자 번호 순서대로 A, B, C, D이다.
ㄱ. D는 17족 원소이므로 원자가 전자 수가 7이다.

바로 알기 ㄴ. B는 2주기, D는 3주기 원소이므로 전자 껍질 수는 D>B이다.
ㄷ. A와 C는 같은 1족 원소이지만 A는 비금속, C는 금속 원소이므로 화학적 성질은 다르다.

05 A, B. 멘델레예프는 원자량 순서대로 원자들을 배열하던 중 일정한 간격으로 비슷한 성질의 원소들이 나타나는 것을 보고, 주기율표를 만들었다.

바로 알기 C. 주기율표는 현재 7주기 18족으로 구성되어 있다.

06 금속 원소는 실온에서 대부분 고체이고 광택이 있으며, 열이나 전기를 잘 전달한다. 힘을 가했을 때 얇게 펴지는 성질이 있고, 전자를 잃어 양이온이 되기 쉽다.

바로 알기 ④ 금속 원소는 힘을 가했을 때 얇게 펴지는 성질이 있다.

07 ② B는 18족 원소이므로 전자 배치가 안정하여 반응성이 매우 작아 다른 원소와 거의 반응하지 않는다.

바로 알기 ① D와 F는 금속 원소이다.
③ A는 비금속, D는 금속 원소이다.
④ D와 E는 전자가 들어 있는 전자 껍질 수가 같다.
⑤ F는 전자를 잃어 양이온이 되기 쉽다.

08 나트륨은 물과 반응하여 수소 기체를 발생시키고, 염기성 물질인 수산화 이온이 생성되어 수용액은 염기성을 띤다. 리튬은 1족 금속 원소이므로 이와 같은 실험을 수행하면 같은 결과를 나타낸다.

09 알칼리 금속이 물과 반응하여 생성되는 기체는 수소 기체이고, 원자 번호가 클수록(주기가 클수록) 반응성이 크다.
ㄴ. 물에 넣었을 때 c가 가장 격렬하게 반응하므로 반응성은 c>b>a이다.
ㄷ. A~C에서는 모두 알칼리 금속이 물과 반응하였으므로 염기성 물질이 생성된다. 따라서 물과 반응한 수용액은 모두 염기성이다.

바로 알기 ㄱ. B에서 발생한 기체는 가연성 기체인 수소 기체이다.

10 A, B, C는 알칼리 금속이고, +1가의 양이온이 되기 쉬운 원소이다. D, E, F, G는 할로젠이고 −1가의 음이온이 되기 쉬운 원소이다. 알칼리 금속의 반응성은 C>B>A이고, 할로젠의 반응성은 D>E>F>G이다.

바로 알기 ④ D, E, F, G는 할로젠이고 상온에서 D_2, E_2, F_2, G_2의 이원자 분자로 존재한다.

11 알칼리 금속은 칼로 잘릴 정도로 무른 금속이고, 단면을 칼로 자르면 광택이 금방 사라지므로 산소와의 반응이 매우 빠르다. 공기 중의 산소, 물과 반응할 수 있으므로 알칼리 금속은 석유나 파라핀에 보관해야 한다.

12 ㄴ. B는 18족 비활성 기체인 아르곤이다.
ㄷ. C는 1족 알칼리 금속인 나트륨이다.

바로 알기 ㄱ. A는 17족 할로젠인 염소이므로 원자가 전자 수는 7이다.

13 ㄱ. X는 전자 수가 13이므로 원자 번호는 13이다.
ㄷ. X는 원자가 전자 수가 3이다.

바로 알기 ㄴ. 전자가 들어 있는 전자 껍질 수가 3이고 원자가 전자 수가 3인 원소는 3주기 13족 원소이다.

14 ㄱ. 2주기 원소는 전자 껍질 수가 2이므로 W, X, Y는 2주기 원소이다.

ㄷ. W와 Z는 원자가 전자 수가 1로 같고, 금속 원소이므로 화학적 성질이 비슷한 알칼리 금속이다.

바로 알기 ㄴ. 금속 원소는 W, X, Z이다.

15 ㄱ. A는 3주기 2족 원소이므로 금속 원소이다.
ㄴ. B는 2주기 16족 원소이므로 전자 2개를 얻어 안정한 음이온이 되어 18족 원소와 같은 전자 배치를 갖는다.
ㄷ. A의 안정한 이온은 A^{2+}이고, B의 안정한 이온은 B^{2-}이므로 전자 수가 10으로 같다.

+ 문제 속 자료 분석

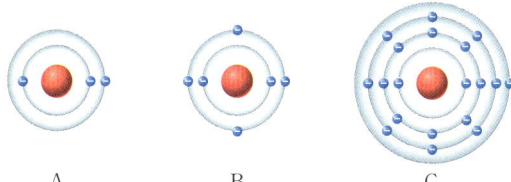

A   B

• A는 3주기 2족 금속 원소 Mg이고, B는 2주기 16족 비금속 원소 O이다.
• A는 전자 2개를 잃어 A^{2+}, B는 전자 2개를 얻어 B^{2-}이 되었을 때 10개의 전자를 갖는 이온이 된다. A와 B는 안정한 이온이 되었을 때 Ne과 같은 전자 배치를 갖는다.

16 ㄱ. A는 3주기 2족 원소이므로 마그네슘(Mg)이다.

바로 알기 ㄴ. 원자가 전자 수는 B가 6, C가 7이므로 C>B이다.
ㄷ. B는 전자 껍질 수가 2이고, 원자가 전자 수가 6이므로 2주기 16족 원소이다.

17 ㄱ. A는 3주기 1족 원소이므로 금속 원소이다.
ㄴ. B의 가장 바깥 전자 껍질의 전자 수는 7이므로 원자가 전자 수는 7이다.

바로 알기 ㄷ. A는 안정한 이온이 되면 전자 1개를 잃고 A^+이 되고, B는 안정한 이온이 되면 전자 1개를 얻어 B^-이 된다. 따라서 안정한 이온의 전자 수는 A가 10, B가 18이다.

18 ㄱ. A는 2주기 16족 원소로 산소(O)이므로 비금속 원소이다.

바로 알기 ㄴ. B는 3주기 2족 원소이므로 금속 원소이다. 따라서 양이온이 되기 쉽다.
ㄷ. 원자가 전자 수는 A가 6, B가 2이다. 따라서 원자가 전자 수비는 A : B=3 : 1이다.

서술형 문제

19 (1) 답 | 수소
해설 | 알칼리 금속인 나트륨이 물과 반응하면 수소 기체가 생성된다.
(2) 모범 답안 | 붉은색, 나트륨과 물이 반응하면 수용액을 염기성으로 변화시키는 수산화 이온(OH^-)이 생성되기 때문이다.
해설 | 나트륨과 물이 반응하면 염기성 물질인 OH^-이 생성된다.
$$2Na+2H_2O \longrightarrow 2NaOH+H_2$$

채점 기준	배점
붉은색을 쓰고 그 까닭을 염기성 물질이나 OH^-으로 나타낸 경우	100 %
붉은색만 쓴 경우	50 %

---

20 모범 답안 | 알칼리 금속: E, 할로젠: C / 알칼리 금속은 원자가 전자 수가 1인 금속이므로 E이고, 할로젠은 원자가 전자 수가 7이므로 C이다.
해설 | 알칼리 금속은 원자가 전자 수가 1인 금속이고, 할로젠은 원자가 전자 수가 7인 비금속이다. A는 1족 원소이지만 비금속 원소이다.

채점 기준	배점
알칼리 금속과 할로젠을 쓰고, 그 까닭을 옳게 서술한 경우	100 %
알칼리 금속과 할로젠만 쓴 경우	50 %

21 (1) 답 | 26
해설 | A의 원자 번호는 3이므로 전자 껍질 수는 2, 원자가 전자 수는 1이다. B의 원자 번호는 6이므로 전자 껍질 수는 2, 원자가 전자 수는 4이다. C의 전자 껍질 수는 4이고 원자가 전자 수가 1이므로 원자 번호는 19이다. 따라서 (가)+(나)+(다)+(라)= 19+2+1+4=26이다.
(2) 모범 답안 | A와 C는 각각 2, 4주기 금속 원소이고, 원자가 전자 수가 1로 같으므로 화학적 성질이 비슷하다.
해설 | A는 리튬(Li), C는 칼륨(K)이므로 원자가 전자 수가 1인 알칼리 금속이다. 따라서 화학적 성질이 비슷하다.

채점 기준	배점
A와 C의 원자가 전자 수가 1이고 모두 금속임을 서술한 경우	100 %
A와 C의 원자가 전자 수가 1인 것만을 서술한 경우	50 %

(3) 모범 답안 |

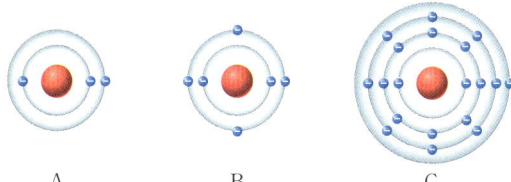

A   B   C

해설 | A~C의 전자 껍질 수는 각각 2, 2, 4이고, A~C의 원자가 전자 수는 1, 4, 1이다. 첫 번째 전자 껍질에는 2개, 두 번째 전자 껍질에는 8개, 세 번째 전자 껍질에는 8개의 전자가 배치된다.

채점 기준	배점
전자 배치를 세 가지 모두 옳게 나타낸 경우	100 %
전자 배치를 두 가지만 옳게 나타낸 경우	60 %
전자 배치를 한 가지만 옳게 나타낸 경우	30 %

---

08 화학 결합과 물질의 성질

🖊 바로 복습   ⊕ 66, 68쪽

01 18 **02** 화학 결합 **03** 이온 결합
04 음이온, 양이온 **05** ○ **06** × **07** ○ **08** ○
09 전자쌍, 전자쌍 **10** 이온 결합
11 흐르지 않고, 흐르지 않는다 **12** 공유 결합 **13** ○
14 ○ **15** × **16** ○

06 염화 나트륨(NaCl)이 생성될 때 나트륨 원자는 전자 1 개를 잃고 네온(Ne)과 같은 전자 배치를 하여 안정해지고, 염소 원자는 전자 1 개를 얻어 아르곤(Ar)과 같은 전자 배치를 하여 안정해진다.

15 염화 나트륨과 설탕은 고체 상태에서 전류가 흐르지 않는다. 수용액 상태에서 염화 나트륨은 전류가 흐르고, 설탕은 전류가 흐르지 않는다.

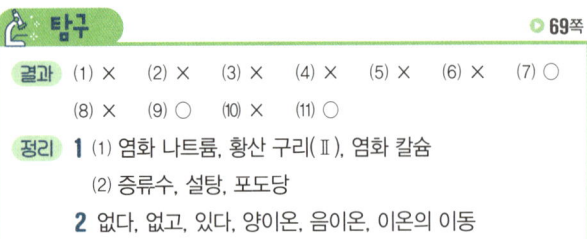

탐구 ◐ **69쪽**

| 결과 | (1) × | (2) × | (3) × | (4) × | (5) × | (6) × | (7) ○ |
| | (8) × | (9) ○ | (10) × | (11) ○ | | | |

정리 **1** (1) 염화 나트륨, 황산 구리(Ⅱ), 염화 칼슘
  (2) 증류수, 설탕, 포도당
2 없다, 없고, 있다, 양이온, 음이온, 이온의 이동

백신의 디집기 ◐ **70~71쪽**

Quiz ①

답 | (1) 11 (2) (3) C (4)

(5) 12 (6) Mg (7) 13 (8)

(9) 염소 (10) (11) 3주기 15족 (12)

(13) 황 (14) (15) 3주기 18족 (16) 아르곤

Quiz ②

답 | (1) (2) (3)

(4) 4 → 3 (5) (6)

(7) 2 → 2 (8) (9)

(10) 3 → 3

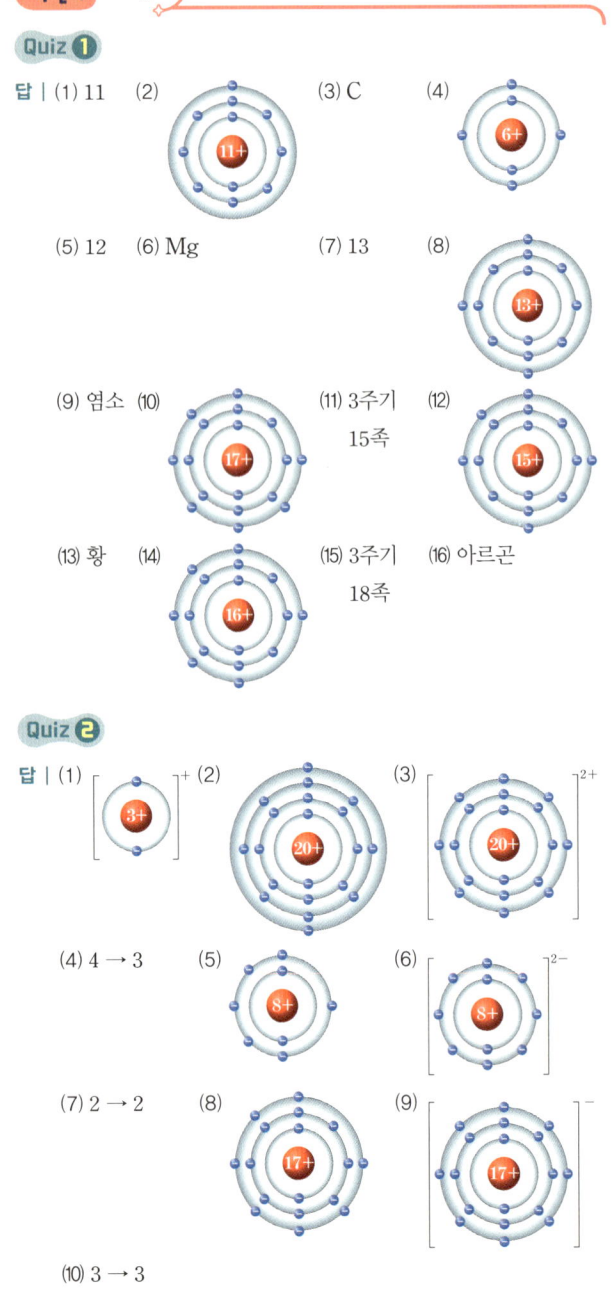

해설 | Li이 전자 1 개를 잃고 Li^+이 되면 전자 껍질 수가 2 → 1로 감소한다. Ca이 전자 2 개를 잃고 Ca^{2+}이 되면 전자 껍질 수가 4 → 3으로 감소한다. O가 전자 2 개를 얻고 O^{2-}이 되면 전자 껍질 수는 2 → 2로 변하지 않는다. Cl가 전자 1 개를 얻고 Cl^-이 되면 전자 껍질 수는 3 → 3으로 변하지 않는다.

Quiz ③

답 | (1) $NH_4NO_3 \longrightarrow NH_4^+ + NO_3^-$ (2) 1 : 1
  (3) $MgCl_2 \longrightarrow Mg^{2+} + 2Cl^-$ (4) 1 : 2
  (5) $Ca(OH)_2 \longrightarrow Ca^{2+} + 2OH^-$ (6) 1 : 2
  (7) $CuSO_4 \longrightarrow Cu^{2+} + SO_4^{2-}$ (8) 1 : 1

Quiz ④

답 |

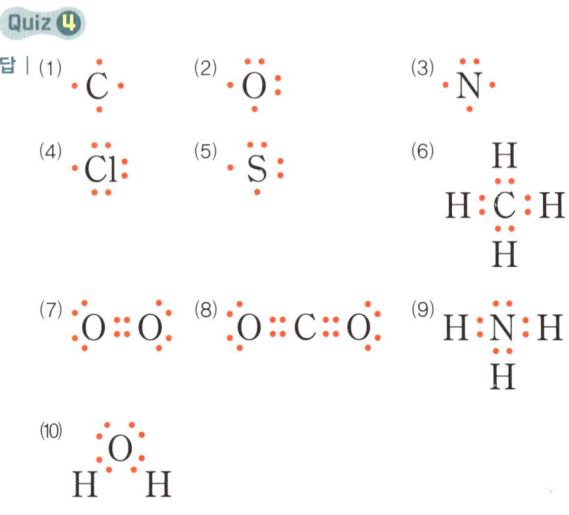

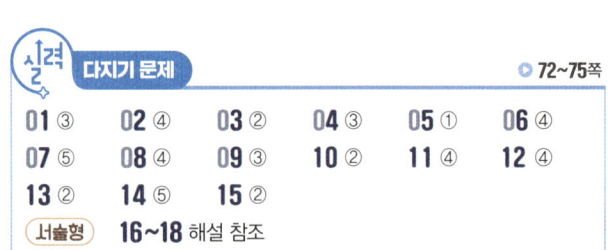

실력 다지기 문제 ◐ **72~75쪽**

01 ③	02 ④	03 ②	04 ③	05 ①	06 ④
07 ⑤	08 ④	09 ③	10 ②	11 ④	12 ④
13 ②	14 ⑤	15 ②			

서술형 **16~18 해설 참조**

01 ㄱ, ㄷ. A는 3주기 1족 금속 원소이고, B는 3주기 17족 비금속 원소이다. AB가 형성되는 과정에서 전자는 A에서 B로 이동하고 AB를 이루는 A^+과 B^- 사이에는 정전기적 인력이 작용한다.

바로 알기 ㄴ. A^+의 전자 수는 10, B^-의 전자 수는 18이다.

02 ㄴ. A^-과 B^+은 1 : 1의 개수비로 결합해야 전기적으로 중성이 된다.
ㄷ. 두 이온은 모두 전자 수가 10이므로 Ne의 전자 배치와 같다.

바로 알기 ㄱ. A^-과 B^+은 모두 10 개의 전자를 갖는 이온이다. A는 전자를 1 개 얻어 A^-이 된 것이므로 원자가 전자 수가 7인 비금속 원소이고, B는 전자를 1 개 잃어 B^+이 되었으므로 원자가 전자 수가 1인 금속 원소이다.

03 ㄴ. C는 금속, D는 비금속 원소이므로 C는 양이온이 되고 D는 음이온이 되어 이온 결합한다.

바로 알기 ㄱ. A와 B는 각각 H, He이므로 A는 B와 같은 전자 배치를 하기 위해서 공유 결합을 형성하지만, B는 안정한 전자 배치를 하므로 화학 결합하지 않는다.
ㄷ. E는 양이온이 되면 E²⁺, F는 음이온이 되면 F⁻이 되므로 E : F=1 : 2의 개수비로 화학 결합하고, 화학식은 EF_2이다.

+ 문제 속 자료 분석

주기＼족	1	2	13	14	15	16	17	18
1	A							B
2	C					D		
3		E					F	

• A~F는 각각 H, He, Li, , O, Mg, Cl이다.
• 18족 원소인 B는 화학 결합하지 않는다.
• 금속과 비금속 원소는 이온 결합한다.

04 H, N, O, F은 비금속 원소이고, Li은 금속 원소이다. 비금속 원소 간의 화학 결합은 공유 결합이고, 금속과 비금속 원소 간의 화학 결합은 이온 결합이다. 따라서 N_2, O_2, H_2O, NH_3는 공유 결합을 형성하고 있는 물질이고, LiF은 이온 결합을 형성하고 있는 물질이다.

05 ㄱ. (가)는 나트륨 이온(Na^+)과 염화 이온(Cl^-)이 결합한 이온 결합 물질인 염화 나트륨이고, (나)는 수소(H)와 산소(O)가 결합한 공유 결합 물질인 물이다. 염화 나트륨과 물은 모두 인류의 생존에 필수적인 물질이다.

바로 알기 ㄴ. (가)는 양이온이 음이온의 정전기적 인력으로 결합되어 있는 이온 결합 물질이고, (나)는 비금속 원소가 전자쌍을 공유하는 공유 결합 물질이다.
ㄷ. 염화 칼슘은 칼슘 이온(Ca^{2+})과 염화 이온(Cl^-)이 결합한 이온 결합 물질이므로 (가)와 같은 종류의 화학 결합을 한다.

06 화학 결합 모형으로부터 A_2B는 H_2O임을 알 수 있다.
ㄴ. A_2B의 A와 B는 각각 전자쌍 1개를 공유하므로 A_2B의 공유 전자쌍 수는 2이다.
ㄷ. A_2B의 A는 공유 결합을 통해 He과 같은 전자 배치를 갖고, B는 Ne과 같은 전자 배치를 갖는다.

바로 알기 ㄱ. A_2B는 H_2O이다. 따라서 A는 1주기, B는 2주기 원소이다.

07 ㄴ. X와 Y는 이온 결합을 형성하는데 안정한 이온은 X²⁺, Y⁻이므로 X와 Y는 1 : 2의 개수비로 화학 결합한다.
ㄷ. 안정한 이온인 X²⁺, Y⁻은 모두 가장 바깥 껍질의 전자 수가 8로 같다.

바로 알기 ㄱ. Y는 3주기 17족 원소이므로 전자쌍 1개를 공유하는 공유 결합을 형성하여 안정해질 수 있다. 따라서 Y_2에는 단일 결합이 있다.

08 A~C는 각각 C, O, Mg이다.
ㄴ. B가 O이므로 B²⁻이 안정한 이온이고 C의 이온은 C²⁺이다. 따라서 $a+b=2+2=4$이다.
ㄷ. A~C 중 2주기 원소는 A, B이다.

바로 알기 ㄱ. AB_2는 공유 결합 물질, CB는 이온 결합 물질이다.

09 A는 3주기 2족 원소인 Mg이고, B는 2주기 16족 원소인 O이다.
ㄱ. A와 B는 안정한 이온이 되었을 때 각각 A²⁺, B²⁻이 되므로 1 : 1의 개수비로 이온 결합한다.
ㄷ. B는 원자가 전자 수가 6이므로 2개의 전자를 공유해야 안정해진다. 따라서 B_2의 공유 전자쌍 수는 2이다.

바로 알기 ㄴ. A는 안정한 이온이 되었을 때 A²⁺이 되고 전자 수는 10이 된다. 따라서 A의 안정한 이온의 전자 배치는 Ne과 같다.

10 A~D는 각각 H, F, Mg, O이다.
ㄴ. (가)의 구성 원자인 A, D는 각각 H, O이므로 H_2O을 구성하는 원자는 공유 결합한다.

바로 알기 ㄱ. 원자가 전자 수는 B와 D가 각각 7, 6이므로 B>D이다.
ㄷ. B, C는 각각 F, Mg이므로 이온 결합을 한다. B는 17족 원소이고, C는 2족 원소이므로 안정한 이온은 B⁻, C²⁺이다. 따라서 $x : y=2 : 1$이다.

+ 문제 속 자료 분석

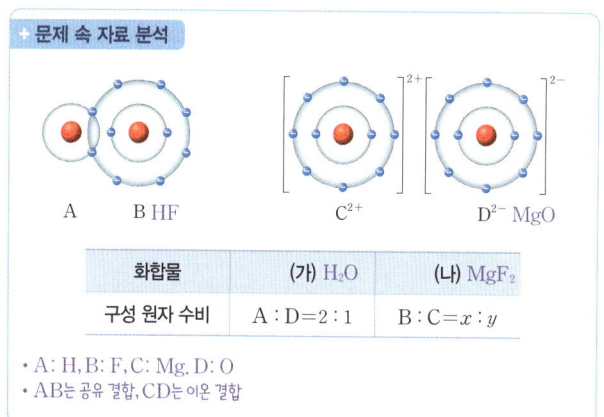

A　　B HF　　　　C²⁺　　　D²⁻ MgO

화합물	(가) H_2O	(나) MgF_2
구성 원자 수비	A : D=2 : 1	B : C=x : y

• A : H, B : F, C : Mg, D : O
• AB는 공유 결합, CD는 이온 결합

11 A~C는 각각 O, Ne, Na이다.
④ B는 가장 바깥 껍질의 전자 수가 8이므로 안정한 전자 배치를 갖는다. 따라서 다른 원자와 화학 결합을 형성하기 어렵다.

바로 알기 ① 원자가 전자 수는 A, C가 각각 6, 1이므로 A>C이다.
② A, C는 각각 비금속, 금속 원소이므로 이온 결합을 형성한다.
③ A의 원자가 전자 수는 6이므로 전자 2개를 얻어야 안정한 전자 배치가 된다. 따라서 A_2의 공유 전자쌍 수는 2이다.
⑤ C의 안정한 이온은 C⁺이고, C⁺의 전자 수는 10이므로 Ne과 전자 배치가 같다.

12 실온에서 액체 상태이고 전기 전도성이 없는 물질 X로는 물이 적절하고, 액체 X에 고체 Y를 혼합하였더니 전기 전도성이 생겼으므로 Y로는 물에 잘 녹는 이온 결합 물질인 염화 나트륨, 염화 칼슘, 황산 구리(Ⅱ) 등이 적절하다.

13 ㄴ. 포도당, 염화 나트륨, 황산 구리(Ⅱ)는 각각 공유 결합 물질, 이온 결합 물질, 이온 결합 물질이다. (가)는 수용액에서도 전기 전도성이 없으므로 포도당, (나)와 (다)는 모두 이온 결합 물질인데, (다)에는 (가)와 같은 원소인 O가 있으므로 (다)는 황산 구리(Ⅱ), (나)는 염화 나트륨이다.

바로 알기 ㄱ. (가)는 포도당이므로 고체 상태에서 전기 전도성이 없어 ㉠은 '없음'이고, (다)는 황산 구리(Ⅱ)이므로 수용액 상태에서 전기 전도성이 있어 ㉡은 '있음'이다.

ㄷ. (다)는 황산 구리(Ⅱ)이므로 금속 원소인 구리와 비금속 원소인 황, 산소가 구성 원소이다.

14 ㄱ. ㉠으로는 전기 전도성 유무를 판단할 수 있는 실험 기구인 '전기 전도성 측정기'가 적절하다.

ㄴ. B는 수용액 상태에서 전기 전도성이 있으므로 염화 칼슘이고, A는 설탕이다. 따라서 공유 결합 물질인 A는 수용액 상태에서도 전기 전도성이 없으므로 ㉡은 '없음'이다.

ㄷ. B($CaCl_2$)를 구성하는 Ca^{2+}과 Cl^-은 모두 Ar의 전자 배치를 갖는다.

15 ㄴ. (나)는 이온 결합 물질인 NaCl이므로 Na^+과 Cl^-이 정전기적 인력으로 결합되어 있다.

바로 알기 ㄱ. (가)로 공유 결합 물질인 물과 포도당을 분류해야 하는데, 고체 상태에서 물과 포도당은 모두 전기 전도성이 없으므로 '고체 상태에서 전기 전도성이 있는가?'는 적절하지 않은 기준이다. (가)로 '두 종류의 원소로 구성되어 있는가?' 등이 적절하다.

ㄷ. (다)에서 H는 He과 같은 전자 배치를 갖고, O는 Ne과 같은 전자 배치를 갖는다.

서술형 문제

16 모범 답안 | MgO에서 O는 전자 2 개를 Mg으로부터 얻고, O_2에서 O는 전자 2 개를 공유하면서 모두 Ne과 같은 전자 배치를 갖는다.

채점 기준	배점
두 가지 결합에서 모두 18족 원소인 Ne과 같은 전자 배치를 갖는 것을 포함하여 옳게 서술한 경우	100 %
각각의 화학 결합만 옳게 서술한 경우	50 %

17 (1) 답 | AB: 이온 결합, BC_2: 공유 결합
해설 | AB에는 양이온과 음이온의 이온 결합, BC_2에는 비금속 원소 사이의 공유 결합이 있다.

(2) 모범 답안 | A와 C는 이온 결합하는데 안정한 이온은 A^{2+}, C^-이므로 화학 결합할 때의 개수비는 A : C = 1 : 2이다.

해설 | A는 안정한 이온일 때 A^{2+}이고, C는 안정한 이온일 때 C^-이다. 이온 결합이 형성될 때 두 이온의 전하량의 합이 0이어야 하므로 개수비는 A : C = 1 : 2이다.

채점 기준	배점
A와 C의 이온의 전하를 표시하고 개수비를 구하는 과정을 옳게 서술한 경우	100 %
개수비만 옳게 쓴 경우	50 %

18 모범 답안 | KCl 수용액에는 K^+과 Cl^-이 존재하는데 ㉠은 (+)극 쪽으로 이동하므로 음이온인 Cl^-이고, ㉡은 (−)극 쪽으로 이동하므로 양이온인 K^+이다. KCl 수용액은 전기 전도성이 있는데, 그 까닭은 전하를 띠는 K^+과 Cl^-이 전류를 흘려 주었을 때 각 전극으로 이동하기 때문이다.

해설 | KCl은 이온 결합 물질이므로 KCl 수용액에는 K^+, Cl^-이 들어 있고, 전류를 흘려 주면 이온의 이동이 있으므로 이온 결합 물질의 수용액은 전기 전도성이 있다.

채점 기준	배점
㉠과 ㉡을 옳게 설명하고, KCl 수용액이 전기 전도성이 있는 까닭을 옳게 서술한 경우	100 %
㉠과 ㉡에 대한 설명과 KCl 수용액이 전기 전도성이 있는 까닭 중 한 가지만 옳게 서술한 경우	50 %

내신 빈출자료 ◈ 76~79쪽

	1	2	3	4	5	6	7
1	1 ○	2 ×	3 ×	4 ○	5 ○	6 ○	
2	1 ○	2 ×	3 ○	4 ○	5 ×	6 ○	
3	1 ×	2 ○	3 ×				
4	1 ×	2 ○	3 ○	4 ○	5 ○	6 ×	7 ×
5	1 ○	2 ○	3 ○	4 ○	5 ×	6 ○	7 ○
6	1 ○	2 ○	3 ○	4 ○	5 ×		
7	1 ×	2 ○	3 ○	4 ○	5 ×	6 ○	
8	1 ×	2 ○	3 ○	4 ○	5 ○		
9	1 ○	2 ○	3 ×	4 ○	5 ○	6 ○	7 ○
10	1 ○	2 ○	3 ○	4 ○	5 ○	6 ○	7 ×
11	1 ○	2 ×					
12	1 ○	2 ○	3 ×	4 ×	5 ○	6 ×	7 ×

1-2 (다)의 밝은 선(방출선)은 가열된 기체가 특정 파장의 빛을 방출하여 생긴다.

1-3 (나)는 저온의 기체가 특정 파장의 빛을 흡수하여 생기고, (다)는 고온의 기체가 특정 파장의 빛을 방출하여 생기므로 기체의 온도는 B가 A보다 높다.

1-4 (나)와 (다)에서 검은 선과 밝은 선이 나타나는 위치가 같은 것은 기체 A와 기체 B가 동일한 원소로 이루어져 있기 때문이다.

2-2 양성자와 중성자는 각각 3 개의 쿼크가 결합하여 생성된다.

2-3 A 시기 이전에는 우주의 온도가 매우 높아 쿼크가 결합할 수 없었으나 우주의 온도가 낮아지면서 쿼크의 결합에 의해 양성자와 중성자가 생성되었다.

2-4 헬륨 원자핵은 양성자 2 개와 중성자 2 개가 결합하여 생성되어 상대 전하량이 +2이고, 질량이 수소 원자핵의 약 4 배이다.

2-5 우주 배경 복사는 원자핵이 전자를 붙잡아 중성인 원자가 되면서 우주로 퍼져 나간 빛이므로 우주 배경 복사가 방출된 시기는 C이다.

3-1 핵융합 반응이 일어날 때 감소한 질량이 에너지로 전환되므

로 ㉠의 질량은 ㉡의 질량보다 크다.

3 -3 수소 핵융합 반응은 별의 중심부 온도가 약 1000 만 K 이상일 때 일어난다.

4 -1 A는 질량이 태양 정도인 별의 진화 경로이고, B는 질량이 태양보다 훨씬 큰 별의 진화 경로이다.

4 -2 A에서 적색 거성으로 진화할 때 별의 중심부 바깥층에서 수소 핵융합 반응이 일어나 별이 팽창하므로 크기가 커진다.

4 -3 A는 주계열성이므로 중심부에서 수소 핵융합 반응이 일어나고, 적색 거성의 중심부에서는 헬륨 핵융합 반응이 일어난다.

4 -4 질량이 클수록 중심부에서 더 무거운 원소의 핵융합 반응이 일어날 수 있으므로 A와 B가 진화하여 거성 단계에서 핵융합 반응이 끝났을 때 중심부 밀도는 B가 더 크다.

4 -6 (가)는 질량이 태양 정도인 별의 진화 경로이므로 중심부에서 철이 생성되지 않으며, 탄소가 생성되면서 핵융합이 끝나게 된다.

4 -7 철보다 무거운 원소는 (나)의 초신성 폭발 때 방출되는 막대한 에너지에 의해 일시적으로 생성된다.

5 -2 (가)는 적색 거성 단계이고 (나)는 초거성 단계이므로, 별의 크기는 (나)가 (가)보다 크다.

5 -5 (나)는 질량이 태양보다 훨씬 큰 별의 진화 과정에서 나타나므로 중심부에서 철이 생성된 후 초신성 폭발이 일어날 수 있다.

5 -7 (가)는 행성상 성운 단계에서 물질을 서서히 방출하고, (나)는 초신성 폭발 단계에서 물질을 급격히 방출한다.

6 -1 (가)에서 성운은 중력 수축하므로 크기가 감소하였다.

6 -2 성운이 중력 수축하면 열에너지가 증가하여 중심부 온도가 높아진다.

6 -3 성운은 수축하면서 회전하였으므로 회전축에 수직인 방향으로 원심력이 작용하여 성운의 모양이 점차 납작해져 원반 모양을 형성하였다.

6 -4 성운이 수축하였으므로 회전 속도는 점차 빨라졌다.

6 -5 (다) → (라) 과정에서는 미행성체가 충돌·병합하여 행성이 형성되었다.

7 -1 A는 H이고, 비금속 원소이다.

7 -5 D와 E는 모두 3주기 원소이다.

8 -1 (가)에서 발생한 기체는 수소이다.

8 -4 A와 B에 넣은 알칼리 금속 a, b는 서로 다르므로 주기가 다르고 화학적 성질이 비슷한 1족 원소이다.

9 -3 AB는 이온 결합 물질이므로 고체 상태에서 전기 전도성이 없다.

10 -3 A는 원자가 전자 수가 7이므로 17족 원소이다.

10 -7 BA₂에서 공유 전자쌍 수는 2이다.

11 -2 NaCl은 이온 결합 물질이다.

11 -4 Cl₂의 공유 전자쌍 수는 1이다.

12 -3 (나)인 NaCl은 양이온과 음이온 사이의 정전기적 인력으로 결합되어 있는 이온 결합 물질이다.

12 -4 공유 전자쌍 수는 (가)와 (다)가 2로 같다.

12 -6 (가)에서 H는 He과 같은 전자 배치를 갖고, O는 Ne과 같은 전자 배치를 갖는다. (나)에서 O는 모두 Ne과 같은 전자 배치를 갖는다.

12 -7 Na과 O는 2 : 1의 개수비로 이온 결합하여 안정한 화합물을 형성한다.

시험대비 문제

◎ 80~85쪽

01 ⑤	02 ③, ④	03 ①	04 ④	05 ②	06 ⑤
07 ②	08 ④	09 ③	10 ③	11 ⑤	12 ①
13 ③	14 ①				

만점 도전

15 ⑤	16 ④	17 ①	18 ①	19 ②
20 ③				

서술형 21~25 해설 참조

01 ㄱ. 백열전구와 같이 고온의 광원에서 나오는 빛은 연속 스펙트럼으로 나타난다.

ㄴ. 고온의 광원에서 나온 빛이 저온의 기체를 통과하면 특정한 파장의 빛이 흡수되고 남은 빛만 보이므로 B와 같은 흡수 스펙트럼으로 나타난다.

ㄷ. 기체를 구성하는 원소의 종류에 따라 흡수선이 나타나는 위치(파장)가 다르므로 이를 통해 기체를 구성하는 원소의 종류를 알 수 있다.

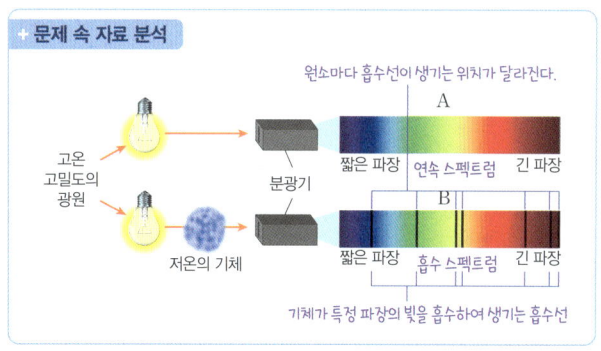

＋ 문제 속 자료 분석

원소마다 흡수선이 생기는 위치가 달라진다.

고온 고밀도의 광원 → 분광기 → 짧은 파장 연속 스펙트럼 긴 파장 (A)

저온의 기체 → 짧은 파장 흡수 스펙트럼 긴 파장 (B)

기체가 특정 파장의 빛을 흡수하여 생기는 흡수선

02 ③, ④ 빅뱅 후 약 38 만 년이 되었을 때 원자핵과 전자가 결합하여 수소 원자와 헬륨 원자가 만들어졌으며, 빛은 전자와 충돌하지 않고 우주의 모든 방향으로 퍼져 나가 우주 배경 복사가 되었다.

바로 알기 ① 기본 입자는 빅뱅 직후에 급격한 팽창으로 우주의 온도가 낮아지면서 생성되었다.

② 빅뱅 후 약 38 만 년이 되었을 때 우주의 온도는 약 3000 K이었다.

⑤ 양성자와 중성자가 결합하여 헬륨 원자핵이 생성된 것은 빅뱅 후 약 3 분이 되었을 때이다.

03 (가)는 헬륨 원자핵이 만들어진 시기이고, (나)는 원자핵과 전자가 결합하여 원자를 만든 시기이므로 (가) → (나) 순서이다.

ㄱ. 빅뱅 후 우주는 팽창하면서 밀도가 감소하였으므로 우주의 밀도는 (가)>(나)이다.

바로 알기 > ㄴ. 우주가 팽창하는 동안 온도는 낮아졌으므로 우주의 온도는 (가)>(나)이다.

ㄷ. (가)는 빅뱅 후 약 3분이 지났을 때이고, (나)는 빅뱅 후 약 38만 년이 지났을 때이므로 경과한 시간은 (가)<(나)이다.

04 ㄴ. (가)는 질량이 태양 정도인 별의 진화 경로이고, (나)는 질량이 태양보다 훨씬 큰 별의 진화 경로이다.

ㄷ. 철보다 무거운 원소는 초신성 폭발이 일어날 때 생성되므로 (나) 과정을 통해 생성된다.

바로 알기 > ㄱ. A는 최종 단계에서 백색 왜성이 되고 B는 최종 단계에서 중성자별이 되므로, 별의 질량은 B가 A보다 크다.

+ 문제 속 자료 분석

	질량이 태양 정도인 별	크기와 밝기가 증가한다.	우주 공간으로 물질을 서서히 방출한다.	마지막 단계
(가)	A	적색 거성	행성상 성운	백색 왜성
(나)	B	초거성	초신성 폭발	중성자별
	질량이 태양보다 훨씬 큰 별	크기와 밝기가 매우 증가한다.	우주 공간으로 물질을 폭발적으로 방출한다. 철보다 무거운 원소가 생성된다.	마지막 단계

05 ㄴ. 질량이 큰 별일수록 중심부에서 더 무거운 원소의 핵융합 반응이 일어나므로 (가)의 별은 (나)의 별보다 질량이 크다.

바로 알기 > ㄱ. A의 바깥에 규소층이 있으므로 A에는 규소 핵융합 반응에 의해 생성된 철이 분포한다. 이와 마찬가지로 B의 바깥에 헬륨층이 있으므로 B에는 헬륨 핵융합 반응에 의해 생성된 탄소가 분포한다.

ㄷ. (나)의 별은 질량이 태양 정도이므로 행성상 성운을 거쳐 백색 왜성으로 별의 수명이 끝난다. 초신성 폭발 후 중성자별이 될 수 있는 것은 (가)의 별이다.

06 ㄱ. (가) → (나)에서 성운은 회전하므로 회전축에 수직인 방향으로 원심력이 작용하여 성운의 모양이 점차 납작해진다.

ㄴ. (가) → (나)에서 성운은 중력 수축하였으므로 중심부는 감소한 위치 에너지가 열에너지로 전환되어 온도가 상승한다.

ㄷ. 미행성체는 충돌하면서 병합하여 원시 행성을 만들었으므로 (다) → (라)에서 미행성체 개수는 감소한다.

07 ㄴ. 원시 지구에 수많은 미행성체들이 충돌·병합하면서 지구 내부의 온도는 상승하였으며, 마그마 바다가 형성되면서 지구 내부에서 물질의 분리가 일어나 맨틀과 핵이 형성되었다. 따라서 (나)와 (다) 사이의 기간에 지구 내부의 온도는 상승하였다.

바로 알기 > ㄱ. 지구 형성의 순서는 (나) 미행성체의 충돌과 병합 → (다) 맨틀과 핵의 형성 → (가) 원시 지각의 형성이다.

ㄷ. 미행성체의 충돌이 감소하면서 지구 표면이 식어 원시 지각이 형성되었고, 대기 중의 수증기가 응결하여 내린 비로 인해 원시 바다가 형성되었다. 따라서 (가)의 시기 이후에 대기 중에는 수증기의 양이 크게 감소하였다.

08 ㄱ. ㉠은 수소, ㉡은 산소, ㉢은 탄소이다. 따라서 원자가 전자 수는 ㉠이 1, ㉡이 6, ㉢이 4이다.

ㄴ. 우주에 존재하는 수소의 양은 헬륨의 약 3배이지만, 지구에서 가장 풍부한 철의 양은 두 번째로 풍부한 산소의 양보다 약간 많은 정도이다. 따라서 우주에서 $\dfrac{㉠의 질량비}{헬륨의 질량비}$는 지구에서 $\dfrac{철의 질량비}{㉡의 질량비}$보다 크다.

바로 알기 > ㄷ. 사람을 구성하는 주요 원소인 산소와 탄소는 모두 별의 진화 과정에서 생성되었다.

09 (가)와 (나)의 원자가 전자 수의 합이 8이므로 (가)와 (나)는 1족, 17족 원소이거나 2족, 16족 원소이어야 한다. 따라서 (가)와 (나)의 조합은 ⓐ, ⓓ 또는 ⓒ, ⓔ인데 전자 껍질 수는 (나)>(가)이고, 양성자수의 차는 5보다 작으므로 (가)와 (나)는 각각 ⓒ, ⓔ이다.

+ 문제 속 자료 분석

- (가)와 (나)는 각각 원소 ⓐ∼ⓕ 중 하나이다.

주기 \ 족	1	2	13	14	15	16	17	18
1	ⓐH							
2					ⓑN	ⓒO	ⓓF	
3		ⓔMg		ⓕSi				

- (가)와 (나)의 원자가 전자 수의 합은 8이다.
- 전자가 들어 있는 전자 껍질 수는 (나)>(가)이다.
- (가)와 (나)의 양성자수의 차는 5보다 작다.

• 원자가 전자 수는 ⓐ는 1, ⓑ는 5, ⓒ는 6, ⓓ는 7, ⓔ는 2, ⓕ는 4이다.
• 원자가 전자 수가 8인 경우 (ⓐ, ⓓ) 또는 (ⓒ, ⓔ)

10 A^+, B^{2-}의 전자 수가 10으로 같으므로 전자 수는 A, B가 각각 11, 8이다.

ㄱ. A는 3주기 1족 원소이므로 원자가 전자 수가 1이다.

ㄷ. A는 3주기, B는 2주기 원소이므로 전자가 들어 있는 전자 껍질 수는 A>B이다.

바로 알기 > ㄴ. B는 2주기 16족 원소이므로 비금속 원소이다.

11 ㄱ. (가)에서 Na 단면의 은백색 광택이 사라지는 까닭은 공기 중의 산소와 반응하여 산화되기 때문이다.

ㄴ. Na과 물이 반응하여 생성되는 기체는 수소 기체이다. 수소(H_2)는 H 원자 2개가 공유 결합한 물질이다.

ㄷ. (다)에서 수용액은 붉은색으로 변한다. 그 까닭은 Na과 물이 반응하였을 때 염기성 물질인 OH^-이 생성되어 페놀프탈레인 용액의 색을 붉게 변하게 하기 때문이다.

12 ㄱ. B는 탄소(C), A는 수소(H)이므로 비금속 원소 간의 화학 결합으로 이루어진 BA_4는 공유 결합 물질이다.

ㄴ. D와 E는 이온 결합하는데 D의 안정한 이온은 D²⁺, E의 안정한 이온은 E⁻이므로 D와 E는 1 : 2의 개수비로 화학 결합한다.

ㄷ. C는 네온(Ne)이다. E의 안정한 이온은 3주기 18족 원소인 Ar과 전자 배치가 같다.

13 ㄱ. A와 B는 모두 비금속 원소이므로 A₂B는 공유 결합 물질이다.

ㄷ. 원자가 전자 수는 A, B가 각각 1, 6이므로 공유 전자쌍 수는 A₂가 1, B₂가 2이다. 따라서 공유 전자쌍 수는 B₂가 A₂의 2 배이다.

ㄴ. A₂B는 공유 결합 물질이므로 고체 상태에서 전류가 흐르지 않는다.

14 ㄱ. AB₂는 전자쌍을 공유하는 공유 결합 물질이다.

ㄴ. A, B는 각각 16족, 17족 원소이므로 원자가 전자 수는 B>A이다.

ㄷ. A와 B는 2주기 원소이지만, C는 3주기 원소이다.

만점 도전 문제

15 ㄱ. A는 양성자 또는 중성자이므로 쿼크 3 개가 결합하여 생성된다.

ㄴ. (가)의 시기에 원자핵은 음(−)전하를 띤 전자를 붙잡아 전기적으로 중성인 원자를 생성하였으므로 빛은 전자에 흡수되지 않고 우주 공간으로 퍼져 나갈 수 있었다.

ㄷ. (가)의 시기에 수소 원자핵과 헬륨 원자핵의 개수비는 약 12 : 1이었으며, 질량비는 약 3 : 1이었다.

16 ㄴ. 별의 내부에서 생성될 수 있는 가장 무거운 원소는 철이며, 철보다 무거운 원소는 초신성 폭발로 생성된다.

ㄷ. 초신성 폭발이 일어나면 별에서 핵융합으로 생성된 물질들이 우주 공간으로 급격하게 방출하여 성간 물질이 되며, 이는 새로운 별이 생성되는 재료가 된다.

ㄱ. 질량이 태양 정도인 주계열성은 행성상 성운을 거쳐 별로서의 수명이 끝나고, 질량이 태양보다 훨씬 큰 주계열성은 초신성 폭발을 거쳐 별로서의 수명이 끝난다. 따라서 ㉠ 단계에서 별의 질량은 태양보다 매우 크다.

+ 문제 속 자료 분석

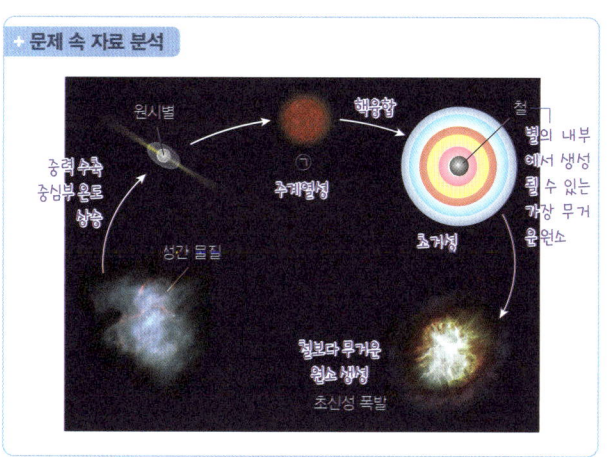

17 ㄱ. (가)는 중심부에서 수소 핵융합 반응이 일어나므로 주계열성이고, (나)는 중심부의 바깥층에서 수소 핵융합 반응이 일어나므로 적색 거성이다. 따라서 이 별은 (가)에서 (나)로 진화한다.

ㄴ. (가)는 중심부에서 수소가 헬륨으로 핵융합되는 단계이고, (나)는 중심부에서 수소 핵융합이 끝나 수소가 고갈되고 헬륨만 분포하므로 $\dfrac{헬륨의\ 질량}{수소의\ 질량}$ 은 B가 A보다 크다.

ㄷ. (가)의 중심부는 수소 핵융합이 일어나므로 온도가 약 1000 만 K 이상이고, (나)의 중심부는 수소가 고갈되면서 중력 수축이 일어나 온도가 더 높아지므로 중심부 온도는 B가 A보다 높다.

18 ㄱ. 원시 지구는 내부 물질의 분포가 균질하였으나 마그마 바다가 형성되면서 무거운 철과 니켈은 중심부로 가라앉아 핵이 되었고, 가벼운 규산염 물질은 위로 떠올라 맨틀이 되었다. 따라서 물질의 밀도는 A가 B보다 작다.

ㄴ. 지구 내부에서 물질의 분리가 일어난 것은 마그마 바다가 형성되었기 때문이다. 따라서 이 시기에 원시 지각은 존재하지 않았다.

ㄷ. 원시 지구가 생성된 후 수많은 미행성체가 지구에 충돌하면서 병합되었고, 이때 발생한 충돌열은 지구를 녹여 마그마 바다가 형성되었다. 따라서 물질 A, B의 이동을 일으킨 주된 원인은 미행성체의 충돌열이다.

19 ㄴ. C와 E는 각각 2, 3주기 1족 원소이므로 알칼리 금속이다.

ㄱ. A와 B는 17족 원소이므로 할로젠이다.

ㄷ. D는 16족 원소이므로 원자가 전자 수는 6이다.

+ 문제 속 자료 분석

족 \ 주기	1	2	13	14	15	16	17	18
2	㉠C					㉡D	㉢A	
3	㉣E							㉤B

• A와 B는 같은 족 원소이므로 (㉠, ㉣) 또는 (㉢, ㉤)이다.
• B와 E는 3주기 원소이므로 만약 B가 ㉣이라면 A는 ㉠이 되어 원자 번호가 A>D인 조건에 맞지 않게 된다. 따라서 B는 ㉤, E는 ㉣이고, ㉢이 A이다.
• 원자가 전자 수는 D>C이므로 C는 ㉠, D는 ㉡이다.

20 ㄱ. x=1, y=8이므로 x+y=9이다.

ㄴ. B와 C는 원자가 전자 수가 7이므로 17족 원소인 할로젠이다.

ㄷ. A와 C는 모두 비금속 원소이므로 전자쌍을 공유하는 공유 결합을 한다.

+ 문제 속 자료 분석

원자	H A	F B	Cl C
첫 번째 전자 껍질의 전자 수	x 1	x+1 2	2
두 번째 전자 껍질의 전자 수	−	7	y 8
세 번째 전자 껍질의 전자 수	−	−	7

- 첫 번째 전자 껍질에는 전자가 2 개, 두 번째 전자 껍질에는 전자가 8 개까지 채워질 수 있다. 따라서 $x=1$, $y=8$이다.
- A는 첫 번째 전자 껍질의 전자 수가 1이므로 수소(H)이고, B는 두 번째 전자 껍질의 전자 수가 7이므로 2주기 17족 원소인 플루오린(F)이며, C는 세 번째 전자 껍질의 전자 수가 7이므로 3주기 17족 원소인 염소(Cl)이다.

서술형 문제

21 모범 답안 | 중성자 2 개당 양성자 14 개의 비율로 존재하므로 헬륨 원자 1 개당 양성자(수소 원자핵) 12 개의 비율로 생성된다. 헬륨 원자핵 1 개의 질량은 수소 원자핵 1 개의 질량보다 4 배 크므로 수소 원자핵과 헬륨 원자핵의 질량비는 12 : 4＝3 : 1이다.

해설 | 양성자와 중성자의 개수비인 7 : 1은 14 : 2에 해당한다. 헬륨 원자핵은 양성자 2 개와 중성자 2 개가 결합하여 생성되므로 헬륨 원자핵 1 개가 생성되면 양성자의 개수는 12 개가 되고, 중성자의 개수는 0이 된다. 양성자는 그 자체로 수소 원자핵이므로 수소 원자핵과 헬륨 원자핵의 개수비는 12 : 1이다. 그런데 헬륨 원자핵의 질량은 수소 원자핵 질량의 4 배이므로 수소 원자핵과 헬륨 원자핵의 질량비는 12 : 4＝3 : 1이다.

채점 기준	배점
수소 원자핵과 헬륨 원자핵의 질량비를 구하는 과정과 질량비를 모두 옳게 서술한 경우	100 %
수소 원자핵과 헬륨 원자핵의 질량비를 구하는 과정만 옳게 서술한 경우	50 %
수소 원자핵과 헬륨 원자핵의 질량비만 옳게 쓴 경우	20 %

＋ 문제 속 자료 분석

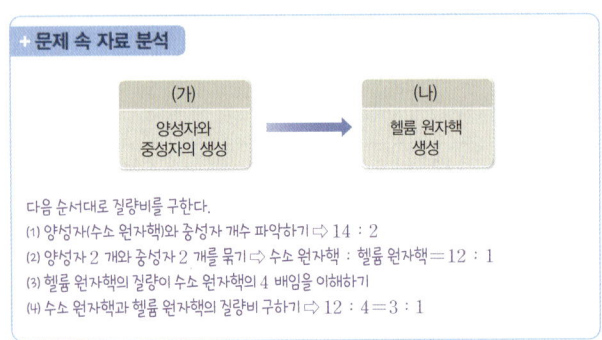

다음 순서대로 질량비를 구한다.
(1) 양성자(수소 원자핵)와 중성자 개수 파악하기 ⇨ 14 : 2
(2) 양성자 2 개와 중성자 2 개를 묶기 ⇨ 수소 원자핵 : 헬륨 원자핵＝12 : 1
(3) 헬륨 원자핵의 질량이 수소 원자핵의 4 배임을 이해하기
(4) 수소 원자핵과 헬륨 원자핵의 질량비 구하기 ⇨ 12 : 4＝3 : 1

22 (1) 답 | A＜B

해설 | 질량이 태양 정도인 별은 적색 거성(A)을 거쳐 행성상 성운이 되어 생성한 물질을 우주 공간으로 방출하지만, 질량이 태양보다 훨씬 큰 별은 초거성(B)을 거쳐 초신성 폭발이 일어나면서 생성한 물질을 우주 공간으로 방출한다.

(2) 모범 답안 | B, 철보다 무거운 원소는 B에서 핵융합이 끝나고 초신성 폭발이 일어나면서 생성된다.

해설 | B는 초신성 폭발이 일어나는 별이므로 질량이 태양보다 훨씬 크다. 따라서 B의 중심부에서는 점차 무거운 원소의 핵융합 반응이 순서대로 일어나며, 최종적으로 철이 생성될 수 있다. B의 중심부에 철이 생성되면 핵융합 반응이 끝나면서 중심부가 붕괴하고 초신성 폭발이 일어나는데, 이때 철보다 무거운 원소가 생성된다.

채점 기준	배점
철을 생성할 수 있는 별과 철보다 무거운 원소의 생성 과정을 모두 옳게 서술한 경우	100 %
철보다 무거운 원소의 생성 과정만 옳게 서술한 경우	80 %
철을 생성할 수 있는 별만 옳게 쓴 경우	20 %

23 (1) 답 | A

해설 | A와 B는 각각 1족 원소이지만, B는 1주기 1족 원소이므로 비금속 원소이고, A만 3주기 1족 원소로 금속 원소이다.

(2) 모범 답안 | 원자가 전자 수는 A~D가 각각 1, 1, 6, 7이고, A만 금속 원소이므로 이온 결합 물질의 화학식은 AD, A_2C가 가능하다.

해설 | 이온 결합 물질은 금속과 비금속 원소의 화학 결합이므로 A와 C 또는 A와 D가 결합하면 된다. 안정한 이온의 화학식은 A^+, C^{2-}, D^-이므로 가능한 이온 결합 물질의 화학식은 AD, A_2C이다. AB도 가능한 이온 결합 물질의 화학식이지만 불안정한 물질이다.

채점 기준	배점
두 가지 물질의 화학식을 모두 쓰고, 그 까닭을 옳게 서술한 경우	100 %
한 가지 물질의 화학식만 옳게 쓴 경우	25 %

24 모범 답안 | 이온 결합 물질은 양이온과 음이온으로 구성된 물질이므로 염화 나트륨, 염화 칼슘이다. 공유 결합 물질은 비금속 원소 사이의 화학 결합이므로 포도당, 물, 이산화 탄소이다.

해설 | 이온 결합은 금속 원소와 비금속 원소 사이의 화학 결합이고, 공유 결합은 비금속 원소 사이의 화학 결합이다. Na과 Ca은 금속 원소이고, H, C, O, Cl는 비금속 원소이다.

채점 기준	배점
분류와 까닭을 모두 옳게 서술한 경우	100 %
분류만 옳게 서술한 경우	50 %

25 모범 답안 | A는 17족 비금속 원소이고, B는 1족 금속 원소이므로 전자가 B에서 A로 이동하여 BA의 화학식을 갖는 이온 결합이 형성된다.

해설 | A는 2주기 17족 원소이므로 비금속 원소이고, B는 3주기 1족 원소이므로 금속 원소이다. 따라서 A와 B가 화학 결합할 때에는 B에서 A로 전자가 이동하여 B^+, A^-이 형성되고 이들 이온 사이의 정전기적 인력으로 이온 결합이 형성된다.

채점 기준	배점
전자의 이동을 B에서 A로 설명하면서 이온 결합을 옳게 서술한 경우	100 %
이온 결합만 옳게 서술한 경우	50 %

수능 패턴 보기　　　　◑86~89쪽

01 ①　02 ③　03 ②　04 ⑤　05 ②　06 ④
07 ③　08 ④

01 ㄱ. (가)는 연속 스펙트럼, (나)는 흡수 스펙트럼, (다)는 방출 스펙트럼이다. 백열전구의 스펙트럼에서는 무지개색의 연속적인 빛의 띠가 나타나므로 (가)에 해당한다.

바로 알기 ㄴ. 스펙트럼에서 흡수선의 개수는 빛을 흡수하는 원소의 종류가 많아지거나, 기체의 온도가 낮아 빛의 흡수가 활발할 때 많아진다.

ㄷ. 원소마다 고유의 선스펙트럼 파장을 갖는다. (나)와 (다)에서는 파장이 같은 선스펙트럼이 나타나지 않으므로 서로 다른 종류의 원소에 의해 형성되었음을 알 수 있다.

02 ㄷ. 헬륨 원자핵은 양성자 2개와 중성자 2개가 결합하여 생성되었으며, 헬륨 원자핵이 생성되기 시작한 시기에 양성자와 중성자의 개수비는 약 7 : 1이었다.

바로 알기 ㄱ. 초기 우주에서 입자가 생성된 순서는 기본 입자(쿼크, 전자) → 양성자, 중성자 → 헬륨 원자핵 → 원자(수소, 헬륨)이다. 따라서 (라) → (가) → (다) → (나)이다.

ㄴ. 전기적으로 중성 상태인 원자가 생성된 이후에는 빛이 입자의 영향을 받지 않고 자유롭게 우주 공간을 진행할 수 있었다.

03 ㄴ. (나)는 중심부로 갈수록 점점 무거운 원소가 존재하는 초거성이다. 따라서 C의 내부 구조에 해당한다.

바로 알기 ㄱ. A는 중력 수축이 일어나는 원시별이며, B는 중심부에서 수소 핵융합 반응이 일어나는 주계열성이다. 주계열성의 중심부에서는 수소가 헬륨으로 계속 바뀌고 있으므로 헬륨의 비율이 원시별보다 많다.

ㄷ. E는 초신성 폭발로 만들어진 중성자별(또는 블랙홀)이며, 주로 중성자(또는 기본 입자)로 이루어져 있다.

04 ㄱ. ⊙은 산소, ㉡은 수소, ㉢은 철이다.

ㄴ. 산소와 수소는 전자를 1개씩 공유하는 공유 결합으로 화합물을 생성한다.

ㄷ. 원자가 전자 수는 수소가 1개이고, 철은 2개로 철이 수소보다 많다.

+ 문제 속 자료 분석

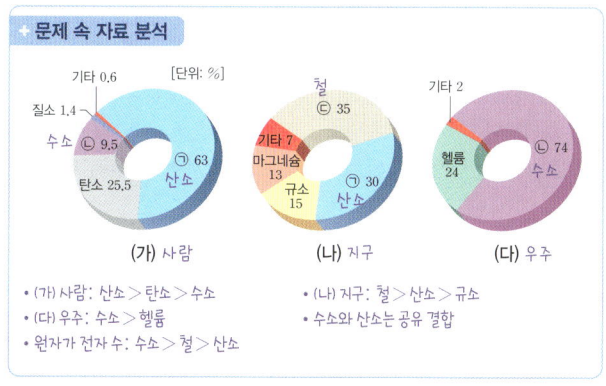

(가) 사람 (나) 지구 (다) 우주

- (가) 사람: 산소>탄소>수소
- (나) 지구: 철>산소>규소
- (다) 우주: 수소>헬륨
- 수소와 산소는 공유 결합
- 원자가 전자 수: 수소>철>산소

05 ㄴ. 원자가 전자 수는 C와 D가 각각 1, 6이므로 D가 C의 6배이다.

바로 알기 ㄱ. 물과 반응하여 수용액의 액성이 염기성이 되게 하는 원소는 알칼리 금속인 C이다.

ㄷ. C와 D가 화학 결합할 때 각각 C^+, D^{2-}이 되어 화학 결합하므로 C와 D는 2 : 1의 개수비로 화학 결합한다.

+ 문제 속 자료 분석

- A와 B는 우주에 가장 많이 존재하는 원소이다.
  → A와 B는 각각 H, He 중 하나이다.
- C는 물과 반응하여 수소 기체를 발생시킨다.
  → 물과 반응하여 수소 기체를 발생시키는 금속은 알칼리 금속이므로 2주기 1족 원소인 Li이다.
- A와 C는 같은 족 원소이다.
  → A와 C는 같은 족 원소이므로 A는 H이다.
- 양성자수는 D가 B의 4배이다.
  → B의 양성자수는 2이므로 D의 양성자수는 8이다. 따라서 D는 O이다.

06 ㄴ. 원자가 전자 수는 C와 D가 각각 4, 7이므로 CD_4의 공유 전자쌍 수는 4이다.

ㄷ. FD_2를 구성하는 입자인 F^{2+}과 D^-은 모두 Ne과 같은 전자 배치를 갖는다.

바로 알기 ㄱ. A, B, E는 모두 1족 원소이지만, A는 비금속 원소이므로 B와 E만 알칼리 금속이다.

07 ㄱ. X와 Y는 18족 원소를 제외한 2, 3주기 원자이므로 $a=3$ 또는 $a=2$인데, Y의 전자가 들어 있는 전자 껍질 수가 $a-1$이므로 $a=3$이다. 따라서 Y는 2주기 17족 원소이므로 ⊙으로 '전자 수' 또는 '양성자수'는 적절하다.

ㄷ. XY는 금속 원자와 비금속 원자의 화학 결합으로 이루어진 물질인 이온 결합 물질이고, Y_2Z는 비금속 원자의 화학 결합으로 이루어진 공유 결합 물질이다. 따라서 수용액 상태에서 전기 전도성은 이온 결합 물질인 XY가 공유 결합 물질인 Y_2Z보다 크다.

바로 알기 ㄴ. ⊙으로 '전자 수' 또는 '원자 번호' 또는 '양성자수'가 적절하므로 ⊙이 11인 원자 X는 Na이고, $b=1$이다. Z는 전자 껍질 수가 3이고, 원자가 전자 수가 6이므로 16족 원소인 S이며, $c=16$이다. 따라서 $\dfrac{a+b}{c} = \dfrac{3+1}{16} = \dfrac{1}{4}$이다.

08 ㄴ. C는 3주기 1족 원소이므로 고체 상태의 C를 물과 반응시키면 수소 기체가 발생한다.

ㄷ. 공유 전자쌍 수는 AB_2는 2이고, B_2는 1이다. 따라서 공유 전자쌍 수는 $AB_2 > B_2$이다.

바로 알기 ㄱ. B의 원자가 전자 수는 7이므로 C는 원자가 전자 수가 1인 3주기 1족 원소이다. 따라서 $m=1$이다.

+ 문제 속 자료 분석

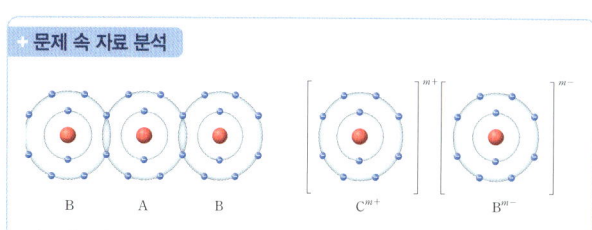

B A B C^{m+} B^{m-}

화학 결합 모형으로부터 원자가 전자 수는 A가 6, B가 7임을 알 수 있다. 따라서 이온 결합할 때 B는 전자 1개를 얻어 B^-이 되고, C는 3주기 1족 원소임을 알 수 있다. 따라서 A~C는 각각 O, F, Na이다.

Ⅱ-2 자연의 구성 물질

09 지각과 생명체를 구성하는 물질

05 지각을 구성하는 원소의 대부분은 산소와 규소가 차지한다.

07 물리적 힘을 가했을 때 기둥 모양의 결정을 보이며 두 방향으로 쪼개지는 광물은 각섬석이다. 감람석은 깨짐이 나타난다.

08 석영은 하나의 규산염 사면체가 산소 4 개를 다른 규산염 사면체와 공유한다.

13 여러 개의 아미노산이 펩타이드결합으로 단백질을 형성한다. 뉴클레오타이드는 핵산의 기본 단위체이다.

16 DNA에서 아데닌(A)은 타이민(T)과, 구아닌(G)은 사이토신(C)과 상보적으로 결합한다.

🔬 **탐구** ▶ 94쪽

결과 ❶ 당, 인산, 염기, 타이민(T), 사이토신(C)

      ❷ 이중나선, 4, 염기서열

정리 **1** 상보적

      2 기본 단위체, 20, 입체 구조, 4, 이중나선구조

01 ㄱ. 지각은 단단한 암석으로 이루어져 있다. 암석은 광물의 집합체이며, 암석을 이루는 광물은 거의 대부분 규산염 광물이다.

ㄴ. C의 광물은 Si-O 사면체를 기본 단위체로 하는 규산염 광물이다.

ㄷ. 지각에는 산소와 규소가 가장 풍부하며, D의 규산염 사면체는 이 두 가지 성분으로 이루어져 있다.

02 ㄱ. 가장 바깥의 전자 껍질에 4 개의 전자가 있으므로 원자가 전자는 4 개이다.

ㄴ. 양성자와 전자의 수가 각각 14 개인 규소이므로 산소와 결합하여 규산염 사면체를 형성한다.

바로 알기 ㄷ. 지각을 구성하는 원소 중에서 질량비가 가장 큰 원소는 산소이고, 두번째로 큰 원소가 규소이다.

✚ **문제 속 자료 분석**

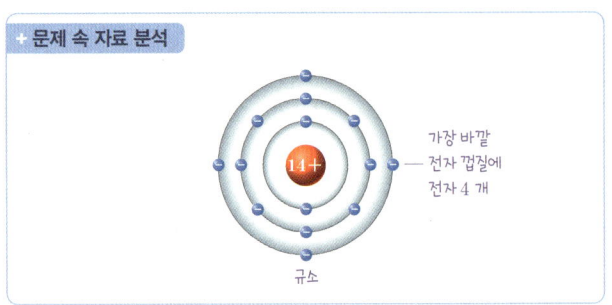

규소

03 ㄴ. 산소와 규소는 각각 전자 1 개씩을 내놓아 전자쌍을 만들고 공유 결합을 함으로써 규산염 사면체를 이룬다.

바로 알기 ㄱ. 규산염 사면체는 규소 1 개 주위에 4 개의 산소가 결합하여 사면체를 이루므로 A는 산소, B는 규소이다.

ㄷ. 규소는 원자가 전자 수가 4이므로 4 개의 전자를 잃어 +4의 양전하를 띠고, 산소는 원자가 전자의 수가 6이므로 2 개의 전자를 얻어 -2의 음전하가 된다. 따라서 규소 1개와 산소 4 개가 결합하면 $+4+(-2)\times4=-4$, 즉 규산염 사면체는 -4의 음전하를 띤다.

04 ① 지각에는 규산염 광물, 탄산염 광물 등 여러 종류가 있으나 규산염 광물이 대부분을 차지한다.

② 규산염 광물은 규산염 사면체를 기본 골격으로 하여 사면체 간에 산소를 공유하면서 여러 광물이 만들어진다.

④ 규산염 사면체는 전기적 성질이 음전하를 띠므로 양이온과 결합하면 규산염 광물이 된다.

⑤ 석영은 규산염 사면체를 이루는 모든 산소를 다른 규산염 사면체와 공유하여 만들어진다.

바로 알기 ③ 규산염 사면체가 공유하는 산소의 개수는 결합 구조마다 다르므로 산소와 규소의 개수비는 광물마다 다르다.

05 ㄱ. (나)에서 규산염 사면체 간에 공유되는 산소가 없으므로 이 광물은 독립형 구조이다.

ㄴ. (가)에서 이 광물의 표면이 울퉁불퉁한 것은 깨짐이 나타나기 때문이다. 독립형 구조는 모든 방향에서 결합력이 비슷하기 때문에 깨짐이 나타난다.

ㄷ. 감람석은 독립형 구조의 대표적인 광물로, 깨짐이 나타난다.

06 ㄱ. 규산염 사면체가 양쪽의 산소를 공유하여 단일 사슬 모양으로 길게 결합되었으므로 단사슬 구조이다.

ㄴ. 사슬 모양으로 결합된 방향에서는 결합력이 상대적으로 강하지만 나머지 방향에서는 사면체 간의 결합력이 약하다. 따라서 힘을 주면 결합력이 약한 방향에서 쪼개짐이 나타난다.

바로 알기 ㄷ. 휘석은 규산염 사면체가 단사슬 구조를 이루는 대표적인 광물이다.

07 ㄱ. A는 휘석이고, B는 감람석이다. 휘석은 단일 사슬형 구조를 갖고 있으므로 특정한 방향으로 쪼개지는 성질이 있다. B는 A와 달리 깨짐이 발달한다.

ㄴ. A와 B는 모두 규산염 사면체를 기본 구조로 하는 규산염 광물이다.

바로 알기 ㄷ. B는 독립형 구조를 갖고 있지만, A는 이웃한 규산염 사면체가 서로 결합하므로 B보다 $\dfrac{\text{산소 원자의 수}}{\text{규소 원자의 수}}$ 가 적다.

08 ㄴ. (가) 각섬석은 복사슬 구조, (나) 흑운모는 판상 구조로 결합력이 약한 부분을 따라 쪼개짐이 나타나고, (다) 석영은 망상 구조로 모든 방향에서 결합력이 비슷하여 깨짐이 나타난다.

ㄷ. (가) → (나) → (다)로 갈수록 사면체 간의 공유 결합이 복잡해지므로 공유하는 산소의 수가 증가한다.

바로 알기 ㄱ. (가)는 단사슬 구조 2개가 각각 산소를 공유하면서 연결된 이중 사슬 모양이므로 복사슬 구조이다.

문제 속 자료 분석

규산염 사면체 간의 공유 산소 수와 쪼개짐/깨짐

구분	공유 산소 수	쪼개짐/깨짐	광물의 예
독립형 구조	공유 없음	깨짐	감람석
단사슬 구조	각 사면체에서 2개 공유	쪼개짐(2방향)	휘석
복사슬 구조	사면체에 따라 2개와 3개 공유	쪼개짐(2방향)	각섬석
판상 구조	각 사면체에서 3개 공유	쪼개짐(1방향)	흑운모
망상 구조	각 사면체에서 4개 공유	쪼개짐/깨짐	장석/석영

09 ㄴ. C는 독립형 구조를 갖고 있는 감람석이다. 따라서 Si : O =1 : 4이다.

ㄷ. 규산염 광물은 규산염 사면체 사이에 결합이 복잡할수록 풍화에 강한 성질이 나타난다. 따라서 망상 구조를 갖고 있는 석영이 풍화에 가장 강하다.

바로 알기 ㄱ. A는 판상 구조를 갖고 있는 흑운모이다. 규산염 사면체의 산소 4개 중에서 3개가 다른 규산염 사면체와 산소를 공유하고 있으므로 단위 규산염 사면체에 해당하는 산소의 개수는 1+1.5=2.5개이다. 따라서 규소와 산소의 비는 1 : 2.5(=2 : 5)이다.

10 ㄱ. ㉠은 단백질이 합성될 때 두 아미노산 사이에서 물이 빠져나오면서 형성되는 펩타이드결합이다.

ㄷ. (나)는 기본 단위체가 아미노산인 단백질이다. 단백질은 효소와 항체를 구성하는 물질이다.

바로 알기 ㄴ. (가)는 많은 수의 아미노산이 펩타이드결합으로 연결된 폴리펩타이드이다. 폴리뉴클레오타이드는 많은 수의 뉴클레오타이드가 결합한 물질이다.

11 ㄱ. 기본 단위체 1과 2는 모두 단백질을 구성하는 아미노산이다.

ㄴ. ㉠은 두 아미노산이 연결될 때 형성되는 펩타이드결합이며, 펩타이드결합은 공유 결합에 해당한다.

ㄷ. 펩타이드결합(㉠)이 형성될 때 물(H_2O)이 생성되는 탈수 축합 반응이 일어난다.

문제 속 자료 분석

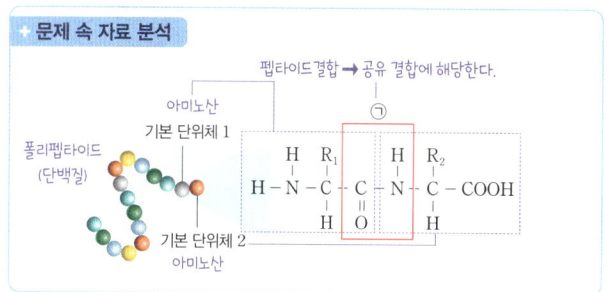

12 ㄱ. ㉠~㉢은 모두 단백질을 구성하는 기본 단위체이므로 아미노산이다.

바로 알기 ㄴ. (나)는 10+20+15=45개의 아미노산으로 구성되므로 (나)에는 45-1=44개의 펩타이드결합이 있다.

ㄷ. 단백질은 아미노산의 수, 종류, 배열 순서에 의해 입체 구조가 결정된다. 그런데 (가)와 (나)는 구성하는 아미노산 ㉡과 ㉢의 수가 각각 서로 다르므로 (가)와 (나)는 입체 구조가 서로 다른 단백질이다.

13 ㉠은 인산, ㉡은 당(디옥시라이보스)이다.

ㄴ. DNA의 기본 단위체에 들어 있는 ㉡은 당(디옥시라이보스)이다.

ㄷ. 핵산의 기본 단위체가 연결되어 폴리뉴클레오타이드가 형성될 때, 한 뉴클레오타이드의 인산과 다른 뉴클레오타이드의 당 사이에 공유 결합이 일어난다.

바로 알기 ㄱ. (가)를 구성하는 기본 단위체에 타이민(T)이 있으므로 (가)는 DNA이다. 효소의 주성분은 단백질이다.

14 ㄱ. 이 핵산은 이중나선구조이고, 염기 중에 타이민(T)이 있으므로 유전물질인 DNA이다.

바로 알기 ㄴ. (가)는 DNA(핵산)의 기본 단위체이므로 뉴클레오타이드이다. 아미노산은 단백질의 기본 단위체이다.

ㄷ. DNA를 구성하는 두 가닥의 폴리뉴클레오타이드 염기 사이에서 A은 T과만, G은 C과만 결합하므로 ㉠은 G과 결합하는 C이고, ㉡은 T과 결합하는 A이다.

15 ㉠은 DNA, ㉡은 단백질이다.

ㄴ. 단백질(㉡)의 기본 단위체인 아미노산은 약 20종류이다.

바로 알기 ㄱ. ㉠은 생명체의 유전정보를 저장하므로 DNA이다.

ㄷ. 단백질(㉡)은 아미노산의 배열 순서에 따라 입체 구조가 달라지지만, DNA(㉠)는 뉴클레오타이드의 배열 순서가 달라져도 이중나선구조는 달라지지 않는다.

16 ㄴ. (가)는 두 가닥의 폴리뉴클레오타이드가 나선 모양으로 꼬여 있는 이중나선구조이다.

ㄷ. (가)는 이중나선구조이므로 DNA이다. DNA에는 유전정보가 저장되어 있다.

바로 알기 ㄱ. ㉠은 뉴클레오타이드의 구성 성분 중 인산이고, ㉡이 염기이다.

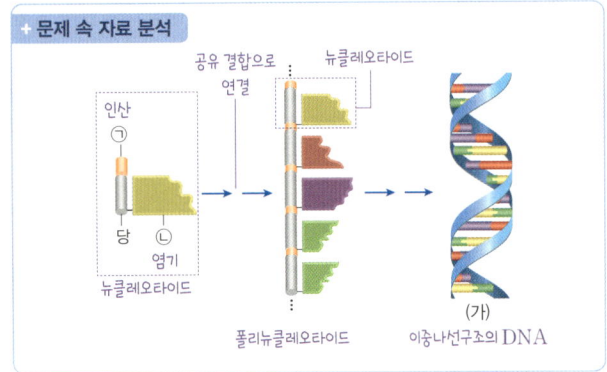

+ 문제 속 자료 분석

뉴클레오타이드

폴리뉴클레오타이드 이중나선구조의 DNA (가)

17 A는 DNA, B는 단백질, C는 RNA이다.

ㄱ. 효소의 주성분인 B는 단백질이므로 이중나선구조가 아니다. 단백질은 종류에 따라 고유한 입체 구조를 갖는다.

ㄷ. C는 RNA이고 기본 단위체인 뉴클레오타이드들은 당과 인산 사이의 결합으로 연결된다.

바로 알기 ㄴ. DNA(A)의 기본 단위체에는 디옥시라이보스가 들어 있다. 라이보스는 RNA를 구성하는 뉴클레오타이드에 들어 있다.

18 ㄴ. 이 물질은 핵산에 속하므로 기본 단위체는 뉴클레오타이드이다.

바로 알기 ㄱ. 이 물질은 이중나선구조이므로 DNA이다. RNA는 한 가닥의 폴리뉴클레오타이드로 이루어진 단일 가닥 구조이다.

ㄷ. DNA를 구성하는 두 가닥의 폴리뉴클레오타이드에서 염기는 A-T, G-C 사이에서만 결합이 형성되므로 ㉠이 G이면 ㉡은 C이다.

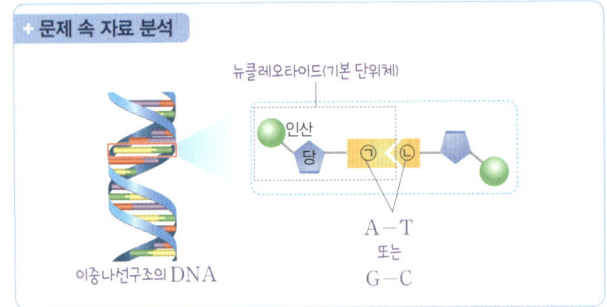

+ 문제 속 자료 분석

뉴클레오타이드(기본 단위체)

이중나선구조의 DNA A-T 또는 G-C

19 ㄴ. (가)와 (나)는 모두 핵산에 속하고, 핵산의 기본 단위체는 인산, 당, 염기로 이루어진 뉴클레오타이드이므로 (가)와 (나)에 모두 인산이 포함되어 있다.

바로 알기 ㄱ. (가)는 한 가닥의 폴리뉴클레오타이드로 구성된 단일 가닥 구조이므로 RNA이다.

ㄷ. (나)는 두 가닥의 폴리뉴클레오타이드로 구성된 DNA이다. 생명체마다 유전물질인 DNA(나)를 구성하는 뉴클레오타이드(염기)의 배열 순서가 서로 달라 DNA에 서로 다른 유전정보가 저장되어 있다.

서술형 문제

20 모범 답안 | 흑운모는 판상 구조를 이루므로 한 방향의 쪼개짐이 발달하며, 그 방향으로 흑운모가 한 겹씩 잘 벗겨진다.

해설 | 흑운모는 규산염 사면체가 산소 3개를 공유하여 판상 구조를

이루므로 산소가 공유되지 않은 면에서는 결합력이 약하여 층상으로 쪼개짐이 발달한다.

채점 기준	배점
규산염 사면체의 결합 구조와 쪼개짐을 모두 언급하여 옳게 서술한 경우	100 %
규산염 사면체의 결합 구조 또는 쪼개짐 중 한 가지만 언급하여 옳게 서술한 경우	50 %

21 (1) **답 |** ㉠ 염기, ㉡ 아미노산

해설 | (가)는 인산, 당, 염기(㉠)로 구성된 뉴클레오타이드이고, ㉡은 단백질(나)의 기본 단위체인 아미노산이다.

(2) **모범 답안 |** (나), 항체(또는 호르몬)의 주성분이다, 생명체의 몸을 구성한다. 등

해설 | 효소의 주성분은 단백질(나)이다. 단백질은 항체와 호르몬의 주성분이고, 생명체의 몸을 구성하는 등 다양한 기능을 한다.

채점 기준	배점
(나)를 쓰고, 항체(또는 호르몬)의 주성분, 몸 구성 등 단백질의 기능을 옳게 서술한 경우	100 %
(나)만 쓴 경우	50 %

10 물질의 전기적 성질

바로 복습 ● 101쪽

01 자유 전자	**02** 도체	**03** 부도체	**04** 4
05 n형 반도체	**06** ×	**07** ○	**08** ○	**09** ×
10 ×			

05 순수 반도체에 원자가 전자가 5개인 원소를 추가하면 남는 전자가 생겨 n형 반도체가 되고, 원자가 전자가 3개인 원소를 추가하면 양공이 생겨 p형 반도체가 된다.

06 순수한 규소는 전기적으로 반도체의 성질을 갖는다.

09 절연 장갑, 전선의 피복 등은 전류가 잘 흐르지 않는 부도체를 활용하여 만든다.

10 다이오드는 한쪽 방향으로만 전류가 흘러 교류를 직류로 바꾸는 데 사용된다. 트랜지스터는 약한 신호의 증폭 작용, 스위칭 작용을 하는 데 사용된다.

실력 다지기 문제 ● 103~105쪽

01 ③	**02** ③	**03** ④	**04** ④	**05** ⑤	**06** ③
07 ①	**08** ⑤	**09** ④	**10** ⑤		

서술형 **11~13** 해설 참조

01 (가) 반도체는 원자가 전자가 3 개 또는 5 개인 원소를 섞으면 전류가 잘 흐르는 물질이다.

(나) 도체는 자유 전자가 많아 전류가 잘 흐르는 물질이다.

(다) 부도체는 자유 전자가 거의 없어 전류가 잘 흐르지 않는 물질이므로 전기 사고 예방을 위한 절연 장갑에 활용된다.

02 ㄱ. 도선은 전류가 잘 흘러야 하므로 도체를 사용한다. 도선으로 사용되는 구리는 도체이다.

ㄴ. 도선의 피복은 전류의 흐름을 차단해야 하므로 부도체를 사용한다.

> **바로 알기** ㄷ. 반도체에 해당하는 물질에는 규소(Si), 저마늄(Ge) 등이 있다. 알루미늄은 도체이다.

03 ㄱ. (가)는 부도체에 해당하는 물질이며, 부도체에는 유리, 고무 등이 있다.

ㄷ. (다)와 같은 반도체는 평소에는 전류가 흐르지 않아 부도체와 비슷하지만, 특정 불순물을 첨가하면 도체처럼 전류가 잘 흐르는 특성이 있다.

> **바로 알기** ㄴ. (나)는 도체에 해당하는 물질이다. 도체는 자유 전자가 많아 전류가 잘 흐른다.

04 ㄱ. 반도체는 규소(Si)나 저마늄(Ge)에 소량의 불순물을 첨가하여 전류가 잘 흐를 수 있게 할 수 있는 물질이다.

ㄷ. 규소(Si)에 불순물인 붕소(B)나 인(P)을 첨가하면 전기 전도성이 커져 전류가 잘 흐르게 된다.

> **바로 알기** ㄴ. 항상 전기가 잘 통하는 것은 도체이다. 반도체는 불순물을 첨가하여 전기 전도성을 조절할 수 있다.

05 ㄱ. 저마늄(Ge)은 원자가 전자가 4 개인 순수 반도체이다.

ㄷ. 저마늄(Ge)에 원자가 전자가 3 개인 원소를 도핑한 반도체는 주 전하 운반자가 양공인 p형 반도체이다.

> **바로 알기** ㄴ. A의 원자가 전자는 5 개이고, B의 원자가 전자는 3 개이다. 저마늄(Ge)에 원자가 전자가 5 개인 원소를 도핑한 반도체는 주 전하 운반자가 전자인 n형 반도체이다.

+ 문제 속 자료 분석

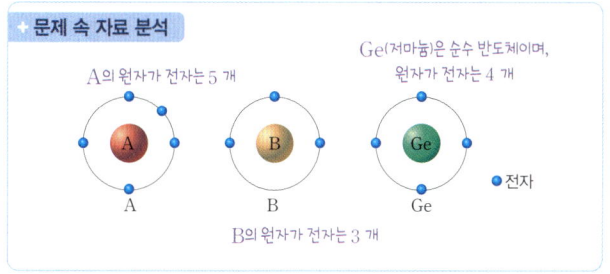

Ge(저마늄)은 순수 반도체이며, 원자가 전자는 4 개

A의 원자가 전자는 5 개

B의 원자가 전자는 3 개

06 (가), (나)와 같이 순수 반도체에 불순물을 첨가하면 전기 전도성이 커진다. (가)는 p형 반도체, (나)는 n형 반도체이다.

ㄱ. (가)는 순수 반도체에 불순물인 붕소(B)를 도핑한 것이므로 전기 전도성이 커져 전류가 잘 흐른다.

ㄷ. p형 반도체, n형 반도체를 접합하여 태양 전지를 만들 수 있다.

> **바로 알기** ㄴ. (나)에 도핑된 인(P)은 원자가 전자 수가 5 개이므로 전자 1 개가 결합에 참여하지 않아 n형 반도체이다.

07 ㄱ. 저마늄의 원자가 전자 수는 4 개인데, 비소의 원자가 전자 수가 5 개이므로 저마늄에 비소를 도핑하면 전자가 1 개가 남는다. 따라서 전기 전도성이 순수 저마늄 반도체보다 커진 n형 반도체이다.

> **바로 알기** ㄴ. n형 반도체는 저마늄으로만 된 순수 반도체에 비소를 첨가하여 전기적 성질을 개선한 물질이다.

ㄷ. 원자가 전자 수는 저마늄과 비소가 각각 4 개, 5 개이다.

08 ㄴ. 다이오드는 교류를 직류로 변환하는 정류 작용을 한다.

ㄷ. 다이오드는 한쪽 방향으로 전류를 흐르게 하며, 제시된 다이오드에 흐르는 전류의 방향은 a → 다이오드 → b이다.

> **바로 알기** ㄱ. 증폭 작용을 하는 반도체 소자는 트랜지스터이다.

09 ④ 피뢰침은 끝이 뾰족한 금속(도체)으로 된 막대기로, 가옥, 굴뚝과 같은 건조물에 세워서 벼락의 피해를 막는다.

10 ㄱ. 다이오드는 불순물 반도체를 접합하여 만든 전기 소자이다. 불순물 반도체는 순수 반도체에 원자가 전자가 3 개 또는 5 개인 불순물을 첨가하여 만든 반도체이므로 $n = 4$이다.

ㄴ. 원자가 전자가 3 개인 불순물을 첨가한 X는 p형 반도체이다.

ㄷ. Y는 원자가 전자가 5 개인 불순물을 첨가하여 만든 n형 반도체이다. n형 반도체는 주로 전자가 이동하면서 전류를 흐르게 한다.

+ 문제 속 자료 분석

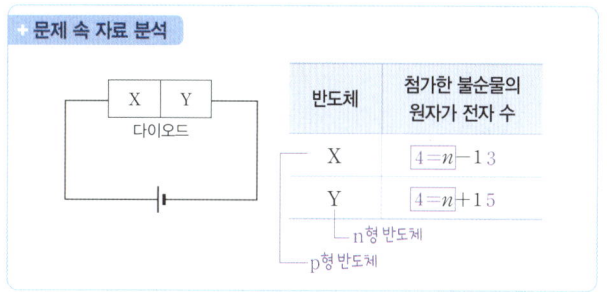

반도체	첨가한 불순물의 원자가 전자 수
X	$4 = n - 1$ 3
Y	$4 = n + 1$ 5

n형 반도체

p형 반도체

서술형 문제

11 (1) 답 | 4

해설 | 반도체의 원료로 사용되고 지각에 많은 비중을 차지하는 (가)는 원자가 전자가 4 개인 규소(Si)이다.

(2) **모범 답안** | 불순물 반도체는 순수 반도체에 비하여 전기 전도성이 커진다.

해설 | 순수 반도체인 규소나 저마늄은 전기 전도성이 작지만, 여기에 불순물인 붕소, 인, 비소 등을 첨가하면 전기 전도성이 커진다.

채점 기준	배점
전기 전도성이 커진다고 서술한 경우	100 %
전기 전도성이 달라진다고만 서술한 경우	50 %

12 **모범 답안** | 반도체, 사용되는 예로는 다이오드, 발광 다이오드, 트랜지스터, 중앙 처리 장치 등이 있다.

해설 | 태양 전지는 빛을 받으면 전자가 이동하여 전류가 흐르므로 특정 조건에 따라 전류의 흐름을 조절할 수 있어야 한다.

채점 기준	배점
물질과 사용되는 예를 모두 옳게 서술한 경우	100 %
물질과 사용되는 예 중 한 가지만 옳게 서술한 경우	50 %

13 모범 답안 | n형 반도체, 규소(Si)로만 구성된 반도체에 원자가 전자가 5개인 불순물을 첨가하여, 공유 결합을 하지 않은 전자가 전류를 흐르게 함으로써 전기 전도성을 커지게 만들기 위해서이다.

해설 | n형 반도체는 원자가 전자가 5개인 원소를 첨가하면 공유 결합하지 못한 전자가 이동하여 전류를 흐르게 한다.

채점 기준	배점
반도체의 종류와 불순물을 첨가하는 까닭을 모두 옳게 서술한 경우	100 %
반도체의 종류와 불순물을 첨가하는 까닭 중 한 가지만 옳게 서술한 경우	50 %

빈출자료 ▶ 106~108쪽

	1	2	3	4	5	6	7
1	1 ○	2 ○	3 ×	4 ×	5 ×		
2	1 ×	2 ×	3 ○	4 ○	5 ○	6 ○	
3	1 ×	2 ○	3 ×	4 ○	5 ○	6 ○	7 ×
4	1 ×	2 ○	3 ○	4 ○	5 ○	6 ○	
5	1 ○	2 ○	3 ×	4 ×	5 ○	6 ×	7 ○
6	1 ×	2 ○	3 ○	4 ○	5 ×		
7	1 ○	2 ○	3 ×	4 ×	5 ×		
8	1 ○	2 ○	3 ×	4 ×	5 ○	6 ○	
9	1 ○	2 ×	3 ○	4 ○	5 ○		

1-3 지구 내부의 핵은 거의 대부분 철로 이루어져 있어 지구 전체에서 가장 풍부한 원소는 철이다.

1-4 철은 질량이 큰 별의 진화 과정에서 생성되었다.

1-5 산소는 다른 원소와 쉽게 결합할 수 있는 반응성이 큰 원소이다.

2-1 규산염 사면체는 1개의 규소(B)와 4개의 산소(O)가 결합한 것이다.

2-2 규소는 14족에 속하므로 원자가 전자가 4개이다.

2-5 산소가 −2, 규소가 +4의 전하를 띠므로 규산염 사면체는 −4의 음전하를 띤다.

3-1 (가)는 독립형 구조이므로 규산염 사면체 간에 공유되는 산소가 없다.

3-3 (가)는 독립형 구조, (나)는 단사슬 구조, (다)는 복사슬 구조, (라)는 판상 구조, (마)는 망상 구조이다.

3-7 (가)에서 (마)로 갈수록 규산염 사면체 간에 공유되는 산소의 개수가 증가하므로 $\dfrac{\text{산소의 개수}}{\text{규소의 개수}}$ 는 감소한다.

4-1 A와 B는 모두 단백질의 기본 단위체이므로 아미노산이다.

4-3 ㉠은 두 아미노산이 펩타이드결합으로 연결될 때 생성되는 물(H_2O)이므로 수소(H)와 산소(O)로 구성된다.

5-3 ㉠과 ㉡은 모두 염기이다.

5-4 ㉠은 A(아데닌)과 결합하므로 T(타이민)이고, ㉡은 C(사이토신)과 결합하므로 G(구아닌)이다.

5-5 (가)는 두 가닥의 폴리뉴클레오타이드가 결합한 이중나선 구조이다.

5-6 (나)의 4가지 기본 단위체는 모두 핵산의 기본 단위체인 뉴클레오타이드이다.

6-1 (가)는 이중나선구조의 DNA 모형이고, (나)는 단일 가닥 구조의 RNA 모형이다.

6-5 사람에게서 유전정보를 저장하고 자손에게 전달하는 역할을 하는 유전물질은 DNA이다.

7-3 A는 도체이고 B는 부도체이다. 따라서 자유 전자의 수는 A가 B보다 많다.

7-4 B는 부도체이므로 전원 장치의 극을 바꿔 연결해도 전류가 흐르지 않는다.

7-5 주로 양공이 전류를 흐르게 하는 것은 p형 반도체이다.

8-3 Y는 n형 반도체이므로 b의 원자가 전자는 5개이다.

8-4 LED는 전류를 한쪽 방향으로만 흐르게 한다. S를 c에 연결했을 때 LED에서 빛이 방출되므로, S를 d에 연결하면 LED에서는 빛이 방출되지 않는다.

8-5 X는 p형 반도체이므로 주로 양공이 전류를 흐르게 한다.

8-6 Y는 n형 반도체이므로 주로 전자가 전류를 흐르게 한다.

9-2 순수 반도체에 불순물을 첨가한 ㉡을 사용하면 반도체의 전기 전도성이 커진다.

시험대비 문제 ▶ 109~113쪽

01 ④	02 ④	03 ③	04 ⑤	05 ⑤	06 ⑤
07 ⑤	08 ③	09 ⑤	10 ①	11 ④	12 ③
만점 도전 13 ③	14 ②	15 ②	16 ②		
서술형 17~21 해설 참조					

01 ㄴ. 아미노산을 기본 단위체로 하는 생명체 구성 물질은 단백질이다.

ㄷ. 생명체를 구성하는 주요 물질은 핵산과 단백질이며, 이들의 기본 단위체는 각각 뉴클레오타이드와 아미노산이다. 뉴클레오타이드와 아미노산 모두 유기물이다.

바로 알기 ㄱ. ㉠은 규산염 사면체로 −4가의 음전하를 띠고 있다.

02 ㄴ. A(산소)와 B(규소)는 전자쌍을 공유하여 사면체 구조를 이룬다.

ㄷ. (나)의 규산염 사면체는 사면체 간에 다양한 결합을 이루어 규산염 광물을 만들므로 규산염 광물의 기본 구조이다.

바로 알기 ㄱ. A는 원자가 전자 수가 6이고, B는 원자가 전자 수가 4이므로 주기율표에서 서로 다른 족에 속한다.

＋ 문제 속 자료 분석

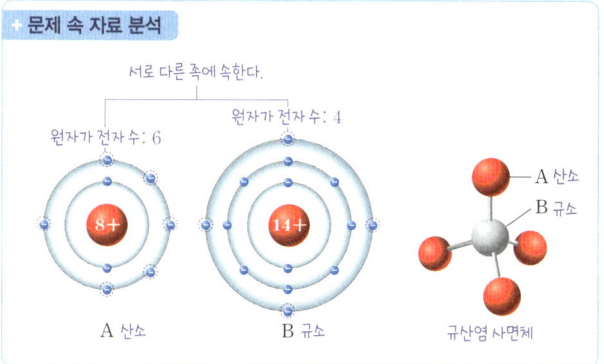

서로 다른 족에 속한다.

원자가 전자 수: 6 　　원자가 전자 수: 4

A 산소 / B 규소 / 규산염 사면체

03 ㄱ. 규산염 사면체의 중심부에 있는 ㉠은 규소이고 사면체 모서리에 있는 ㉡은 산소이다. 규소는 14족 원소로 최대 4 개의 산소와 결합을 형성할 수 있다.

ㄷ. 이 광물은 단사슬 구조를 갖고 있으며, 특정한 방향으로 쪼개지는 성질이 나타난다.

바로 알기 ㄴ. 이 광물은 규산염 사면체의 산소 4 개 중 2 개를 주변의 규산염 사면체와 공유하면서 길게 이어진 사슬 구조를 갖고 있다. 따라서 규소와 산소의 개수비는 1 : 3이다.

04 ㄱ. 감람석은 독립된 규산염 사면체에 철 이온이나 마그네슘 이온이 결합하여 만들어지는 규산염 광물이므로 (가)의 결합 구조를 가진다.

ㄴ. (가)는 규산염 사면체 간에 결합이 없으므로 독립형 구조이고, (나)는 규산염 사면체 간의 결합으로 얇은 판 모양을 이루므로 판상 구조이다.

ㄷ. (가)는 모든 방향으로 결합력이 비슷하므로 깨짐이 나타나고, (나)는 결합력이 약한 방향을 따라 쪼개짐이 나타난다.

05 ㄱ. 헤모글로빈은 단백질이므로 탄소(C)를 포함하는 탄소 화합물이다.

ㄴ. A와 B는 모두 단백질의 기본 단위체인 아미노산이다.

ㄷ. 아미노산인 A와 B는 펩타이드결합으로 연결되어 있다.

06 ① (가)는 두 가닥의 폴리뉴클레오타이드로 구성된 이중나선구조이므로 DNA이다.

② DNA(가)는 탄소(C)를 포함하는 탄소 화합물이다.

③ DNA(가)는 생명체의 유전정보를 저장하고 있는 유전물질이다.

④ (나)는 DNA의 기본 단위체인 뉴클레오타이드이고, 뉴클레오타이드는 인산(㉠), 당, 염기로 구성된다.

바로 알기 ⑤ (나)는 뉴클레오타이드이다. 폴리뉴클레오타이드는 많은 수의 뉴클레오타이드가 결합한 긴 사슬 형태의 물질이다.

07 ㄴ. (나)는 이중나선구조이므로 DNA이다. DNA는 자손에게 전달되는 유전물질이다.

ㄷ. ㉠과 ㉡은 각각 핵산에 속하는 RNA와 DNA의 기본 단위체이므로 뉴클레오타이드이다.

바로 알기 ㄱ. (가)는 단일 가닥 구조이므로 RNA이다.

08 ㄱ. (가)는 단백질의 기본 단위체인 아미노산이고, (나)는 DNA(핵산)의 기본 단위체인 뉴클레오타이드이다. 뉴클레오타이드는 인산, 당, 염기로 구성된다.

ㄴ. 단백질의 기본 단위체인 아미노산은 약 20 종류가 있으며, 각 아미노산마다 ㉠ 부위가 서로 다르다.

바로 알기 ㄷ. ㉡은 뉴클레오타이드의 구성 성분인 염기이다. 그런데 (나)는 DNA의 기본 단위체이므로 사이토신(C)은 ㉡에 해당하지만, 유라실(U)은 ㉡에 해당하지 않는다. U은 DNA에는 없고, RNA에만 있는 염기이다.

＋ 문제 속 자료 분석

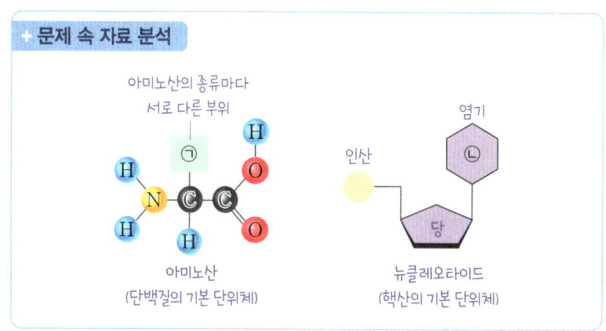

아미노산의 종류마다 서로 다른 부위

아미노산 (단백질의 기본 단위체)

인산 / 염기

뉴클레오타이드 (핵산의 기본 단위체)

09 ㄴ. B에서는 원자핵에 속박되지 않은 전자, 즉 자유 전자가 많으므로 B는 도체이다. 따라서 자유 전자의 수는 A가 B보다 적다.

ㄷ. 자유 전자가 많을수록 전기 전도성이 크다. 따라서 전기 전도성은 A가 B보다 작다.

바로 알기 ㄱ. A에서는 전자가 원자핵에 속박되어 있으므로 A는 부도체이다.

10 ㄱ. A는 부도체이고, B는 도체이다. 따라서 자유 전자는 B가 A보다 많다.

바로 알기 ㄴ. 규소(Si)는 순수 반도체이며, 규소(Si)의 원자가 전자는 4 개이다.

ㄷ. 고무나 유리 등은 부도체인 A에 해당한다.

11 **바로 알기** ④ 불순물 반도체인 A는 순수 반도체인 규소나 저마늄에 붕소, 인, 비소 등의 불순물을 도핑시켜 전기 전도성을 크게 한 물질이다.

12 ㄱ, ㄴ. 발광 다이오드(LED)와 집적 회로는 반도체를 이용한 전기 소자이다.

바로 알기 ㄷ. 전기 저항은 회로에 전류가 흐르기 어렵게 만드는 물질로 도체를 이용해 만든다.

만점 도전 문제

13 ㄱ. 여러 규산염 사면체는 산소를 공유하면서 결합되므로 ㉠은 규산염 사면체 간의 산소 공유에 해당한다.

ㄷ. ㉡과 ㉢의 결합 구조는 산소가 공유되는 방향에서는 결합력이 강하고, 산소가 공유되지 않는 방향에서는 결합력이 약하므로 쪼개짐이 나타난다.

바로 알기 ㄴ. ㉡은 단사슬 구조, ㉢은 복사슬 구조의 모형이다. 흑운모는 판상 구조이므로 ㉡과 같은 결합 구조가 아니다.

14 펩타이드결합을 가지고 있는 물질은 단백질이며, 단백질은 표의 특징 3 가지를 모두 갖는다. 따라서 B는 단백질이고, A는 DNA이다.

ㄴ. 항체의 주성분은 단백질(B)이다.

바로 알기 ㄱ. A는 DNA, B는 단백질이다.

ㄷ. 유전정보를 저장하는 것은 DNA(A)이다. 단백질(B)은 유전정보를 저장하지 않는다.

15 ㄷ. ㉠과 ㉡을 구성하는 기본 단위체인 뉴클레오타이드의 수가 같고, 하나의 뉴클레오타이드에는 1 개의 당과 1 개의 염기가 있으므로 ㉠에 있는 당의 수와 ㉡에 있는 염기의 수는 각각 20으로 같다.

바로 알기 ㄱ. ㉠을 구성하는 염기의 수가 20이므로 ㉠과 ㉡을 구성하는 기본 단위체(뉴클레오타이드)의 수는 각각 20이다. 따라서 ㉠과 ㉡으로 구성된 (가)에는 20+20=40의 기본 단위체(뉴클레오타이드)가 있다.

ㄴ. 이중나선구조의 DNA에서는 염기 사이에 A−T, G−C의 결합만 형성된다. 그런데 ㉠에는 염기의 결합 순서가 TCGCA(또는 ACGCT)인 부위가 없으므로 ㉡에는 염기의 결합 순서가 AGCGT인 부위가 없다.

16 ㄴ. Y는 공유 결합하고 남은 전자 1 개가 있으므로 n형 반도체이다. n형 반도체는 원자가 전자가 5 개인 불순물을 첨가하여 만들어지므로 비소(As)의 원자가 전자는 5 개이다.

바로 알기 ㄱ. X는 공유 결합에 전자 1 개가 부족하여 양공이 있으므로 p형 반도체이다.

ㄷ. 규소(Si)로만 구성된 반도체는 순수 반도체이다. 전기 전도성은 불순물 반도체가 순수 반도체보다 크다.

+ 문제 속 자료 분석

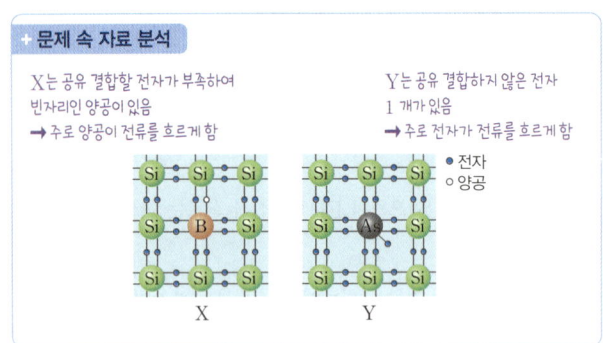

X는 공유 결합할 전자가 부족하여 빈자리인 양공이 있음
→ 주로 양공이 전류를 흐르게 함

Y는 공유 결합하지 않은 전자 1 개가 있음
→ 주로 전자가 전류를 흐르게 함

● 전자 ○ 양공

X Y

서술형 문제

17 모범 답안 석영은 깨짐이 발달하고, 흑운모는 쪼개짐이 발달한다. 석영은 모든 방향으로 결합력이 비슷하고, 흑운모는 특정한 방향으로 결합력이 약하기 때문이다.

해설 석영은 망상 구조이므로 규산염 사면체가 모든 방향으로 산소를 공유하여 결합력이 비슷하고, 흑운모는 판상 구조이므로 판 모양과 판 모양 사이의 층을 따라 결합력이 약하여 쉽게 떨어져 나간다.

채점 기준	배점
깨짐/쪼개짐의 광물 이름과 차이가 생기는 까닭을 모두 옳게 서술한 경우	100 %
깨짐/쪼개짐의 광물 이름과 차이가 생기는 까닭 중 한 가지만 옳게 서술한 경우	50 %

18 모범 답안 B, 광물 A보다 광물 B가 규산염 사면체 간에 공유되는 산소가 많아 결합이 더 단단하기 때문이다.

해설 풍화가 일어나기 위해서는 규산염 사면체 간의 결합이 끊어져야 한다. 그런데 B는 A보다 규산염 사면체 간에 공유되는 산소가 많으므로 이를 끊기 위해서는 더 큰 에너지가 필요하며, 상대적으로 풍화에 더 강하다.

채점 기준	배점
풍화에 강한 광물과 까닭을 모두 옳게 서술한 경우	100 %
풍화에 강한 까닭만 옳게 서술한 경우	80 %
풍화에 강한 광물만 옳게 쓴 경우	20 %

19 모범 답안 (가)와 (나)를 구성하고 있는 아미노산의 종류와 수, 배열 순서가 다르기 때문이다.

해설 단백질은 종류에 따라 아미노산의 종류와 수, 배열 순서가 다르고, 그에 따라 고유한 입체 구조가 달라져서 서로 다른 기능을 나타낸다.

채점 기준	배점
아미노산의 종류와 수, 배열 순서가 다르다고 서술한 경우	100 %
아미노산의 종류와 수가 다른 것과 배열 순서가 다른 것 중 한 가지만 서술한 경우	50 %
아미노산이 다르다고만 쓴 경우	20 %

20 (1) **답** A: RNA, B: DNA, C: 단백질

해설 이중나선구조의 유전 물질은 DNA이고, 탄소가 있는 것은 DNA, RNA, 단백질이며, 기본 단위체가 뉴클레오타이드인 물질은 DNA와 RNA이므로 ㉠은 '이중나선구조의 유전 물질이다.', ㉡은 '탄소가 있다.', ㉢은 '기본 단위체가 뉴클레오타이드이다.'이고, A는 RNA, B는 DNA, C는 단백질이다.

(2) **답** C

해설 단백질(C)은 효소, 호르몬, 항체 등의 주성분이다.

(3) **모범 답안** A는 단일 가닥 구조이고 B는 이중나선구조이다. A의 염기에는 유라실(U)이 있고 B의 염기에는 타이민(T)이 있다. A는 단백질을 합성하는 데 관여하고 B는 유전정보를 저장한다. 등

해설 RNA(A)는 단일 가닥 구조이고, 구성하는 염기 중에 유라실(U)이 있으며, 단백질을 합성하는 데 관여하는 물질이다. 반면 DNA(B)는 이중나선구조이고, 유라실(U) 대신 타이민(T)이 있으며, 유전정보를 저장하고 있는 유전물질이다.

채점 기준	배점
구조(단일 가닥과 이중나선), 염기의 차이(U과 T), 기능(단백질합성과 유전정보 저장) 등으로 RNA와 DNA의 차이를 옳게 서술한 경우	100 %
RNA와 DNA 중 한 가지 물질의 특징만 서술한 경우	30 %

21 모범 답안 | 전기 전도성은 (나)가 (가)보다 크다. (가)는 전자가 공유 결합을 하고 있어 이동하지 못하지만, (나)는 양공을 채우기 위해 전자가 이동하므로 전류가 잘 흐르기 때문이다.

채점 기준	배점
전기 전도성을 옳게 비교하고 그 까닭을 옳게 서술한 경우	100 %
전기 전도성만 옳게 비교한 경우	50 %

수능 패턴 보기
◎ 114~115쪽

01 ②   **02** ③   **03** ⑤   **04** ①

01 ㉠은 석영(SiO_2)이고, ㉡은 감람석($MgFeSiO_4$), ㉢은 방해석($CaCO_3$)이다.
ㄴ. ㉠은 망상 구조를 갖고 있고, ㉡은 독립형 구조를 갖고 있으므로 규소 원자에 대한 산소 원자의 수는 ㉡이 ㉠보다 많다.

바로 알기 ㄱ. ㉠은 쪼개짐이 없으며 O, Si로만 이루어진 석영이다. 석영은 망상 구조를 가지고 있다.
ㄷ. ㉠과 ㉡은 주요 구성 원소가 O, Si이므로 규산염 광물이다. 하지만 ㉢은 규산염 광물이 아니므로 규산염 사면체를 기본 단위체로 하지 않는다.

02 ㄱ. 항체 X의 주성분은 단백질이며, 단백질의 기본 단위체인 A와 B는 아미노산이다.
ㄴ. 항체 X는 단백질이며, 단백질은 아미노산이 펩타이드결합으로 반복적으로 연결된 폴리펩타이드로 되어 있다.

바로 알기 ㄷ. 아미노산인 A와 B는 펩타이드결합으로 연결되며, 펩타이드결합이 일어날 때 물(H_2O)이 빠져나온다.

03 ㄱ. (가)는 이중나선구조이며 타이민(T)이 있으므로 DNA이고, (나)는 단일 사슬 구조이며 유라실(U)이 있으므로 RNA이다.
ㄴ. (나)는 RNA이므로 유전정보를 전달하며 단백질을 합성하는 데 관여한다.
ㄷ. 핵산의 기본 단위체는 뉴클레오타이드인데, 뉴클레오타이드에서 인산, 당, 염기의 비율은 1 : 1 : 1이다. 따라서 DNA(가)와 RNA(나)에서 모두 인산, 당, 염기의 비율은 1 : 1 : 1이다.

04 ㄱ. 전지와 A를 연결했을 때 전구가 켜졌으므로 A에 전류가 흘렀음을 알 수 있다. 따라서 A는 도체이고, B는 부도체이므로 자유 전자의 수는 A가 B보다 많다.

바로 알기 ㄴ. S_1을 a에 연결하고 S_2를 d에 연결하면 전지와 부도체인 B가 연결되므로 전구는 켜지지 않는다. S_1을 b에 연결하고 S_2를 c에 연결하면 전지와 도체인 A가 연결되므로 전구는 켜진다. 따라서 ㉠과 ㉡은 같지 않다.
ㄷ. 규소는 반도체에 해당하는 물질이다.

Ⅲ 시스템과 상호작용

Ⅲ-1 지구시스템

✓ 중학교에서 배운 내용을 떠올려 볼까요?
◎ 117쪽

01 기권   **02** 상호작용
03 중력   **04** 9.8
05 염색체   **06** DNA, 유전자

11 지구시스템의 구성과 상호작용

✏ 바로 복습
◎ 119, 121쪽

01 지구시스템   **02** 기온, 수온   **03** 맨틀
04 생물권   **05** ○   **06** ×   **07** ×   **08** ○
09 물질, 에너지   **10** 태양 에너지   **11** 태양   **12** 일정
13 ○   **14** ×   **15** ○   **16** ○

06 대류권과 중간권에서는 높이 올라갈수록 기온이 낮아지고, 성층권과 열권에서는 높이 올라갈수록 기온이 높아진다.

07 지권의 성층 구조에서 온도가 가장 높은 층은 내핵이다.

14 수증기가 응결할 때 에너지를 방출한다.

15 지구상의 탄소는 대부분 탄산염 형태로 지권에 존재한다.

실력 다지기 문제
◎ 122~125쪽

01 ⑤   **02** ③   **03** ③   **04** ①   **05** ⑤   **06** ④
07 ③   **08** ④   **09** ①   **10** ①   **11** ⑤   **12** ⑤
13 ②   **14** ④   **15** ⑤   **16** ②   **17** ④
서술형 **18~20** 해설 참조

01 ①, ② 태양계는 구성 천체들이 태양의 중력에 의해 역학적으로 운동하면서 서로 영향을 주고받는 역학적 시스템을 이룬다. 지구도 태양계 역학적 시스템의 구성원이다.
③ 태양은 태양계 전체 질량의 99 % 이상을 차지하므로 태양계 천체들은 태양을 중심으로 운동한다.
④ 지구시스템은 여러 요소로 구성되어 있으며, 이러한 요소들은 서로 영향을 주고받는다.

바로 알기 ⑤ 지구시스템은 지구를 둘러싸고 있는 외권을 포함한다.

02 A는 지권, B는 수권, C는 기권, D는 생물권, E는 외권이다.
ㄱ. 암석, 토양 등은 지권(A)의 물질이고, 해수, 빙하, 지하수 등은 수권(B)의 물질이다.
ㄷ. 생물권(D)은 서식 공간이 지권, 수권, 기권에 걸쳐 있다.

바로 알기 ㄴ. 기권은 태양으로부터 직접 태양 에너지를 흡수하고,

태양계 공간으로 에너지를 방출하므로 기권(C)과 외권(E) 사이에는 에너지 흐름이 활발하다.

03 ③ B(중간권)와 D(대류권)에서는 높이 올라갈수록 기온이 낮아지므로 대류 현상이 일어난다.

> **바로 알기** ① A는 기권의 최상부를 차지하는 열권이다.
② 지구의 대기는 지표에서 높이 약 1000 km까지 분포하므로 A의 상단은 높이 약 1000 km이다.
④ A는 공기가 매우 희박하여 낮과 밤의 기온 차이가 가장 크다.
⑤ 눈, 비 등의 기상 현상은 공기의 대류가 일어나고 수증기가 많은 D(대류권)에서 일어난다.

＋ 문제 속 자료 분석

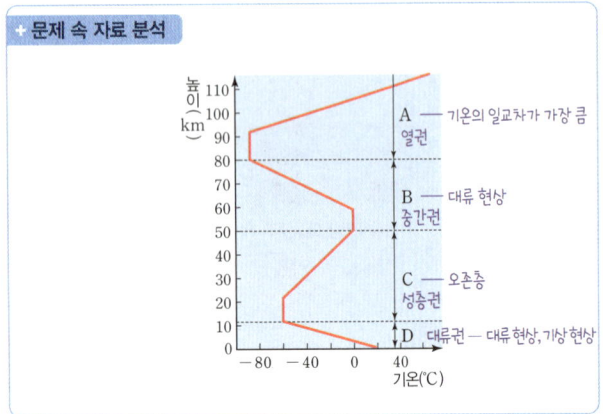

04 ㄱ. C(성층권)에는 높이 약 20~30 km에 오존층이 존재하여 태양으로부터 오는 자외선을 차단한다.

> **바로 알기** ㄴ. 성층권에서 높이 올라갈수록 기온이 상승하는 것은 오존층에서 태양 복사의 자외선을 흡수하기 때문이다.
ㄷ. 온실 효과는 이산화 탄소 농도가 높은 대류권에서 주로 일어난다. C(성층권)는 오존층이 태양으로부터 오는 자외선을 흡수하여 높이 올라갈수록 기온이 상승한다.

05 ㄱ. 기권의 성층권에서는 태양 복사의 자외선이 차단되어 육지의 생물이 활동할 수 있게 해준다.
ㄴ. 기권에서는 온실 효과가 일어나 기온의 일교차를 줄여 주고, 생물이 활동하기에 적합한 온도를 유지시킨다.
ㄷ. 기권은 산소와 이산화 탄소를 포함하고 있으며, 생물의 호흡에 필요한 산소와 광합성에 필요한 이산화 탄소를 공급해 준다.

06 ㄴ. A(내핵)는 주로 철과 니켈로 이루어져 있고, C(맨틀)는 규산염 물질로 이루어져 있으므로 물질의 밀도는 A가 C보다 크다.
ㄷ. C는 지권 전체 부피의 약 80 %를 차지하므로 부피가 가장 크다.

> **바로 알기** ㄱ. A(내핵)는 고체 상태, B(외핵)는 액체 상태이다.

07 ㄱ. A(대륙 지각)는 화강암질 암석으로 이루어져 있고, B(해양 지각)는 현무암질 암석으로 이루어져 있어 A와 B 모두 규산염 물질로 이루어져 있다.
ㄴ. C(맨틀)는 고체 상태이지만 유동성이 있어 오랜 시간에 걸쳐 서서히 움직인다.

> **바로 알기** ㄷ. 맨틀은 지각보다 밀도가 크고, 현무암질 암석은 화강암질 암석보다 밀도가 크므로 밀도는 C>B>A이다.

08 ㄱ. 지권은 풍화와 침식, 해저 화산 활동 등을 통해 수권에 염류를 공급한다.
ㄴ. 지권은 생명체가 살아가는 데 필요한 공간을 제공하고, 식물의 뿌리 등을 통해 물질을 공급한다.
ㄹ. 액체 상태인 외핵에서는 유동에 의해 지구 자기장을 형성하며, 자기장은 외권으로부터 오는 유해한 고에너지 입자를 차단하여 지상의 생명체를 보호한다.

> **바로 알기** ㄷ. 태양 에너지를 지구 전체에 고르게 분산하는 것은 대기와 해수의 역할이다.

09 ㄱ. A는 빙하이므로 주로 북극과 남극 주변의 고위도와 고산 지대에 분포한다.

> **바로 알기** ㄴ. B는 지하수이고, C는 호수와 하천수이다.
ㄷ. 기권으로의 수증기 이동은 수권과 기권이 직접 접촉하는 곳에서 일어나므로 기권으로 이동하는 수증기의 양은 C가 B보다 많다.

10 ㄱ. A층(혼합층)은 태양 복사 에너지를 흡수하여 수온이 높고, 바람의 혼합 작용에 의해 깊이에 따른 수온이 거의 일정하다.

> **바로 알기** ㄴ. B층(수온 약층)에서는 깊이가 깊어짐에 따라 수온이 급격히 낮아지므로 안정하여 해수의 연직 혼합이 일어나기 어렵다.
ㄷ. C층(심해층)은 태양 복사 에너지를 흡수하지 않으므로 계절에 따른 수온 변화가 나타나지 않는다.

11 ㄱ. 해수는 비열이 커서 태양 에너지를 저장하고 온도를 일정하게 유지시켜 지구의 온도 변화를 줄여 준다.
ㄴ. 해수에는 여러 가지 염류가 녹아 있어 해양 생물이 살아가는 데 필요한 물질을 공급한다.
ㄷ. 수권이 흡수한 태양 에너지는 해수가 순환하면서 지구 전체에 고르게 분배한다.

12 ① 태양계 행성 중에서 지구에만 생명체가 존재하는 것으로 알려져 있다.
② 생물권은 독립된 공간이 존재하지 않으며, 기권, 지권, 수권에 걸쳐 있다.
③ 생물권은 지권, 수권, 기권의 하부에 존재하므로 외권과 직접 물질 교환은 거의 일어나지 않는다.
④ 지구에서 생명체는 바다에서 처음 출현하였으므로 생물권은 지권과 기권, 수권이 형성된 후 가장 나중에 형성되었다.

> **바로 알기** ⑤ 태양 복사의 자외선은 주로 성층권(기권)의 오존층에서 차단된다.

13 ㄴ. B(태양 에너지)는 지표를 가열시켜 대기의 순환을 일으키거나 지표의 물을 증발시켜 물의 순환을 일으키는 에너지원이 된다.

> **바로 알기** ㄱ. 에너지양은 B(태양 에너지)>A(지구 내부 에너지)>C(조력 에너지) 순이다.
ㄷ. A, B, C는 근원 에너지이므로 서로 다른 형태의 에너지원으로 전환되지 않는다.

14 ㄴ. B는 육지에 내린 비나 눈이 지표와 지하를 거쳐 바다로 이동하는 과정이다. 이 과정에서 풍화와 침식을 받아 지형 변화가 일어나고, 지권의 물질을 바다로 운반한다.

ㄷ. 식물은 뿌리로 흡수한 물을 증산 작용을 통해 대기에 수증기로 방출하여 C가 일어난다.

바로 알기 > ㄱ. A는 대기 중의 수증기가 물방울로 응결하여 구름이 만들어지는 과정이다. 수증기가 물방울로 될 때 태양 에너지를 대기로 방출한다.

문제 속 자료 분석

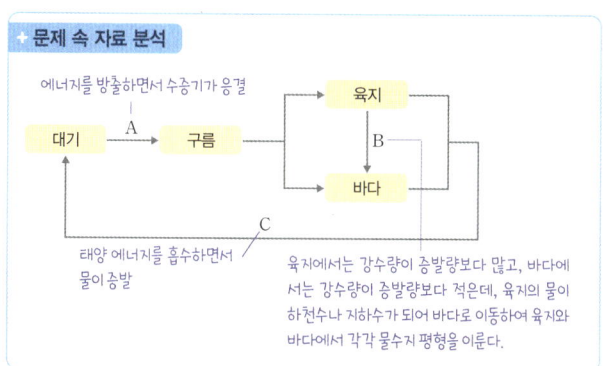

에너지를 방출하면서 수증기가 응결

태양 에너지를 흡수하면서 물이 증발

육지에서는 강수량이 증발량보다 많고, 바다에서는 강수량이 증발량보다 적은데, 육지의 물이 하천수나 지하수가 되어 바다로 이동하여 육지와 바다에서 각각 물수지 평형을 이룬다.

15 ㄱ. A는 대기 중의 이산화 탄소가 해수에 녹아 탄산 이온이 되는 과정이므로 탄소가 기권에서 수권으로 이동한다.
ㄴ. B는 식물이 광합성을 하여 대기 중의 이산화 탄소를 유기물로 만드는 과정이므로 B에 의해 태양 에너지는 생물권으로 이동한다.
ㄷ. C와 D는 지권의 탄소가 화산 활동, 화석 연료의 연소 등에 의해 기권으로 이동하는 과정이므로 C와 D에 의해 기권의 탄소량은 증가한다.

16 ㄴ. ⓒ은 성층권, ⓔ은 수온 약층이다. 성층권과 수온 약층은 상부의 온도가 높고 아래로 갈수록 온도가 낮아진다.

바로 알기 > ㄱ. ㉠은 태양 에너지에 의해 가열된 지표로부터 복사 에너지를 흡수하여 계절에 따른 온도 변화가 생긴다. ㉢은 해수면에 도달한 태양 에너지를 직접 흡수하여 계절에 따른 온도 변화가 생긴다.
ㄷ. 밀물과 썰물은 해수에 작용하는 태양과 달의 인력에 의해 생기는 현상이므로 '밀물과 썰물의 주기적인 변화'는 외권과 수권의 상호작용에 해당한다.

17 ① 화산 활동은 지권의 현상이고, 기온 하강은 기권에서 일어나는 변화이므로 지권 → 기권이다.(➡ A)
② 파도는 수권의 현상이고, 해안 절벽에 동굴이 생기는 것은 지권에서 일어나는 변화이므로 수권 → 지권이다.(➡ B)
③ 바람은 기권의 현상이고, 모래가 쌓여 사구가 생기는 것은 지권에서 일어나는 변화이므로 기권 → 지권이다.(➡ C)
⑤ 녹조의 번성은 생물권의 현상이고, 물에 녹은 산소가 감소하는 것은 수권에서 일어나는 변화이므로 생물권 → 수권이다.(➡ E)

바로 알기 > ④ 식물의 뿌리는 생물권에 속하고, 토양 속의 영양분을 흡수하면 지권에서 변화가 생기므로 생물권 → 지권이다.

서술형 문제

18 모범 답안 | A층의 오존이 태양에서 오는 자외선을 흡수하여 A층은 높이 올라갈수록 기온이 상승하고, 그 결과 자외선이 지표에 도달하는 것을 차단시켜 생명체가 육지에서 살 수 있게 해 준다.

해설 | A층은 높이 올라갈수록 기온이 상승하는 성층권이다. 성층권

에는 오존 농도가 높은 오존층이 존재하여 태양으로부터 오는 자외선을 흡수함으로써 높이 올라갈수록 기온이 상승하게 된다. 그 결과 지표에 도달하는 유해한 자외선이 차단되어 육지에서 생물이 살 수 있게 되었다.

채점 기준	배점
기온 상승의 까닭과 생물체에게 주는 이로움을 모두 옳게 서술한 경우	100 %
기온 상승의 까닭과 생물체에게 주는 이로움 중 한 가지만 옳게 서술한 경우	50 %

19 모범 답안 | 육지에서의 강수량 중 증발하고 남은 36 단위의 물이 지표나 지하를 거쳐 바다로 이동하기 때문이다.

해설 | 육지에서는 강수량이 증발량보다 36 단위 많고, 36 단위의 물은 지하수나 하천수가 되어 바다로 이동한다. 바다에서는 36 단위의 물이 유입되어 부족한 물을 보충하게 된다.

채점 기준	배점
육지의 물이 지표나 지하를 거쳐 바다로 이동한다는 의미를 포함하여 옳게 서술한 경우	100 %
육지의 물이 바다로 이동한다라고만 서술한 경우	80 %

20 모범 답안 | B는 생물권, C는 지권이다. A와 D에 의한 상호작용의 예로 '해수면 수온 상승에 의한 공기의 대류', '대기 중의 이산화 탄소 농도 증가에 의한 해수의 이산화 탄소 용해량 증가' 등이 있다.

해설 | ㉠은 기권-수권, ㉡은 생물권-기권, ㉢은 지권-기권의 상호작용이므로 A는 수권, B는 생물권, C는 지권, D는 기권이다. 수권과 기권의 상호작용의 예로 '해수면 수온 상승에 의한 공기의 대류', '대기 중의 이산화 탄소 농도 증가에 의한 해수의 이산화 탄소 용해량 증가', '수온 상승에 따른 태풍의 강도 변화' 등을 들 수 있다.

채점 기준	배점
B, C의 명칭과 A와 D에 의한 상호작용의 예를 모두 옳게 서술한 경우	100 %
A와 D에 의한 상호작용의 예만 옳게 서술한 경우	60 %
B, C의 명칭만 옳게 쓴 경우	40 %

12 **지권의 변화와 판 구조론**

✏️ **바로 복습** ◐ 127, 129쪽

01 지구 내부 에너지	02 판의 경계, 일치	03 환태평양

04 판	05 두껍, 작다	06 ○	07 ×	08 ×

09 ○	10 ○	11 발산형	12 수렴형, 해구	13 화산재

14 화산 가스	15 ○	16 ×	17 ×	18 ○

07 화산 활동이 일어나면 지각의 진동이 생겨 지진이 발생한다. 하지만 지진이 발생한다고 해서 반드시 화산 활동이 일어나는 것은 아니다.

08 판은 연약권 위쪽의 맨틀과 지각을 말한다. 따라서 대륙판은 대륙 지각과 상부 맨틀, 해양판은 해양 지각과 상부 맨틀을 말한다.

16 보존형 경계에서는 화산 활동은 거의 일어나지 않고 지진이 자주 발생한다.

17 두 판이 멀어지는 경계에서는 해령이나 열곡대가 발달한다. 습곡 산맥은 두 판이 충돌하는 수렴형 경계에서 발달한다.

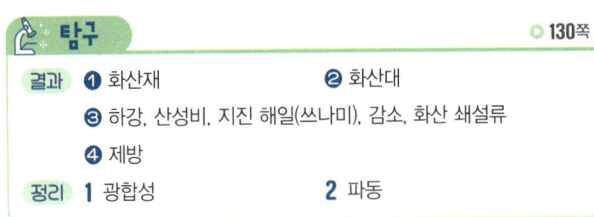

탐구	⊙ 130쪽

결과	❶ 화산재	❷ 화산대
	❸ 하강, 산성비, 지진 해일(쓰나미), 감소, 화산 쇄설류	
	❹ 제방	
정리	1 광합성	2 파동

실력 다지기 문제	⊙ 132~135쪽

01 ⑤	02 ③	03 ③	04 ④	05 ③	06 ②
07 ⑤	08 ④	09 ①	10 ③	11 ②	12 ②
13 ①	14 ④				

서술형 **15~17** 해설 참조

01 ① 지진과 화산 활동은 비교적 짧은 시간 동안 지속되지만 습곡 산맥의 형성, 대륙의 이동 등은 매우 긴 시간에 걸쳐 일어나므로 지각 변동이 일어나는 시간은 매우 다양하다.
② 습곡 산맥은 변동대이므로 지진이 자주 발생한다.
③ 지진, 화산 활동 등의 지각 변동은 지구 내부 에너지에 의해 일어난다.
④ 화산이 분출할 때 용암, 화산재, 화산 가스 등이 함께 방출된다.

바로 알기 ⑤ 화산 활동이 일어날 때는 대부분 지진이 발생하지만 지진이 발생할 때 항상 화산 활동이 일어나는 것은 아니다.

02 ㄱ. 지진의 발생 지역은 전 세계에 고르게 퍼져 분포하는 것이 아니라 특정한 지역에서 발생하며, 그 분포는 긴 띠 모양을 이루어 지진대라고 한다.
ㄷ. 태평양 주변부에는 판의 수렴형 경계가 발달하여 지진과 화산 활동이 모두 활발하게 일어나므로 지진대와 화산대의 분포가 대체로 일치한다.

바로 알기 ㄴ. 대서양에서 지진은 남북 방향으로 중앙부에서 자주 발생하며, 주변부에서는 거의 발생하지 않는다.

03 ㄱ. 지구 표면은 10여 개의 크고 작은 판으로 이루어져 있다.
ㄴ. 지진, 화산 활동, 습곡 산맥 형성과 같은 대부분의 지각 변동은 판의 상대적인 이동에 의해 일어난다.

바로 알기 ㄷ. 판마다 이동 속력과 이동 방향이 다르므로 여러 판들은 경계를 형성한다.

04 ㄴ. A는 해양판, B는 대륙판, C는 연약권이므로 물질의 평균 밀도는 C>A>B이다.
ㄷ. C(연약권)는 고체 상태이지만 유동성이 있어 상부와 하부의 온도 차이에 의해 대류가 일어난다.

바로 알기 ㄱ. 암석권은 여러 조각으로 이루어져 있으며, 각 암석권의 조각을 판이라고 한다. A, B는 암석권의 조각인 판이다.

05 ㄱ. A(태평양판)는 해양 지각을 포함하는 판이므로 해양판이다.
ㄴ. B(나스카판)는 해양판이고, C(남아메리카판)는 대륙판이므로 (가) 지역에서 밀도는 B가 C보다 크다.

바로 알기 ㄷ. 판은 맨틀 대류의 방향을 따라 이동하며, 맨틀 대류는 맨틀 내부에서 상하의 온도 차이로 생기므로 A를 움직이게 하는 에너지원은 지구 내부 에너지이다.

06 ㄷ. (가)는 해양판이 대륙판 아래로 섭입하는 수렴형 경계이므로 해구가 발달하고, (다)는 두 해양판이 서로 멀어지는 발산형 경계이므로 해령이 발달한다.

바로 알기 ㄱ. (가) 수렴형 경계에서는 변환 단층이 나타나지 않는다. 변환 단층은 (나) 보존형 경계에서 나타난다.
ㄴ. (나) 보존형 경계에서는 맨틀 대류의 상승이나 하강이 일어나지 않는다. 맨틀 대류는 (다) 발산형 경계에서 상승한다.

07 ㄱ. A는 섭입대에서 일어나는 화산 활동에 의해 화산섬이 분포하는 것이므로 해구와 나란하게 화산섬이 나열된다.
ㄴ. B는 해령과 해령 사이에 있는 보존형 경계(변환 단층)이므로 판이 생성되거나 소멸되지 않는다.
ㄷ. C는 발산형 경계(해령)이므로 천발 지진이 발생하고, D는 수렴형 경계(해구)이므로 천발~심발 지진이 발생한다. 따라서 지진의 평균 깊이는 C 부근이 D 부근보다 얕다.

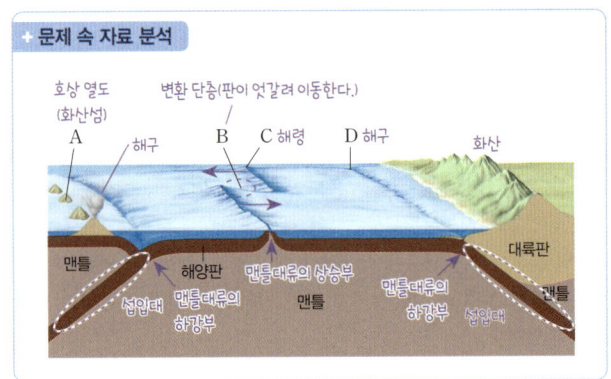

문제 속 자료 분석

호상 열도(화산섬) A / 해구 / 변환 단층(판이 엇갈려 이동한다.) B / C 해령 / D 해구 / 화산 / 대륙판 / 맨틀 / 해양판 / 맨틀대류의 상승부 / 맨틀 / 맨틀대류의 하강부 / 섭입대 / 맨틀대류의 하강부 / 섭입대 / 판

08 ㄱ. (가)에서는 섭입대에서 해양판이 섭입하여 화산 활동이 일어나며, 해구와 나란하게 화산섬이 나열되는 호상 열도가 형성된다.
ㄴ. (나)는 밀도가 작은 두 대륙판이 충돌하면서 대륙 주변부의 해저 퇴적물이 심하게 변형되어 습곡 산맥이 형성된다.
ㄷ. (가)와 (나)는 모두 수렴형 경계이므로 천발 지진이 발생한다.

바로 알기 ㄹ. (가)는 섭입형 경계이므로 화산 활동이 일어나지만, (나)는 충돌형 경계이므로 화산 활동이 거의 일어나지 않는다.

09 ㄱ. A는 두 판이 엇갈려 이동하므로 보존형 경계이고, 변환 단층이 발달한다. B는 두 판이 서로 멀어지므로 발산형 경계이고, 해령의 중앙부에 열곡이 발달한다.

바로 알기 ㄴ. A에서는 판이 생성되거나 소멸되지 않으므로 화산 활동이 일어나지 않는다. B에서는 판이 생성되므로 화산 활동이 활발하게 일어난다.
ㄷ. 변환 단층과 해령에서는 모두 천발 지진이 발생하며, 심발 지진은 발생하지 않는다.

10 ㄱ. A에서는 인도-오스트레일리아판과 유라시아판이 충돌하여 히말라야산맥이 형성되었고, C에서는 나스카판이 남아메리카판 아래로 섭입하여 안데스산맥이 형성되었다.

ㄴ. B에서는 두 판이 서로 어긋나게 이동하므로 변환 단층이 육지에 드러나 있으며, 이를 산안드레아스 단층이라고 한다.

바로 알기 ㄷ. A는 충돌형 경계이므로 화산 활동이 거의 일어나지 않고, B는 보존형 경계이므로 화산 활동이 일어나지 않는다. C는 섭입형 경계이므로 화산 활동이 활발하게 일어난다.

11 ㄴ. B(변환 단층)는 산안드레아스 단층이므로 천발 지진이 자주 발생한다.

바로 알기 ㄱ. 해령은 서로 다른 두 판의 발산형 경계이다. A는 해령을 경계로 태평양판의 반대쪽에 위치하므로 태평양판이 아니다.

ㄷ. B는 해령과 해령 사이에 위치하며, 길이가 매우 긴 변환 단층이다. 따라서 B에서 태평양판과 북아메리카판은 서로 엇갈려 이동하는데 북아메리카판은 남동쪽으로, 태평양판은 북서쪽으로 이동한다.

12 ㄷ. C는 해령과 해령 사이 구간의 변환 단층이므로 동서 방향을 따라 천발 지진이 자주 발생한다.

바로 알기 ㄱ. A는 맨틀 대류의 상승부인 동태평양 해령이므로 새로운 해양판이 생성되는 곳이다.

ㄴ. A에서는 새로운 해양판이 생성되어 양쪽으로 확장되고, B에서는 오래된 해양판이 대륙판 아래로 섭입하므로 인접한 두 판의 밀도 차는 B가 더 크다.

13 ㄱ. (가)의 화산 가스 중에는 이산화 황과 같이 산성비를 내리게 하는 기체가 포함되어 있다.

바로 알기 ㄴ. (나)는 액체 상태의 용암이고, (다)는 입자의 크기가 다양한 화산 쇄설물이다. 화산 활동이 일어날 때 화산재나 화산진은 넓은 지역에 걸쳐 생태계에 피해를 준다.

ㄷ. 화산재나 화산진이 대기 중에 체류하면 햇빛을 차단시켜 지구의 기온을 일시적으로 하강시킨다.

14 (가)는 지권에 미치는 영향(A)이고, (나)는 생물권에 미치는 영향(D)이다. (다)는 수권에 미치는 영향(C)이고, (라)는 지권에 미치는 영향(A)이다.

서술형 문제

15 (1) **모범 답안** | 수렴형 경계(섭입형 경계), 태평양 주변부에는 섭입형 수렴형 경계가 발달하여 지진과 화산 활동이 일어나므로 태평양 주변부에서는 지진대와 화산대가 거의 일치한다.

해설 | 수렴형 경계는 섭입형 경계와 충돌형 경계로 구분할 수 있으며, 섭입형 경계에서는 지진과 화산 활동이 활발하게 일어나고, 충돌형 경계에서는 지진은 자주 발생하지만 화산 활동은 거의 일어나지 않는다.

채점 기준	배점
판의 경계 종류와 까닭을 모두 옳게 서술한 경우	100 %
판의 경계 종류와 까닭 중 한 가지만 옳게 서술한 경우	50 %

(2) **모범 답안** | 대서양 주변부에는 판의 경계(해구)가 없으므로 지진과 화산 활동이 거의 일어나지 않는다.

해설 | 지진과 화산 활동은 대부분 판의 경계에서 일어나며, 그중에서 화산 활동은 발산형 경계(해령)와 수렴형 경계(해구)에서 일어난다.

채점 기준	배점
까닭을 옳게 서술한 경우	100 %

16 **모범 답안** | B에서는 단층선 북쪽과 남쪽의 판이 서로 엇갈려 이동하지만 A에서는 단층선 북쪽과 남쪽의 판이 모두 서쪽으로 이동하고, C에서는 단층선 북쪽과 남쪽의 판이 모두 동쪽으로 이동하기 때문이다.

해설 | A는 해령의 서쪽에 있으므로 단층선 북쪽과 남쪽의 판이 모두 서쪽으로 이동하고 동일한 판에 속하므로 이동 속도도 거의 같다. C는 해령의 동쪽에 있으므로 단층선 북쪽과 남쪽의 판이 모두 동쪽으로 이동하고 동일한 판에 속하므로 이동 속도도 거의 같다. B는 보존형 경계인 변환 단층이므로 단층선 북쪽과 남쪽은 서로 다른 판에 속하고 판의 이동 방향도 서로 반대이다.

채점 기준	배점
판의 이동 방향과 관련지어 까닭을 옳게 서술한 경우	100 %
판의 이동 방향을 언급하지 않고 까닭만 옳게 서술한 경우	40 %

17 **모범 답안** | 지진 기록을 분석하여 지구 내부 구조를 연구한다. 인공 지진을 발생시켜 자원 탐사에 이용하거나 도로, 건물, 댐 등의 건설에 적합한 장소를 찾는 데 이용한다. 등

해설 | 지구 내부 구조를 연구하는 데는 에너지 규모가 큰 지진을 이용하며, 지표 가까이 있는 지하는 인공 지진을 발생시켜 지하의 구조, 지하의 물질(밀도) 분포 등을 파악한다.

채점 기준	배점
지진 이용의 예를 한 가지 옳게 서술한 경우	100 %

빈출자료 ◎136~139쪽

	1	2	3	4	5	6	7
1	1 ○	2 ×	3 ○	4 ×	5 ○	6 ○	
2	1 ○	2 ×	3 ×	4 ×			
3	1 ×	2 ○	3 ×	4 ○	5 ×	6 ○	7 ×
4	1 ×	2 ○	3 ○	4 ×	5 ○	6 ○	
5	1 ○	2 ○	3 ○	4 ○	5 ×	6 ○	
6	1 ○	2 ×	3 ○	4 ×	5 ×		
7	1 ○	2 ×	3 ○	4 ×	5 ○	6 ○	7 ×
8	1 ○	2 ○	3 ○	4 ×	5 ○	6 ×	7 ○
	8 ○						
9	1 ○	2 ×	3 ×	4 ○	5 ×	6 ×	7 ○
	8 ○						
10	1 ○	2 ○	3 ×	4 ○	5 ○	6 ○	7 ×
11	1 ○	2 ○	3 ○	4 ○	5 ○	6 ×	
12	1 ○	2 ○	3 ×	4 ×	5 ×	6 ○	7 ○

1-1 A는 열권, B는 중간권, C는 성층권, D는 대류권이다.

1-2 B에서는 높이 올라갈수록 기온이 낮아지므로 공기의 대류가 활발하게 일어나지만 수증기가 거의 없어 기상 현상이 일어나지 않는다.

1-4 A는 공기가 매우 희박하므로 낮과 밤의 기온 차가 가장 크게 나타난다.

1-5 C에서는 높이 올라갈수록 기온이 상승하므로 공기의 대류가 일어나기 어렵다.

2-1 A(혼합층)에서는 바람에 의해 해수가 혼합되어 깊이에 따른 수온이 거의 일정하고, C에서는 바람과 태양 에너지가 도달하지 않아 깊이에 따른 수온이 일정하다.

2-2, 3 B(수온 약층)에서는 깊이 내려갈수록 수온이 낮아지므로 해수의 연직 운동이 일어나지 않는다. 따라서 B는 A와 C 사이의 물질 교환과 에너지 흐름을 차단하는 역할을 한다.

2-4 C에는 태양 복사 에너지가 도달하지 않으므로 계절에 따른 수온 변화가 생기지 않는다.

3-1 A(내핵)와 B(외핵)는 주로 철과 니켈로 이루어져 있고, C(맨틀)는 규산염 물질로 이루어져 있으므로 B의 밀도는 C보다 A에 가깝다.

3-3 A, B, C의 구분은 물질의 구성 성분과 상태를 기준으로 구분한 것이다.

3-5 지구 자기장은 액체 상태의 B(외핵)에서 대류 운동이 일어나 형성된다.

3-7 평균 밀도는 C(맨틀)>b(해양 지각)>a(대륙 지각)이다.

4-1, 2 물이 증발할 때 태양 에너지를 흡수하여 수권에서 기권으로 이동하고, 응결될 때는 에너지를 방출한다.

4-4 바다에서는 얻은 양이 강수 284+육지 유입 36=320 단위이고 잃은 양은 증발 320 단위이므로 얻은 양과 잃은 양이 같아 평형을 이룬다.

4-5 지표에서 물은 육지에서 바다 쪽으로 이동하므로 대기에서는 물이 바다에서 육지 쪽으로 더 많이 이동하여 육지와 바다에서 각각 물의 평형을 이룬다.

5-4 수온이 상승하면 기체의 용해도가 감소하므로 표층 수온이 상승하면 C는 감소하고, D는 증가한다.

5-5 화석 연료는 식물의 광합성을 거쳐 생성되므로 E는 태양 에너지가 화학 에너지로 전환되는 과정이다. 지구 내부 에너지는 근원 에너지이므로 태양 에너지로부터 전환되지 않는다.

6-2 대기 중의 이산화 탄소는 기권의 성분이고, 해수에 녹는 것은 수권이 받는 영향이므로 기권-수권의 상호작용이다.

6-4 태양 복사 에너지의 자외선은 외권에 속하고, 오존이 자외선을 흡수하는 것은 기권에서 일어나는 현상이므로 외권-기권의 상호작용이다.

6-5 지구시스템의 지권, 수권, 기권, 생물권 사이에서는 물질과 에너지의 이동이 자유롭지만 외권과 다른 권 사이에서는 물질 이동이 거의 일어나지 않는다.

7-3, 4 해양판은 대륙판보다 두께가 얇지만 밀도는 더 크다.

7-7 판의 이동은 맨틀 대류에 의해 일어나며, 맨틀 대류는 맨틀 내부에서 상하의 온도 차이에 의해 생기므로 판을 움직이는 에너지원은 지구 내부 에너지이다.

8-4 B(해구)에서는 해양 지각이 소멸되고, D(해령)에서는 해양 지각이 생성된다.

8-6 C(산안드레아스 단층)에서는 천발 지진이 발생하지만 심발 지진은 발생하지 않는다.

9-3 A에서는 화산 활동이 일어나 새로운 해양 지각이 생성되지만, B에서는 화산 활동이 거의 일어나지 않는다.

9-5 A는 맨틀 대류의 상승부이고, C는 맨틀 대류의 하강부이다.

9-6 C에서 해양판이 비스듬하게 섭입하면서 섭입대를 따라 지진이 발생하므로 C에서 D로 갈수록 진원의 깊이가 깊어진다.

10-3 (가)의 습곡 산맥은 섭입형 경계에서 만들어진 것이므로 그 예로 안데스산맥이 있다. 히말라야산맥은 (다)의 충돌형 경계에서 만들어진 습곡 산맥이다.

10-6 (가)와 (나)에서는 천발~심발 지진이 발생하고, (다)에서는 천발~중발 지진이 발생하므로 진원의 평균 깊이는 (나)가 (다)보다 깊다.

10-7 (가)와 (나)는 섭입형 경계이므로 화산 활동이 일어나지만, (다)는 충돌형 경계이므로 화산 활동이 거의 일어나지 않는다.

11-6 (가)와 (나) 모두 발산형 경계이므로 맨틀 대류의 상승부이다.

12-1 A와 C, B와 D는 각각 동일한 판에 속한다.

12-2 A와 B의 암석은 해양 지각을 이루며, 해령에서 화산 활동에 의해 생성되었다.

12-3 (가)와 (다)는 판의 경계가 아니므로 지진이 거의 발생하지 않는다.

12-4 맨틀 대류의 상승부는 발산형 경계이다. (나)는 보존형 경계이므로 맨틀 대류의 상승부나 하강부가 아니다.

12-5 (가)와 (다)는 판의 경계가 아니므로 화산 활동이 거의 일어나지 않으며, (나)는 보존형 경계이므로 화산 활동이 일어나지 않는다.

시험대비 문제
◎ 140~143쪽

01 ⑤	02 ②	03 ①	04 ③	05 ⑤	06 ④
07 ④	08 ①	09 ④	10 ⑤		

만점 도전 11 ③ 12 ⑤ 13 ④ 14 ③

서술형 15~18 해설 참조

01 ㄱ. A(대류권)에서는 높이 올라갈수록 기온이 낮아지므로 공기의 대류가 일어나며, 수증기의 양이 많아 기상 현상도 일어난다.

ㄴ. h는 오존 농도가 가장 높은 곳이다. B(성층권)의 높이 약 20~30 km에는 오존층이 분포하므로 h는 B에 속한다.

ㄷ. D(열권)는 공기가 매우 희박하므로 낮의 기온은 매우 높고, 밤의 기온은 급격하게 낮아져 낮과 밤의 기온 차가 가장 크다.

02 ㄷ. ㉠은 지각, ㉡은 맨틀이다. 지각과 맨틀은 규산염 물질로 이루어져 있고, 외핵과 내핵은 주로 철, 니켈 등으로 이루어져 있으므로 ㉡의 구성 물질은 외핵보다 ㉠과 비슷하다.

> **바로 알기** ㄱ. (가)는 깊이에 따른 온도를 기준으로 구분한 것이고, (나)는 물질의 구성 성분과 상태를 기준으로 구분한 것이다.

ㄴ. A(혼합층)는 해수면 위에서 부는 바람에 의해 해수의 혼합이 활발하고, B(수온 약층)는 안정한 층이므로 해수의 혼합이 일어나기 어렵다.

문제 속 자료 분석

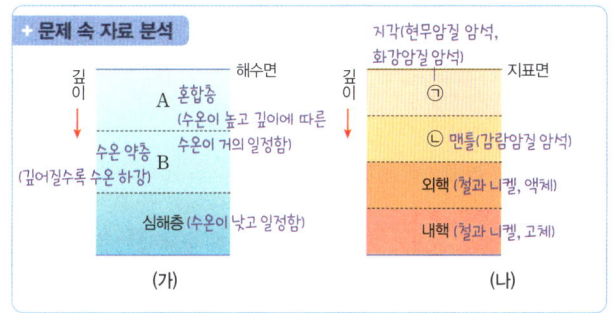

(가)   (나)

03 ㄱ. 바람이 강할수록 해수의 혼합이 잘 일어나므로 A층(혼합층)은 두께가 두꺼워진다.

> **바로 알기** ㄴ. 해수에 입사된 태양 에너지의 대부분은 혼합층(A)에서 흡수된다.

ㄷ. B층(수온 약층)은 깊이가 깊어질수록 수온이 낮아지므로 가장 안정한 층이다.

04 ㄱ. 지표의 물은 태양 에너지에 의해 대기로 증발하고, 대기에서는 강수 과정을 거쳐 다시 지표로 되돌아오는 순환이 일어난다. 따라서 물의 순환을 일으키는 주요 에너지는 태양 에너지이다.

ㄷ. 육지에서는 강수량이 증발량보다 많으므로 증발하고 남는 물은 지표나 지하를 거쳐 ㉠ 과정으로 이동한다. 따라서 ㉠ 과정에서 암석의 풍화와 침식이 일어난다.

> **바로 알기** ㄴ. 육지의 물은 얻은 양과 잃은 양이 같다. 따라서 얻은 양 A는 잃은 양인 육지에서 증발하는 양과 지표 유출 양의 합과 같다.

05 ㄱ. 수온이 상승하면 기체의 용해도가 감소하므로 A는 감소하고, B는 증가한다.

ㄴ. C는 동식물의 사체가 지층에 매몰되어 화석 연료가 생성된 것이므로 C에 의해 태양 에너지는 지권에 저장된다.

ㄷ. 석회암(탄산 칼슘)은 해수에 녹은 탄산 이온이 칼슘 이온과 결합하거나 탄산 칼슘 성분의 해양 생물체가 해저에 가라앉아 생성되므로 D에 의해 석회암이 생성될 수 있다.

문제 속 자료 분석

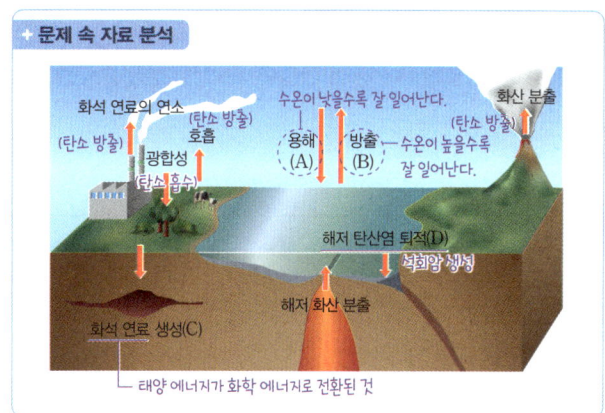

06 ㄴ. 지진 해일은 해저 지진이나 화산 활동에 의해 생긴 파도가 해안으로 이동한 것이므로 지권과 수권의 상호작용에 의해 일어난다.

ㄷ. (가)는 수천 년 정도의 긴 시간에 걸쳐 일어나지만, (나)는 수 시간 정도의 짧은 시간에 걸쳐 일어난다.

> **바로 알기** ㄱ. (가)는 하천수나 지하수가 흐르는 동안 암석이 풍화와 침식 작용을 받아 생기므로 주된 에너지원은 물의 순환을 일으키는 태양 에너지이다.

07 ㄱ. 오존층은 성층권(기권)에 있고, 자외선은 태양(외권)으로부터 지구에 도달하므로 A는 외권과 기권의 상호작용이고, (가)는 외권이다.

ㄷ. B는 기권과 지권의 상호작용이므로 (나)는 지권이고, C는 기권과 수권의 상호작용이므로 (다)는 수권이다. D는 지권과 수권의 상호작용에 해당한다. 지하수는 수권에 속하고, 석회 동굴의 형성은 지권에서 일어나는 현상이므로 '지하수에 의한 석회 동굴의 형성'은 수권과 지권의 상호작용에 해당한다.

> **바로 알기** ㄴ. 빙하는 수권에 속하므로 (다)에 속한다.

08 ㄱ. A는 대륙판과 해양판의 수렴형 경계이고, D는 해양판과 해양판의 수렴형 경계이므로 A와 D에서는 해구가 형성된다.

> **바로 알기** ㄴ. B(변환 단층)에서는 화산 활동이 일어나지 않고, C(해령)에서는 화산 활동이 활발하게 일어난다.

ㄷ. D에서 해양판이 섭입하므로 D에서 E로 갈수록 진원의 깊이가 깊어진다.

09 A는 화산 활동이 일어나지 않으므로 보존형 경계인 산안드레아스 단층이다. B는 화산 활동이 활발하게 일어나지만 심발 지진이 발생하지 않으므로 발산형 경계인 동아프리카 열곡대이다. C는 심발 지진이 발생하고 화산 활동이 활발하게 일어나므로 섭입형 경계 부근에 있는 안데스산맥이다.

ㄴ. B(동아프리카 열곡대)는 발산형 경계이므로 맨틀 대류의 상승부에서 형성된다.

ㄷ. C(안데스산맥)는 섭입대 위에 형성된 것이므로 해구와 나란하게 형성된다.

> **바로 알기** ㄱ. A(산안드레아스 단층)는 보존형 경계이므로 판이 생성되거나 소멸되지 않는다.

10 ㄱ. (가)는 분출한 용암이 흘러 도로를 덮은 것이며, 유동성이 큰 용암일수록 멀리까지 이동하여 넓은 면적에 피해를 준다.

ㄴ. (나)의 화산재는 대기를 거쳐 이동해온 것으로, 화산재가 장기간 대기 중에 체류하면 햇빛을 차단하여 지구의 기온이 낮아진다.

ㄷ. 화산재는 무기물이 풍부하므로 화산재가 쌓인 후 오랜 시간이 지나면 토양이 비옥해진다.

만점 도전 문제

11 ㄱ. 혼합층은 수온이 높고 깊이에 따른 수온이 거의 일정한 해수 표층이다. 이 해역에서 혼합층의 두께는 5 월에는 약 40 m이고, 8 월에는 약 20~30 m이므로 5 월보다 8 월에 얇다.

ㄴ. 수온 약층은 깊이에 따라 수온이 급격히 낮아지는 층이다. 이 해역에서 수온 약층은 8 월에는 약 20~30 m 깊이부터 시작되고, 2 월에는 약 90 m 깊이부터 시작되므로 8 월보다 2 월에 깊다.

바로 알기▷ ㄷ. 표층보다 심층의 수온이 낮으므로 표층과 심층의 수온 차이가 클수록 심층의 해수가 표층으로 이동하기 어렵다. 수심 약 100 m보다 깊은 해수의 수온은 연중 거의 일정하지만 표층의 수온은 8 월에 가장 높다. 따라서 8 월에는 심층 해수의 표층 상승이 일어나기 어렵다.

12 ㄱ. '화산 가스 분출'은 기권과 지권의 상호작용이므로 (가)는 지권이다. '태풍 발생'은 수권과 기권의 상호작용이므로 (다)는 기권이다. '세포 내의 물 공급'은 생물권과 수권의 상호작용이므로 (라)는 수권이다. 따라서 (나)는 생물권이다.

ㄴ. '홍수에 의한 하천 지형 변화'는 수권과 지권의 상호작용이므로 ⑦에 해당한다.

ㄷ. '화석 연료 생성'은 생물권과 지권의 상호작용이므로 ⓒ에 해당한다.

13 ㄴ. 남서쪽으로 갈수록 진원의 깊이가 깊어져 천발 지진에서 심발 지진으로 바뀌므로 이 해역에는 섭입대가 형성되어 있다. 섭입대에서 화산 활동은 중발~심발 지진이 우세한 곳에서 일어나므로 화산 활동은 판 A가 속한 해역에서 일어난다.

ㄷ. 섭입형 경계에서 진앙의 분포는 해구와 나란하게 나타나므로 이 해역에는 북서-남동 방향으로 해구가 형성되어 있다.

바로 알기▷ ㄱ. 섭입형 경계에서는 밀도가 큰 판이 지구 내부로 섭입한다. 이 해역에서는 B가 A보다 밀도가 커서 섭입한다.

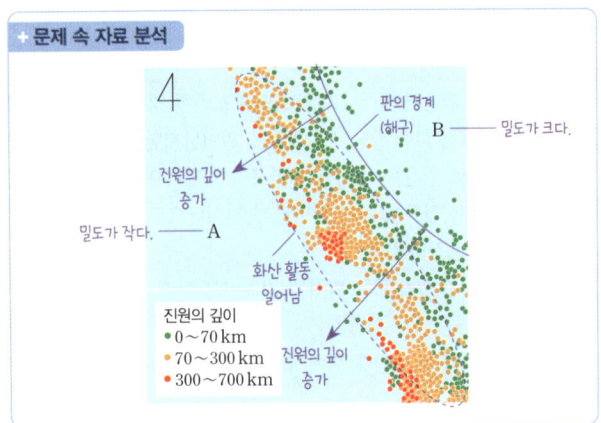

+ 문제 속 자료 분석

14 ㄱ. ⑦에서는 C의 이동 속력이 A보다 빠르므로 섭입대(수렴형 경계)가 형성되며, 섭입대에서는 천발~심발 지진이 발생한다.

ㄷ. ⓒ에서는 C의 이동 속력이 A보다 빠르므로 두 판이 서로 엇갈려 이동하게 되며, 변환 단층(보존형 경계)이 발달한다.

바로 알기▷ ㄴ. 섭입대에서는 오래된 해양 지각이 소멸한다. 새로운 해양 지각이 생성되는 곳은 해령이다.

서술형 문제

15 **모범 답안** | 열권, 태양으로부터 오는 전기를 띠는 입자가 지구 대기로 들어오면서 공기 입자와 충돌하여 빛을 내는 현상이므로 외권과 기권의 상호작용으로 생긴다.

해설 | 태양 표면에서는 태양계 공간으로 끊임없이 전기를 띠는 입자(대전 입자)를 방출하고 있으며, 그중 일부는 지구에 도달한다. 지구에는 자기장이 형성되어 있어 대전 입자가 자기장에 붙잡혀 북극이나 남극의 상공으로 이동하고, 대기로 들어오면서 열권의 공기 입자와 충돌하여 빛을 내는 오로라가 생긴다.

채점 기준	배점
오로라가 생기는 층을 쓰고, 오로라가 생기는 까닭을 상호작용의 관점에서 옳게 서술한 경우	100 %
오로라가 생기는 까닭만 상호작용의 관점에서 옳게 서술한 경우	60 %
오로라가 생기는 층만 옳게 쓴 경우	40 %

16 **모범 답안** | 광합성에 의해 태양 에너지가 화학 에너지로 식물에 저장되고, 화석 연료의 연소에 의해 화학 에너지가 열에너지나 빛에너지로 방출된다.

해설 | 대기 중의 이산화 탄소가 식물로 이동하는 것은 광합성 과정이므로 태양 에너지가 화학 에너지로 식물에 저장되고, 식물이 지층에 매몰되어 화석 연료가 되며, 화석 연료를 연소시키면 열에너지나 빛에너지가 방출된다.

채점 기준	배점
태양 에너지 → 화학 에너지 → 열(빛)에너지의 두 가지 과정을 모두 옳게 서술한 경우	100 %
태양 에너지 → 화학 에너지 → 열(빛)에너지 중 한 가지 과정만 옳게 서술한 경우	50 %

17 **모범 답안** | 히말라야산맥(습곡 산맥)이 형성되어 있다. 천발~중발 지진이 발생하지만 화산 활동은 거의 일어나지 않는다.

해설 | 두 대륙이 충돌하기 전 대륙 주변부에 있던 퇴적물은 두 대륙이 충돌하면서 심하게 변형되어 히말라야산맥이 형성되었다. A는 두 대륙판에 의한 충돌형 경계이므로 천발~중발 지진이 발생하지만 화산 활동은 거의 일어나지 않는다.

채점 기준	배점
지형, 지진, 화산 활동의 특징을 모두 옳게 서술한 경우	100 %
지형, 지진, 화산 활동의 특징 중 두 가지만 옳게 서술한 경우	60 %
지형, 지진, 화산 활동의 특징 중 한 가지만 옳게 서술한 경우	30 %

18 **모범 답안** | A와 B에서는 천발 지진이 발생한다. A에서는 화산 활동이 거의 일어나지 않고, B에서는 화산 활동이 활발하게 일어난다.

해설 | A(변환 단층)에서는 두 판이 어긋나면서 천발 지진이 발생하고, B(해령)에서는 천발 지진이 발생한다. B는 맨틀 대류의 상승부이므로 화산 활동이 활발하게 일어나지만 A는 맨틀 대류의 상승부나 하강부가 아니므로 화산 활동이 거의 일어나지 않는다.

채점 기준	배점
지진과 화산 활동의 특징을 모두 옳게 서술한 경우	100 %
지진과 화산 활동의 특징 중 한 가지만 옳게 서술한 경우	50 %

수능 패턴 보기
144~145쪽

01 ② **02** ② **03** ④ **04** ①

01 ㄴ. 지권의 성층 구조는 지구의 겉 부분부터 지각, 맨틀, 외핵, 내핵으로 구분하므로 A는 외핵, B는 내핵이다. 맨틀은 지각의 하부에서 깊이 약 2900 km까지이며 지권 전체 부피의 약 80 %를 차지한다. 따라서 맨틀이 A보다 부피가 크다.

바로 알기 ㄱ. 깊이가 깊어짐에 따라 온도는 대체로 일정하게 증가하지만 밀도는 각 층의 경계에서 급격히 증가한다. 따라서 지권의 성층 구조는 밀도를 기준으로 구분한다.

ㄷ. A(외핵)와 B(내핵)는 주로 철과 니켈로 이루어져 있어 구성 성분은 유사하지만, A는 액체 상태이고, B는 고체 상태이므로 물질의 상태가 다르다. 밀도는 B가 크며, A와 B의 밀도 차이는 구성 성분의 상태가 다르기 때문이다.

02 A는 지권과 수권의 상호작용, B는 기권과 수권의 상호작용이므로 (가)는 수권, (나)는 지권, (다)는 기권이다.

ㄷ. 황사의 발생은 지표의 모래 먼지가 상승 기류가 발달하면 대기로 상승하였다가 바람에 의해 이동하는 현상이므로 (나)와 (다)의 상호작용에 해당한다.

바로 알기 ㄱ. 지구 내부 에너지는 지권에서 방출되므로 (나)에서 방출된다.

ㄴ. 식물의 광합성에 필요한 이산화 탄소는 기권의 성분이므로 (다)에서 제공된다.

+ 문제 속 자료 분석

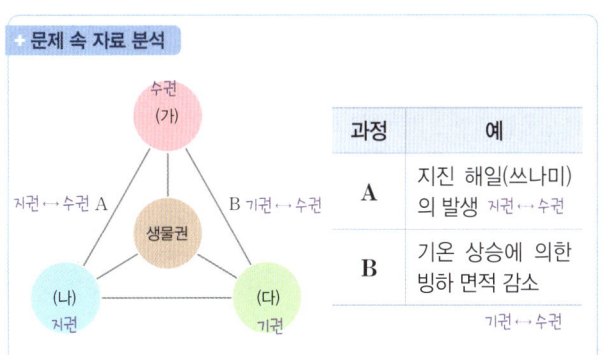

과정	예
A	지진 해일(쓰나미)의 발생 지권↔수권
B	기온 상승에 의한 빙하 면적 감소 기권↔수권

03 ㄴ. A 변환 단층을 경계로 남동쪽의 판은 북서쪽의 판보다 해령에서부터의 거리가 멀기 때문에 지각의 연령이 많다. 그러나 B 해령은 새로운 판이 생성되는 곳이므로 두 지각의 연령 차가 거의 없다. 따라서 두 판을 이루는 지각의 연령 차이는 A가 크다.

ㄷ. C 해구에서는 밀도가 더 큰 해양판이 섭입하므로 C에서 북동쪽

으로 갈수록 진원의 깊이가 깊어져 천발~심발 지진이 발생한다. 한편 B 해령에서는 진원의 깊이가 얕은 천발 지진이 발생한다. 따라서 진원의 평균 깊이는 C 부근이 B 부근보다 깊다.

바로 알기 ㄱ. B 해령 부근의 양쪽 판은 같은 시기에 형성되었으므로 밀도 차이가 거의 없지만 C 해구에서는 밀도가 큰 판이 섭입하므로 두 판의 밀도 차이가 크다. 따라서 두 판의 밀도 차이는 C가 크다.

+ 문제 속 자료 분석

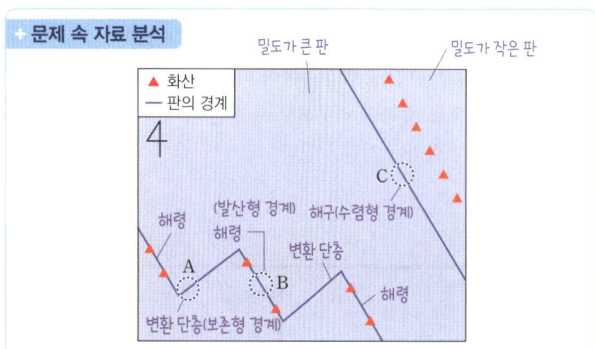

- 해령에서는 화산 활동이 일어나지만 변환 단층에서는 화산 활동이 거의 일어나지 않는다.
- 해령에서 멀어질수록 해양 지각의 연령이 많아진다.
- 해구에서는 섭입하지 않는 밀도가 작은 판 쪽에서 화산 활동이 일어난다.

04 ㄱ. 대서양은 중앙부에 해령이 남북 방향으로 발달하지만 주변부에는 해구가 발달하지 않으며, 대륙 지각과 해양 지각이 하나의 판으로 이어져 있다. 따라서 대서양 주변부에서 판의 이동 방향은 (가)보다 (나)에 가깝다.

바로 알기 ㄴ. (가)는 해양판이 대륙판 아래로 섭입하므로 맨틀 대류의 하강류가 있지만 (나)는 판의 섭입대가 없으므로 맨틀 대류의 하강류가 발달하지 않는다.

ㄷ. (가)는 대륙 주변부에 판의 수렴형 경계가 형성되지만 (나)는 대륙 주변부에 판의 경계가 없다. 따라서 대륙 주변부에서의 화산 활동은 (가)에서 활발하게 일어난다.

Ⅱ-2 역학 시스템

13 중력을 받는 물체의 운동

바로 복습
● 147, 149쪽

01 중력 **02** 가속도 **03** 자유 낙하, 9.8 **04** 같은 **05** ○
06 ○ **07** × **08** × **09** 중력
10 등속 직선, 자유 낙하(등가속도) **11** 크 **12** 중력 **13** ×
14 ○ **15** × **16** ○

07 속도와 가속도의 방향이 반대일 때 속도의 크기는 점점 감소하고, 속도와 가속도의 방향이 같을 때 속도의 크기는 점점 증가한다.

08 공기 저항이 없으면 두 물체는 중력만을 받으면서 낙하 운동을 한다. 자유 낙하 하는 물체의 가속도는 질량(무게)에 관계없이 모두 같으므로 두 물체는 동시에 바닥에 도달한다.

13 연직 방향으로 중력만 작용하며, 수평 방향으로는 힘이 작용하지 않는다.

15 수평 방향으로 던진 물체의 속력이 다르더라도 물체가 운동하는 동안 연직 방향으로 중력만 작용하므로 같은 높이에서 던지면 지면에 도달할 때까지 걸리는 시간은 같다.

탐구		▶ 150쪽
결과	❶ 증가	❷ 증가
정리	1 중력, 연직	2 같다
	3 증가	

백신의 디집기 ▶ 152쪽

Quiz ❶

답 | (1) = (2) =

해설 | (1) 자를 화살표 방향으로 빠르게 치면 A는 자유 낙하 하고, B는 수평 방향으로 던진 물체와 같은 운동을 한다. 따라서 같은 높이에서 동시에 운동을 시작한 A, B는 연직 방향으로 같은 가속도로 운동하여 동시에 수평면에 도달한다.
(2) A는 자유 낙하 운동을 하고, B는 수평 방향으로는 등속 직선 운동을, 연직 방향으로는 등가속도 운동을 한다. 따라서 A, B는 연직 방향으로 같은 가속도로 운동하므로 수평면에 도달하는 순간 연직 방향의 속력은 같다.

Quiz ❷

답 | (1) 동시에 도달한다. (2) B: 20 m/s, C: 20 m/s (3) B: 20 m, C: 40 m

해설 | (1) 수평 방향으로 B와 C를 던졌을 때 B는 수평 방향으로 10 m/s의 속력으로 등속 직선 운동을 하고, 연직 방향으로는 등가속도 운동을 한다. C는 수평 방향으로 20 m/s의 속력으로 등속 직선 운동을 하고, 연직 방향으로는 등가속도 운동을 한다. 따라서 같은 높이에서 동시에 운동을 시작한 B와 C는 연직 방향으로 같은 가속도로 운동하여 동시에 수평면에 도달한다.
(2) 수평 방향으로 던진 속력이 다르더라도 연직 방향으로 중력만 작용하기 때문에 수평면에 도달할 때까지 걸린 시간은 자유 낙하 하는 A와 같다. 따라서 B와 C는 연직 방향으로 속력이 1 초마다 10 m/s씩 증가한다. B와 C는 2 초 후 수평면에 도달했으므로 수평면에 도달하는 순간 연직 방향의 속력은 20 m/s이다.
(3) B와 C는 2 초 후 수평면에 도달한다. 또한 B와 C가 운동을 시작한 후 수평 방향으로 작용하는 힘이 없으므로 수평 방향으로 등속 직선 운동을 한다. 따라서 B가 수평면에 도달할 때까지 수평 방향으로 이동한 거리는 10 m/s×2 s=20 m이고, C가 수평면에 도달할 때까지 수평 방향으로 이동한 거리는 20 m/s×2 s=40 m이다.

Quiz ❸

답 | (1) > (2) <

해설 | (1) A와 B가 운동하는 동안 연직 방향으로 중력만 작용하므로 수평 방향으로 던진 두 물체는 연직 방향으로는 등가속도 운동을 한다. 물체의 처음 높이를 h, 중력 가속도를 g, 수평면에 도달하는 데까지 걸린 시간을 t라고 했을 때, 두 물체의 처음 속력은 0이므로 $h=\frac{1}{2}gt^2$이다. 두 물체의 가속도는 중력 가속도로 동일하며 A를 B보다 높은 위치에서 던졌기 때문에 수평면에 도달할 때까지 걸린 시간은 A가 B보다 길다.
(2) 수평 방향으로 던진 A와 B는 수평 방향으로 등속 직선 운동을 한다. 등속 직선 운동을 할 때 물체의 이동 거리＝속력×시간이므로 지면에 도달할 때까지 걸린 시간이 긴 A의 수평 방향의 속력이 B보다 작다.

백신의 디집기 ▶ 153쪽

유제 ❶

답 | ③

ㄱ. 운동하는 동안 A와 B에 연직 아래 방향으로 중력이 작용하므로 A와 B의 속력은 증가한다.
ㄷ. B는 수평 방향으로 등속 직선 운동을 한다. B가 지면에 도달할 때까지의 낙하 시간이 10 초일 때 수평 방향으로의 이동 거리인 L＝B의 수평 방향 속력×낙하 시간＝2 m/s×10 s＝20 m이다.

바로 알기 | ㄴ. A와 B는 같은 높이에서 출발하였으므로 지면에 도달하는 데 걸린 시간이 같다. 따라서 A의 낙하 시간이 t일 때 B의 낙하 시간도 t이다.

유제 ❷

답 | ①

ㄱ. 운동하는 동안 A와 B에 중력이 작용하므로 A와 B에 작용하는 힘의 방향은 연직 아래 방향으로 같다.

바로 알기 | ㄴ. A와 B는 같은 높이에서 던져져 중력을 받아 포물선 궤도로 운동한다. 이때 중력 가속도가 같으므로 지면에 도달하는 순간 연직 방향의 속력은 A와 B가 같다.
ㄷ. A가 지면에 도달할 때까지 걸린 시간을 t라 하면 A가 수평 방향으로 이동한 거리는 10 m이므로 10 m＝5 m/s×t에서 t＝2 초라는 것을 알 수 있다. B가 지면에 도달할 때까지 걸린 시간도 2 초이므로 B의 수평 방향 속력 $v=\frac{30\ m}{2\ s}=15$ m/s이다.

실력 다지기 문제 ▶ 154~157쪽

01 ②	02 ⑤	03 ③	04 ①	05 ①	06 ③
07 ②	08 ⑤	09 ②	10 ④	11 ③	12 ⑤
13 ⑤	14 ②	15 ③			
서술형	16~18 해설 참조				

01 ㄴ. 지표면 근처에서 물체에 작용하는 중력의 방향은 지구 중심을 향하는 방향이다.

바로 알기〉 ㄱ. 물체의 질량이 클수록 물체에 작용하는 중력의 크기는 크다.

ㄷ. 물체 사이에 작용하는 중력은 항상 서로 당기는 방향으로 작용한다.

02 (가) 인공위성에 작용하는 중력에 의해 인공위성이 지구 주위를 공전한다.

(나) 낙하하는 스카이다이버의 속력이 빨라지는 까닭은 스카이다이버의 운동 방향으로 중력이 작용하기 때문이다.

(다) 공은 중력에 의해 포물선 경로를 따라 운동한다.

03 ㄷ. 동일한 깃털이므로 깃털에 작용하는 중력의 크기는 (가)에서와 (나)에서가 같다.

바로 알기〉 ㄱ. (가)에서 깃털과 구슬의 위치는 같고, (나)에서 깃털과 구슬의 위치는 같지 않다. 따라서 (가)는 진공 상태이고, (나)는 공기 중이다.

ㄴ. (나)에서 구슬에 작용하는 중력의 방향이 구슬의 운동 방향과 같으므로 구슬의 속력은 증가한다.

04 ㄱ. A와 B에는 모두 지구에 의한 중력이 작용한다.

바로 알기〉 ㄴ. A에는 지구 중심을 향하는 방향으로 중력이 작용한다. 즉 A에 작용하는 중력의 방향은 A의 운동 방향에 수직이다.

ㄷ. B에 작용하는 중력의 방향과 B의 운동 방향은 같으므로 B는 떨어지면서 속력이 증가한다.

05 가속도는 $\dfrac{\text{속도 변화량}}{\text{걸린 시간}}$ 이다. 0 초일 때 자동차의 속도는 3 m/s이고, 6 초일 때 자동차의 속도는 9 m/s이므로 0 초부터 6 초까지 자동차의 속도 변화량은 9 m/s−3 m/s=6 m/s이다. 따라서 자동차의 가속도의 크기는 $\dfrac{6\,\text{m/s}}{6\,\text{s}}$=1 m/s²이다.

06 ㄱ. 지표면 근처에서 중력 가속도(g)의 방향은 연직 아래 방향이고, 크기는 약 9.8 m/s²으로 일정하다. 지구가 A에 작용하는 중력의 크기는 mg이고, 지구가 B에 작용하는 중력의 크기는 $2mg$이다.

ㄴ. A의 가속도의 크기는 $\dfrac{mg}{m}=g$이고, B의 가속도의 크기는 $\dfrac{2mg}{2m}=g$이다. 즉 A와 B는 같은 중력 가속도로 낙하하며, 같은 높이에서 동시에 가만히 놓았으므로 지표면에 도달하는 순간 속력은 A와 B가 같다.

바로 알기〉 ㄷ. 같은 높이에서 동시에 가만히 놓은 A와 B는 같은 가속도로 운동하여 지표면에 도달하는 순간 속력이 같으므로 A와 B는 같은 시간 동안 같은 거리를 이동한다. 따라서 A와 B가 같은 거리를 이동하는 데 걸리는 시간이 같으므로 A와 B는 지표면에 동시에 도달한다.

07 ㄴ. A와 B는 같은 높이에서 동시에 운동을 시작하였고, 가속도의 크기가 같으므로 지면에 동시에 도달한다.

바로 알기〉 ㄱ. A와 B에는 중력이 작용하므로 A와 B의 가속도는 중력 가속도로 같다.

ㄷ. B에 작용하는 중력의 방향은 연직 아래 방향이므로 B에 작용하는 중력의 방향과 B의 운동 방향은 같지 않다.

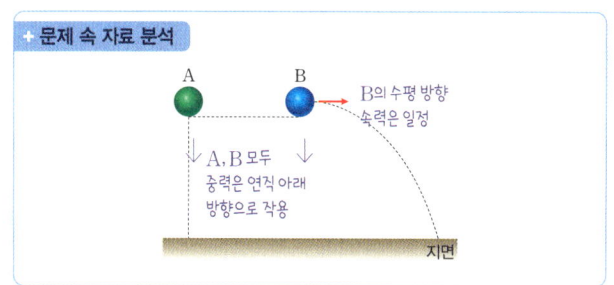

◆ 문제 속 자료 분석

08 ㄱ. A는 같은 시간 동안 이동한 거리가 일정하게 증가하므로 A의 속력은 일정하게 증가한다. A에는 연직 아래 방향으로 일정한 크기의 중력이 작용하기 때문에 A의 속력이 일정하게 증가하는 것이다.

ㄴ. A와 B는 연직 아래 방향 속력이 일정하게 증가하므로 A, B에는 연직 아래 방향으로 일정한 크기의 힘이 작용하며, B의 수평 방향 속력은 일정하므로 B에 수평 방향으로 작용하는 힘은 없다. 따라서 A와 B에 작용하는 힘의 방향은 연직 아래 방향으로 같다.

ㄷ. 같은 시간 동안 연직 아래 방향으로 낙하한 거리가 같고, A와 B는 같은 높이에서 운동을 시작했으므로 A와 B는 동시에 수평면에 도달한다.

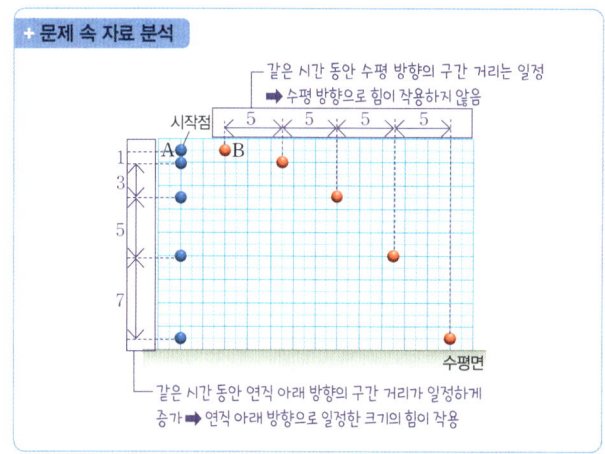

◆ 문제 속 자료 분석

09 ㄴ. 물체는 수평 방향으로 일정한 속력으로 운동한다. 따라서 L=5 m/s×2 s=10 m이다.

바로 알기〉 ㄱ. 물체에는 연직 아래 방향으로 중력이 작용하므로 물체의 연직 방향의 속력은 일정하게 증가한다.

ㄷ. 물체에 작용하는 중력은 연직 아래 방향이고, 물체의 운동 경로는 포물선이므로 물체의 운동 방향과 중력의 방향이 항상 수직은 아니다.

10 ㄱ. A와 B의 가속도는 같고, 같은 높이에서 동시에 떨어졌으므로 지면에 도달하는 데까지 걸린 시간은 같다. 따라서 A와 B는 지면에 동시에 도달한다.

ㄷ. A와 B의 질량이 같으므로 동전에 작용하는 중력의 크기는 A와 B가 같다.

바로 알기〉 ㄴ. 지면에 닿는 순간 연직 방향의 속력은 A와 B가 같고, 수평 방향의 속력은 A가 B보다 작다. 따라서 지면에 닿는 순간 속력은 A가 B보다 작다.

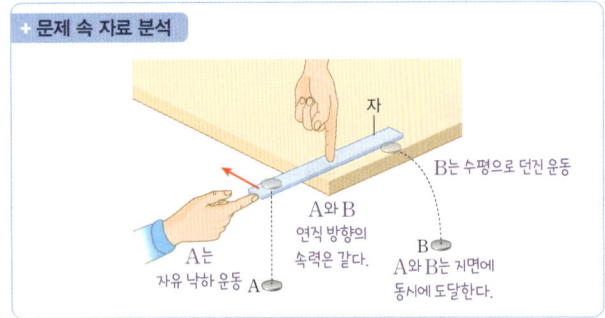

+ 문제 속 자료 분석

11 ㄱ. A와 B에 작용하는 중력의 방향은 연직 아래 방향으로 같다.
ㄷ. 수평면에 도달하는 순간 연직 방향의 속력은 같지만, B는 수평 방향으로 던져졌으므로 수평 방향의 속력도 있다. 따라서 수평면에 도달하는 순간 속력은 B가 A보다 크다.

바로 알기 ㄴ. 같은 높이에서 A는 가만히 놓고, B는 수평 방향으로 던졌다. A와 B에 작용하는 중력의 방향은 연직 아래 방향으로 같으므로 A와 B의 가속도의 방향은 연직 아래 방향으로 같고, 가속도의 크기도 중력 가속도로 같다. 따라서 A와 B는 연직 아래 방향으로는 같은 시간 동안 같은 거리만큼 이동하게 되므로 A와 B가 수평면에 도달하는 데 걸린 시간은 같다.

12 ㄴ. 물체를 가만히 놓은 순간부터 물체가 수평면에 도달할 때까지 걸린 시간은 질량에 관계없이 물체를 가만히 놓은 지점의 높이가 높을수록 길다. 따라서 $t_A = t_B < t_C$이다.
ㄷ. 물체를 가만히 놓은 지점의 높이는 B가 C보다 낮으므로 수평면에 도달하는 순간 물체의 속력은 B가 C보다 작다.

바로 알기 ㄱ. 물체에 작용하는 중력의 크기는 질량에 비례한다. 따라서 물체에 작용하는 중력의 크기는 A가 B보다 작다.

13 ㄱ. 물체에 작용하는 중력의 방향은 연직 아래 방향이므로 물체에 작용하는 중력의 방향은 운동 방향과 같다.
ㄴ. 중력만을 받으며 낙하하는 물체의 속력은 일정하게 증가한다. 물체는 0.1 초마다 속력이 0.98 m/s씩 증가하고 있으므로 0.2 초일 때 물체의 속력은 1.96 m/s이다.
ㄷ. 물체의 가속도의 크기는 일정하므로 $\dfrac{0.98}{0.1} = \dfrac{14.7}{t_1} = \dfrac{19.6}{t_2}$이다. 따라서 $\dfrac{t_1}{t_2} = \dfrac{3}{4}$이다.

+ 문제 속 자료 분석

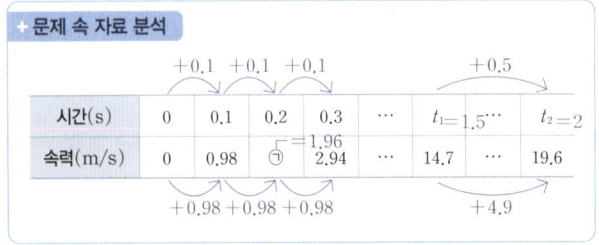

시간(s)	0	0.1	0.2	0.3	⋯	$t_1 = 1.5$	⋯	$t_2 = 2$
속력(m/s)	0	0.98	⊙ =1.96 2.94		⋯	14.7	⋯	19.6

14 수평 방향으로 던져진 물체의 수평 방향 속력은 일정하고, 연직 방향의 속력은 일정하게 증가한다.
물체에 작용하는 중력과 가속도는 일정하며, 낙하 거리는 시간이 지남에 따라 증가한다.

+ 문제 속 자료 분석

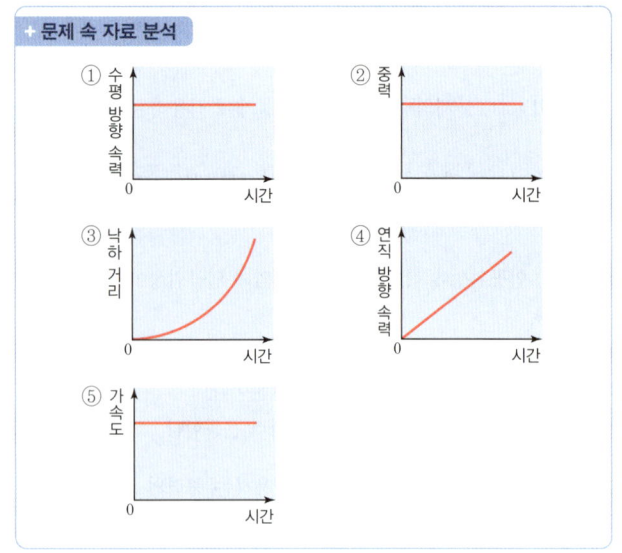

15 ㄱ. 수평 방향으로 이동한 거리는 A가 B보다 작으므로 수평 방향으로 발사한 속력은 A가 B보다 작다.
ㄴ. 물체의 질량은 A와 B가 같으므로, 물체에 작용하는 중력의 크기는 A와 B가 같다.

바로 알기 ㄷ. B에는 중력이 작용하므로 B가 떨어지는 동안 B의 속력은 증가한다.

서술형 문제

16 (1) **모범 답안** | 쇠구슬의 사이의 간격이 점점 커지므로 쇠구슬의 속력은 점점 커진다.
해설 | 같은 시간 동안 쇠구슬 사이의 간격이 점점 커진다. 즉 같은 시간 동안 이동한 거리가 점점 커지므로 쇠구슬의 속력은 점점 커지는 것이다.

채점 기준	배점
쇠구슬의 속력이 점점 커진다고 옳게 서술한 경우	100 %
쇠구슬의 속력이 변한다고만 서술한 경우	30 %

(2) **모범 답안** | 쇠구슬과 깃털은 동시에 바닥에 도달한다. 쇠구슬과 깃털의 가속도가 같기 때문이다.
해설 | 가만히 놓았을 때 쇠구슬과 깃털의 수평 위치가 같으므로 쇠구슬과 깃털은 동시에 바닥에 도달한다. 쇠구슬과 깃털이 동시에 바닥에 도달하는 까닭은 쇠구슬과 깃털이 같은 중력 가속도로 낙하하기 때문이다.

채점 기준	배점
동시에 도달한다고 쓰고 그 까닭을 쇠구슬과 깃털의 가속도가 같기 때문이라고 서술한 경우	100 %
동시에 도달한다고 썼으나 그 까닭에 대한 서술이 미흡한 경우	50 %

17 **모범 답안** | 걸린 시간은 같다. 발사 장치에서 분리되는 순간, A와 B의 연직 방향의 속력은 0으로 같고 가속도의 크기도 같으므로 지면에 도달하는 데 걸리는 시간은 같다.

채점 기준	배점
걸린 시간을 옳게 비교하고 그 까닭을 옳게 서술한 경우	100 %
걸린 시간만 옳게 비교한 경우	30 %

18 **모범 답안** | 물체는 수평 방향으로 8 m/s의 일정한 속력으로 운동한다. 물체가 수평면에 도달할 때까지 걸린 시간은 1 초이므로 $R=8$ m/s$\times 1$ s$=8$ m이다.

채점 기준	배점
R를 옳게 구하고 풀이 과정을 옳게 서술한 경우	100 %
R를 옳게 구하였으나 풀이 과정이 미흡한 경우	50 %

14 역학 시스템과 안전

바로 복습
◉**160쪽**

01 크다　**02** 관성　**03** 질량, 속도　**04** 충격량
05 길어져, 작아　**06** ○　**07** ○　**08** ×　**09** ×
10 ○

02 막대로 이불을 두드리면 이불은 막대에 의해 움직이고 먼지는 정지 상태를 유지하려는 관성에 의해 제자리에 있으므로 먼지가 이불에서 떨어진다.

06 버스가 갑자기 출발할 때는 관성에 의해 사람은 계속 정지해 있으려고 하므로 몸이 뒤로 쏠리고, 버스가 갑자기 정지할 때는 관성에 의해 사람은 계속 운동하려고 하므로 몸이 앞으로 쏠린다.

08 충격량의 방향은 물체에 작용한 힘의 방향과 같다.

09 운동량의 변화량이 같을 때, 즉 충격량이 같을 때 물체에 힘이 작용하는 시간을 줄이면 물체가 받는 평균 힘의 크기가 커진다.

◉**163쪽**

Quiz ❶
답 | 4 kg·m/s
해설 | 운동량은 물체의 질량과 속도를 곱한 물리량이므로, 야구공의 운동량의 크기는 0.1 kg$\times 40$ m/s$=4$ kg·m/s이다.

Quiz ❷
답 | -60 kg·m/s
해설 | 중력 가속도가 10 m/s^{2}이므로 축구공의 질량은 2 kg이고, 오른쪽 방향이 $(+)$이므로 왼쪽 방향으로 운동하는 축구공의 속도는 -30 m/s이다. 따라서 축구공의 운동량은 2 kg$\times(-30$ m/s$)$ $=-60$ kg·m/s이다.

Quiz ❸
답 | 150 N·s
해설 | 충격량은 물체에 작용한 힘과 힘이 작용한 시간의 곱이므로, 물체가 받은 충격량의 크기는 50 N$\times 3$ s$=150$ N·s이다.

Quiz ❹
답 | 30 N·s
해설 | 힘－시간 그래프에서 그래프와 시간 축이 이루는 넓이는 충격량을 의미하므로 0 초부터 4 초까지 물체가 받은 충격량의 크기는 10 N·s$+20$ N·s$=30$ N·s이다.

Quiz ❺
답 | 2000 kg·m/s
해설 | 운동량의 변화량은 나중 운동량에서 처음 운동량을 뺀 값이다. 중력 가속도가 10 m/s^{2}이므로 자동차의 질량은 80 kg이고, 자동차는 정지 상태에서 출발했기 때문에 처음 운동량은 0이다. 따라서 자동차의 운동량 변화량의 크기는 $(80$ kg$\times 25$ m/s$)-0=2000$ kg·m/s이다.

Quiz ❻
답 | 35 N·s
해설 | 충격량은 운동량의 변화량과 같다. 처음 속도의 방향을 $(+)$라고 하면 운동량의 변화량＝나중 운동량－처음 운동량 $=0.5$ kg$\times(-40$ m/s$)-0.5$ kg$\times 30$ m/s$=-35$ N·s이므로 공이 받은 충격량의 크기는 35 N·s이다.

Quiz ❼
답 | 10 m/s, 처음 운동 방향과 같은 방향
해설 | 처음 운동량의 방향을 $(+)$라고 하면 충격량은 운동 방향의 반대이므로 -100 N·s이다. 충격량은 운동량의 변화량과 같으므로 나중 운동량＝처음 운동량＋충격량이다. 나중 속도를 v라고 하면 10 kg$\times v=10$ kg$\times 20$ m/s$+(-100$ N·s$)$에서 $v=10$ m/s이다. 따라서 물체는 처음 운동 방향과 같은 방향으로 10 m/s의 속력으로 운동하게 된다.

◉**164쪽**

유제 ❶
답 | ⑤
ㄱ. 운동량은 질량$\times$속도이므로 F가 작용하기 직전 물체의 운동량의 크기는 5 kg$\times 2$ m/s$=10$ kg·m/s이다.
ㄴ. 물체가 받은 충격량의 크기는 힘－시간 그래프에서 그래프가 시간 축과 이루는 넓이와 같다. 따라서 0~2 초까지 물체가 받은 충격량의 크기는 10 N$\times 2$ s$=20$ N·s이다.
ㄷ. 운동량의 변화량은 충격량과 같다. 물체의 운동 방향은 일정하고 물체가 0~4 초까지 받은 충격량은 10 N$\times 4$ s$=40$ N·s이다. F가 작용하기 전 물체의 운동량은 5 kg$\times 2$ m/s$=10$ kg·m/s이므로 4 초일 때 물체의 운동량은 10 kg·m/s$+40$ kg·m/s$=50$ kg·m/s이다. 따라서 4 초일 때 물체의 속력은 $\dfrac{50 \text{ kg·m/s}}{5 \text{ kg}}=10$ m/s이다.

유제 2

답 | ③

ㄱ. A와 B가 충돌할 때 작용 반작용에 의해 서로 같은 크기의 힘을 주고받으며 충돌 시간도 같다. 따라서 A와 B가 받은 충격량의 크기는 같다.

ㄴ. 운동량은 질량×속도이므로 충돌 전 B의 운동량은 $4\,kg×2\,m/s=8\,kg·m/s$이고 충돌 후 B의 운동량은 $4\,kg×5\,m/s=20\,kg·m/s$이다. 따라서 충돌 전후 B의 운동량 변화량의 크기는 $20\,kg·m/s-8\,kg·m/s=12\,kg·m/s$이다.

바로 알기 ㄷ. 충돌 시 A와 B가 받은 충격량은 크기가 같고 방향이 반대이다. B가 받은 충격량은 12 N·s이고 'A의 처음 운동량−12 N·s=A의 나중 운동량'이므로 $(6\,kg×6\,m/s)-12\,kg·m/s=6\,kg×v$에서 $v=4\,m/s$이다.

실력 다지기 문제 ▶ 165~167쪽

01 ③   02 ④   03 ①   04 ⑤   05 ②   06 ②
07 ⑤   08 ③   09 ②   10 ③

서술형 11~13 해설 참조

---

01 ㄱ. 관성은 물체가 운동 상태를 계속 유지하려는 성질이다.

ㄴ. 관성은 물체의 질량이 클수록 크다.

바로 알기 ㄷ. 물체에 작용하는 힘은 물체의 운동 상태를 변화시키는 원인이다. 따라서 운동하는 물체에 작용하는 알짜힘이 0이면, 물체의 운동 상태는 변하지 않아 일정한 속도로 계속 운동하게 된다.

02 ㄱ. 정지해 있던 버스가 갑자기 출발하면 버스 안에 타고 있던 사람은 계속 정지해 있으려고 하기 때문에 승객의 몸이 뒤로 쏠리는데, 이러한 현상은 관성 때문에 일어나는 현상이다. 달리던 사람이 돌부리에 걸리면 달리던 방향으로 계속 운동하려는 관성 때문에 넘어지게 된다.

ㄷ. 망치 자루를 바닥에 치면 망치 머리가 계속 운동하려는 관성 때문에 망치 머리가 자루에 단단히 고정된다.

바로 알기 ㄴ. 로켓이 가스를 분출하는 힘의 반작용으로 가스가 로켓을 밀어주게 되어 로켓이 위로 올라간다. 이 현상은 작용 반작용 법칙이 적용되는 현상이다.

03 ㄱ. 물체의 질량이 클수록 관성이 크다. 자동차의 질량은 A가 B보다 크므로 관성은 A가 B보다 크다.

바로 알기 ㄴ. 운동량은 질량과 속도의 곱이므로 A의 운동량의 크기는 $2000\,kg×10\,m/s=20000\,kg·m/s$이고, B의 운동량의 크기는 $1000\,kg×20\,m/s=20000\,kg·m/s$이다. 따라서 운동량의 크기는 A와 B가 같다.

ㄷ. A, B는 각각 일정한 속도로 운동하므로 A, B에 작용하는 알짜힘은 모두 0이다.

04 ㄱ. 물체에 일정한 크기의 힘이 작용하므로 물체의 운동량은 일정하게 증가한다. 4 초일 때 물체의 운동량의 크기가 12 kg·m/s이

므로 2 초일 때 물체의 운동량의 크기는 6 kg·m/s이다.

ㄴ. 운동량=질량×속도이다. 4 초일 때 물체의 운동량의 크기가 12 kg·m/s이고, 물체의 질량이 3 kg이므로 4 초일 때 물체의 속력은 $\dfrac{12\,kg·m/s}{3\,kg}=4\,m/s$이다.

ㄷ. 0 초부터 4 초까지 물체가 받은 충격량의 크기는 $F×4\,s$이고, 0 초부터 4 초까지 물체의 운동량 변화량의 크기는 12 kg·m/s이다. 물체가 받은 충격량은 물체의 운동량 변화량과 같으므로 $F×4\,s=12\,kg·m/s$에서 $F=3\,N$이다.

[별해]

운동량−시간 그래프에서 그래프의 기울기는 물체에 작용하는 알짜힘을 나타내므로 $F=3\,N$이다.

+ 문제 속 자료 분석

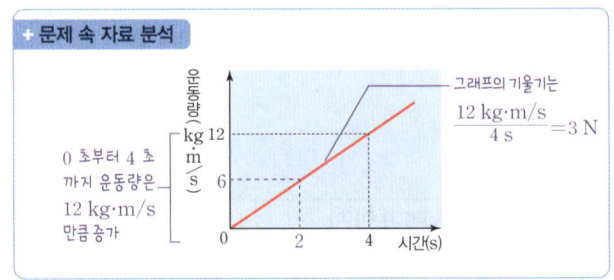

0 초부터 4 초까지 운동량은 12 kg·m/s 만큼 증가

그래프의 기울기는 $\dfrac{12\,kg·m/s}{4\,s}=3\,N$

05 힘−시간 그래프에서 그래프가 시간 축과 이루는 넓이는 물체가 받은 충격량을 나타낸다. 0 초부터 3 초까지 물체가 받은 충격량은 $10\,N×3\,s=30\,N·s$이고, 3 초부터 5 초까지 물체에 작용하는 힘은 0이므로 3 초부터 5 초까지 물체가 받은 충격량은 0이다. 따라서 0 초부터 5 초까지 물체가 받은 충격량은 30 N·s이다. 물체가 받은 충격량은 물체의 운동량 변화량과 같으므로 0 초부터 5 초까지 물체의 운동량 변화량은 30 kg·m/s이다. 그러므로 5 초일 때 물체의 운동량은 30 kg·m/s이므로 5 초일 때 물체의 속력 $\dfrac{30\,kg·m/s}{2\,kg}=15\,m/s$이다.

06 ㄴ. 운동량 변화량=충격량=평균 힘×충돌 시간이다. (가)와 (나)에서 자동차의 운동량 변화량의 크기가 같으므로 (가)와 (나)에서 자동차가 받은 충격량의 크기가 같다. 충돌 시간은 (가)에서가 (나)에서보다 길므로 자동차가 받은 평균 힘의 크기는 (가)에서가 (나)에서보다 작다.

바로 알기 ㄱ. (가)와 (나)에서 자동차의 질량이 같고, 충돌하기 전 속력이 같으므로 충돌 전 두 자동차의 운동량의 크기가 같다. 충돌 후 두 자동차는 정지하므로 두 자동차의 운동량 변화량의 크기는 같다.

ㄷ. (나)에서 벽이 자동차에 작용하는 힘과 자동차가 벽에 작용하는 힘은 작용 반작용 관계이므로 두 힘의 크기는 같다.

07 ㄱ. 운동량은 질량과 속도의 곱이다. 충돌 전 물체의 속력은 3 m/s이므로 충돌 전 물체의 운동량의 크기는 $2\,kg×3\,m/s=6\,kg·m/s$이다.

ㄴ. 오른쪽으로 운동하던 물체가 벽에 충돌하여 운동량이 변하므로 물체가 벽으로부터 받은 힘의 방향은 왼쪽이다.

ㄷ. 힘−시간 그래프에서 그래프가 시간 축과 이루는 넓이는 충격량을 나타낸다. (나)에서 그래프가 시간 축과 이루는 넓이는 10 N·s이므로 물체가 벽에 충돌하는 동안 받은 충격량은 10 N·s이고 물체의

운동량 변화량은 10 kg·m/s이다. 충돌 후 물체의 운동량을 p라고 하면, 물체의 운동량 변화량은 $p-(-6 \text{ kg·m/s})$이다.

$p-(-6 \text{ kg·m/s})=10 \text{ kg·m/s}$이므로 충돌 후 물체의 운동량은 4 kg·m/s이고, 물체의 질량이 2 kg이므로 벽에 충돌한 후 물체의 속력은 $\dfrac{4 \text{ kg·m/s}}{2 \text{ kg}}=2 \text{ m/s}$이다.

+ 문제 속 자료 분석

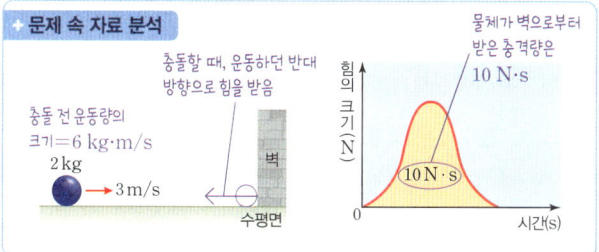

08 ㄱ. 충돌 전 A의 운동량의 크기는 mv이고, 충돌 후 A는 정지하므로 운동량은 0이다. 따라서 A의 운동량 변화량의 크기는 mv이므로 A가 벽으로부터 받은 충격량의 크기는 mv이다.

ㄴ. 충돌 전 B의 운동량의 크기는 mv이고, 충돌 후 B는 정지하므로 운동량은 0이다. 따라서 B의 운동량 변화량의 크기는 mv이므로 B가 받은 충격량의 크기는 mv이다. A와 B가 받은 충격량의 크기는 mv로 같지만, 충돌 시간은 A가 B보다 짧으므로 벽으로부터 받은 평균 힘의 크기는 A가 B보다 크다.

> **바로 알기** ㄷ. 힘─시간 그래프에서 그래프가 시간 축과 이루는 넓이는 물체가 받은 충격량을 나타낸다. 충돌 전 A와 B의 운동량의 크기는 mv로 같고, 충돌 후 정지하므로 충돌하는 동안 A와 B의 운동량 변화량의 크기는 mv로 같다. 따라서 A와 B가 벽으로부터 받은 충격량의 크기가 mv로 같으므로 (나)에서 그래프가 시간 축과 이루는 넓이는 A와 B가 같다.

09 ② 공기가 든 포장재, 배의 옆면에 부착한 타이어, 번지 점프에서 잘 늘어나는 줄을 사용하는 것은 힘을 받아 정지할 때까지 걸리는 시간을 길게 하기 위해서이다. 힘을 받는 시간을 길게 하면 물체가 받는 힘의 크기는 작아진다.

> **바로 알기** ① 관성은 물체의 질량과 관계된다. 충돌 과정에서 질량이 변하지 않으므로 관성이 감소하는 것이 아니다.
③ 포장재, 타이어, 줄은 물체가 힘을 받는 시간을 길게 하기 때문에 물체가 받은 힘의 크기를 감소시킨다.
④, ⑤ 포장재, 타이어, 줄이 물체가 받는 충격량의 크기나 물체의 운동량 변화량의 크기를 증가시키지는 않는다.

10 ㄱ. 달리던 자동차가 충돌하게 되면 운전자는 관성에 의해서 계속 앞으로 나아가 운전대나 유리창에 충돌하게 된다. 안전띠는 운전자가 관성에 의해 앞으로 튀어 나가는 것을 방지하는 역할을 하여 운전자를 보호한다.

ㄴ. 에어백은 자동차가 충돌했을 때 운전자가 힘을 받는 시간을 길게 하여 운전자가 받는 평균 힘의 크기를 감소시킨다.

> **바로 알기** ㄷ. 범퍼는 잘 찌그러지는 재질로 만드는데, 이는 자동차가 충돌했을 때 충돌 시간을 길게 하기 위해서이다. 충돌 시간이 길어지면 자동차가 받는 평균 힘의 크기가 작아진다. 그러나 범퍼는 자동차가 받는 충격량의 크기를 줄이지는 못한다.

서술형 문제

11 **모범 답안** | 소방관이 떨어져 정지할 때까지 걸리는 시간을 길게 하여 소방관이 받는 힘의 크기를 감소시켜 안전하게 한다.

해설 | 같은 충격량을 받을 때, 힘을 받는 시간이 길수록 받는 힘의 크기는 작다. 공기 안전 매트에 소방관이 떨어지게 되면 안전 매트 속의 공기가 서서히 빠져나가면서 소방관이 정지할 때까지 걸리는 시간을 길게 하므로 소방관이 받는 힘의 크기는 작아진다.

채점 기준	배점
힘의 크기와 힘을 받는 시간의 관계를 이용하여 옳게 서술한 경우	100 %
힘의 크기와 힘을 받는 시간 중 한 가지만 옳게 서술한 경우	30 %

12 (1) **모범 답안** | 같은 높이에서 떨어져서 바닥에 충돌하기 직전 속력이 같으므로 운동량의 크기가 같다.

채점 기준	배점
속력이 같아 운동량의 크기가 같다고 서술한 경우	100 %
운동량의 크기가 같다고만 서술한 경우	50 %

(2) **모범 답안** | 바닥에 충돌 직전 운동량의 크기가 같고, 충돌 후 정지하므로 충돌하는 동안 운동량 변화량의 크기가 같다. 따라서 시멘트 바닥에 떨어진 경우와 방석에 떨어진 경우 달걀이 받은 충격량의 크기는 같다.

채점 기준	배점
운동량 변화량의 크기가 같아 충격량의 크기가 같다고 서술한 경우	100 %
충격량의 크기가 같다고만 서술한 경우	50 %

(3) **모범 답안** | 달걀이 받은 충격량의 크기는 같고, 충돌 시간은 방석에 떨어진 경우가 시멘트 바닥에 떨어진 경우보다 길다. 따라서 달걀이 받은 평균 힘의 크기는 시멘트 바닥에 떨어진 경우가 방석에 떨어진 경우보다 크다.

해설 | 바닥으로부터 받은 충격량의 크기는 같지만, 충돌하여 정지할 때까지 걸린 시간은 방석에서가 시멘트 바닥에서보다 길므로 달걀이 받은 평균 힘의 크기는 시멘트 바닥에 떨어진 경우가 방석에 떨어진 경우보다 크다.

채점 기준	배점
시간과 힘의 크기를 옳게 비교하여 서술한 경우	100 %
힘의 크기는 옳게 비교했으나 시간을 옳게 비교하지 못한 경우	50 %
시간은 옳게 비교했으나 힘의 크기를 옳게 비교하지 못한 경우	25 %

13 **모범 답안** | 충돌 선 자동차의 운동량의 크기는 $1200 \text{ kg} \times 30 \text{ m/s}=36000 \text{ kg·m/s}$이고, 충돌 후 정지하므로 자동차가 받은 충격량의 크기는 36000 N·s이다. 자동차가 벽에 충돌하여 정지할 때까지 걸린 시간은 0.4 초이므로 자동차가 벽으로부터 받은 평균 힘의 크기는 $\dfrac{36000 \text{ N·s}}{0.4 \text{ s}}=90000 \text{ N}$이다.

채점 기준	배점
힘의 크기를 옳게 구하고 풀이 과정을 옳게 서술한 경우	100 %
힘의 크기는 옳게 구하였으나 풀이 과정이 미흡한 경우	50 %

내신 빈출자료

⊙ 168~170쪽

1 1 ○ 2 × 3 ○ 4 × 5 ○
2 1 × 2 ○ 3 ○ 4 ○ 5 × 6 ×
3 1 ○ 2 ○ 3 × 4 ○ 5 × 6 ○
4 1 ○ 2 × 3 ○ 4 × 5 ×
5 1 ○ 2 × 3 ○ 4 ○ 5 × 6 ○
6 1 × 2 ○ 3 ○ 4 ○ 5 ○
7 1 ○ 2 ○ 3 ○ 4 × 5 ○ 6 ×
8 1 × 2 ○ 3 ○ 4 × 5 × 6 ○
9 1 × 2 ○ 3 ○ 4 ○ 5 ×

1-2 물체가 낙하하는 동안 물체에 작용하는 중력의 크기는 일정하다.

1-4 낙하하는 동안 물체의 속력은 증가하므로, 같은 시간 동안 이동한 거리는 점점 증가한다.

2-1 B의 수평 방향의 속력은 일정하므로 p에서 B의 수평 방향의 속력은 v이다.

2-5 A를 가만히 놓는 순간 A의 연직 방향 속력은 0이고, B를 수평 방향으로 던지는 순간 B의 연직 방향 속력은 0이다. A를 가만히 놓은 지점의 높이와 B를 수평 방향으로 던진 지점의 높이가 같으므로 A와 B의 높이는 항상 같다. 따라서 A와 B는 수평면에 동시에 도달한다.

2-6 연직 방향의 속력은 A와 B가 같고, 수평 방향의 속력은 B가 A보다 크다. 따라서 B가 p를 지날 때 속력은 B가 A보다 크다.

3-2 A와 B의 연직 방향 위치 변화가 같으므로 A와 B는 동시에 수평면에 도달한다.

3-3 같은 높이에서 수평 방향으로 던진 A와 B가 수평면에 도달하는 데 걸리는 시간은 같지만, 수평 방향으로 이동한 거리는 B가 A보다 크다. 이는 수평 방향으로 던진 속력이 B가 A보다 크기 때문이다.

3-4 A와 B 모두 수평 방향 위치가 일정하게 변하므로 수평 방향으로 등속도 운동을 한다는 것을 알 수 있다.

3-5 A와 B는 연직 아래 방향으로 중력을 받으므로 A와 B의 연직 방향의 가속도는 중력 가속도로 크기가 같다.

4-2 A와 B에는 모두 연직 아래 방향으로 중력이 작용한다.

4-3 A와 B는 연직 아래 방향으로 중력을 받아 운동하므로 속력 변화가 같다. 따라서 A와 B는 수평면에 동시에 도달한다.

4-4 A와 B가 수평면에 도달하는 순간 연직 방향 속력은 같지만, A는 가만히 놓았고, B는 수평 방향으로 던졌기 때문에 수평면에 도달하는 순간 속력은 B가 A보다 크다.

4-5 A와 B는 동일한 중력 가속도로 낙하하므로 P를 통과하는 순간 A와 B의 가속도의 크기는 같다.

5-2 A와 B에 작용하는 중력의 방향은 연직 아래 방향이므로 A에 작용하는 중력의 방향은 A의 운동 방향에 대해 항상 수직은 아니다.

5-3 수평 이동 거리는 B가 A의 3 배이므로 수평 방향 속력도 B가 A의 3 배이다.

5-5 수평면에 도달하는 순간 연직 방향의 속력은 A와 B가 같다.

5-6 A, B를 수평 방향으로 던진 높이가 같고, 가속도의 크기는 A와 B가 같으므로 물체를 수평 방향으로 던진 순간부터 지면에 도달할 때까지 걸린 시간은 A와 B가 같다.

6-1 0.5 초일 때 A의 운동량의 크기가 0.3 kg·m/s이고, A의 질량이 0.6 kg이므로 A의 속력은 $\dfrac{0.3 \text{ kg·m/s}}{0.6 \text{ kg}}$=0.5 m/s이다.

6-2 운동량-시간 그래프의 기울기는 물체에 작용한 알짜힘을 나타낸다. 따라서 1 초부터 2 초까지 A의 운동량이 일정하게 변하므로 A에 작용하는 힘의 크기는 일정하다.

6-3 충격량은 운동량의 변화량과 같다. 1 초부터 2 초까지 A의 운동량 변화량의 크기는 0.1 kg·m/s이므로 A가 받은 충격량의 크기는 0.1 N·s이다.

6-4 1 초부터 2 초까지 A가 받은 충격량의 크기가 0.1 N·s이므로 A가 받은 평균 힘의 크기는 $\dfrac{0.1 \text{ N·s}}{1 \text{ s}}$=0.1 N이다.

6-5 2 초부터 2.5 초까지 A의 운동량 변화량의 크기는 0.2 kg·m/s이므로 2 초부터 2.5 초까지 A가 받은 충격량의 크기는 0.2 N·s이다. 힘을 받은 시간은 0.5 초이므로 2 초부터 2.5 초까지 A가 받은 평균 힘의 크기는 $\dfrac{0.2 \text{ N·s}}{0.5 \text{ s}}$=0.4 N이다.

7-4 스틱이 물체에 힘을 작용하는 동안 물체의 운동량 변화량의 크기는 10 kg·m/s이다. 충격량은 운동량 변화량과 같으므로 물체가 스틱으로부터 받은 충격량의 크기는 10 N·s이다.

7-6 0 초부터 $\dfrac{1}{20}$ 초까지 물체가 스틱으로부터 받은 충격량의 크기가 10 N·s이고, 힘을 받은 시간은 $\dfrac{1}{20}$ 초이므로 물체가 스틱으로부터 받은 평균 힘의 크기는 $\dfrac{10 \text{ N·s}}{\dfrac{1}{20} \text{ s}}$=200 N이다.

8-1 (나)에서 충돌 시작 시간이 A가 B보다 빠르므로 A와 B 동일한 기준선을 동시에 통과한 후 A가 B보다 먼저 벽에 충돌한 것이다. 즉 기준선을 통과한 순간부터 벽에 충돌할 때까지 이동하는 데 걸린 시간은 A가 B보다 짧다.

8-2 A가 B보다 벽에 먼저 충돌했으므로 벽에 충돌하기 직전 속력은 A가 B보다 크다.

8-3, 4 (나)에서 시간 축과 A, B에 대한 곡선이 이루는 넓이는 A, B가 벽으로부터 받은 충격량인데, 넓이가 서로 같으므로 A와 B

가 벽으로부터 받은 충격량의 크기가 같다. A, B는 충돌 후 정지하므로 충돌 직전 A, B의 운동량의 크기는 같다.

8-5 벽에 충돌하기 직전 A와 B의 운동량의 크기는 같지만, 충돌 직전 속력은 A가 B보다 크므로 질량은 A가 B보다 작다.

8-6 벽으로부터 받은 충격량의 크기는 같고 충돌 시간은 A가 B보다 길므로 벽으로부터 받은 평균 힘의 크기는 A가 B보다 작다.

9-1 관성은 질량에 비례한다. 에어백과 범퍼가 자동차의 질량을 변화시키는 것은 아니므로 관성을 감소시키는 것이 아니다.

9-2 에어백은 운전자가 힘을 받는 시간을 길게 하여 운전자가 받는 힘의 크기를 줄여 준다.

9-3 범퍼는 충돌할 때 힘을 받는 시간을 길게 하여 자동차가 받는 힘의 크기를 줄여 주는 역할을 한다. 범퍼는 자동차가 받는 충격량을 감소시키지는 않는다.

9-5 범퍼는 잘 찌그러지는 재질로 만들어져 있어 충돌할 때 자동차가 힘을 받는 시간을 길게 한다.

01 ㄴ. 구겨진 종이와 펼쳐진 종이의 질량은 같으므로 구겨진 종이와 펼쳐진 종이에 작용하는 중력의 크기는 같다.

ㄷ. 진공에서 가만히 놓으면 구겨진 종이와 펼쳐진 종이에는 공기 저항이 작용하지 않으므로 같은 가속도로 낙하하게 된다. 따라서 같은 높이에서 동시에 가만히 놓으면, 두 종이는 동시에 수평면에 도달한다.

바로 알기 ㄱ. 종이에는 연직 아래 방향으로 중력이 작용하므로 낙하하는 동안 구겨진 종이의 속력은 증가한다.

02 중력 가속도를 g, p에서 물체의 속력을 v라고 하자. 물체가 p에서 q까지 운동하는 데 걸린 시간을 t라고 하면, q에서 r까지 운동하는 데 걸린 시간은 $2t$이다. 물체의 속력은 일정하게 증가하므로 q에서 물체의 속력은 $v+gt$이고, r에서 물체의 속력은 $v+gt+2gt=v+3gt$이다. $\Delta v_1=v+gt-v=gt$이고, $\Delta v_2=v+3gt-v=3gt$이므로 $\dfrac{\Delta v_1}{\Delta v_2}=\dfrac{1}{3}$이다.

03 ㄱ. B의 수평 방향 구간 거리가 일정하므로 B에 수평 방향으로 작용하는 힘은 없다. 그러나 B의 연직 아래 방향의 구간 거리가 일정하게 증가하므로 B의 연직 아래 방향 속력은 점점 증가한다. 따라서 B에 작용하는 힘의 방향은 연직 방향이다.

바로 알기 ㄴ. A와 B는 연직 아래 방향으로 같은 시간 동안 같은 거리를 이동하므로 A와 B는 수평면에 동시에 도달한다.

ㄷ. 0.1 초마다 B의 수평 방향 구간 거리는 30 cm=0.3 m로 일정하다. 따라서 B의 수평 방향 속력은 $\dfrac{0.3\ \text{m}}{0.1\ \text{s}}=3\ \text{m/s}$이다.

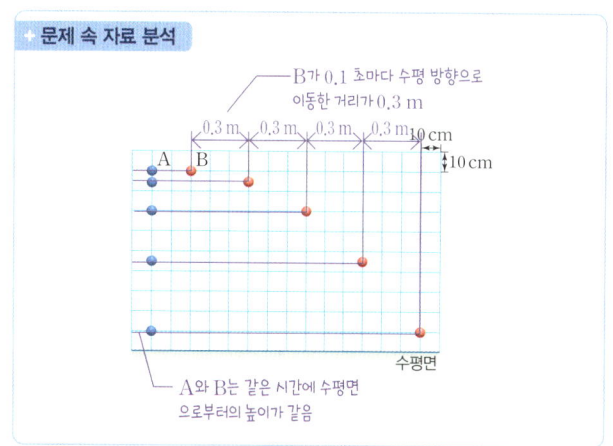

문제 속 자료 분석

- B가 0.1 초마다 수평 방향으로 이동한 거리가 0.3 m
- A와 B는 같은 시간에 수평면으로부터의 높이가 같음
- 수평면

04 ㄱ. 가만히 놓은 물체가 연직 아래 방향으로 운동하면서 속력이 커지므로 물체에 작용하는 힘의 방향과 운동 방향은 같다.

ㄴ. 물체의 가속도의 크기는 10 m/s²이므로 1 초 동안 속도가 10 m/s만큼 증가한다. 따라서 $t=t_0$일 때 물체의 속력이 10 m/s이므로 t_0은 1 초이다.

바로 알기 ㄷ. 물체에는 연직 아래 방향으로 일정한 크기의 중력이 작용하므로 물체에 작용하는 알짜힘의 크기는 일정하다.

05 ㄱ. A와 B에는 연직 아래 방향으로 중력이 작용한다.

ㄴ. (나)에서 발사 장치의 높이만을 2 배로 증가시켰으므로 낙하 시간은 t_0보다 크다. B의 낙하 시간이 $\sqrt{2}t_0$이고, A와 B는 같은 중력 가속도로 낙하하므로 A와 B가 수평면에 도달하는 데 걸린 시간은 같다. 따라서 ㉠은 $\sqrt{2}t_0$이다. (다)에서 B의 수평 방향으로 발사하는 속력만을 2 배로 하면 수평면에 도달하는 데 걸린 시간은 변하지 않으므로 ㉡은 t_0이다. 따라서 ㉠은 ㉡보다 크다.

바로 알기 ㄷ. (가)에서 B를 수평 방향으로 발사하는 속력을 v라고 하면, 수평면에 도달하는 데 걸린 시간이 t_0이므로 $R_0=vt_0$이다. (나)에서 B가 수평면에 도달하는 데 걸린 시간이 $\sqrt{2}t_0$이므로 $R_1=\sqrt{2}vt_0=\sqrt{2}R_0$이다. (다)에서 B를 수평 방향으로 발사하는 속력은 $2v$이고, 수평면에 도달하는 데 걸린 시간이 t_0이므로 $R_2=2vt_0=2R_0$이다. 따라서 R_2는 R_1의 $\sqrt{2}$ 배이다.

06 자동차의 속도가 0.1 초마다 2 m/s씩 증가한다. 즉 1 초 동안 자동차의 속도 변화량은 20 m/s이므로 자동차의 가속도의 크기는 20 m/s²이다.

07 ㄴ. A를 가만히 놓은 지점의 높이와 B를 수평 방향으로 던진 지점의 높이는 같으므로 P에서 연직 방향의 속력은 A와 B가 같다. B의 수평 방향의 속력은 v로 일정하고, P에서 B의 수평 방향 속력과 연직 방향 속력은 같다고 했으므로 P에서 B의 연직 방향 속력은 v이다. 따라서 P에서 A의 속력은 v이다.

ㄷ. Q에서 연직 방향 속력은 A와 B가 같고, 수평 방향 속력은 B가 A보다 크다. 따라서 Q에서 물체의 속력은 A가 B보다 작다.

바로 알기 ㄱ. 질량은 B가 A의 2 배이므로 물체에 작용하는 중력의 크기는 B가 A의 2 배이다.

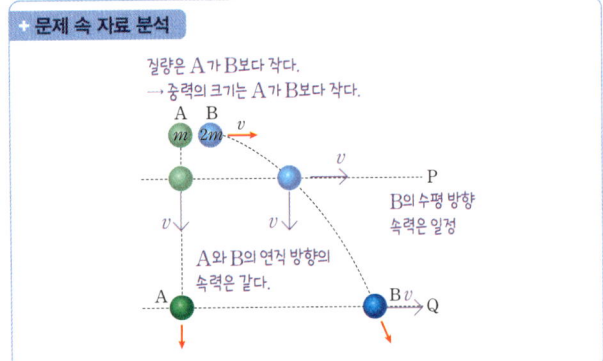

+ 문제 속 자료 분석

질량은 A가 B보다 작다.
→ 중력의 크기는 A가 B보다 작다.

A와 B의 연직 방향의 속력은 같다.

B의 수평 방향 속력은 일정

08 ㄷ. 포수가 공으로부터 받는 충격량의 크기는 ㉠과 ㉡의 경우가 같고, 공이 포수에 힘을 작용하는 시간은 ㉠이 ㉡보다 길기 때문에 포수가 공으로부터 받는 평균 힘의 크기는 ㉠이 ㉡보다 작다.

바로 알기 ㄱ. 글러브를 뒤로 빼면서 공을 받는 경우는 공이 글러브에 닿아 정지할 때까지 걸리는 시간이 길어지고, 글러브를 앞으로 밀면서 공을 받는 경우는 공이 글러브에 닿아 정지할 때까지 걸리는 시간이 짧아진다. 따라서 A는 포수가 글러브를 앞으로 밀면서 공을 받는 경우인 ㉡을 나타낸 것이고, B는 포수가 글러브를 뒤로 빼면서 공을 받는 경우인 ㉠을 나타낸 것이다.

ㄴ. (나)에서 그래프가 시간 축과 이루는 넓이는 포수가 공으로부터 받은 충격량을 나타낸다. 동일한 속력으로 날아오는 동일한 공을 받는 것이므로 ㉠과 ㉡의 경우 포수가 받는 충격량은 같다. 따라서 (나)에서 A, B의 그래프가 시간 축과 이루는 넓이는 같다.

09 ㄴ. 힘—시간 그래프에서 그래프가 시간 축과 이루는 넓이는 충격량을 나타내고, 충격량은 운동량 변화량과 같다. 따라서 0 초부터 4 초까지 물체가 받은 충격량의 크기는 40 N·s이므로 4 초일 때 물체의 운동량의 크기는 40 kg·m/s이다.

바로 알기 ㄱ. 2 초일 때 물체에 작용하는 알짜힘은 10 N이고, 물체의 질량은 2 kg이므로 물체의 가속도의 크기는 $a = \dfrac{F}{m} = \dfrac{10 \text{ N}}{2 \text{ kg}} = 5 \text{ m/s}^2$이다.

ㄷ. 4 초부터 6 초까지 그래프가 시간 축과 이루는 넓이는 10 N·s이므로 0 초부터 6 초까지 물체가 받은 충격량의 크기는 40 N·s + 10 N·s = 50 N·s이다.

10 ㄴ. 범퍼카의 고무 범퍼는 충돌할 때 충돌 시간을 길게 하여 사람이 받는 충격을 작게 한다. 즉 충돌 시간을 길게 하여 충격을 줄인다. 배에 매단 타이어도 충돌할 때 충돌 시간을 길게 하여 배가 받는 충격을 작게 하여 배가 부서지지 않도록 한다.

바로 알기 ㄱ. 종이를 빠르게 잡아당기면 동전이 컵 속으로 떨어지는 현상은 동전이 계속 정지해 있으려는 관성 때문이다.

ㄷ. 지진계의 무거운 추는 관성으로 인해 계속 정지해 있으려고 하고, 회전 원통은 땅과 함께 진동하게 되어 지진이 기록된다.

11 ㄴ. 충돌 전 A의 운동량은 3mv이고, 충돌 후 A는 정지하여 운동량이 0이므로 충돌 전후 A의 운동량 변화량의 크기는 |0 − (3mv)| = 3mv이다. 충돌 전 B의 운동량은 4mv이고, 충돌 후 B의 운동량은 −2mv이므로 충돌 전후 B의 운동량 변화량의 크기는

|−2mv − (4mv)| = 6mv이다. 따라서 충돌 전후 운동량 변화량의 크기는 A가 B보다 작다.

바로 알기 ㄱ. 운동량 = 질량 × 속도이다. 따라서 충돌 전 A의 운동량의 크기는 3mv이고, B의 운동량의 크기는 4mv이다.

ㄷ. 충돌 전후 A의 운동량 변화량의 크기는 3mv이고, B의 운동량 변화량의 크기는 6mv이다. 물체가 받은 충격량은 운동량 변화량과 같으므로 충돌하는 동안 A가 벽으로부터 받은 충격량의 크기는 3mv이고, B가 벽으로부터 받은 충격량의 크기는 6mv이다. 따라서 충돌하는 동안 벽으로부터 받은 충격량의 크기는 B가 A의 2 배이다.

+ 문제 속 자료 분석

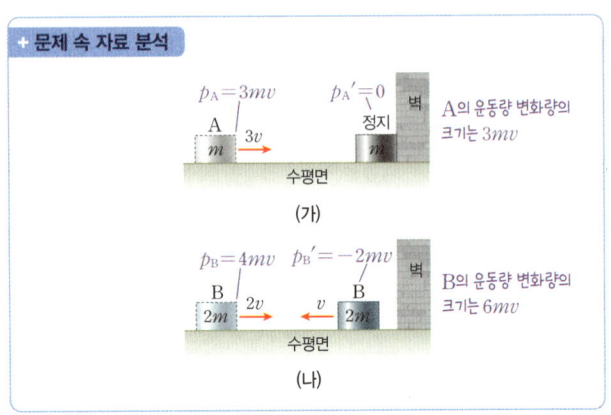

$p_A = 3mv$ $p_A' = 0$ 벽 정지 A의 운동량 변화량의 크기는 3mv

A 3v m 수평면

(가)

$p_B = 4mv$ $p_B' = -2mv$ 벽 B B의 운동량 변화량의 크기는 6mv

B 2m 2v v 2m 수평면

(나)

12 에어백이나 공기 안전 매트는 충돌할 때 힘을 받는 시간을 길게 하여 사람이 받는 평균 힘의 크기를 감소시킨다.

만점 도전 문제

13 ㄱ. 물체에는 연직 아래 방향으로 일정한 크기의 중력이 작용한다. 따라서 p, q, r에서 물체에 작용하는 중력의 방향은 연직 아래 방향으로 모두 같다.

ㄴ. 중력 가속도가 10 m/s²이므로 물체는 1 초마다 속력이 10 m/s씩 증가한다. p에서 r까지 물체의 속력은 6 m/s만큼 증가하였으므로 p에서 r까지 이동하는 데 걸린 시간은 0.6 초이다. 따라서 p에서 q까지 이동하는 데 걸린 시간은 0.3 초이다. 0.3 초 동안 속력은 3 m/s만큼 증가하므로 q에서 물체의 속력은 6 m/s + 3 m/s = 9 m/s이다.

ㄷ. p에서 r까지 이동하는 데 걸린 시간은 0.6 초이고, p에서 r까지 속력은 일정하게 증가하므로 p에서 r까지 이동하는 동안 평균 속력은 $\dfrac{처음\ 속력 + 나중\ 속력}{2} = \dfrac{6 \text{ m/s} + 12 \text{ m/s}}{2} = 9$ m/s이다.

따라서 p와 r 사이의 거리는 9 m/s × 0.6 s = 5.4 m이다.

14 ㄱ. 충돌 전 물체의 속력은 4 m/s이고, 질량은 2 kg이므로 물체의 운동량의 크기는 2 kg × 4 m/s = 8 kg·m/s이다.

ㄴ. 물체는 벽에 충돌하여 정지하므로 충돌 후 물체의 운동량은 0이다. 따라서 물체가 벽에 충돌하는 동안 물체의 운동량 변화량의 크기는 8 kg·m/s이다. 물체의 운동량 변화량은 물체가 받은 충격량과 같으므로 벽으로부터 물체가 받은 충격량의 크기는 8 N·s이다. 충돌

시간은 0.5 초이므로 물체가 벽으로부터 받은 평균 힘의 크기는
$\frac{8\,\text{N·s}}{0.5\,\text{s}} = 16\,\text{N}$이다.

바로 알기 ㄷ. 힘-시간 그래프에서 그래프가 시간 축과 이루는 넓이는 충격량을 나타낸다. 물체가 벽으로부터 받은 충격량의 크기가 8 N·s이므로 (나)에서 $S = 8\,\text{N·s}$이다.

15 ㄱ. (나)에서 수평 방향 구간 거리는 0.1 초마다 0.20 m로 일정하므로 쇠구슬을 발사한 속력은 $\frac{0.2\,\text{m}}{0.1\,\text{s}} = 2\,\text{m/s}$이다. (다)에서 수평 방향 구간 거리는 0.1 초마다 0.40 m로 일정하므로 쇠구슬을 발사한 속력은 $\frac{0.4\,\text{m}}{0.1\,\text{s}} = 4\,\text{m/s}$이다. 따라서 쇠구슬을 발사한 속력은 (다)에서가 (나)에서의 2 배이다.

ㄴ. (나)와 (다)에서 연직 방향 구간 거리는 매 순간 동일하다. 따라서 같은 높이에서 쇠구슬을 발사했으므로 수평면에 도달할 때까지 걸린 시간은 (나)에서와 (다)에서가 같다.

ㄷ. 연직 방향 구간 거리를 이용하여 연직 방향 속도를 구하면 다음 표와 같다.

과정	시간(s)	0~0.1	0.1~0.2	0.2~0.3
(나)	H(m)	0.05	0.15	0.25
	속도(m/s)	0.5	1.5	2.5
(다)	H(m)	0.05	0.15	0.25
	속도(m/s)	0.5	1.5	2.5

따라서 쇠구슬의 연직 방향 속도는 0.1 초마다 1 m/s씩 증가하므로 쇠구슬의 가속도의 크기는 $\frac{1\,\text{m/s}}{0.1\,\text{s}} = 10\,\text{m/s}^2$이다.

16 A로 들어가기 전 물체의 운동량의 크기는 15 kg·m/s이고, A를 지난 후 운동량의 크기는 3 kg·m/s이다. 따라서 A에서 힘을 받는 동안 운동량 변화량의 크기는
$|3\,\text{kg·m/s} - 15\,\text{kg·m/s}| = 12\,\text{kg·m/s}$이다.
A에서 물체의 평균 속력은 $\frac{5\,\text{m/s} + 1\,\text{m/s}}{2} = 3\,\text{m/s}$이고, 이동한 거리는 4 m이므로 A를 이동하는 데 걸린 시간은 $\frac{4\,\text{m}}{3\,\text{m/s}} = \frac{4}{3}$ 초이다. A에서 운동량 변화량의 크기가 12 kg·m/s이므로 A에서 물체가 받은 충격량의 크기는 12 N·s이고, 힘을 받은 시간은 $\frac{4}{3}$ 초이다. 따라서 물가 A에서 받은 힘의 크기는 $\frac{12\,\text{N·s}}{\frac{4}{3}\,\text{s}} = 9\,\text{N}$이다.

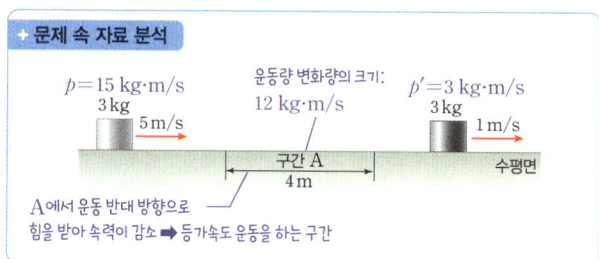

◆ 문제 속 자료 분석

$p = 15\,\text{kg·m/s}$ 운동량 변화량의 크기: 12 kg·m/s $p' = 3\,\text{kg·m/s}$
3 kg 5 m/s 3 kg 1 m/s
구간 A 4 m 수평면
A에서 운동 반대 방향으로 힘을 받아 속력이 감소 ➡ 등가속도 운동을 하는 구간

17 (1) 답 |

시간(s)	0~0.1	0.1~0.2	0.2~0.3	0.3~0.4
연직 아래 방향 속력(m/s)	1	2	3	4
수평 방향 속력(m/s)	5	5	5	5

해설 | 연직 아래 방향 속력은 $\frac{\text{연직 아래 방향 구간 거리}}{\text{구간 시간}}$이므로
0~0.1 초 구간에서 속력은 $\frac{0.1\,\text{m}}{0.1\,\text{s}} = 1\,\text{m/s}$이다.
수평 방향 속력은 $\frac{\text{수평 방향 구간 거리}}{\text{구간 시간}}$이므로
0~0.1 초 구간에서 속력은 $\frac{0.5\,\text{m}}{0.1\,\text{s}} = 5\,\text{m/s}$이다.

채점 기준	배점
연직 아래 방향 속력과 수평 방향 속력을 모두 옳게 구한 경우	100 %
연직 아래 방향 속력과 수평 방향 속력 중 한 가지만 옳게 구한 경우	50 %

(2) 모범 답안 | 연직 아래 방향으로 속력이 일정하게 증가하고 있으므로 연직 아래 방향으로 일정한 크기의 힘이 작용한다.
해설 | 연직 아래 방향 속력은 0.1 초마다 1 m/s씩 일정하게 증가하고 있으므로 연직 아래 방향으로 일정한 크기의 힘이 작용한다.

채점 기준	배점
속력 변화와 힘의 크기가 일정하다는 것을 모두 옳게 서술한 경우	100 %
속력 변화만 옳게 서술한 경우	50 %
힘의 크기가 일정하다고만 서술한 경우	50 %

(3) 모범 답안 | 수평 방향으로 속력이 일정한 등속도 운동을 하므로 수평 방향으로 작용하는 힘은 0이다.
해설 | 수평 방향 속력은 5 m/s로 일정하다. 즉 수평 방향으로 등속도 운동을 하므로 물체에 수평 방향으로 작용하는 힘은 0이다.

채점 기준	배점
속력이 일정한 등속도 운동을 하므로 작용하는 힘이 0이라고 서술한 경우	100 %
작용하는 힘이 0이라고만 서술한 경우	50 %

18 (1) 모범 답안 | A는 속력이 일정하게 증가하므로 A에는 일정한 크기의 알짜힘이 작용하며, B는 등속도 운동을 하므로 B에 작용하는 알짜힘은 0이다.

채점 기준	배점
A, B에 작용하는 알짜힘의 크기를 모두 옳게 서술한 경우	100 %
A, B에 작용하는 알짜힘의 크기 중 한 가지만 옳게 서술한 경우	50 %

(2) 모범 답안 | A의 속력은 1 초마다 2 m/s씩 증가하므로 A의 가속도의 크기는 2 m/s²이다.

채점 기준	배점
풀이 과정과 함께 2 m/s²임을 옳게 구한 경우	100 %
2 m/s²임을 구하였으나 풀이 과정이 미흡한 경우	50 %

19 모범 답안 | 충돌할 때 힘을 받는 시간을 길게 하여 사람이 받는 힘의 크기를 줄여 준다.

해설 | 모서리 보호대나 헤드기어는 푹신한 재질로 되어 있으므로 충돌할 때 힘을 받는 시간을 길게 하여 사람이 받는 힘의 크기를 줄여 준다.

채점 기준	배점
충돌 시간과 힘의 관계를 이용하여 힘의 크기를 줄여 준다고 옳게 서술한 경우	100 %
힘의 크기를 줄여 준다고만 서술한 경우	50 %

20 (1) 답 | $v_1 > v_2$

해설 | (나)에서 그래프가 시간 축과 이루는 넓이가 충격량을 나타내므로 A에 충돌하였을 때 받은 충격량의 크기는 $3S$이고, B에 충돌하였을 때 받은 충격량의 크기는 $2S$이다. 따라서 충돌 과정에서 운동량 변화량의 크기는 A에 충돌한 경우가 B에 충돌한 경우보다 크므로 충돌 전 속력은 v_1이 v_2보다 크다.

(2) 모범 답안 | 물체가 받은 충격량의 크기가 A에 충돌한 경우가 B에 충돌한 경우보다 크고, 벽으로부터 힘을 받은 시간은 A에 충돌한 경우가 B에 충돌한 경우보다 짧다. 따라서 벽으로부터 받은 평균 힘의 크기는 A에 충돌한 경우가 B에 충돌한 경우보다 크다.

채점 기준	배점
충격량의 크기와 충돌 시간을 옳게 비교하고, 평균 힘의 크기를 옳게 비교한 경우	100 %
평균 힘의 크기만 옳게 비교한 경우	50 %

수능 패턴 보기 ○ 176~177쪽

01 ③　　**02** ⑤　　**03** ⑤　　**04** ③

01 ㄷ. 수평 방향 속력은 P와 Q가 같고, 지면에 닿을 때까지 걸린 시간은 P가 Q보다 작으므로 $L_A < L_B$이다.

바로 알기 ㄱ. 중력 가속도는 A에서가 B에서보다 크므로 지면에 닿을 때까지 걸린 시간은 P가 Q보다 작다.
ㄴ. 질량은 같고, 중력 가속도는 A에서가 B에서보다 크므로 물체에 작용하는 중력의 크기는 P가 Q보다 크다.

02 ㄱ. 질량은 A가 B의 2 배이므로 물체에 작용하는 중력의 크기는 A가 B의 2 배이다.
ㄷ. 물체를 가만히 놓은 지점의 높이는 A가 B보다 낮으므로 지면에는 A가 B보다 먼저 도달한다.

바로 알기 ㄴ. A와 B의 가속도의 크기는 같고, A와 B를 동시에 놓았으므로 t일 때 A와 B의 속력은 v로 같다.

03 ㄱ. 충돌하는 동안 물체가 벽에 작용하는 힘의 크기와 벽이 물체에 작용하는 힘의 크기는 같다. 따라서 물체가 벽에 작용하는 충격량의 크기와 벽이 물체에 작용하는 충격량의 크기는 같다.
ㄷ. 물체가 벽으로부터 받은 평균 힘의 크기를 F라고 하면, 충돌 시간은 T이므로 $FT = mv$이다. 따라서 물체가 받은 평균 힘의 크기는 $F = \dfrac{mv}{T} = \dfrac{S}{T}$이다.

바로 알기 ㄴ. 충돌하는 동안 물체가 벽으로부터 받은 힘과 시간 축이 이루는 넓이는 S이므로 물체가 벽으로부터 받은 충격량의 크기는 S이다. 충돌하기 전 물체의 속력을 v라고 하면, 물체는 벽에 충돌한 후 정지했으므로 $mv = S$이다. 따라서 벽에 충돌하기 전 물체의 속력은 $\dfrac{S}{m}$이다.

04 ㄷ. (나)에서 A의 운동량의 크기는 $mv = \dfrac{1}{2}p$이다. A의 운동 방향은 벽에 충돌하기 전과 후가 반대이므로 A가 벽에 충돌하는 동안 벽으로부터 받은 충격량의 크기는 $2p + \dfrac{1}{2}p = \dfrac{5}{2}p$이다.

바로 알기 ㄱ. (가)에서 B의 속력을 v라고 하면, $p = 2mv$이다. (가)에서 A의 속력을 v_A라고 하면, A의 운동량의 크기는 $2p$이므로 $2p = mv_A = 4mv$이다. $v_A = 4v$이므로 (가)에서 속력은 A가 B의 4 배이다.
ㄴ. (나)에서 A와 B 사이의 거리는 일정하게 유지되므로 속력은 A와 B가 같다. 질량은 B가 A의 2 배이므로 (나)에서 운동량의 크기는 B가 A의 2 배이다.

Ⅲ-3 생명 시스템

15 생명 시스템과 화학 반응

바로 복습 ○ 180, 182쪽

01 세포	**02** 라이보솜	**03** 엽록체, 마이토콘드리아			
04 인지질	**05** 인지질 2중층, 단백질		**06** 삼투	**07** ×	
08 ○	**09** ○	**10** ○	**11** ○	**12** ×	**13** ×
14 물질대사	**15** 활성화에너지		**16** 단백질		
17 기질특이성	**18** 생성물, 반응물		**19** 카탈레이스		
20 효소	**21** ○	**22** ×	**23** ×	**24** ○	**25** ×
26 ×					

07 식물 세포에만 존재하는 세포소기관은 엽록체와 세포벽이다.

12 식물 세포를 세포 안보다 농도가 높은 용액에 넣으면 물이 빠져나가 세포질의 부피가 줄어들다가 세포막이 세포벽에서 분리된다.

13 적혈구를 세포 안보다 농도가 낮은 용액에 넣으면 세포가 부풀어 올라 세포막이 터진다.

22 효소는 화학 반응의 활성화에너지를 낮춰 반응이 빠르게 일어나도록 한다.

23 물질대사에 관여하는 효소는 여러 종류이며 각각의 효소는 구조가 맞는 기질과만 결합하여 반응이 일어난다.

25 활성화에너지는 효소의 농도에 상관없이 일정하다. 효소의 농도가 높아지면 반응 속도가 빨라진다.

26 과산화 수소는 효소가 없어도 자연적으로 분해되지만 반응 속도가 매우 느리다.

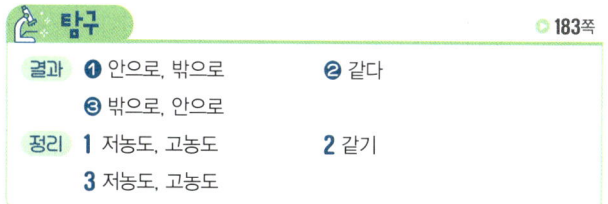

탐구		○ 183쪽
결과	❶ 안으로, 밖으로	❷ 같다
	❸ 밖으로, 안으로	
정리	1 저농도, 고농도	2 같기
	3 저농도, 고농도	

탐구		○ 184쪽
결과	❶ 반응 속도	❷ 카탈레이스, 산소
	❸ 활성화에너지	
정리	1 카탈레이스	
	2 활성화에너지, 활성화에너지	
	3 생성물, 반응물	

실력 다지기 문제 ○ 185~189쪽

01 ③	**02** ⑤	**03** ①	**04** ⑤	**05** ③	**06** ⑤
07 ⑤	**08** ④	**09** ②	**10** ④	**11** ③	**12** ⑤
13 ②	**14** ④	**15** ⑤	**16** ③		
서술형	**17~21** 해설 참조				

01 ① A는 광합성이 일어나는 엽록체이다.
② B는 유전물질인 DNA가 들어 있어 세포의 생명활동을 조절하는 핵이다.
④ D는 단백질을 합성하는 라이보솜이다.
⑤ 이 세포는 엽록체(A)를 갖고 있어 광합성을 하는 식물 세포이므로 무궁화의 세포이다. 사람의 세포에는 엽록체가 없다.
바로 알기 ③ C는 세포호흡이 일어나 포도당을 분해하는 마이토콘드리아이다. 포도당은 엽록체(A)에서 광합성을 통해 합성된다.

문제 속 자료 분석

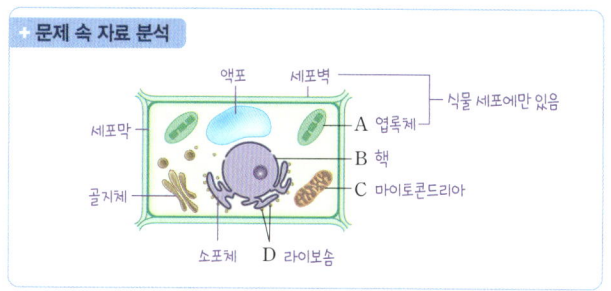

02 ㄱ. (가)는 빛에너지를 흡수해 광합성을 하는 엽록체이다.
ㄴ. (나)는 세포 내 라이보솜에서 합성된 단백질을 이동시키는 소포체이다.
ㄷ. (다)는 세포호흡을 통해 세포의 생명활동에 필요한 에너지를 공급하는 마이토콘드리아이다.

03 ㄱ. A는 핵산인 DNA와 RNA가 들어 있는 핵이다.
바로 알기 ㄴ. B는 세포호흡이 일어나는 마이토콘드리아이다.
ㄷ. 세포의 생명활동에 필요한 에너지를 생성(⊙)하는 물질대사인 세포호흡은 마이토콘드리아(B)에서 일어난다. C는 단백질을 합성하는 라이보솜이다.

04 ㄴ. ⊙은 인지질(B)이 모여 2겹의 층을 이루고 있는 인지질 2중층 구조이다.
ㄷ. B는 세포막을 구성하는 물질인 인지질이다. 동물, 식물, 세균 등 모든 생물의 세포는 세포막으로 둘러싸여 있으므로 인지질(B)을 갖는다.
바로 알기 ㄱ. A는 세포막에서 인지질 2중층(⊙)을 관통하고 있는 단백질이다.

05 ㄱ. A는 세포막의 인지질 2중층을 관통하고 있으면서 세포 안팎으로 물질의 이동(출입)에 관여하는 단백질(막단백질)이다.
ㄴ. B는 세포막에서 2중층 구조를 이루며 모여 있는 인지질이다.
바로 알기 ㄷ. 인지질에서 ⊙은 물과 잘 결합하는 친수성 부위이고, ⓒ은 물과 잘 결합하지 않는 소수성 부위이다. 따라서 물에 대한 친화력은 ⊙이 ⓒ보다 크다.

문제 속 자료 분석

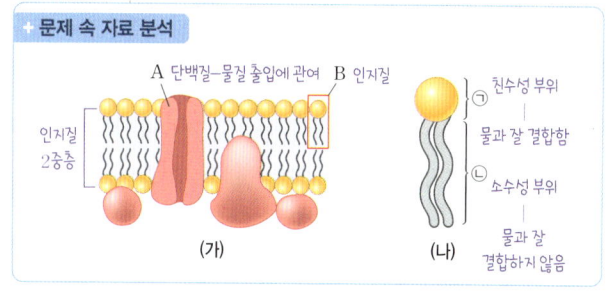

06 ㄱ. 이산화 탄소는 크기가 작아 세포막의 인지질 2중층을 직접 통과해 확산되므로 A이다.
ㄴ. (가)는 세포막에서 인지질이 2중층으로 배열되어 있는 인지질 2중층 구조로 되어 있다.
ㄷ. (나)는 세포막에서 물질의 이동 통로 역할을 하는 단백질이다. 세포막은 특정한 물질만 투과(통과)시키는 선택적 투과성을 가지며, 단백질(나)을 통해 특정한 물질만 선택적으로 이동한다.

07 ㄱ. 산소는 크기가 작아 세포막의 인지질 2중층을 직접 통과해 확산되므로 A이다.
ㄴ. 산소(A)와 포도당(B)은 모두 세포막을 통해 고농도에서 저농도로 확산된다.
ㄷ. ⊙은 세포막의 인지질 2중층을 관통하고 있으며, 포도당(B)을 이동시키는 통로 역할을 하는 단백질이다.

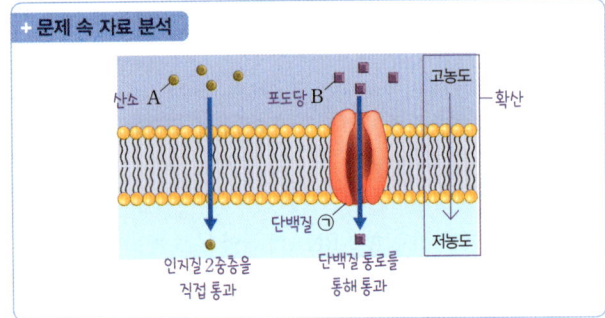

+ 문제 속 자료 분석

산소 A 포도당 B 고농도 확산 단백질 ㉠ 저농도

인지질 2중층을 직접 통과 단백질 통로를 통해 통과

---

08 ㄱ. (가)에서는 삼투가 일어나 물이 적혈구 밖으로 빠져나가 적혈구의 부피가 감소했고, (나)에서는 삼투가 일어나 물이 적혈구 안으로 들어와 적혈구가 터진 것이다.

ㄴ. (가)에서는 물질(용질)의 농도가 적혈구 밖이 안보다 높으므로 삼투에 의해 물이 적혈구 안에서 밖으로 이동한다.

바로 알기 ㄷ. (나)에서는 물질(용질)의 농도가 적혈구 안이 밖보다 높으므로 삼투에 의해 물이 적혈구 밖에서 안으로 들어와 적혈구가 터진 것이다. 따라서 (나)는 적혈구를 증류수에 넣었을 때의 변화이다.

09 ㄷ. 생명체에서 물질이 합성되거나(가), 분해되는(나) 반응에는 모두 효소가 이용되므로 체온 범위의 낮은 온도에서도 물질대사(화학 반응)가 빠르게 일어난다.

바로 알기 ㄱ. 단백질은 많은 수의 아미노산으로 구성되므로 (가)에서는 물질이 합성된다.

ㄴ. (나)는 포도당이 이산화 탄소(CO_2)와 물(H_2O)로 분해되는 반응이므로 에너지가 방출된다.

10 ① ㉠은 화학 반응이 일어나기 위해 반응물이 가져야 하는 최소한의 에너지인 활성화에너지이다.

② 생성물의 에너지양이 반응물의 에너지양보다 적으므로 이 물질대사는 에너지를 방출하는 반응이다.

③ 효소가 없으면 활성화에너지(㉠)가 커지므로 화학 반응의 속도가 느려진다.

⑤ 효소는 생명체 내에서 활성화에너지를 감소시켜 물질대사의 속도를 증가시키는 역할을 한다.

바로 알기 ④ 활성화에너지(㉠)가 클수록 많은 양의 에너지를 갖는 반응물만이 화학 반응을 일으킬 수 있으므로 물질대사가 느리다.

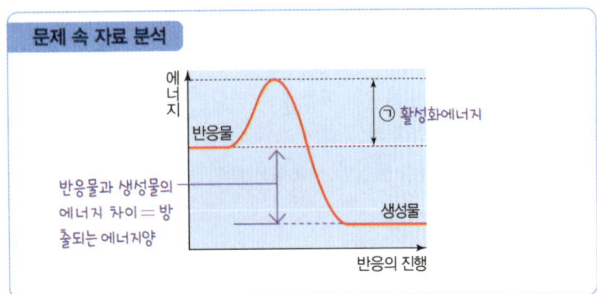

문제 속 자료 분석

에너지

반응물 ㉠ 활성화에너지

반응물과 생성물의 에너지 차이 = 방출되는 에너지양 생성물

반응의 진행

---

11 ㄷ. A는 반응물, B는 효소, C와 D는 생성물이다. 화학 반응이 끝나 반응물(A)이 생성물(C, D)로 변하면 생성물(C, D)은 효소로부터 분리된다.

바로 알기 ㄱ. A는 생성물(C, D)로 변하는 반응물이며, B는 반응 전과 후에 변화가 없는 효소이다.

ㄴ. 효소(B)는 화학 반응의 활성화에너지를 낮추어 화학 반응의 속도를 증가시키는 생체 촉매이다.

12 ㄴ. ㉡은 반응물이고, ㉢은 효소이다. 효소는 화학 반응 전과 후에 변하지 않으므로 화학 반응이 끝난 후에 효소는 다시 반응물(㉡)과 결합해 화학 반응을 촉매할 수 있다.

ㄷ. 효소(㉢)의 작용으로 인해 화학 반응의 활성화에너지는 (나)가 (가)보다 작아 화학 반응의 속도는 (나)가 (가)보다 빠르다.

바로 알기 ㄱ. (가)에는 효소가 없고, (나)에는 효소(㉢)가 있으므로 화학 반응의 속도는 (가)가 (나)보다 느리다. 따라서 단위 시간당 생성물(㉠)의 생성량은 (가)가 (나)보다 적다.

13 ㄷ. 효소는 화학 반응이 끝나도 변하지 않고 그대로 남아 있으므로 반응물이 추가되면 다시 화학 반응을 촉매한다. 따라서 (라)에서 반응물인 과산화 수소를 더 넣었으므로 ㉠(B)에서 기포가 발생한다.

바로 알기 ㄱ. (나)의 결과 감자 조각을 넣은 ㉠(B)에서만 기포가 발생하였으므로 과산화 수소의 분해 반응을 촉매하는 카탈레이스는 감자 조각에 들어 있다.

ㄴ. (다)에서 기포가 발생한 ㉠은 카탈레이스가 들어 있는 감자 조각을 넣은 시험관인 B이다.

14 ㄱ. ㉠에서만 과산화 수소가 분해되어 기포(ⓐ)가 발생하였으므로 ㉠은 효소(ⓑ)가 들어 있는 생간 조각을 넣은 A이다.

ㄷ. 기포(ⓐ)의 발생이 끝난 ㉠(A)에는 효소가 그대로 남아 있으므로 여기에 과산화 수소수를 더 넣어주면 효소(ⓑ)가 과산화 수소와 결합해 화학 반응이 일어난다.

바로 알기 ㄴ. ⓐ는 과산화 수소가 분해되어 발생한 기포이므로 산소이다. 주성분이 단백질인 것은 효소인 ⓑ이다.

15 상처가 나서 피가 났을 때 출혈을 멈추기 위해 일어나는 혈액 응고, 음식물 속에 들어 있는 크기가 큰 영양소를 크기가 작은 영양소로 분해하는 소화는 모두 효소가 관여하는 생명 현상이며, 소변 검사지, 혈당 측정기에는 모두 포도당을 분해하는 효소가 활용된다.

16 ㄱ. 식혜를 만들 때 밥알 속에 들어 있는 녹말(ⓐ)을 분해하는 효소(아밀레이스)가 활용된다.

ㄴ. 발효를 일으키는 효소(㉠)를 비롯해 생명체가 가진 모든 효소는 활성화에너지를 감소시켜 물질대사의 속도를 증가시키는 생체 촉매로 작용한다.

바로 알기 ㄷ. ㉡은 생체 촉매로 작용하는 효소이므로 활성화에너지를 감소시켜 화학 반응의 속도를 증가시킨다.

서술형 문제

17 (1) **답** ㅣ A, 라이보솜

해설 ㅣ A는 라이보솜, B는 소포체, C는 골지체, D는 마이토콘드리아이다. (가)는 기본 단위체인 아미노산을 이용해 단백질을 합성하는 과정이므로 라이보솜(A)에서 일어난다.

(2) **모범 답안** | D, 마이토콘드리아, 세포호흡을 통해 포도당을 분해하여 생명활동에 필요한 에너지를 생산(공급)한다.

해설 | (나)는 포도당을 이산화 탄소(CO_2)와 물(H_2O)로 분해해 생명활동에 필요한 에너지를 얻는 세포호흡이므로 마이토콘드리아(D)에서 일어난다.

채점 기준	배점
D와 마이토콘드리아를 모두 쓰고, 세포호흡으로 에너지를 생산(공급)한다고 옳게 서술한 경우	100 %
D와 마이토콘드리아를 모두 쓰고, 세포호흡이 일어난다고 만 서술한 경우	80 %
D와 마이토콘드리아만 쓴 경우	30 %

18 (1) **답** | X: 인지질, ㉠: 인지질 2중층

해설 | X는 세포막에서 2겹의 층을 이루어 모여 있으므로 인지질이고, ㉠은 인지질 2중층 구조이다.

(2) **모범 답안** | ⓐ는 물과 잘 결합하는 친수성 부위이고, ⓑ는 물과 잘 결합하지 않는 소수성 부위이다.

해설 | 인지질(X)에서 ⓐ는 물과 잘 결합해 세포의 안쪽과 바깥쪽을 향해 모여 있는 친수성 부위이고, ⓑ는 물과 잘 결합하지 않아 세포막에서 서로 마주 보고 있는 소수성 부위이다.

채점 기준	배점
ⓐ가 물과 잘 결합하는 친수성 부위인 것과 ⓑ가 물과 잘 결합하지 않는 소수성 부위인 것을 모두 옳게 서술한 경우	100 %
ⓐ가 친수성 부위인 것과 ⓑ가 소수성 부위인 것 중 한 가지만 옳게 서술한 경우	50 %

19 **모범 답안** | ㉡, (가)에서는 설탕 용액의 농도가 적혈구 안의 농도보다 낮아 적혈구 안으로 물이 들어왔지만, (나)에서는 설탕 용액의 농도가 적혈구 안의 농도보다 높아 적혈구 밖으로 물이 빠져나갔기 때문이다.

해설 | 삼투에 의해 물은 물질(용질)의 농도가 낮은 곳에서 물질(용질)의 농도가 높은 곳으로 이동한다. 그런데 (가)에서는 물이 적혈구 안으로 이동하고, (나)에서는 물이 적혈구 밖으로 이동하므로 설탕(용질)의 농도는 ㉡이 ㉠보다 높다.

채점 기준	배점
㉡을 쓰고, (가)에서는 적혈구 안으로 물이 들어온 것과 (나)에서는 적혈구 밖으로 물이 빠져나간 것을 모두 옳게 서술한 경우	100 %
㉡을 쓰고, (가)에서는 적혈구 안으로 물이 들어온 것과 (나)에서는 적혈구 밖으로 물이 빠져나간 것 중 한 가지만 옳게 서술한 경우	60 %
㉡만 쓴 경우	30 %

20 (1) **답** | A, 단백질

해설 | A는 화학 반응 전과 후에 변하지 않는 생체 촉매인 효소이고, B는 A와 결합하는 반응물, C는 생성물, D는 A와 결합하지 않는 물질이다.

(2) **모범 답안** | 효소는 특정한 물질(반응물)과만 결합해 반응을 촉매한다.

해설 | A(효소)와 구조가 잘 맞는 B(반응물)는 A(효소)와 결합한 후

화학 반응을 일으켜 C(생성물)로 변하지만, A(효소)와 구조가 맞지 않는 D는 A(효소)와 결합하지 않아 화학 반응을 일으키지 않는다.

채점 기준	배점
특정한 물질(반응물)과 결합한다고 옳게 서술한 경우	100 %
반응물과만 결합한다고 서술한 경우	30 %

21 **모범 답안** | (나), (가)보다 (나)의 과산화 수소가 분해되는 반응의 활성화에너지가 더 작기(낮기) 때문이다.

해설 | 효소인 카탈레이스는 과산화 수소를 분해하는 화학 반응의 활성화에너지를 감소시켜 화학 반응의 속도를 증가시킨다.

채점 기준	배점
(나)를 쓰고, 활성화에너지가 더 작기(낮기) 때문이라고 옳게 서술한 경우	100 %
(나)만 쓴 경우	30 %

16 생명 시스템에서 정보의 흐름

바로 복습 ◖ 191쪽

01 유전자 **02** DNA, RNA **03** 코돈
04 라이보솜, 아미노산 **05** × **06** × **07** ○ **08** ×

05 DNA 한 분자에는 여러 개의 유전자가 들어 있다.

06 전사를 통해 DNA의 유전정보가 RNA로 전달되고 번역을 통해 RNA의 유전정보에 따라 단백질이 합성된다.

08 지구상의 거의 모든 생명체의 유전부호 체계는 서로 같다.

탐구 ◖ 192쪽

결과 ❶ 전사, 유라실(U) ❷ 번역, 3
정리 1 3염기조합, 번역 2 유전부호, 아미노산

백신의 다잡기 ◖ 193~194쪽

Quiz ①

답 | ATG AAG TTT TAG

해설 | DNA 이중나선에서 마주 보고 있는 염기끼리는 결합할 때 아데닌(A)은 타이민(T)과, 구아닌(G)은 사이토신(C)과만 상보적인 결합을 한다.

Quiz 2

답 | (나)

해설 | RNA의 염기서열은 전사에 이용되는 DNA 가닥의 염기서열에 상보적인 염기서열을 가지고 있다. 따라서 RNA와 상보적인 염기서열을 가진 (나)가 전사에 이용되는 가닥이다.

Quiz 3

답 | (1) ○ (2) × (3) ○

해설 | (1) (가)의 상보적인 염기서열이 GTT이므로 (가)의 염기서열은 CAA이다.

(2) 전사에 이용된 가닥은 RNA와 상보적인 염기서열을 가진 CGCTCAGTCGTTTGG이다. 따라서 (나)의 염기서열은 AGU이다.

(3) (다)의 아미노산서열을 지정하는 코돈이 AGUCAGCAA이므로 (다)의 아미노산서열은 ⓑ-ⓐ-ⓐ이다.

Quiz 4

답 | (가) GCUUGGCCGGGA, (나) CGAACCGGCCCT,
(다) GCTTGGCCGGGA

해설 | DNA의 유전정보는 핵 속에서 RNA로 전사되고, 라이보솜에서 단백질로 번역된다. 이때 DNA와 RNA의 연속된 3개의 염기가 하나의 아미노산을 지정한다. RNA(가)의 염기서열은 DNA의 이중나선 중 전사에 이용되는 가닥(나)과 상보적이며, 나머지 DNA 가닥(다)은 전사에 이용되는 가닥(나)과 상보적이다.

실력 다지기 문제 ◎ 195~197쪽

01 ⑤	02 ②	03 ④	04 ③	05 ②	06 ④
07 ③	08 ①	09 ③	10 ③

서술형 **11~12 해설 참조**

01 ㄴ. 유전자 A와 유전자 B는 각각 입체 구조가 서로 다른 단백질 A와 단백질 B에 대한 정보를 저장하고 있으므로 염기서열이 서로 달라 저장되어 있는 정보도 서로 다르다.

ㄷ. 유전자 A에 저장된 정보를 이용해 단백질 A를 합성하는 (가) 과정에서 유전정보의 흐름이 일어난다.

바로 알기 ㄱ. ㉠은 유전자가 있는 유전물질인 DNA이므로 기본 단위체는 뉴클레오타이드이다. 아미노산은 단백질의 기본 단위체이다.

02 ㄴ. 사람마다 피부색이 다양한 것은 멜라닌 합성효소에 의해 합성되는 멜라닌의 양이 다르기 때문이다. 따라서 '멜라닌의 양이 다르므로'는 ⓐ에 해당한다.

바로 알기 ㄱ. 멜라닌 합성효소 유전자(㉠)에 저장된 아미노산서열 정보를 이용하여 단백질인 멜라닌 합성효소(㉡)가 합성된다. 따라서 펩타이드결합이 있는 물질은 멜라닌 합성효소(㉡)이다.

ㄷ. 피부색이 나타나는 과정은 멜라닌 합성효소가 합성되는 (나) → 멜라닌이 합성되는 (가) → 피부색이 나타나는 (다)의 순서로 일어난다.

03 ㄱ. ㉠은 유전자이며, 붉은 색소 합성효소 (가)를 합성하는 데 필요한 유전정보가 저장된 DNA의 일부분이다.

ㄷ. (가)에 대한 정보가 저장된 유전자(㉠)가 자손에게 전달되면 자손에서도 (가)가 합성되고, (가)의 작용으로 붉은 색소가 만들어진다.

바로 알기 ㄴ. (가)는 효소이므로 유전자(㉠)에 저장된 정보를 이용해 만들어진 단백질이다.

04 ㄱ. (가)는 유전정보를 저장하고 있는 DNA이므로 두 가닥의 폴리뉴클레오타이드가 결합한 이중나선구조이다.

ㄴ. ㉠은 DNA(가)의 유전정보가 RNA(나)로 전달되는 전사이다. 사람의 경우 핵 안에 DNA가 있으므로 핵 안에서 전사(㉠)가 일어난다.

바로 알기 ㄷ. ㉡은 RNA(나)의 정보를 이용해 단백질을 합성하는 번역이다.

05 ㄴ. (가)는 DNA의 유전정보가 RNA로 전달되는 전사이다.

바로 알기 ㄱ. DNA의 유전부호는 연속된 3개의 염기로 이루어진다. 그런데 ㉠은 2개의 염기로 이루어져 있으므로 DNA에서 1개의 유전부호가 될 수 없다.

ㄷ. (나)는 RNA의 정보를 이용해 단백질을 합성하는 번역이다. 사람의 세포에서 번역은 라이보솜이 있는 핵 밖(세포질)에서 일어난다.

문제 속 자료 분석

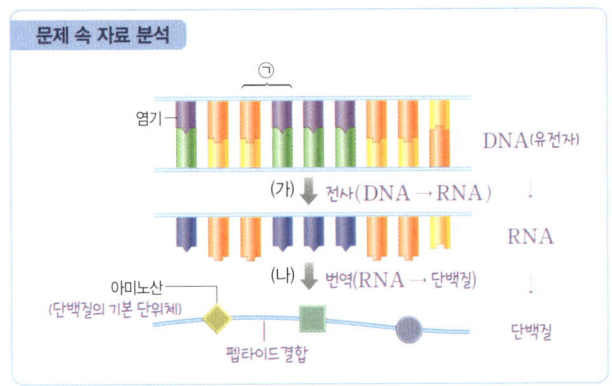

06 ㄴ. (가)는 DNA, (나)는 RNA이다. DNA의 두 가닥 중 위에 있는 가닥의 염기서열과 RNA의 염기서열이 서로 상보적(A-U, T-A, G-C, C-G)이므로 ㉡의 염기서열은 DNA의 염기서열 GAG에 상보적인 CUC이다.

ㄷ. DNA를 이용하여 RNA를 합성하는 전사가 일어나면서 DNA(가)의 유전정보가 RNA(나)로 흐른다.

바로 알기 ㄱ. ㉠(GGA)은 3개의 염기로 이루어졌으므로 1개의 아미노산을 암호화하는 DNA의 유전부호이다.

07 ㄱ. (가)의 염기서열은 아래 가닥의 염기서열 CAGTG에 상보적인 GTCAC이고, (나)의 염기서열은 DNA의 두 가닥 중 윗 가닥의 염기서열 AAC에 상보적인 UUG이다. 따라서 (가)에서 G의 수는 1이고, (나)에서 G의 수도 1이다.

ㄴ. ⓐ는 RNA의 코돈 UUG에 의해서 지정되는 아미노산인 ㉣이다.

바로 알기 ㄷ. ㉢을 지정하는 RNA의 코돈은 UGC이다. RNA에 는 T이 없고 대신 U이 있으므로 TGC는 코돈이 될 수 없다.

문제 속 자료 분석

	코돈	아미노산
	GCA	㉠
	CAG	㉡
	UGC ?	㉢
	UUG	㉣
	AAC	㉤

DNA AACCGT (가) G GTCAC (염기서열이 상보적임)
TTGGCACAGTGC
전사
RNA (나) GCACAGUGC
UUG (RNA의 유전부호)
번역
단백질 ⓐ ㉠ ㉡ ㉢
ⓔ

08 ㄱ. ㉠은 유전자이므로 이중나선구조인 DNA의 일부분이며, ㉠에 아데닌(A)이 있으므로 A과 상보적으로 결합하는 타이민(T)도 있다.

바로 알기 ㄴ. 전사(가)와 번역(나) 과정을 거쳐 만들어진 ㉢(단백질)에 10개의 펩타이드결합이 있으므로 ㉢은 11개의 아미노산으로 구성된다. 그런데 각 아미노산은 ㉡(RNA)에서 연속된 3개의 염기에 의해 암호화되어 있으므로 ㉡에 있는 염기의 수는 최소 33($=11 \times 3$)개이다.

ㄷ. (가)는 DNA로 이루어진 유전자(㉠)에 저장된 유전정보가 RNA(㉡)로 전달되는 전사이므로 라이보솜에서 일어나지 않는다. 라이보솜에서는 번역(나)이 일어난다.

09 ㄱ. 전사에 이용된 DNA 가닥 I의 염기서열이 CCG이므로 이에 상보적으로 결합하는 RNA의 염기서열은 GGC이다.

ㄴ. RNA의 염기서열이 UGG인데 DNA 가닥 I의 염기서열이 ACC이므로, 전사에 이용된 가닥은 I이다.

바로 알기 ㄷ. DNA의 염기서열에서 연속된 3개의 염기(3염기조합)가 하나의 아미노산을 지정한다. 따라서 DNA 가닥 I로부터 전사된 RNA는 최대 4개의 아미노산을 지정한다.

10 ㄱ. (가)에서 아미노산서열이 ㉠-㉡-㉢에서 ㉠-㉢-㉡으로 변했으며, 이것은 헤모글로빈 유전자에 이상이 생겨 유전자(DNA)의 염기서열이 변했기 때문이다.

ㄷ. 낫모양 적혈구 빈혈증은 유전자의 이상으로 발생하는 유전질환이므로 이상이 생긴 돌연변이 유전자가 자손에게 전달됨으로써 낫모양 적혈구 빈혈증이 자손에게 유전될 수 있다.

바로 알기 ㄴ. 헤모글로빈 X와 Y는 특정 부위의 염기서열이 서로 다르므로 입체 구조가 서로 다르며, 그 결과 수행하는 기능에도 차이가 있다.

서술형 문제

11 (1) 답 | ㉠ DNA, ㉡ 단백질
해설 | ㉠은 유전자이므로 유전물질인 DNA로 이루어져 있고, ㉡은 효소이므로 주성분이 단백질이다.

(2) 모범 답안 | 염기서열의 형태로 멜라닌 합성효소 ㉡을 합성하는 데 필요한 아미노산서열에 대한 정보가 저장되어 있다.

해설 | ㉠의 작용으로 멜라닌 합성효소 ㉡이 만들어지므로 ㉠에는 염기서열의 형태로 멜라닌 합성효소 ㉡을 합성하는 데 필요한 아미노산서열에 대한 정보가 저장되어 있다.

채점 기준	배점
염기서열의 형태로 정보가 저장되어 있는 것과, 멜라닌 합성효소의 합성에 필요한 아미노산서열 정보가 저장되어 있는 것을 모두 옳게 서술한 경우	100 %
염기서열의 형태로 정보가 저장되어 있는 것과, 멜라닌 합성효소의 합성에 필요한 아미노산서열 정보가 저장되어 있는 것 중 한 가지만 옳게 서술한 경우	50 %

문제 속 자료 분석

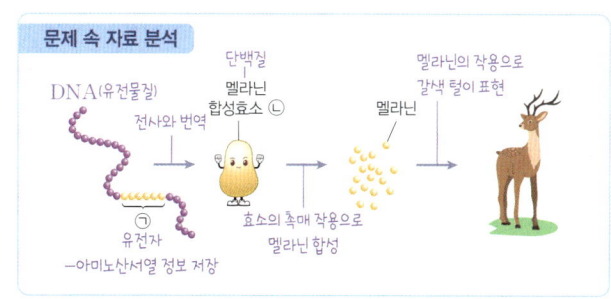

DNA(유전물질)
전사와 번역
㉠ 유전자 ─아미노산서열 정보 저장
단백질 멜라닌 합성효소 ㉡
효소의 촉매 작용으로 멜라닌 합성
멜라닌
멜라닌의 작용으로 갈색 털이 표현

12 (1) 답 | 코돈, 6
해설 | ㉠은 RNA의 유전부호이므로 코돈이다. DNA와 RNA 각각 연속된 3개의 염기가 1개의 아미노산을 암호화하는 유전부호를 가지므로 $x=3$, $y=3$이다.

(2) 모범 답안 | 라이보솜, (나)는 번역으로, RNA의 유전정보를 이용해 단백질이 합성된다.(RNA의 유전정보가 단백질로 옮겨진다.)

해설 | (가)는 DNA의 유전정보가 RNA로 전달되는 전사이므로 (나)는 번역이다. 번역은 라이보솜에 의해 일어나며, RNA의 정보를 이용해 단백질을 합성하는 과정이다.

채점 기준	배점
라이보솜을 쓰고, RNA의 유전정보를 이용해 단백질이 합성된다고 옳게 서술한 경우	100 %
라이보솜만 쓴 경우	30 %

나의바 빈출자료 ◐ 198~201쪽

1	1 ×	2 ○	3 ○	4 ×	5 ○	6 ○	
2	1 ×	2 ○	3 ×	4 ○	5 ○	6 ×	
3	1 ○	2 ○	3 ○	4 ○	5 ×		
4	1 ○	2 ○	3 ×	4 ○	5 ○		
5	1 ○	2 ×	3 ○	4 ○	5 ○	6 ○	
6	1 ○	2 ○	3 ○	4 ○	5 ×		
7	1 ×	2 ○	3 ○	4 ×	5 ○		
8	1 ○	2 ×	3 ×	4 ○	5 ○		
9	1 ○	2 ×	3 ○	4 ○	5 ×	6 ○	
10	1 ○	2 ×	3 ○	4 ×	5 ○	6 ○	7 ×
11	1 ×	2 ○	3 ○	4 ○	5 ○	6 ○	
12	1 ○	2 ×	3 ○	4 ×	5 ○	6 ○	

1-1 A는 단백질을 합성하는 라이보솜이다.

1-4 D는 세포호흡이 일어나 생명활동에 필요한 에너지를 공급하는 마이토콘드리아이다. 빛에너지는 광합성이 일어나는 엽록체에서 흡수된다.

1-6 라이보솜(A), 소포체(B), 핵(C), 마이토콘드리아(D)는 모두 식물 세포에도 존재한다.

2-1 ㉠은 세포막에서 인지질 2중층을 관통하고 있는 단백질(막단백질)이다.

2-3 ㉡은 친수성 부위와 소수성 부위를 모두 갖고 있는 인지질이다.

2-6 산소는 크기가 작아 세포막의 인지질 2중층을 직접 통과하여 확산된다.

3-3 (나)에서 산소는 세포막을 통해 고농도에서 저농도로 확산된다.

3-5 아미노산은 포도당과 마찬가지로 인지질 2중층을 직접 통과하기 어려우므로 (가)와 같은 방법으로 막단백질을 이용해 세포막을 통과한다.

4-3 (나)는 식물 세포를 증류수에 넣어 물이 세포 밖에서 안으로 들어온 모습이다.

4-5 (다)는 식물 세포를 20 % 소금물에 넣어 물이 세포 안에서 밖으로 빠져나간 모습이다.

5-2 (가)는 단백질이 아미노산으로 분해되는 반응이므로 (가)에서 펩타이드결합이 끊어진다.

5-6 (가)와 (나)는 모두 생명체의 물질대사이므로 효소의 작용으로 체온 범위에서도 빠르게 일어난다.

6-3 활성화에너지는 반응이 일어나기 위해 반응물이 가져야 하는 최소한의 에너지이므로 (나)에서는 E_1이다.

6-5 (가)에서 효소인 카탈레이스가 없어지면 (나)에서 활성화에너지인 E_1의 크기가 증가해 반응 속도가 느려진다.

7-1 A에서는 과산화 수소가 분해되지 않아 기포가 발생하지 않았으므로 ㉠은 효소가 들어 있지 않은 증류수이다.

7-4 B에서 발생한 기포는 과산화 수소(H_2O_2)가 분해되어 생성된 산소(O_2) 기체이다.

7-5 B에서는 기포가 발생했지만, A에서는 기포가 발생하지 않았으므로 과산화 수소가 분해되는 속도는 효소가 있는 B에서가 효소가 없는 A에서보다 빠르다.

8-2 효소(㉠)는 화학 반응에서 소모되지 않으며 반응이 끝날 때까지 계속 재사용된다.

8-3 효소(㉠)는 생명체 밖에서도 기능하므로 다양한 분야에 활용된다.

8-5 효소(㉠)는 화학 반응에 필요한 활성화에너지를 감소시켜 화학 반응의 속도를 증가시킨다.

9-1 A는 유전자이므로 유전정보가 저장된 DNA의 일부분이고, 사람의 세포에서 핵에 DNA가 있으므로 핵에 A가 있다.

9-4 번역은 RNA로 전달된 유전정보를 이용해 단백질을 합성하는 과정이므로 ㉠은 번역이 아니다.

9-5 멜라닌 합성효소는 주성분이 단백질이다.

10-2 ㉡은 전사(가) 과정을 통해 합성된 단일 가닥 구조인 RNA이다.

10-4 (가) 과정은 DNA의 유전정보가 RNA로 전달되는 전사이다.

10-6 (나) 과정은 RNA로 전달된 유전정보를 이용해 단백질을 합성하는 번역이므로 이 과정에서 단백질의 기본 단위체인 아미노산이 사용된다.

11-1 ㉠은 연속된 3 개의 염기로 구성된 DNA의 유전부호인 3염기조합이다.

11-3 DNA의 두 가닥 중 아래 가닥의 염기서열에서 T만 U로 바꾸면 RNA의 염기서열이 되므로 ㉡의 염기서열은 UCU이다.

11-4 ㉡은 연속된 3 개의 염기로 이루어진 코돈으로, 1 개의 아미노산을 지정하는 RNA의 유전부호이다.

12-2 이중나선구조의 DNA에서는 A과 T, G과 C 사이에서만 염기쌍이 형성되므로 (가)는 GACTC이다.

12-3 RNA에는 T(타이민) 대신 U(유라실)이 있으므로 (나)는 UUG이다.

12-4 ㉠은 (나)(UUG)에 의해 지정되는 아미노산이므로 ⓓ이다.

시험대비 문제 ○ 202~206쪽

| 01 ④ | 02 ① | 03 ② | 04 ③ | 05 ③ | 06 ② |
| 07 ① | 08 ③ | 09 ① | 10 ② | 11 ① | 12 ④ |

만점 도전 **13** ④ **14** ② **15** ④ **16** ①

서술형 **17~19** 해설 참조

---

01 ㄱ. ㉠은 단백질을 합성하는 라이보솜이다.

ㄷ. ㉣은 유전물질인 DNA가 들어 있어 세포의 생명활동을 조절하는 핵이다.

바로 알기 ㄴ. ㉡은 라이보솜(㉠)에서 합성한 단백질을 운반하는 역할을 하는 소포체이다. 골지체는 ㉢이다.

02 ㄴ. ㉠은 인지질이 모여 두 겹의 층을 이루고 있는 인지질 2중층 구조이다.

바로 알기 ㄱ. 포도당은 크기가 크고, 극성(친수성)을 띠는 물질이므로 세포막에 있는 단백질 통로를 통해 확산된다. 따라서 포도당은 B이고, A는 산소이다.

ㄷ. 세포막에서 ⓐ는 인지질에서 물과 잘 결합하지 않는 부위인 소수성 부위이다.

03 ㄴ. 삼투에 의해서 저농도에서 고농도로 물이 이동한다. (나)에서 A의 수면은 낮아졌고, B의 수면은 높아졌으므로 (가)에서 용액의 농도는 A에서가 B에서보다 낮다.

바로 알기 ㄱ. U자관에 있는 막을 통해 물 분자는 이동하고, 설탕 분자는 이동하지 못한다.

ㄷ. B와 농도가 같은 식물 세포를 A(저장액)에 넣으면 세포 안으로 물이 들어와 세포가 팽팽해진다.

04 ㄱ. A는 두껍고 단단한 세포벽이고, B는 세포막이다.

ㄷ. (나)에서는 삼투에 의해 물이 세포 밖으로 빠져나갔고, (다)에서는 삼투에 의해 물이 세포 안으로 들어왔다. 따라서 (나)는 식물 세포를 20 % 소금물에 넣었을 때이고, (다)는 식물 세포를 증류수에 넣었을 때이므로 (가)의 식물 세포를 20 % 소금물에 넣으면 (나)에서와 같이 세포 안에서 밖으로 물이 빠져나간다.

바로 알기 ㄴ. (나)는 식물 세포를 식물 세포보다 물질(용질) 농도가 높은 용액에 넣어 세포 밖으로 물이 빠져나간 모습이므로 식물 세포를 20 % 소금물에 넣은 모습이다.

문제 속 자료 분석

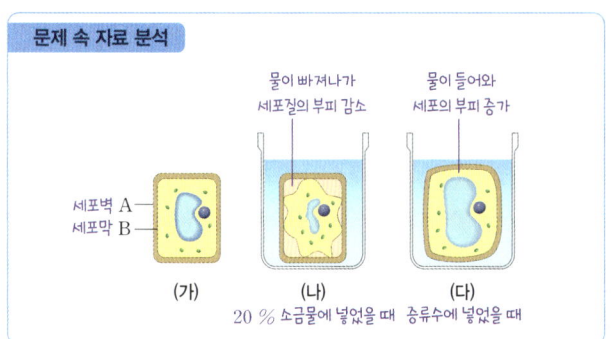

물이 빠져나가 세포질의 부피 감소
물이 들어와 세포의 부피 증가
세포벽 A
세포막 B
(가)   (나)   (다)
20 % 소금물에 넣었을 때   증류수에 넣었을 때

05 ㄱ. 효소 X는 고유한 입체 구조를 가지므로 입체 구조가 맞는 특정 반응물과만 반응한다.

ㄴ. 효소 X는 반응 완료 후 생성물과 분리되고 다른 반응물과 결합하여 다시 반응한다.

바로 알기 ㄷ. 고분자 물질이 저분자 물질로 분해되는 물질대사에서는 에너지가 방출된다.

06 ㄴ. A에서는 기포가 발생하지 않지만, B에서는 과산화 수소가 분해되어 기포가 발생하므로 ㉡은 효소가 들어 있는 감자즙이다. ⓐ는 화학 반응이 일어나기 위해 필요한 최소한의 에너지인 활성화에너지이며, 감자즙(㉡)에 들어 있는 효소는 활성화에너지(ⓐ)를 감소시켜 화학 반응의 속도를 증가시킨다.

바로 알기 ㄱ. A에서는 과산화 수소가 분해되지 않아 기포가 발생하지 않으므로 ㉠은 효소가 들어 있지 않은 증류수이다.

ㄷ. A에서는 과산화 수소가 분해되지 않고, B에서는 과산화 수소가 분해되므로 과산화 수소가 분해되는 속도는 B에서가 A에서보다 빠르다.

문제 속 자료 분석

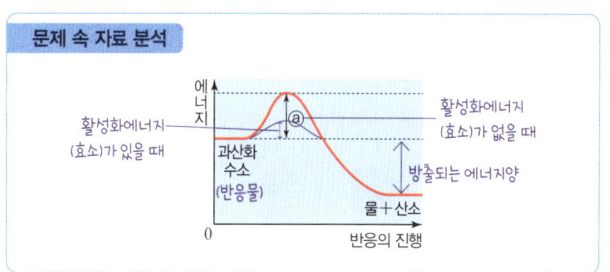

에너지
활성화에너지 (효소)가 있을 때
활성화에너지 (효소)가 없을 때
과산화 수소 (반응물)
ⓐ
방출되는 에너지양
물+산소
0   반응의 진행

07 ㄱ. 활성화에너지는 화학 반응이 일어나기 위해 반응물이 가져야 하는 최소한의 에너지이며, 효소는 이러한 활성화에너지를 감소시킨다. 따라서 효소가 있을 때는 ㉡이므로 ㉡일 때가 ㉠일 때보다 화학 반응의 속도가 빠르다.

바로 알기 ㄴ. 효소가 있을 때(㉡) 화학 반응의 활성화에너지는 ⓑ이다.

ㄷ. 세포 안에서 포도당이 분해될 때에는 효소의 작용으로 빠르게 일어나므로 이때의 에너지 변화는 ㉡에 해당한다.

08 ㄱ. X는 효소이므로 주성분이 단백질이다.

ㄴ. 효소(X)는 활성화에너지를 감소시켜 화학 반응(물질대사)의 속도를 증가시키는 생체 촉매이다.

바로 알기 ㄷ. X의 주성분인 단백질은 열(온도)에 민감하다. 따라서 X를 높은 온도로 가열하면 단백질이 변형되므로 반응물과 결합하지 못해 녹말을 분해하는 화학 반응(㉠)을 촉매할 수 없다.

09 ㄱ. ㉠에 유전정보가 저장되어 있으므로 ㉠은 DNA로 이루어진 유전자이다.

바로 알기 ㄴ. 유전자(㉠)의 유전정보를 이용해 만들어진 ㉡은 주성분이 단백질인 효소이므로 기본 단위체는 아미노산이다.

ㄷ. 효소(㉡)는 화학 반응의 활성화에너지를 감소시켜 화학 반응의 속도를 증가시키는 생체 촉매이다.

10 ㄷ. (가)는 기본 단위체인 아미노산이 펩타이드결합으로 연결된 단백질이고, (나)는 1 개의 폴리뉴클레오타이드로 구성된 단일 가닥 구조인 RNA이므로 (다)는 DNA이다. 생명체에서 정보의 흐름은 DNA(다) → RNA(나) → 단백질(가)의 순서로 일어난다.

바로 알기 ㄱ. 유전자는 DNA(다)에서 유전정보를 저장하고 있는 특정한 부위이다.

ㄴ. DNA(다)를 구성하는 염기는 아데닌(A), 구아닌(G), 사이토신(C), 타이민(T)의 4 종류이다. 유라실(U)은 RNA를 구성하는 염기이다.

11 ㄱ. 사람의 세포에서 핵 안에 유전물질인 DNA가 들어 있다. 핵에서 DNA의 유전정보가 RNA로 전달되는 전사가 일어난다.

바로 알기 ㄴ, ㄷ. 전사에 이용되는 DNA 가닥의 염기 A, G, C, T은 각각 전사 과정에서 RNA의 염기 U, C, G, A으로 옮겨지므로 전사에 이용된 DNA 가닥은 ㉡이고, ⓐ를 지정하는 코돈은 AUG, ⓑ를 지정하는 코돈은 UAC이다.

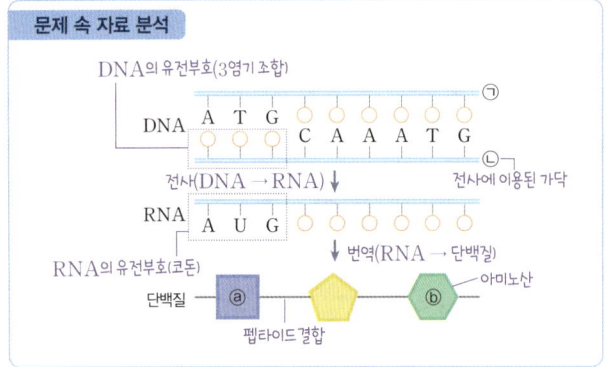

문제 속 자료 분석

12 ㄴ. DNA의 염기서열과 상보적인 염기서열을 갖는 RNA로 전사가 일어나므로 ⓒ의 염기서열은 CCG이다.

ㄷ. 번역(가) 과정에서 RNA의 정보를 이용해 단백질이 합성된다.

바로 알기 ㄱ. 코돈은 RNA에서 1 개의 아미노산을 지정하는 연속된 3 개의 염기이다.

만점 도전 문제

13 ㄱ. ⓒ은 유전물질인 DNA가 들어 있어 세포의 생명활동을 조절하는 핵이다.

ㄷ. ⓒ은 세포호흡이 일어나는 마이토콘드리아이므로 ⓒ은 라이보솜, 세포막, 엽록체 중 하나이다. 그런데 사람의 간세포에 인지질이 포함된 ⓒ이 있으므로 ⓒ은 인지질과 단백질로 이루어진 세포막이다. 세포막은 특정한 물질만 투과(통과)시켜 물질의 출입을 조절하는 선택적 투과성을 갖는다.

바로 알기 ㄴ. ⓒ은 세포호흡을 통해 생명활동에 필요한 에너지를 공급하는 마이토콘드리아이다. 빛에너지는 엽록체에서 흡수되어 광합성에 이용된다.

14 ㄴ. I 에서 적혈구의 부피가 감소하는 것은 삼투가 일어나 물이 적혈구 안에서 밖으로 빠져나가기 때문이다.

바로 알기 ㄱ. 적혈구를 ⓒ에 넣자 부피가 감소하다가 일정해졌으며, ⓒ으로 옮겨 넣자 부피가 더 감소했으므로 소금의 농도는 ⓒ이 ⓒ보다 높다.

ㄷ. (가)에서 적혈구를 ⓒ에 넣은 직후 단위 부피당 물 분자의 수는 ⓒ에서가 적혈구 안에서보다 적으므로 삼투에 의해 물이 적혈구 안에서 밖으로 이동한다.

15 ㄱ. (가)는 유라실(U)을 갖고 있으며, 1 개의 폴리뉴클레오타이드로 구성된 단일 가닥 구조이므로 전사 과정을 통해 합성된 RNA이다.

ㄷ. 전사에 사용되는 DNA 가닥의 염기 A, G, C, T은 각각 전사 과정에서 RNA의 염기 U, C, G, A으로 옮겨지므로 DNA의 두 가닥 중 위의 가닥이 전사에 사용되었다. 따라서 ⓒ은 코돈 UCC에 의해 지정되는 ⓐ이다.

바로 알기 ㄴ. DNA의 두 가닥 중 위의 가닥이 전사에 사용되었으므로 ⓒ의 염기서열은 ATG이다.

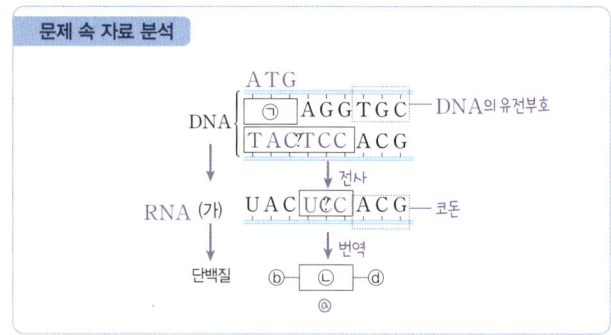

문제 속 자료 분석

16 ㄱ. DNA의 두 가닥 중 한 가닥의 염기 A, G, C, T은 나머지 한 가닥의 염기 T, C, G, A과 상보적으로 결합해 있고, 전사가 일어날 때 전사에 사용되는 DNA 가닥의 염기 A, G, C, T은 각각 RNA의 염기 U, C, G, A으로 옮겨진다. 따라서 ⓒ에 염기서열이 AUG인 코돈이 있으므로 ⓒ에 염기서열이 ATG인 부위가 있다.

바로 알기 ㄴ. RNA(ⓒ)를 구성하는 염기는 A, G, C, U이므로 RNA에는 타이민(T)이 없다.

ㄷ. ⓒ은 11 개 아미노산으로 구성되므로 최소 33 개의 염기(뉴클레오타이드)로 구성된 RNA가 번역에 사용되어 ⓒ이 합성되었다. 그런데 ⓒ에는 30 개의 염기가 있으므로 ⓒ이 번역에 사용되어 ⓒ이 합성된 것이 아니다.

서술형 문제

17 (1) **답** ㅣ ㄱ 세포막, ㄴ 핵
해설 ㅣ ㄱ은 세포를 둘러싸고 있는 세포막이고, ㄴ은 유전물질인 DNA가 들어 있는 핵이다.

(2) **모범 답안** ㅣ (나), 엽록체가 있기 때문이다. 세포벽이 있기 때문이다.
해설 ㅣ 식물 세포에는 동물 세포에 없는 엽록체와 세포벽이 있으므로 (나)가 식물 세포이고, (가)는 동물 세포이다.

채점 기준	배점
(나)를 쓰고, 엽록체와 세포벽이 있기 때문이라고 옳게 서술한 경우	100 %
(나)만 쓴 경우	30 %

18 (1) **답** ㅣ ㄱ
해설 ㅣ 생간 조각에는 과산화 수소를 분해하는 화학 반응을 촉매하는 효소(카탈레이스)가 들어 있으므로 A는 기포가 발생한 시험관인 ㄱ이다.

(2) **모범 답안** ㅣ 높은 온도에 의해(가열에 의해) 효소를 구성하는 단백질이 변성되었기 때문이다.

해설 ㅣ 효소의 주성분은 단백질이다. 단백질은 열에 약하므로 효소를 가열하면 단백질이 변성되어 촉매 작용을 수행할 수 없다.

채점 기준	배점
높은 온도(가열)에 의한 단백질의 변성 때문이라고 옳게 서술한 경우	100 %
높은 온도(가열)와 단백질의 변성 중 한 가지만 옳게 서술한 경우	30 %

(3) **모범 답안** | 다시 살아났다. A(㉠)에서 발생한 기포는 산소 기체이다.

해설 | A(㉠)에서는 생간 조각에 들어 있는 효소의 작용으로 과산화수소가 분해되어 산소가 발생하므로 꺼져가는 불씨를 갖다 대면 불씨가 다시 살아난다.

채점 기준	배점
다시 살아난다고 쓰고, A(㉠)에서 발생한 기체가 산소라고 옳게 서술한 경우	100 %
다시 살아난다고만 서술한 경우	40 %

19 (1) **답** | ㉠ G(구아닌), ㉡ T(타이민), ㉢ U(유라실)

해설 | DNA의 두 가닥 중 한 가닥의 염기 A, G, C, T은 나머지 한 가닥의 염기 T, C, G, A과 상보적으로 결합해 있고, 전사가 일어날 때 전사에 사용되는 DNA 가닥의 염기 A, G, C, T은 각각 RNA의 염기 U, C, G, A으로 옮겨진다. 따라서 ㉠은 G(구아닌), ㉡은 T(타이민), ㉢은 U(유라실)이다.

(2) **모범 답안** | 8 가지, DNA의 유전부호는 연속된 3 개의 염기로 이루어지므로 2 가지 염기를 이용해 2×2×2＝8 가지의 유전부호를 만들 수 있다.

해설 | DNA의 유전부호는 연속된 3 개의 염기로 이루어지는 3염기조합이므로 G(㉠)과 T(㉡)의 2 가지 염기를 이용해 2×2×2＝8 가지의 유전부호를 만들 수 있다.

채점 기준	배점
8 가지를 쓰고, DNA의 유전부호가 3 개 염기로 이루어지기 때문이라고 옳게 서술한 경우	100 %
8 가지만 쓴 경우	30 %

(3) **답** | ④-⑭-⑨-⑮-⑪-⑲-③

해설 | (가)는 DNA의 두 가닥 중 전사에 사용되지 않는 가닥으로 염기서열이 ATGAAGGCAGATCACCGAATA이다. 따라서 전사가 일어나 합성된 (나)는 염기서열이 AUG AAG GCA GAU CAC CGA AUA이므로 번역이 일어나 합성되는 단백질의 아미노산 순서(서열)는 ④-⑭-⑨-⑮-⑪-⑲-③이다.

수능패턴 보기 ○ 207~208쪽

01 ①　**02** ③　**03** ④　**04** ⑤

01 ㄱ. A는 인지질, B는 막단백질이다. 세포 안팎의 농도 차가 크지 않을 때는 막단백질을 통한 확산이 인지질 2중층을 통한 확산보다 훨씬 빠르지만, 일정 농도 이상에서는 막단백질을 통한 확산은 더 이상 증가하지 않는다. 따라서 X는 막단백질(B)을 통해 이동하고, Y는 인지질(A) 2중층을 통해 이동한다.

바로 알기 ㄴ. 포도당과 같은 친수성 물질은 인지질 2중층을 직접 통과하기 어려우므로 막단백질을 통해 이동한다. 따라서 포도당은 X에 해당한다.

ㄷ. 확산은 농도가 높은 쪽에서 낮은 쪽으로 분자가 이동하는 것이다. (나)의 x축에서 [세포 밖 농도]−[세포 안 농도]의 값이 양이 되

어야 하므로 세포 밖의 농도가 세포 안의 농도보다 높다. 따라서 X와 Y는 세포 밖에서 세포 안으로 이동한다.

02 ㄱ. (가)에서 시간에 따른 생성물의 농도 변화는 A가 B보다 크므로 A는 X가 있을 때이고, B는 X가 없을 때이다.

ㄴ. 효소는 활성화에너지를 낮추어 반응이 빠르게 일어나게 한다. 그러므로 반응의 활성화에너지는 X가 없을 때(B)가 X가 있을 때(A)보다 크다.

바로 알기 ㄷ. (나)에서 활성화에너지는 E_1이다.

03 A는 세포질, B는 핵, C는 골지체이다. (가)는 DNA, (나)는 RNA, (다)는 단백질이다. ㉠은 번역이다.

ㄴ. 동물 세포에서 단백질이 만들어질 때 DNA(가)의 유전정보가 RNA(나)로 옮겨지는 전사는 핵에서 일어나고, RNA를 이용하여 단백질(다)을 합성하는 번역(㉠)은 세포질(A)의 라이보솜에서 일어난다.

ㄷ. 라이보솜에서 합성된 단백질(다)은 골지체(C)를 통해 세포 밖으로 분비된다.

바로 알기 ㄱ. DNA(가)에는 연속된 3 개의 염기로 이루어진 3염기조합이 있고, 3염기조합은 하나의 아미노산을 지정하는 유전부호이다. RNA(나)에는 연속된 3 개의 염기로 이루어진 코돈이 있다.

04 ㄱ. DNA를 구성하는 염기는 아데닌(A), 구아닌(G), 사이토신(C), 타이민(T)이고, RNA를 구성하는 염기는 아데닌(A), 구아닌(G), 사이토신(C), 유라실(U)이다. A은 항상 T(U)과 상보적으로 결합하고, G은 항상 C과 상보적으로 결합한다. 그러므로 ㉠은 A, ㉡은 T, ㉢은 G, ㉣은 U이다.

ㄴ. (가)는 DNA, (나)는 RNA이다. RNA(나)를 구성하는 염기의 배열 순서는 AUGGCUAAC이므로 단백질을 구성하는 아미노산 1은 메싸이오닌, 아미노산 2는 알라닌, 아미노산 3은 아스파라긴이다.

ㄷ. 전사에 이용된 DNA 가닥에서 6 번째 염기가 ㉠(A)에서 ㉢(G)으로 바뀌면 RNA의 6 번째 염기는 U에서 C으로 바뀐다. 코돈 GCU와 GCC는 모두 알라닌을 지정하므로 ㉠(A)에서 ㉢(G)으로 바뀌어도 지정되는 아미노산은 동일하다.

Ⅰ 과학의 기초 ~ Ⅱ 물질과 규칙성

필수 개념 체크

◉ 시험 대비 2~6쪽

Ⅰ-1 과학의 기본량

01 시간과 공간

❶ 규모 ❷ 미시 세계 ❸ 거시 세계 ❹ 원자시계

02 기본량과 단위

❶ 기본량 ❷ s(초) ❸ 질량 ❹ K(켈빈)

Ⅰ-2 측정 표준과 정보

03 측정과 측정 표준

❶ 기준 ❷ 어림

04 신호와 정보

❶ 신호 ❷ 디지털 ❸ 디지털

Ⅱ-1 원소의 생성과 규칙성

05 우주 초기에 생성된 원소

❶ 색의 띠 ❷ 연속적인 ❸ 흡수 ❹ 밝은 선 ❺ 3 : 1
❻ 빅뱅 우주론 ❼ 기본 입자 ❽ 양성자 ❾ 중성자 ❿ 양전하
⓫ 낮아져 ⓬ 7 : 1 ⓭ 원자핵 ⓮ 3 : 1

06 별의 진화와 원소의 생성

❶ 원시별 ❷ 초신성 ❸ 원시 태양 ❹ 원시 원반 ❺ 미행성체
❻ 마그마 ❼ 핵과 맨틀

07 원소의 주기성

❶ 고체 ❷ 양이온 ❸ 음이온 ❹ 원자 번호 ❺ 주기 ❻ 세로줄
❼ 1족 ❽ 수소 ❾ 염기성 ❿ 17족 ⓫ 산성 ⓬ 전자
⓭ 양성자 ⓮ 전자 껍질 ⓯ 낮은 ⓰ 바깥 전자 껍질

08 화학 결합과 물질의 성질

❶ 18 ❷ 8 ❸ 18족 ❹ 정전기적 인력 ❺ 잃어 ❻ 얻어
❼ 금속 ❽ 비금속 ❾ 양이온 ❿ 음이온 ⓫ 전자쌍 ⓬ 헬륨
⓭ 1 ⓮ 수용액 ⓯ 분자 ⓰ 흐르지 않음

Ⅱ-2 자연의 구성 물질

09 지각과 생명체를 구성하는 물질

❶ 규산염 광물 ❷ 산소 ❸ 단사슬 ❹ 복사슬 ❺ 판상 ❻ 망상
❼ 아미노산 ❽ 물 분자 ❾ 폴리펩타이드 ❿ 배열 순서
⓫ 뉴클레오타이드 ⓬ DNA ⓭ RNA ⓮ 타이민(T)
⓯ 유라실(U) ⓰ 이중나선구조 ⓱ 저장 ⓲ 단백질 ⓳ 타이민(T)
⓴ 사이토신(C)

10 물질의 전기적 성질

❶ 자유 전자 ❷ 반도체 ❸ 규소 ❹ p형 ❺ 5

1회 중간 고사 대비

◉ 시험 대비 7~12쪽

01 ①	02 ③	03 ②	04 ②	05 ⑤	06 ⑤
07 ①	08 ⑤	09 ③	10 ②	11 ⑤	12 ⑤
13 ③	14 ⑤	15 ①	16 ④	17 ④	18 ③
19 ④	20 ⑤	21 ③			
서술형	22~26 해설 참조				

01 ㄱ. 입체적인 물체가 차지하는 공간의 크기를 나타내는 물리량인 (가)는 부피이고, 용액의 묽고 진한 정도를 나타내는 물리량인 (나)는 농도이다.

바로 알기 ㄴ. 현대 길이의 측정 표준은 빛이 특정 시간 동안 진행하는 거리로 1 m를 정의한다.

ㄷ. 질량의 표준화된 단위는 kg(킬로그램)이다.

02 ㄱ. 속력은 단위 시간 동안 물체가 이동한 거리로 기본량 중 길이와 시간을 조합하여 나타낸다.

ㄷ. 센서에서는 연속적인 아날로그 신호를 수신하여 불연속적인 디지털 신호로 변환한다.

바로 알기 ㄴ. 속력 장치의 센서는 전자기파를 수신하므로 ㉠은 광센서이다.

03 ㄷ. (가) → (다) 시기에 양성자(수소 원자핵) 개수 : 중성자 개수 =약 7 : 1이었고, 양성자 2 개와 중성자 2 개가 융합하여 헬륨 원자핵 1 개를 만들었으므로 $\dfrac{수소\ 원자핵의\ 개수}{헬륨\ 원자핵의\ 개수}$는 약 12이었다.

바로 알기 ㄱ. 쿼크가 결합하여 양성자나 중성자를 만들었고, 양성자와 중성자가 결합하여 헬륨 원자핵을 만들었으므로 입자가 생성된 순서는 (나) → (가) → (다)이다.

ㄴ. 전자와 쿼크는 기본 입자이므로, 전자는 쿼크가 생성된 (나)의 시기에 함께 생성되었다.

+ 문제 속 자료 분석

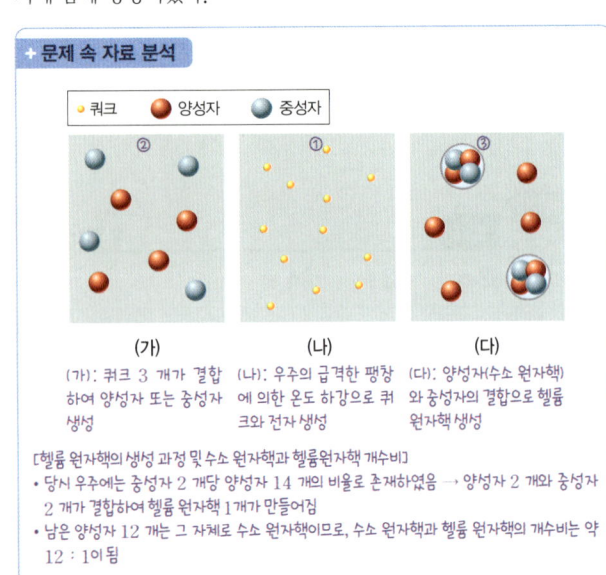

● 쿼크 ● 양성자 ● 중성자

(가) | (나) | (다)

(가): 쿼크 3 개가 결합하여 양성자 또는 중성자 생성

(나): 우주의 급격한 팽창에 의한 온도 하강으로 쿼크와 전자 생성

(다): 양성자(수소 원자핵)와 중성자의 결합으로 헬륨 원자핵 생성

[헬륨 원자핵의 생성 과정 및 수소 원자핵과 헬륨원자핵 개수비]
• 당시 우주에는 중성자 2 개당 양성자 14 개의 비율로 존재하였음 → 양성자 2 개와 중성자 2 개가 결합하여 헬륨 원자핵 1개가 만들어짐
• 남은 양성자 12 개는 그 자체로 수소 원자핵이므로, 수소 원자핵과 헬륨 원자핵의 개수비는 약 12 : 1이 됨

04 ㄷ. 중성인 원자가 생성되면서 빛은 전자의 방해를 받지 않고 우주 공간으로 퍼져 나갈 수 있었으며, 이때의 빛은 빅뱅 우주론에서 그 존재를 예견했던 것으로, 실제 관측됨으로써 빅뱅 우주론이 옳다

는 것을 밝혀냈다.

바로 알기 ㄱ. 전자가 원자핵에 붙잡혀 중성인 원자가 생성된 것은 빅뱅 후 약 38만 년이 지났을 때였으며, 그 당시 우주의 온도는 약 3000 K이었다.

ㄴ. ㉠이 우주 공간으로 퍼져 나간 이후 우주는 계속 팽창하였으므로 빛의 파장은 전파 영역으로 길어졌으며, 하늘의 모든 방향에서 관측되는데 이를 우주 배경 복사라고 한다.

05 ㄱ. 질량이 큰 별일수록 중심부에서 최종적으로 더 무거운 원소가 생성된다. (가)는 중심부에서 탄소와 산소를 생성하였고, (나)는 중심부에서 철을 생성하였으므로 질량은 ㉠이 ㉢보다 작다.

ㄴ. ㉠은 주계열성 단계이고, ㉡은 적색 거성 단계이다. ㉡에서 헬륨 핵융합 반응이 일어날 수 있었던 것은 수소 핵융합 반응이 끝난 후 중심부가 중력 수축하면서 온도가 상승하였기 때문이다. 따라서 ㉠ → ㉡ 과정 중 별의 중심부에서 중력 수축이 일어나는 시기가 있다.

ㄷ. ㉤은 별의 중심부에서 철이 생성된 것이므로 더 이상 무거운 원소는 생성되지 않고, 급격한 중력 수축으로 초신성 폭발이 일어난다.

문제 속 자료 분석

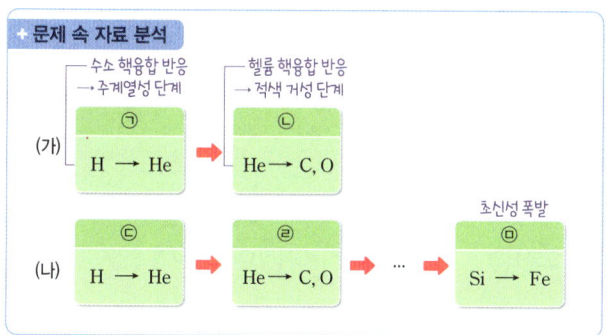

06 ㄱ. A는 태양계 성운의 중앙부에 위치하는 원시 태양이다. 원시 태양은 중력 수축하면서 온도가 상승하여 현재의 태양이 되었다.

ㄴ. B는 회전하는 태양계 원반으로 여러 개의 고리가 형성되었고, 고리에서 기체와 티끌이 뭉쳐져서 수많은 미행성체가 형성되었다.

ㄷ. (가)의 회전하는 태양계 원반에서는 여러 개의 고리가 형성되었고 고리에서 물질이 뭉쳐져서 생긴 수많은 미행성체들은 서로 충돌하고 병합하여 성장하면서 (나)의 원시 행성이 되었다.

07 ㄱ. 지구 전체가 녹아 마그마 바다를 형성한 시기에 철, 니켈 등의 무거운 물질(A)은 중심부로 가라앉아 핵이 되었고, 규산염과 같이 가벼운 물질(B)은 위로 떠올라 맨틀이 되었다. 따라서 A는 B보다 물질의 밀도가 크다.

바로 알기 ㄴ. (가) → (나) 과정에서 마그마 바다가 형성되었으므로 지구의 온도는 상승하였다.

ㄷ. 지구 내부에서 맨틀과 핵이 형성된 후 지표가 서서히 냉각되어 원시 지각이 형성되었으므로 (나) 이후에 지구 표면에 지각이 형성되었다.

08 ㄴ. 음이온이 되기 쉬운 원소는 비금속 원소로 ㉡, ㉢, ㉤의 세 가지이다.

ㄷ. 원자가 전자 수는 ㉡이 6, ㉤이 7이므로 ㉤＞㉡이다.

바로 알기 ㄱ. ㉠과 ㉢은 같은 주기 원소이고, 원자가 전자 수가 다르므로 화학적 성질이 다르다.

09 ㄱ. 알칼리 금속은 물과 반응하여 수소 기체를 발생시키고, 수용액은 염기성이 된다. 따라서 ㉠은 '붉은색'으로 (나)의 결과와 같다.

ㄴ. (나)와 (다)에서 발생하는 기체는 수소 기체이다. 수소 기체는 가연성이 있어 연소시키면 '펑' 소리를 낸다.

바로 알기 ㄷ. 반응 후 (나)와 (다)의 수용액에는 각각 X^+, Y^+이 들어 있으므로 양이온의 종류는 다르다. 음이온으로는 염기성을 나타내는 OH^-이 들어 있다.

10 ㄴ. A는 비금속, B는 금속 원소이므로 A와 B는 이온 결합을 형성한다.

바로 알기 ㄱ. 원자가 전자는 가장 바깥 전자 껍질에 들어 있는 전자이므로 원자가 전자 수는 A가 7, B가 2이다.

ㄷ. 안정한 이온은 A^-, B^{2+}이므로 A와 B는 2 : 1의 개수비로 화학 결합한다.

11 원자들이 화학 결합을 형성하는 까닭은 18족 원소와 같은 전자 배치를 하여 안정해지기 위한 것이다.

12 ⑤ B는 2주기 17족 원소이므로 18족 원소와 같은 전자 배치를 하기 위해서는 전자쌍 1개를 공유하면 되고, C는 1주기 1족 원소이므로 18족 원소와 같은 전자 배치를 하기 위해서는 전자쌍 1개를 공유하면 된다. 따라서 B_2와 C_2는 공유 전자쌍 수가 1로 같다.

바로 알기 ① A는 2주기 1족인 금속 원소이다.

② B의 원자가 전자 수는 7이다.

③ CB는 전자쌍 1개를 공유하는 공유 결합 물질이다.

④ AB는 이온 결합 물질이므로 수용액 상태에서 전기가 통한다.

문제 속 자료 분석

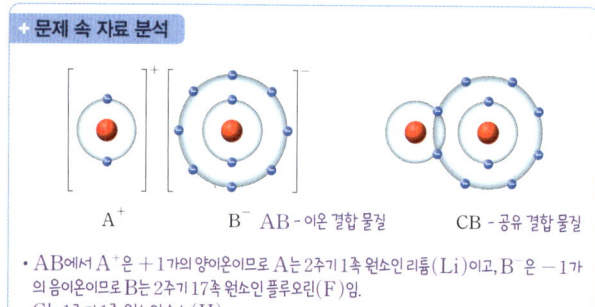

A⁺   B⁻ AB - 이온 결합 물질   CB - 공유 결합 물질

• AB에서 A⁺은 ＋1가의 양이온이므로 A는 2주기 1족 원소인 리튬(Li)이고, B⁻은 －1가의 음이온이므로 B는 2주기 17족 원소인 플루오린(F)임.
• C는 1주기 1족 원소인 수소(H)

13 ㄱ. (가)의 수용액에는 양이온과 음이온이 존재하므로 (가)는 이온 결합 물질인 염화 나트륨이고, (나)는 설탕이다.

ㄷ. 수용액에 전류를 흘려 주었을 때 이동하는 입자는 이온이다. 따라서 (가)의 수용액에서 이온이 이동하게 된다.

바로 알기 ㄴ. (나)는 설탕으로 공유 결합 물질이므로 고체 상태일 때 전기가 통하지 않는다.

14 ㄱ. 지각을 이루는 주요 광물 중 감람석, 운모, 각섬석, 휘석, 석영, 장석은 모두 규산염 광물이다.

ㄷ. 각섬석은 이중 사슬 구조, 휘석은 단사슬 구조를 갖고 있으며, 두 광물 모두 특정한 방향으로 쪼개지는 성질이 있다.

바로 알기 ㄴ. 감람석은 독립형 구조를 갖고 있어 풍화에 매우 약하고, 석영은 규산염 사면체가 입체적으로 결합한 망상 구조를 갖고 있어 풍화에 매우 강하다.

15 ㄱ. 규산염 사면체는 −4가의 음이온(SiO_4^{4-})이므로 독립형 구조는 +2가의 양이온 2 개와 결합하면 전기적으로 안정한 규산염 광물이 된다.

바로 알기 ㄴ. (나)는 단사슬 구조 2 개가 길게 연결된 복사슬 구조이고, (다)는 단사슬 구조가 평면상에서 길게 연결된 판상 구조이다.

ㄷ. (가)→(나)→(다)로 갈수록 규산염 사면체 간에 공유되는 산소의 수가 증가하므로 $\dfrac{\text{O의 개수}}{\text{Si의 개수}}$가 감소한다. 따라서 $\dfrac{\text{O의 개수}}{\text{Si의 개수}}$가 가장 적은 것은 (다)이다.

16 ㄱ. ㉠은 두 아미노산이 연결될 때 형성되는 결합이므로 펩타이드결합이다.

ㄴ. X는 기본 단위체가 아미노산이므로 단백질이다. 단백질은 효소, 호르몬, 항체 등의 주성분으로 이용된다.

바로 알기 ㄷ. 사람의 몸을 구성하는 비율은 물이 가장 높으며, 물 다음으로 높은 물질이 단백질이다.

17 ㄱ. (가)는 이중나선구조이고, 염기(A, G, C, T)를 포함하므로 핵산에 속하는 DNA이다.

ㄷ. (나)는 단백질이다. 단백질은 기본 단위체인 아미노산의 종류와 수 배열 순서에 따라 입체 구조와 생명체에서 수행하는 기능이 서로 다른 다양한 종류가 된다.

바로 알기 ㄴ. ㉠은 단백질(나)의 기본 단위체이므로 아미노산이다. 뉴클레오타이드는 핵산(DNA, RNA)의 기본 단위체이다.

18 ㄱ. 단백질과 달리 DNA와 RNA의 기본 단위체인 뉴클레오타이드에는 인산이 포함되어 있으므로 '인산이 포함되어 있는가?'는 (가)이고, ㉠은 RNA, ㉡은 단백질이다. RNA(㉠)는 핵산에 속한다.

ㄴ. 헤모글로빈은 우리 몸에서 산소를 운반하는 단백질(㉡)이다.

바로 알기 ㄷ. RNA(㉠)는 단일 가닥 구조이고, DNA는 이중나선구조이므로 '이중나선구조인가?'는 (가)와 (나)에 모두 해당하지 않는다.

+ 문제 속 자료 분석

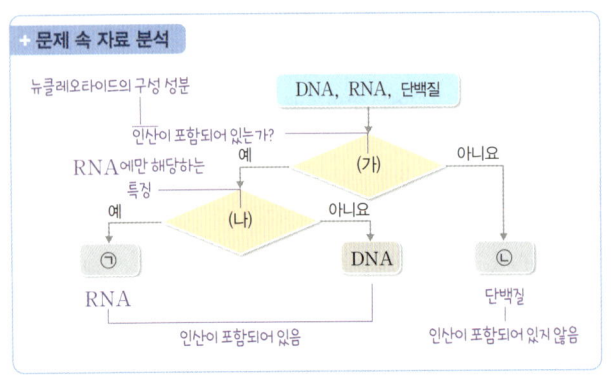

19 ㄱ. 순수 반도체인 규소(Si)와 저마늄(Ge)의 원자가 전자는 4 개이다.

ㄷ. 트랜지스터는 불순물 반도체로 만든 전기 소자이다.

바로 알기 ㄴ. 불순물 반도체는 순수 반도체에 원자가 전자가 3 개 또는 5 개인 원소를 첨가하여 만든다.

20 ㄱ. A는 p형 반도체와 n형 반도체를 접합하여 만든 다이오드이다.

ㄷ. 다이오드는 전류를 한쪽 방향으로만 흐르게 하는 정류 작용을 한다.

바로 알기 ㄴ. 증폭 작용을 하는 반도체 소자는 트랜지스터이다.

21 ㄱ. X에는 공유 결합에 참여하지 않고 남은 전자가 1 개 있으므로 불순물의 원자가 전자는 5 개이다. 따라서 n은 5이다.

ㄴ. 원자가 전자가 5 개인 불순물을 첨가한 반도체는 n형 반도체이다.

바로 알기 ㄷ. n형 반도체는 주로 전자가 전류를 흐르게 한다.

+ 문제 속 자료 분석

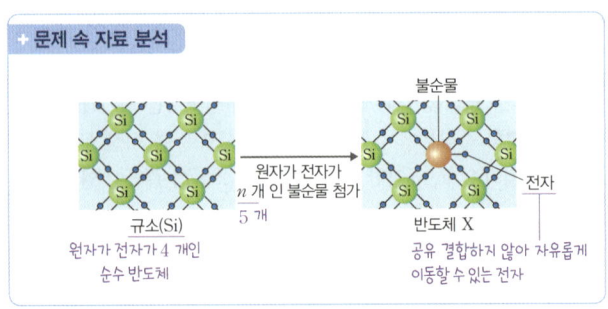

서술형 문제

22 모범 답안 | (가)의 흡수선 위치(파장)와 (나)의 방출선 위치(파장)가 같기 때문이다.

해설 | 연속 스펙트럼이 기체를 통과하면 원자핵 주위를 도는 전자가 특정한 파장의 빛을 흡수하거나 방출하여 흡수선 또는 방출선이 나타나게 된다.

채점 기준	배점
두 스펙트럼이 동일한 원소의 것으로 판단한 근거를 옳게 서술한 경우	100 %
두 스펙트럼이 동일한 원소의 것으로 판단한 근거를 옳게 서술하지 못한 경우	0 %

23 모범 답안 | 수소는 빅뱅 이후 우주에서 생성되었고, 탄소와 규소는 별의 중심부에서 핵융합 반응으로 생성되었다. 납은 초신성 폭발 때 생성되었다.

해설 | 수소는 빅뱅 이후 우주에서 양성자와 전자가 결합하여 생성되었고, 탄소와 규소는 별의 중심부에서 각각 헬륨 핵융합 반응과 산소 핵융합 반응을 통해 생성되었다. 납은 철보다 무거운 원소이므로 별의 내부에서는 생성되지 않으며, 초신성 폭발 때 생성되었다.

채점 기준	배점
세 가지 모두 옳게 서술한 경우	100 %
두 가지만 옳게 서술한 경우	60 %
한 가지만 옳게 서술한 경우	30 %

24 (1) **답 |** A＞C＞B

해설 | A_2는 공유 전자쌍 수가 1이므로 A는 2주기 17족 원소이고,

B^{2+}의 전하가 +2이므로 B는 3주기 2족 원소이며, C^{2-}의 전하가 −2이므로 C는 2주기 16족 원소이다. 따라서 A~C의 원자가 전자 수는 각각 7, 2, 6이므로 A>C>B이다.

(2) **모범 답안** | A와 C는 비금속 원소이고, B는 금속 원소이므로 BA_2는 이온 결합, CA_2는 공유 결합으로 형성된다.

해설 | 비금속 원소 사이에는 공유 결합, 금속과 비금속 원소 사이에는 이온 결합이 형성된다.

채점 기준	배점
금속과 비금속 원소로 옳게 분류하고 화학 결합을 옳게 비교한 경우	100 %
화학 결합만 옳게 비교한 경우	50 %

25 모범 답안 | 기본 단위체의 조합은 단백질과 DNA를 구성하는 기본 단위체의 종류와 수, 배열 순서를 의미한다.

해설 | 단백질과 DNA는 각 물질을 구성하는 기본 단위체의 종류와 수, 배열 순서에 따라 각각 다양한 종류의 단백질 형성과 다양한 유전정보가 저장된다.

채점 기준	배점
기본 단위체의 종류와 수, 배열 순서를 의미함을 옳게 서술한 경우	100 %
기본 단위체의 종류와 수를 의미함 또는 배열 순서를 의미함만 서술한 경우	50 %

26 모범 답안 | 전기 전도성은 도체가 부도체보다 크다. 도체는 자유 전자가 많아 전류가 잘 흐르고, 부도체는 자유 전자가 거의 없어 전류가 잘 흐르지 않기 때문이다.

채점 기준	배점
전기 전도성을 옳게 비교하고, 그 까닭을 옳게 서술한 경우	100 %
전기 전도성만 옳게 비교한 경우	30 %

2회 중간 고사 대비
○ 시험 대비 13~18쪽

01 ⑤	02 ③	03 ③	04 ④	05 ⑤	06 ⑤
07 ②	08 ②	09 ①	10 ④	11 ⑤	12 ②
13 ③,⑤	14 ①	15 ④	16 ⑤	17 ②	18 ④
19 ⑤	20 ④	21 ③			

서술형 **22~26** 해설 참조

01 ㄱ. 길이의 표준화된 단위는 m(미터)이다.

ㄴ. 현대 길이의 측정 표준은 빛이 특정 시간 동안 진행한 거리로 정의하고 있다. 즉 빛의 속력을 이용하여 정의한다.

ㄷ. 빛의 속력이 일정하므로 빛이 물체에서 반사되어 되돌아오는 시간과 장치에서 물체까지의 거리는 비례한다. 따라서 ㄱ이 클수록 장치에서 측정된 길이도 크다.

02 ㄱ. (가), (나)는 각각 아날로그 정보, 디지털 정보이다.

ㄴ. (나)의 디지털 정보는 (가)의 아날로그 정보에 비해 저장과 전송이 용이하다.

바로 알기 ㄷ. 측정 장치의 센서에서는 (가)의 아날로그 형태로 수신한 신호를 (나)의 디지털 형태의 신호로 변환한다.

03 ㄷ. 빅뱅 이후 우주가 팽창하면서 온도가 점차 낮아져 물질이 만들어지게 되었다.

바로 알기 ㄱ. 빅뱅으로 우주가 탄생하였으므로 우주는 유한하다.

ㄴ. 우리 주변의 원소 중 수소와 헬륨은 대부분 빅뱅 직후에 만들어졌고 이보다 무거운 원소는 별의 진화 과정에서 만들어진 것이다.

04 ㄱ. ㄱ은 전자, ㄴ은 중성자, ㄷ은 쿼크로 질량은 중성자보다 전자가 훨씬 작다.

ㄷ. 전자와 쿼크는 빅뱅 직후 처음으로 생성된 기본 입자이다.

바로 알기 ㄴ. 중성자는 전하를 띠지 않는다.

05 ㄱ. 기본 입자인 쿼크가 결합하여 양성자와 중성자가 만들어지고, 양성자 2개와 중성자 2개가 결합하여 헬륨 원자핵이 만들어졌으므로 중성자는 (가)와 (나) 시기 사이에 만들어졌다.

ㄴ. 원자핵과 전자가 결합하여 원자가 생성되면서 (다) 시기 이후에 우주가 투명해졌다.

ㄷ. 최초의 별이 생성될 당시 우주에는 헬륨보다 무거운 원소가 거의 존재하지 않았다.

06 ① ㄱ은 수소 핵융합 반응으로 만들어진 헬륨이다.

②, ③ 철까지 생성된 것으로 보아 이 별은 태양보다 질량이 매우 큰 별로 중심부에서 철까지 생성되었으므로 초신성 폭발을 일으키게 된다.

④ 별의 중심부로 갈수록 무거운 원소가 핵융합으로 생성되므로 온도가 더 높다.

바로 알기 ⑤ 별의 중심부 온도가 훨씬 높아지더라도 철보다 무거운 원소는 생성되지 않는다. 철보다 무거운 원소는 초신성 폭발 과정에서 만들어진다.

07 ㄴ. 미행성체의 충돌로 지구의 질량이 계속 증가하였으므로 이 시기의 지구 질량은 현재 지구보다 작았다.

바로 알기 ㄱ. 미행성체의 주성분은 암석(규소와 산소)과 금속(철)이었다.

ㄷ. 이 시기의 지구는 마그마 바다가 형성된 초기로 아직 핵과 맨틀이 구분되지 않았다.

08 ② 질량이 태양 정도인 별에서는 핵융합 반응이 탄소(C) 원자까지만 생성하고 멈추게 된다. 따라서 ㄱ~ㄷ은 각각 H, He, C이고, H는 1주기 1족 원소이므로 A, He은 1주기 18족 원소이므로 D이며, C는 2주기 14족 원소이므로 B이다.

+ 문제 속 자료 분석

주기, 족	1	14	17	18
1	A H			D He
2		B C	C F	E Ne

• 질량이 태양 정도인 별에서는 C 원자까지만 생성

09 ㄱ. A는 3주기 1족 원소이므로 알칼리 금속인 Na이고, B는 2주기 17족 원소이므로 할로젠인 F이다.

바로 알기 ㄴ. A~D 중 2주기 원소는 B와 D이다.
ㄷ. A~D 중 비금속 원소는 B, C, D이다.

┌─ 문제 속 자료 분석 ─────────────────────┐

$$[\;A^+\;Na^+\;]^+ \qquad [\;B^-\;F^-\;]^- \qquad CH\;DO\;CH$$

$$A^+\;Na^+ \qquad\qquad B^-\;F^- \qquad\qquad CH\quad DO\quad CH$$

이온 결합 물질 AB에서 A는 A^+으로 전자를 1개 잃어 양이온이 되었으므로 3주기 1족 원소이고, B는 B^-으로 전자를 1개 얻어 음이온이 되었으므로 2주기 17족 원소이다. C_2D에서 C는 1주기 1족, D는 2주기 16족 원소임을 알 수 있다.

└──────────────────────────────────────┘

10 ㄴ. A_2가 공유하고 있는 전자쌍 수는 3이다.
ㄷ. A는 원자가 전자 수가 5이므로 전자쌍 3개를 공유하여 18족 원소인 Ne과 같은 전자 배치를 한다.

바로 알기 ㄱ. A_2의 공유 전자쌍 수는 3이므로 A는 2주기 15족 원소이다. 따라서 A의 원자 번호는 7이므로 양성자수는 7이다.

11 Na과 Cl_2가 반응할 때 Na은 전자를 잃어 Na^+이 되고, Cl_2는 전자를 얻어 Cl^-이 되며, 양이온인 Na^+과 음이온인 Cl^-이 정전기적 인력으로 결합하고 삼차원으로 배열되어 NaCl이 형성된다.

바로 알기 ⑤ 수용액에서 NaCl이 양이온(Na^+)과 음이온(Cl^-)으로 이온화하는 것은 NaCl이 형성된 이후의 과정이다.

12 H_2O, NH_3, O_2, NaCl의 화학식을 구성하는 원소의 가짓수와 화학식을 구성하는 원자 수는 표와 같다.

물질	H_2O	NH_3	O_2	NaCl
화학식을 구성하는 원소의 가짓수	2	2	1	2
화학식을 구성하는 원자 수	3	4	2	2

ㄴ. (가)는 O_2, (나)는 NaCl이므로 물에 녹였을 때 이온 결합 물질인 NaCl은 전기가 잘 통하지만 O_2는 공유 결합 물질이므로 전기가 잘 통하지 않는다.

바로 알기 ㄱ. x, y는 각각 2, 2이다. 따라서 $x+y=4$이다.
ㄷ. (다)와 (라)는 각각 H_2O, NH_3이므로 공유 전자쌍 수는 각각 2, 3이다. 따라서 공유 전자쌍 수는 (라)>(다)이다.

13 $C_{12}H_{22}O_{11}$은 공유 결합 물질, $CaCl_2$은 이온 결합 물질이다.
③ $CaCl_2$은 고체 상태에서 이온이 이동할 수 없으므로 전기 전도성이 없다.
⑤ $CaCl_2$ 수용액에 전류를 흘려 주면 양이온은 (−)극으로, 음이온은 (+)극 쪽으로 이동하게 되므로 전류가 흐르게 된다.

바로 알기 ① $C_{12}H_{22}O_{11}$은 비금속 원소로 이루어진 공유 결합 물질이다.
② $CaCl_2$은 금속과 비금속 원소가 결합한 이온 결합 물질이다.
④ $C_{12}H_{22}O_{11}$은 수용액 상태에서 전하를 띤 입자의 이동이 없으므로 전기 전도성이 없다.

14 ㄱ. (가)는 지구 전체의 구성 성분비, (나)는 지각의 구성 성분비를 나타낸 것이다.

바로 알기 ㄴ. ㉠은 철이고, ㉡은 산소이다. 맨틀은 지각과 마찬가지로 규산염 물질로 이루어져 있으므로 철보다 산소가 풍부하다.
ㄷ. 철은 질량이 태양 정도인 별의 내부에서는 생성될 수 없다.

15 ㄴ. B는 단사슬 구조인 휘석이고, C는 복사슬 구조인 각섬석이므로 규소 1개당 결합하는 산소의 수는 B가 C보다 많다.
ㄷ. 휘석, 각섬석, 감람석은 모두 규소와 산소가 결합한 Si−O 사면체를 기본 구조로 하는 규산염 광물이다.

바로 알기 ㄱ. A는 깨짐이 나타나는 감람석, B는 단사슬 구조인 휘석, C는 각섬석이다.

16 ㄴ. (가)는 기본 단위체가 4종류이므로 DNA이고, ㉠은 뉴클레오타이드이다. DNA를 구성하는 뉴클레오타이드의 당은 디옥시라이보스이다.
ㄷ. DNA(가)에서 뉴클레오타이드를 연결하는 당−인산 결합과 단백질(나)에서 아미노산을 연결하는 펩타이드결합은 모두 공유 결합에 해당한다.

바로 알기 ㄱ. 케라틴의 주성분은 단백질인 (나)이다.

17 ㄷ. 단백질은 종류에 따라 구성하는 기본 단위체의 수와 배열 순서가 달라져 고유한 입체 구조와 기능이 달라진다.

바로 알기 ㄱ. 단백질의 기본 단위체(ⓐ)는 아미노산이다.
ㄴ. X에 있는 10개의 ㉠을 연결하는 막대는 9개이므로 Y에 있는 막대는 11개이고, ㉡은 12개이다.

18 ㄱ. (가)는 DNA이고, (나)는 RNA이며, ㉠은 T(타이민), ㉡은 C(사이토신), ㉢은 U(유라실)이다.
ㄷ. (나)는 RNA이므로 (나)를 구성하는 당은 라이보스이다.

바로 알기 ㄴ. DNA에서 G(구아닌)은 C(사이토신)과 상보적인 염기쌍을 형성하므로 ⓐ는 30이고, RNA에서 4가지 염기쌍의 비율의 합은 100 %이므로 ⓑ는 26이다. 따라서 ⓐ+ⓑ=56이다.

┌─ 문제 속 자료 분석 ─────────────────────┐

DNA에서 아데닌(A)은 타이민(T)과, 구아닌(G)은 사이토신(C)과 상보결합을 하므로 아데닌(A)의 비율은 타이민(T)의 비율과 같고, 구아닌(G)의 비율은 사이토신(C)의 비율과 같다.

물질 \ 염기	A (아데닌)	G (구아닌)	T ㉠	C ㉡	U ㉢
DNA (가)	20?	30	20	30ⓐ	0
RNA (나)	25	22	0	27	26ⓑ

(나)에서 아데닌(A)의 비율과 같은 비율을 갖는 염기가 없으므로 (나)는 DNA가 아니고 RNA이다.

사이토신(C)과 타이민(T) 중 사이토신은 구아닌(G)과 비율이 같으므로 ⓐ는 30이고 ㉡은 사이토신(C)이다.

A+G+C=74이므로 U=26이다.

└──────────────────────────────────────┘

19 ㄱ. A는 도체와 부도체의 중간적인 특성을 가진 반도체이다.
ㄴ. B는 전류가 잘 흐르는 물질이므로 도체이고, C는 부도체이다. 자유 전자의 수는 도체가 부도체보다 많다.
ㄷ. C는 부도체이고, 고무와 유리 등은 C에 해당한다.

20 ㄱ. 태양 전지는 빛을 이용하여 전기 에너지를 생산하므로 빛을 비추면 전자가 이동하여 전류가 흐르는 반도체의 성질을 이용한다.
ㄷ. 집적 회로에는 약한 신호를 큰 신호로 바꿀 수 있는 트랜지스터가 포함되어 있다.

바로 알기 ㄴ. 발광 다이오드는 불순물 반도체인 p형 반도체와 n형 반도체를 이용하여 만든다.

21 ㄱ. 순수 반도체인 규소(Si)의 원자가 전자는 4개이다. X는 공유 결합에 전자 1개가 부족하여 양공이 있으므로 붕소(B)의 원자가 전자는 3개이다. 따라서 원자가 전자는 규소(Si)가 붕소(B)보다 많다.
ㄴ. X에는 공유 결합하기 위한 전자가 1개 부족하여 양공이 생겼으므로 p형 반도체이다.

바로 알기 ㄷ. p형 반도체는 주로 양공이 전류를 흐르게 한다.

서술형 문제

22 모범 답안 | (가) 방출 스펙트럼, (나) 연속 스펙트럼 / (가)는 노란색으로, (나)는 백색으로 보인다.

해설 | (가)는 노란색 선만 나타난 방출 스펙트럼이고, (나)는 흡수선이나 방출선이 나타나지 않는 연속 스펙트럼이다. 연속 스펙트럼이 나타나는 광원은 모든 색이 섞여 백색으로 보인다.

채점 기준	배점
스펙트럼의 종류와 두 전등의 색을 모두 옳게 서술한 경우	100 %
두 전등의 색만 옳게 서술한 경우	60 %
스펙트럼의 종류만 옳게 쓴 경우	30 %

23 (1) 답 | A, B, C: 2주기, D: 1주기
해설 | 전자가 들어 있는 전자 껍질이 1개인 D는 1주기 원소이고, 전자 껍질이 2개인 A, B, C는 2주기 원소이다.
(2) 모범 답안 | A는 2주기 14족, B는 2주기 16족, C는 2주기 15족, D는 1주기 1족 원소이므로 원자 번호는 D<A<C<B이다.
해설 | A는 AB_2에서 중심 원자이고, C는 CD_3에서 중심 원자이다. AB_2의 공유 전자쌍 수는 4이고, CD_3의 공유 전자쌍 수는 3이다. 따라서 A~D가 18족 원소와 같은 안정한 전자 배치를 하기 위해 필요한 전자 수는 각각 4, 2, 3, 1이다.

채점 기준	배점
주기와 족을 이용하여 원자 번호가 커지는 순서와 과정을 옳게 서술한 경우	100 %
원자 번호가 커지는 순서만 옳게 서술한 경우	50 %

24 모범 답안 | ㉠ 망상 구조를 갖는다.(깨짐이 나타난다.) ㉡ 규산염 광물이다. ㉢ 판상 구조를 갖는다.(쪼개짐이 나타난다.)

해설 | 석영은 사면체의 모든 산소를 다른 사면체와 공유하는 망상 구조를 갖고 있어 깨짐이 나타난다. 흑운모는 판상 구조를 갖고 있어 얇은 판 모양으로 쪼개짐이 나타난다. 석영과 흑운모는 1개의 규소와 4개의 산소가 결합한 규산염 사면체를 기본 구조로 하는 규산염 광물이다.

채점 기준	배점
㉠, ㉡, ㉢을 모두 옳게 서술한 경우	100 %
㉠, ㉡, ㉢ 중 두 가지만 옳게 서술한 경우	60 %
㉠, ㉡, ㉢ 중 한 가지만 옳게 서술한 경우	30 %

25 (1) 답 | (가) DNA, (나) RNA
(2) 답 | (가) 이중나선구조, (나) 단일 가닥 구조
(3) 모범 답안 | 폴리뉴클레오타이드, 사슬이 형성될 때 한 뉴클레오타이드의 당과 다른 뉴클레오타이드의 인산 사이에 결합이 일어난다.
해설 | DNA와 RNA에서 뉴클레오타이드가 반복적으로 결합하여 폴리뉴클레오타이드가 형성된다. DNA는 염기서열이 상보적인 폴리뉴클레오타이드 2개가 나선 모양으로 꼬여 있는 이중나선구조이고, RNA는 폴리뉴클레오타이드 1개로 구성되는 단일 가닥 구조이다. 폴리뉴클레오타이드가 형성될 때 한 뉴클레오타이드의 당과 다른 뉴클레오타이드의 인산 사이에 결합이 일어난다.

채점 기준	배점
폴리뉴클레오타이드를 쓰고, 당과 인산 사이의 결합을 모두 옳게 서술한 경우	100 %
당과 인산 사이의 결합만을 옳게 서술한 경우	70 %
폴리뉴클레오타이드라고만 쓴 경우	30 %

26 모범 답안 | 전기 전도성은 불순물 반도체가 순수 반도체보다 크다. 순수 반도체는 원자가 전자가 4개인 원소가 공유 결합하고 있어 전자가 이동할 수 없지만, 불순물 반도체는 원자가 전자가 3개 또는 5개인 원소를 첨가하여 전자가 이동할 수 있어 전류가 잘 흐르기 때문이다.

채점 기준	배점
전기 전도성을 옳게 비교하고, 제시된 용어를 모두 사용하여 까닭을 옳게 서술한 경우	100 %
전기 전도성을 옳게 비교하고, 제시된 용어 중 한 가지만 사용하여 까닭을 옳게 서술한 경우	70 %
전기 전도성만 옳게 비교한 경우	30 %

3회 중간 고사 대비 ◑ 시험 대비 19~24쪽

01 ③	02 ②	03 ②	04 ①	05 ③	06 ①
07 ③	08 ③	09 ⑤	10 ③	11 ③	12 ②
13 ⑤	14 ②	15 ③	16 ④	17 ③	18 ①
19 ④	20 ②				

서술형 **21~25** 해설 참조

01 ㄱ. 시간의 표준화된 단위는 's(초)'이다.
ㄷ. 속력은 단위 시간 동안 물체가 이동한 거리로 같은 거리를 이동할 때 속력과 걸린 시간은 서로 반비례한다. 따라서 걸어갈 때 걸린 시간 t_1이 뛰어갈 때 걸린 시간 t_2의 2배가 되어 $\frac{t_1}{t_2}=2$이다.

바로 알기 ㄴ. 스마트 기기에서 거리를 측정할 때는 가속도 센서를 이용해 스마트 기기의 기울어진 정도를 측정하여 거리를 계산한다.

02 ㄴ. 부피는 물체의 가로, 세로, 높이의 곱으로 표현되는 물리량으로 길이의 조합만으로 표시되는 유도량이고, 단위는 m^3이다.

바로 알기 ㄱ. 현대 질량의 측정 표준은 플랑크 상수, 빛의 속력 등을 이용해 정의한 단위 kg(킬로그램)이다.

ㄷ. 자동차의 수출을 위해서는 세계 어디에서도 적용될 수 있는 측정 표준인 국제단위계(SI)의 단위를 사용하여 부품을 생산하고 조립하여야 한다.

03 ㄴ. 우주에 존재하는 헬륨은 대부분 초기 우주에서 생성되었으므로 $0{\sim}T_1$ 기간에 생성되었다. $T_1{\sim}T_2$ 기간에는 별의 진화 과정에서 일부의 헬륨이 생성되었으나 그 양은 초기 우주에서 생성된 것에 비해 매우 작다.

바로 알기 ㄱ. 우주가 팽창함에 따라 우주의 밀도는 점점 작아졌으므로 T_1일 때가 T_2일 때보다 크다.

ㄷ. T_1일 때 우주 배경 복사가 형성되었으며, 이때 우주의 나이는 약 38만 년이다. 태양계는 약 50억 년 전에 형성되었으므로 T_1 이후이다.

+ 문제 속 자료 분석

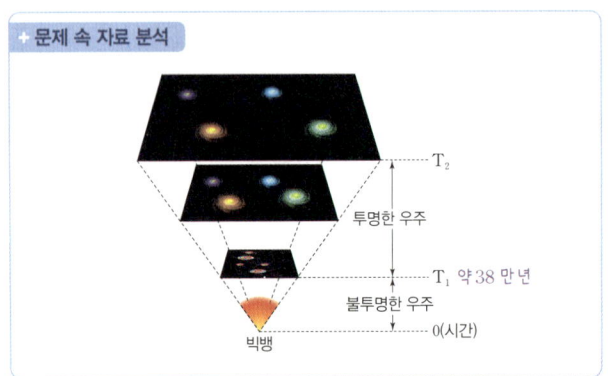

04 ㄱ. (가)는 쿼크가 결합하여 생성된 중성자이고, (나)는 양성자 2 개와 중성자 2 개가 결합하여 생성된 헬륨 원자핵이다. (다)는 원자핵과 전자가 결합하여 생성된 원자이다.

바로 알기 ㄴ. 양성자는 전기적으로 양전하를 띠고, 중성자는 전하를 띠지 않는다. 따라서 양성자와 중성자가 결합하여 만들어진 헬륨 원자핵은 전기적으로 양전하를 띤다.

ㄷ. 수소 원자가 생성될 당시에는 헬륨 원자까지 생성되었고 헬륨보다 무거운 원자는 이후 별의 진화를 통해 만들어졌다.

05 ㄷ. 별 A의 스펙트럼에는 기체 ㉠, ㉡, ㉢의 스펙트럼의 흡수선과 같은 위치의 방출선이 모두 나타나므로 별 A에는 세 기체가 모두 존재한다.

바로 알기 ㄱ. 세 기체의 스펙트럼은 방출 스펙트럼이다.

ㄴ. 별 A의 흡수선은 별빛이 별의 대기층을 통과할 때 저온의 기체가 파장을 흡수하여 생성된다.

06 ㄱ. A, B 두 별 중 적색 거성으로 진화하는 A보다 초거성으로 진화하는 B의 질량이 더 크다.

바로 알기 ㄴ. 태양은 질량이 작아 초신성 폭발을 일으킬 수 없으므로 태양의 진화 경로는 A에 가까울 것이다.

ㄷ. ㉠ 단계에서는 철까지 생성될 수 있으며 우라늄, 금 등은 초신성 폭발 과정에서 생성된다.

07 ㄱ. 태양계 성운이 수축하며 회전할 때 원시 원반은 회전축에 수직한 방향으로 형성되었다.

ㄴ. 미행성체는 주로 산소와 규소가 결합한 암석과 철과 같은 금속 물질로 이루어져 있었다.

바로 알기 ㄷ. 원시 태양은 원시 원반이 형성될 때 성운의 중심부에서 만들어졌다.

08 A와 D는 1족 알칼리 금속이고, B와 E는 17족 할로젠, C는 18족 비활성 기체이다.

ㄱ. A와 D는 알칼리 금속이므로 물과 반응할 때 비슷한 모습을 보인다.

ㄴ. B와 E는 17족 원소인 할로젠이므로 원자가 전자 수가 7로 같다.

바로 알기 ㄷ. AE에서 A는 A^+으로 He과 전자 배치가 같고, E는 E^-으로 Ar과 전자 배치가 같다.

09 ㄱ. (가)에서 Li이 공기 중의 산소와 반응하여 이온 결합 물질인 Li_2O를 생성한다.

ㄴ. (나)에서 Li을 물과 반응시키면 수소 기체(H_2)가 생성된다.

ㄷ. (다)에서 수용액은 염기성이므로 페놀프탈레인 용액을 떨어뜨리면 붉은색으로 변한다.

10 A^+과 C^{2-}은 Ne과 같은 전자 배치를 나타내므로 A는 3주기 1족, C는 2주기 16족 원소이다. B^+은 Ar과 같은 전자 배치를 나타내므로 B는 4주기 1족 원소이다.

ㄱ. A와 B는 원자가 전자 수가 1인 금속 원소이므로 화학적 성질이 비슷하다.

ㄷ. C는 원자가 전자 수가 6이므로 18족 원소와 같은 전자 배치를 하려면 2개의 전자가 필요하다. 따라서 C_2의 공유 전자쌍 수는 2이다.

바로 알기 ㄴ. A는 3주기, B는 4주기, C는 2주기 원소이므로, A~C 중 3주기 원소는 한 가지이다.

11 ㄱ. W와 X는 각각 Li, Na이므로 1족 원소인 알칼리 금속이다.

ㄷ. 안정한 이온이 될 때 X는 전자 1 개를 잃어 Na^+이 되어 Ne과 같은 전자 배치를 하고, Z는 전자 1 개를 얻어 F^-이 되어 Ne과 같은 전자 배치를 한다. 따라서 안정한 이온의 전자 배치는 X와 Z가 같다.

바로 알기 ㄴ. Y와 Z는 각각 Cl와 F이므로 원자 번호는 Y>Z이다.

+ 문제 속 자료 분석

Li, F, Na, Cl의 원자가 전자 수(a)와 전자가 들어 있는 전자 껍질 수(b)는 다음과 같다.

원자	Li	F	Na	Cl
원자가 전자 수(a)	1	7	1	7
전자가 들어 있는 전자 껍질 수(b)	2	2	3	3
$\lvert a-b \rvert$	1	5	2	4

따라서 W~Z는 각각 Li, Na, Cl, F이다.

12 ㄴ. 원자가 전자 수는 B와 C가 각각 6, 5이므로 합은 11이다.

바로 알기 ㄱ. A는 3주기 2족, D는 1주기 1족 원소이다.

ㄷ. 원자가 전자 수는 B와 C가 각각 6, 5이므로 공유 전자쌍 수는 B_2와 C_2가 각각 2, 3이다.

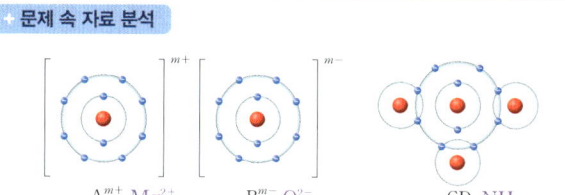

$$A^{m+}\ Mg^{2+} \qquad B^{m-}\ O^{2-} \qquad CD_3\ NH_3$$

CD_3에서 C의 원자가 전자 수가 5임을 알 수 있으므로 이보다 원자가 전자 수가 1만큼 큰 B의 원자가 전자 수는 6이다. B의 원자가 전자 수가 6이므로 $m=2$이다. 따라서 A는 3주기 2족 원소인 Mg, B는 2주기 16족 원소인 O, C는 2주기 15족 원소인 N, D는 1주기 1족 원소인 H이다.

13 (가)는 규소, (나)는 산소이다.

ㄱ. 탄소는 14족 원소이므로 원자가 전자 수가 같은 원소는 같은 14족 원소인 규소이다.

ㄴ. 탄소는 2주기에 속하므로 같은 주기에 속하는 원소는 산소이다.

ㄷ. 규산염 사면체는 규소 1개와 산소 4개가 결합하여 −4가의 음전하를 띤다.

14 ㉠은 흑운모, ㉡은 장석, ㉢은 석영이다.

ㄷ. 규산염 사면체 사이의 결합이 가장 강한 석영이 풍화에 가장 강하다. 따라서 시간이 지날수록 다른 광물은 점차 풍화되어 석영이 차지하는 비율이 높아질 것이다.

바로 알기 ㄱ. 풍화에 가장 강한 광물은 ㉢ 석영이다.

ㄴ. 흑운모는 판상 구조, 장석은 망상 구조를 이루고 있으므로 장석이 흑운모에 비해 공유 결합이 복잡하다.

15 ㄱ. 단백질을 구성하는 기본 단위체 A와 B는 아미노산이다.

ㄷ. 단백질을 이루는 기본 단위체인 아미노산들은 종류에 관계 없이 서로 펩타이드결합으로 연결되어 폴리펩타이드 사슬을 형성한다.

바로 알기 ㄴ. 펩타이드결합이 형성될 때 물(H_2O)이 빠져나간다.

16 ㄴ. 콜라젠(단백질)을 이루는 아미노산 사이의 결합은 펩타이드결합이다.

ㄷ. DNA(가)의 기본 단위체는 뉴클레오타이드이고, 콜라젠(단백질)(나)의 기본 단위체는 아미노산이다.

바로 알기 ㄱ. (가)에는 유라실(U)이 없다. 유라실(U)은 RNA의 염기이다.

17 ㄱ. (가)는 DNA의 기본 단위체인 뉴클레오타이드며, 인산(㉠), 당, 염기로 구성된다. DNA를 구성하는 뉴클레오타이드의 당은 디옥시라이보스이고, 염기에는 아데닌(A), 구아닌(G), 사이토신(C), 타이민(T)이 있고, 하나의 뉴클레오타이드는 4가지 염기 중 하나를 갖는다.

ㄷ. DNA에서 구아닌(G)과 상보결합을 하는 염기 ㉡은 사이토신(C)이다.

바로 알기 ㄴ. ㉠은 인산이다.

18 ㄱ. A는 불순물 반도체이고, 첨가한 불순물의 원자가 전자가 5개이므로 n형 반도체이다. n형 반도체는 주로 전자가 전류를 흐르게 한다.

ㄴ. B는 불순물 반도체이고, A가 n형 반도체이므로 B는 p형 반도체이다.

바로 알기 ㄷ. C는 순수 반도체이다. 순수 반도체를 구성하는 원소는 규소(Si)와 저마늄(Ge) 등이다. 규소(Si)와 저마늄(Ge)의 원자가 전자는 4개이다.

19 ㄱ. (가)는 증폭 작용을 하는 트랜지스터이다.

ㄷ. (가)와 (나)는 모두 불순물 반도체인 p형 반도체와 n형 반도체를 접합하여 만든 전기 소자이다.

바로 알기 ㄴ. (나)는 발광 다이오드이다. 발광 다이오드는 전류를 한쪽 방향으로만 흐르게 하므로, 발광 다이오드를 교류 전원에 연결하면 켜지고 꺼짐이 주기적으로 반복된다.

20 교류 전원은 주기적으로 전류의 세기와 방향이 바뀌고, 다이오드는 전류를 한쪽 방향으로만 흐르게 한다. 따라서 전류는 b → 저항 → a 방향으로만 흐른다.

교류 전류는 세기와 방향이 주기적으로 변한다.

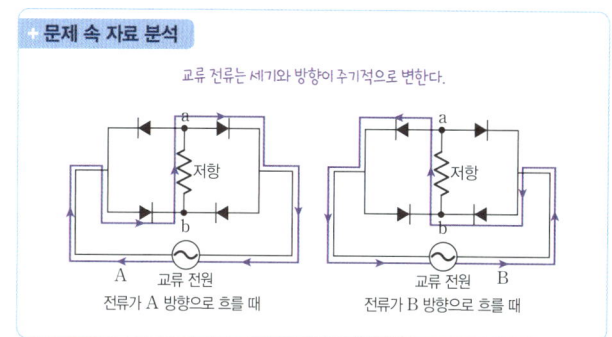

A 교류 전원 — 전류가 A 방향으로 흐를 때 · 교류 전원 B — 전류가 B 방향으로 흐를 때

서술형 문제

21 **모범 답안** 원시 지구가 형성될 때 미행성체의 충돌열로 마그마 바다가 형성되었다. 이때 무거운 성분이 지구 중심부로 가라앉아 핵을 형성하였고, 상대적으로 가벼운 성분이 떠올라 맨틀과 지각을 형성하였기 때문이다.

해설 마그마 바다 상태에서는 밀도 차에 의한 물질의 분리가 쉽게 일어날 수 있었기 때문에 성층 구조가 만들어질 수 있다.

채점 기준	배점
마그마 바다 상태에서 밀도 차에 의한 물질의 분리를 옳게 설명한 경우	100 %
마그마 바다 상태만 언급한 경우	50 %

22 (1) **답** 칼로 자르면서 단면의 변화를 관찰한다.

해설 (가)에서 단면의 변화를 관찰해야 하므로 자르는 과정이 실험 과정에 포함되어야 한다. 또한 알칼리 금속의 성질을 모두 확인해야 하므로 세 금속 모두 잘라보는 실험 과정이 제시되어야 한다.

(2) **모범 답안** 알칼리 금속은 물과 격렬하게 반응하면서 기체를 발생시키므로 작은 크기로 반응시켜야 한다.

해설 알칼리 금속의 반응은 격렬하게 일어나므로 위험하지 않도록 작은 크기로 잘라 반응시켜야 한다.

채점 기준	배점
격렬하게 반응함을 포함하여 까닭을 옳게 서술한 경우	100 %
위험하다는 내용만 서술한 경우	30 %

(3) **모범 답안** | 알칼리 금속은 공기 중의 산소와 물과 반응하므로 물과 산소를 차단하기 위해 석유나 액체 파라핀에 보관해야 한다.

해설 | 실험 과정에서 알칼리 금속은 공기 중의 산소와 비커 속의 물과 반응하였으므로 알칼리 금속은 반드시 산소와 물을 차단하는 방법으로 보관해야 한다.

채점 기준	배점
공기 중의 산소와 물의 차단이 필요함을 설명하고 석유나 액체 파라핀을 보관 방법으로 제시한 경우	100 %
산소 또는 물 중 한 가지의 반응만 까닭으로 서술한 경우	50 %

23 모범 답안 | 판상의 결합 구조를 갖고 있다. 단위 규산염 사면체에서 산소 4 개 중 3 개가 다른 규산염 사면체와 결합하고 있으므로 규소와 산소의 개수비는 2 : 5이다.

해설 | 어두운 갈색이며 얇은 판 모양으로 쪼개지는 광물은 흑운모이다. 꼭대기의 산소 1 개를 제외한 3 개의 산소가 모두 다른 규산염 사면체와 공유 결합을 하여 얇은 판 모양의 판상 구조를 이루므로 결합이 약한 판과 판 사이가 잘 쪼개지는 특징이 있다.

채점 기준	배점
결합 구조와 규소와 산소의 개수비를 모두 옳게 서술한 경우	100 %
규소와 산소의 개수비만 옳게 서술한 경우	60 %
결합 구조만 옳게 서술한 경우	30 %

24 (1) **모범 답안** | 사이토신(C)의 비율은 대장균의 DNA에서 25.3 %이고, 사람의 DNA에서 19.6 %이다.

해설 | 대장균의 DNA에서 아데닌(A)과 타이민(T)의 비율이 같으므로 A+T=49.4 %이다. 따라서 G+C=50.6 %이고, 구아닌(G)과 사이토신(C)의 비율은 같으므로 사이토신(C)의 비율은 25.3 %이다. DNA에서 A+G=A+C=T+G=T+C=50 % 임을 알 수 있다. 사람의 DNA에서 A+C=50 %이고 A의 비율은 30.4 %이므로 C의 비율은 19.6 %이다.

채점 기준	배점
대장균의 DNA와 사람의 DNA에서 사이토신(C)의 비율을 모두 옳게 서술한 경우	100 %
대장균의 DNA와 사람의 DNA에서 사이토신(C)의 비율 중 하나만 옳게 서술한 경우	50 %

(2) **모범 답안** | DNA는 이중나선구조이며 아데닌(A)은 타이민(T)과, 구아닌(G)은 사이토신(C)과 상보적으로 결합하고 있기 때문이다.

해설 | DNA는 이중나선구조이며, 마주 보는 두 가닥의 폴리뉴클레오타이드 사이에서 염기들이 상보적 결합을 통해 염기쌍을 형성하고 있다. 아데닌(A)은 타이민(T)과, 구아닌(G)은 사이토신(C)과 염기쌍을 형성하므로, DNA에서 아데닌(A)의 비율은 타이민(T)의 비율과 같고, 구아닌(G)의 비율은 사이토신(C)의 비율과 같다.

채점 기준	배점
이중나선구조와 상보적인 결합을 모두 옳게 서술한 경우	100 %
이중나선구조와 상보적인 결합 중 하나만 옳게 서술한 경우	50 %

25 모범 답안 | p형 반도체는 주로 양공이 전류를 흐르게 하고, n형 반도체는 주로 전자가 전류를 흐르게 한다. p형 반도체는 원자가 전

자가 3 개인 원소를 첨가하여 양공이 만들어지고, n형 반도체는 원자가 전자가 5 개인 원소를 첨가하여 자유 전자가 만들어진다.

채점 기준	배점
주된 전하 운반자를 모두 옳게 쓰고, 첨가한 원소의 원자가 전자를 모두 옳게 서술한 경우	100 %
주된 전하 운반자 중 한 가지만 옳게 쓰고, 첨가한 원소의 원자가 전자를 모두 옳게 서술한 경우	70 %
주된 전하 운반자 중 한 가지만 옳게 쓰고, 첨가한 원소의 원자가 전자 중 한 가지만 옳게 서술한 경우	30 %

Ⅲ 시스템과 상호작용

01 ㄱ. ㉠(혼합층)은 해수면에서 부는 바람에 의해 해수가 혼합되고, 해수에의해 대기가 가열되므로 기권과 수권 사이의 에너지 교환이 가장 활발한 층은 ㉠과 A 사이이다.

바로 알기 ㄴ. ㉡(수온 약층)은 깊이가 깊어짐에 따라 수온이 낮아

지므로 해수의 대류가 일어나지 않는다. 기권에서 B(성층권)는 높이 올라감에 따라 기온이 상승하므로 공기의 대류가 일어나지 않는다.

ㄷ. 기상 현상이 일어나기 위해서는 공기의 대류가 활발해야 하고, 공기 중에 수증기가 충분해야 한다. 이러한 조건에 해당하는 층은 A 이다.

02 ㄱ. 육지에서는 강수량이 증발량보다 많고 바다에서는 증발량이 강수량보다 많아 A의 양이 B의 양보다 많다.

ㄴ. 하천과 지하수는 바다로 직접 유출될 때 침식, 풍화, 퇴적의 작용으로 지형의 변형을 일으킨다.

ㄷ. 수권의 물은 태양 에너지를 흡수하여 기권으로 이동하고, 기권의 수증기는 응결될 때 태양 에너지를 방출하므로 물의 순환 과정에서 수권과 기권 사이의 에너지 이동이 일어난다.

03 ㄱ. A는 생물권의 탄소가 기권으로 이동하는 과정이므로 생물의 호흡, 생물 사체의 분해 등이 이에 해당한다.

ㄴ. B는 기권의 이산화 탄소가 수권에 용해되는 과정이므로 B에 의해 탄산 이온이 된다.

바로 알기 ㄷ. 화석 연료는 생물이 지층에 매몰되어 생기므로 생물권→지권으로 탄소가 이동하며, C와는 관련이 없다.

+ 문제 속 자료 분석

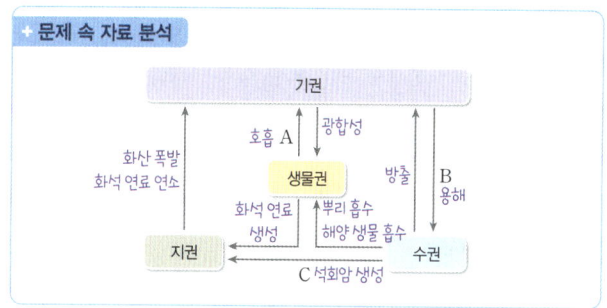

04 ㄱ. A(빙하에 의한 U자곡 형성)는 지권과 수권의 상호작용이고, B(태풍 발생)는 수권과 기권의 상호작용이므로 A와 B에 공통된 (나)는 수권이고, (가)는 지권, (다)는 기권이다.

ㄴ. 태양으로부터 오는 자외선 차단은 기권의 성층권에서 일어나므로 (다)에서 일어난다.

ㄷ. 칼슘 이온과 탄산 이온은 수권의 성분이고, 이를 흡수하여 산호가 성장하는 것은 생물권에 속하는 현상이므로 생물권과 (나)의 상호작용에 해당한다.

05 ㄱ. A(히말라야산맥)는 두 대륙판인 인도-오스트레일리아판과 유라시아판이 수렴하는 경계이다.

ㄴ. 나스카판은 B와 C 사이에 있는 해양판으로, 해령인 B에서 생성되고 해구인 C에서 섭입하여 소멸한다.

바로 알기 ㄷ. 태평양 주변부에는 판의 경계가 발달하므로 지진이 자주 발생하지만, 대서양 주변부에는 판의 경계가 거의 없으므로 지진이 서의 발생하지 않는다.

06 ㄱ. A는 아프리카판과 인도-오스트레일리아판 사이의 해령이므로 맨틀 대류의 상승부가 있다.

ㄴ. 섭입대에서 화산 활동은 밀도가 작은 판 쪽에서 일어나므로 천발~심발 지진이 발생하는 C에서 활발하게 일어난다.

바로 알기 ㄷ. 열곡대는 발산형 경계에서 발달하므로 수렴형 경계인 B와 C 사이에서는 나타나지 않는다.

07 ㄷ. ㉠은 판의 경계가 아니므로 화산 활동이 일어나지 않으며, ㉡은 판의 경계이지만 해령과 해령 사이의 변환 단층이므로 화산 활동이 일어나지 않는다.

바로 알기 ㄱ. A는 해령의 동쪽에 있고, B는 해령의 서쪽에 있으므로 A와 B는 서로 다른 판에 속한다. 따라서 A와 B에서 판의 이동 방향은 서로 다르다.
ㄴ. ㉠은 판의 경계가 아니므로 지진이 발생하지 않지만, ㉡은 판의 경계인 변환 단층이므로 천발 지진이 자주 발생한다.

08 ㄱ. 자유 낙하 하는 물체에는 연직 아래 방향으로 일정한 크기의 중력이 작용한다. 따라서 물체에 작용하는 중력의 크기는 a를 지날 때와 c를 지날 때가 같다.
ㄴ. 0.5 초 간격으로 물체의 위치를 나타낸 것이므로 물체가 a에서 c까지 이동하는 데 걸린 시간은 1 초이다. 물체의 가속도의 크기는 10 m/s^2이므로 1 초마다 물체의 속력은 10 m/s씩 증가한다. 따라서 c에서 물체의 속력은 a에서 물체의 속력보다 10 m/s만큼 크므로 $v_c - v_a = 10 \text{ m/s}$이다.
ㄷ. a에서 b까지 이동하는 데 걸린 시간은 0.5 초이므로 a와 b에서 속력의 차는 5 m/s여서 $v_b = v_a + 5 \text{ m/s}$ … ①이다. 마찬가지로 b에서 c까지 이동하는 데 걸린 시간은 0.5 초이므로 b와 c에서 속력의 차는 5 m/s여서 $v_c = v_b + 5 \text{ m/s}$ … ②이다. 따라서 ①-②에서 $2v_b = v_a + v_c$이다.

문제 속 자료 분석

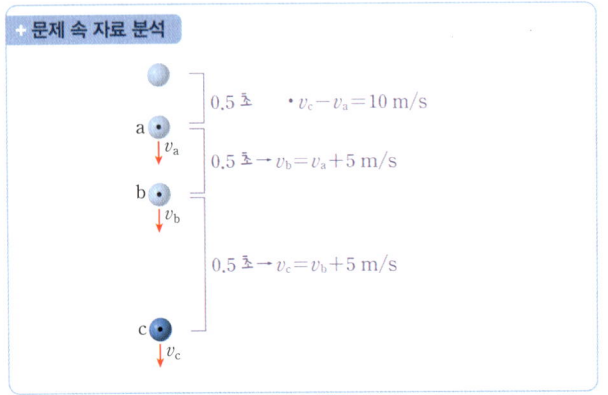

09 ㄱ. 물체에 작용하는 알짜힘은 물체에 작용하는 중력이다. 중력의 크기는 질량에 비례하므로 물체에 작용하는 알짜힘의 크기는 A가 B의 $\frac{1}{2}$ 배이다.
ㄴ. A와 B는 같은 중력 가속도로 운동하므로 같은 시간 동안 속도 변화량이 같다.

바로 알기 ㄷ. A와 B는 같은 가속도로 운동하므로 연직 방향의 속도는 매 순간 같고, 수평면으로부터의 높이도 같다. 따라서 A의 높이가 $\frac{1}{2}h$인 순간 B의 높이도 $\frac{1}{2}h$이다.

10 던져진 순간부터 수평면에 도달하는 데까지 걸린 시간을 t, 수평면에 도달하는 순간 연직 방향의 속력을 v라고 하면 $v = 10t$이다.

높이 L_0만큼 낙하하였으므로 $\frac{1}{2}vt = L_0$이고, 수평 방향으로 이동한 거리는 $L_0 = 10t$이다. 따라서 $\frac{1}{2}vt = 10t$에서 $v = 20 \text{ m/s}$이고, $t = 2$ 초이다.

11 ㄴ. 낙하 시간은 (나)에서와 (다)에서가 같고, 수평 방향의 속력은 (다)에서가 (나)에서의 2 배이므로 ㉢은 $2L$이다.

바로 알기 ㄱ. B를 수평 방향으로 던지는 지점의 높이는 (나)에서와 (다)에서가 같으므로 $㉠=㉡=t$이다.
ㄷ. 물체의 속력과 관계없이 질량이 같으면 물체에 작용하는 중력의 크기는 같다.

12 충돌할 때 A와 B가 받은 충격량의 크기는 6 N·s로 같고, 충돌 전 B의 운동량의 크기는 12 kg·m/s이다. 충돌할 때 B가 받은 충격량의 크기가 6 N·s이므로 B의 운동량 변화량의 크기는 6 kg·m/s이고, B는 운동 방향으로 힘을 받으므로 운동량이 증가한다. 따라서 충돌 후 B의 운동량의 크기는 18 kg·m/s이고, B의 질량이 6 kg이므로 충돌 후 B의 속력은 $\frac{18 \text{ kg·m/s}}{6 \text{ kg}} = 3 \text{ m/s}$이다.

문제 속 자료 분석

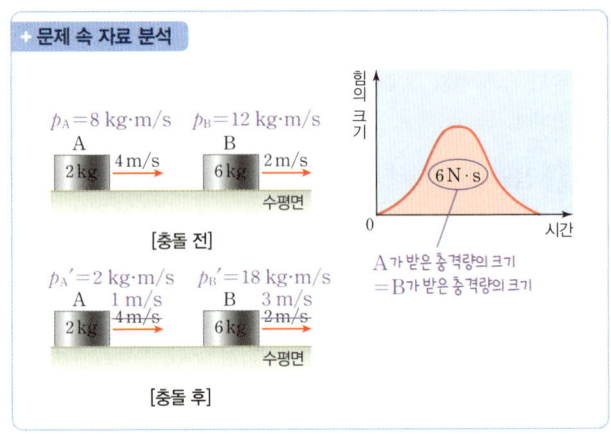

13 ㄱ. A와 B의 질량은 m으로 같고, 충돌 전 A, B의 속력은 각각 v, $2v$이므로 충돌 전 A, B의 운동량의 크기는 각각 mv, $2mv$이다. 따라서 충돌 전 운동량의 크기는 A가 B보다 작다.
ㄴ. A가 벽으로부터 받은 충격량의 크기가 $\frac{3}{2}mv$이므로 A의 운동량 변화량의 크기는 $\frac{3}{2}mv$이다. 충돌 전 A의 운동량이 mv이므로 충돌 후 A의 운동량은 $-\frac{1}{2}mv$이다. 따라서 충돌 후 A의 속도는 $-\frac{1}{2}v$이다. B가 벽으로부터 받은 충격량의 크기가 $3mv$이므로 B의 운동량 변화량의 크기는 $3mv$이다. 충돌 전 B의 운동량이 $2mv$이므로 충돌 후 B의 운동량은 $-mv$이다. 따라서 충돌 후 B의 속도는 $-v$이다. 그러므로 충돌 후 속력은 B가 A의 2 배이다.
ㄷ. A, B가 벽으로부터 받은 충격량의 크기는 각각 $\frac{3}{2}mv$, $3mv$이고, 충돌 시간은 각각 t_0, $2t_0$이다. 따라서 A가 벽으로부터 받은 평균 힘의 크기는 $\overline{F_A} = \frac{3mv}{2t_0}$이고, B가 벽으로부터 받은 평균 힘의 크기는 $\overline{F_B} = \frac{3mv}{2t_0}$이다. 그러므로 A, B가 벽으로부터 받은 평균 힘의 크기는 같다.

14 ㄱ. 강하게 불 때가 약하게 불 때보다 구슬이 받는 힘이 더 크므로 구슬이 받는 충격량이 더 크다. 따라서 빨대를 떠나는 순간 구슬의 운동량의 크기는 강하게 불 때가 약하게 불 때보다 크다.

ㄷ. 같은 세기로 불면 구슬이 받는 힘의 크기는 같으므로 빨대의 길이가 길수록 힘을 받는 시간이 길어져 구슬이 받는 충격량이 더 크다. 따라서 빨대의 길이가 길수록 빨대를 떠나는 순간 구슬의 속력이 더 커서 구슬은 더 멀리 날아간다.

바로 알기 ㄴ. 같은 세기로 불 때, 빨대의 길이가 짧을수록 빨대 속에서 구슬이 힘을 받는 시간이 짧다.

15 A는 골지체, B는 라이보솜, C는 핵이다.

ㄷ. 핵(C)에는 유전정보가 저장되어 있는 DNA가 들어 있다.

바로 알기 ㄱ. 골지체(A)는 단백질을 세포 밖으로 분비하는 데 관여한다.

ㄴ. 라이보솜(B)은 유전정보에 따라 단백질을 합성한다.

16 ㄷ. ⓐ와 ⓑ는 모두 세포막을 통해 농도가 높은 쪽에서 농도가 낮은 쪽으로 확산된다.

바로 알기 ㄱ. ㉠은 세포막을 구성하는 인지질이므로 핵산에 속하지 않는다.

ㄴ. CO_2(이산화 탄소)는 크기가 작아 세포막의 인지질 2중층을 직접 통과해 확산되므로 ⓑ에 해당한다.

17 ㄱ. 이 효소는 두 개의 반응물(A)을 하나로 결합시켜 물질을 합성하는 동화작용을 촉매한다.

바로 알기 ㄴ. A는 물질대사를 통해 다른 물질로 변하는 반응물이고, B는 변하지 않는 효소이다. 효소(B)가 반응물(A)과 결합하면 효소(B)의 작용으로 활성화에너지가 감소한다.

ㄷ. 효소는 변하지 않으므로 반응이 끝난 효소(C)는 다시 반응물(A)과 결합해 물질대사를 촉매할 수 있다.

18 ㄴ. 기포(ⓐ)의 성분은 산소이며, 산소에 꺼져가는 불씨를 넣으면 불씨가 살아나 다시 잘 타오른다.

ㄷ. 기포(ⓐ)의 발생이 끝난 ㉠(B)에는 효소가 그대로 남아 있으므로 여기에 과산화 수소수를 더 넣어주면 효소가 과산화 수소와 결합해 화학 반응이 일어난다.

바로 알기 ㄱ. ㉠에서만 과산화 수소가 분해되어 기포(ⓐ)가 발생하였으므로 ㉠은 효소가 들어 있는 생감자 조각을 넣은 B이다.

19 ㄱ. (가)는 핵 안에서 DNA(㉠)에 저장된 유전정보가 RNA(㉡)로 전달되는 전사이다.

ㄷ. (나)는 RNA(㉡)의 유전정보를 이용해 단백질(㉢)을 합성하는 번역이며, 번역 과정에서 아미노산이 펩타이드결합으로 연결되어 단백질이 합성된다.

바로 알기 ㄴ. DNA(㉠)의 기본 단위체인 뉴클레오타이드에는 4종류가 있고, 단백질(㉢)의 기본 단위체인 아미노산에는 약 20종류가 있다.

+ 문제 속 자료 분석

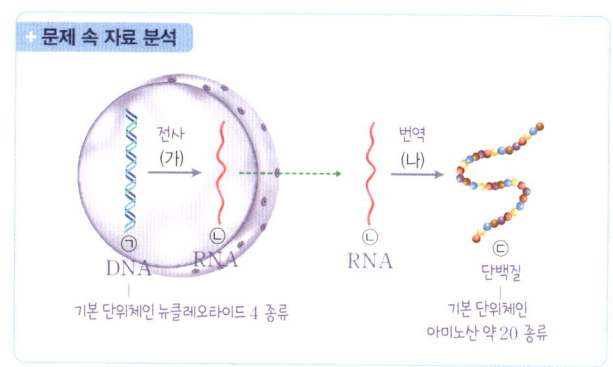

기본 단위체인 뉴클레오타이드 4 종류

기본 단위체인 아미노산 약 20 종류

20 (가)에는 유라실(U)이 있으므로 (가)는 RNA, (나)에는 타이민(T)이 있으므로 (나)는 전사에 이용되는 DNA 가닥이다.

ㄷ. RNA의 아데닌(A)은 DNA의 타이민(T)과 상보적 결합을 하므로 ㉠은 23 %이고, DNA의 아데닌(A)은 RNA의 유라실(U)과 상보적 결합을 하므로 ㉢은 19 %이다. DNA 염기 조성의 합이 100 %이므로 ㉣은 100-(19+23+31)=27 %이다. RNA의 사이토신(C)은 DNA의 구아닌(G)과 상보적 결합을 하므로 ㉡은 27 %이다. 따라서 $\frac{㉠+㉡}{㉢+㉣}$은 1보다 크다.

바로 알기 ㄱ. RNA(가)는 당으로 라이보스를 가지며, DNA(나)는 당으로 디옥시라이보스를 가진다.

ㄴ. RNA(가)는 유전정보를 전달하는 역할을 하고, DNA(나)는 유전정보를 저장하는 역할을 한다.

서술형 문제

21 모범 답안 | 대기로 방출된 화산재가 지표에 도달하는 태양 복사 에너지(햇빛)를 감소시켰기 때문이다.

해설 | 화산 분출이 일어나면 용암, 화산 쇄설물, 화산 가스 등이 방출되며, 화산 쇄설물 중에서 화산재나 화산진과 같이 크기가 작은 입자는 대기 중에 오랫동안 체류하면서 태양 복사 에너지(햇빛)를 차단하여 지표에 도달하는 양을 감소시킨다. 이로 인해 지구의 평균 기온은 하강하게 된다.

채점 기준	배점
'화산재'와 '태양 복사 에너지(햇빛)'를 언급하여 까닭을 옳게 서술한 경우	100 %
'화산재'와 '태양 복사 에너지(햇빛)'를 언급하지 않고, 까닭을 옳게 서술한 경우	40 %

22 (1) 답 | 호상 열도

해설 | 두 해양판의 섭입형 경계에서는 화산 활동이 일어나 해구와 나란하게 화산섬이 나열되는 호상 열도가 발달한다.

(2) 모범 답안 | 태평양판, 섭입형 경계에서는 밀도가 작은 판 쪽에서 화산 활동이 일어난다.

해설 | 태평양판이 북아메리카판 아래로 비스듬하게 섭입하면 북아메리카판 아래의 지하에서 마그마가 생성되므로 화산 활동은 판의 밀도가 작은 북아메리카판 쪽에서 일어난다.

채점 기준	배점
밀도가 큰 판과 판단의 근거를 모두 옳게 서술한 경우	100 %
판단의 근거만 옳게 서술한 경우	80 %
밀도가 큰 판만 옳게 쓴 경우	20 %

23 모범 답안 | Q. 에어백이 작동하는 경우가 에어백이 작동하지 않은 경우보다 인형이 힘을 받은 시간이 길고, 인형이 받은 평균 힘의 크기가 작기 때문이다.

해설 | 에어백이 작동하는 경우가 에어백이 작동하지 않은 경우보다 인형이 힘을 받은 시간은 길고 인형이 받은 평균 힘의 크기는 작다. 따라서 A에 타고 있는 인형이 받은 힘을 나타낸 그래프는 Q이다.

채점 기준	배점
Q를 고르고, 그 까닭을 옳게 서술한 경우	100 %
Q만 고른 경우	40 %

24 (1) 답 | ㉡

해설 | 겉껍데기를 제거한 달걀을 증류수에 넣으면 달걀(세포)의 물질(용질) 농도가 증류수의 물질(용질) 농도보다 높으므로 삼투에 의해 물이 달걀(세포) 안으로 들어와 달걀의 질량이 증가한다.

(2) 모범 답안 | ㉠(10 % 소금물)에 넣었을 때에는 물이 달걀(세포) 안에서 밖으로 빠져나가 달걀의 질량이 감소했고, ㉡(증류수)에 넣었을 때에는 물이 달걀(세포) 밖에서 안으로 들어와 달걀의 질량이 증가했다.

해설 | 삼투에 의해 물은 물질(용질)의 농도가 낮은 곳(물이 많은 곳)에서 물질(용질)의 농도가 높은 곳(물이 적은 곳)으로 이동한다. 따라서 ㉠은 10 % 소금물이고, ㉡은 증류수이다.

채점 기준	배점
㉠에서는 물이 달걀(세포) 밖으로 빠져나간 것과 ㉡에서는 물이 달걀(세포) 안으로 들어온 것을 모두 옳게 서술한 경우	100 %
㉠에서는 물이 달걀(세포) 밖으로 빠져나간 것과 ㉡에서는 물이 달걀(세포) 안으로 들어온 것 중 한 가지만 옳게 서술한 경우	50 %

25 (1) 답 | ㉠ 아데닌(A), ㉡ 타이민(T), ㉢ 유라실(U)

해설 | (가)는 유전정보가 저장된 DNA이고, (나)는 전사(ⓐ) 과정으로 합성된 RNA, (다)는 번역(ⓑ) 과정으로 합성된 단백질이다. 따라서 ㉠은 DNA(가)와 RNA(나)에 모두 있으므로 아데닌(A)이고, ㉡은 DNA(가)에만 있는 타이민(T), ㉢은 RNA(나)에만 있는 유라실(U)이다.

(2) 모범 답안 | ⓐ(전사) 과정에서는 DNA의 유전정보가 RNA로 전달되고, ⓑ(번역) 과정에서는 RNA의 유전정보가 단백질로 전달된다.

해설 | ⓐ는 DNA의 유전정보가 RNA로 전달되는(DNA를 이용해 RNA를 합성하는) 전사이고, ⓑ는 RNA의 유전정보가 단백질로 전달되는(RNA의 유전정보를 이용해 단백질을 합성하는) 번역이다.

채점 기준	배점
ⓐ에서는 DNA에서 RNA로 유전정보가 전달되는 것과 ⓑ에서는 RNA에서 단백질로 유전정보가 전달되는 것을 모두 옳게 서술한 경우	100 %
ⓐ에서는 DNA에서 RNA로 유전정보가 전달되는 것과 ⓑ에서는 RNA에서 단백질로 유전정보가 전달되는 것 중 한 가지만 옳게 서술한 경우	50 %

+ 문제 속 자료 분석

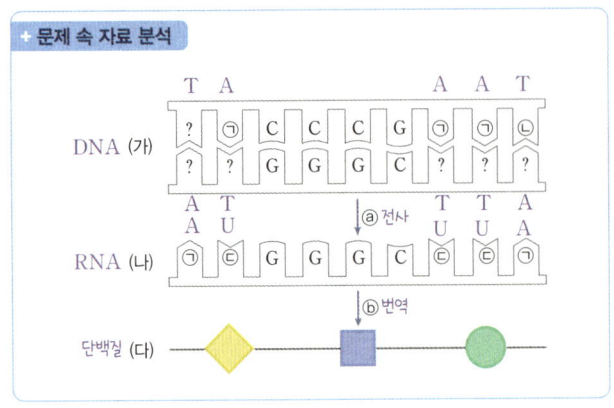

2회 기말 고사 대비 ▶ 시험 대비 35~40쪽

01 ④	02 ②	03 ①	04 ⑤	05 ④	06 ③
07 ①	08 ④	09 ①	10 ③	11 ④	12 ⑤
13 ①	14 ③	15 ④	16 ④	17 ②	18 ⑤
19 ②	20 ④				

[서술형] **21~25** 해설 참조

01 ㄴ. $h_1 \sim h_2$ 구간에는 오존층이 형성되어 있으므로 태양 복사의 자외선은 이 구간에서 가장 많이 흡수된다.

ㄷ. $h_1 \sim h_2$ 구간에서는 위로 올라갈수록 기온이 상승하여 대기의 연직 운동이 일어나기 어렵지만 $h_2 \sim h_3$ 구간에서는 위로 올라갈수록 기온이 낮아지므로 대기의 연직 운동이 잘 일어난다.

[바로 알기] ㄱ. $h_1 \sim h_2$ 구간에서는 대기의 연직 운동이 일어나기 어려우므로 $h_2 \sim h_3$ 구간에서는 수증기가 거의 없다. 즉 물의 순환이 활발하게 일어나는 높이는 h_1까지이다.

02 ㄷ. A는 지각, B는 내핵, C는 외핵이다. 육지의 하천수나 지하수는 바다로 이동하면서 지형 변화를 일으키므로 수권과의 상호작용이 가장 활발한 층은 A이다.

[바로 알기] ㄱ. 맨틀은 규산염 암석으로 이루어져 있으므로 A에 가깝다.

ㄴ. 지표로부터의 거리가 가장 먼 층은 내핵인 B이다.

03 ㄱ. 대기 중의 이산화 탄소가 해수에 녹으면 탄산 이온이 되고, 해수 중의 칼슘 이온과 결합하면 탄산 칼슘으로 침전하여 석회암이 된다.

[바로 알기] ㄴ. A는 식물이 대기 중의 이산화 탄소를 흡수하는 과정이므로 광합성이고, B는 동물이 이산화 탄소를 대기로 방출하는 과정이므로 호흡이다.

ㄷ. C는 화석 연료의 연소 과정에서 방출되는 에너지이므로 에너지원은 태양 에너지이고, D는 화산 활동으로 방출되는 에너지이므로 에너지원은 지구 내부 에너지이다.

04 ㄱ. A(히말라야산맥)는 두 대륙판의 수렴형 경계, B(마리아나 해구)는 두 해양판의 수렴형 경계, C(페루 – 칠레 해구)는 대륙판과 해양판의 수렴형 경계이다. 따라서 세 지역 모두 지하에 맨틀 대류의 하강류가 있다.

ㄴ. A는 충돌형 경계이고, B와 C는 섭입형 경계이므로 화산 활동은 A보다 B에서 활발하게 일어난다.

ㄷ. 해양판은 대륙판보다 밀도가 크다. C는 대륙판과 해양판이 경계를 이루므로 인접한 두 판의 밀도 차는 C가 가장 크다.

05 ㄴ. (나)는 A보다 B가 더 빨리 이동하므로 발산형 경계가 형성된다. 두 해양판의 발산형 경계에서는 해령의 열곡을 따라 마그마가 분출하여 새로운 해양 지각이 형성된다.

ㄷ. (가)는 B보다 A가 더 빨리 이동하므로 해구가 형성되고, 밀도가 큰 판이 섭입하면서 천발 지진~심발 지진이 발생하지만 (나)는 해령 부근에서 천발 지진이 발생한다. 따라서 진원의 평균적인 깊이는 (가)가 (나)보다 깊다.

바로 알기 ㄱ. (가)는 두 판이 수렴하여 밀도가 큰 판이 섭입하므로 화산 활동이 일어나 호상 열도가 형성될 수 있고 해구가 형성된다.

+ 문제 속 자료 분석

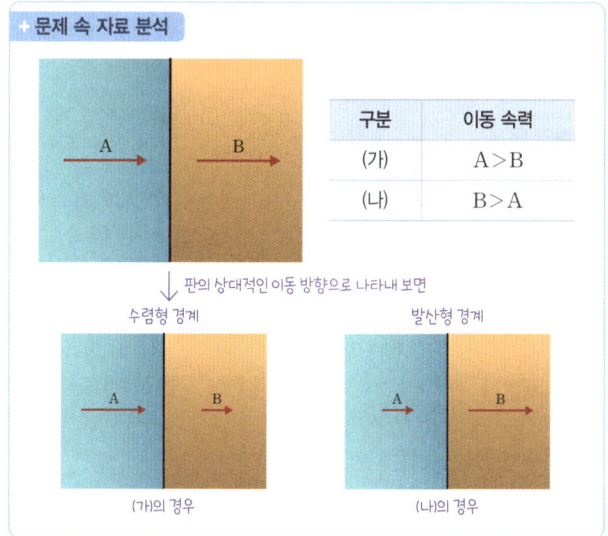

구분	이동 속력
(가)	A > B
(나)	B > A

↓ 판의 상대적인 이동 방향으로 나타내 보면

수렴형 경계 / 발산형 경계

(가의 경우) / (나의 경우)

06 ㄱ. A에서는 천발 지진이 발생하므로 A는 해령과 이를 수직으로 절단하는 변환 단층을 포함한다. B에서는 천발~심발 지진이 발생하므로 B는 해구와 화산대를 포함한다. 따라서 해양 지각은 A에서 생성되고, B에서 소멸된다.

ㄷ. B의 동쪽 지하에는 섭입대가 형성되므로 화산 활동은 B의 서쪽보다 동쪽에서 활발하게 일어난다.

바로 알기 ㄴ. A는 발산형 경계와 보존형 경계이고, B는 섭입형 경계(수렴형 경계)이다.

07 ㄱ. A와 B에 작용하는 중력의 방향은 연직 아래 방향으로 같다.

바로 알기 ㄴ. 같은 시간 동안 수평 방향으로 이동한 거리는 B가 A의 3배이므로 수평 방향의 속력은 B가 A의 3배이다.

ㄷ. 물체를 수평 방향으로 던진 시작점의 높이는 A와 B가 같으므로 낙하하는 동안 연직 방향의 속력은 항상 A와 B가 같다.

+ 문제 속 자료 분석

같은 시간 동안 수평 방향으로 이동한 거리는 B가 A의 3배이다.

08 물체를 수평 방향으로 던진 지점의 높이는 같으므로 수평면에 도달하는 순간까지 걸리는 시간은 A와 B가 같다. A와 B의 수평 방향 속력은 일정하고, 수평 이동 거리는 B가 A의 2배이므로 수평 방향으로 던진 속력은 B가 A의 2배이다. 따라서 $v = 20$ m/s이다.

09 ㄱ. 수평 이동 거리는 A가 B보다 작으므로 수평 방향으로 발사된 속력은 A가 B보다 작다.

바로 알기 ㄴ. A, B, C가 운동하는 동안 가속도의 크기는 중력 가속도로 모두 같다.

ㄷ. C를 수평 방향으로 v보다 큰 속력으로 발사시키면, C는 포물선 경로를 따라 운동한다.

+ 문제 속 자료 분석

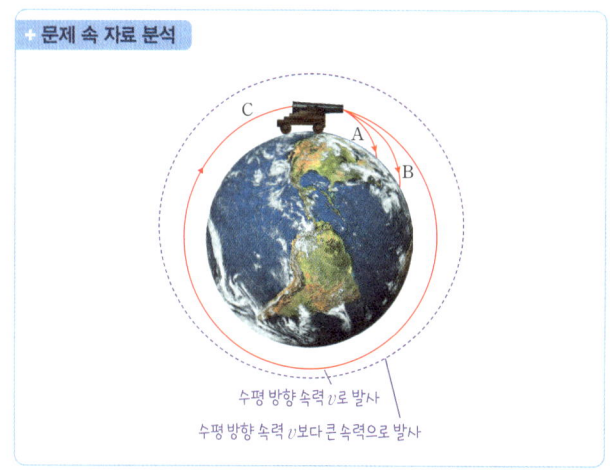

수평 방향 속력 v로 발사

수평 방향 속력 v보다 큰 속력으로 발사

10 위치에 관계없이 물체에 작용하는 중력의 방향은 항상 연직 아래 방향으로 일정하다.

11 물체에는 연직 방향으로 중력이 작용하고 수평 방향으로 작용하는 힘은 0이다. 따라서 물체는 연직 방향으로는 등가속도 운동을 하고, 수평 방향으로는 등속도 운동을 한다.

12 ㄴ. 운동량은 질량과 속도의 곱이다. 3초일 때 운동량의 크기는 10 kg·m/s이므로 물체의 속력은 $\dfrac{10 \text{ kg·m/s}}{2 \text{ kg}} = 5$ m/s이다.

ㄷ. 물체가 받은 충격량은 평균 힘과 시간의 곱이다. 따라서 4초부터 5초까지 물체에 작용한 평균 힘의 크기는 $\dfrac{10 \text{ N·s}}{1 \text{ s}} = 10$ N이다.

바로 알기 ㄱ. 물체가 받은 충격량은 물체의 운동량의 변화량과 같다. 따라서 0초부터 2초까지 물체가 받은 충격량의 크기는 10 N·s이다.

13 ㄱ. 물체가 받은 충격량의 크기는 운동량의 변화량의 크기와 같고 충돌 과정에서 B가 받은 충격량은 A가 받은 충격량과 같다. 따라서 B가 받은 충격량의 크기는 $|3×2-3×5|=9(N·s)$이다.

바로 알기 ㄴ. 물체가 받은 충격량의 방향은 물체에 작용한 힘의 방향과 같다. A와 B가 충돌할 때 B가 A에 작용하는 힘의 방향은 A의 운동 방향과 반대 방향이다. 따라서 A가 B로부터 받은 충격량의 방향은 충돌 전 A의 운동 방향과 반대이다.

ㄷ. A가 B로부터 받은 충격량의 크기는 B가 A로부터 받은 충격량의 크기와 같으므로 B가 A로부터 받은 충격량의 크기는 9 N·s이다. B의 질량은 2 kg이므로 $v=\dfrac{9\ kg·m/s}{2\ kg}=\dfrac{9}{2}$ m/s이다.

14 ㄱ. 세포막을 통한 물질의 확산은 농도가 높은 쪽에서 낮은 쪽으로 일어나므로 A의 농도는 (가)에서가 (나)에서보다 높다.

ㄴ. 포도당처럼 크기가 큰 물질은 인지질 2중층을 직접 통과할 수 없으며, 단백질을 통해 확산한다.

바로 알기 ㄷ. 이산화 탄소는 인지질 2중층을 통해 확산한다.

15 ㄴ. (나)는 양파 표피세포를 세포 안보다 농도가 높은 용액에 넣었을 때 나타나는 모습으로 세포 밖으로 빠져나가는 물의 양이 많아 세포막이 세포벽에서 분리된다.

ㄷ. 세포막은 선택적 투과성이 있어서 물질의 종류에 따라 투과시키는 정도가 다르다.

바로 알기 ㄱ. (가)는 세포 안과 농도가 같은 용액에 넣었을 때의 모습이고, (나)는 세포 안보다 농도가 높은 용액에 넣었을 때의 모습이므로 농도가 더 높은 소금물에 넣은 경우는 (나)이다.

16 ㄱ. 동화작용(가)이 일어날 때에는 에너지를 흡수하므로 생성물의 에너지는 반응물의 에너지보다 크다.

ㄷ. (가)와 (나)는 모두 물질대사로 효소가 관여한다.

바로 알기 ㄴ. (나)는 포도당이 이산화 탄소와 물로 분해되는 과정으로 물질의 분해가 일어난다.

17 ㄴ. 화학 반응이 일어나기 위해 필요한 최소한의 에너지를 활성화에너지라고 하며, ㉠에서가 ㉡에서보다 활성화에너지가 크다.

바로 알기 ㄱ, ㄷ. 카탈레이스는 활성화에너지를 낮춰 화학 반응의 속도를 빠르게 하므로 ㉠은 카탈레이스가 없을 때의 에너지 변화이고, ㉡은 카탈레이스가 있을 때의 에너지 변화이다.

18 ㄱ. (가)는 DNA로부터 RNA가 만들어지는 과정이므로 전사이다.

ㄴ. RNA는 세포질에 있는 라이보솜과 결합하고, 라이보솜이 RNA의 유전정보에 따라 아미노산을 연결하여 단백질을 만든다.

ㄷ. 단백질의 기본 단위체는 아미노산이다.

19 ㄴ. (나)의 염기서열에 의해 합성된 단백질의 아미노산이 ㉣이므로 (나)는 ACC이다.

바로 알기 ㄱ. (나)의 염기서열이 ACC이므로 (가)와 상보적 결합을 하는 DNA 가닥의 염기서열은 GGCCAGTGG이다. 따라서 (가)의 염기서열은 CCGGTCACC이므로 (가)에서 구아닌(G)의 수는 2이다.

ㄷ. RNA의 첫 번째 코돈은 CCG, 두 번째 코돈은 GUC이므로 단백질의 아미노산 배열 순서는 ㉢-㉡-㉣이다.

+ 문제 속 자료 분석

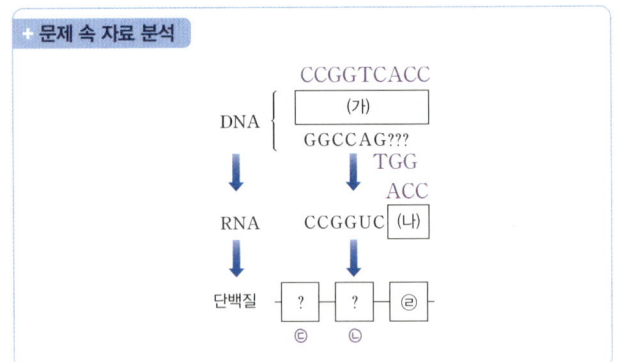

20 ㄴ. A는 붉은 색소 합성효소이므로 주성분은 단백질이다.

ㄷ. 유전자(㉠)에 저장된 유전정보에 따라 A(붉은 색소 합성효소)가 합성되고, A에 의해 붉은 색소가 만들어지면 붉은색을 나타낸다.

바로 알기 ㄱ. ㉠은 유전자이므로 유전정보가 저장된 DNA의 특정 부분이다.

서술형 문제

21 **모범 답안** | 성층권에서 오존층이 얇아지거나 파괴되어 태양으로부터 오는 자외선 흡수량이 감소하고, 지표에 도달하는 자외선양이 증가하게 된다.

해설 | (가)에서 (나)로의 변화가 지속되면 오존 농도가 낮아지게 되므로 성층권의 오존층 두께는 얇아지거나 파괴되는 경우도 생긴다. 오존층은 태양으로부터 오는 자외선을 흡수하여 차단하는 역할을 하므로 오존층 두께가 얇아지면 자외선 흡수량이 감소하여 지표에 도달하는 자외선양은 증가하게 된다.

채점 기준	배점
㉠과 ㉡을 모두 옳게 서술한 경우	100 %
㉠과 ㉡ 중 한 가지만 옳게 서술한 경우	50 %

22 **모범 답안** | A는 암석권(판), B는 연약권이다. 연약권에서 맨틀 대류가 일어나면 암석권(판)은 대류의 방향을 따라 이동하게 된다.

해설 | A는 암석권(판), B는 연약권이다. 연약권에서는 맨틀 상하부의 온도 차이에 의해 대류가 일어나는데, 맨틀 대류가 일어나면 암석권의 조각인 판은 대류의 방향을 따라 이동하게 된다.

채점 기준	배점
A, B의 명칭과 A가 이동하는 까닭을 모두 옳게 서술한 경우	100 %
A가 이동하는 까닭만 옳게 서술한 경우	60 %
A, B의 명칭만 옳게 쓴 경우	40 %

23 (1) **모범 답안** | $v_A<v_B<v_C$, 수평 방향으로 던져진 순간부터 지면에 닿을 때까지 걸린 시간은 A, B, C가 모두 같고, A, B, C의 수평 방향의 속력은 일정하다. 따라서 수평 이동 거리는 A가 가장 작고 C가 가장 크므로 $v_A<v_B<v_C$이다.

채점 기준	배점
수평 방향 속력을 옳게 비교하고, 그 까닭을 옳게 서술한 경우	100 %
수평 방향 속력만 옳게 비교한 경우	40 %

(2) **모범 답안** | 중력, 가속도, 던진 순간부터 지면에 도달할 때까지 걸린 시간 등

해설 | A, B, C의 질량이 같으므로 물체에 작용하는 중력이 같고, 가속도도 중력 가속도로 모두 같다. 또 수평 방향으로 던진 지점의 높이가 같으므로 던진 순간부터 지면에 도달할 때까지 걸린 시간이 같다.

채점 기준	배점
같은 물리량 두 가지를 모두 옳게 쓴 경우	100 %
같은 물리량 한 가지만 옳게 쓴 경우	50 %

24 모범 답안 | 효소는 입체 구조가 맞는 반응물과만 결합하여 촉매 작용을 하는 기질특이성이 있다. 효소는 반응 전후에 변하지 않아 재사용할 수 있다.

채점 기준	배점
효소의 특성을 두 가지 모두 옳게 서술한 경우	100 %
효소의 특성 중 한 가지만 옳게 서술한 경우	50 %

25 모범 답안 | 헤모글로빈 유전자의 DNA의 염기서열이 바뀌면 전사 과정에서 RNA의 염기서열도 바뀌고, 번역 과정에서 단백질의 아미노산서열 또한 달라져 돌연변이 헤모글로빈이 만들어지며, 돌연변이 헤모글로빈에 의해 낫모양적혈구가 만들어진다.

채점 기준	배점
DNA 염기서열, 전사, 번역과 관련지어 모두 옳게 서술한 경우	100 %
DNA 염기서열, 전사, 번역과 관련지어 한 가지만 옳게 서술한 경우	50 %

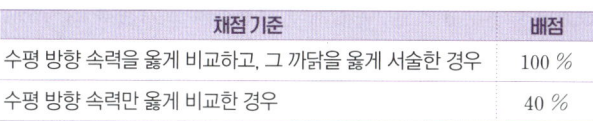

3회 기말 고사 대비

◆ 시험 대비 **41~46쪽**

01 ③	**02** ①	**03** ④	**04** ②	**05** ①	**06** ⑤
07 ②	**08** ④	**09** ⑤	**10** ②	**11** ①	**12** ④
13 ③	**14** ①	**15** ③	**16** ②	**17** ②	**18** ③
19 ③	**20** ④				

서술형 **21~25 해설 참조**

01 ㄱ. (가)는 기권이고, (나)는 수권이다. 기권과 수권은 생물에게 서식처를 제공한다.

ㄷ. 수권은 육수와 해수로 구분하며, 대부분은 바다에 해수로 존재한다. 따라서 ㉠의 양은 육지보다 바다에서 많다.

바로 알기 ㄴ. (가)는 연직 기온 분포에 따라 대류권, 성층권, 중간권, 열권으로 구분하고, (나)는 연직 수온 분포에 따라 혼합층, 수온약층, 심해층으로 구분한다.

02 ㄱ. 혼합층은 바람이 강할수록 두께가 두꺼워지므로 A 해역은 적도 해역보다 바람이 강하게 분다.

바로 알기 ㄴ. 수온 약층은 안정한 층이므로 해수의 연직 운동이 일어나기 어렵다. A 해역에서 깊이 h_2는 수온 약층에 해당하고, 깊이 h_1은 혼합층에 해당하므로 해수의 연직 운동은 h_1에서 잘 일어난다.

ㄷ. 60 °S 해역은 전 깊이에 걸쳐 심해층이 나타나는데, 이는 해수면의 수온이 매우 낮기 때문이다.

03 ㄴ. 석회 동굴은 지하를 흐르는 물의 풍화 작용에 의해 생성되므로 B 과정에서 만들어진다.

ㄷ. 태풍은 열대 바다에서 물이 증발하여 생기는 기상 현상이므로 태풍이 이동하면 수증기도 함께 이동하여 비를 내리게 된다.

바로 알기 ㄱ. A는 비나 눈이 내리는 과정이므로 중력이 작용하여 일어난다. 태양 에너지를 흡수하는 과정은 육지나 바다의 물이 증발할 때이다.

04 ㄴ. 해저면은 지권에 속하므로 파도가 해저면의 영향으로 파고가 높아진 것은 지권과 수권의 상호작용에 해당한다.

바로 알기 ㄱ. 지진이 발생하는 과정에서 해수면에 파동이 생긴 것이므로 ㉠의 에너지원은 지구 내부 에너지이다.

ㄷ. 발산형 경계에서는 천발 지진이 발생한다. 이 해역에서 발생하는 지진의 진원 깊이는 수백 km 이내로 다양하므로 수렴형 경계에 속한다.

05 ㄱ. B는 두 판이 만나 섭입대가 형성되는 곳이므로 해구이다. 해구에서 섭입대가 서쪽으로 형성되어 있으므로 판의 밀도는 A의 판이 C의 판보다 작다.

바로 알기 ㄴ. 섭입대를 따라 해양 지각이 섭입하면서 마그마가 발생하므로 호상 열도는 A 부근에 형성된다.

ㄷ. 해령에서는 새로운 해양 지각이 생성되고, 해구에서는 오래된 해양 지각이 소멸된다. B는 해구이므로 해양 지각의 연령은 C에서 B로 갈수록 증가한다.

+ 문제 속 자료 분석

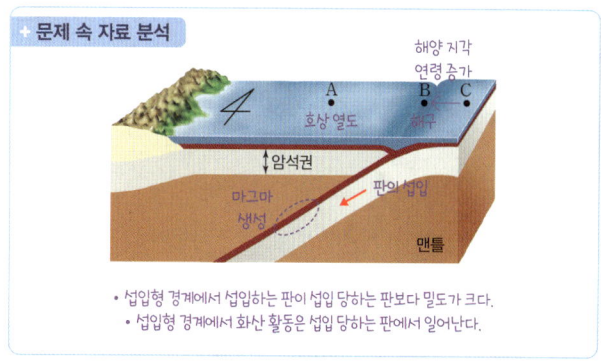

• 섭입형 경계에서 섭입하는 판이 섭입 당하는 판보다 밀도가 크다.
• 섭입형 경계에서 화산 활동은 섭입 당하는 판에서 일어난다.

06 ㄱ. A에서 판이 서로 멀어지므로 대륙판이 갈라져 좁고 긴 열곡대(동아프리카 열곡대)가 발달한다.

ㄴ. A에는 발산형 경계가 나타나므로 지하에 맨틀 대류의 상승부가 있으며, 화산 활동이 일어난다.

ㄷ. 판의 이동이 계속된다면 대륙판은 양쪽에서 당기는 힘을 받아 갈라지고, 해수가 유입되어 좁고 긴 바다가 형성된다.

07 ㄷ. C는 나스카판이 남아메리카판 아래로 섭입하면서 해저 퇴적물이 대륙 지각에 합쳐져 습곡 산맥인 안데스산맥이 형성되었다.

바로 알기 ㄱ. A는 천발~심발 지진이 발생하는 해구(통가 해구)이고, B는 천발 지진이 발생하는 해령(동태평양 해령)이다. 해양 지각은 해령인 B에서 생성되고, 해구인 A에서 소멸된다.

ㄴ. B에서는 해령의 양쪽으로 해양 지각이 생성되므로 밀도가 거의 같고, C에서는 해구의 양쪽에 해양 지각과 대륙 지각이 분포하므로 밀도가 다르다. 따라서 인접한 두 판의 밀도 차는 B가 C보다 작다.

08 물체는 수평 방향으로 등속도 운동을 하고, 수평 이동 거리는 30 m이므로 지면에 도달할 때까지 걸린 시간은 $\dfrac{30\ \text{m}}{5\ \text{m/s}}=6$ 초이다.

09 ㄱ. P에서 충돌하기 직전 A의 수평 방향 속력은 v이고 연직 방향으로는 등가속도 운동을 하므로 P에서 충돌하기 직전 A의 속력은 v보다 크다.

ㄷ. A를 수평 방향으로 v보다 큰 속력으로 던지면, 수평 방향으로 A가 B까지 도달하는 데 걸린 시간이 감소한다. 따라서 A와 B는 P보다 높은 지점에서 충돌한다.

바로 알기 ㄴ. A와 B의 가속도는 중력 가속도로 같다.

10 ㄴ. 공기 중과 진공 중에서 모두 깃털과 쇠구슬에 작용하는 중력의 방향은 연직 아래 방향으로 같다.

바로 알기 ㄱ. (가)에서 깃털보다 쇠구슬이 먼저 떨어지고 있으므로 가속도의 크기는 깃털이 쇠구슬보다 작다.

ㄷ. 물체에 작용하는 중력의 크기는 질량에 비례하므로 깃털에 작용하는 중력의 크기는 (가)에서와 (나)에서가 같다.

11 ㄱ. 두 물체 사이의 거리가 멀수록 중력의 크기는 감소하므로 행성에 작용하는 중력의 크기는 a에서가 b에서보다 크다.

바로 알기 ㄴ. 행성에 작용하는 중력의 방향은 태양의 중심을 향하는 방향이므로 행성에 작용하는 중력의 방향은 a에서와 b에서가 다르다.

ㄷ. 행성이 태양에 작용하는 중력의 크기는 태양이 행성에 작용하는 중력의 크기와 같다.

+ 문제 속 자료 분석

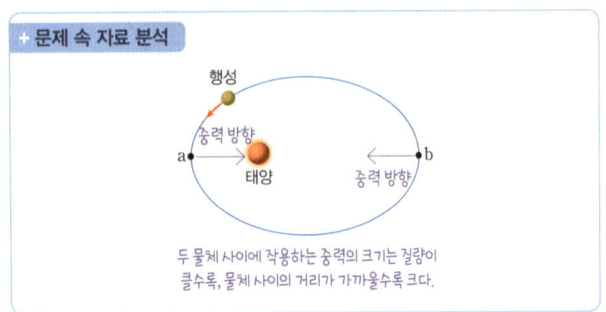

두 물체 사이에 작용하는 중력의 크기는 질량이 클수록, 물체 사이의 거리가 가까울수록 크다.

12 ㄱ. 물체의 질량이 4 kg이고 속력은 2 m/s이므로 운동량의 크기는 4 kg×2 m/s=8 kg·m/s이다.

ㄷ. 물체가 받은 충격량은 힘−시간 그래프에서 그래프와 시간 축이 이루는 넓이이므로 0 초부터 6 초까지 물체가 받은 충격량의 크기는 24 N·s이다.

바로 알기 ㄴ. 3 초일 때 물체의 운동량의 크기는 8 kg·m/s +12 kg·m/s=20 kg·m/s이고, 6 초일 때 물체의 운동량의 크기는 8 kg·m/s+24 kg·m/s=32 kg·m/s이다. 따라서 물체의 운동량의 크기는 6 초일 때가 3 초일 때의 $\dfrac{8}{5}$ 배이다.

13 ㄱ. B는 벽에 충돌한 후 정지했으므로 B가 받은 충격량의 크기는 mv이다. 따라서 $S=mv$이다.

ㄴ. A가 벽에 작용한 힘의 크기와 벽이 A에 작용하는 힘의 크기는 같다. 따라서 A가 벽에 충돌하는 과정에서 A가 벽으로부터 받은 충격량의 크기는 벽이 A로부터 받은 충격량의 크기와 같다.

바로 알기 ㄷ. 벽에 충돌한 후 A의 속력을 v_A라고 하면, 벽으로부터 A가 받은 충격량의 크기는 $2mv+2mv_\text{A}=3S$이다. $S=mv$이므로 $v_\text{A}=\dfrac{1}{2}v$이다.

14 ㉠은 핵, ㉡은 엽록체, ㉢은 마이토콘드리아이다.

ㄱ. 핵(㉠)은 세포의 생명활동을 조절하는 역할을 한다.

바로 알기 ㄴ. 엽록체(㉡)는 광합성이 일어나는 장소이고, 세포호흡이 일어나는 장소는 마이토콘드리아(㉢)이다.

ㄷ. 마이토콘드리아(㉢)는 동물 세포와 식물 세포에 모두 존재하므로 마이토콘드리아(㉢)의 존재 유무로 동물 세포와 식물 세포를 구분할 수 없다.

15 A는 단백질, B는 인지질이다.

ㄱ. 단백질(A)의 기본 단위체는 아미노산이다. 단백질(A)은 많은 수의 아미노산이 펩타이드결합으로 연결되어 형성된다.

ㄷ. 인지질(B)은 친수성 부분이 물과 접한 바깥쪽을 향하고, 소수성 부분이 서로 마주 보며 배열하여 2중층을 이룬다.

바로 알기 ㄴ. 세포막의 인지질층은 유동성이 있으므로 단백질(A)의 위치는 고정되어 있지 않고 변한다.

16 ㄴ. 세포 안보다 농도가 높은 용액에 적혈구를 넣으면 세포 밖으로 빠져나가는 물의 양이 많아 세포가 쭈그러든다.

바로 알기 ㄱ. A에서는 세포가 쭈그러들었고, B에서는 세포가 터졌으므로 A는 세포 안보다 농도가 높은 용액이고, B는 세포 안보다 농도가 낮은 용액이다. 따라서 용액의 농도는 A>B이다.

ㄷ. B에 들어 있는 적혈구는 터졌으므로 세포 안과 농도가 같은 용액으로 옮겨도 원래의 모양으로 돌아가지 못한다.

+ 문제 속 자료 분석

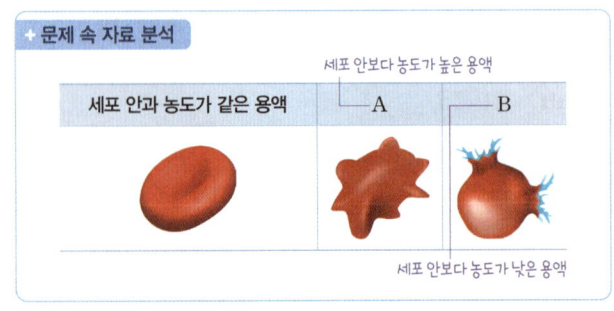

17 A는 반응물, B는 효소, C와 D는 생성물이다.

ㄴ. 효소(B)는 반응물인 A가 생성물인 C와 D로 분해되는 반응을 촉진한다.

바로 알기 ㄱ. 활성화에너지를 낮춰 반응을 촉진하는 것은 효소(B)이다.

ㄷ. 반응이 끝난 후 효소(B)는 생성물인 C와 D와 분리되어 반응 전과 동일한 상태가 되므로 재사용된다.

18 ㄱ. 효소인 카탈레이스의 주성분은 단백질이다. 단백질은 많은 수의 아미노산이 펩타이드결합으로 연결되어 형성된다.

ㄷ. 3 % 과산화 수소수 대신 5 % 과산화 수소수를 사용하면 반응물의 양이 증가한 것이므로 발생하는 기포의 양도 증가한다.

바로 알기 ㄴ. 효소인 카탈레이스는 활성화에너지를 낮춰 반응을 촉진하므로 기포가 발생하는 B에서가 기포가 발생하지 않은 C에서보다 반응의 활성화에너지가 낮다. C에서 삶은 감자에 들어 있는 카탈레이스는 주성분이 단백질이므로 변성되어 과산화 수소를 분해하지 못하여 기포가 발생하지 않았다.

19 ㄱ. (가)는 DNA의 유전정보가 RNA로 전달되는 과정인 전사이다.

ㄴ. (나)는 RNA의 유전정보에 따라 단백질이 합성되는 과정인 번역이다.

바로 알기 ㄷ. DNA에서 하나의 아미노산을 지정하는 유전부호가 되는 연속된 3 개의 염기는 3염기조합이고, RNA(㉠)에서 하나의 아미노산을 지정하는 유전부호가 되는 연속된 3 개의 염기는 코돈이다.

20 ㄴ. DNA의 이중나선을 이루는 두 가닥은 서로 상보적 결합을 하므로 (가)의 염기서열은 DNA의 염기서열인 TCACGA와 상보적 관계인 AGTGCT이다.

ㄷ. (나)의 염기서열은 GCUCAG이므로 사이토신(C)의 수는 2이다.

바로 알기 ㄱ. RNA의 염기서열은 DNA에서 전사에 이용되는 가닥의 염기서열과 상보적 관계이므로 (나)의 염기서열은 DNA에서 전사에 이용되는 가닥의 염기서열인 CGAGTC와 상보적 관계인 GCUCAG이다. 따라서 @를 지정하는 RNA의 코돈은 CAG이므로 @는 ㉤이다.

+ 문제 속 자료 분석

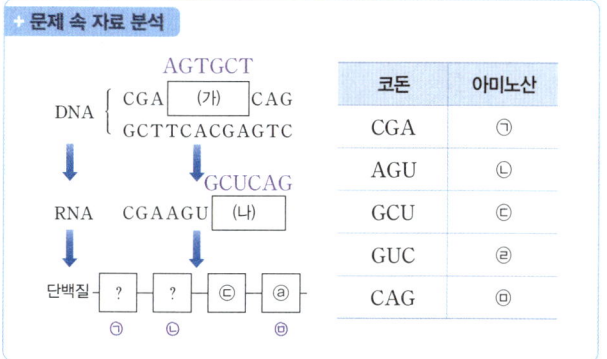

코돈	아미노산
CGA	㉠
AGU	㉡
GCU	㉢
GUC	㉣
CAG	㉤

서술형 문제

21 모범 답안 | 해수면에 도달하는 태양 에너지양이 증가하면 A층의 수온은 높아지지만 C층의 수온은 변하지 않으므로 B층에서 상하의 수온 차가 커진다. 따라서 B층은 더 안정해져 물질과 에너지 교환은 더 일어나기 어려워진다.

해설 | B층은 하부의 수온이 낮고, 상부의 수온이 높으므로 해수의 대류가 일어나지 않는 안정한 층이다. 해수면에 도달하는 태양 에너지양이 증가하면 A층의 수온은 높아지지만 C층의 수온은 변하지 않으므로 B층에서 상하의 수온 차가 커진다. 따라서 B층은 더 안정해지므로 A층과 C층 사이의 물질과 에너지 교환은 더 일어나기 어려워진다.

채점 기준	배점
물질과 에너지 교환의 결과와 판단의 근거를 모두 옳게 서술한 경우	100 %
물질과 에너지 교환의 결과와 판단의 근거 중 한 가지만 옳게 서술한 경우	50 %

22 모범 답안 | A에서는 화산 활동이 일어나지 않고, B에서는 화산 활동이 일어난다.

해설 | 해령과 변환 단층에서는 모두 천발 지진이 발생하지만 화산 활동은 해령에서만 일어난다. 따라서 A가 변환 단층이고, B가 해령이라면 A에서는 화산 활동이 일어나지 않고, B에서는 화산 활동이 일어난다.

채점 기준	배점
A와 B의 지각 변동의 특징을 옳게 비교하여 서술한 경우	100 %
A와 B의 지각 변동의 특징을 옳게 비교하여 서술하지 못한 경우	0 %

23 모범 답안 | q에서 물체의 속력은 $\dfrac{10\ m}{5\ s}=2\ m/s$이다. 물체가 수평면에서 떠난 순간부터 지면에 도달할 때까지 물체의 수평 방향 속력은 일정하므로 r에서 수평 방향 속력은 2 m/s이다.

채점 기준	배점
풀이 과정과 함께 속력을 옳게 구한 경우	100 %
속력만 옳게 구한 경우	40 %

24 모범 답안 | A의 수평 방향의 속력은 일정하고, 2 초 동안 수평 방향으로 10 m 이동하므로 A의 수평 방향의 속력은 $\dfrac{10\ m}{2\ s}=5\ m/s$이다. 연직 방향으로 이동한 거리는 A와 B가 같다. 따라서 B를 가만히 놓은 순간으로부터 1 초 후, A와 B 사이의 거리는 5 m/s×1 s =5 m이다.

채점 기준	배점
A와 B 사이의 거리를 풀이 과정과 함께 옳게 구한 경우	100 %
A와 B 사이의 거리만 옳게 구한 경우	40 %

25 (1) 답 | TACTTCAAACCGATG

(2) 모범 답안 | 5 개, 연속된 3 개의 염기인 코돈이 하나의 아미노산을 지정하기 때문이다.

해설 | RNA의 염기에서 아데닌(A)에 대응하는 DNA의 염기는 타이민(T), 유라실(U)에 대응하는 것은 아데닌(A), 구아닌(G)에 대응하는 것은 사이토신(C), 사이토신(C)에 대응하는 것은 구아닌(G)이다.

채점 기준	배점
아미노산의 수를 쓰고, 그 까닭을 옳게 서술한 경우	100 %
아미노산의 수만 옳게 쓴 경우	30 %

MEMO

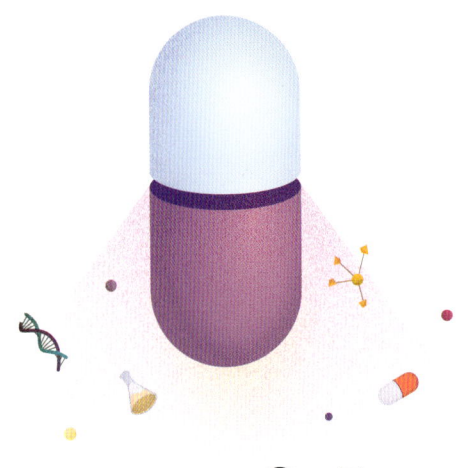

백신

통합과학 1

정답과 해설

메가스터디BOOKS

내용 문의 02-6984-6915 | **구입 문의** 02-6984-6868,9 | www.megastudybooks.com